Vol.3
第三卷

现代有机反应

碳－杂原子键参与的反应
C-X Bond Involved Reaction

胡跃飞　林国强　主编

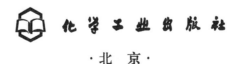

化学工业出版社

·北 京·

本书根据"经典性与新颖性并存"的原则，精选了 10 种碳-杂原子键参与的反应。详细介绍了每一种反应的历史背景、反应机理、应用范围和限制，注重近年来的研究新进展，并精选了在天然产物全合成中的应用以及 5 个代表性反应实例；参考文献涵盖了较权威的和新的文献，有助于读者对各反应有全方位的认知。

本书适合作为有机化学及相关专业的本科生、研究生的教学参考书及有机合成工作者的工具书。

图书在版编目（CIP）数据

碳-杂原子键参与的反应/胡跃飞，林国强主编. —北京：化学工业出版社，2008.12 (2016.11 重印)
（现代有机反应：第三卷）
ISBN 978-7-122-03899-9

Ⅰ.碳⋯　Ⅱ.①胡⋯②林⋯　Ⅲ.碳-化学键-有机化学-化学反应　Ⅳ.O641.2

中国版本图书馆 CIP 数据核字（2008）第 161421 号

责任编辑：李晓红　　　　　　　　　　　　装帧设计：尹琳琳
责任校对：吴　静

出版发行：化学工业出版社（北京市东城区青年湖南街 13 号　邮政编码 100011）
印　　装：北京虎彩文化传播有限公司
720mm×1000mm　1/16　印张 29¼　字数 555 千字　2016 年 11 月北京第 1 版第 2 次印刷

购书咨询：010-64518888　　　　　　　　　售后服务：010-64518899
网　　址：http://www.cip.com.cn
凡购买本书，如有缺损质量问题，本社销售中心负责调换。

定　　价：128.00 元

序　一

翻开手中的《现代有机反应》，就很自然地联想到 John Wiley & Sons 出版的著名丛书 "*Organic Reactions*"。它是我们那个时代经常翻阅的一套著作，是极有用的有机反应工具书。而手中的这套书仿佛是中文版的 "*Organic Reactions*"，让我感到亲切和欣慰，像遇见了一位久违的老友。

《现代有机反应》全套 5 卷，每卷收集 10 个反应，除了着重介绍各种反应的历史背景、适用范围和应用实例，还凸显了它们在天然产物合成中发挥的重要作用。有几个命名反应虽然经典，但增加了新的内容，因此赋予了新的生命。每一个反应的介绍虽然只有短短数十页，却管中窥豹，可谓是该书的特色。

《现代有机反应》是在中国首次出版的关于有机反应的大型丛书。可以这么说，该书的编撰者是将他们在有机化学科研与教学中的心得进行了回顾与展望。书中收录了 5000 多个反应式和 8000 余篇文献，为读者提供了直观的、大量的和准确的科学信息。

《现代有机反应》是生命、材料、制药、食品以及石油等相关领域工作者的良师益友，我愿意推荐它。同时，我还希望编撰者继续努力，早日完成其余反应的编撰工作，以飨读者。

此致

周维善

中国科学院院士
中国科学院上海有机化学研究所
2008 年 11 月 26 日

序 二

美国的 "*Organic Reactions*" 丛书自 1942 年以来已经出版了七十多卷，现在已经成为有机合成工作者不可缺少的参考书。十多年后，前苏联也开始出版类似的丛书。我国自上世纪 80 年代后，研究生教育发展很快，从事有机合成工作的研究人员越来越多，为了他们工作的方便，迫切需要编写我们自己的 "有机反应" 工具书。因此，"现代有机反应" 丛书的出版是非常及时的。

本丛书根据最新的文献资料从制备的观点来讨论有机反应，使读者对反应的历史背景、反应机理、应用范围和限制、实验条件的选择等有较全面的了解，能够更好地利用文献资料解决自己遇到的问题。在 "*Organic Reactions*" 丛书中，有些常用的反应是几十年前编写的，缺少最新的资料。因此，本书在一定程度上可以弥补其不足。

本丛书对反应的选择非常讲究，每章的篇幅恰到好处。因此，除了在科研工作中有需要时查阅外，还可以作为研究生用的有机合成教材。例如：从 "科里氧化反应" 一章中，读者可以了解到有机化学家如何从常用的无机试剂三氧化铬创造出多种多样的、能满足特殊有机合成要求的新试剂。并从中学习他们的思想和方法，培养自己的创新能力。因此，我特别希望本丛书能够在有机专业研究生的学习和研究中发挥自己的作用。

中国科学院院士
南京大学
2008 年 11 月 16 日

前　言

　　许多重要的有机反应被赞誉为有机合成化学发展路途中的里程碑，因为它们的发现、建立、拓展和完善带动着有机化学概念上的飞跃、理论上的建树、方法上的创新和应用上的突破。正如我们熟知的 Grignard 反应 (1912)、Diels-Alder 反应 (1950)、Wittig 反应 (1979) 和烯烃复分解反应 (2005) 等，就是因为对有机化学的突出贡献而先后获得了诺贝尔化学奖的殊荣。

　　有机反应的专著和工具书很多，从简洁的人名反应到系统而详细的大全巨著。其中，"*Organic Reactions*" (John Wiley & Sons, Inc.) 堪称是经典之作。它自 1942 年开始出版以来，到现在已经有 73 卷问世。而 1991 年出版的 "*Comprehensive Organic Synthesis*" (B. M. Trost 主编) 是一套九卷的大型工具书，以 10,400 页的版面几乎将当代已知的重要有机反应涵盖殆尽。此外，各种国际期刊也经常刊登关于有机反应的综述文章。这些文献资料浩如烟海，是一笔非常宝贵的财富。在国内，随着有机化学研究和各种相关化学工业的飞速发展，全面了解和掌握有机反应的需求与日俱增。在此契机下，编写一套有特色的《现代有机反应》丛书，对各种有机反应进行系统地介绍是一种适时而出的举措。

　　根据经典与现代并存的理念，我们从数百种有机反应中率先挑选出 50 个具有代表性的反应。将它们按反应类型分为 5 卷，每卷包括 10 种反应。本丛书的编写方式注重完整性和系统性，以有限的篇幅概述了每种反应的历史背景、反应机理和应用范围。本丛书的写作风格强调各反应在有机合成中的应用，除了为每一个反应提供 5 个代表性的实例外，还增加了它们在天然产物合成中的巧妙应用。

　　本丛书前 5 卷共有 2210 页，5771个精心制作的图片和反应式，8142 条权威和新颖的参考文献。我们衷心地希望所有这些努力能够帮助读者快捷而准确地对各个反应产生全方位的认识，力求能够满足读者在不同层次上的特别需求。从第一卷的封面上我们可以看到一幅美丽的图片：一簇簇成熟的蒲公英种子在空中飞舞着播向大地。其实，这亦是我们内心的写照，我们祈望本丛书如同是吹起蒲公英种子飞舞的那一缕煦风。

　　本丛书原策划出版 10 卷或 100 种反应，当前先启动一半，剩余部分将按计划陆续完成。目前已将第 6 卷的内容确定为还原反应。在现有的 5 卷出版后，我们也希望得到广大读者的反馈意见，您的不吝赐教是我们后续编撰的动力。

本丛书的编撰工作汇聚了来自国内外 19 所高校和企业的 39 位专家学者的努力和智慧。在这里，我们首先要感谢所有的作者，正是大家的辛勤工作才保证了本书的顺利出版，更得益于各位的渊博知识才使得本书更显丰富多彩。尤其要感谢王歆燕博士，她身兼本书的作者和主编秘书双重角色，不仅完成了繁重的写作和烦琐的联络事务，还完成了本书全部图片和反应式的制作工作。这些工作看似平凡简单，但却是本书如期出版不可或缺的一个环节。本书的编撰工作还被列为"北京市有机化学重点学科"建设项目，并得到学科建设经费（XK100030514）的资助，在此一并表示感谢。

最后，值此机会谨祝周维善先生和胡宏纹先生身体健康！

胡跃飞
清华大学化学系教授

林国强
中国科学院院士
中国科学院上海有机化学研究所研究员

目　录

布朗硼氢化反应

(Brown Hydroboration)

胡跃飞

1 历史背景简述

烯烃和炔烃的硼氢化反应是有机合成中的一个重要化学转变[1]，因为硼氢化反应生成的产物可以非常方便和灵活地再次被转变成为具有不同官能团的产物。1956 年，美国普渡大学的布朗 (Herbert C. Brown) 教授首先报道发现了该反应。在后来的几十年中，Brown 又对该反应进行了系统的研究，揭示了该反应的机理、区域选择性、立体选择性以及在有机合成中的许多重要应用。所以，现在人们称该类反应为 Brown 硼氢化反应 (Brown Hydroboration)。

Herbert B. Brown (1912-2004) 于 1936 年从芝加哥大学获得学士学位。接着，他在芝加哥大学 Schlesinger 教授指导下开始了硼氢化合物的研究，并在 1938 年获得博士学位。他在芝加哥大学作了四年讲师之后，在 Wayne 大学得到了一个助理教授的职位，并在 1946 年晋升为副教授。1947 年，Brown 成为普渡大学的化学教授，并在 1978 年名誉退休后一直工作到 2004 年去世。他一生致力于有机硼化学的研究，于 1940 年和 Schlesinger 教授一起发现了现代有机化学中最常用的还原试剂 $NaBH_4$。1956 年，他发现了以他的名字命名的 Brown 硼氢化反应。Brown 因发展硼化合物的合成并将它们用作有机合成试剂而荣获 1979 年的诺贝尔化学奖[2]。

在 1936 年时，硼氢化合物的研究才刚刚起步。在世界范围内，只有德国教授 Alfred Stock 和美国教授 Hermann I. Schlesinger 的实验室能够在克重量级上获得二硼烷 (B_2H_6) 化合物。所以，Brown 在当时选择这样一个非常崭新的研究领域，并在后来以该领域的研究成果获诺贝尔化学奖看上去是一个非常具有前瞻性的选择。但是，Brown 在诺贝尔奖得主讲演中却把他选择硼氢化合物研究的过程描述成为一个浪漫的爱情故事。他说："……为什么我决定将硼的氢化物作为我博士学位的研究内容呢？因为我的女朋友 (后来成为我的妻子) Sarah Baylen 将 Alfred Stock 著的"硼和硅的氢化物"一书送给我作为大学毕业的礼物，我阅读之后对这个课题很感兴趣。她怎么会选择这本特别的书呢？这是因为当时是大萧条时代，我们都没有钱。她送这本书给我作为礼物，显然是因为它是芝加哥大学书店里最便宜的化学书 ($ 2.06)……"。由于硼氢化反应得到的有机硼化合物主要包含有元素 H、C、B，正好与他全名的第一个字母完全一致 (Herbert C. Brown)。所以，他幽默地说他之所以能够发现硼氢化反应，主要是因为他的父母有先见之名给他起了一个可以缩写为 H、C、B 的名字。

硼氢化反应的发现来自于一个纯粹偶然的实验结果。首先，他们在使用 $AlCl_3$ 催化 $NaBH_4$ 对油酸乙酯的还原反应中发现，$NaBH_4$ 的消耗超出了预期的用量[3]。然后，他们就很快确认这主要起因于 H-B 键在烯烃的双键上发生了加成反应，生成了三烷基硼化合物[4]。由于烷基硼化合物可以在过氧酸的作用下被氧化成为硼酸酯和水解成为醇，所以在该条件下生成的三烷基硼化合物不经分离就可以直接经 30% H_2O_2 和 NaOH 水溶液处理得到相应的醇。如式 1 所示[5]：从 1-戊烯经硼氢化反应可以得到 88% 的三(正戊基)硼烷，接着再经氧化水解定量地得到正戊醇。

$$\text{1. NaBH}_4, \text{AlCl}_3, \text{diglyme, rt}\sim100\ ^{o}\text{C, 4 h}$$
$$\text{2. 30\% H}_2\text{O}_2, \text{aq. NaOH, EtOH, reflux}$$
$$88\%$$

(1)

接着，他们发现上述反应实际上就是二硼烷 (B_2H_6) 对烯烃的加成，使用 B_2H_6 作为试剂可以方便地替代原来的复杂条件[6]。虽然已经有人报道 B_2H_6 与脂肪族烯烃即使在较高的温度下反应也非常缓慢[7]，但布朗等人发现醚对该反应有显著的促进作用。使用催化量的二甘醇二甲醚、THF、乙醚或者直接用它们作为反应溶剂，可以使反应在室温下数分钟内完成。如式 2 所示：在二甘醇二甲醚溶剂中，1-己烯与 B_2H_6 在室温下反应 30 min 即可给出 91% 的三(正己基)硼化合物。

$$\xrightarrow[\text{91\%}]{\text{B}_2\text{H}_2, \text{diglyme, rt, 30 min}}$$

(2)

在通常情况下，硼烷是以硼烷二聚体 (B_2H_6) 的形式存在。这样可以使得硼原子满足八隅体稳定状态，但亲电性被严重地降低。醚可以通过氧原子上的孤对电子与硼烷形成稳定的配合物，将其解离成为单体而增加硼烷的反应活性 (式 3)。

(3)

在 1979 年前，该反应的机理、区域选择性、立体选择性以及在有机合成中的许多重要应用均得到了系统的研究，并成为 Brown 获得诺贝尔化学奖的最主要内容。从那时起到现在，硼氢化反应的研究仍然在不断地得到深入发展，催化硼氢化反应和不对称硼氢化反应为其赋予了新的内容和生命力。

2 Brown 硼氢化反应的定义和机理

2.1 Brown 硼氢化反应

Brown 硼氢化反应被定义为硼烷或者至少含有一个 B-H 键的硼烷衍生物

在烯键或者炔键上加成,生成有机硼化合物的反应 (式 4 和式 5)。在经典的硼氢化反应条件下,B-H 键中的 B 原子总是加成在不饱和键上取代基较少的一边,形式上生成以反马氏加成为主的有机硼化合物。

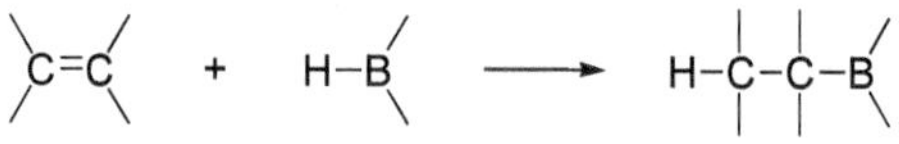

$$\diagup C=C \diagdown \quad + \quad H-B \diagdown \quad \longrightarrow \quad H-\overset{|}{\underset{|}{C}}-\overset{|}{\underset{|}{C}}-B \diagdown \qquad (4)$$

$$-C\equiv C- \quad + \quad H-B \diagdown \quad \longrightarrow \quad H-\overset{|}{C}=\overset{|}{C}-B \diagdown \qquad (5)$$

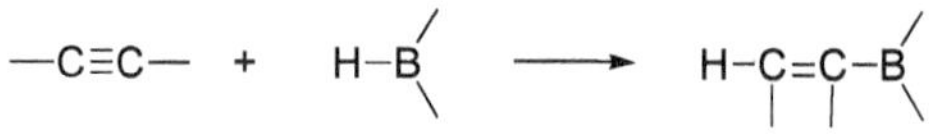

早在 1960 年,Brown 就根据硼氢化反应中硼烷对不饱和键的反马氏加成现象和顺式加成规律首先提出了四中心环状过渡态 (图 1)[8,9]。

图 1 四中心环状过渡态

但是,Streitwieser 等人[10]在 1967 年报道:使用四中心环状过渡态无法解释顺式 1-丁烯-1-d 与光学活性的 (–)-二(异松莰烷基)硼烷 (根据其英文名字 Diisopinocampheylborane 和结构,通常被缩写成为 Ipc$_2$BH) 的硼氢化反应产物的立体构型。所以,他们提出了一种三角形配合物过渡态 (图 2)。后来,Fehlner[11]使用该过渡态可以非常方便地预测硼氢化反应产物的立体构型和解释一些热力学现象。

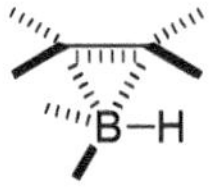

图 2 三角形配合物过渡态

在进一步的研究中,Fehlner[12]使用乙烯酮与硼烷在气相中反应得到了一个硼烷与烯键生成的给体-受体型 π-配合物。该实验结果对三角形配合物过渡态假设是一个最直接的支持。

1972 年,Pasto 等人[13,14]使用 BH$_3$.THF 与四甲基乙烯的反应为例进行了动力学研究,发现二者在硼氢化反应中均表现为一级反应。动力学同位素效应研究显示:反应的速度决定步骤涉及到了 Brown 提出的四中心环状过渡态,B-H 键的断裂和 C-C 双键的断裂是同时完成的。但是,仅仅使用 π-配合物过渡态却无法解释硼氢化反应中 B-H 键的断裂和 C-C 双键的断裂是同时完成的这一事实。

同年,Jones[15]使用轨道对称性原理对硼氢化反应中的两种过渡态模型进行了评价。他认为：硼氢化反应需要一个两步反应过程来完成。首先，硼烷和烯键生成一个具有三中心二电子的 π-配合物。然后，作为反应的速度控制步骤，π-配合物被转化成为产物 (式 6)。

$$\text{(6)}$$

由于在第二步的速度决定步骤中必须涉及到四原子的过渡态，所以现在被人们广泛认可的硼氢化反应机理实际上是两种过渡态的组合。如式 7 所示：硼烷和烯键首先生成一个 π-配合物，然后通过四原子过渡态转化成为产物。

$$\text{(7)}$$

2.2　Brown 硼氢化-氧化反应

长期以来，硼氢化反应的学习和研究总是与硼氢化-氧化反应紧密地联系在一起。硼氢化-氧化反应是 Brown 硼氢化反应的主要研究内容，也是硼氢化反应在有机合成中最主要的应用。

Brown 硼氢化-氧化反应由两个独立的反应组成：烯烃首先与硼氢化试剂反应生成有机硼化合物，然后有机硼化合物经碱性过氧化氢水溶液氧化和水解生成醇。如式 8 所示：Brown 硼氢化-氧化反应整体上可以看作是一个将烯烃按照反马氏加成规则转变成为醇的反应。

$$\text{(8)}$$

早在 1938 年，就有人报道[16]三烷基硼化合物在 0 ℃ 被过氧酸氧化可以定量地转变成为醇。后来，又有人报道[17]碱性过氧化氢水溶液在回流温度下也可以完成该过程。Brown 发现：碱性过氧化氢水溶液是用于该目的最方便和有效的试剂，而且该转变可以在室温下高产率地完成。

Kuivila[18]最早提出了烷基硼化合物在碱性过氧化氢水溶液中氧化和水解的反应机理，而且得到了广泛的认同。如式 9 所示：首先过氧化氢负离子进攻硼原子，生成硼的过氧化物。然后，烷基从硼原子上迁移到氧原子上生成硼酸酯。最后，硼酸酯经水解释放出醇。

$$\text{(9)}$$

Brown 硼氢化反应作为一个重要的有机化学转变，生成的有机硼产物在 C-O、C-C 和 C-N 键的生成反应中得到了非常广泛的应用。但是，这里有关 Brown 硼氢化反应的应用仅限于 Brown 硼氢化-氧化反应。

3 Brown 硼氢化反应的选择性

3.1 完全硼氢化反应和部分硼氢化反应

在 Brown 等确认醚类化合物可以催化 B_2H_6 与烯烃在室温下高效发生硼氢化反应的同时，他们就对该反应的使用范围进行了广泛的探讨[19]。使用 B_2H_6 试剂时，一取代和二取代的末端烯烃、二取代、三取代和四取代的中间烯烃、环内烯烃和环外烯烃以及带有不同取代基的苯乙烯均可以发生硼氢化反应。现在我们知道，几乎所有类型的烯烃和炔烃都可以发生硼氢化反应。

对于大多数带有烷基的一取代末端烯烃和 1,2-二取代中间烯烃而言，硼烷中的三个 B-H 键可以依次与双键进行加成，生成完全硼氢化反应的三烷基硼化合物 (式 10~式 13)[20~22]。这种完全硼氢化反应对硼烷试剂进行了充分的利用，所以硼烷试剂一直是硼氢化反应中最常用的试剂。

$$CH_3(CH_2)_3CH=CH_2 \ + \ BH_3 \ \xrightarrow[91\%]{\text{diglyme, rt, 2 h}} \ [CH_3(CH_2)_3CH_2CH_2]_3B \qquad (10)$$

$$CH_3(CH_2)_2CH=CH\overset{CH_3}{} \ + \ BH_3 \ \xrightarrow[92\%]{\text{diglyme, rt, 2 h}} \ [CH_3(CH_2)_2CH_2CH\overset{CH_3}{}]_3B \qquad (11)$$

$$(12)$$

$$(13)$$

但是，当烯烃上的取代基数量增加或者取代基的位阻增大时，硼烷中的三个 B-H 键不能够全部被利用。往往生成部分硼氢化反应的二烷基硼烷产物，有时甚至只生成一烷基硼烷产物 (式 14 和式 15)[23]。

$$(14)$$

$$(15)$$

对于有些烯烃化合物而言，可以通过简单地改变反应条件达到选择性实现完全或者部分硼氢化反应的目的。例如：环己烯在室温下与硼烷反应生成三环己基硼化合物，但在 0 ℃ 则只得到二环己基硼烷产物。事实上，使用大位阻烯烃生成二烷基硼烷产物是一件非常有意义的化学转变。如式 16~式 18 所示：选择性硼氢化试剂 ThxBH$_2$[23]、Sia$_2$BH[23]和 9-BBN[24]均属于部分硼氢化反应的产物。因为它们具有较大的位阻和有限的 B-H 键，非常容易实现高度化学、区域和立体选择性的硼氢化反应。

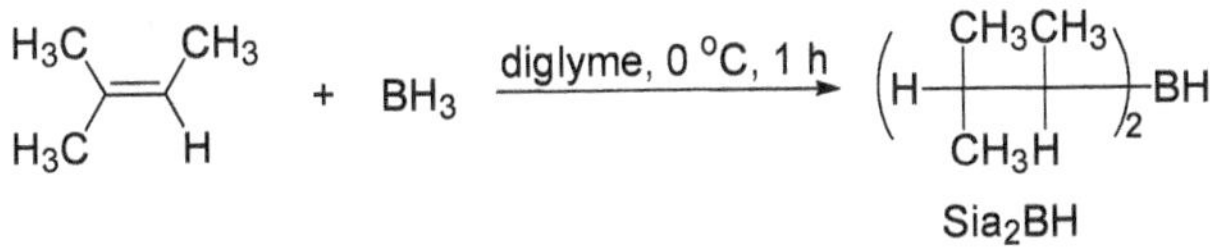

$$
\text{（16）}
$$

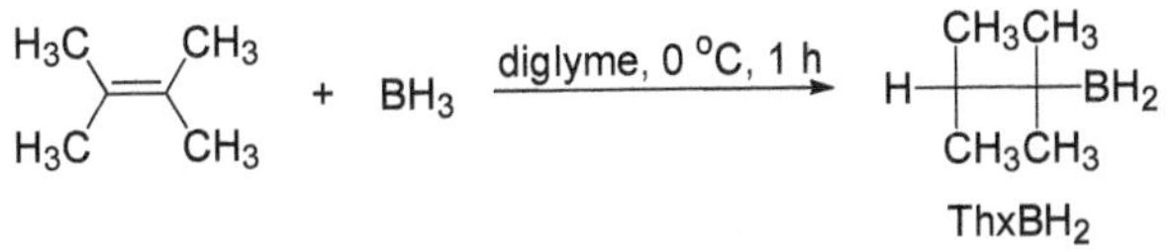

$$
\text{（17）}
$$

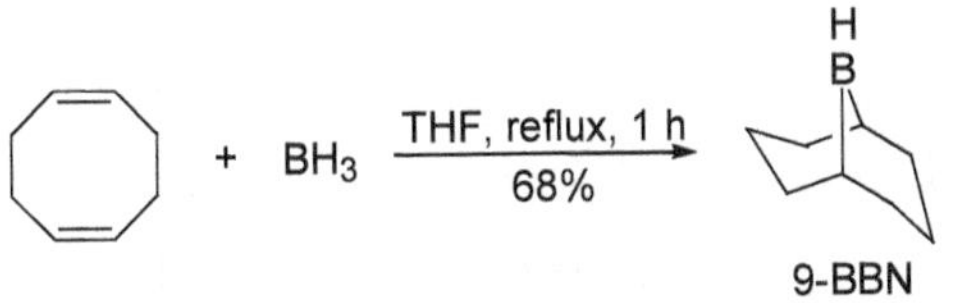

$$
\text{（18）}
$$

3.2　硼氢化反应的区域选择性

在硼氢化反应发现的初期，Brown 就用过氧化氢将 B$_2$H$_6$ 与末端烯烃的加成产物氧化得到了相应的伯醇。由于过氧化氢对烷基硼的氧化不改变价键的位置和方向，所以他们推理硼氢化反应是一个反马氏加成反应[20]。因为 B-H 中的 H 原子总是加在取代基较多的烯键碳原子上，形式上硼氢化反应可以看作是一个反马氏加成反应。但是，B$_2$H$_6$ 中 B-H 键实际上是一个极化键，而且 H 原子具有部分氢负离子的特征。如图 3 所示：按照 Brown 提出的四中心过渡态模型，硼氢化反应机理的实质上仍然是一个马氏加成反应。

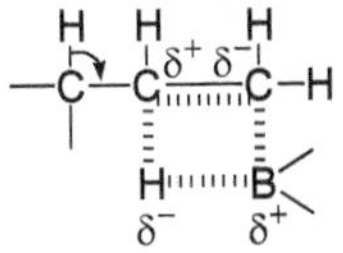

图 3　B-H 是一个极化键

事实上，硼氢化反应的区域选择性主要受到两种因素的影响：空间位阻和电子效应[8]。其中，空间位阻又分为烯烃底物分子的空间位阻和试剂分子的空间位阻两个方面。一般来讲：烷基取代烯烃的区域选择性主要受到空间位阻的影响，而芳基取代烯烃则主要受到电子效应的影响。

3.2.1 底物对区域选择性的影响

如式 19 所示：无论取代基的大小和多少，末端烯键总是硼氢化反应区域选择性优先选择的位置。底物烯键两端的空间位阻差异越大，硼氢化反应的区域选择性就越高。

$$CH_3CH_2-\overset{\underset{\textstyle CH_3}{|}}{C}=CH_2 \qquad CH_3-\overset{\underset{\textstyle CH_3}{|}}{CH}-CH=CH_2 \qquad CH_3-\overset{\underset{\textstyle CH_3}{|}}{CH}-CH=CHCH_3 \qquad (19)$$

$$\text{1\% 99\%} \qquad\qquad \text{6\% 94\%} \qquad\qquad \text{43\% 57\%}$$

烯键上烷基取代基自身的体积差异对硼氢化反应的区域选择性影响不大，相同碳数的直链取代基和支链取代基给出非常接近的结果。如式 20 所示：正丁基取代乙烯和叔丁基取代乙烯的区域选择性完全一样。

$$CH_3(CH_2)_3-CH=CH_2 \qquad CH_3-\overset{\underset{\textstyle CH_3}{|}}{\overset{\textstyle CH_3}{\overset{|}{C}}}-CH=CH_2 \qquad (20)$$

$$\text{6\% 94\%} \qquad\qquad\qquad \text{6\% 94\%}$$

如式 21 所示：增加烯键上烷基取代基的数量远远超过了增加取代基体积对区域选择性的影响。事实上，增加烷基取代基数量在增大了立体位阻的同时，烷基的推电子能力也增加了其所在碳原子的正电荷。

$$\begin{matrix} H_3C \\ \\ H_3C \end{matrix}C=C\begin{matrix} Bu\text{-}t \\ \\ H \end{matrix} \qquad\qquad \begin{matrix} H \\ \\ H_3C \end{matrix}C=C\begin{matrix} Bu\text{-}t \\ \\ H \end{matrix} \qquad (21)$$

$$\text{2\% 98\%} \qquad\qquad\qquad \text{58\% 42\%}$$

在苯乙烯类型的底物中，电子效应对区域选择性的影响非常显著[25]。如式 22 所示：苯乙烯与硼烷反应给出两种产物的比例 $\alpha{:}\beta$ = 19:81，但是该比例随着苯环上取代基的性质变化而显著变化。推电子的甲氧基可以增加 α-位的正电荷，因此将区域选择性增大到 $\alpha{:}\beta$ = 7:93。拉电子的三氟甲基可以稳定 α-位的负电荷，则将区域选择性降低到 $\alpha{:}\beta$ = 34:66。

$$\text{(苯基)}-HC=CH_2 \qquad MeO-\text{(苯基)}-HC=CH_2 \qquad F_3C-\text{(苯基)}-HC=CH_2 \qquad (22)$$

$$\text{19\% 81\%} \qquad\qquad \text{7\% 93\%} \qquad\qquad \text{34\% 66\%}$$

当使用烯键上直接带有杂原子的烯烃为底物时，电子效应对硼氢化反应的区域选择性具有决定性的影响[26]。如式 23 所示：推电子的 CH_3O- 可以让反应选择性地发生在位阻较大的 β-位上；当烯键上有 TMS 取代基时，即使 β-位没有任何位阻也只得到很低的选择性。

$$
\begin{array}{ccc}
\underset{\substack{1\%\ 99\%}}{\overset{\text{H}_3\text{C}}{\underset{\text{H}_3\text{C}}{\text{C}=\text{CH-H}}}} &
\underset{\substack{99\%\ 1\%}}{\overset{\text{H}_3\text{C}}{\underset{\text{H}_3\text{C}}{\text{C}=\text{CH-OCH}_3}}} &
\underset{\substack{16\%\ 84\%}}{\overset{\text{H}_3\text{C}}{\underset{\text{H}_3\text{C}}{\text{C}=\text{CH-Cl}}}}
\end{array}
$$

$$
\begin{array}{ccc}
\underset{\substack{5\%\ 95\%}}{\overset{\text{H}_3\text{C}}{\underset{\text{H}_3\text{C}}{\text{C}=\text{CH-OAc}}}} &
\underset{\substack{5\%\ 95\%}}{\overset{\text{H}_3\text{C}}{\underset{\text{H}_3\text{C}}{\text{C}=\text{CH-Fc}}}} &
\underset{\substack{37\%\ 63\%}}{\text{H}_2\text{C}=\text{CH-TMS}}
\end{array}
\tag{23}
$$

3.2.2 试剂对区域选择性的影响

使用底物结构对硼氢化反应区域选择性影响的方便程度和范围是非常有限的，现在人们更多的是使用不同的硼氢化试剂来获得高度的区域选择性。如式 24 所示：使用具有不同体积的硼烷试剂 BH$_3$、Sia$_2$BH 和 9-BBN[26]，可以非常清晰地观察到硼氢化试剂体积的大小对区域选择性的影响；使用 9-BBN 试剂时[27]，烯键两端只要有微小位阻差别的 2-戊烯也可以得到高度区域选择性的产物；对乙烯基三甲基硅底物而言，TMS 基团产生的电子效应完全被掩盖，9-BBN 的体积效应完全控制了反应的区域选择性。

$$
\begin{array}{lcccc}
 & n\text{-C}_4\text{H}_9\text{HC}=\text{CH}_2 & \text{PhHC}=\text{CH}_2 & \overset{\text{C}_2\text{H}_5\ \ \text{CH}_3}{\underset{\text{H}\ \ \ \ \text{H}}{\text{C}=\text{C}}} & \text{TMSHC}=\text{CH}_2 \\
\text{BH}_3 & 94\%\ 6\% & 80\%\ 20\% & 43\%\ 57\% & 60\%\ 40\% \\
\text{Sia}_2\text{BH} & 99\%\ 1\% & 98\%\ 2\% & 3\%\ 97\% & 5\%\ 95\% \\
\text{9-BBN} & 99\%\ 1\% & 98\%\ 2\% & 3\%\ 97\% & 0\%\ 100\%
\end{array}
\tag{24}
$$

与大多数硼氢化反应产物不同的是，9-BBN 二聚体是一个在空气中相对比较稳定的白色结晶固体，熔点 153~155 ℃。它在环己烷、乙二醇二甲醚、二缩乙二醇二甲醚和 1,4-二氧六环中的溶解度很低，但在乙醚、THF、苯、甲苯、己烷、二氯甲烷、氯仿、四氯化碳和二甲硫醚中具有较好的溶解性。

9-BBN 早就已经商品化，在国际大型试剂公司可以直接购买到固体或者各种不同溶剂和浓度形式的 9-BBN 试剂。正是由于 9-BBN 在硼氢化反应中的高度区域选择性和使用操作的方便性，它已经成为选择性硼氢化反应中最常用的试剂。

3.3 硼氢化反应的立体选择性

硼氢化反应的立体选择性主要包括三个内容：(1) B-H 键对烯键进行顺式加成；(2) B-H 键在烯键位阻较小的一侧进行顺式加成；(3) 硼原子在烯键位阻较小的一侧顺式加成在取代基较少的烯键碳原子上。

因为硼氢化反应需要经过一个四员环过渡态，所以顺式加成是显而易见的结果。如式 25 和式 26 所示[28]：使用 *cis*-2-(4-甲氧基苯基)-2-丁烯与 B$_2$H$_6$ 反应后，经碱式 H$_2$O$_2$ 氧化得到 72% 的赤式 3-(4-甲氧基苯基)-丁-2-醇；而使用

trans-2-(4-甲氧基苯基)-2-丁烯在同样的条件下则得到 70% 的苏式 3-(4-甲氧基苯基)-丁-2-醇。

$$(25)$$

$$(26)$$

对顺式加成最有说服力的例子是 1,2-二甲基环己烯的硼氢化-氧化反应。如式 27 所示[29]：由于顺式加成的原因，1,2-二甲基环己烯经硼氢化-氧化反应只能生成热力学不稳定的产物 *cis*-1,2-二甲基环己醇。

$$(27)$$

当使用两端带有不同取代基的烯键作为底物时，硼氢化反应中立体选择性的三个主要内容表现得最为充分。如式 28 所示[30]：由于环己烯构象的原因，4,4-二甲基环己烯主要生成硼原子加成在远离二甲基位置上的产物；使用 3,5,5-三甲基环己烯可以生成四种产物，但根据上述原则甚至可以预测出主要产物的立体化学。

$$(28)$$

4　Brown 硼氢化反应的类型综述

4.1　硼氢化反应

硼氢化反应经 Brown 等人的系统研究和无数化学家的应用，已经成为一个实验操作成熟和反应产物可以预测的非常可靠的化学转变。在硼氢化-氧化反应中，只要使用含醚溶剂或者在其它溶剂中使用硼氢化试剂的含醚配合物，硼氢化反应就不需要使用任何催化剂。$BH_3 \cdot SMe_2$ 和 $BH_3 \cdot THF$ 均是最常用的硼氢化试剂，前者具有稳定和浓度高的好处，后者则具有方便和无异味的优点。当遇到选择性问题时，最常用的硼氢化试剂是 9-BBN。虽然乙醚、乙二醇二甲醚、二缩乙二醇二甲醚和 1,4-二氧六环均可以用作硼氢化反应溶剂，但 THF 是硼氢化-氧化反应的最佳溶剂。因为氧化反应是在 30% H_2O_2 的碱水溶液中进行的，THF 与水具有较好的互溶性而有利于反应的进行。当使用乙醚为溶剂时，两相反应体系有时甚至会导致氧化反应无法顺利完成。视所选用底物结构的差异，硼氢化反应一般在 0 ℃ 至室温之间进行，数分钟至数小时内即可完成。几乎在所有的氧化反应中都是使用商品 30% H_2O_2 作为氧化剂，但碱水溶液的浓度视底物的差异而改变。在没有碱敏性基团的情况下，2~3 mol/L 的 NaOH 水溶液最为常用。

4.1.1   末端烯烃的硼氢化-氧化反应

末端烯烃包括 1-取代末端烯烃和 1,1-二取代末端烯烃，它们是硼氢化-氧化反应最主要的反应底物。使用 1,1-二取代末端烯烃作为底物进行的硼氢化-氧化反应最能生动地表现出 Brown 硼氢化反应独特的一面：反马氏加成和高度的区域选择性。使用 1-取代末端烯烃作为底物，则可以通过选择使用不同结构的硼氢化试剂对该反应的选择性进行非常有效地调控。

几乎所有的 1,1-二取代末端烯烃都可以非常容易地发生硼氢化-氧化反应。由于这类烯键两端位阻差异非常明显，使用简单的 $BH_3 \cdot THF$ 即可得到高产率和高度区域选择性的产物。如式 29 所示[31]：使用最简单的 $BH_3 \cdot THF$ (2 eq) 完成硼氢化反应后再用 30% H_2O_2 的碱水溶液 (2 mol/L) 氧化，即可得到 97% 的反马氏伯醇产物。

$$(29)$$

有人报道：使用简单的 $BH_3 \cdot SMe_2$ 试剂对烯丙位有手性羟基的末端烯烃进行硼氢化-氧化反应时，可以得到高达 86% de 的产物 (式 30)[32]。

$$(30)$$

$BH_3 \cdot SMe_2$ 和 $BH_3 \cdot THF$ 也是非常好的还原试剂。如式 31 所示[33]：该底物分子中同时含有两种类型的末端烯烃和酮羰基，只需一步反应即可将它们转化成相应的两个伯醇和一个仲醇。

$$\text{(31)}$$

几乎所有的 1-取代末端烯烃都不容易在简单的 BH_3 试剂作用下得到高度区域选择性的产物。但是，在大位阻试剂 9-BBN 的作用下很容易得到 > 95% 的反马氏伯醇产物。如式 32 所示[34]：底物的烯丙位有氧原子时有助于得到高度的区域选择性。

$$\text{(32)}$$

氮原子很容易与硼原子配位，从而降低硼氢化试剂的反应活性。但是，酰胺衍生物可以发生正常的硼氢化反应。如式 33 所示[35]：即使底物分子中含有对碱敏感的酯基也可以得到很高的反应产率。

$$\text{(33)}$$

9-BBN 试剂对区域选择性的影响可以在苯乙烯类型底物中得到充分体现。虽然苯环的电子效应不利于得到高度的反马氏选择性，但使用 9-BBN 可以将苯环电子效应对区域选择性的影响完全屏蔽 (式 34)[36]。

$$\text{(34)}$$

对于一些对强碱敏感的底物来讲，使用 aq. $NaOH-H_2O_2$ 会严重影响反应的收率。这时，使用过硼酸溶液是一个方便选择 (式 35)[37a]，有时这种选择甚至起到决定性的作用[7b]。

$$\text{(35)}$$

4.1.2　中间烯烃的硼氢化-氧化反应

　　链状中间烯烃包括二取代、三取代和四取代烯烃三种类型。一般来讲，使用 BH_3 试剂与二取代烯烃发生的硼氢化反应是没有区域选择性的。如式 36 所示[38]：2-庚烯衍生物与 BH_3 试剂在正常的条件下反应，得到了可能的四种异构体的混合物。

$$(36)$$

R = H	20.6%	29.5%	27.5%
R = Ac	19.7%	31.5%	29.5%
R = Bn	25.0%	23.0%	23.0%

　　因此，必须使用大位阻硼氢化试剂才可能得到区域选择性产物。当取代基体积增大时，反应的速度明显下降，有时需要在回流条件下长时间反应。如式 37 所示[39]：使用 9-BBN 可以得到单一的区域选择性产物，但底物中大体积的硅取代基可能也为此做出了较大的贡献。

$$(37)$$

　　三取代烯烃的硼氢化反应最容易得到高度的区域选择性。通常使用简单的 BH_3 试剂即可实现大多数预期的目的。如式 38 所示[40]：BH_3 从底物分子平面上方位阻最小的方向进行顺式加成。该反应在实现高度的区域选择性的同时，还实现了高度的立体选择性。

$$(38)$$

　　链状四取代烯烃的硼氢化反应被报道的很少，这可能是因为四取代烯烃的硼氢化反应比较困难。

4.1.3　环状烯烃的硼氢化-氧化反应

　　环状烯烃首先可以分为环外烯烃和环内烯烃，两种烯烃的立体化学均受到环上取代基的大小和位置的影响。

　　预测环外烯烃的区域选择性时，可以简单地将它们看作是 1,1-二取代末端烯烃或者三取代烯烃。因此，它们是最容易得到高产率、高度区域选择性和立体选择性的一类底物分子 (式 39)[41]。如式 40 所示[42]：由于双环连接处的甲基处于环平面的上方，硼氢化试剂选择性地从下方加成到双键上。

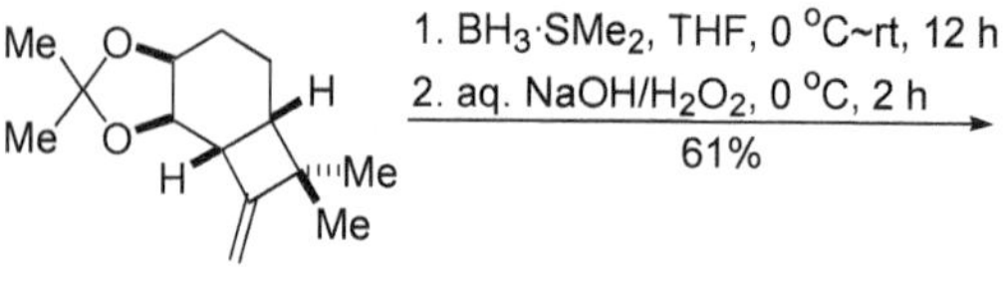

(39)

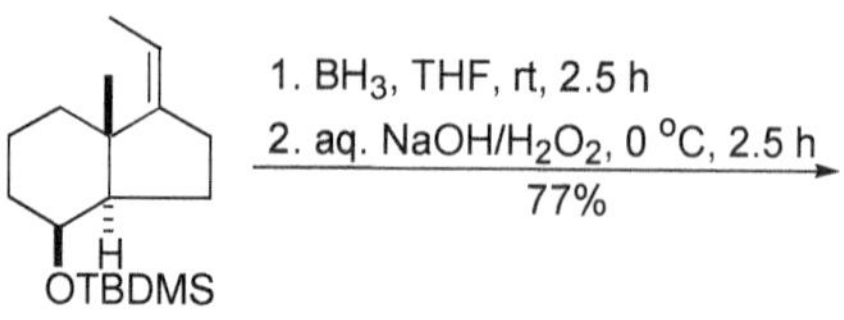

(40)

环内烯烃包括二取代、三取代和四取代烯烃三种类型。与链状烯烃类的反应类似，二取代烯烃硼氢化反应的区域选择性不容易控制。如式 41 所示[43]：最常用的两种 BH_3 试剂均给出两种产物异构体的混合物。如式 42 所示[44]：反应温度对区域选择性有一定的影响，但使用大位阻试剂 9-BBN 可以获得决定性的影响。

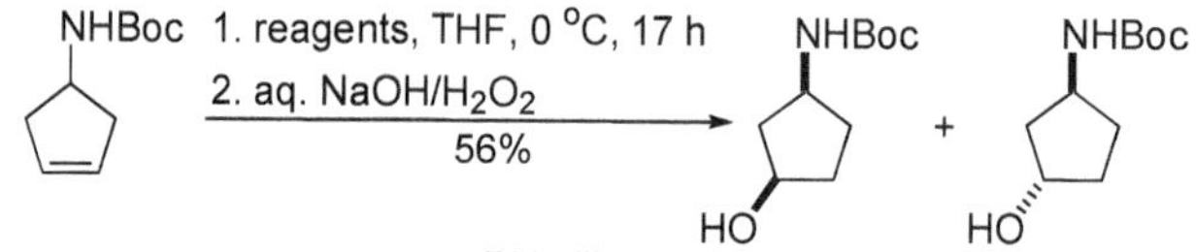

$BH_3 \cdot THF$	23%	77%
$BH_3 \cdot SMe_2$	29%	71%

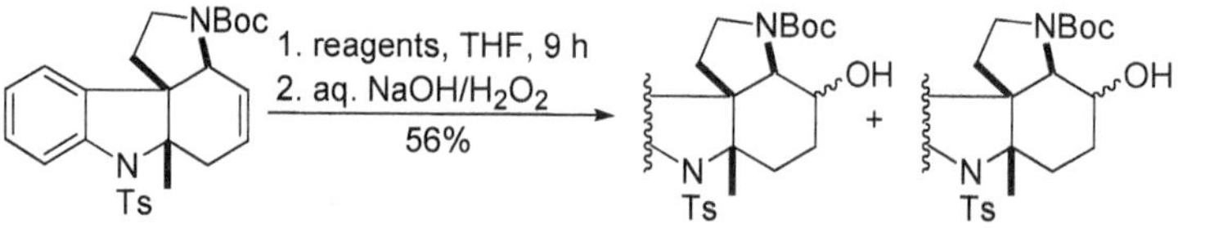

(41)

$BH_3 \cdot THF$, 0 °C	51%	49%
$BH_3 \cdot THF$, −20 °C	44%	49%
9-BBN, 25 °C	9%	34% (41% 的原料)
9-BBN, 50 °C	5%	80%

(42)

但是，Yadav 报道了一种获得高度区域选择性的合成技巧。如式 43 所示[45]：当双键的 α-碳原子上有一个羟甲基时，使用 $ThxBH_2$ 作为硼氢化试剂则可以得到单一的产物。这主要是因为羟甲基能够与邻位的硼原子反应，生成稳定的环状中间体。

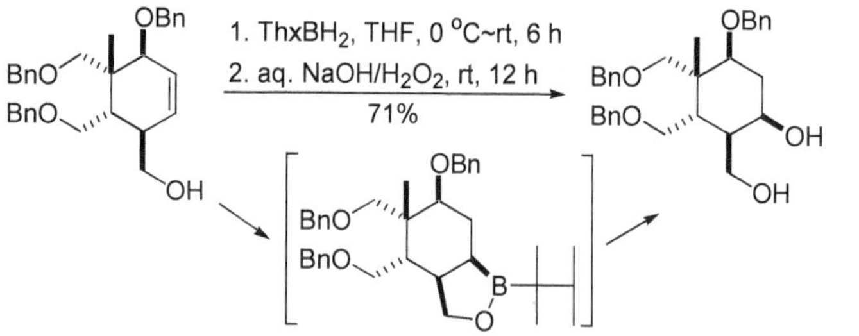

(43)

环内三取代烯烃的硼氢化反应是最常使用的高度区域选择性反应，非常容易实现预期的结果。如式 44 所示[46]：只需要使用简单的 BH₃ 试剂即可在温和条件下得到单一的产物。如式 45 所示[47]：由于烯丙基醇的影响，该硼氢化反应具有高度的区域和立体选择性。

$$(44)$$

$$(45)$$

环状四取代烯烃的硼氢化反应在常温下速度很慢，而在高温下容易发生异构化。所以，具有合成价值的反应被报道的很少。2000 年，Rizzacasa 报道了一个很有意义的环状四取代烯烃的硼氢化反应。如式 46 所示[48]：该结果的实现也许是由于烯醇醚结构的影响。

$$(46)$$

4.1.4 烯烃硼氢化反应的异构化现象

早在 1957 年，Hennion[49]就已经报道：将连接在仲碳上的硼烷化合物长时间加热可以异构化生成伯碳连接的硼烷化合物。后来，经过 Brown[50]的系统研究发现：硼原子连接在高位阻碳原子上的硼烷化合物在加热条件下均可以异构化生成位阻最低的硼烷化合物，异构化过程不改变底物分子的基本骨架结构。由于 B-H 键对异构化有催化作用，所以异构化反应需要使用过量 10%~20% 的硼氢化试剂 (式 47)。

$$(47)$$

0 h	100%	0%	0%
1 h	26%	30%	44%
2 h	18%	25%	57%
4 h	11%	15%	74%
8 h	9%	9%	82%
24 h	6%	6%	88%

对异构化现象的研究揭示: 异构化的实质是硼氢化反应发生的可逆过程。由于该反应要求在过量硼氢化试剂和较高的反应温度下进行, 因此异构化反应对官能团的兼容性很差。早期的研究主要限制在无官能团烷烃的底物范围, 用来探讨和认识硼氢化反应的机理[51]。

后来, 人们发现带有烯丙基碳的四取代链状烯烃可以在较高的温度下发生有规律的重排[52]。如式 48 所示[52a]: 使用 2,3-二苯基-2-丁烯与 BH₃ 反应最后得到的是在底物中烯丙基碳上取代的伯醇产物。这主要是在硼氢化反应中发生了异构化的原因, 硼原子从高位阻的碳原子异构化到低位阻的碳原子上。

$$(48)$$

环状烷基四取代烯烃由于空间位阻的原因也容易在较高的温度下发生异构化[53a], 1,2-二苯基取代的环状烯烃可以得到具有制备价值的异构化产物[53b](式 49)。

$$(49)$$

2001 年, Knochel 等[54]巧妙地利用环状烷基四取代烯烃发生异构化的规律和 B-H 键对芳环 C-H 键的活化性质, 在进行异构化反应的同时也在芳环上引入了一个酚羟基 (式 50)。

$$(50)$$

在该反应中，生成稳定的 5~6 员环硼烷结构是非常重要的，可以使硼原子异构化过程具有良好的可控性。如式 51 所示：使用乙基取代的四取代烯烃可以得到相应的仲醇，而不是得到彻底异构化的伯醇。

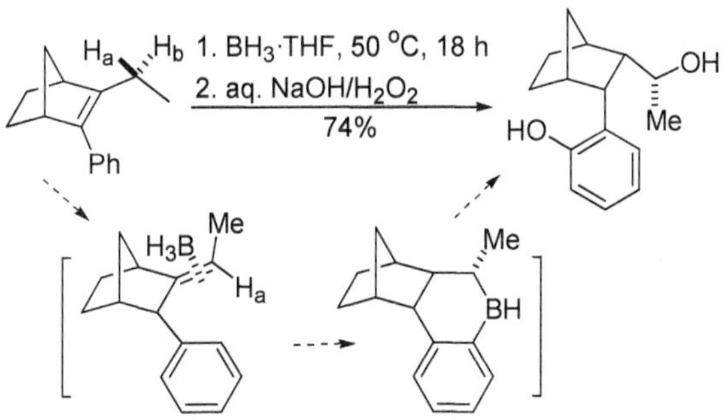

$$
(51)
$$

4.1.5 多烯烃的硼氢化-氧化反应

根据反应的特点，这里的多烯烃主要是指 1,3-共轭二烯和其它含有两个或者两个以上烯键的底物。早在 1959 年，Brown[55]就报道了 1,3-共轭二烯与 BH_3 的硼氢化反应。与简单烯烃不同的是，共轭二烯的硼氢化反应产物相当复杂。根据 1,3-共轭二烯与二硼烷的比例和反应温度，他们提出了三种可能的中间体 (式 52)[55,56]。

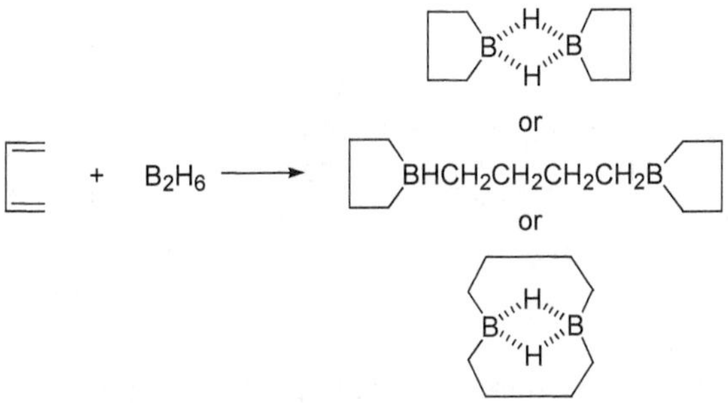

$$
(52)
$$

大多数 1,3-共轭二烯经过硼氢化-氧化反应得到是 1,3-二醇和 1,4-二醇的混合物。使用 BH_3 试剂，即使加入过量的二烯也无法得到烯醇产物[57]。但是，当使用只有一个 B-H 键的 Sia_2BH 作为硼氢化试剂时[58]，则可以选择性地只与 1,3-共轭二烯中位阻较小的烯键发生反应 (式 53)。

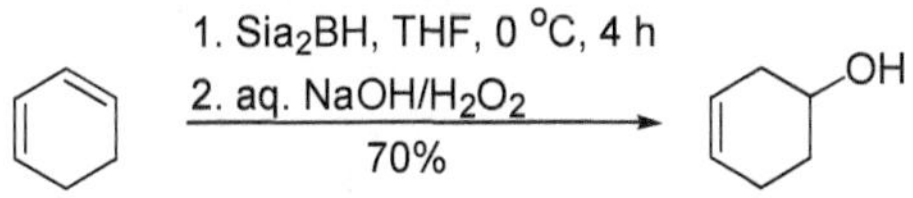

$$
(53)
$$

现在，更多的时候是使用 9-BBN 来实现 1,3-共轭二烯的选择性单硼氢化-氧化反应。但是，与孤立的烯烃相比较，共轭二烯的反应活性较低且产率较低 (式 54[59a]和式 55[59b])。

$$(54)$$

$$(55)$$

孤立二烯烃在硼氢化-氧化反应中的化学行为几乎与一般烯烃完全一样。当使用过量的硼氢化试剂时，孤立二烯烃中的两个烯键可以完全被硼氢化。经氧化反应后生成相应的二醇，并且遵循硼氢化反应的区域和立体选择性。如式 56 所示[60]：在稍过量的 BH$_3$ 试剂的作用下，带有两个孤立的三取代二烯底物顺利地发生硼氢化-氧化反应得到预期的二醇产物。

$$(56)$$

如果孤立二烯烃中的两个烯键具有明显的位阻差异时，可以完全实现选择性硼氢化-氧化反应。一般来讲，末端双键优先于中间双键 (式 57)[61]，环外双键优先于环内双键 (式 58)[62]。

$$(57)$$

$$(58)$$

当底物中有多个可以与硼氢化试剂发生反应的位点时，只要它们的反应活性之间有足够的差异就能够得到高度选择性的产物。如式 59 所示[63]：底物分子中含有两个烯键和一个炔键，但是并不影响得到单一的伯醇产物。

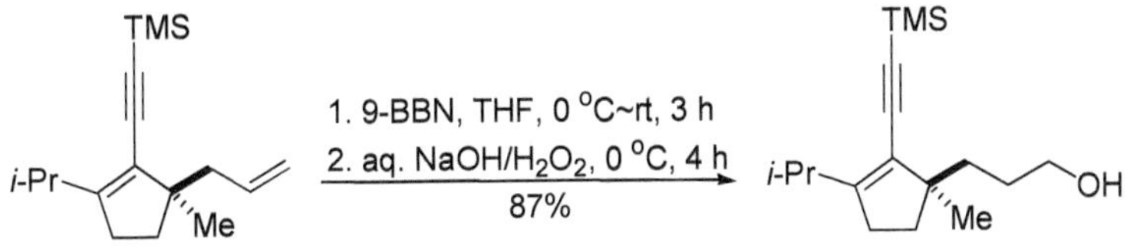

$$
\text{(59)}
$$

使用硼氢化试剂 9-BBN 对一取代末端烯烃的反应是如此温和、成熟和高度区域选择性，以至于可以用于多烯烃的硼氢化-氧化反应。如式 60 所示[64]：Lindhorst 将糖转化成为八烯丙基醚衍生物后发生硼氢化-氧化反应，可以一次得到带有八个伯羟基的树枝状超分子 (Dendrimer) 的核心结构。

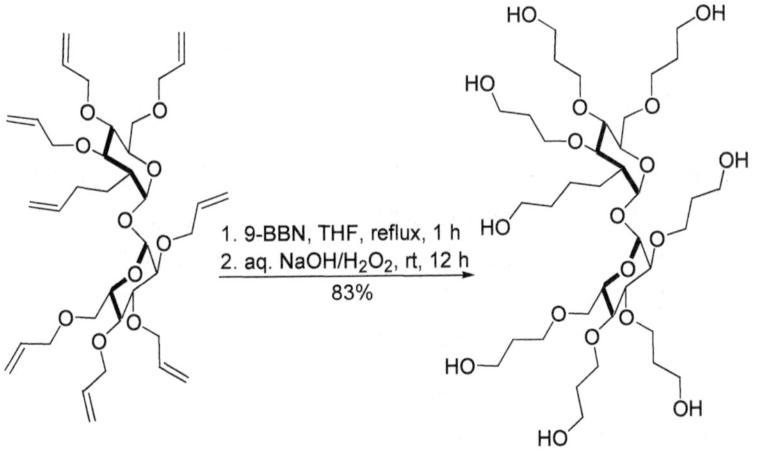

$$
\text{(60)}
$$

4.1.6　杂原子取代烯烃的硼氢化-氧化反应

具有合成价值的杂原子取代烯烃主要包括烯基醚、烯基硫醚和烯胺的酰胺。因为这些底物分子的电子效应影响，非常有利于生成单一区域选择性的产物。如式 61 所示[65]：烯基硫醚的硼氢化反应总是生成硼原子加成到没有硫原子取代的那个烯键碳原子上。

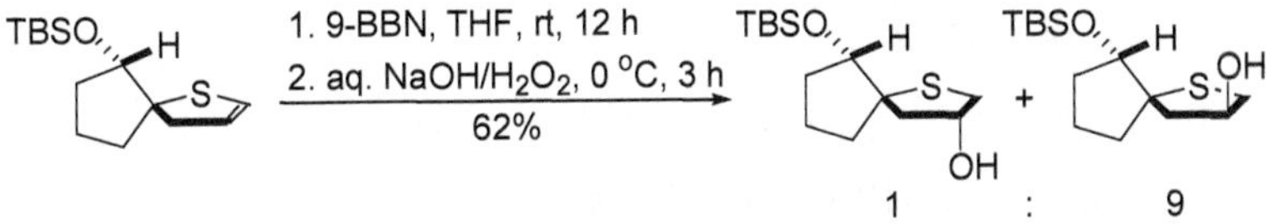

$$
\text{(61)}
$$

由于氮原子很容易与硼原子配位，烯胺需要转化成酰胺才容易发生硼氢化-氧化反应。如式 62 所示[66]：虽然该反应提供了高度的区域选择性，但是显然不完全是来自烯胺的定位效应。因为该底物是一个三取代烯烃，取代基位阻带来的影响可能更大一些。

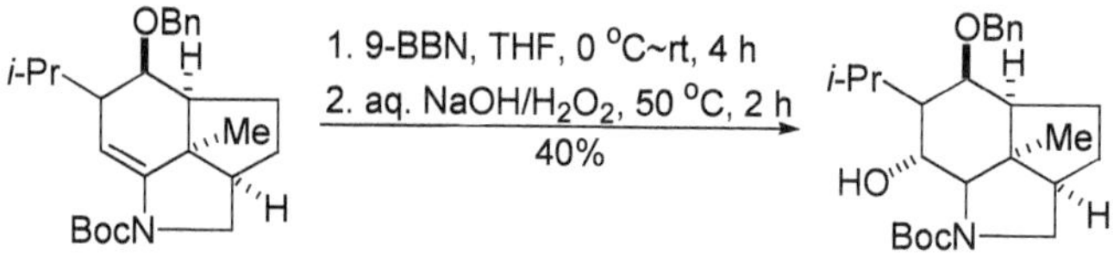

(62)

烯基醚是比较大的一类硼氢化-氧化反应的底物，生成的反应产物在天然产物全合成中具有重要的应用价值。烯基醚的电子效应对反应的区域选择性非常强，硼原子总是加成到没有氧原子取代的那个烯键碳原子上。如式 63 所示[67]：在 Fukuyama 等人报道的 (+)-Vinblastine 的全合成中，二取代的烯基醚与简单的 BH$_3$·SMe$_2$ 发生硼氢化-氧化反应生成单一的产物。由于没有任何来自其它立体位阻的影响，烯基醚的定位效应是显而易见的。

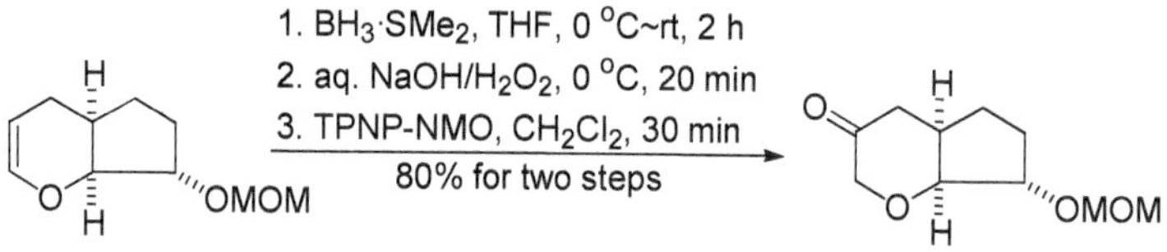

(63)

事实上，烯基醚的定位效应可以完全掩盖烯键上烷基取代基位阻产生的影响。所以，即使烯基醚底物中没有氧原子取代的那个烯键碳原子是二取代的，硼原子仍然选择性地加成在位阻较大的碳原子上。如式 64 所示[68]：烯基醚底物经过硼氢化-氧化反应得到了立体位阻不利的叔醇产物。又如式 65 所示[69]：该烯基醚底物给出类似的叔醇，而且全部反应在 0 °C 的低温下快速地完成。

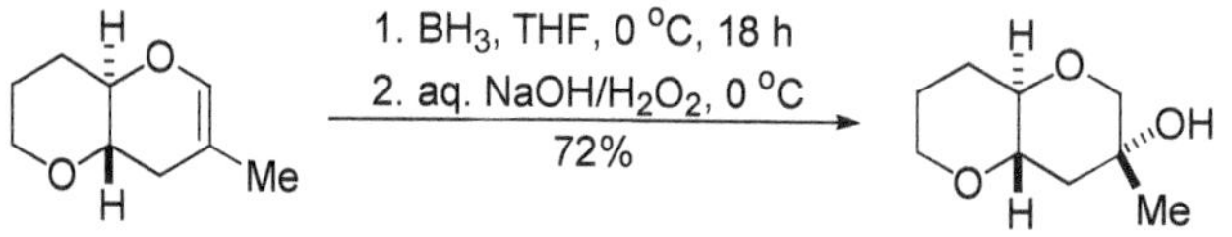

(64)

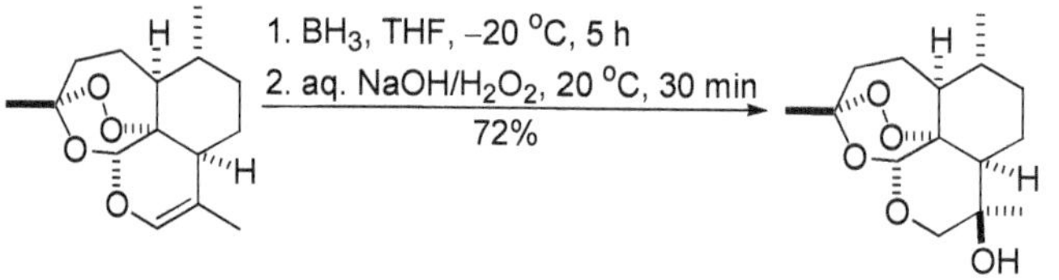

(65)

4.1.7 炔烃的硼氢化-氧化反应

烯烃的硼氢化反应发现不久，Brown 就报道了炔烃的硼氢化反应[70]。但是，使用 BH$_3$ 为试剂的反应产物比较复杂，因为 BH$_3$ 与炔烃反应可以生成多种结构不明的二硼衍生物[71]。但是，使用二烷基取代的硼氢化试剂 Sia$_2$BH 即可方便地得到单一的反式乙烯基硼化物。所以，中间炔烃经过硼氢化-氧化反应可以得到酮，而末端炔烃经过硼氢化-氧化反应可以得到醛。

无论使用 Sia$_2$BH 还是 Cy$_2$BH 作为硼氢化试剂，从中间炔烃均不能够得到单一的产物。视炔键两端取代基的差异，一般得到的是以一种产物为主的混合物，因而影响了该类底物在有机合成上的应用 (式 66)[72]。

	i-C$_3$H$_7$C≡CCH$_3$		EtC≡CCH$_3$		PhC≡CCH$_3$		(66)
	↑	↑	↑	↑	↑	↑	
BH$_3$	25%	75%	40%	60%	74%	6%	
ThxBH$_2$	19%	81%	39%	61%	43%	57%	
Sia$_2$BH	7%	93%	39%	61%	19%	81%	
Cy$_2$BH	8%	92%	33%	67%	29%	71%	
9-BBN	4%	96%	22%	78%	65%	35%	

但是，末端炔烃的硼氢化-氧化反应可以得到高产率的醛。在实际应用中，9-BBN 一般不被用做该反应的硼氢化试剂。这主要是因为 9-BBN 与炔烃反应的速度比烯烃慢，当 9-BBN 与炔烃发生硼氢化反应一旦生成 BBN-取代的乙烯基产物后，马上就会优先发生第二次硼氢化反应生成两个 BBN-取代的烷烃产物[73]。如式 67 所示[74]：在二倍摩尔量的 9-BBN 试剂存在下，末端炔烃几乎定量地转变成为两个 BBN-取代的烷烃。

(67)

最常用于该转变的硼氢化试剂是 Sia$_2$BH 和 Cy$_2$BH，他们与末端炔烃的硼氢化几乎定量地在短时间内完成。虽然 Sia$_2$BH 和 Cy$_2$BH 均被认为是不稳定的试剂，但是在实际应用中可以采取原位制备的方法获得和使用。如式 68 所示[75]：直接使用 BH$_3$·THF 和 2-甲基-2-丁烯即可完成从末端炔烃到醛的转变。事实上，BH$_3$·THF 与 2-甲基-2-丁烯在反应中原位形成了 Sia$_2$BH。

1. BH$_3$, Me$_2$C=CHMe, THF, 0 °C~rt, 1.5 h
2. aq. NaOH, aq. H$_2$O$_2$, 0 °C~rt, 30 min
76%

(68)

如式 69 所示[76]：直接使用 BH$_3$·THF 和环己烯也可以顺利地完成从末端炔烃到醛的转变。事实上，BH$_3$·THF 与环己烯在反应中原位形成了 Cy$_2$BH。

1. BH$_3$, cyclohexene, diglyme, 0 °C~rt, 3 h
2. aq. NaOH, aq. H$_2$O$_2$, 0 °C~rt, 20 min
85%

(69)

4.2 催化硼氢化反应

使用 BH₃、RBH₂ 和 R₂BH 类型进行的 Brown 硼氢化反应，不需要使用任何催化剂就可以在室温下快速顺利地完成，反应的动力主要来自硼烷试剂中缺电子硼对富电子烯烃的配位作用。但是，在苯并 [1,3,2] 二噁硼唑 (Catecholborane, HBcat) 分子中，由于两个氧原子直接与硼原子成键而导致硼对烯烃的配位能力显著下降。因此，HBcat 在室温下是不能够被用作硼氢化试剂的。如式 70 所示[77]：HBcat 参与的硼氢化反应一般需要使用 10% 过量的试剂和 100 °C 下进行。

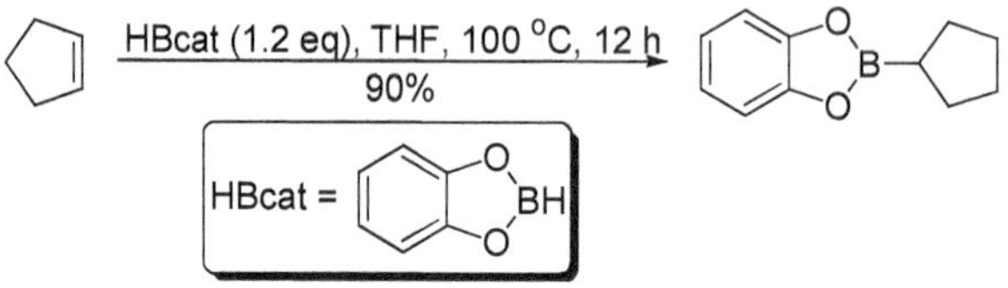

$$\text{环戊烯} \xrightarrow[90\%]{\text{HBcat (1.2 eq), THF, 100 °C, 12 h}} \text{产物} \qquad (70)$$

HBcat = (结构式)

1975 年，Kono 等人[78]报道：在 Wilkinson 催化剂 [Rh(PPh₃)₃Cl] 的存在下，环戊烯与 HBcat 可以在 20 °C 顺利地完成硼氢化反应。他们甚至分离得到了 HBcat 与 Wilkinson 催化剂生成的氧化加成中间体 (图 4)，但却没有进一步将该研究结果发展成为一种合成方法。

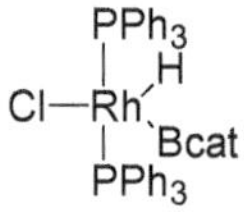

图 4 HBcat 与 [Rh(PPh₃)₃Cl] 生成的氧化加成中间体

1985 年，Manning 和 Noth[3]报道：己-5-烯-2-酮与 HBcat 在 0.5 mol% Wilkinson 催化剂的存在下反应不仅仅使反应条件更加温和，而且得到与无催化条件下完全不同的产物。如式 71 所示[79]：该反应引发了催化硼氢化反应的课题研究。

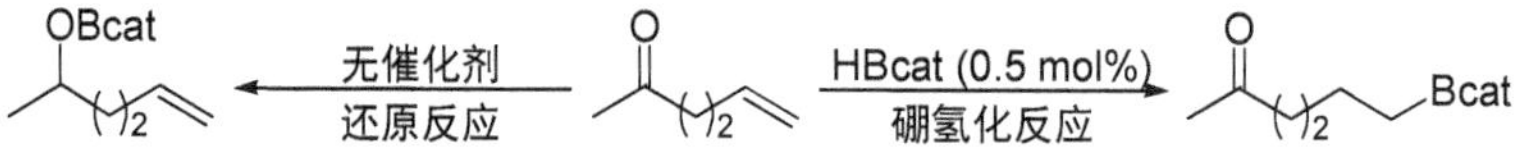

$$\text{(OBcat 产物)} \xleftarrow[\text{还原反应}]{\text{无催化剂}} \text{(酮)} \xrightarrow[\text{硼氢化反应}]{\text{HBcat (0.5 mol%)}} \text{(Bcat 产物)} \qquad (71)$$

1991 年，Westcott 等人[80]分离得到了 HBcat 与另一种 Rh 催化剂生成的氧化加成中间体，并用 X 射线晶体结构分析方法对其结构进行了表征 (图 5)。

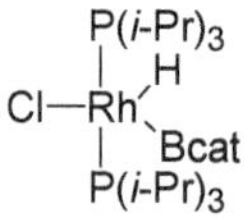

图 5 HBcat 与 Rh[P(i-Pr)₃]₃Cl 生成的氧化加成中间体

由于 HBcat 具有较大的体积、一个 B-H 键和硼氢化反应产物更容易发生氧化水解的特点，而且金属催化的硼氢化反应条件温和并能够得到与无催化硼氢化反应不同的区域和立体选择性，因此金属催化的硼氢化反应具有重要的合成应用价值。

Wilkinson 催化剂是最早发现应用于该反应的金属 Rh-催化剂。虽然人们也对其它金属催化剂 (例如：Li[81]、Ni[82]、Pd[83]、Ru[84]、Ir[85]、Ln[86]、Ti[87] 和 Zr[88]) 进行了研究和应用，但 Rh-催化剂被证明仍然是最适合催化硼氢化反应的催化剂。HBcat 较晚应用于该反应，但目前被证明是最适合催化硼氢化反应的试剂。如式 72 所示：试剂 1[3]最早被用于该反应，但是却没有得到广泛的应用；其它硼氢化试剂 2[88b]、3[89]、4[86c]和 5[90]也曾用于催化硼氢化反应的探讨，许多结果已经在几个综述中得到了详细的讨论[91]。

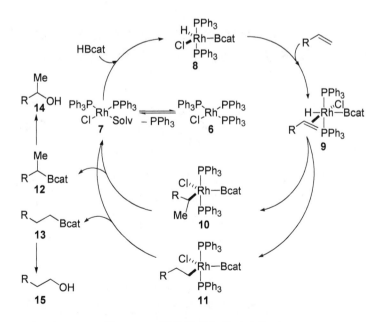

(72)

4.2.1 催化硼氢化反应的机理

在认识部分实验现象和中间体结构的基础上，Burgess[92]在 1991 年就详细地描述了 HBcat 参与和 Rh-催化的硼氢化反应的机理。如图 6 所示：Rh-配

图 6　Rh-催化的硼氢化反应机理

合物 **6** 首先在溶剂化作用下发生解离，生成具有活性的 Rh-配合物 **7**。然后，HBcat 对 **7** 进行氧化加成生成 **8**。接着，烯键与 **8** 在 Cl 原子相反的位置上发生配位，生成氢原子和硼原子也在相反位置上的配合物 **9**[93]。当烯键插入到 Rh-H 键中间时，可以得到两种可能的中间体 **10** 和 **11**。最后，**10** 和 **11** 经还原缩合释放出硼氢化反应的产物 **12** 和 **13**，同时再生出催化剂 **7**[94]。如果硼氢化反应的产物 **12** 和 **13** 继续发生氧化水解，即可得到预期的硼氢化-氧化产物 **14** 和 **15**。

4.2.2   催化硼氢化反应的区域选择性

由于催化硼氢化反应中的硼氢化试剂具有较低的反应活性，所以反应底物的范围受到了很大的限制。1-取代末端、1,1-二取代末端和 1,2-二取代中间烯烃以及末端炔烃是常用的底物，三取代和四取代烯烃一般不被用于该目的。

1-取代末端烯烃在催化硼氢化反应中表现出与无催化的硼氢化反应一样,高产率和高度区域选择性地得到反马氏加成产物。但是，使用催化硼氢化反应可以带来两点好处：(1) 反应时间短且条件更加温和；(2) HBcat 等试剂中 B-H 的 Lewis 酸性和还原能力显著下降，具有更高的官能团兼容性。如式 73 所示[95]：Trost 等人使用同时含有 α,β-不饱和酮和 1-取代末端烯烃的化合物为底物，在 Rh-催化的硼氢化反应标准条件下高度化学和区域选择性地得到伯醇产物。

$$\text{(73)}$$

1,1-二取代末端烯烃在催化硼氢化反应中也遵循反马氏加成规则，经过氧化水解后得到高产率和高度区域选择性的伯醇产物。如式 74 所示[96]：反应可以在 –20 °C 下顺利地进行。

$$\text{(74)}$$

与无催化的硼氢化反应一样，1,2-二取代中间烯烃的区域选择性不易控制。一般情况下，催化硼氢化反应难以得到单一的产物。如式 75 所示[97]：使用具有对称双键作为反应底物是一个明智的选择。但是，有些含不同取代基双键的底物在催化硼氢化反应中的区域选择性却很低 (式 76)[98]。

$$\text{(75)}$$

(76)

9-BBN		75%, **16:17:18** = 100:0:0
BH$_3$·SMe$_2$		72%, **16:17:18** = 45:40:15
HBcat/RhCl(PPh$_3$)$_3$ (5% mol)		89%, **16:17:18** = 63:25:12

由于硼氢化试剂活性较低的原因，三取代和四取代烯烃不发生催化硼氢化反应。事实上，这种官能团的反应性差别甚至可以用来获得高度的化学选择性。如式 77 所示[99]：使用同时含有三取代烯烃和一取代烯烃的底物分子时，催化硼氢化反应选择性地发生在一取代烯烃上。同时含有四取代烯烃和末端炔烃底物发生催化硼氢化反应时，四取代烯烃根本不会受到任何影响 (式 78)[100]。

1. HBcat, RhCl(PPh$_3$)$_3$, THF, 0 °C~rt, 1 h
2. aq. NaOH/H$_2$O$_2$, rt, 4 h
78%

(77)

HBcat, Cp$_2$Zr(H)Cl, CH$_2$Cl$_2$, 23 °C, 12 h
96%

(78)

在催化硼氢化反应中，最重要的是那些环内烯丙基醇类底物[101]和苯乙烯类底物[102]发生的反应。因为它们在催化条件下和无催化反应的区域选择性正好相反，形成了一种重要的互补关系。同时，由于催化反应可以引入手性配体而为不对称硼氢化反应奠定了基础。

1988 年，Evans 等人[101]对烯丙基醇类底物的催化硼氢化反应进行了系统性的研究，所得到的结论对选择使用催化或者无催化反应条件具有指导性的意义。如式 79 所示：2-环己烯醇及其衍生物的硼氢化反应可能生成四种产物。

无催化硼氢化反应条件
或者
催化硼氢化反应条件

(79)

R = H	83	18	5	72	10	9	2	1
R = Bn	68	7	13	72	19	13	0	8
R = TBDMS	74	2	13	86	13	11	0	1

无催化硼氢化反应条件: 9-BBN, THF, 25 °C

催化硼氢化反应条件 : HBcat, RhCl(PPh$_3$)$_3$ (3 mol%), 25 °C

在无催化反应条件下，主要生成 1,2-反式产物；而在催化反应条件下则主要生成 1,3-反式产物。

1991 年，Dai 等人[103]报道了苯乙烯类底物在催化和无催化条件下硼氢化反应的区域选择性研究。如式 80 所示：在无催化反应条件下，硼氢化反应主要发生在末端碳原子上得到伯醇产物。但是，在催化反应条件下硼氢化反应几乎完全发生在中间碳原子上得到仲醇产物。

R = H	8		92
R = H	94		6
R = Cl	99		1
R = Me	97		3

(80)

无催化硼氢化反应条件: HBcat, THF, 25 °C,

催化硼氢化反应条件: HBcat, RhCl(PPh₃)₃ (2 mol%), 25 °C

4.2.3 催化硼氢化反应的立体选择性

在不涉及手性的催化硼氢化反应中，由 1,1-二取代末端烯烃构成的环外和链状烯丙基醇类底物的立体选择性最值得关注[101]，因为它们的反应结果与无催化条件下的硼氢化反应有着非常显著的差异。

如式 81 所示：在无催化反应条件下，带有环外双键的环己醇生成相等产率的 1,2-顺式产物和 1,2-反式产物。即使增加醚的体积，1,2-反式产物的产率也只能在 10% 的范围内进行调控。但是，在催化反应条件下则主要生成 1,2-反式产物。

R = H	50	90	50	96
R = TBDMS	39	10	61	4

(81)

无催化硼氢化反应条件: 9-BBN, THF, 25 °C

催化硼氢化反应条件: HBcat, RhCl(PPh₃)₃ (3 mol%), 25 °C

在式 82 的烯丙基醇底物结构中含有链状的 1,1-二取代末端烯键，在烯键上加成后会产生一个叔碳原子。在无催化反应条件，生成的产物主要受到底物和试剂位阻的控制。但是，催化反应条件下却得到相反的立体化学产物。

$$(82)$$

R = H	8	75	92	25
R = TBDMS	11	96	89	4
R = TBDPS	14	97	86	3

无催化硼氢化反应条件: 9-BBN, THF, 25 °C

催化硼氢化反应条件: HBcat, RhCl(PPh₃)₃ (3 mol%), 25 °C

4.3 不对称硼氢化反应

不对称硼氢化反应主要包括两种方法：(1) 手性硼氢化试剂诱导的不对称硼氢化反应；(2) 催化不对称硼氢化反应。

4.3.1 手性硼氢化试剂诱导的不对称硼氢化反应

试剂诱导的不对称硼氢化反应可以追溯到 1961 年[104a,b]，Brown 在测试蒎烯类化合物重排反应对硼氢化反应条件敏感程度影响时，发现硼烷与 α-蒎烯可以生成稳定的二烷基硼烷产物 Ipc₂BH[104c]。因为商品 α-蒎烯的光学纯度大约为 90% ee，所以得到的是具有光学活性的 Ipc₂BH。如式 83 所示：当使用 Ipc₂BH 作为试剂与顺式 2-丁烯发生硼氢化-氧化反应时，生成的仲醇产物可以达到 87% ee。

$$(83)$$

在随后的几十年中，虽然有许多手性硼氢化试剂被报道 (式 84)[105~110]，但它们的反应活性、区域选择性和对映选择性差异很大。到目前为止，得到广泛应用的手性硼氢化试剂主要是从 α-蒎烯得到 Ipc₂BH 和它的类似物 IpcBH₂。

$$(84)$$

从理论上讲，1,1-不同二取代末端烯烃、1,2-二取代中间烯烃和三取代烯烃均有可能在试剂诱导的不对称硼氢化反应得到高度的对映选择性产物。但事实上并非如此，只有顺式 1,2-二取代中间烯烃可以普遍地得到满意的手性仲醇。

使用 Ipc₂BH 和 IpcBH₂ 试剂诱导的不对称硼氢化反应具有三个优点：高纯度的试剂已经商品化、实验室可以大量制备和实验操作方便简单。但是，该方法也有三个主要缺点：反应底物的适用范围较小、需要使用计量的手性试剂和手性试剂不能够回收再利用。

4.3.1.1 Ipc₂BH 诱导的不对称硼氢化反应

Ipc₂BH 在试剂诱导的不对称硼氢化反应中具有非常重要的应用。Brown 使用不同类型的底物进行测试发现：使用 > 99% ee 的商品 Ipc₂BH 为试剂，顺式 1,2-二取代中间烯烃可以得到高度的对映选择性产物 (式 85)[111]。

$$(85)$$

| 98.4% ee | 92.3% ee | 93% ee | 83% ee |

Ipc₂BH 试剂诱导的不对称硼氢化反应一般在 –25 ℃ 下进行，杂原子取代的环状烯烃全部给出单一的对映体 (式 86)[112]。

$$(86)$$

| ≥ 99% ee | ≥ 99% ee | ≥ 99% ee | ≥ 99% ee | 83%~ ≥ 99% ee |

三取代中间烯烃在正常的反应中一般得到中等至中上水平的对映选择性。但是，由于 Ipc₂BH 与大多数烯烃生成的硼氢化反应中间体都是结晶固体，因此可以非常容易地通过中间体重结晶得到单一的非对映体。然后，再经过氧化水解得

$$(87)$$

| 53% ee | 62% ee | 66% ee | 72% ee |

到单一对映体的产物醇 (式 87)。

Ipc₂BH 试剂诱导的不对称硼氢化反应在有机合成中的应用最为广泛。2001年, Hoffmann 等人[113]设计了一种多功能的手性中间体 **19**, 该中间体经修饰后可以用于多种天然产物的合成。如式 88 所示: 8-氧双环[3.2.1]辛-6-烯-3-酮 (**20**) 被认为是合成 **19** 最合适的原料。

$$\text{(88)}$$

如式 89 所示: 在其中的转变中, Ipc₂BH 试剂诱导的不对称硼氢化反应起到了关键的作用。由于化合物 **21** 可以看作是一个顺式含氧五员环状烯烃, 是 Ipc₂BH 试剂最合适的底物。所以, 在非常温和的条件下可以得到 85% 的产率和 96% ee 的仲醇产物 **22**。

$$\text{(89)}$$

2000 年, Burden 等人[114]在完成一类非甾体男性荷尔蒙受体配体的合成中也成功地运用了 Ipc₂BH 试剂诱导的不对称硼氢化反应。如式 90 所示: 所用的三环底物可以看作是环己烯的衍生物, 是 Ipc₂BH 试剂最合适的底物之一。所以, 在非常温和的条件下以 62% 的产率得到了单一的非对映体产物。

$$\text{(90)}$$

Paterson 等人[115]报道了一个非常有趣的实验结果, 他们巧妙地利用 Ipc₂BH 试剂同时作为一个不对称还原试剂和不对称硼氢化试剂。如式 91 所示: 当选择的手性 (+)-Ipc₂BH 试剂与底物匹配时, 生成的主要非对映异构体的比例能够达到 90%。

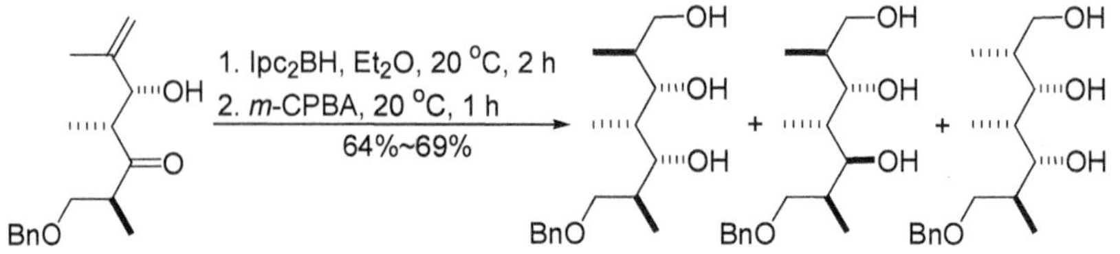

(91)

(+)-Ipc$_2$BH, 69%, **23**:**24**:**25** = 90:5:5
(−)-Ipc$_2$BH, 64%, **23**:**24**:**25** = 63:26:11

该反应需要三分子以上的 Ipc$_2$BH 试剂才能够得到较好的产率。如式 92 所示：Ipc$_2$BH 试剂在反应过程中可能涉及到三个步骤：配位、还原和硼氢化反应。

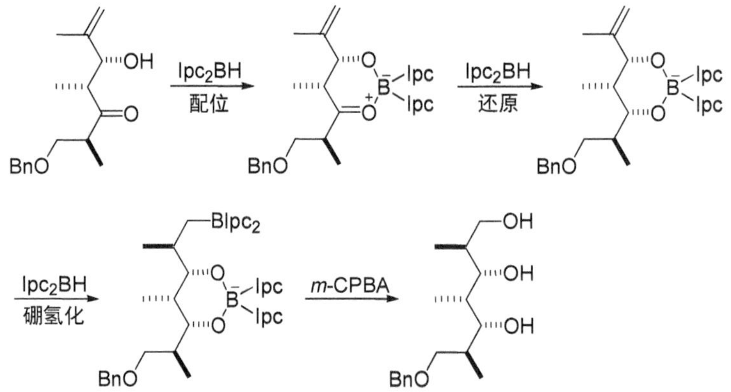

(92)

4.3.1.2　IpcBH$_2$ 诱导的不对称硼氢化反应

虽然 Ipc$_2$BH 可以在顺式-1,2-二取代中间烯烃的不对称硼氢化反应中大有作为，但 2-甲基烯烃、反式-1,2-二取代中间烯烃和三取代烯烃底物的对映选择性大约在 20% ee 左右。

Brown 认为：较低的对映选择性可能是因为 Ipc$_2$BH 试剂中带有两个固定的 Ipc-取代基。当使用 2-甲基烯烃为底物时，试剂的体积可能太小；而使用三取代烯烃为底物试剂的时，试剂的体积又可能太大。所以，他设想使用 IpcBH$_2$ 作为不对称硼氢化反应试剂可能会有一种自动调节作用。当使用体积小的烯烃底物时，IpcBH$_2$ 可以与两个底物分子反应；当使用体积大的烯烃底物时，IpcBH$_2$ 只与一个底物分子反应。在研究的早期，IpcBH$_2$ 很难通过直接的方法合成得到，Brown[116]使用了一种非常奇妙的方法可以得到光学纯度在 99% ee 以上的 IpcBH$_2$。

如式 93 所示[117]：在链状的反式烯烃和甲基取代的反式烯烃的不对称硼氢化反应中，使用 IpcBH$_2$ 确实能够显著提高产物对映选择性。而且，烯键上的大取代基有增加对映选择性的能力。

与预期的结果一样[118]：使用 IpcBH₂ 也可以显著提高三取代烯烃的对映选择性 (式 94)。

如式 95 所示[119]：使用苯基取代的三取代烯烃作为反应底物时，IpcBH₂ 参与的不对称硼氢化反应可以普遍得到较高的对映选择性。

2007 年，Sieburth 报道了使用 IpcBH₂ 诱导的不对称硼氢化反应。如式 96 所示[120]：当底物是一个环戊硅醚的三取代烯烃时，反应可以在非常简单温和的条件下完成。对生成的粗产物进行一次重结晶，就可以得到 >95% ee 的产物。

2005 年，Metz 在进行 Pamamycin-621A 和 Pamamycin-635B 的全合成时，将 IpcBH₂ 诱导的不对称硼氢化反应应用于链状三取代烯烃。如式 97 所示[121]：这类烯烃的不对称硼氢化反应在提高对映选择性方面仍然是一种挑战。

$$（97）$$

Brown 等人在 1998 年完成的 IpcBH$_2$ 与 1,4-二烯的不对称硼氢化反应是一个非常有意思的例子。如式 98 所示[122]：从 1-苯基-1,4-戊二烯底物可以得到手性 1-苯基-2-戊醇产物。这主要是因为 IpcBH$_2$ 中的两个 B-H 键与 1,4-戊二烯发生了两次硼氢化反应，首先得到了一个稳定的五员环硼化合物中间体。然后，使用乙酸将伯碳生成的 C-B 键优先发生酸解生成相应的烷烃，但却能够保持分子原来的构型。最后，再发生硼氢化-氧化反应得到仲醇。

$$（98）$$

4.3.2　催化不对称硼氢化反应[91b,c]

硼氢化反应中最常用的试剂 (例如：BH$_3$.THF、BH$_3$.SMe$_2$ 和 9-BBN) 与烯烃的反应非常快，而且区域选择性主要受控于底物的位阻和电荷效应。为了减少试剂自身的背景影响，它们一般不能用于催化不对称硼氢化反应。只有那些含有 B-O 和 B-N 键的低活性 B-H 化合物才是催化不对称硼氢化反应的合适试剂，HBcat 最常用于该目的。

受试剂和底物反应活性的双重影响，催化不对称硼氢化反应中使用的底物非常有限。从理论上来讲，适合该反应的底物包括 1,1-不同二取代末端烯烃、1,2-二取代中间烯烃和苯乙烯衍生物。但事实上，目前具有应用价值的催化不对称硼氢化反应的底物主要局限于苯乙烯类衍生物。

催化不对称硼氢化反应又可以分为三种方法：一种是将手性硼氢化试剂与非手性的金属催化剂联合使用；另一种是将手性硼氢化试剂与手性的金属催化剂联合使用；第三种是将非手性硼氢化试剂与手性金属催化剂联合使用。但是，由于第一种反应类型需要使用定量的手性硼氢化试剂，而且仅能得到非常有限满意的对映体选择性[123]，所以很少得到应用。第二种反应类型不仅存在有浪费手性硼氢化试剂的问题，而且存在硼氢化试剂与催化剂之间的手性匹配问题，所以更失去应用的价值。事实上，第三种方法是目前研究最为广泛的方法。

在第三种方法中，手性金属催化剂的手性主要来自于手性配体。在已经报道的文献中，双齿手性配体应用的比较广泛，而 P-P 和 P-N 双齿手性配体是最主要的配体类型。

4.3.2.1 手性 P-P 双齿配体

1988 年，Burgess 等人[124]报道了第一例催化不对称硼氢化反应，其中所使用的手性配体就是 P-P 双齿配体。如式 99 所示：在手性配体 (R,R)-DIOP 或者 (R)-BINAP 的存在下，使用 [Rh(COD)Cl]₂ 催化的 HBcat 与降冰片烯的不对称硼氢化反应的产物可以分别得到 57% ee 或者 64% ee。该报道中选用的其它几个底物的结构虽然覆盖了硼氢化反应的主要类型，但对映选择性并不理想。

$$(99)$$

出乎意料之外的是，当 Hayashi 等人[102]使用苯乙烯在几乎同样的条件下反应时，却得到了 90% 化学产率和 96% 光学化学产率的 1-苯基乙醇（式 100）。更多的实验结果显示：低温和底物中芳环上有推电子取代基时对该反应的区域选择性影响不大，但有利于得到提高反应的对映选择性。

$$(100)$$

77%, 94% ee   98%, 91% ee   74%, 85% ee   99%, 85% ee   84%, 82% ee

该反应具有两个重要的意义：(1) 第一次完全颠覆了硼氢化反应中底物位阻和电子效应控制的以反马氏加成产物为主要产物的规则，实现了从苯乙烯底物高度区域选择性得到 1-苯基乙醇产物；(2) 第一次实现了高度对映选择性的催化不对称硼氢化反应。如图 7 所示：他们假设高度的区域选择性可能来自于反应中生成的铑正离子与苄基形成的 π-配合物[125]。由于 π-配合物的稳定性才使得 HBcat 在苄基碳原子上加成，因为 1-辛烯在同样的条件下仍然得到的是反马氏加成产物 1-辛醇。2002 年，Hartwig 等人[126]分离得到了非常类似的金属钯与苄基形成的 π-配合物，并用 X 射线单晶结构分析方法对其结构进行了表征。

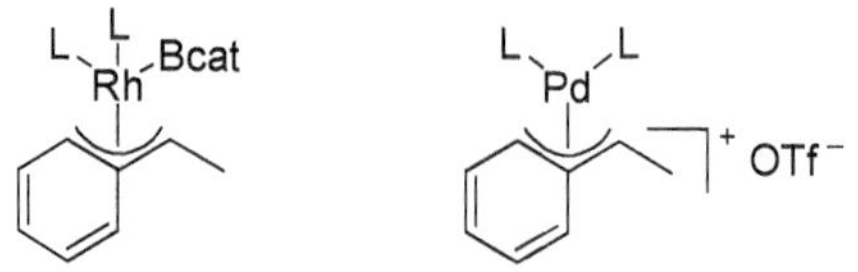

图 7　金属铑和金属钯与苄基形成的 π-配合物

如图 8 所示[127~132]：虽然还有许多手性配体被用于该类反应，但 BINAP 被证明是最好的配体。

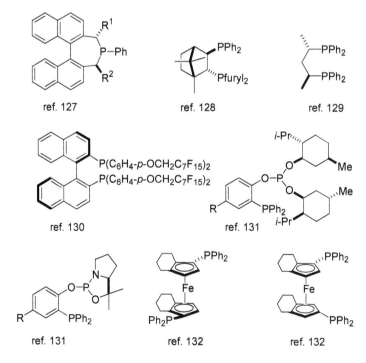

图 8　用于催化不对称硼氢化反应的其它手性配体

但是，Fernandez 等人[133]在 2004 年发表的一篇论文值得关注。在该论文中，他们对不同手性配体、金属催化剂、硼氢化试剂和添加剂进行了比较和计算，并对所得的区域选择性和对映选择性结果作出了解释。

2006 年，Takacs 等人[134]报道使用简单的单磷手性配体 TADOL-磷酸酯或者磷酰胺衍生物也可以在苯乙烯类型底物的催化不对称硼氢化反应中获得了高度的对映选择性。如式 101 所示：带有不同类型取代基的苯乙烯均可给出满意的对映选择性。该反应的另一个优点是反应可以在室温下进行，但缺点是区域选择性只处于中等水平 (62%~82%)。

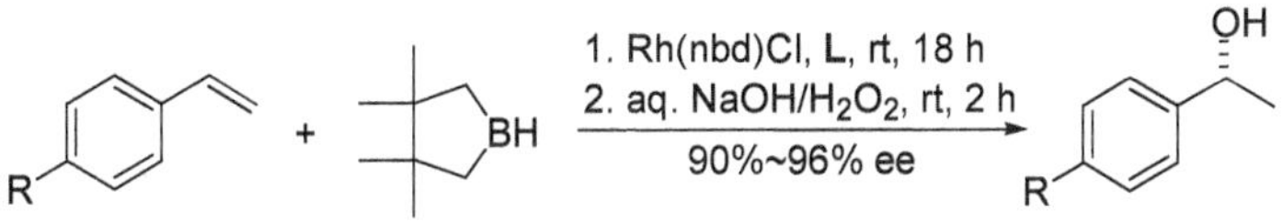

(101)

R =	OMe	Me	H	CF$_3$	Cl	F
L3	93% ee	92% ee	95% ee	90% ee	91% ee	95% ee
L4	94% ee	93% ee	96% ee	90% ee	94% ee	95% ee

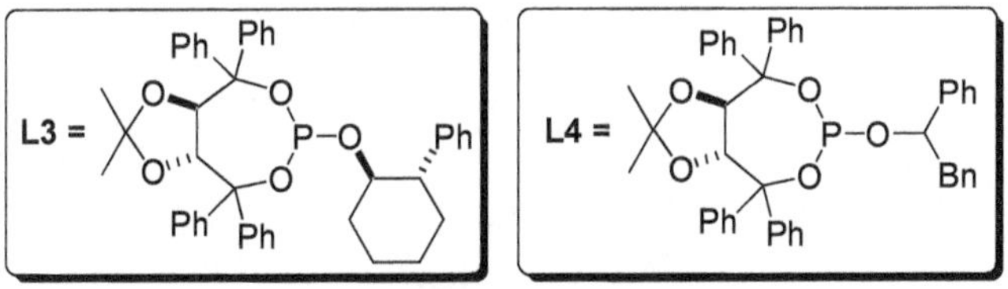

2008 年，Takacs 等人[135]报道将手性 TADOL-磷酸酯的衍生物进行自组装后可以得到不同的异构体。使用这些异构体作为配体时，它们在苯乙烯类型底物的催化不对称硼氢化反应中的区域选择性和对映选择性有明显的差异。

4.3.2.2 手性 P-N 双齿配体

手性 P-N 双齿配体是催化不对称硼氢化反应中最成功的一类配体。早在 1993 年，Brown[136]就首次将 QUINAP 配体用于催化不对称硼氢化反应。如图 9 所示：1999 年[137]，他又报道了许多具有 QUINAP 骨架结构的类似物。

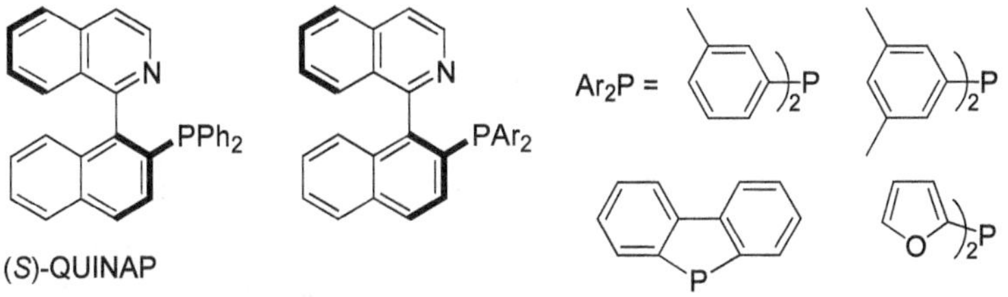

图 9　QUINAP 配体及其类似物

QUINAP 类配体催化的反应一般在室温下进行，几乎给出定量的区域选择性，但最重要的是底物范围可以扩充到 2-取代苯乙烯类化合物。如式 102 所示：使用 1 mol% 催化剂在 20 °C 反应 2 h，多种类型的底物均可以给出优秀的对映选择性。

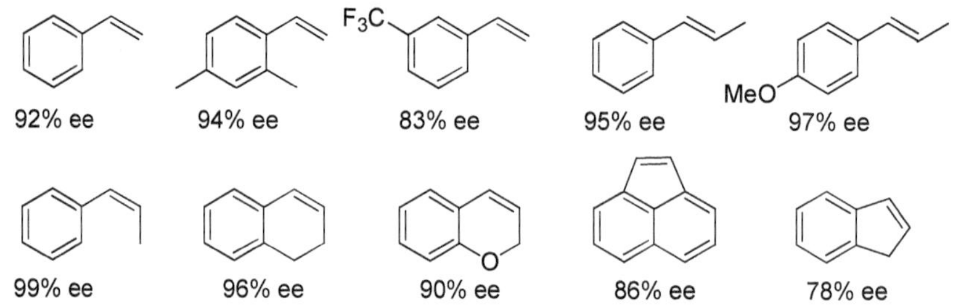
F_3C
MeO
92% ee
94% ee
83% ee
95% ee
97% ee
99% ee
96% ee
90% ee
86% ee
78% ee

(102)

2005 年，Brown[138]再次报道：使用 QUINAP 配体可以对二芳基乙烯进行高度区域和对映选择性硼氢化反应。如式 103 所示：主要产物中羟基总是靠近拉电子取代基取代的芳环一边。

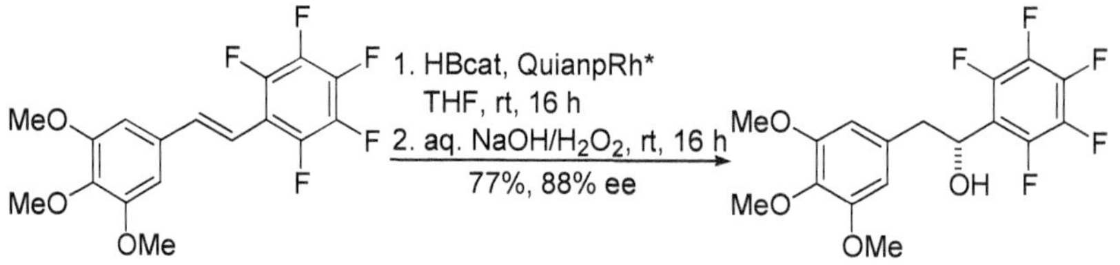
MeO
MeO
OMe
F
1. HBcat, QuianpRh*
THF, rt, 16 h
2. aq. NaOH/H_2O_2, rt, 16 h
77%, 88% ee
OH

(103)

如图 10 所示[139]：Quinazolinap 类化合物是另一类具有底物广泛性和高度对映选择性的手性配体。

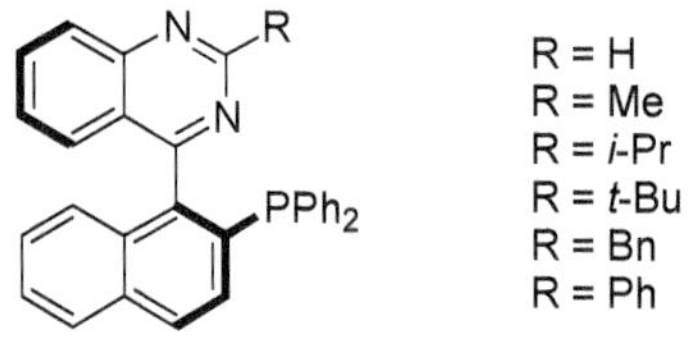
N
R
PPh₂
R = H
R = Me
R = *i*-Pr
R = *t*-Bu
R = Bn
R = Ph

Quinazolinap

图 10 Quinazolinap 类配体

如式 104 所示：Guiry 等人详细地比较了每一种 Quinazolinap 配体对不同构型烯烃的反应，发现总有一种或者多种配体可以使产物的对映选择性得到接近或者大于 90% ee。由于该类配体在茚的反应中表现出特别高的区域和对映选择性，因此可以起到与 QUINAP 配体互补的作用。

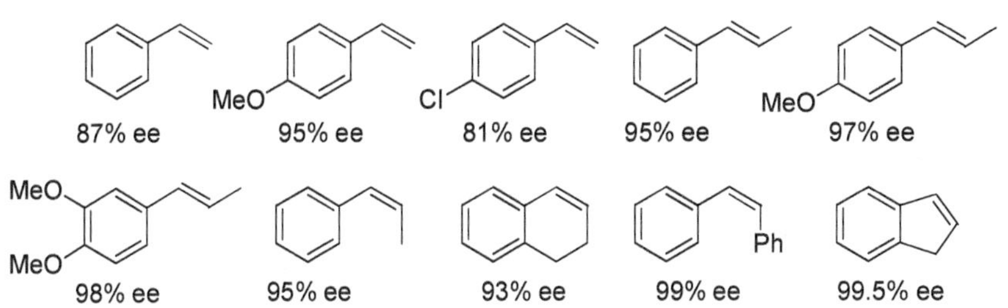

87% ee 　 95% ee 　 81% ee 　 95% ee 　 97% ee

(104)

98% ee 　 95% ee 　 93% ee 　 99% ee 　 99.5% ee

如图 11 所示：能够在催化不对称硼氢化反应中得到较好对映选择性的配体还有 Pyphos[140] 和 Pinap[141]。

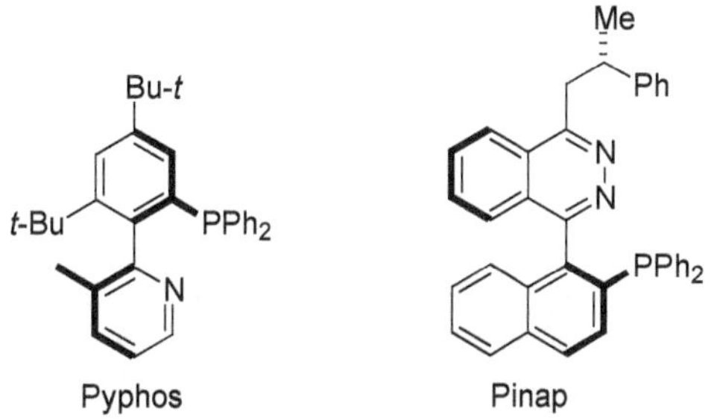

图 11 　Pyphos 和 Pinap 配体

5 　Brown 硼氢化反应在天然产物合成中的应用

5.1 　天然产物 Halichondrin B 片段的合成

Halichondrin B (式 105) 是多醚大环类 Halichondrin 家族中的一个成员，因为具有潜在的抗癌活性而进入临床前研究。该天然产物可以从多种海绵中分离得到，但是含量非常低 ($1.8 \times 10^{-8}\%$ 至 $4.0 \times 10^{-5}\%$)。2005 年以前，仅有一例全合成的报道[142]。但是，有许多关于该化合物结构片段合成的报道。

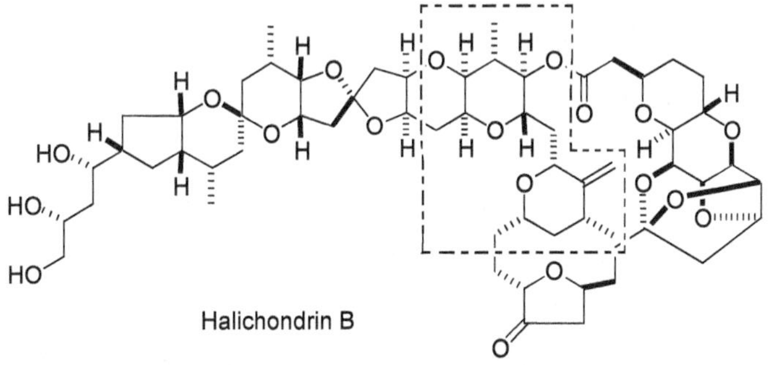

Halichondrin B

(105)

2005 年，Burke 等人[143]报道了一条有关该化合物 C22-C36 片段 **26** 的合成工作，六羟基衍生物 **27** 是合适的中间体 (式 106)。

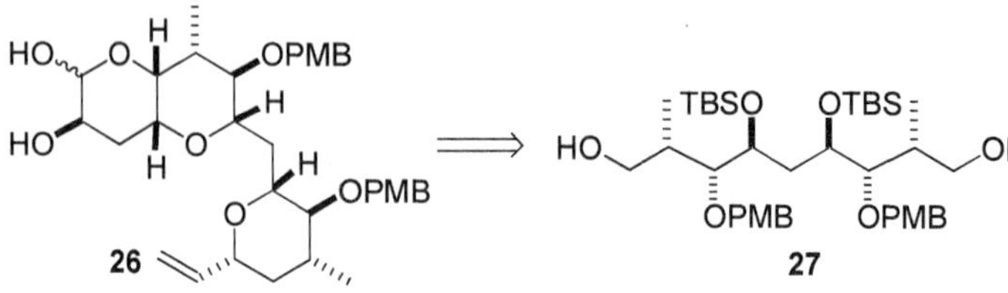

(106)

如式 107 所示：他们选用手性 1,4-环戊-2-烯为起始原料。经氧化开环得到二醛后，再经 Wittig 反应产生得到双 α,β-不饱和酯 **28**。接着，使用 DIBAL-H 还原即可得到二烯丙基醇 **29**。由于在烯丙基醇的 α-位带有一个甲基，所以构成了硼氢化-氧化反应中具有最好产率、最好区域和立体选择性的三取代烯烃底物结构。正如所预料的那样，使用 BH·THF 即可以 70% 的产率和正确的立体化学得到四羟基化合物 **30**。为了减少碱性对硅醚的影响，氧化水解必须使用 NaBO₃ 来进行。最后，中间体 **30** 经过合适的结构修饰被转化成为六羟基衍生物 **27**。

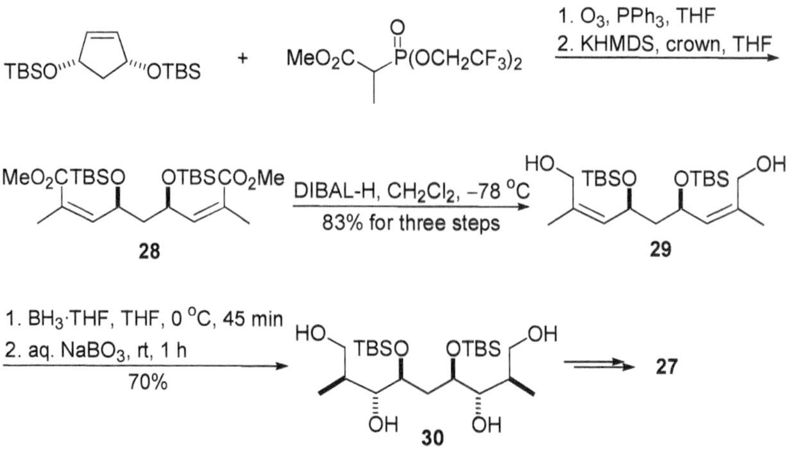

(107)

5.2 天然产物 Spirastrellolide A 片段的合成

(+)-Spirastrellolide A 是从海绵中分离得到的一种具有多个螺环缩酮结构的天然产物[144]。生物学测试结果显示：它不仅对蛋白磷酸酯酶-2A (PP2A) 具有显著的抑制作用 (IC₅₀ = 1 nmol/L)，而且表现出对 PP1 和 PP2C 的选择性。因此，有可能发展成为一种抗癌药物[145]。

最近，Paterson 等人[146]第一次报道了该化合物的全合成。Hsung 等人[147]根据自己实验室建立的方法提出了另外一种全合成的路线。如式 108 的逆向合成路线所示：(+)-Spirastrellolide A 可以分为三个主要片段 A-C。其中片段 C

中包含了 C11-C23 部分，硼氢化反应被成功地用于该片段的合成。

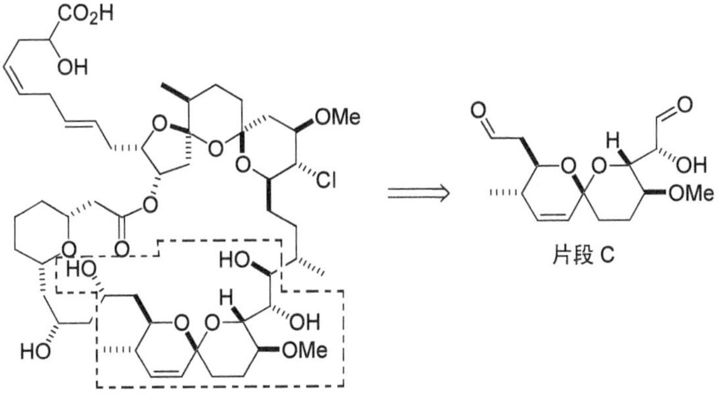

(+)- Spirastrellolide A

片段 C

(108)

如式 109 所示：他们从 L-苏醇出发，在对羟基进行选择性保护之后氧化得到醛 **31**。然后，经过 Grignard 反应引入烯丙基得到中间体 **32**。虽然中间体 **32** 属于单取代末端烯烃，但使用 9-BBN 进行的硼氢化反应可以高度区域选择性地将其转化成为相应的伯醇。最后，再经过若干步修饰即可得到所需的片段 C。

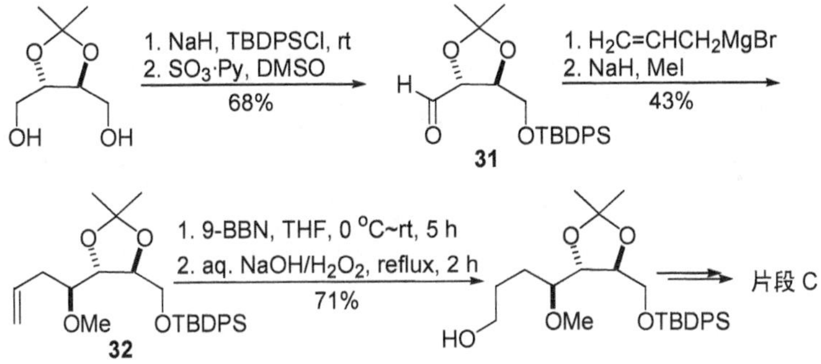

(109)

5.3 天然产物 Bryostatin 7 片段的合成

Bryostatins 是一类含有三个吡喃环结构的大环内酯天然产物，Bryostatin 7 是其中的一个成员[148]。这类化合物可以调节体内异常蛋白激酶 C 的表达，因此具有很强的抗癌活性[149]。

早在 1990 年，Masamune 等人[150]就首次报道了有关 Bryostatin 7 的全合成。如式 110 的逆向合成分析所示：Bryostatin 7 的全合成可以根据吡喃环方便地分解为 A-B 和 C 两个结构片段。2006 年，Manaviazar 等人[151]报道了 Bryostatin 7 的形式全合成。他们根据自己实验室建立的合成方法，更有效地完成了片段 A-B 的合成，其中金属催化的单取代末端烯烃的硼氢化反应被成功地得到应用。

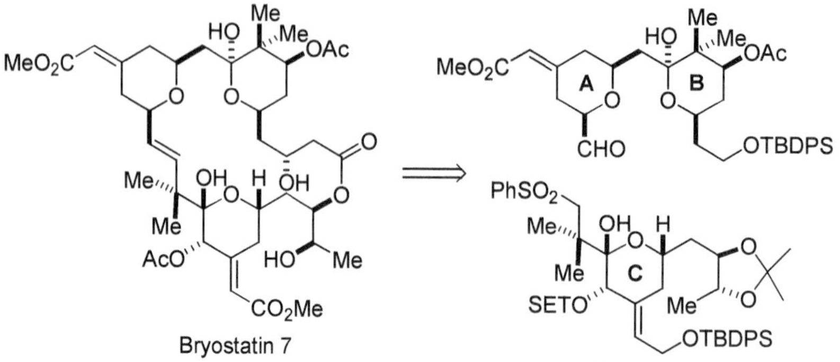

Bryostatin 7

(110)

如式 111 所示：他们从已知的 2-去氧-3-酮糖 **33** 出发，经过 17 步反应转变成为 2-乙烯吡喃产物 **34**。虽然中间体 **34** 属于单取代末端烯烃，但在 HBcat 和 Wilkinson 催化剂的存在下，可以高度区域选择性地发生催化硼氢化反应生成相应的伯醇 **35**。最后，再经过若干步修饰即可得到所需的片段 A-B。

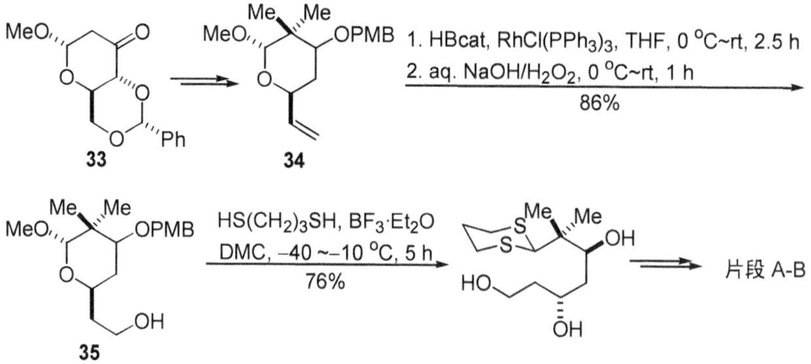

1. HBcat, RhCl(PPh₃)₃, THF, 0 °C~rt, 2.5 h
2. aq. NaOH/H₂O₂, 0 °C~rt, 1 h
86%

33　**34**

HS(CH₂)₃SH, BF₃·Et₂O
DMC, −40 ~−10 °C, 5 h
76%

片段 A-B　(111)

35

5.4　天然产物 11-乙酰氧基-4-脱氧-Asbestinin D 的全合成

Asbestinins 是一类含有氧桥的二萜化合物，它们被认为是西松烷二萜在 C2-C11 位成环生成的衍生物[152]。11-乙酰氧基-4-脱氧-Asbestinin D 是这类家族中的一个成员，是从 Puerto Rico 西海岸收集的珊瑚提取物中获得的天然产物，具有显著的抗癌活性[153]。

2008 年，Crimmins 等人[154]报道了一条有关 11-乙酰氧基-4-脱氧-Asbestinin D 的全合成路线。在该路线中，试剂诱导的不对称硼氢化反应起到了关键性的作用。如式 112 所示：他们用自己发展起来的成环方法构建出 Asbestinin 的骨架结构 **36** 后，设想用硼氢化反应将 1,1-二取代末端烯烃转化成手性伯醇。虽然 **36** 是手性化合物，但使用 9-BBN 进行的硼氢化却没有任何立体选择性，得到了 1:1 的两个非对映异构体。

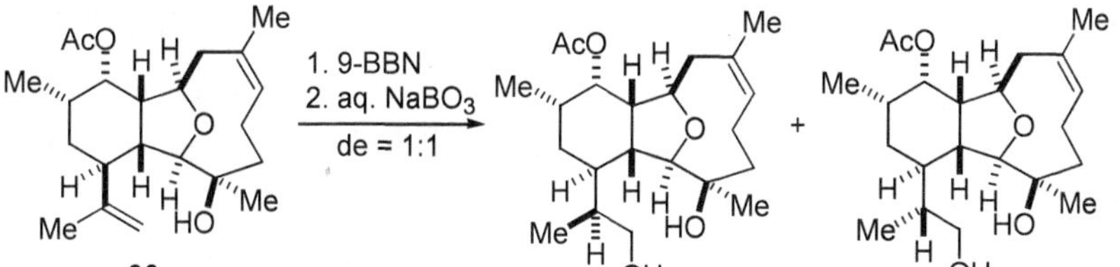

$$(112)$$

考虑到可能是相近的羟基有妨碍作用，底物 **36** 被转化成为相应的三乙基硅醚 **37**。但是，使用 9-BBN 仍然给出很低的对映选择性 (1.7:1)。虽然增加取代基的体积可以增加对映选择性，但使用 TBS- 和 TBDMS-取代基时也仅仅得到了 2.2:1 dr。如式 113 所示：通过简单地使用手性硼氢化试剂 (+)-Ipc$_2$BH，他们顺利地将 **37** 转变成为对映体纯的伯醇产物 **38**。

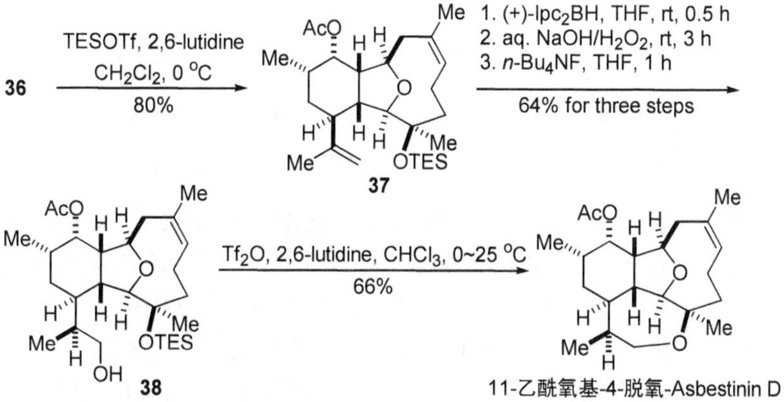

$$(113)$$

11-乙酰氧基-4-脱氧-Asbestinin D

事实上，1,1-二取代末端烯烃的不对称硼氢化反应很不容易得到高度的对映选择性。正如作者自己描述的那样：这是他们所知道的使用 (+)-Ipc$_2$BH 在 1,1-二取代末端烯烃底物上实现高度对映选择性硼氢化反应的第二个范例。

6　Brown 硼氢化反应实例

例　一

从末端烯烃合成伯醇[147]

(使用 9-BBN 进行的硼氢化-氧化反应)

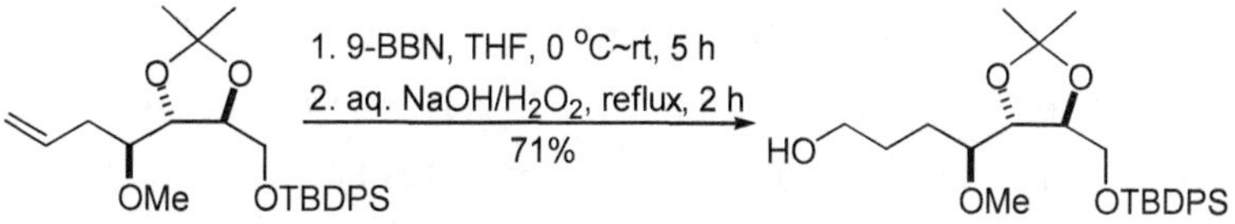

$$(114)$$

在 0 °C 和搅拌下，将 9-BBN (0.5 mol/L, 0.4 mmol) 滴加到末端烯烃 (91.6 mg, 0.2 mmol) 的 THF (2 mL) 溶液中。生成的反应混合物在室温下反应 5 h 后，依次加入 NaOH 的水溶液 (3 mol/L, 2 mL) 和 30% 的 H_2O_2 (1 mL)。然后，将生成的反应混合物回流 2 h。蒸去有机溶剂，水层用 CH_2Cl_2 提取。合并的提取液经 Na_2SO_4 干燥后蒸去溶剂，得到的粗产物经硅胶柱纯化得到无色油状伯醇产物 (66.9 mg, 71%)。

例 二

从 1,2-二取代烯烃合成仲醇[155]
(使用 $BH_3 \cdot SMe_2$ 进行的硼氢化-氧化反应)

$$\xrightarrow[\substack{2.\ aq.\ NaOH/H_2O_2,\ 0\ ^{o}C\sim rt,\ 1\ h \\ 75\%}]{1.\ BH_3 \cdot SMe_2,\ THF,\ 0\ ^{o}C\sim rt,\ 4\ h}$$ (115)

在 0 °C 和氩气保护下，将 $BH_3 \cdot SMe_2$ (2.0 mol/L in THF, 20 mmol) 滴加到末端烯烃 (4.1 g, 9 mmol) 的 THF (100 mL) 溶液中。生成的反应混合物在室温下反应 4 h 后，被再次冷却到 0 °C。然后，依次加入 NaOH 的水溶液 (1.0 mol/L, 50 mL) 和 30% 的 H_2O_2 (8.1 mL)。生成的反应混合物在相同温度下搅拌 30min 后，升至室温再搅拌 1 h。接着，经水稀释后用 Et_2O 提取。合并的提取液经 Na_2SO_4 干燥后蒸去溶剂，粗产物经硅胶柱纯化得到无色油状仲醇产物 (3.24 g, 75%)，$[\alpha]^{20}_D = + 11.5^o$ (c 0.78, $CHCl_3$)。

例 三

从三取代烯烃合成仲醇[156]
(使用 $BH_3 \cdot THF$ 进行的硼氢化-氧化反应)

$$\xrightarrow[\substack{2.\ aq.\ NaOH/H_2O_2,\ rt,\ 24\ h \\ 71\%}]{1.\ BH_3 \cdot THF,\ 0\ ^{o}C\sim rt,\ 27\ h}$$ (116)

在 0 °C 和搅拌下，将 $BH_3 \cdot THF$ (8.5 mL, 1.0 mol/L 的 THF 溶液) 在 30 min 内滴加到三取代烯烃 (0.52 g, 1.7 mmol) 的 THF 溶液中。生成的反应混合物在 0 °C 反应 3 h 后，再在室温下反应 24 h。然后再次冷却到 0 °C，依次

加入 NaOH 的水溶液 (3 mol/L, 3 mL) 和 30% 的 H_2O_2 (3 mL)。生成的反应混合物在室温下反应 24 h 后，用 EtOAc 稀释和提取。合并的提取液经 Na_2SO_4 干燥后蒸去溶剂，得到的粗产物经硅胶柱纯化得到白色泡沫状仲醇产物 (0.41 g, 75%)，$[\alpha]^{23}_D = + 1.5^o$ (c 1.36, $CHCl_3$)。

例　四

从六烯烃合成六伯醇[157]
(使用 HBcat 进行的硼氢化-氧化反应)

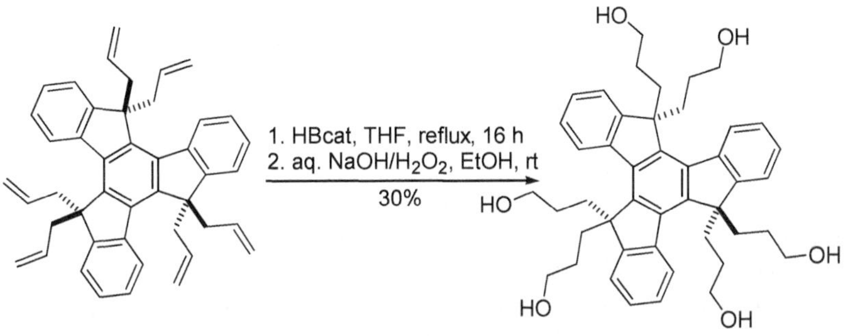

(117)

在 0 °C 和搅拌下，将 HBcat (9.68 mL, 9.68 mmol, 1.0 mol/L 的 THF 溶液) 慢慢地滴加到六烯烃 (235 mg, 0.403 mmol) 的 THF (10 mL) 溶液中。生成的反应混合物回流 16 h 后，再次冷却到 0 °C。然后，依次加入 THF-EtOH (1:1, 10 mL)，NaOH 的水溶液 (2 mol/L, 10 mL) 和 30% 的 H_2O_2 (10 mL)。加完后，用 CH_2Cl_2 提取反应混合物，合并的提取液经 NaOH 的水溶液 (2 mol/L, 10 mL) 洗涤。蒸去溶剂，残留物用 CH_2Cl_2 稀释后得到白色固体状六伯醇产物 (84 mg, 30%)，mp 246~248 °C。

例　五

从 1,1-末端烯烃合成手性伯醇[154]
[使用 (+)-Ipc₂BH 进行的不对称硼氢化-氧化反应]

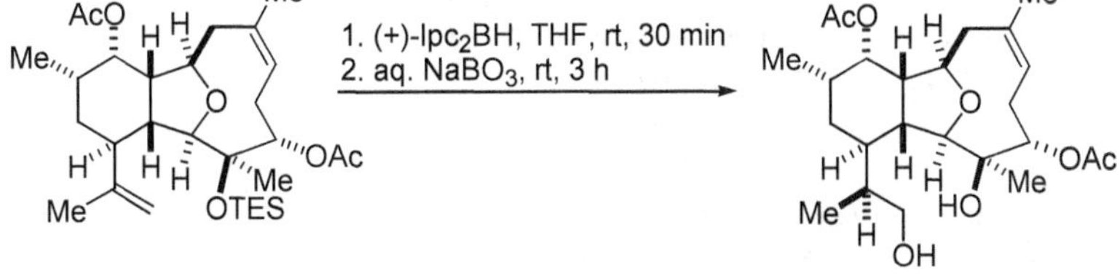

(118)

将 (+)-Ipc₂BH (33.1 mg, 115 μmol) 加到烯烃 (16.1 mg, 38.3 μmol) 的 THF (1 mL) 溶液中。生成的反应混合物在室温下搅拌 30 min 后，加入

NaBO$_3$.4H$_2$O (53.0 mg, 345 μmol) 的 H$_2$O (10 mL) 溶液终止反应。再在室温下搅拌 3 h 后，用饱和食盐水和乙醚稀释。分出有机层，水层用乙醚提取。合并的有机相经 Na$_2$SO$_4$ 干燥后，蒸去溶剂。残留物用硅胶柱分离纯化，得到单一的无色油状伯醇产物 (12.3 mg, 74%)。

7 参 考 文 献

[1]   (a) Brown, H. C. *Organic Synthesis via Boranes*, Wiley: New York, 1975. (b) *Organoboranes for syntheses*, edited by Ramachandran, P. V.; Brown, H, C., American Chemical Society: Washington, D. C., 2001. (c) Dhillon, R. S. *Hydroboration and Organic Synthesis*, Springer: Berlin, 2007.

[2]   (a) http://nobelprize.org/nobel_prizes/chemistry/laureates/1979/press.html; (b) Zweifel, G.; Brown, H. C. *Org. React.* **1963**, *13*, 1.

[3]   Brown, H. C.; Subba Rao, B. C. *J. Am. Chem. Soc.* **1956**, *78*, 2582.

[4]   Brown, H. C.; Subba Rao, B. C. *J. Am. Chem. Soc.* **1956**, *78*, 5694.

[5]   Johnson, J. R.; Van Campen Jr., M. G. *J. Am. Chem. Soc.* **1938**, *60*, 121.

[6]   Brown, H. C.; Subba Rao, B. C. *J. Org. Chem.* **1957**, *22*, 1136.

[7]   (a) Hurd, D. T. *J. Am. Chem. Soc.* **1948**, *70*, 2053. (b) Whatley, A. T.; Pease, R. N. *J. Am. Chem. Soc.* **1954**, *76*, 835.

[8]   Brown, H. C.; Zweifel, G. *J. Am. Chem. Soc.* **1960**, *82*, 4708.

[9]   Brown, H. C.; Zweifel, G. *J. Am. Chem. Soc.* **1961**, *83*, 2544.

[10]   Streitwieser, Jr. A.; Verbit, L.; Bittman, R. *J. Org. Chem.* **1967**, *32*, 1530.

[11]   Fehlner, T. P. *J. Am. Chem. Soc.* **1971**, *93*, 6366.

[12]   Fehlner, T. P. *J. Phys. Chem.* **1972**, *76*, 3532.

[13]   Pasto, D. J.; Lepeska, B.; Cheng, T. C. *J. Am. Chem. Soc.* **1972**, *94*, 6083.

[14]   Pasto, D. J.; Lepeska, B.; Balasubramaniyan, V. *J. Am. Chem. Soc.* **1972**, *94*, 6090.

[15]   Jones, P. R. *J. Org. Chem.* **1972**, *37*, 1886.

[16]   Johnson, J. R.; Van Campen, Jr., M. G. *J. Am. Chem. Soc.* **1938**, *60*, 121.

[17]   Belcher, R.; Gibbons, D.; Sykes, A. *Mikrochim. Acta* **1952**, *40*, 76.

[18]   Kuivila, H. G.; Armour, A. G. *J. Am. Chem. Soc.* **1957**, *79*, 5659.

[19]   Brown, H. C. *Hydroboration*, Benjamin: New York, 1962.

[20]   Brown, H. C.; Subba Rao, B. C. *J. Am. Chem. Soc.* **1959**, 81, 6423.

[21]   Brown, H. C.; Subba Rao, B. C. *J. Am. Chem. Soc.* **1959**, 81, 6428.

[22]   (a) Greenwood, N.; Morris, J. H. J. Chem. Soc. **1960**, 2922. (b) Brown, H. C.; Negishi, E.; Dickason, W. C. *J. Org. Chem.* **1985**, *50*, 520.

[23]   Brown, H. C.; Moerikofer, A. W. *J. Am. Chem. Soc.* **1962**, *84*, 1478.

[24]   Knights, E. F.; Brown, H. C. *J. Am. Chem. Soc.* **1968**, *90*, 5280.

[25]   Brown, H. C.; Sharp, R. L. *J. Am. Chem. Soc.* **1966**, *88*, 5851.

[26]   Brown, H. C.; Sharp, R. L. *J. Am. Chem. Soc.* **1968**, *90*, 2915.

[27]   Knights, E. F.; Brown, H. C. *J. Am. Chem. Soc.* **1968**, *90*, 5281.

[28]   Allred, E. L.; Sonnenberg, J.; Winstein, S. *J. Org. Chem.*, **1960**, *25*, 26.

[29]   Brown, H. C.; Zweifel, G. *J. Am. Chem. Soc.* **1961**, *83*, 2544.

[30]   Pasto, D. J.; Klein, F. M. *J. Org. Chem.* **1968**, *33*, 1468.

[31]   Ryu, J.; Lee, E.; Lim, Y.; Lee, M. *J. Am. Chem. Soc.* **2007**, *129*, 4808.

[32]   Paterson, I.; Findlay, A. D.; Anderson, E. A. *Angew. Chem., Int. Ed.* **2007**, *46*, 6699.

[33]   Xia, J.; Brown, L. E.; Konopelski, J. P. *J. Org. Chem.* **2007**, *72*, 6885.

[34]   Shiina, I.; Hashizume, M.; Yamai, Y.; Oshiumi, H.; Shimazaki, T.; Takasuna, Y.; Ibuka, R. *Chem. Eur. J.* **2005**, *11*, 6601.

[35]   Baran, P. S.; Hafensteiner, B. D.; Ambhaikar, N. B.; Guerrero, C. A.; Gallagher, J. D. *J. Am. Chem. Soc.* **2006**, *128*, 8678.

[36]   Postema, M. H. D.; Piper, J. L.; Betts, R. L.; Valeriote, F. A.; Pietraszkewicz, H. *J. Org. Chem.* **2005**, *70*, 829.

[37]   (a) Bambuch, V.; Otmar, M.; Pohl, R.; Masojidkova, M.; Holy, A. *Tetrahedron* **2007**, *63*, 1589. (b) Hu, S.; Jayaraman, S.; Oehlschlager, A. C. *Tetrahedron Lett.* **1998**, *39*, 8059.

[38]   Jung, M. E.; Karama, U. *Tetrahedron Lett.* **1999**, *40*, 7907.

[39]   Fleming, I.; Lawrence, N. J. *J. Chem. Soc. Perkin Trans 1.* **1998**, 2679.

[40]   Bernsmann, H.; Frohlich, R.; Metz, P. *Tetrahedron Lett.* **2000**, *41*, 4347.

[41]   Reisman, S. E.; Ready, J. M.; Weiss, M. M.; Hasuoka, A.; Hirata, M.; Tamaki, K.; Ovaska, T. V.; Smith, C. J.; Wood, J. L. *J. Am. Chem. Soc.* **2008**, *130*, 2087.

[42]   Blhr, L. K. A.; Bjoerkling, F.; Calverley, M. J.; Binderup, E.; Begtrup, M. *J. Org. Chem.* **2003**, *68*, 1367.

[43]   Hodgson, D. M.; Thompson, A. J.; Wadman, S.; Keats, C. J. *Tetrahedron* **1999**, *55*, 10815.

[44]   Mori, M.; Nakanishi, M.; Kajishima, D.; Sato, Y. *J. Am. Chem. Soc.* **2008**, *125*, 9801.

[45]   Yadav, J. S.; Sasmal, P. K. *Tetrahedron* **1999**, *55*, 5185.

[46]   Aulenta, F.; Wefelscheid, U. K.; Bruedgam, I.; Reissig, H.-U. *Eur. J. Org. Chem.* **2008**, 2325.

[47]   Hua, Z.; Carcache, D. A.; Tian, Y.; Li, Y.-M.; Danishefsky, S. J. *J. Org. Chem.* **2005**, *70*, 9849.

[48]   El Sous, M.; Rizzacasa, M. A. *Tetrahedron Lett.* **2000**, *41*, 8591.

[49]   Hennion, G. F.; McCusker, P. A.; Ashby, E. C.; Rutkowski, A. J. *J. Am. Chem. Soc.* **1957**, *79*, 5194.

[50]   Brown, H. C.; Subba Rao, B. C. *J. Am. Chem. Soc.* **1959**, *81*, 6434.

[51]   Brown, H. C.; Zweifel, G. *J. Am. Chem. Soc.* **1960**, *82*, 1504.

[52]   (a) Laaziri, H.; Bromm, L. O.; Lhermitte, F.; Gschwind, R. M.; Knochel, P. *J. Am. Chem. Soc.* **1999**, *121*, 6940. (b) Bromm, L. O.; Laaziri, H.; Lhermitte, F.; Harms, K.; Knochel, P. *J. Am. Chem. Soc.* **2000**, *122*, 10218.

[53]   (a) Wood, S. E.; Rickborn, B. *J. Org. Chem.* **1983**, *48*, 555. (b) Lhermitte, F.; Knochel, P. *Angew. Chem., Int. Ed.* **1998**, *37*, 2460.

[54]   (a) Varela, J. A.; Pena, D.; Goldfuss, B.; Polborn, K.; Knochel, P. *Org. Lett.* **2001**, *3*, 2395. (b) Varela, J. A.; Pena, D.; Goldfuss, B.; Denisenko, D.; Kulhanek, J. Polborn, K.; Knochel, P. *Chem. Eur. J.* **2004**, *10*, 4252.

[55]   Brown, H. C.; Zweifel, G. *J. Am. Chem. Soc.* **1959**, *81*, 5832.

[56]   Koster, R. *Angew. Chem.* **1959**, *71*, 520.

[57]   Zweifel, G.; Nagase, K.; Brown, H. C. *J. Am. Chem. Soc.* **1962**, *84*, 183.

[58]   Zweifel, G.; Nagase, K.; Brown, H. C. *J. Am. Chem. Soc.* **1962**, *84*, 190.

[59]   (a) Reginato, G.; Gaggini, F.; Mordini, A.; Valacchi, M. *Tetrahedron* **2005**, *61*, 6791. (b) Fuerstner, A.; Hannen, P. *Chem. A Eur. J.* **2006**, *12*, 3006.

[60]   Hu, Y.; Zorumski, C. F.; Covey, D. F. *J. Org. Chem.* **1995**, *60*, 3619.

[61]   Parker, K. A.; Xie, Q. *Org. Lett.* **2008**, *10*, 1349.

[62]   Luo, Z.; Peplowski, K.; Sulikowski, G. A. *Org. Lett.* **2007**, *9*, 5051.

[63]   Trost, B. M.; Dong, L.; Schroeder, G. M. *J. Am. Chem. Soc.* **2005**, *127*, 10259.

[64]   Dubber, M.; Lindhorst, T. K. *Org. Lett.* **2001**, *3*, 4019.

[65]   Paquette, L. A.; Fabris, F.; Gallou, F.; Dong, S. *J. Org. Chem.* **2003**, *68*, 8625.

[66]   Padwa, A.; Brodney, M. A.; Dimitroff, M.; Liu, B.; Wu, T. *J. Org. Chem.* **2003**, *66*, 3119.

[67]   Miyazaki, T.; Yokoshima, S.; Simizu, S.; Osada, H.; Tokuyama, H.; Fukuyama, T. *Org. Lett.* **2007**, *9*, 4737.

[68]   Clark, J. S.; Kettle, J. G. *Tetrahedron* **1999**, *55*, 8231.

[69]   Liu, Y.; Xiao, W.; Wong, M.-K.; Che, C.-M. *Org. Lett.* **2007**, *9*, 4107.

[70]   Brown, H. C.; Zweifel, G. *J. Am. Chem. Soc.* **1959**, *81*, 1512.

[71]   Brown, H. C.; Zweifel, G. *J. Am. Chem. Soc.* **1961**, *83*, 3834.

[72]   Brown, H. C.; Scouten, C. G.; Liotta, R. *J. Am. Chem. Soc.* **1979**, *101*, 96.

[73] Wang, K. K.; Scouten, C. G.; Brown, H. C. *J. Am. Chem. Soc.* **1982**, *104*, 531.

[74] Colberg, J. C.; Rane, A.; Vaquer, J.; Soderquist, J. A. *J. Am. Chem. Soc.* **1993**, *115*, 6065.

[75] Ning, S.; Sezgin, K.; Williams, L. J. *Org. Lett.* **2007**, *9*, 1093.

[76] Vintonyak, V. V.; Maier, M. E. *Org. Lett.* **2007**, *9*, 655.

[77] (a) Brown, H. C.; Gupta, S. K. *J. Am. Chem. Soc.* **1975**, 97, 5249. (b) Brown, H. C.; Chandrasekharan, J. *J. Org. Chem.* **1983**, *48*, 5080.

[78] Kono, H.; Ito, K.; Nagai, Y. *Chem. Lett.* **1975**, 1095.

[79] Mannig, D.; Noth, H. *Angew. Chem. Int. Ed. Engl.* **1985**, *24*, 878.

[80] Westcott, S. A.; Taylaor, N. J.; Marder, T. B.; Baker, R. T.; Jones, N. J.; Calabrese, J. C. *Chem. Commun.* **1991**, 304.

[81] Arase, A.; Nunokawa, Y.; Masuda, Y.; Hoshi, M. *J. Chem. Soc., Chem. Commun.* **1991**, 205.

[82] Gridnev, I. D.; Miyaura, N.; Suzuki, A. *Organometallics* **1993**, *12*, 589.

[83] Matsumoto, Y.; Naito, M.; Hayashi, T. *Organometallics* **1992**, *11*, 2731.

[84] Burgess, K.; Jaspars, M. *Organometallics* **1993**, *12*, 4197.

[85] (a) Crabtree, R. H.; Davis, M. W. *J. Org. Chem.* **1986**, *51*, 2655. (b) Evans, D. A.; Fu, G. C.; Hoveyda, A. H. *J. Am. Chem. Soc.* **1992**, *114*, 6671. (c) Brinkman, J. A.; Nguyen, T. T.; Sowa Jr., J. R. *Org. Lett.* **2000**, *2*, 981. (d) Perez Luna, A.; Bonin, M.; Micouin, L. Husson, H.-P. *J. Am. Chem. Soc.* **2002**, *124*, 12098.

[86] (a) Harrison, K. N.; Marks, T. J. *J. Am. Chem. Soc.* **1992**, *114*, 9220. (b) Evans, D. A.; Muci, A. R.; Stuermer, R. *J. Org. Chem.* **1993**, *58*, 5307. (c) Molander, G. A.; Pfeiffer, D. *Org. Lett.* **2001**, *3*, 361.

[87] He, X.; Hartwig, J. F. *J. Am. Chem. Soc.* **1996**, *118*, 1696.

[88] (a) Pereira, S.; Srebnik, M. *Organometallics* **1995**, *14*, 3127. (b) Pereira, S.; Srebnik, M. *J. Am. Chem. Soc.* **1996**, *118*, 909.

[89] Fazen, P. J.; Sneddon, L. G. *Organometallics* **1994**, *13*, 2867.

[90] Brown, J. M.; Lloyd-Jones, G. C. *Tetrahedron: Asymmetry* **1990**, *1*, 869.

[91] (a) Burgess, K.; Ohlmeyer, M. J. *Chem. Rev.* **1991**, *91*, 1179. (b) Crudden, C. M.; Edwards, D. *Eur. J. Org. Chem.* **2003**, 4695. (c) Carroll, A. -M.; O'Sullivan, T. P.; Guiry, P. J. *Adv. Synth. Catal.* **2005**, *347*, 609.

[92] Burgess, K.; Van der Donk, W. A.; Westcott, S. A.; Marder, T. B.; Baker, R. T.; Calabrese, J. C. *J. Am. Chem. Soc.* **1992**, *114*, 9350.

[93] Widauer, C.; Grutzmacher, H. Ziegler, T. *Organometallics* **2000**, *19*, 2097.

[94] Rickard, C. E. F.; Roper, W. R.; Williamson, A.; Wright, J. *Angew. Chem., Int. Ed.* **1999**, *38*, 1110.

[95] Trost, B. M.; Bream, R. N.; Xu, J. *Angew. Chem., Int. Ed.* **2006**, *45*, 3109.

[96] Brioche, J. C. R.; Goodenough, K. M.; Whatrup, D. J.; Harrity, J. P. A. *Org. Lett.* **2007**, *9*, 3941.

[97] Hodgson, D. M.; Bebbington, M. W. P.; Willis, P. *Org. Biomol. Chem.* **2003**, *1*, 3787.

[98] Trost, B. M.; Horne, D. B.; Woltering, M. J. *Chem. Eur. J.* **2006**, *12*, 6607.

[99] Trost, B. M.; Machacek, M. R.; Faulk, B. D. *J. Am. Chem. Soc.* **2006**, *128*, 6745.

[100] Jung, M. E.; Duclos, B. A. *Tetrahedron* **2006**, *62*, 9321.

[101] Evans, D. A.; Fu, G. C.; Hoveyda, A. H. *J. Am. Chem. Soc.* **1988**, *110*, 6917.

[102] Hayashi, T.; Matsumoto, Y.; Ito, Y. *J. Am. Chem. Soc.* **1989**, *111*, 3426.

[103] Zhang, J.; Lou, B.; Guo, G.; Dai, L. *J. Org. Chem.* **1991**, *56*, 1670.

[104] (a) Brown, H. C.; Ramachandran, P. V. *Pure & Appl. Chem.* **1991**, *63*, 307. (b) Brown, H. C.; Ramachandran, P. V. *J. Organometal. Chem.* **1995**, *500*, 1. (c) Brown, H. C.; Zweifel, G. *J. Am. Chem. Soc.* **1961**, *83*, 486.

[105] Jadhav, P. K.; Kulkarni, S. U. *Heterocycles* **1982**, *18* (Spec. Issue), 169.

[106] Jadhav, P. K.; Vara Prasad, J. V. N.; Brown, H. C. *J. Org. Chem.* **1985**, *50*, 3203.

[107] Masamune, S.; Kim, B. M.; Petersen, J. S.; Sato, T.; Veenstra, S. J.; Imai, T. *J. Am. Chem. Soc.* **1985**, *107*, 4549.

[108] Kiesgen de Richter, R.; Bonato, M.; Follet, M.; Kamenka, J. M. *J. Org. Chem.* **1990**, *55*, 2855.

[109] Brown, H. C.; Weissman, S. A.; Perumal, P. T.; Dhokte, U. P. *J. Org. Chem.* **1990**, *55*, 1217.

[110] Brown, H. C.; Schwier, J. R.; Singaram, B. *J. Org. Chem.* **1978**, *43*, 4395.

[111] Brown, H. C.; Desai, M. C.; Jadhav, P. K. *J. Org. Chem.* **1982**, *47*, 5065.

[112]   Brown, H. C.; Vara Prasad, J. V. N. *J. Am. Chem. Soc.* **1986**, *108*, 2049.

[113]   Vakalopoulos, A.; Hoffmann, H. M. R. *Org. Lett.* **2001**, *3*, 177.

[114]   Burden, P. M.; Ai, T. H.; Lin, H. Q.; Akinci, M.; Costandi, M.; Hambley, T. M.; Johnston, G. A. R. *J. Med. Chem.* **2000**, *43*, 4629.

[115]   Paterson, I.; Norcross, R. D.; Ward, R. A.; Romea, P.; Lister, M. A. *J. Am. Chem. Soc.* **1994**, *116*, 11287.

[116]   Brown, H, C.; Schwier, J. R.; Singaram, B. *J. Org. Chem.* **1978**, *43*, 4395.

[117]   Brown, H, C.; Jadav, P. K. *J. Org. Chem.* **1981**, *46*, 5047.

[118]   Brown, H, C.; Jadav, P. K.; Mandal, A. K. *J. Org. Chem.* **1982**, *47*, 5074.

[119]   (a) Brown, H, C.; Vara Prasad, J. V. N.; Gupta, A. K.; Bakshi, R. K. *J. Org. Chem.* **1987**, *52*, 310. (b) Mandal, A. K.; Jadav, P. K.; Brown, H, C. *J. Org. Chem.* **1980**, *45*, 3543.

[120]   Sen, S.; Purushotham, M.; Qi, Y.; Sieburth, S. M. *Org. Lett.* 2007, *9*, 4963.

[121]   Fischer, P.; Segovia, A. B. G.; Gruner, M.; Metz, P. *Angew. Chem., Int. Ed.* **2005**, *44*, 6231.

[122]   Dhokte, U. P.; Pathare, P. M.; Mahindroo, V. K.; Brown, H. C. *J. Org. Chem.* **1998**, *63*, 8276.

[123]   Brown, J. M.; Lloyd-Jones, G. C. *J. Am. Chem. Soc.* **1994**, *116*, 866.

[124]   Burgess, K.; Ohlmeyer, M. J. *J. Org. Chem.* **1988**, *53*, 5178.

[125]   Kono, H.; ito, K.; Nagai, Y. *Chem. Lett.* **1975**, 1095.

[126]   Nettekoven, U.; Hartwig, J. F. *J. Am. Chem. Soc.* **2002**, *124*, 1166.

[127]   Kasak, P.; Mereiter, K.; Widhalm, M. *Tetrahedron: Asymmetry* **2005**, *16*, 3416.

[128]   Bunlaksananusorn, T.; Knochel, P. *J. Org. Chem.* **2004**, *69*, 4595.

[129]   Segarra, A. M.; Guerrero, R.; Claver, C.; Fernandez, E. *Chem. Eur. J.* **2003**, *9*, 191.

[130]   Bayardon, J.; Cavazzini, M.; Maillard, D.; Pozzi, G.; Quici, S.; Sinou, D. *Tetrahedron: Asymmetry* **2003**, *14*, 2215.

[131]   Blume, F.; Zemolka, S.; Fey, T.; Kranich, R.; Schmalz, H.-G. *Adv. Synth. Catal.* **2002**, *344*, 868.

[132]   Reetz, M. T.; Beuttenmuller, E. W.; Goddard, R.; Pasto, M. *Tetrahedron Lett.* **1999**, *40*, 4977.

[133]   Segarra, A. M.; Daura-Oller, E.; Claver, C.; Poblet, J. M.; Bo, C.; Fernandez, E. *Chem. Eur. J.* **2004**, *10*, 6456.

[134]   Moteki, S. A.; Wu, D.; Chandra, K. L.; Reddy, S. D.; Takacs, J. M. *Org. Lett.* **2006**, *8*, 3097.

[135]   Moteki, S. A.; Takacs, J. M. *Angew. Chem., Int. Ed.* **2008**, *47*, 894.

[136]   Brown, J. M.; HUlmes, D. I.; Laysell, T. P. *Chem. Commun.* **1993**, 1673.

[137]   Doucet, H.; Fernandez, E.; Layzell, T. P.; Brown, J. M. *Chem. Eur. J.* **1999**, *5*, 1320.

[138]   Black, A.; Brown, J. M.; Pichon, C. *Chem. Commun.* **2005**, *42*, 5284.

[139]   Connolly, D. J.; Lacey, P. M.; McCarthy, M.; Saunders, C. P.; Carroll, A.-M.; Goddard, R.; Guiry, P. J. *J. Org. Chem.* **2004**, *69*, 6572.

[140]   Kwong, F. Y.; Yang, Q.; Mak, T. C. W.; Chan, A. S. C.; Chan, K. S. *J. Org. Chem.* **2002**, *67*, 2769.

[141]   Knoepfel, T. F.; Aschwanden, P.; Ichikawa, T.; Watanabe, T.; Carreira, E. M. *Angew. Chem., Int. Ed.* **2004**, *43*, 5971.

[142]   Aicher, T. D.; Buszek, K. R.; Fang, F. G.; Forsyth, C. J.; Jung, S. H.; Kishi, Y.; Matelich, M. C.; Scola, P. M.; Spero, D. M.; Yoon, S. K. *J. Am. Chem. Soc.* **1992**, *114*, 3162.

[143]   Keller, V. A.; Kim, I.; Burke, S. D. *Org. Lett.* **2005**, *7*, 737.

[144]   Williams, D. E.; Roberge, M.; Van Soest, R.; Anderson, R. J. *J. Am. Chem. Soc.* **2003**, *125*, 5296.

[145]   Roberge, M.; Cinel, B.; Anderson, H. J.; Lim, L.; Jiang, X.; Xu, L.; Bigg, C. M.; Kelly, M. T.; Andersen, R. J. *J. Cancer Res.* **2000**, *60*, 5052.

[146]   Paterson, I.; Anderson, E. A.; Dalby, S. M.; Lim. J. H. Genovino, J.; Maltas, P.; Moessner, C. *Angew. Chem., Int. Ed.* **2008**, *47*, 3016.

[147]   Yang, J. H.; Liu, J.; Hsung, R. P. *Org. Lett.* **2008**, *10*, 2525.

[148]   Kageyama, M.; Tamura, T.; Nantz, M. H.; Roberts, J. C.; Somfai, P.; Whritenour, D. C.; Masamune, S. *J. Am. Chem. Soc.* **1990**, *112*, 7407.

[149]   Norcross, R.; Paterson, I. *Chem. Rev.* **1995**, *95*, 2041.

[150]   Kageyama, M.; Tamura, T.; Nantz, M. H.; Roberts, J. C.; Somfai, P.; Whritenour, D. C.; Masamune, S. *J. Am.*

Chem. Soc. **1990**, *112*, 7407.

[151]　Manaviazar, S.; Frigerio, M.; Bhatia, G. S.; Hummersone, M. G.; Aliev, A. E.; Hale, K. J. *Org. Lett.* **2006**, *8*, 4477.

[152]　Rodriguez, A. D. *Tetrahedron* **1995**, *51*, 4571.

[153]　Morales, J. J.; Lorenzo, D.; Rodríguez, A. D. *J. Nat. Prod.* **1991**, *54*, 1368.

[154]　Crimmins, M. T.; Michael, E. J. *J. Org. Chem.* **2008**, *73*, 1649.

[155]　Qin, H.-L.; Panek, J. S. *Org. Lett.* **2008**, *10*, 2477.

[156]　Koo, B.; McDonald, F. E. *Org. Lett.* **2005**, *7*, 3621.

[157]　Gonzalez-Cantalapiedra, E.; Ruiz, M.; Gomez-Lor, B.; Alonso, B.; Garcia- Cuadrado, D.; Cardenas, D. J.; Echavarren, A. M. *Eur. J. Org. Chem.* **2005**, 4127.

克莱森重排

(Claisen Rearrangement)

许家喜

1 历史背景简述

Claisen 重排 (Claisen rearrangement) 是一类重要的有机周环反应。它是德国著名有机化学家 Rainer Ludwig Claisen 于 1912 年在研究烯丙基苯基醚热重排和蒸馏 *O*-烯丙基乙酰乙酸乙酯时所发现，因此该反应被命名为克莱森重排 [1~5]。

Claisen (1851-1930) 出生于德国科隆，1869 年在波恩大学师从化学家 K. St. V. Arminia 学习化学。1874 年，他在波恩大学 Kekule 的实验室开始了研究工作，并在 1878 年取得波恩大学教师资格。1882-1885 年，他在曼彻斯特的欧文斯 (Owens) 学院跟随 Henry Roscoe 和 Carl Schorlemmer 从事研究工作。1886 年，他在慕尼黑大学 von Baeyer 实验室工作，并于 1886 年取得慕尼黑大学的教师资格。1890 年，他成为德国亚琛工业大学 (TH Aachen) 的有机化学教授，1890 年担任基尔大学的化学教授。1904 年受聘于柏林大学的荣誉教授，并与著名有机化学家 Emil Fischer 合作。1881 年，Claisen 描述了芳香醛和脂肪醛或酮的缩合反应，现在被称之为 Claisen-Schmidt 缩合。1887 年，他发现了酯和活泼亚甲基的缩合反应，现在被称之为 Claisen 缩合。1890 年他第一个报道了由醛和酯来合成肉桂酸酯，该反应后来被称之为 Claisen 反应。1912 年，他发现了烯丙基苯基醚热重排可以得到邻烯丙基苯酚，被称之为克莱森重排。

1912 年，Claisen 在三氯化铝存在下常压蒸馏 *O*-烯丙基乙酰乙酸乙酯时，得到了其 *C*-烯丙基衍生物 (式 1)[6]。

$$\text{(1)}$$

他还发现：在无催化剂存在下，烯丙基苯基醚在约 200 °C 下可以很顺利地重排得到邻烯丙基苯酚 (式 2)。这就是早期的 Claisen 重排。

$$\text{(2)}$$

通过巴豆基苯基醚的重排发现，重排后是烯基的 γ 位碳原子与苯基的芳核相连，得到支链取代的邻甲基烯丙基苯酚。在该过程中，烯基的双键也同时发生了迁移，由原来的 β,γ-位迁移到 α,β-位 (式 3)。

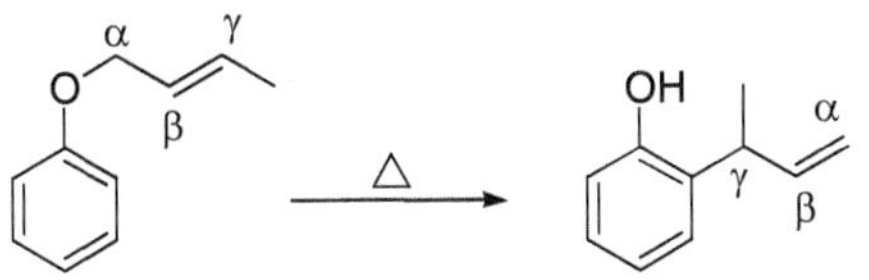

(3)

1937 年，Mumm 和 Möller 通过对取代芳基烯丙基醚的重排研究发现：使用 2,6-二取代底物时烯丙基可以重排到苯酚的对位 (式 4)[7]。但是，2,4,6-三取代底物在加热条件下会发生分解，而烯丙基一般不会重排到间位[8,9]。

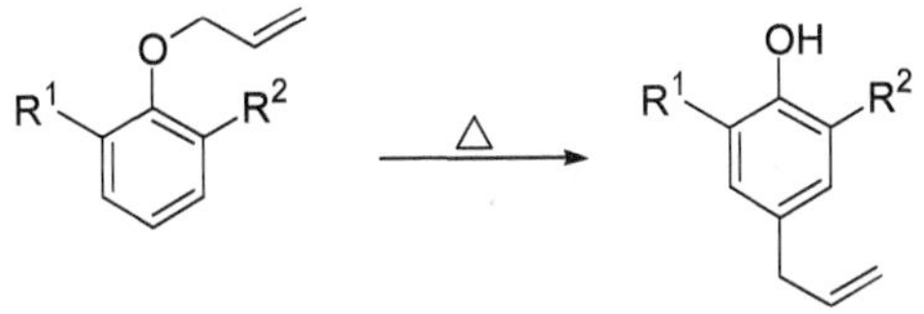

(4)

Mumm 和 Späth 发现：当烯丙基是肉桂基和巴豆基时，重排到对位的产物是与氧原子连接的碳原子连接到芳核上了 (式 5)[7,10]。

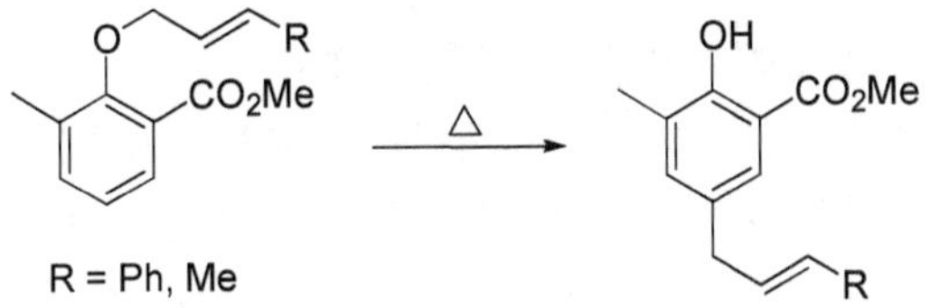

R = Ph, Me

(5)

通过对 Claisen 重排底物的适用范围进行研究发现：烯丙基环己基醚[11]、O-丙基乙酰乙酸甲酯[6,12]和丙基苯基醚在加热条件下都是稳定的。后来的研究还表明：丁烯基苯基醚 ($PhOCH_2CH_2CH=CH_2$) 和乙烯基苯基醚 ($PhOCH=CH_2$) 类型的化合物也不能发生 Claisen 重排[13]。

Powell、Adams 和 Claisen 等对苯基苄基醚的热重排反应研究发现：在烯丙基苯基醚重排的条件下，该底物不发生重排反应[13,14]。但在强烈的条件下确实可以发生反应，得到邻位和对位取代苯酚类化合物[15]。而烯丙基苯基醚在苯基的 α-位没有取代基时几乎专一地得到邻位重排产物。

基于以上这些实验结果可以清楚地看到，Claisen 重排反应要求底物具有乙烯基烯丙基醚结构 (式 6)[6,16~18]。其中，烯丙基部分通常是脂肪类的，并可以带有取代基 (例如：巴豆基和肉桂基等)。若烯丙基的双键是芳香环的一部分 (例如：苄基)，就需要强烈的反应条件才可以发生重排。乙烯基部分的双键可以是脂肪的，也可以是芳香环的一部分 (例如：苯酚等)。

$$\text{(6)}$$

尽管绝大多数 Claisen 重排反应都是生成烯丙基结构单元中的 γ 位相连的产物,但有时也有一些例外发生。例如:重排后得到连接在烯丙基结构单元 α-位的产物和非正常的 Claisen 重排产物。

在三氯化铝存在下,O-肉桂基乙酰乙酸乙酯在 110 ℃ 进行 Claisen 重排时得到 C-(1-苯基烯丙基)乙酰乙酸乙酯。如式 7 所示[17]:烯丙基的 γ 位参与了成键。如果简单地在 260 ℃ 加热进行 Claisen 重排,得到的是 C-肉桂基乙酰乙酸乙酯。如式 8 所示:烯丙基的 α-位参与了成键。

$$\text{(7)}$$

$$\text{(8)}$$

尽管大多数烷基取代的烯丙基苯基醚底物在进行 Claisen 重排时得到烯丙基 γ 位成键的正常产物 (式 9)[19],但某些 2-烯基苯基醚在进行 Claisen 重排时,还会部分生成烯丙基 β 位成键的非正常产物 (式 10)[19~21]。

$$\text{(9)}$$

$$\text{(10)}$$

2,4,6-三取代苯基烯丙基醚在进行 Claisen 重排时,也会得到烯丙基重排到苯环间位上的另一种非正常产物[22] (式 11)。

从发现 Claisen 重排距今 90 多年的时间里,该反应得到深入的发展和广泛的应用。

$$\text{(11)}$$

2 Claisen 重排反应的定义和机理

广义的 Claisen 重排反应被定义为乙烯基烯丙基醚类化合物在加热条件下，经过六员环状过渡态形成 γ,δ 不饱和羰基化合物的反应 (式 12)。Claisen 重排属于周环反应 (Pericyclic reactions) 中 [3,3]-σ 迁移重排反应 ([3,3]-Sigmatropic rearrangement) 中的一种[23]。

$$\text{(12)}$$

狭义的 Claisen 重排反应主要是指烯丙基苯基醚在加热条件下生成邻烯丙基苯酚的反应 (式 2)。在该反应中，首先发生 Claisen 重排反应生成环己二烯酮，其互变异构后得到邻烯丙基苯酚 (式 13)。

$$\text{(13)}$$

早在 1925 年，Claisen 就为该重排反应提出了一个合理的协同环状反应机理[24]。该重排反应经过一个环状过渡态，碳-氧键的断裂和碳-碳键的形成是同时发生的，并且同时伴随着不饱和键的移动 (式 12)。早期的研究表明：Claisen 重排是一级反应，反应过程一般不受酸碱的影响[25]。由于在两种不同底物混合物的反应中没有交叉产物生成 (式 14 和式 15)，因此 Claisen 重排反应属于分子内重排反应[26]。

$$\text{(14)}$$

$$\text{(15)}$$

自 1950 年以来，化学家们通过标记技术、立体化学探针、动力学分析、分子间和分子内的交叉实验等方法研究了该反应的机理。对于烯丙基苯基醚型的 Claisen 重排 (芳香族 Claisen 重排)，还检测和直接研究了反应中间体环己二烯酮。通常，Claisen 重排机理可以有两种表示方法：用双箭头表示的电子转移反应式 (式 16) 或者用单箭头表示的单电子转移反应式 (式 17)。

$$(16)$$

$$(17)$$

芳香族 Claisen 重排包括邻位重排和对位重排。邻位重排产物是通过 Claisen 重排和互变异构生成的，而对位重排产物是通过 Claisen 重排、Cope 重排 (也称 [3,3]-σ 迁移重排) 和互变异构生成的 (式 18)。

$$(18)$$

这种 Claisen 重排和 Cope 重排的串联反应不仅可以在芳香环内发生，也可以在侧链烯基型取代基上发生[27] (式 19)。

$$(19)$$

在理论计算研究了 Cope 重排反应以后[28]，Dewar 和 Houk 研究小组分别用理论计算研究了 Claisen 重排反应机理[29~33]。作为 [3,3]-σ 迁移反应的一种类型，Claisen 重排在反应过程中 σ-键首先发生断裂，得到烯丙基自由基和乙烯氧基自由基。然后，这两种自由基重新结合得到 σ-键迁移后的产物。因此，用烯丙基自由基和乙烯氧基自由基的单电子占有轨道可以非常清楚地解释该反应的过程。如式 20 所示：在反应过程中经过环状过渡态在 3-位和 3'-位成键的轨道波相是相同的。所以，形成 C-C 键的轨道对称性是允许的，即 [3,3]-σ 迁移重排反应中 σ-键的同面-同面 (suprafacial-suprafacial)-迁移的轨道对称性是允许的。因此，该重排反应在加热条件下容易发生。

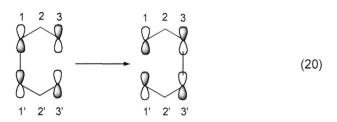

(20)

重排反应底物上的取代基对 Claisen 重排反应的速率也有明显的影响，表 1 列举了部分实验和理论计算研究结果[3,20,25,34~46]。取代基对 Claisen 重排反应速率的影响非常复杂，不仅与取代基的诱导效应 (inductive effect) 有关，还与其中介效应 (mesoeric effect) 有关。对于含有孤电子对取代基的底物而言，还与其在形成环状过渡态时是否会有异头碳效应 (anomeric effect) 有关。

表 1　取代基对 Claisen 重排反应速率的影响

取代基位置	加快反应速率的取代基		降低反应速率的取代基	
	给电子取代基	吸电子取代基	给电子取代基	吸电子取代基
1	O, NH$_2$, F, Me	—	—	CN, CO$_2$CF$_3$
2	OSiMe$_3$,Me,F,CH$^-$SO$_2$Ph	CN, CO$_2^-$, CO$_2$Me, CF$_3$	—	—
4	Me, OMe	CN, CF$_3$	—	—
5	—	CN	Me, OMe	—
6	Me, OMe	—	—	CN

虽然早期研究认为周环反应不受酸碱和催化剂等的影响，但其它反应条件对 Claisen 重排的速率还是有影响的[3]。由于 Claisen 重排经过六员环状过渡态，而且过渡态比反应物的结构更加有序。因此，增加压力有利于反应的进行。Brower、Walling 和 Naiman 都观察到了增加反应的压力可以加速烯丙基苯基醚和 (1-乙基丙烯基)烯丙基氰基乙酸乙酯的 Claisen 重排反应 (式 21 和式

22)[47,48]。

$$(21)$$

$$(22)$$

溶剂对 Claisen 重排的反应速率也有非常明显的影响。一般来说，极性溶剂会加快反应速率，因为极性溶剂可以增加具有极性特征的反应过渡态的稳定性。如式 23 所示：对位取代的苯基烯丙基醚在十四烷、二乙二醇单乙醚或者乙醇水溶液中的 Claisen 重排反应的速率就随着溶剂极性的增大而明显增加[48]。

$$(23)$$

溶剂	速率常数 $k/10^6\text{s}^{-1}$			
	X = NO$_2$	X = Br	X = Me	X = OMe
十四烷	2.34	5.98	7.94	28.3
二乙二醇单乙醚	10.3	27.7	44.2	91.6
28.5%的乙醇水溶液	90.0	134	233	621

Gajewski 等在研究脂肪族 Claisen 重排时也观察到相似的现象。通过对该重排反应测定发现，它们的一级反应速率常数在下列溶剂中依次减小：水 > 三氟乙酸 > 甲醇 > 乙醇 > 异丙醇 > 乙腈 > 丙酮 ≈ 苯 > 环己烷[49]（式 24）。

$$(24)$$

有时候，重排反应会发生在烯丙基的 β-碳原子上，并形成非正常 Claisen 重排反应产物[50~55]。机理研究证明[52,53,55]，非正常重排产物是通过正常的邻位重排产物生成的。如式 25 所示：正常的邻位重排产物中酚羟基上的氢原子首先转移到烯丙基的末端碳原子上，然后形成由环丙烷和环己二烯酮形成的螺环中间体。当环己二烯酮的氧原子从环丙烷上取代基的碳原子上夺取一个氢原子后，环丙烷开环重排到烯丙基 β-位碳原子上。Roberts 和 Landolt 证明了由邻位正常重排产物到与烯丙基 β-位碳原子相连的非正常重排产物的重排过程是可逆的[55]。

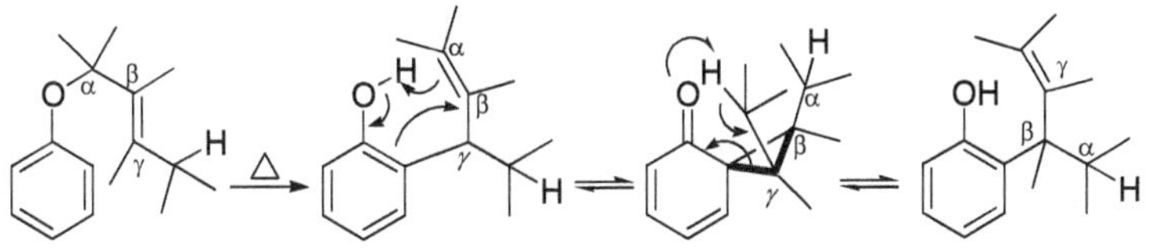

(25)

2,4,6-三取代烯丙基苯基醚在进行 Claisen 重排时得到烯丙基迁移到间位的非正常重排产物，Wipf 和 Rodriguez 提出了合理的反应机理[22] (式 26)。

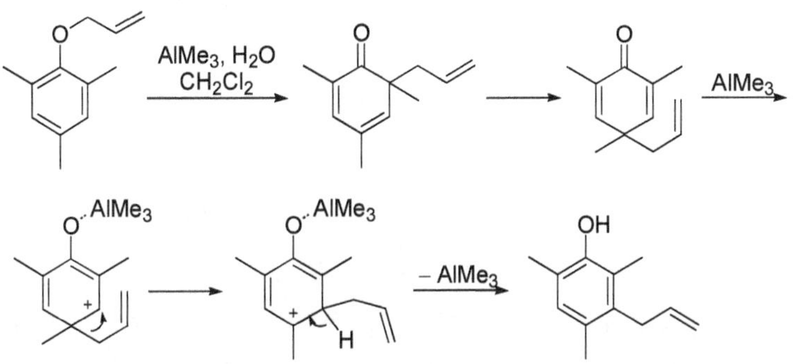

(26)

3　Claisen 重排反应的立体化学

与 Cope 重排产物的立体化学相似[56]，Claisen 重排主要是通过能量较低的椅式六员环状过渡态进行的。Vittorelli 等利用丙烯基巴豆基醚的各种异构体研究了脂肪族 Claisen 重排反应的立体化学。他们发现：具有顺/反式的醚重排后主要得到赤式产物，而具有顺/顺式或者反/反式的醚重排后主要得到苏式产物[57] (式 27)。

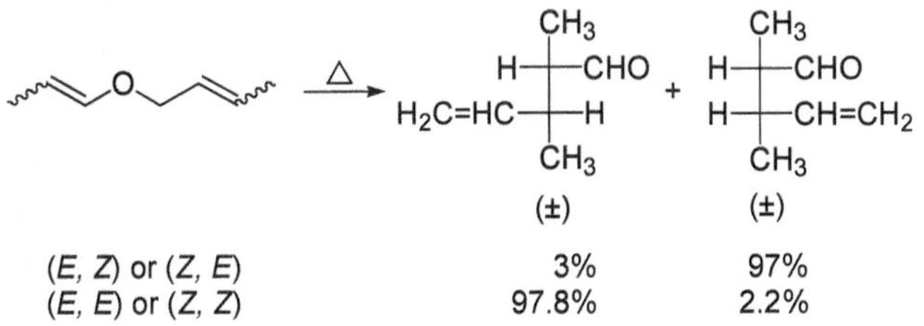

(27)

(E, Z) or (Z, E)	3%	97%
(E, E) or (Z, Z)	97.8%	2.2%

(E,E)-丙烯基巴豆基醚在椅式过渡态中，两个甲基都处于椅式的平伏键上。由于这种构象能量最低而最容易发生重排，所以生成主要产物 (式 29)。而在

船式六员环状过渡态中，两个甲基则处在准平伏键上。由于船底的两组碳原子为重叠式构象，能量相对较高而较难发生重排，因此生成次要产物 (式 30)。

$$(28)$$

$$(29)$$

$$(30)$$

(Z,Z)-丙烯基巴豆基醚在椅式过渡态中，两个甲基都处于直立键上 (式 32)，能量比 (E,E)-丙烯基巴豆基醚的椅式过渡态高。而在船式六员环状过渡态中，它的两个甲基也都处于准直立键上而不利于重排 (式 33)。因此，(Z,Z)-丙烯基巴豆基醚倾向于经过椅式过渡态发生重排，主要得到苏式产物。

$$(31)$$

$$(32)$$

$$(33)$$

(Z,E)-丙烯基巴豆基醚在椅式过渡态中，两个甲基分别处于直立键上和平

伏键上 (式 35)。而在船式过渡态中，两个甲基分别处于准直立键和准平伏键上 (式 36)。因此，(Z,E)-丙烯基巴豆基醚倾向经过椅式过渡态重排，主要得到赤式产物。

$$\text{(34)}$$

$$\text{(35)}$$

$$\text{(36)}$$

(E,Z)-丙烯基巴豆基醚与 (Z,E)-丙烯基巴豆基醚相似，也是倾向经过椅式过渡态重排，主要得到赤式产物 (式 38 和式 39)。

$$\text{(37)}$$

$$\text{(38)}$$

$$\text{(39)}$$

Dewar 和 Houk 两个研究小组的理论计算研究也都认为：Claisen 重排主要是经过能量较低的椅式六员环过渡态进行的[29~33]。由于船式过渡态中船底的两组碳原子均为重叠式构象，因此生成次要产物的能量较高。而扭船式构象的能量明显低于船式，经过扭船式过渡态重排一样可以生成次要产物 (式 40)。因此，生成次要产物的重排过渡态应该是扭船式比船式更有利，即反应式 30 应该按反应式 40 进行更合理[58]。

$$(40)$$

　　Marvell 等在研究芳香 Claisen 重排反应的立体化学中发现：无论使用顺式还是反式 1-甲基巴豆烯基苯基醚进行反应，产物中烯基取代基都以反式构型为主 (式 41 和式 42)。

$$(41)$$

$$(42)$$

　　但是，反式底物重排后得到的主要产物中的手性碳原子构型发生了翻转，次要产物的构型保持不变 (式 41)。在顺式底物的重排反应中，主要产物中的手性碳原子的构型保持不变，而次要产物的构型发生了翻转 (式 42)。如式 43~式 46 所示[59]：他们对重排反应中的立体化学过程进行了合理的解释。

$$(43)$$

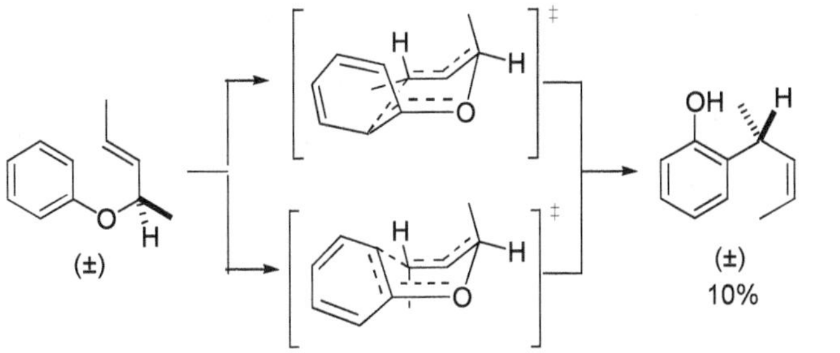

(44)

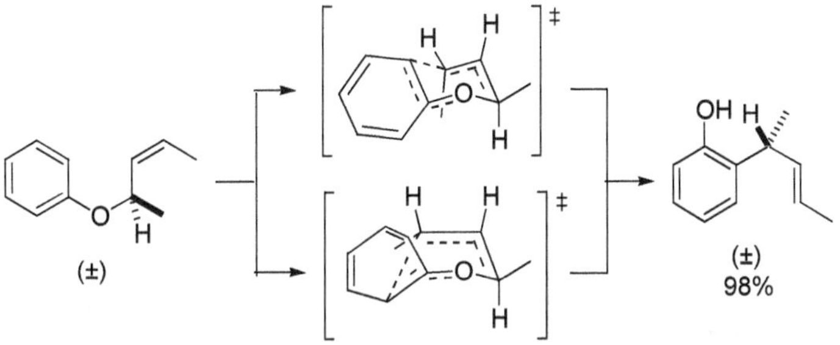

(45)

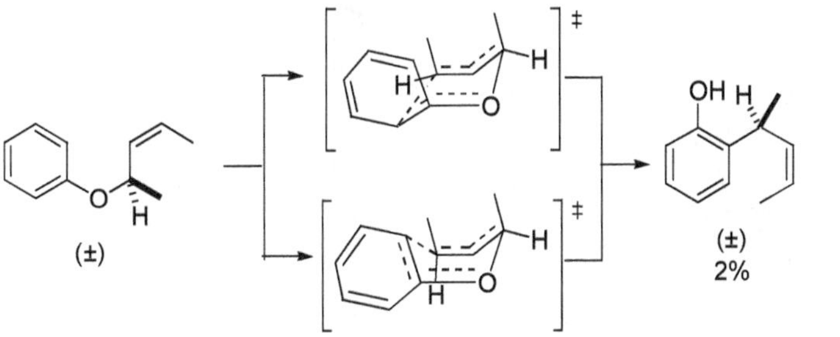

(46)

Goering 和 Kimoto 随后用实验证实了上述手性碳原子构型的改变[60]。如式 47 所示：他们以 (E,R)-构型的醚为原料重排后，得到了 82% 的 (E,S)-构型的酚和 18% 的 (Z,R)-构型的酚。将产物的双键还原后确定为一对对映体，因此证实了 Marvell 等提出的结论。

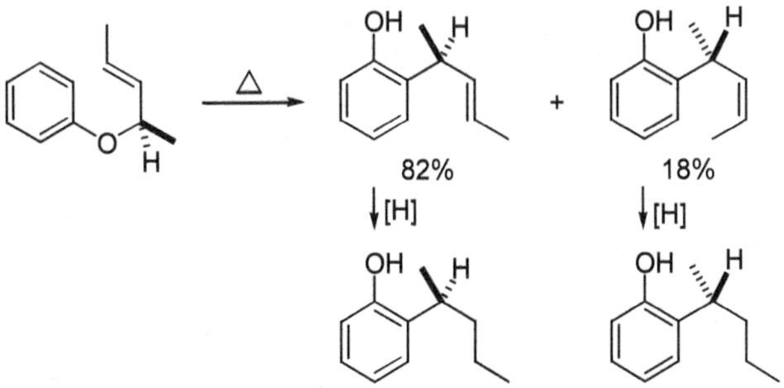

(47)

Takano 等将这种立体控制的 Claisen 重排反应应用于天然产物 (+)-Latifine 全合成的关键步骤，由 (S,E)-构型的原料经椅式过渡态重排得到了 (R,E)-构型的中间体 (式 48)[61]。在实际过程中，他们甚至没有检测到经过船式过渡态重排生成的 (S,Z)-构型异构体。

(48)

Claisen 重排经过六员环状过渡态，并且可以经过椅式过渡态起到立体控制作用，因此已经被广泛应用于合成结构复杂的化合物和天然产物[3,62~64]。

4　Claisen 重排反应的条件综述

4.1　热条件下的 Claisen 重排反应

通常的 Claisen 重排反应都是在加热条件下进行的，属于纯粹的热反应。有些时候将重排底物直接加热就可以进行重排得到 Claisen 重排产物。许多常用的有机溶剂都可以作为 Claisen 重排反应的溶剂，例如：三甲苯、二甲苯、甲苯、苯、氯苯、二氯苯、十氢化萘、十四烷、氯仿、二氯甲烷、二乙二醇单甲醚、N,N-二乙基苯胺、N,N-二甲基苯胺、N,N-二甲基甲酰胺、醇和水等，以及它们中某些溶剂的混合物等。早期研究认为 Claisen 重排是一个对溶剂不敏感的反应，但实际上极性溶剂对反应有加速作用。对 Claisen 重排反应溶剂的选择通常是考虑重排反应的温度和溶剂的沸点，最好反应所需的温度就是所选溶剂的沸点，这样可以比较方便地控制反应温度。溶剂还会影响芳香 Claisen

重排反应的区域选择性，例如：巴豆烯基间二甲基苯基醚在 186 °C 加热重排，在不同的溶剂中就显示出不同的区域选择性 (式 49)[65,66]。

溶剂	邻对位产物产率/%		
十氢化萘	38	:	42
N,N-二甲基苯胺	79	:	21
N,N-二甲基甲酰胺	91	:	1.5

邻、对位产物的比例除了受到溶剂的影响外，还受到底物的结构、烯丙基部分取代基的位阻[65,66]和苯环部分取代基的个数、大小以及位置等的影响[65,67~72]。

在萜类化合物等天然产物的合成中经常会用到脂肪族的 Claisen 重排反应[73~78]，下列反应就是利用了热 Claisen 重排立体专一地引入了乙醛基 (式 50)[73]。

在芳香 Claisen 重排反应中，相当于脂肪 Claisen 重排的乙烯基部分在芳环中。人们发现：最简单的乙烯基苄基醚很难发生 Claisen 重排[79]。但是，1-甲基乙烯基-3,5-二甲氧基苄基醚在加热条件下还是可以发生 Claisen 重排 (式 51)[80]。

4.2 微波辅助的 Claisen 重排反应

微波作为有机合成中一种新的供能方式，近 20 多年来在有机合成上得到了广泛的应用。几乎所有类型的有机反应都可以在微波照射条件下进行，也有很多微波辅助的 Claisen 重排反应范例[81~86]。因为大多数 Claisen 重排反应都需要较高的反应温度，微波辐射可以极大地加速 Claisen 重排反应。例如：烯丙基苯基醚在传统加热条件下在 220 °C 反应 6 h 可以得到 85% 的重排产物；但是，在微波 (300~315 °C) 辐射下 6 min 就可以实现 92% 的产率 (式 52)[87]。

$$\text{(52)}$$

有些底物在传统加热条件下容易分解或根本就不能发生 Claisen 重排,但在微波辐射下却可以有很好的产率和区域选择性。早期,曾把这些微波促进的反应归因于微波的特殊效应或非热效应[88,89]。现在越来越多的学者认为[90~94]:根本就不存在所谓的微波非热效应。微波的加速作用是由于在微波辐射下,反应体系的温度较高引起的[95,96]。微波辅助的 Claisen 重排实际上就是由微波提供能量的热 Claisen 重排反应。如式 53 所示:通过芳香 Claisen 重排就可以区域选择性地在黄烷酮类化合物的对位引入异戊烯基[97]。

$$\text{(53)}$$

在合成三萜类天然产物 Azadirachtin 时,炔丙基乙烯基醚 Claisen 重排在传统的加热条件下和催化条件下均不发生。但是,在邻二氯苯中用微波间歇辐射 15 min,就能够以 88% 的产率得到重排产物,有效地实现了 Azadirachtin 骨架的构建 (式 54)[98]。

$$\text{(54)}$$

Azadirachtin

4.3 Lewis 酸催化的 Claisen 重排反应

烯丙基芳基醚的 Claisen 重排通常需要较高的反应温度,但在 Lewis 酸的催化下则可以在较低的温度下进行[99]。对于含有非吸电子取代基的烯丙基芳基醚来说,在三氯化硼催化下低温时就可以发生 Claisen 重排。这种电荷诱导的

Claisen 重排反应与相应的非催化热反应相比，其速率可以增加 10^{10} 倍。对于邻位有取代基的芳基醚来说，三氯化硼不仅影响反应速率，也影响邻对位重排产物的比例 (式 55)[100]。

R = H	△	85%	15%
	BCl₃	60%	31%
R = Me	△	96%	4%
	BCl₃	42%	49%

(55)

三氯化硼在催化 2,6-位带取代基的烯丙基芳基醚重排时，除了得到对位重排产物外，还有间位重排产物生成。因此，它的应用范围受到了一定的限制[100]。但在复杂化合物和对热不稳定化合物的 Claisen 重排中，三氯化硼还是发挥了重要的作用。如式 56 所示：该芳香 Claisen 重排反应在加热条件下会发生分解，但在三氯化硼催化下室温就可以顺利地发生重排得到目标产物[101]。

(56)

与三氯化硼相反，各种氢化铝、三烷基铝和烷基卤化铝是带有吸电子取代基的烯丙基芳基醚 Claisen 重排反应的有效催化剂，例如：R_2AlH [如(i-Pr)₂AlH]、R_3Al [如 Me₃Al、Et₃Al、(i-Pr)₃Al、(i-Bu)₃Al 等]、R_2AlX (如 Et₂AlCl、(i-Bu)₂AlCl 等)、$RAlX_2$ (如 EtAlCl₂)、R_2AlSPh (如 Et₂AlSPh)、R_2AlCl-PPh₃ (如 Et₂AlCl-PPh₃) 等[102]。如式 57 所示：Et₂AlCl 或者(i-Bu)₂AlCl 等可以催化烯丙基苯基醚在室温下发生 Claisen 重排，以大于 93% 的产率得到 2-烯丙基苯酚[102]。

(57)

上述铝催化剂也可以催化脂肪族 Claisen 重排，并且催化剂的结构不同表现出不同的性质。大部分铝催化剂在重排后还会与得到的醛酮产物发生加成反应，直接得到醇类化合物 (式 58)[103]。但 Et₂AlSPh 和 Et₂AlCl-PPh₃ 等催化剂就不会发生后续的加成反应 (式 59)[103]。

$$(58)$$

$$(59)$$

利用大位阻铝催化剂，还可以与带有两个不同烯丙基的底物发生区域选择性 Claisen 重排。如式 60 所示：在无催化剂的加热条件下，重排发生在位阻小的烯丙基上；但是，在大位阻的铝催化剂催化下，重排反应选择性地发生在位阻大的烯丙基上[104]。

$$(60)$$

很多 Lewis 酸都可以用来催化 Claisen 重排反应，例如：$ZnCl_2$、$TiCl_4$、$AgBF_4$、$AlCl_3$、$SnCl_4$、$TiCl_4 \cdot THF$、$Ti(OPr\text{-}i)_2Cl_2$、$Sn(OTf)_2$、$Zn(OTf)_2$、$Cu(OTf)_2$、$Eu(fod)_3$、$Yb(OTf)_3$ 等[3]；Pd 和 Ni 的配合物 $PdCl_2(MeCN)_2$、$PdCl_2(PPh_3)_2$、$Pd(OAc)_2$、$NiCl_2(PPh_3)_2$、$Pd(PPh_3)_4$、$Ni(PPh_3)_4$ 等。这些 Lewis 酸不仅可以催化脂肪族和芳香族的 Claisen 重排反应 (式 61 和式 62)[105,106]，也可以催化含有杂原子底物的 Claisen 重排反应 (式 63)[107]。

式 61 中的原料在加热条件下不稳定，只有在 Lewis 酸催化的温和反应条件下才能得到目标产物[105]。在催化条件下，式 63 中的反应产率增加了，但 exo-与 endo-产物的比例却下降了。例如：在无催化剂条件下二者的比例为 99:1，而催化条件下降低到 (2:1)~(4:1)[107]。

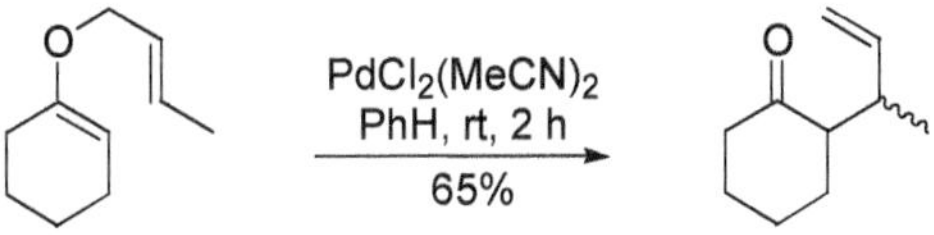

(61)

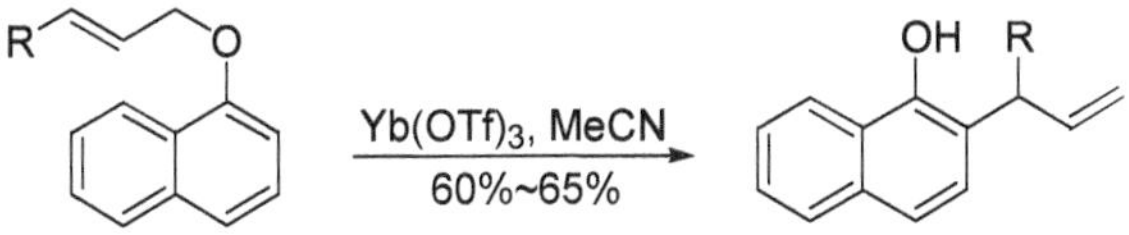

(62)

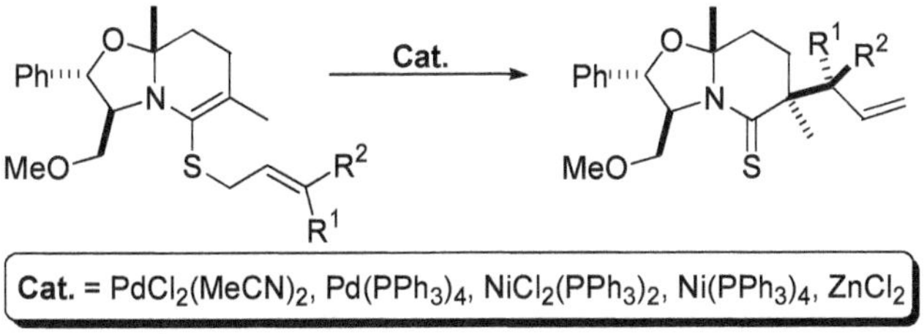

(63)

Cat. = PdCl$_2$(MeCN)$_2$, Pd(PPh$_3$)$_4$, NiCl$_2$(PPh$_3$)$_2$, Ni(PPh$_3$)$_4$, ZnCl$_2$

除 Lewis 酸外, 质子酸 (例如: 乙酸、三氟乙酸和对甲苯磺酸) 也可以催化 Claisen 重排反应[108~110]。

4.4 水加速的 Claisen 重排反应

对于某些有机和金属有机反应, 加入适量的水可以对反应速率、产率、反应的区域选择性、非对映选择性和对映选择性产生增大效应[111]。解释此现象的一种观点认为, 水作为一种硬的 Lewis 碱可以为比较强的 Lewis 酸性物种提供一种合适的碱源。Wipf 等在研究 Lewis 酸催化的 Claisen 重排时发现, 向反应体系中加入化学计量的水可以加速三烷基铝催化的芳香 Claisen 重排[22], 并以中等至很高的产率获得目标产物 (式 64)。但使用 2,4-位没有取代基的底物时, 产物的区域选择性大多不够理想[22]。

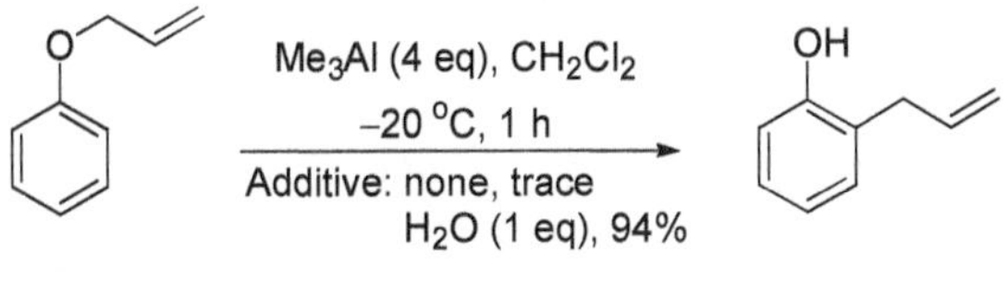

(64)

Wipf 等还发现: 水还可以加速三烷基铝催化的芳香 Claisen 重排和锆催

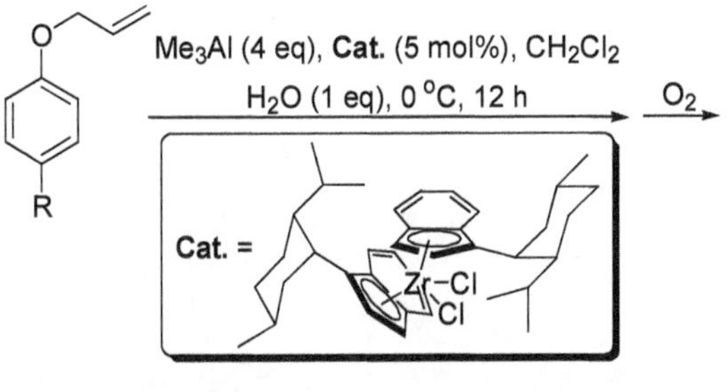

(65)

化的端基烯烃不对称碳铝化的串联反应，氧化淬灭后直接得到手性伯醇。如式 65 所示[112]：通过该串联反应可以由烯丙基芳基醚来合成光学活性的伯醇。

4.5 水相中的 Claisen 重排反应

使用水溶剂可以加速 Claisen 重排反应，并且使得重排能够在比较温和的条件下进行。如式 66 和式 67 所示的 Claisen 重排反应[113]，在甲苯中反应 95 h 只能得到 12% 的产率，而在水中反应 5 h 就可达 80% 的产率。

$$PhMe, 100\ ^{o}C, 95\ h \atop 12\%$$ (66)

$$100\ ^{o}C,\ H_2O,\ 5\ h \atop 80\%$$ (67)

水作为 Claisen 重排反应的溶剂，重排反应可在温和条件下进行。在水和甲醇中进行 Claisen 重排，可以使在传统重排条件下易发生分解的底物顺利地发生重排反应得到目标产物 (式 68)[113]。

$$H_2O\text{-}MeOH\ (2.5:1) \atop 80\ ^{o}C,\ 24\ h \atop 85\%$$ (68)

水作为一种绿色的环保溶剂，又是一种可以加速 Claisen 重排反应的溶剂，目前在 Claisen 重排反应中的应用尚不够广泛，但值得推广使用。

4.6 高压 Claisen 重排反应

由于 Claisen 重排是经过结构更加有序的六员环状过渡态进行的，而且许多 Claisen 重排需要在较高的温度下进行。所以，为了避免有些底物在高温下不够稳定或容易挥发，就采用在加压或封管条件下进行。1961 年，Brower 首先观察到烯丙基(对甲基苯基)醚在不同的温度和溶剂中发生 Claisen 重排的速率常数都会随着压力增大而变大 (式 69)。烯丙基(间甲氧基苯基)醚和烯丙基乙烯基醚也有类似的现象[47]。

$$(69)$$

序号	溶剂	反应温度 /°C	不同压力下的速率常数/h^{-1}		
			68 atm	680 atm	1440 atm
1	苯	186.4	0.062	0.091	0.113
2	65%乙醇/水	167.5	0.136	0.181	0.240
3	65%乙醇/水	147.0	0.0267	0.0346	0.0443
4	环己烷	176.4	0.0249	0.0337	0.0430

注：1atm＝1.013 × 10^5 Pa。

1962 年，Walling 和 Naiman 仔细研究了压力对 Claisen 重排反应速率的影响。他们发现：Claisen 重排反应的速率随着压力增大而变大。如式 70 和式 71 所示[48]：压力由 1 kg/cm^2 增加到 5980 kg/cm^2，烯丙基苯基醚重排反应的速率常数由 2.59 × 10^6 s^{-1} 增加到 10.75 × 10^6 s^{-1}。压力由 1 kg/cm^2 增加到 5910 kg/cm^2，(1-乙基丙烯基)烯丙基氰基乙酸乙酯的重排反应速率常数由 1.13 × 10^5 s^{-1} 增加到 4.42 × 10^5 s^{-1}。

$$(70)$$

$$(71)$$

为了寻找和合成具有 HIV 蛋白酶抑制活性的螺环化合物——二螺内酯，Schobert 等首先通过 Wittig 反应制备了螺环内酯，然后，将其甲苯溶液在封管中反应 48 h 得到二螺内酯产物。如式 72 所示[114]：螺环内酯首先发生了 Claisen 重排，然后又发生了 oxa-ene 反应。事实上，在封管条件下加热产生的压力下加速了反应，避免了使用更高的反应温度。这样既避免了底物在更高温度下不够稳定，也避免了底物在 200 °C 的反应温度容易挥发。

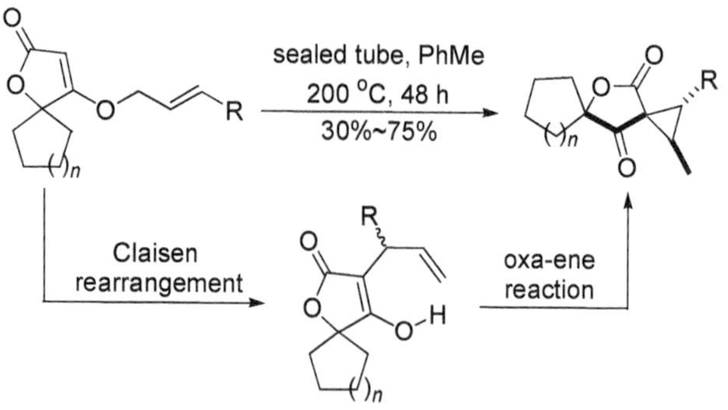

(72)

4.7 酶催化的 Claisen 重排反应

分枝酸 (Chorismic acid) 是细菌、真菌和高等植物通过莽草酸 (shikimic acid) 生物合成芳香氨基酸和生长因子过程中的公共中间体[115~117]。分枝酸盐 (Chorismate) 经 Claisen 重排反应生成预苯酸盐 (Prephenate)，是分枝酸盐转化成苯丙氨酸和酪氨酸的第一步反应。在体内，该步反应是由分枝酸变位酶催化进行的，在 37 ℃ 其反应速度可以增加 2×10^6 倍 (式 73)[118]。Ife 等的研究结果揭示了分枝酸变位酶催化 Claisen 重排反应的活性中心[119]。这是目前已知的唯一一类酶催化 Claisen 重排反应。与非酶催化的过渡态一样[120]，酶催化 Claisen 重排也是经过椅式过渡态进行的[121,122]。

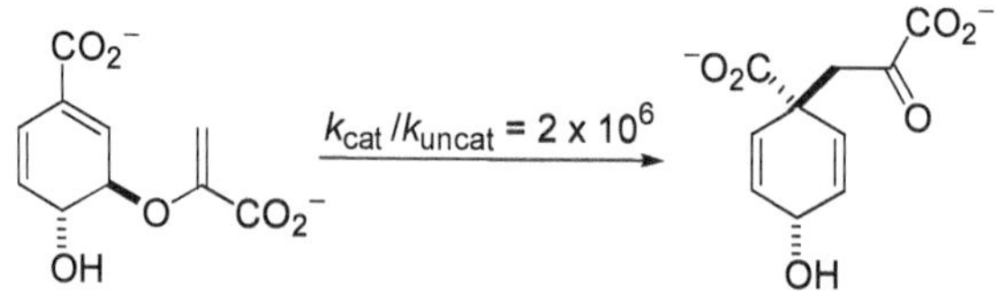

(73)

Lesuisse 和 Berchtod 还进一步研究了 (-)- 和 (±)-(Z)-9-甲基分枝酸在分枝酸变位酶催化下和非酶催化条件下的 Claisen 重排反应。他们发现：(-)-(Z)-9-甲基分枝酸是分枝酸变位酶最合适的底物，其 K_m=4.0 mmol/L、$k_{cat}/k_{uncat} = 4.2 \times 10^4$。他们还证实：与分枝酸重排一样，该酶催化的 Claisen 重排也是经过椅式过渡态进行的 (式 74)[123]。

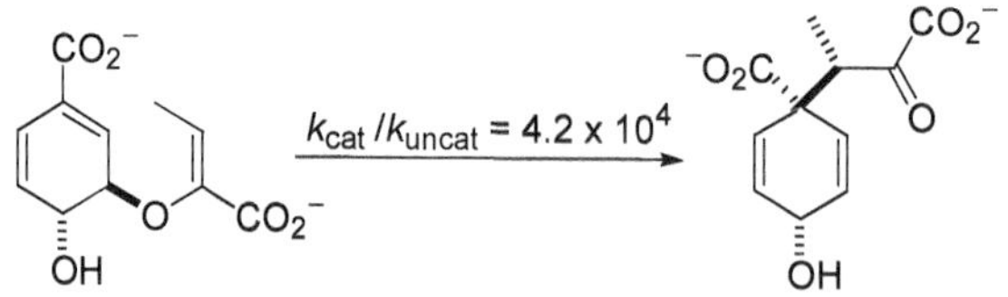

(74)

4.8 光照条件下的 Claisen 重排反应

1952 年，Kharasch 等在《科学》(Science) 杂志上第一次报道了光照条件下的 Claisen 重排反应[124]。他们发现：在光照条件下，烯丙基苯基醚 (式 75) 和苄基苯基醚的重排除了生成邻、对位取代的苯酚外，还可以得到母体苯酚。他们认为光照条件下的 Claisen 重排反应不是协同的一步反应，而是分步反应。

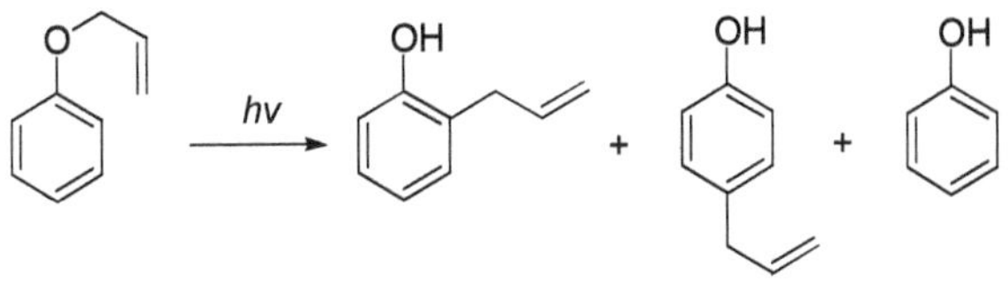

(75)

1965 年，Barch 和 Barclay 首次提出了光照条件下 Claisen 重排反应的机理 (式 76)[125]。他们认为：在光照条件下，烯丙基苯基醚吸收光后处于第一激发单线态。然后，C-O 键发生均裂得到两个自由基，这两个新生成的单线态自由基可以重新结合形成原料分子。烯丙基自由基也可以与苯氧基自由基在邻或对位偶联，分别形成烯丙基取代的 2,4- 或 2,5-环己二烯酮衍生物。最后，它们再进一步互变异构形成邻位和对位烯丙基取代的苯酚。形成的自由基对还可以经过系间穿越 (ISC, intersystem crossing) 形成三线态自由基对。如果时间允许，这些自由基可以逃出溶剂笼。但是，这个机理却难以解释间位重排产物的形成和在起始溶剂笼外通过分子间反应产生的少量副产物。

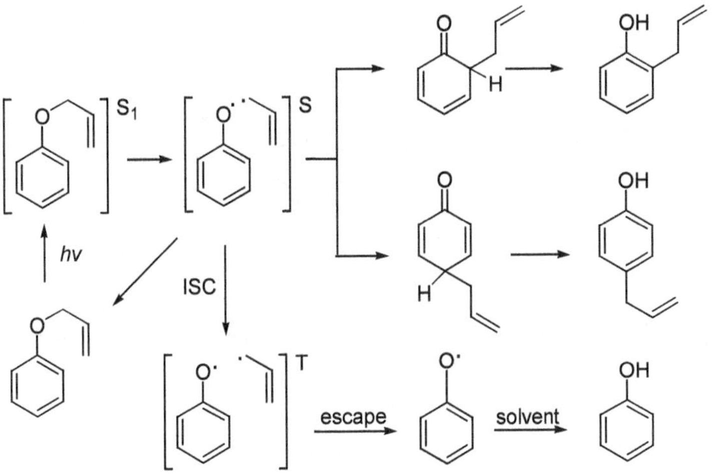

(76)

根据 Woodward-Hoffmann 规则，Claisen 重排的这种 [3,3]-σ 迁移在光照条件下应该是对称性禁阻的。由于光照条件下得到了 [3,3]-σ 迁移重排产物，因此该反应可能是经过自由基机理进行的[126,127]。如式 77 所示[128~130]：3-甲基-2-丁烯基苯基醚在光照条件下的 Claisen 重排产物也为自由基机理提供了很好的证据。由于烯丙基自由基的离域作用，既得到了其 α-位碳原子与苯基邻对位连接的产物，也得到了其 γ-位与苯基邻对位连接的产物。

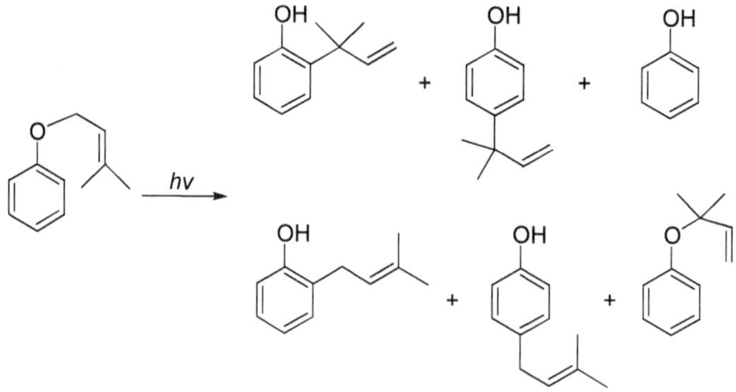

(77)

　　同位素标记实验也为自由基机理提供了有利的证据。例如：3′-^{14}C-烯丙基 2,6-二甲基苯基醚在光照条件下重排得到 2,6-二甲基-4-(1-^{14}C-烯丙基)苯酚和 2,6-二甲基-4-(3-^{14}C-烯丙基)苯酚的混合物（式 78）[131]。2′,3′,3′-三氘代烯丙基-2,6-二甲基苯基醚在光照条件下重排得到 2,6-二甲基-4-(2,3,3-三氘代烯丙基)苯酚和 2,6-二甲基-4-(1,1,2-三氘代烯丙基)苯酚的混合物（式 79）[132]。

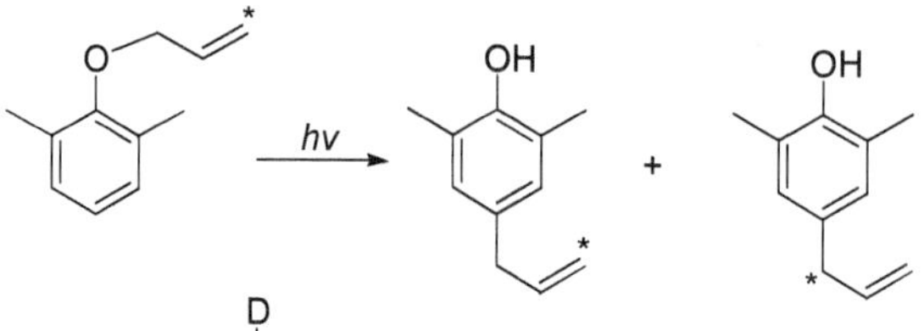

(78)

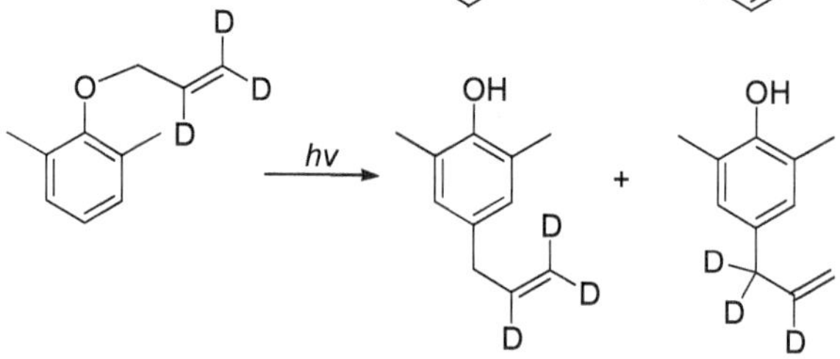

(79)

　　向光催化的 Claisen 重排反应中加入自由基猝灭剂，可以降低反应的光量子产率[133]。用顺磁共振 (ESR) 来观测烯丙基苯基醚和烯丙基对甲氧基苯基醚的光照反应，能够观测到烯丙基、苯氧基和对甲氧苯基的自由基信号[134]。因此，光照 Claisen 重排是自由基反应，而不是协同的 [3,3]-σ 迁移反应[135]。

5　Claisen 重排反应的类型综述

5.1　芳香 Claisen 重排反应

　　芳香 Claisen 重排是指烯丙基芳基醚重排生成邻位或对位烯丙基取代酚的

反应，是最早报道的 Claisen 重排反应之一[6]。由酚和烯丙基卤代物或磺酸酯反应得到烯丙基芳基醚，然后发生 Claisen 重排生成邻位或对位烯丙基取代的酚，这个反应已经在有机合成中得到了非常广泛的应用。

在芳香 Claisen 重排中，烯丙基可以首先重排到邻位后再重排到对位。如果底物中存在稠环，还可以重排到其它环上。例如：6-甲氧基-7-(3-甲基-2-丁烯基)香豆素在加热条件下可以经过三次 [3,3]-σ 迁移和互变异构生成 3-(1,1-二甲基烯丙基)-7-羟基-6-甲氧基香豆素。如式 80 所示：其中第一次 [3,3]-σ 迁移为 Claisen 重排，后两次 [3,3]-σ 迁移为 Cope 重排[136,137]。事实上，该过程是一个 Claisen 重排-Cope 重排-Cope 重排-酮烯醇互变异构的串联反应。

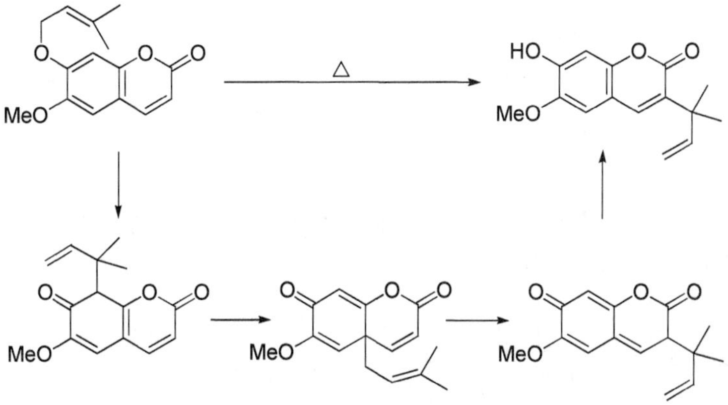

(80)

在芳香 Claisen 重排中，这类 Claisen 重排-Cope 重排-酮烯醇互变异构的串联反应不仅可以发生在环上，还可以发生在烯基侧链上，得到非共轭二烯基取代的酚。例如：巴豆基-2,4-二甲基-6-丙烯基醚和烯丙基-2,6-二甲基-4-丙烯基苯基醚的芳香 Claisen 重排 (式 81 和式 82)[138,139]。

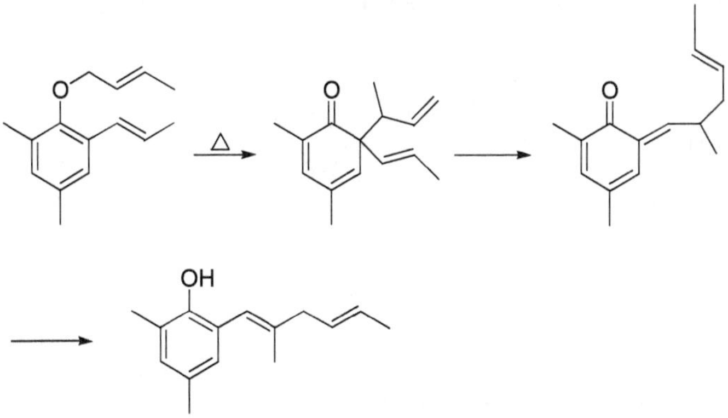

(81)

$$(82)$$

5.2 脂肪 Claisen 重排反应

脂肪 Claisen 重排是指烯丙基乙烯基醚重排生成 γ,δ 不饱和羰基化合物的反应，也是最早报道的 Claisen 重排反应之一。脂肪 Claisen 重排是制备 γ,δ 不饱和羰基化合物的重要方法，在有机合成中，特别是在复杂天然产物的合成中得到广泛应用。

利用脂肪 Claisen 重排可以比较方便地以较好的产率制备含有季碳中心的 γ,δ 不饱和醛 (式 83 和式 84)[140,141]。

$$(83)$$

$$(84)$$

Kim 等在合成对肿瘤生长具有抑制活性的天然产物生物碱 (+)-Pancratistantin 时，就用脂肪 Claisen 重排构建了关键中间体顺式-3-芳基环己烯-4-甲醛 (式 85)[142]。

(+)-Pancratistantin

$$(85)$$

5.3 命名的 Claisen 重排反应

有些用于 Claisen 重排反应的底物是在某些特定条件下原位生成的,用这些底物发生的 Claisen 型重排反应往往还有自己专用的名字[3]。

5.3.1 Carroll 重排

Carroll 重排是指 β-酮酸烯丙酯在加热条件下重排生成 α-烯丙基-β-酮酸的反应。实际上是 β-酮酸烯丙酯的烯醇式结构在加热条件下发生的脂肪 Claisen 重排反应。由于 Carroll 在 1940 年最早报道了该重排,所以也被称之为 Carroll 重排[143~145]。该重排温度通常较高,很容易接着发生脱羧反应得到 γ,δ-不饱和酮 (式 86)[146]。该反应由于反应条件强烈,因而应用并不广泛。

(86)

但是,Wilson 和 Price 发现:使用两倍摩尔量的 LDA 处理后的乙酰乙酸烯丙酯可以在室温下发生 Carroll 重排,而且没有进一步发生脱羧反应 (式 87)[147]。

(87)

如式 88 所示:用两倍摩尔量的 LDA 处理乙酰乙酸烯丙酯可以得到双负离子。该双负离子结构具有乙烯基烯丙基醚结构,很容易发生脂肪 Claisen 重排反应,得到 α-烯丙基化的乙酰乙酸[147]。该重排反应的速率与烯丙醇部分的结构有关,烯丙醇酯的重排反应最慢。

(88)

5.3.2 Eschenmoser 重排

Eschenmoser 重排是指 O-烯丙基-N,O-烯酮缩醛在加热条件下重排生成 γ,δ-不饱和酰胺的反应。实际上,这是烯丙醇与酰胺形成的 N,O-烯酮缩醛在加热条件下发生的脂肪 Claisen 重排反应。1964 年,Eschenmoser 等首先报道了由环己烯醇和 N,N-二甲基乙酰胺缩醛交换形成的 O-烯丙基型 N,O-烯酮缩醛在加热条件下的重排反应,因此被称之为 Eschenmoser 重排 (式 89)[148,149]。

$$\text{(89)}$$

在 Eschenmoser 重排中，在氮原子的 β-位形成碳碳键，这对于生物碱的合成非常重要。但是，结构复杂的 O-烯丙基型 N,O-烯酮缩醛不易制备。在高温下使烯丙醇衍生物和酰胺缩醛发生交换时，往往会导致生成的 γ,δ-不饱和酰胺产物分解。后来，他们开发了通过烯丙醇锂盐对 N,N-二烷基甲氧基亚胺盐的加成制备 O-烯丙基型 N,O-烯酮缩醛的方法[150,151]。如式 90 所示[152]：Coates 等将这一温和的制备方法扩展到环状 N,N-二烷基甲氧基亚胺盐，并用该方法制备了环状的 γ,δ-不饱和酰胺产物。

$$\text{(90)}$$

在 Eschenmoser 重排报道两年后，Ficini 等报道了烯丙醇类化合物与炔胺在加热条件下生成 γ,δ-不饱和酰胺的反应[153]。他们将烯丙醇首先与炔胺发生加成得到 O-烯丙基型 N,O-烯酮缩醛，然后再经过 Eschenmoser 重排得到 γ,δ-不饱和酰胺。该反应也被称为炔胺 Claisen 重排 (Ynamine-Claisen Rearrangement) 或 Ficini-Claisen 重排 (式 91)[153~155]。

$$\text{(91)}$$

5.3.3 Ficini-Claisen 重排

见 5.3.2 Eschenmoser 重排最后一段。

5.3.4 Johnson 重排

Johnson 重排是指原酸酯与烯丙醇类化合物在加热条件下重排生成 γ,δ-不饱和羧酸酯的反应。在该反应过程中，原酸酯与烯丙醇类化合物在痕量弱酸 (通常为丙酸) 存在下首先发生酯交换反应得到含有烯丙醇的原酸混合酯。然后，混合酯发生消除反应失去一分子醇，得到含有烯丙醇的烯酮缩醛。最后，形成的烯酮缩醛在加热条件下发生脂肪 Claisen 重排得到 γ,δ-不饱和羧酸酯。1970 年，Johnson 等第一次报道了原乙酸三乙酯与取代的烯丙醇类化合物在加热条

件下重排得到 γ,δ-不饱和羧酸乙酯的反应 (式 92)[156]。因此，该重排反应被称之为 Johnson 重排。

$$ \tag{92} $$

后来，Daub 等将该重排反应扩展到含有杂原子的反应体系。他们用甲氧基原乙酸三甲酯与烯丙醇或取代的烯丙醇反应，得到了含有氧杂原子的 α-甲氧基-γ,δ-不饱和羧酸甲酯 (式 93)[157]。

$$ \tag{93} $$

5.3.5　Ireland-Claisen 重排

Ireland-Claisen 重排是指羧酸烯丙醇酯经其三甲基硅基烯酮缩醛在加热条件下重排生成 γ,δ-不饱和羧酸的反应。在该重排反应中，羧酸烯丙醇酯经有机锂试剂处理后生成烯醇负离子。接着经三甲基氯硅烷处理得到含有烯丙基和三甲基硅基的烯酮缩醛。最后，形成的烯酮缩醛在加热条件下发生脂肪 Claisen 重排得到 γ,δ-不饱和羧酸。1972 年，Ireland 等人首先报道了该类重排反应，因此该重排反应被称之为 Ireland-Claisen 重排 (式 94)[158,159]。

$$ \tag{94} $$

该重排反应是在弱碱性或中性条件下进行的，重排底物和产物中含有多种酸敏性官能团不会受到影响[160]。例如：Ritter 就用该重排反应制备了含有三丁基锡基的 γ,δ-不饱和羧酸甲酯 (式 95)[161]。

$$(95)$$

5.3.6 Reformasky-Claisen 重排

Reformasky-Claisen 重排是指 α-卤代羧酸烯丙醇酯经锌粉处理得到锌烯醇负离子，该烯醇负离子在中性条件下重排生成 γ,δ-不饱和羧酸锌的反应。该反应不需要酸碱，是中性条件的脂肪 Claisen 型重排反应 (式 96)[162]。

$$(96)$$

二氟代氯乙酸烯丙酯在上述条件下不能发生 Reformasky-Claisen 重排。但是，用三甲基氯硅烷对其处理后得到的三甲基硅基烯丙基二氟烯酮中间体就可以发生 Reformasky-Claisen 重排，得到 2,2-二氟-4-戊烯酸 (式 97)[163]。因此，该反应也被称之为硅诱导的 Reformasky-Claisen 重排。

$$(97)$$

5.4 含杂原子的 Claisen 重排反应

乙烯基烯丙基醚类化合物中的氧原子被硫原子、硒原子和氮原子等替换发生的 Claisen 重排被称之为含有杂原子的 Claisen 重排。其中的 C-C 双键被 C-N 双键替换后，也可以发生含有杂原子的 Claisen 重排反应。

5.4.1 硫杂 Claisen 重排

在 Claisen 报道烯丙基苯基醚的热重排反应 18 年以后，Hurn 和 Greengard 报道了烯丙基苯基硫醚的 Claisen 重排，但产率不如烯丙基苯基醚好。如式 98 所示[164]：他们将烯丙基对甲苯基硫醚在 228~264 ℃ 下加热，得到了重排产物 4-甲基-2-烯丙基苯硫酚。

$$(98)$$

硫杂 Claisen 重排（Thio-Claisen Rearrangement）需要较高的反应温度，得

到的重排产物硫酚负离子很容易进一步与尚未发生重排的硫醚发生 S$_N$2 取代反应，生成双烯丙基化的产物 (式 99)[165,166]。

$$(99)$$

如果将烯丙基苯基硫醚在喹啉存在下加热，它会首先发生硫杂 Claisen 重排。然后，生成的重排产物通常会进一步加成环化得到 2-甲基苯并二氢噻吩和苯并二氢噻喃 (式 100)[167,168]。

$$(100)$$

与经典脂肪 Claisen 重排相比，硫杂脂肪 Claisen 重排可以在比较温和的条件下进行，得到硫醛或硫酮[169] (式 101)。但硫醛和硫酮都不稳定，很容易水解成相应的醛酮。因此，通常也用水解来捕获硫杂脂肪 Claisen 重排反应的产物。如式 102 所示[170]：硫杂脂肪 Claisen 重排完成后经水解得到相应的醛。

$$(101)$$

$$(102)$$

5.4.2 硒杂 Claisen 重排

与烯丙基苯基硫醚在喹啉中加热反应相似，烯丙基苯基硒醚在喹啉中回流也会首先发生硒杂 Claisen 重排(Selo-Claisen Rearrangements)。如式 102 所示[171]：重排产物也会进一步加成环化得到 2-甲基苯并二氢硒吩。

$$(103)$$

5.4.3 氮杂 Claisen 重排

传统的 Claisen 重排底物中的氧原子被氮原子替换后发生的 Claisen 重排反应称为氮杂 Claisen 重排(Aza-Claisen Rearrangement)。与相应的传统 Claisen

重排相比，氮杂芳香 Claisen 重排 (式 104)[172] 和氮杂脂肪 Claisen 重排 (式 105)[173] 都需要较高的重排反应温度 (一般在 200~350 °C)。氮杂芳香 Claisen 重排还会生成一些副产物，而氮杂脂肪 Claisen 重排通常需要 Lewis 酸催化才容易发生。

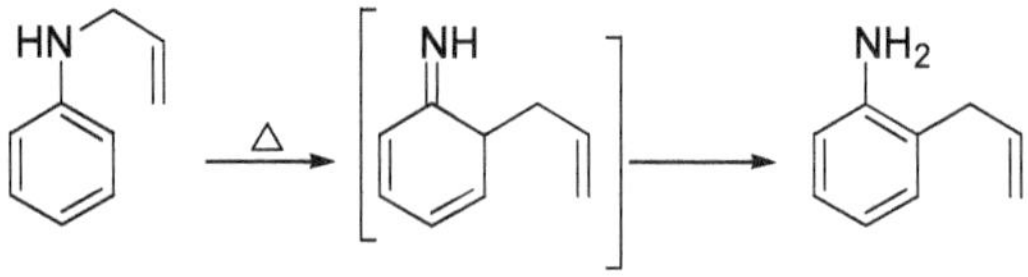

(104)

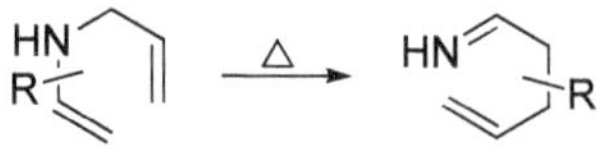

(105)

如式 106 所示[174]：N-烯丙基-1-萘胺在 260 °C 加热发生氮杂芳香 Claisen 重排，可以得到 2-烯丙基-1-萘胺。又如式 107 所示[175]：N-烯丙基或巴豆基吡唑啉酮在 180 °C 加热生成 C-烯丙基或巴豆基吡唑啉酮。将烯胺和巴豆基溴原位生成的季铵盐在乙腈中回流，首先发生氮杂脂肪 Claisen 重排生成亚胺盐，进一步水解则得到 γ,δ-不饱和醛 (式 108)[176]。

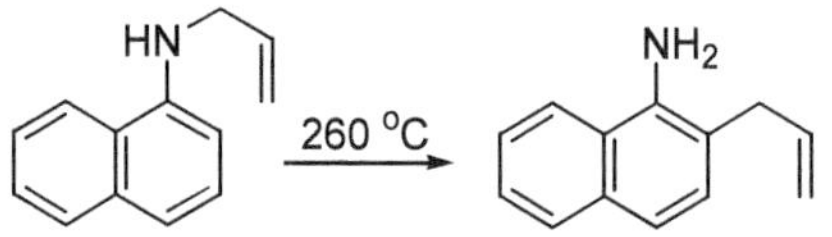

(106)

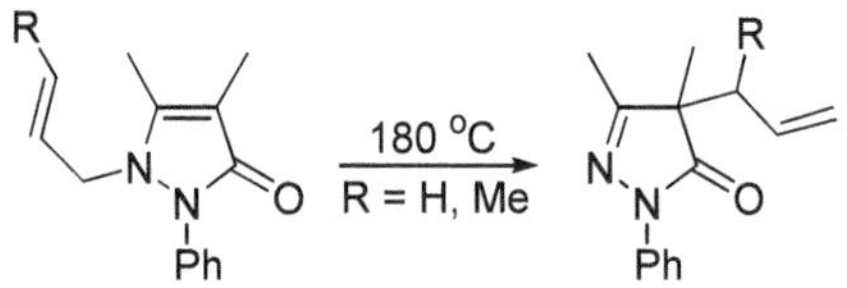

(107)

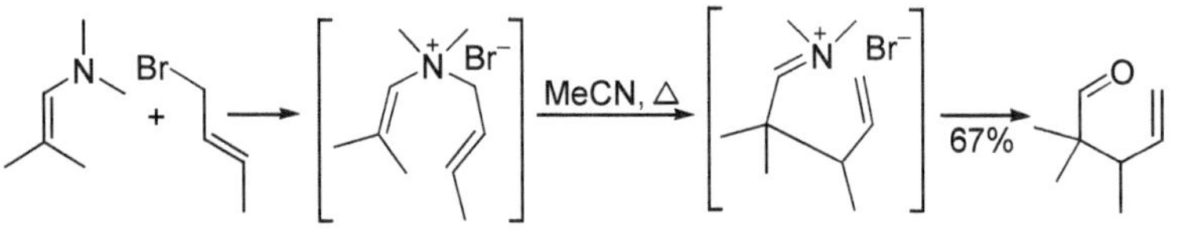

(108)

将传统 Claisen 重排底物中乙烯部分用 C-N 双键来代替，也可以发生 Claisen 重排型的反应。例如：式 109 所示的结构发生的 Claisen 型重排反应也是一类氮杂 Claisen 重排反应。

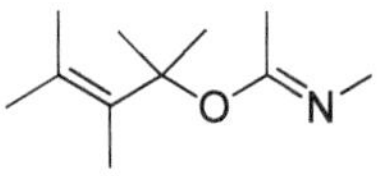

(109)

如式 110 所示[7]：N-苯基苯甲酸亚胺烯丙酯在 210~215 °C 加热 3 h 可以重排得到 N-烯丙基-N-苯基-苯甲酰胺。又如式 110 所示[177,178]：N-苯基苯甲酸亚胺巴豆酯发生的 Claisen 型重排可以得到 γ 位连接的重排产物 *N*-(1-甲基烯丙基)-*N*-苯基-苯甲酰胺。

$$\qquad\qquad\qquad\qquad\qquad\qquad\qquad\qquad\qquad\qquad (110)$$

2-巴豆氧基吡啶在 *N,N*-二甲基苯胺中加热重排得到传统芳香 Claisen 重排和氮杂芳香 Claisen 重排产物的混合物。但在 1% 氯铂酸的异丙醇溶液中加热，它以定量的产率得到氮杂芳香 Claisen 重排产物 (式 111)[179]。

$$\qquad\qquad\qquad\qquad\qquad\qquad\qquad\qquad\qquad\qquad (111)$$

5.4.4　锌杂 Claisen 重排

锌杂 Claisen 重排(Zinc-Claisen Rearrangement)反应是指烯基金属镁、锂和铝化合物与溴化烯丙基锌发生碳金属化制备 γ,δ 不饱和烃基同碳双金属化合物的反应。

如式 112 所示：该反应首先生成乙烯基烯丙基锌，然后经过 [3,3]-σ 迁移重排得到同碳双金属取代的烯烃。所以，该反应也被称为金属 Claisen 重排反应 (Metallo-Claisen Rearrangement)[180~183]。用金属 ene-反应也可以解释该反应的机理(式 113)[3]。密度泛函 (B3LYP) 研究表明该反应是一个吸热的 Lewis 酸辅助金属 Claisen 重排反应，但乙烯基格氏试剂参与的反应具有某些金属 ene-反应的特性[184]。

$$\qquad\qquad\qquad\qquad\qquad\qquad\qquad\qquad\qquad\qquad (112)$$

$$\qquad\qquad\qquad\qquad\qquad\qquad\qquad\qquad\qquad\qquad (113)$$

用亲电试剂处理金属 Claisen 重排生成的同碳双金属中间体，可以得到各种同碳双官能团化合物 (式 114)[181~183]。

$$(114)$$

丙二烯基金属镁、锂和铝化合物与溴化烯丙基锌也可以发生碳金属化反应生成同碳双金属化的二烯烃化合物 (式 115)[185,186]。

$$(115)$$

5.5 含三键的 Claisen 重排反应

5.5.1 含碳碳三键的 Claisen 重排反应

炔丙基苯基醚也可以在 N,N-二甲基苯胺中回流发生芳香 Claisen 重排反应得到色烯 (苯并吡喃) 类产物[187,188]。如式 116 所示：炔丙基苯基醚首先发生芳香 Claisen 重排得到 2-丙二烯基苯酚衍生物；然后，2-丙二烯基苯酚衍生物发生 [1,5]-氢迁移得到 2-亚烯丙基环己烯酮衍生物。最后，其再发生电环化反应得到最终产物 4-取代色烯 (苯并吡喃) 衍生物。

$$(116)$$

1,4-二苯氧基-2-丁炔在加热条件下反应得到苯并呋喃并苯并吡喃衍生物 (式 117)[189]。

$$(117)$$

如式 118 所示[190]：通过 Mitsunobu 反应，将 1-芳基炔丙醇和酚偶联得到 1-芳基炔丙基芳基醚。然后，在 N,N-二乙基苯胺和邻二氯苯中发生芳香 Claisen 重排可以得到 2-芳基苯并吡喃。

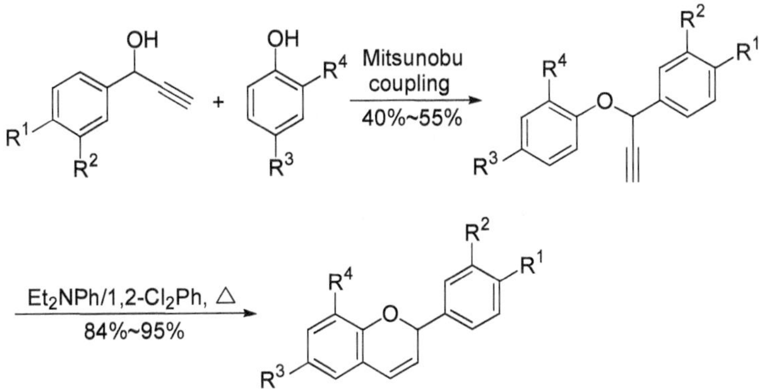

(118)

5.5.2　含碳氮三键的 Claisen 重排反应

碳氮三键也可以参与氮杂 Claisen 重排反应，碳氮三键是通过硫氰酸烯丙酯的形式参与 Claisen 型重排反应的。早在 Claisen 重排反应发现之前，Billeter 就于 1875 年发现了硫氰酸烯丙酯在蒸馏可以重排成异硫氰酸烯丙酯。式 119 所示[191]：该反应其实就是含有碳氮三键的硫杂脂肪 Claisen 重排。

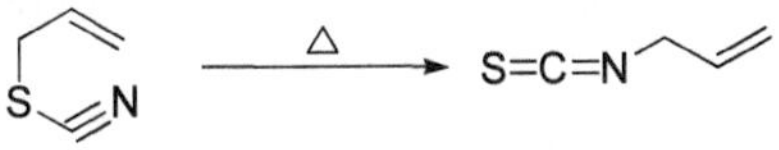

(119)

硫氰酸巴豆酯和肉桂酯在加热条件下也可以重排成相应的异硫氰酸酯。但巴豆酯重排后连接在 γ 位 (式 120)[192]，而肉桂酯重排后仍然连接在 α-位 (式 121)[193]。

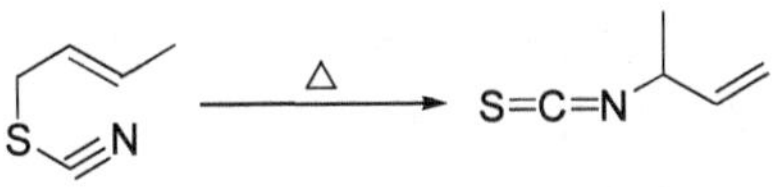

(120)

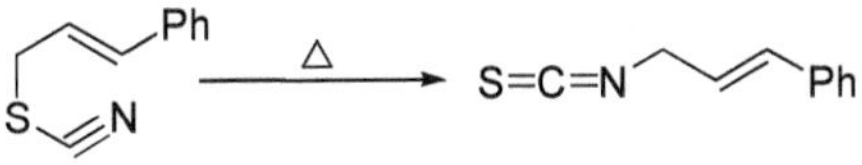

(121)

5.6　螯合的 Claisen 重排反应

用强碱 LDA 和过渡金属盐处理氨基保护的氨基酸烯丙酯，可以得到螯合的烯醇负离子。在室温下，这种螯合的烯醇负离子就可以发生 Claisen 型重排反应得到 α-氨基-γ,δ-不饱和羧酸盐。该反应被称之为螯合的 Claisen 重排反应 (Chelate Claisen Rearrangement) (式 122)[194]。

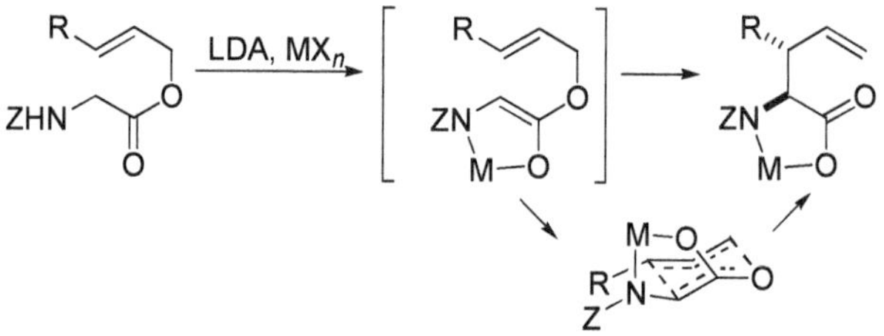

$$
\text{(122)}
$$

由于上述反应主要经过椅式过渡态，并且取代基尽量处于平伏键，因此，(E)-烯丙醇酯重排后得到顺式取代的氨基酸。由于螯合作用使烯醇负离子的结构成为刚性结构，可以比较容易地预测反应过渡态的结构和产物的构型，该重排反应的立体选择性也很高。

5.7 逆向 Claisen 重排反应

跟其它 [3,3]-σ 迁移重排反应一样，Claisen 重排反应也是可逆的。由于羰基化合物具有较好的热力学稳定性，Claisen 重排通常有利于生成羰基化合物。但在某些情况下，Claisen 重排反应也会有利于向逆向进行。如式 123 和式 124 所示：当桥环甲醛或酮[195,196]其邻位为季碳原子时，逆 Claisen 重排可以在催化量的三氟化硼乙醚溶液进行。

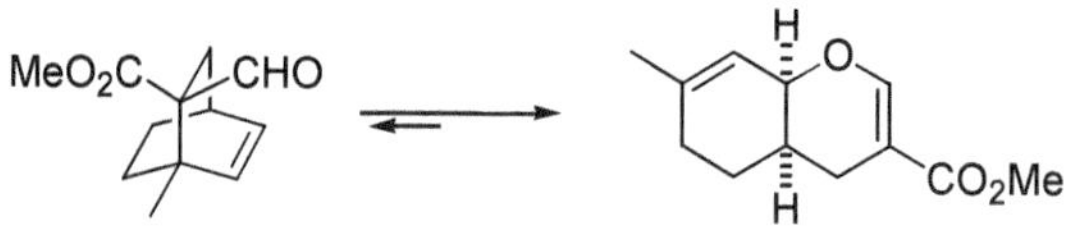

$$
\text{(123)}
$$

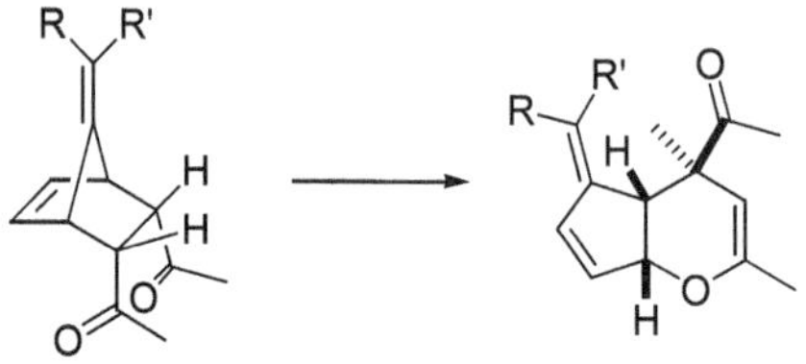

$$
\text{(124)}
$$

由于羰基的热力学稳定性可以补偿环丙烷张力的不稳定性，乙烯基环丙烷甲醛可以通过逆向 Claisen 重排反应生成 2,5-二氢噁草，并且二者之间处于动态平衡（式 125 和式 126）[197,198]。这也是 Claisen 重排具有可逆性的重要证据之一。

$$
\text{(125)}
$$

$$
\text{(126)}
$$

5.8 不对称 Claisen 重排反应

不对称 Claisen 重排反应主要包括手性辅助基团诱导的不对称重排和催化

不对称重排,其中后者又包含手性配体金属配合物催化重排和手性有机小分子催化重排。

5.8.1 手性辅助基团诱导的不对称 Claisen 重排

手性辅助基团诱导的不对称 Claisen 重排反应是在底物的乙烯基部分或烯丙基部分首先引入手性辅助基团,使之成为手性底物。当手性辅助基团在发生 Claisen 重排时会产生一定的手性诱导作用,得到光学活性产物。在重排反应完成后,可以从产物中切除手性辅助基团或者将其转化成为其它有用的官能团。对手性辅助基团的要求不仅具有较好的不对称诱导效果,而且容易引入和除去,或者可以方便地转化成为其它有用的官能团。其中,转化成为其它有用的官能团的手性辅助基团是最理想的。由于 Claisen 重排反应主要经过稳定的椅式过渡态进行,过渡态具有相对刚性的稳定结构。因此,无论是 Claisen 重排底物中的乙烯基部分还是烯丙基部分含有手性辅助基团,其空间位阻和电子效应对 Claisen 重排的立体化学过程和立体选择性都有明显的影响。

5.8.1.1 烯丙基部分含手性辅助基团的不对称 Claisen 重排

由亚乙基保护的葡萄糖可以制备含有手性基团的 (Z)- 或 (E)-γ-(1,3-二氧杂环己-4-基)烯丙醇衍生物,其与原乙酸三乙酯发生 Johnson 重排时就可以诱导出一定的非对映选择性。其中由 (Z)-γ-(1,3-二氧杂环己-4-基)烯丙醇衍生物与原乙酸三乙酯发生 Johnson 重排诱导出的非对映选择性较高 (式 127)[199]。

(127)

由手性甘油醛制备的烯丙醇与甲氧基乙酸反应，可以得到甲氧基乙酸烯丙醇酯衍生物。由于有 α-甲氧基存在，它们能够以螯合的 Claisen 重排方式发生反应。如式 128 所示：它们一般以高度的非对映选择性得到反式产物[200]，成为一种制备 α-烷氧基羧酸或羧酸酯的有效方法。

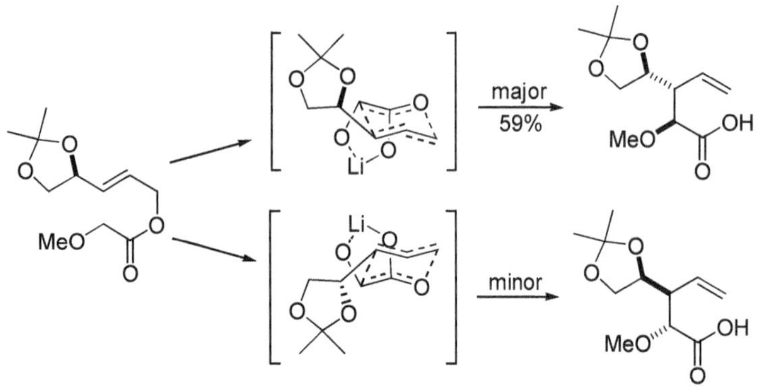
major
59%
MeO
OH
Li
minor

(128)

5.8.1.2 乙烯基部分含手性辅助基团的不对称 Claisen 重排

乙烯基部分含手性辅助基团的底物在 Claisen 重排反应中也可以产生很好的非对映选择性，并且例子更多[3]。如式 129 所示：手性 1-甲基苯甲氧基乙酸肉桂醇酯在发生 Ireland-Claisen 重排时，椅式过渡态因为羧酸烷氧基中的苯环和肉桂基中的苯环可以发生 π-π 堆积作用而更加稳定。由于其中一种过渡态中的 π-π 堆积作用比另一种的强，因此具有较好的非对映选择性[201]。

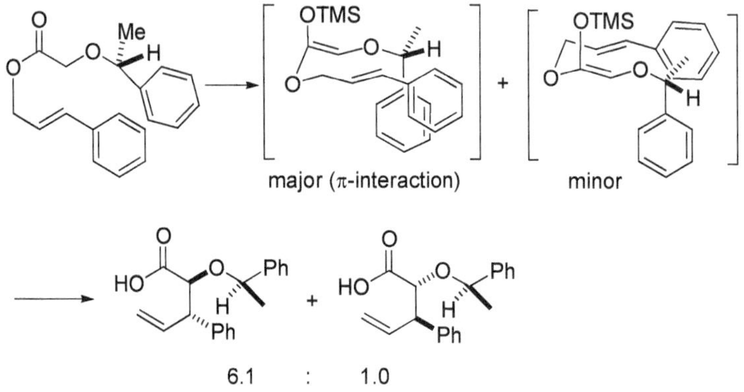
Me
H
OTMS
major (π-interaction)
minor
HO
Ph
6.1
:
1.0

(129)

手性噁唑啉也广泛地用作不对称 Claisen 重排中的手性辅助基团。例如：手性噁唑啉 *N*-烯丙基化后，再用丁基锂处理可以得到带有 *N*-烯丙基的烯酮的 *N,O*-缩醛。如式 130 所示：这些底物在氮杂 Claisen 重排中高非对映选择性地得到 *si*-面进攻的重排产物[202~205]，进一步水解就可以得到具有光学活性的 4-戊烯酸[205]。

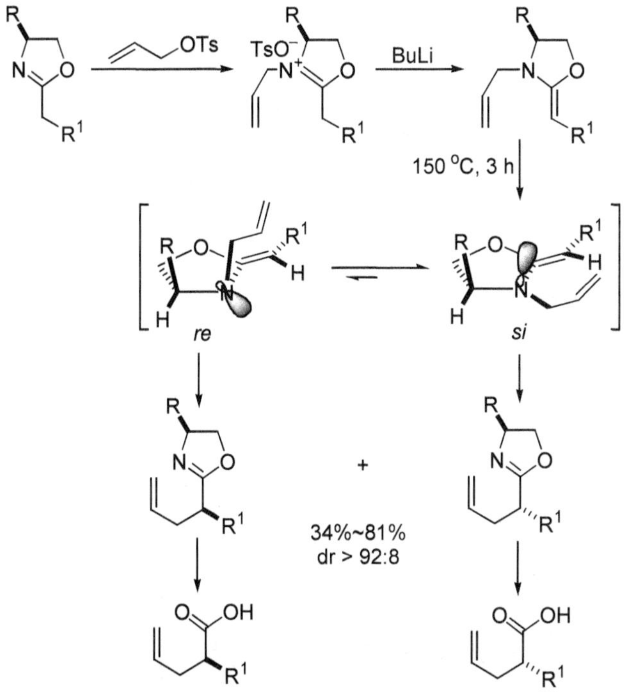

(130)

在 *re*-过渡态中，噁唑啉环上的 R 基团和烯丙基处于顺式结构，位阻较大。在 *si*-过渡态中，噁唑啉环上的 R 基团和烯丙基处于反式结构，位阻较小。因此，该重排反应主要经过 *si*-过渡态进行。实验结果显示：随着 R 基团体积的增加，该重排反应的非对映选择性明显提高[203,204]。

5.8.2　催化不对称 Claisen 重排

5.8.2.1　手性配体金属配合物催化的不对称 Claisen 重排

由于 Lewis 酸可以催化加速 Claisen 重排反应，手性 Lewis 酸催化的不对称 Claisen 重排反应得到广泛的研究。1990 年，Maruoka 等报道了第一例不对称催化的 Claisen 重排。他们用修饰了的手性联萘酚铝为催化剂，催化含有三甲硅基的脂肪 Claisen 重排，以高达 80%~90% ee 得到了手性不饱和酰基硅烷 (式 131)[206]。

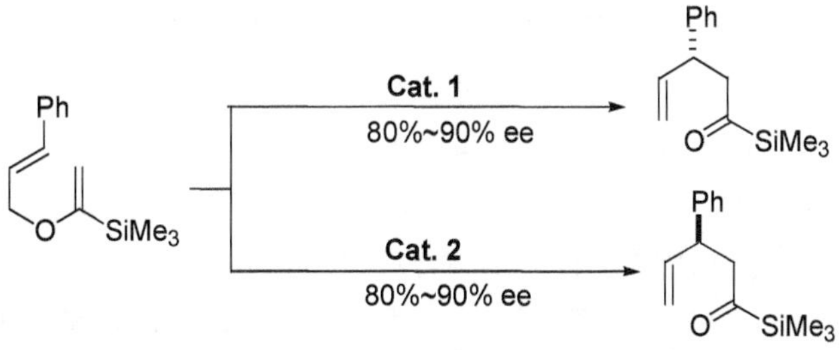

(131)

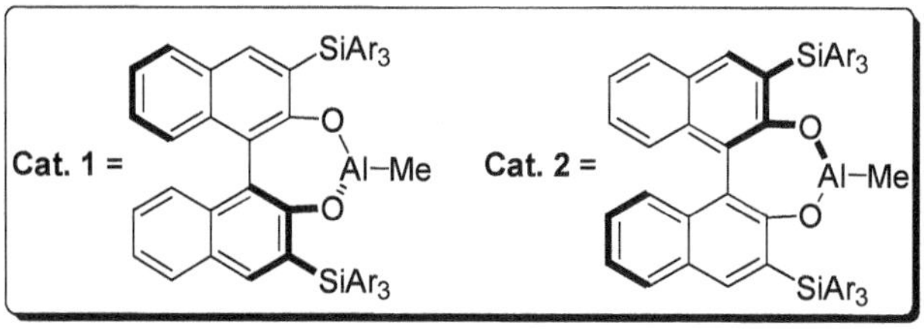

该研究小组随后还发展了具有准 C_3-对称性的酚铝催化剂催化了普通的脂肪 Claisen 重排，以 67%~97% 的产率和 61%~91% ee 得到手性不饱和醛 (式 132)[207]。

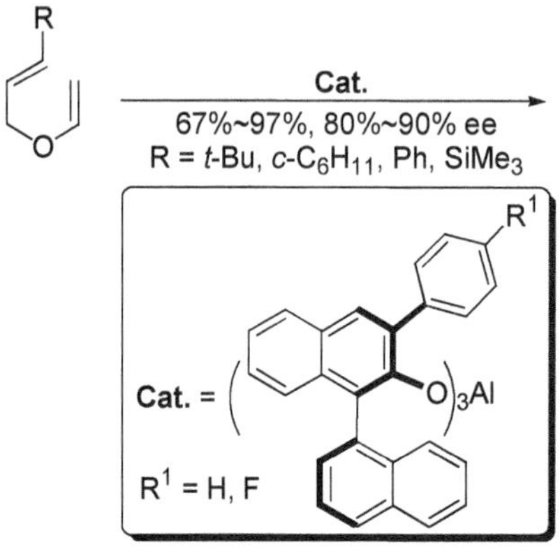

(132)

该研究小组还设计并合成了通过乙炔基相连单硅基保护的双联萘酚铝催化剂。将这些催化剂用于上述脂肪 Claisen 重排中，以中等的产率和中等到满意的对映选择性得到手性不饱和醛 (式 133)[208]。

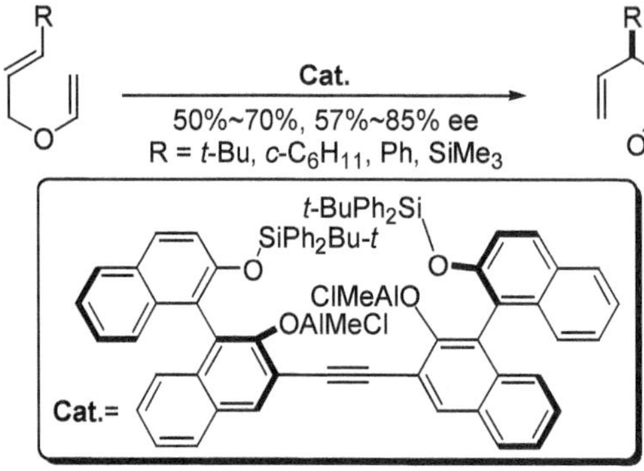

(133)

在不对称 Claisen 重排反应中研究较多的另一类手性配体金属配合物催化剂为含有氮原子配体的钯配合物催化剂，例如：双[2-(二氢异吲哚甲基)-N-甲基吡咯烷钯] (C1)[209]，双[2-(2-二苯基膦苯基)-4-苄基噁唑啉钯] (C2)[210]，双[3-甲基-2-二甲氨甲基二茂铁钯] (C3) 和双[二茂铁亚甲基-2,4,6-三甲基苯胺钯] (C4)[211]，及 N,N'-二甲基-N,N'-二(2-羟基苯基)二茂铁双甲酰胺钯催化剂

[212] 等。其中，二茂铁二甲酸和邻氨基酚形成的双酰胺钯催化剂的催化效果比较理想，在催化含有 C-N 双键的氮杂 Claisen 重排时可以实现 68%~91% 的产率和 86%~95% ee (式 134)[212]。

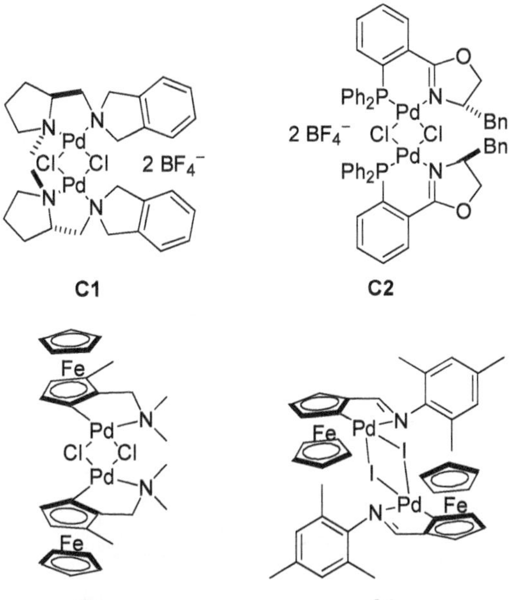

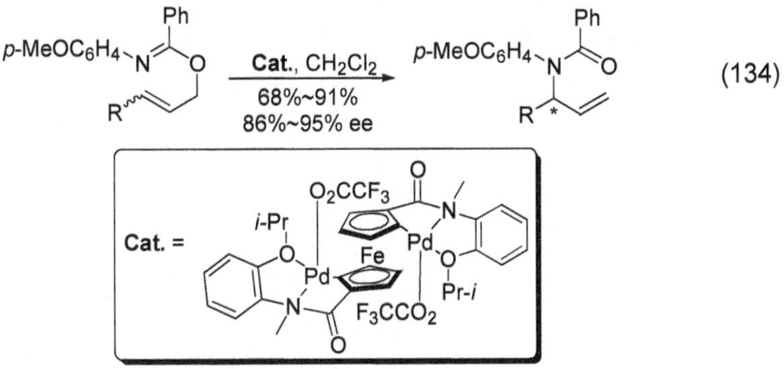

C1

C2

2 BF₄⁻

C3

C4

$$p\text{-MeOC}_6\text{H}_4 \quad \xrightarrow[\substack{68\%\sim91\% \\ 86\%\sim95\% \text{ ee}}]{\text{Cat., CH}_2\text{Cl}_2} \quad p\text{-MeOC}_6\text{H}_4 \tag{134}$$

Cat. =

双噁唑啉配体也应用于不对称 Claisen 重排反应，但许多三齿双噁唑啉配体例如：如下所示 **L1~L4** 的二价钯配合物在不对称氮杂 Claisen 重排反应中的产率和对映选择性都不够理想 (式 135)[213]。但是，由邻苯二甲酸或 4,5-二氯邻苯二甲酸制备的 C_2-对称性的双齿双噁唑啉生成的镁配合物，它们在氮杂 Claisen 重排中表现出较好的不对称催化效果。如式 135 所示[214]：苯氧乙酰氯和 *N*-烯丙基吗啉的重排反应可以得到 74%~95% 的产率、86%~97% ee 和很高的非对映选择性 (*syn*:*anti* = 92:8)。当反应底物中 R 和 R¹ 都不是氢时，还可以建立手性季碳中心。

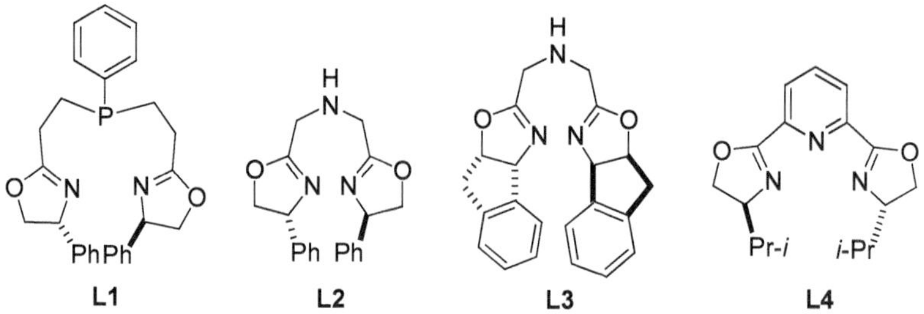
PhPh
Ph Ph
Pr-i
i-Pr
L1
L2
L3
L4

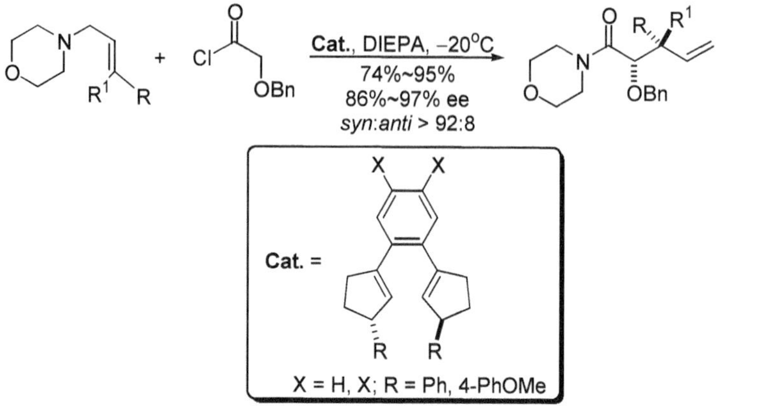
Cat., DIEPA, –20°C
74%~95%
86%~97% ee
syn:anti > 92:8
Cat. =
X = H, X; R = Ph, 4-PhOMe

(135)

Evans 双噁唑啉配体的铜配合物在催化 *α*-烯丙氧基-*α*,*β*-不饱和羧酸异丙酯的脂肪 Claisen 重排反应中也表现出很好的产率 (99%~100%) 和较好的对映选择性 (82%~88% ee)。苯基 Evans 双噁唑啉配体和叔丁基 Evans 双噁唑啉配体还表现出不同的对映面选择性，前者主要得到 *R*-构型的产物，而后者主要得到 *S*-构型的产物 (式 136)[215,216]。

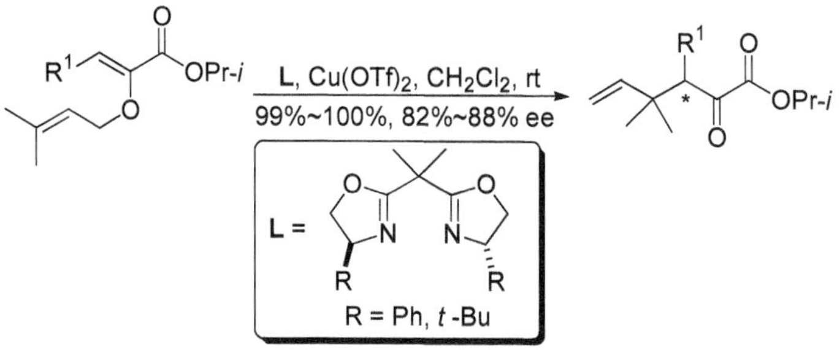
L, Cu(OTf)2, CH2Cl2, rt
99%~100%, 82%~88% ee
L =
R = Ph, t-Bu

(136)

Krebs 等筛选了一系列邻氨基醇在不对称催化 Claisen 重排反应中的应用[217,218]。他们发现：在氨基酸烯丙醇酯的不对称螯合 Claisen 重排反应中，苯甘氨醇、缬氨醇、麻黄碱和假麻黄碱、甲氧基奎宁都表现出满意到很好的产率和非对映选择性，但对映选择性很差。奎宁和奎尼定、辛可宁和辛可尼定对不对称氨基酸烯丙醇酯的螯合的 Claisen 重排具有较好的效果，产物具有 97%~98% de 和 64%~87% ee (式 137)[218]。

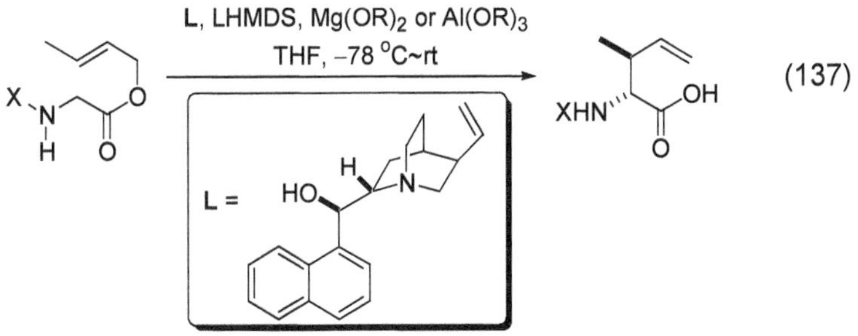

(137)

5.8.2.2 手性有机小分子催化的不对称 Claisen 重排

1991 年，Corey 报道了第一例有机小分子催化的不对称 Claisen 重排。他们根据三卤化硼可以加速 Claisen 重排反应的现象，用 C_2-对称的双磺酰胺衍生的手性硼催化剂催化不对称 Ireland-Claisen 重排，获得了非常好的对映选择性。他们还发现：使用不同的三级胺碱和不同的溶剂会得到不同构型的烯醇，从而得到具有不同顺反结构的 α,β-二取代-4-戊烯酸 (式 138)[219]。

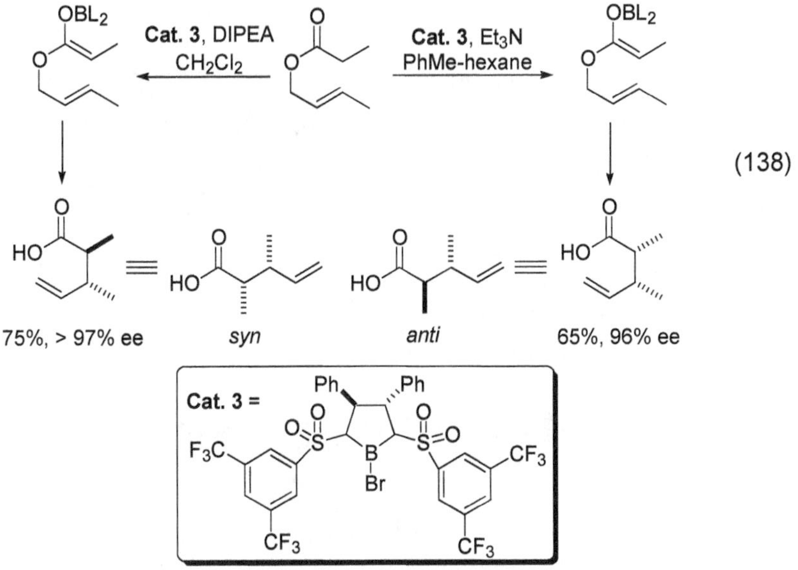

(138)

在该催化剂的作用下，丙酸 (E)-巴豆酯在二异丙基乙基胺 (DIPEA) 的二氯甲烷溶液中首先烯醇化得到 (Z)-烯酮缩醛，然后经 Claisen 重排得到顺式产物。而丙酸 (E)-巴豆酯在三乙胺 (TEA) 的甲苯和环己烷混合溶液中首先烯醇化得到 (E)-烯酮缩醛，然后经 Claisen 重排得到反式产物。

六年以后，日本学者 Ito 等以与 Corey 催化剂的结构非常相似的催化剂实现了第一例不对称催化的芳香 Claisen 重排。他们发现：使用邻苯二酚丙烯基醚作为底物时，可以实现较好的产率和对映选择性 (式 139)[220]。由于酚羟基和醚氧原子都可以与催化剂中的硼原子配位，因此在环状过渡态中，催化剂中的一个对甲苯基可以挡住邻苯二酚环的 *re*-面。这样，烯丙基部分只能从 *si*-面进攻，高对映选择性地得到 *S*-构型的产物。

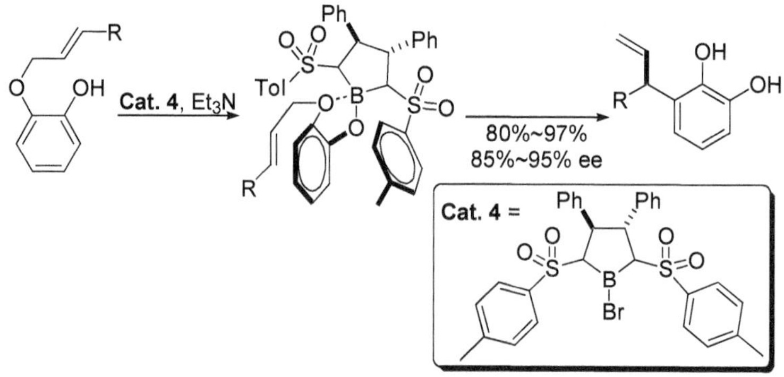

(139)

他们还发现：该催化剂也可以应用于二氟乙烯基烯丙基醚的不对称脂肪 Claisen 重排反应中，以较好的对映选择性得到 α,α-二氟取代的邻羟基芳香酮 (式 140)[221]。

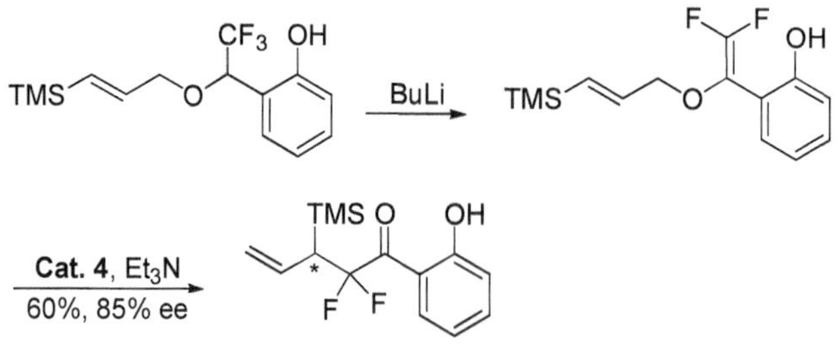

(140)

6　Claisen 重排反应在天然产物合成中的应用

由于 Claisen 重排反应可以方便地通过椅式构象过渡态控制产物的立体化学，而且也是一种很好的产生带有官能团和手性季碳原子化合物的重要方法之一。因此，Claisen 重排反应已经广泛应用于天然产物的全合成中[3]。在含有季碳的萜类天然产物的全合成中 [例如：(±)-Mylyaylene[223]、(±)-Acorone[224]、(±)-Homogynolide B[225]和 (+)-Pancratistatin[142]等]，都是使用脂肪 Claisen 重排反应作为关键步骤实现的。

前列腺素 (Prostaglandins, PGs) 是前列烷酸 (Prostanoic acid) 的衍生物，分子的基本结构为含一个环戊烷及两个脂肪酸侧链的二十碳脂肪酸。前列腺素包括很多种结构类似的化合物，几乎存在于哺乳动物的各重要组织和体液中。1976

年，Stork 等报道了以简单的糖为原料来合成 (+)-15-(S)-前列腺素 A$_2$ [(+)-15-(S)-Prostaglandin A$_2$, PGA$_2$] 的路线，其中两次用到了 Claisen 重排反应。

如式 141 所示[226]：他们以 2,2-亚丙基-L-赤藓糖为原料，首先将其转化成烯丙基醇衍生物，与 10 倍量的原乙酸三甲酯在 0.1 倍量的丙酸存在下于 140 ℃ 加热反应 3 h，顺利地实现了 Johnson 重排得到不饱和酯。得到的不饱和酯经水解和酯交换后得到含有碳酸酯的烯丙醇，其与含有炔基的原酸三甲酯再次进行 Johnson 重排得到一个新的不饱和酯。最后，经过多步的转化得到 (+)-15-(S)-前列腺素 A$_2$。

(141)

萝芙藤碱类 (Rauwolfia alkaloids) 是从萝芙藤属植物中分离得到的一类天然产物，对高血压和血压紊乱等具有治疗作用。该类天然产物具有育亨烷 (Yohimbane) 的五环骨架结构，是一类非常合适的全合成目标化合物。1984 年，Mariano 等报道了通过双极离子的氮杂 Claisen 重排和 Wenkert 环化作为关键步骤构建育亨烷五环骨架结构的方法 (式 142)[227]。

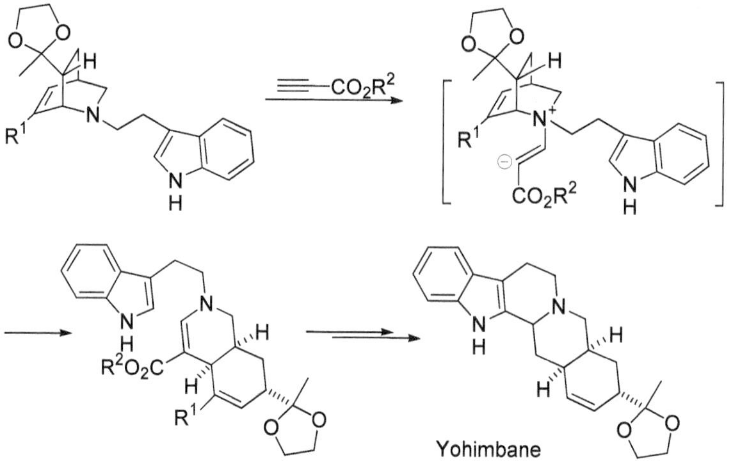

(142)

Yohimbane

六年以后，他们用自己建立的方法构建了官能团化的育亨烷，并合成了萝芙藤碱类中的底宿吡丁 (Deserpidine)。如式 143 所示[228]：从二氢吡啶-1-甲酸酯出发首先得到 N-吲哚乙基取代的 2-氮杂双环 [2.2.2] 辛-5-烯。然后，它与丙炔酸叔丁酯经 Michael 加成得到双极离子胺。完成氮杂 Claisen 重排后，再经过一系列转化得到了萝芙藤碱类天然产物底宿吡丁。

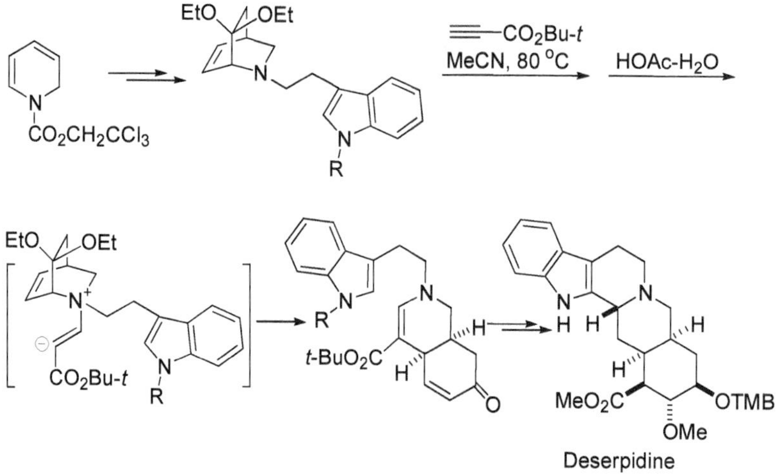

(143)

Deserpidine

流感毒素 (Fluvirucin) 是一类大环内酰胺类抗生素，包括流感毒素 A 和 B 两大类。流感毒素 A1 和 A2 由于毒性低而备受关注，但它们的抗流感病毒活性也比流感毒素 B2 的活性低。为了研发低毒高效的抗流感药物，需要合成和改造流感毒素 A1 和 A2 的结构。如式 144 所示[229]：Suh 等从 (R)-3-乙基-δ-戊内酰胺出发，合成了流感毒素 A1。首先，他们将 (R)-3-乙基-δ-戊内酰胺转化成 (2R,3R)-3-乙基-2-乙烯基-1-乙酰基哌啶。然后，其用 LHMDS 处理后经氮杂 Claisen 重排反应得到环壬内酰胺。最后，再经过一系列转化得到大环内酰胺和糖基化后得到流感毒素 A1。

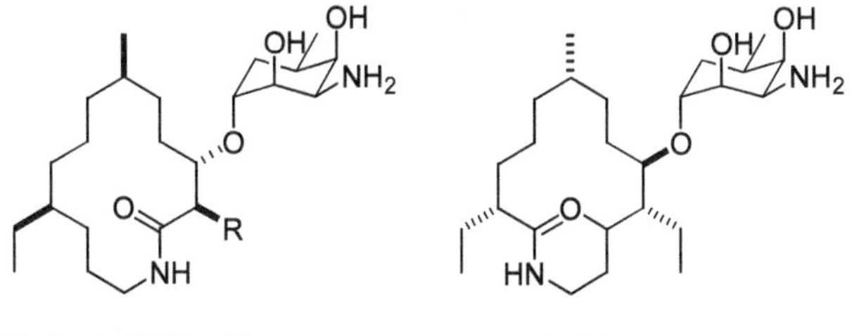

Fluvirucin A1 R = Me
Fluvirucin A1 R = CHOHMe

Fluvirucin B1

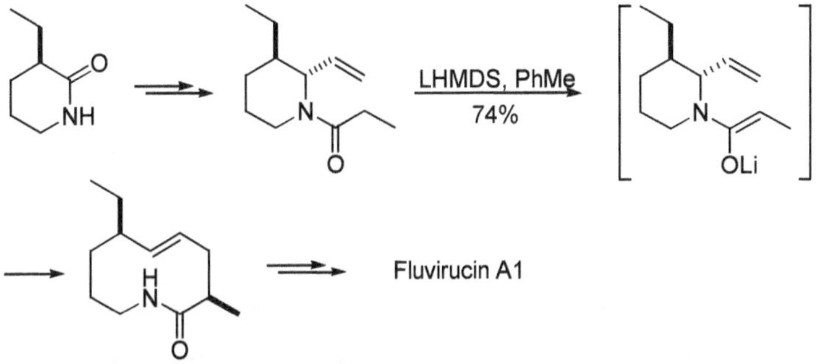

LHMDS, PhMe
74%

Fluvirucin A1

(144)

Saudin 是 1985 年从 *Clutya Richardiana* 中分离得到的一种天然产物，具有体内非胰岛素依赖的降低血糖活性[231]。Saudin 具有高度氧化修饰的赖

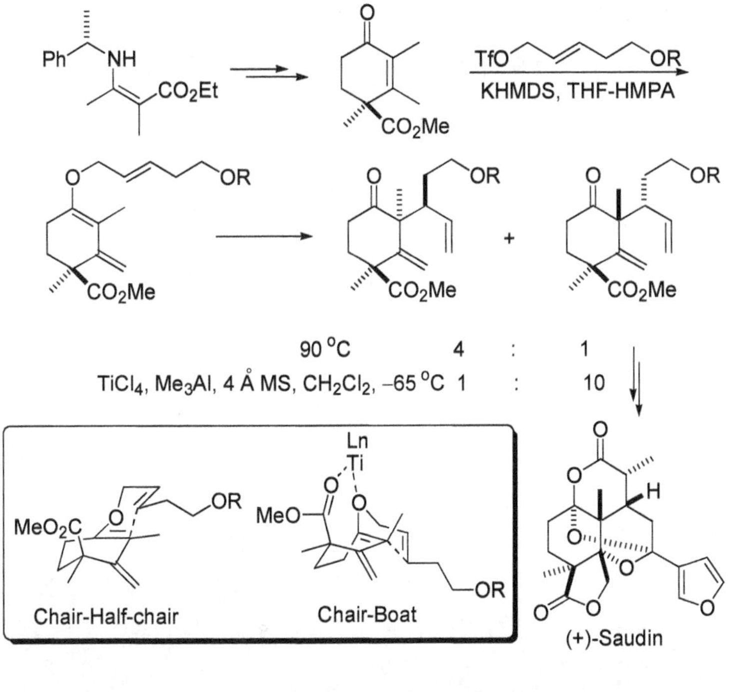

TfO⌐⌐⌐OR
KHMDS, THF-HMPA

| | 90 °C | 4 : 1 |
| TiCl₄, Me₃Al, 4 Å MS, CH₂Cl₂, −65 °C | 1 : 10 |

Chair-Half-chair

Chair-Boat

(+)-Saudin

(145)

百当烷 (Labdane) 骨架结构[230]，含有 5 个连续手性中心构成的穴状双缩酮，其中 3 个手性中心是季碳或全取代的碳原子。Boeckman 等用 Lewis 酸催化的 Claisen 重排反应作为关键步骤合成了这个重要的天然产物。如式 145 所示[232]：他们以 *β*-手性苯乙胺取代的 *α,β*-不饱和羧酸酯为原料首先得到环己烯酮衍生物。然后，用三氟甲磺酸烯丙醇型酯对其烷基化，得到乙烯基烯丙基醚型产物。他们发现：在加热条件下发生脂肪 Claisen 重排，经椅式-半椅式过渡态主要生成不需要的重排产物。但是，在 Lewis 酸催化下发生 Claisen 重排时，底物醚氧原子和酯羰基氧原子同时与钛原子配位，经过椅式-船式过渡态高选择性地生成需要的重排产物。最后，再经过多步转化反应合成了目标化合物。

(−)-Lepadiformine 是一种全氢化的吡咯并喹啉三环生物碱类天然产物，对许多肿瘤细胞表现出细胞毒性，还对心脏病有治疗作用。如式 146 所示[233]：Kim 等以 (*S*)-焦谷氨酸为原料合成了该三环生物碱类天然产物。他们首先将 (*S*)-焦谷氨酸转化成四氢吡咯-2-甲酸烯丙醇酯型衍生物，然后在碱性条件下生成相应的烯醇硅醚。经 Ireland-Claisen 重排得到烯丙基取代的四氢吡咯-2-甲酸衍生物，同时构建了两个相邻的手性碳原子，其中一个为手性季碳原子。最后，再经过一系列转化得到了目标产物。

(146)

(−)-Lepadiformine

Nicolaou 等人在合成具有细胞毒性的和笼状化学结构的天然产物 Gambogin 时，三次用到了 Claisen 重排反应。该合成路线充分展示了 Claisen 重排反应在天然产物合成中的重要性，特别适用于建立手性季碳中心。如式 147 所示[234]：他们以间苯三酚为原料，首先制备了双(双甲基烯丙氧基)呫吨酮衍生物。然后，在 DMF 中发生第一次芳香 Claisen 重排和 Diels-Alder 串联反应，构建了关键的具有笼状五环骨架结构的中间体。在此过程中，Claisen 重排建立了一个季碳手性碳原子，Diels-Alder 反应有建立了两个手性碳原子 (其中一个为手性季碳一种，另一个为手性叔碳原子)。将该五环中间体转化成双甲基烯丙氧基五环衍生物后，在 DMF 中加热发生第二次芳香 Claisen 重排得到了异戊烯基五环衍生物。再将该产物转化成取代炔丙氧基五环衍生物后，通过含有炔键的芳香 Claisen 重排得到了天然产物 Gambogin。

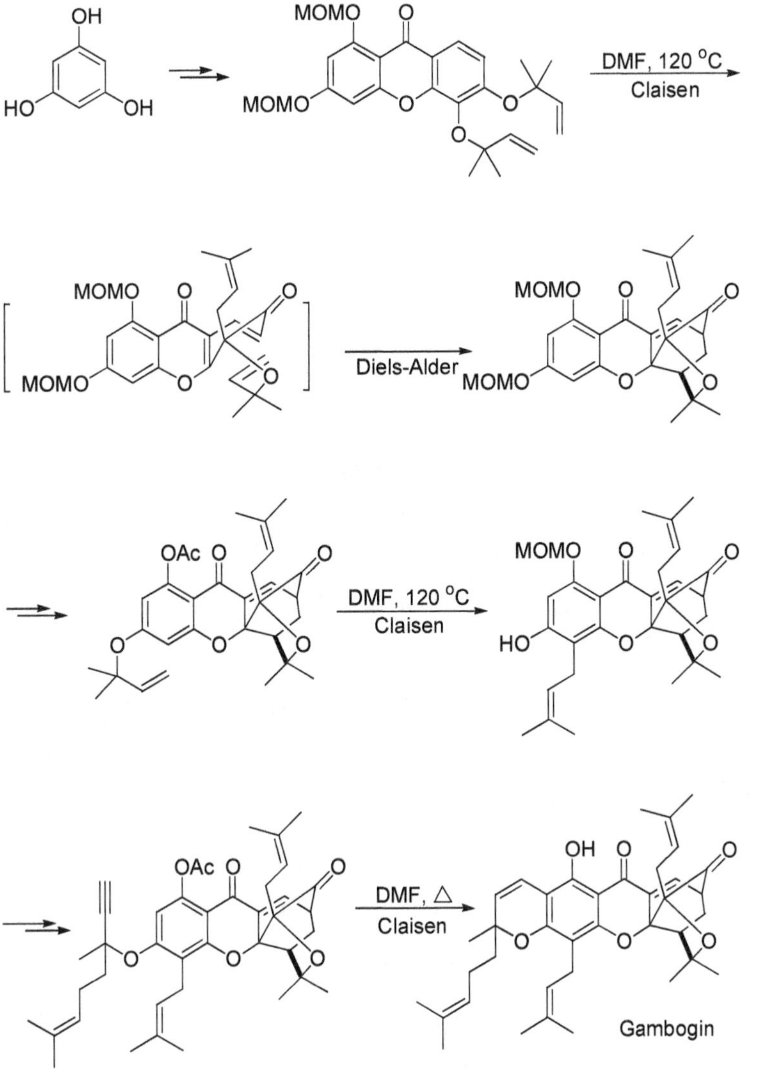

(147)

Gambogin

在该天然产物合成过程中，他们还发现质子溶剂，醇和水及其混合物可以加速 Claisen 重排和 Diels-Alder 反应等周环反应。因此，他们将该全合成路线称之为仿生全合成。

7 Claisen 重排反应实例

例 一

邻烯丙基苯酚的合成[1]
(热 Claisen 重排)

$$\text{(148)}$$

将烯丙基苯基醚 (13.4 g, 0.10 mol) 加热回流至原料消失后，冷至室温。然后，加入 NaOH 溶液 (20%, 30 mL)。搅拌后，用石油醚 (30~60 °C, 2 × 30 mL) 萃取，除去生成的副产物 2-甲基二氢苯并呋喃。水相用稀盐酸酸化后，用乙醚 (2 × 30 mL) 萃取，合并的有机相用无水氯化钙干燥。用旋转蒸发仪蒸除溶剂后，减压蒸馏收集 103~105.5/19 mmHg 的馏分，得到无色液体产物 (9.8 g, 73%)。

例 二

2-(1-甲基-2-环己烯基)乙醛的合成[235]
(脂肪 Claisen 重排反应)

$$\text{sealed tube, N}_2 \quad 190\text{~}195\ ^\circ\text{C, 15 min} \quad \text{(149)}$$

乙烯基-(3-甲基-2-环己烯基)醚 (5.25 g, 42.2 mmol) 在氮气氛的封管中加热 (190~195 °C) 反应 15 min。冷却后开管，直接减压蒸馏收集 65~66 °C/11 mmHg 的馏分，得无色液体产物 (4.91 g, 94%)。

例 三

2-烯丙基-1-萘胺的合成[174]
(氮杂 Claisen 重排反应)

$$260\ ^\circ\text{C, 3 h} \quad \text{(106)}$$

将 N-烯丙基-1-萘胺盐酸盐 (3.0 g, 1.37 mmol) 经碱中和后得到的游离胺放入封管中，在 260 °C 下加热反应 3 h。冷却后开管，浅黄色的反应混合物经减压蒸馏得到无色黏稠状产物 2-烯丙基-1-萘胺 (1.7 g, 70%)。

例 四

(*R*)-2-[(*R*)-8-亚甲基-1,4-二氧杂螺[4.5]癸-7-基] 丙酸乙酯的合成[236]
(Johnson 重排反应)

$$(150)$$

将 (1,4-二氧杂螺[4.5]癸-7-烯-8-基) 甲醇 (7.00 g, 41.1 mmol) 和丙酸 (70 mg, 0.94 mmol) 溶解于原丙酸三乙酯 (23 mL, 114 mmol) 中，然后将混合物加热(140 $^{\circ}$C) 反应 3h。冷却到室温后，加入饱和碳酸氢钠水溶液，用乙酸乙酯萃取 3 次，合并有机相，用水和饱和食盐水依次洗涤，无水硫酸钠干燥，减压浓缩，残余物用硅胶柱色谱分离，乙酸乙酯-正己烷 (1:9, *v/v*) 洗脱，得到无色油状产物 (8.03 g, 76.9%, dr 8:92)。

例 五

(2*R*,3*R*)-3,7-二甲基-3-乙烯基-2-异烯丙基-6-辛烯酸的合成[237]
(不对称 Claisen 重排反应)

$$(151)$$

将 (*S,S*)-1,2-二苯基-1,2-二氨基乙烷的 3,5-双三氟甲基苯磺酰胺 (718 mg, 0.940 mmol) 放入烧瓶中，并在真空条件下干燥 (70 $^{\circ}$C) 3h。使用氮气洗气 3 次后，加入新蒸的 CH$_2$Cl$_2$ (32 mL)。将反应混合物冷却到 -78 $^{\circ}$C，10 min 后加入新蒸的 BBr$_3$ (3.76 mL, 0.5 mol/L in CH$_2$Cl$_2$, 1.88 mmol)。在 -78 $^{\circ}$C 继续搅拌 5min，升温到 23 $^{\circ}$C 再搅拌反应 16 h。然后，蒸除溶剂。将白色残余物再溶于 CH$_2$Cl$_2$ (20 mL) 中后，再次蒸除溶剂。1 h 后，使用氮气洗气 3 次并加入新蒸干燥的甲苯 (32 mL)。将反应液冷却至 -78 $^{\circ}$C 后，滴加入 Et$_3$N (0.983 mL, 7.05 mmol)。生成的混合物继续搅拌反应 25 min 后，滴加预冷的 3-甲基-3-丁烯酸 (*E*)-3,7-二甲基-2,6-辛二烯酯 (175 mg, 0.740 mmol) 的甲苯 (4 mL) 溶液。反应体系在 -70 $^{\circ}$C 搅拌反应 27 h 后，慢慢升温至 4 $^{\circ}$C 并搅拌反应 36 h，再在搅拌下自然升温至 23 $^{\circ}$C。加入乙醚 (40 mL) 稀释，用 NaOH (2 mol/L, 4 × 60 mL) 洗涤。合并的水相用 10% HCl 酸化至 pH = 1，再用乙醚 (4 × 60 mL)萃取。提取液无水硫酸镁干燥，减压蒸除溶剂后得到黄色油状物产物 (149.2 mg, 85%, dr 3:1)。

8 参 考 文 献

[1]   Tarbell, D. S. *The Claisen Rearrangement*, in *Organic Reactions*, *Vol.* 2, Chapter 1. John Wiley & Sons, Inc. 1944, New York.

[2]   Rhoads, S. J.; Raulins, N. R. *The Claisen and Cope Rearrangements*, in *Organic Reactions*, Vol. 22, Chapter 1. John Wiley & Sons, Inc. 1975, New York.

[3]   Castro, A. M. M. *Chem. Rev.* **2004**, *104*, 2939.

[4]   Chai, Y.; Hong, S.; Lindsay, H. A.; McFarland, C.; McIntosh, M. C. *Tetrahedron* **2002**, *58*, 2905.

[5]   Nubbemeyer, U. *Synthesis* **2003**, 961.

[6]   Claisen, L. *Ber.* **1912**, *45*, 3157.

[7]   Mumm, O; Möller, F. *Ber.* **1937**, *70*, 2214.

[8]   Claisen, L.; Tietze, E. *Ann.* **1926**, *449*, 81.

[9]   Hurd, C. D.; Yarnall, W. A. *J. Am. Chem. Soc.* **1937**, *59*, 1686.

[10]   Späth, E; Kuffner, F. *Ber.* **1939**, *72*, 1580.

[11]   Claisen, L. *Ann.* **1919**, *418*, 97.

[12]   Enke, E. *Ann.* **1889**, *256*, 208.

[13]   Powell, S. G.; Adams, R. *J. Am. Chem. Soc.* **1920**, *42*, 646.

[14]   Claisen, L.; Kremers, F.; Roth, F.; Tietze, E. *Ann.* **1925**, *442*, 210.

[15]   Behagel, O.; Freiensehner, H. *Ber.* **1934**, *67*, 1368.

[16]   Lauer, W. M.; Kilburn, E. I. *J. Am. Chem. Soc.* **1937**, *59*, 2586.

[17]   Bergmann, E.; Corte, H. *J. Chem. Soc.* **1935**, 1363.

[18]   Hurd, C. D.; Pollack, M. A. *J. Am. Chem. Soc.* **1938**, *60*, 1905.

[19]   Lauer, W. M.; Filbert, W. F. *J. Am. Chem. Soc.* **1936**, *58*, 1388.

[20]   Hurd, C. D.; Pollack, M. A. *J. Org. Chem.* **1939**, *3*, 550.

[21]   Lauer, W. M.; Leekley, R. M. *J. Am. Chem. Soc.* **1939**, *61*, 3043.

[22]   Wipf, P.; Rodriguez, S. *Adv. Synth. Catal.* **2002**, *344*, 434.

[23]   Woodward, R. B.; Hoffmann, R. *Angew. Chem., Int. Ed. Engl.* **1969**, *8*, 781.

[24]   Claisen, L.; Tietze, E. *Chem. Ber.* **1925**, *58*. 275.

[25]   Kincaid, J. F.; Tarbell, D. S. *J. Am. Chem. Soc.* **1939**, *61*, 3085.

[26]   Hurd, C. D.; Schmerling, L. *J. Am. Chem. Soc.* **1937**, *59*, 107.

[27]   Lauer, W. M.; Wujciak, D. W. *J. Am. Chem. Soc.* **1956**, *78*, 5601.

[28]   Hoffmann, R.; Woodward, R. B. *J. Am. Chem. Soc.* **1965**, *87*, 4389.

[29]   Dewar, M. J. S.; Healy, E. F. *J. Am. Chem. Soc.* **1984**, *106*, 7127.

[30]   Vance, R. L.; Rondan, N. G.; Houk, K. N. Jensen, F.; Borden, W. T.; Komornicki, A.; Wimmer, E. *J. Am. Chem. Soc.* **1988**, *110*, 2314.

[31]   Khaledy, M. M.; Kalani, M. Y. S.; Khoung, K. S. Houk, K. N.; Aviyente, V.; Neier, R.; Soldermann, N.; Velker, J. *J. Org. Chem.* **2003**, *68*, 572.

[32]   Wiest, O.; Black, K. A.; Houk, K. N. *J. Am. Chem. Soc.* **1994**, *116*, 10336.

[33]   Dewar, M. J. S.; Jie, C. *J. Am. Chem. Soc.* **1989**, *111*, 511.

[34]   Burrows, C. J.; Carpenter, B. K. *J. Am. Chem. Soc.* **1981**, *103*, 6983.

[35]   Burrows, C. J.; Carpenter, B. K. *J. Am. Chem. Soc.* **1981**, *103*, 6984.

[36]   Gajewski, J. J.; Gee, K. R.; Jurayj, J. *J. Org. Chem.* **1990**, *55*, 1813.

[37]   Cooper, J. A.; Olivares, C. M.; Sandford, G. *J. Org. Chem.* **2001**, *66*, 4887.

[38]   Gajewski, J. J.; Gilbert, K. E. *J. Org. Chem.* **1984**, *49*, 11.

[39]   Aviyente, V.; Houk, K. N. *J. Phys. Chem. A* **2001**, *105*, 383.

[40]   Curran, D. P.; Suh, Y.-G. *J. Am. Chem. Soc.* **1984**, *106*, 5002.

[41]   Coates, R. M.; Rogers, B. D.; Hobbs, S. J.; Peck, D. R.; Curran, D. P. *J. Am. Chem. Soc.* **1987**, *109*, 1160.

[42] Gajewski, J. J.; Emrani, J. *J. Am. Chem. Soc.* **1984**, *106*, 5733.

[43] Wilcox, C. S.; Babston, R. E. *J. Am. Chem. Soc.* **1986**, *108*, 6636.

[44] Schmid, H. *Helv. Chim. Acta* **1957**, *20*, 13.

[45] Tarbell, D. S.; Wilson, J. W. *J. Am. Chem. Soc.* **1940**, *62*, 607.

[46] White, W. N.; Gwynn, D.; Schlitt, R.; Girard, C.; Fife, W. *J. Am. Chem. Soc.* **1958**, *80*, 3271.

[47] Brower, K. R. *J. Am. Chem. Soc.* **1961**, *83*, 4370.

[48] Walling, C.; Naiman, M. *J. Am. Chem. Soc.* **1962**, *84*, 2628.

[49] Brandes, E.; Grieco, P. A.; Gajewski, J. J. *J. Org. Chem.* **1989**, *54*, 515.

[50] Lauer, W. M.; Doldouras, G. A.; Hileman, R. E.; Liepins, R. *J. Org. Chem.* **1961**, *26*, 4785.

[51] Habich, A.; Barner, R.; Roberts, R. M.; Schmid, H. *Helv. Chim. Acta* **1962**, *45*, 1943.

[52] Marvell, E. N.; Anderson, D. R.; Ong, J. *J. Org. Chem.* **1962**, *27*, 1109.

[53] Lauer, W. M.; Johnson, T. A. *J. Org. Chem.* **1963**, *28*, 2913.

[54] Habich, A.; Barner, R.; von Philipsborn, W.; Schmid, H. Hansen, H.-J.; Rosenkranz, H. J. *Helv. Chim. Acta* **1965**, *48*, 1297.

[55] Roberts, R. M.; Landolt, R. G. *J. Org. Chem.* **1966**, *31*, 2699.

[56] Doering, W. von E.; Roth, W. R. *Tetrahedron* **1962**, *18*, 67.

[57] Vittorelli, P.; Winkler, T.; Hansen, H. J.; Schmid, H. *Helv. Chim. Acta* **1968**, *51*, 1457.

[58] 许家喜. 大学化学, **2006**, *21*, 40.

[59] Marvell, E. N.; Stephenson, J. L.; Ong, J. *J. Am. Chem. Soc.* **1965**, *87*, 1267.

[60] Goering, H. L.; Kimoto, W. I. *J. Am. Chem. Soc.* **1965**, *87*, 1748.

[61] Takano, S.; Akiyama, M.; Ogasawara, K. *J. Chem. Soc. Perkin Trans. 1* **1985**, 2447.

[62] Tokuhisa, H.; Hoyama, E.; Nagawa, Y.; Hiratani, K. *Chem. Commun.* **2001**, 595.

[63] Agami, C.; Couty, F.; Evano, G. *Tetrahedron Lett.* **2000**, *41*, 8301.

[64] Agami, C.; Couty, F.; Evano, G. *Eur. J. Org. Chem.* **2002**, 29.

[65] Borgulya, J.; Hansen, H. J.; Barner, R.; Schmid, H. *Helv. Chim. Acta* **1963**, *46*, 2444.

[66] Scheimann, F.; Barner, R.; Schmid, H. *Helv. Chim. Acta* **1968**, *51*, 1603.

[67] Marvell, E. N.; Burreson, B. J.; Crandall, T. *J. Org. Chem.* **1965**, *30*, 1030.

[68] Marvell, E. N.; Richardson, B.; Anderson, R.; Stephenson, J. L.; Crandall, T. *J. Org. Chem.* **1965**, *30*, 1032.

[69] Burling, E. D.; Jefferson, A.; Scheinmann, F. *Tetrahedron* **1965**, *21*, 2653.

[70] Dyer, A.; Jefferson, A.; Scheinmann, F. *J. Org. Chem.* **1968**, *33*, 1259.

[71] Sethi, S. C.; Subba Rao, B. C. *Indian J. Chem.* **1964**, *2*, 323.

[72] Tiffany, B. D. *J. Am. Chem. Soc.* **1948**, *70*, 592.

[73] Church, R. F.; Ireland, R. E.; Marshall, J. A. *J. Org. Chem.* **1962**, *27*, 1118.

[74] Ireland, R. E.; Marshall, J. A. *J. Org. Chem.* **1962**, *27*, 1620.

[75] Buchi, G.; White, J. D. *J. Am. Chem. Soc.* **1964**, *86*, 2884.

[76] Muxfeldt, H.; Schneider, R. S.; Mooberry, J. B. *J. Am. Chem. Soc.* **1966**, *88*, 3670.

[77] Ziegler, F. E.; Sweeny, J. G. *Tetrahedron Lett.* **1969**, 1097.

[78] Ziegler, F. E.; Bennett, G. B. *Tetrahedron Lett.* **1970**, 2545.

[79] Burgstahler, A. W.; Gibbons, L. K.; Nordin, I. C. *J. Chem. Soc.* **1963**, 4986.

[80] Le Noble, W. J.; Crean, P. J.; Gabrielsen, B. *J. Am. Chem. Soc.* **1964**, *86*, 1649.

[81] Srikrishna, A.; Nagaraju, S. *J. Chem. Soc. Perkin Trans. 1* **1992**, 311.

[82] Huber, R. S.; Jones, G. B. *J. Org. Chem.* **1992**, *57*, 5778.

[83] Jones, G. B.; Huber, R. S.; Chau, S. *Tetrahedron* **1992**, *49*, 369.

[84] Kumar, H. M. S.; Anjaneyulu, S.; Reddy, B. V. S.; Yadav, J. S. *Synlett* **2000**, 1129.

[85] Gonda, J.; Martinkova, M.; Zadrosova, A.; Sotekova, M.; Raschmanova, J.; Conka, P.; Gajdosikova, E.; Kappe, C. O. *Tetrahedron Lett.* **2007**, *48*, 6912.

[86] Valizadeh, H.; Shockravi, A. *J. Heterocycl. Chem.* **2006**, *43*, 763.

[87] Gignere, R. J.; Bray, T. L.; Duncan, S. M.; Majetich, G. *Tetrahedron Lett.* **1986**, *27*, 4945.

[88] Perreux, L.; Loupy, A. *Tetrahedron* **2001**, *57*, 9199.

[89] Lidstroem, P.; Tierney, J.; Wathey, B.; Westman, J. *Tetrahedron* **2001**, *57*, 9225.

[90] Barluenga, J.; Fernandez-Rodriguez, M. A.; Garcia-Garcia, P.; Aguilar, E.; Merino, I. *Chem. Eur. J.* **2006**, *12*,

303.

[91] Westernmann, B.; Neuhaus, C. *Angew. Chem. Int. Ed.* **2005**, *44*, 4077.

[92] Rodriguez, B.; Bolm, C. *J. Org. Chem.* **2006**, *71*, 2888.

[93] Hu, L. B.; Wang, Y. K.; Li, B. N.; Du, D. M.; Xu, J. X. *Tetrahedron* **2007**, *63*, 9387.

[94] Hosseini, M.; Stiasni, N.; Barbieri, V.; Kappe, C. O. *J. Org. Chem.* **2007**, *72*, 1417-1424.

[95] Kappe, C. O. *Anew. Chem. Int. Ed.* **2004**, *43*, 6250.

[96] 许家喜. *化学进展*, **2007**, *19*, 700.

[97] Daskiewicz, J. B.; Bayet, C.; Barron, D. *Tetrahedron Lett.* **2001**, *42*, 7241.

[98] Durand-Reville, T.; Gobbi, L. B.; Gray, B. L.; Ley, S. V.; Scott, J. S. *Org. Lett.* **2002**, *4*, 3847.

[99] Lutz, R. P. *Chem. Rev.* **1984**, *84*, 205.

[100] Borgulya, J.; Madeja, R.; Fahrni, P.; Hansen, H. J.; Schmid, H.; Barner, R. *Helv. Chim. Acta* **1973**, *56*, 14.

[101] Kozikkowski, A. L.; Sugiyama, K.; Huie, E. *Tetrahedron Lett.* **1981**, *22*, 3381.

[102] Sonnenberg, F. M. *J. Org. Chem.* **1970**, *35*, 3166.

[103] Takai, K.; Mori, I.; Oshima, K.; Nozaki, H. *Tetrahedron Lett.* **1981**, *22*, 3985.

[104] Maruoka, K.; Banno, H.; Nonoshita, K.; Yamamoto, H. *Tetrahedron Lett.* **1989**, *30*, 1265.

[105] Baan, J. L.; Bickelhaupt, F. *Tetrahedron Lett.* **1986**, *27*, 6267.

[106] Sharma, G. V. M.; Ilangovan, A.; Sreenivas, P.; Mahalingam, A. K. *Synlett* **2000**, 615.

[107] Watson, D. J.; Devine, P. N.; Meyers, A. I. *Tetrahedron Lett.* **2000**, *41*, 1363.

[108] Sharghi, H.; Aghapour, G. *J. Org. Chem.* **2000**, *65*, 2813.

[109] Widmer, U.; Hansen, H. J.; Schmid, H. *Helv. Chim. Acta* **1973**, *56*, 2644.

[110] Chen, Y.; Huesmann, P. L.; Mariano, P. S. *Tetrahedron Lett.* **1983**, *24*, 1021.

[111] Ribe, S.; Wipf, P. *Chem. Commun.* **2001**, 299.

[112] Wipf, P.; Ribe, S. *Org. Lett.* **2001**, *3*, 1503.

[113] Grieco, P. A.; Brandes, E. B.; McCann, S.; Clark, J. D. *J. Org. Chem.* **1989**, *54*, 5849.

[114] Schobert, R.; Siegfried, S.; Gordon, G.; Nieuwenhuyzen, M.; Allenmark, S. *Eur. J. Org. Chem.* **2001**, 1951.

[115] Weiss, U.; Edwards, J. M. *The Biosynthesis of Aromatic Compounds*, Wiley: New York, 1980.

[116] Haslam, E. *The Shikimate Pathway*, Wiley: New York, 1974.

[117] Ganem, B. *Tetrahedron* **1978**, *34*, 3353.

[118] Andrews, P. R.; Smith, G. D.; Young, I. G. *Biochem.* **1973**, *12*, 3492.

[119] Ife, R. J.; Ball, L. F.; Lowe, P.; Haslam, E. *J. Chem. Soc. Perkin Trans. 1* **1976**, 1776.

[120] Copley, S. D.; Knowles, J. R. *J. Am. Chem. Soc.* **1985**, *107*, 5306.

[121] Sogo, S. G.; Widlanski, T. S.; Hoare, J. H.; Grimshaw, C. E.; Berchtold, G. A.; Knowles, J. R. *J. Am. Chem. Soc.* **1984**, *106*, 2701.

[122] Asano, Y.; Lee, J. J.; Shieh, T. L.; Spreafico, F.; Kowal, C.; Floss, H. G. *J. Am. Chem. Soc.* **1985**, *107*, 4314.

[123] Lesuisse, D.; Berchtold, G. *J. Org. Chem.* **1988**, *53*, 4992.

[124] Kharasch, M. S.; Stampa, G.; Nudenberg, W. *Science* **1952**, *116*, 309.

[125] Barch, F. L.; Barclay, J. C. Abstract of Papers, 150th Meeting A. C. S., September 1965, p. 95.

[126] Kelly, D. P.; Pinhey, J. T.; Rigby, R. D. *Tetrahedron Lett.* **1966**, 5953.

[127] Kelly, D. P.; Pinhey, J. T.; Rigby, R. D. *Aust. J. Chem.* **1969**, *22*, 977.

[128] Waespe, H. R.; Heimgartner, H.; Schmid, H.; Hansen, H. J.; Pau, H.; Fischer, H. *Helv. Chim. Acta* **1978**, *61*, 401.

[129] Carroll, F. A.; Hammond, G. S. *J. Am. Chem. Soc.* **1972**, *94*, 7151.

[130] Carroll, F. A.; Hammond, G. S. *Isr. J. Chem.* **1972**, *10*, 613.

[131] Waespe, H. R.; Heimgartner, H.; Schmid, H.; Hansen, H. J.; Pau, H.; Fischer, H. *Helv. Chim. Acta* **1978**, *61*, 401.

[132] Schmid, K.; Schmid, H. *Helv. Chim. Acta* **1953**, *36*, 687.

[133] Carroll, F. A.; Hammond, G. S. *J. Am. Chem. Soc.* **1972**, *94*, 7151.

[134] Waespe, H. R.; Heimgartner, H.; Schmid, H.; Hansen, H. J.; Pau, H.; Fischer, H. *Helv. Chim. Acta* **1978**, *61*, 401.

[135] Galindo, F. J. *Photochem. Photobiol. C: Photochem. Rev.* **2005**, *6*, 123.

[136] Ballantyne, M. M.; Murray, R. D. H.; Penrose, A. B. *Tetrahedron Lett.* **1968**, 4155.

[137] Ballantyne, M. M.; MaCabe, P. H.; Murray, R. D. H. *Tetrahedron* **1971**, *27*, 871.

[138] Lauer, W. M.; Wujciak, D. W. *J. Am. Chem. Soc.* **1956**, *78*, 5601.

[139] Nickon, A.; Aaronoff, B. R. *J. Org. Chem.* **1964**, *29*, 3014.

[140]   Burgstahler, A. W.; Nordin, I. C. *J. Am. Chem. Soc.* **1961,** *83,* 198.

[141]   Julia, S.; Julia, M.; Linares, H.; Blondel, J. C. *Bull. Soc. Chim. Fr.* **1962,** 1947.

[142]   Kim, S.; Ko, H.; Kim, E.; Kim, D. *Org. Lett.* **2002,** *4,* 1343.

[143]   Carroll, M. F.; *J. Chem. Soc.* **1940,** 704.

[144]   Carroll, M. F.; *J. Chem. Soc.* **1940,** 1266.

[145]   Carroll, M. F.; *J. Chem. Soc.* **1941,** 507.

[146]   Kimel, W.; Cope, A. C. *J. Am. Chem. Soc.* **1943,** *65,* 1992.

[147]   Wilson, S. R.; Price, M. F. *J. Org. Chem.* **1984,** *49,* 722.

[148]   Wick, A. E.; Felix, D.; Steen, K.; Eschenmoser, A. *Helv. Chim. Acta* **1964,** *47,* 2425.

[149]   Wick, A. E.; Felix, D.; Gschwend-Steen, K.; Eschenmoser, A. *Helv. Chim. Acta* **1969,** *52,* 1030.

[150]   Welsh, J. T.; Eswarakrishnan, S. *J. Org. Chem.* **1985,** *50,* 5909.

[151]   Welsh, J. T.; Eswarakrishnan, S. *J. Am. Chem. Soc.* **1987,** *109,* 6716.

[152]   Coates, B.; Montgomery, D.; Stevenson, P. J. *Tetrahedron Lett.* **1991,** *32,* 4199.

[153]   Ficini, J.; Barbara, C. *Tetrahedron Lett.* **1966,** 6425.

[154]   Ficini, J. *Tetrahedron* **1976,** *32,* 1449.

[155]   Bartlett, P. A.; Hahne, W. F. *J. Org. Chem.* **1979,** *44,* 882.

[156]   Johnson, W. S.; Werthemann, L.; Bartlett, W. R.; Brockson, T. J.; Li, T.; Faulkner, D. J.; Petersen, M. R. *J. Am. Chem. Soc.* **1970,** *92,* 741.

[157]   Daub, G. W.; Teramura, D. H.; Bryant, K. E.; Burch, M. T. *J. Org. Chem.* **1981,** *46,* 1485.

[158]   Ireland, R. E.; Mueller, R. H. *J. Am. Chem. Soc.* **1972,** *94,* 5897.

[159]   Ireland, R. E.; Mueller, R. H.; Willard, A. K. *J. Am Chem. Soc.* **1976,** *98,* 2868.

[160]   Chai, Y. H.; Hong, S. P.; Lindsay, H. A.; McFarland, C.; McIntosh, M. C. *Tetrahedron* **2002,** *58,* 2905.

[161]   Ritter, K. *Tetrahedron Lett.* **1990,** *31,* 869.

[162]   Baldwin, J. E.; Walker, J. A. *J. Chem. Soc., Chem. Commun.* **1973,** 117.

[163]   Greuter, H.; Lang, R. W.; Romann, A. J. *Tetrahedron Lett.* **1988,** *29,* 3291.

[164]   Hurn, C. D.; Greengard, H. *J. Am. Chem. Soc.* **1930,** *52,* 3356.

[165]   Kwart, H.; Hackett, C. M. *J. Am. Chem. Soc.* **1962,** *84,* 1754.

[166]   Kwart, H.; Schwartz, J. L. *J. Org. Chem.* **1974,** *39,* 1575.

[167]   Kwart, H.; Evans, E. H. *J. Org. Chem.* **1966,** *31,* 413.

[168]   Meyers, C. Y.; Rinaldi, C.; Bonoli, L. *J. Org. Chem.* **1963,** *28,* 2440.

[169]   Takahashi, H.; Oshima, K.; Yamamoto, H.; Nozaki, H. *J. Am. Chem. Soc.* **1973,** *95,* 5803.

[170]   Oshima, K.; Takahashi, H.; Yamamoto, H.; Nozaki, H. *J. Am. Chem. Soc.* **1973,** *95,* 2693.

[171]   Kataev, E. G.; Chmutova, G. A.; Musina, A. A.; Anatas'eva, A. P. *Zh. Org. Khim.* **1967,** *3,* 597. (*CA* **1967,** *67,* 11354c).

[172]   Jolidon, S.; Hansen, H.J. *Helv. Chim. Acta* **1977,** *60,* 978.

[173]   Bennett, G. B. *Synthesis* **1977,** 589.

[174]   Marcinkiewicz, S.; Green, J.; Mamalis, P. *Tetrahedron* **1961,** *14,* 208.

[175]   Makisumi, Y.; Sasatani, T. *Tetrahedron Lett.* **1966,** 6413.

[176]   Brannock, K. C.; Burpitt, R. D. *J. Org. Chem.* **1961,** *26,* 3576.

[177]   Tschitschibabin, A. E.; Jeletzsky, A. *Ber.* **1924,** *57,* 1158.

[178]   Bergmann, E.; Heimhold, H. *J. Chem. Soc.* **1935,** 1365.

[179]   Stewart, H. F.; Seibert, R. P. *J. Org. Chem.* **1968,** *33,* 4560.

[180]   Knochel, P.; Normant, J. F. *Tetrahedron Lett.* **1986,** *27,* 1039.

[181]   Knochel, P.; Normant, J. F. *Tetrahedron Lett.* **1986,** *27,* 1043.

[182]   Knochel, P.; Normant, J. F. *Tetrahedron Lett.* **1986,** *27,* 4427.

[183]   Knochel, P.; Normant, J. F. *Tetrahedron Lett.* **1986,** *27,* 4431.

[184]   Hirai, A.; Nakamura, M.; Nakamura, E. *J. Am. Chem. Soc.* **2000,** *122,* 11791.

[185]   Normant, J. F.; Quirion, J. Ch.; Alexakis, A.; Masuda, Y. *Tetrahedron Lett.* **1989,** *30,* 3955.

[186]   Normant, J. F.; Quirion, J. Ch. *Tetrahedron Lett.* **1989,** *30,* 3959.

[187]   Iwai, I.; Ide, J. *Chem. Pharm. Bull.* **1962,** *10,* 926.

[188]   Iwai, I.; Ide, J. *Chem. Pharm. Bull.* **1963,** *11,* 1042.

[189] Thyagarajan, B. S.; Balasubramanian, K. K.; Rao, R. B. *Tetrahedron* **1967**, *23*, 1893.

[190] Subramanian, R. S.; Balasuramanian, K. K. *Tetrahedron Lett.* **1988**, *29*, 6797.

[191] Billeter, O. C. *Ber.* **1875**, *8*, 462.

[192] Mumm, O.; Richter, H. *Ber.* **1940**, *73*, 843.

[193] Bergmann, E. *J. Chem. Soc.* **1935**, 1361.

[194] Kazmaier, U. *Angew. Chem., Int. Ed. Engl.* **1994**, *33*, 998.

[195] Boeckman, R. K., Jr.; Flann, C. J.; Poss, K. M. *J. Am. Chem. Soc.* **1985**, *107*, 4359.

[196] Hughes, M. T.; Willianms, R. O. *J. Chem. Soc. Chem. Commun.* *1968*, 587.

[197] Rhoads, S. J.; Cockroft, R. D. *J. Am. Chem. Soc.* **1969**, *91*, 2815.

[198] Rey, M.; Dreiding, A. S. *Helv. Chim. Acta* **1965**, *48*, 1985.

[199] Tadano, K.; Minami, M.; Ogawa, S. *J. Org. Chem.* **1990**, *55*, 2108.

[200] Cha, J. K.; Lewis, S. C. *Tetrahedron Lett.* **1984**, *25*, 5263.

[201] Kazmaier, U.; Maier, S. *J. Org. Chem.* **1999**, *64*, 4574.

[202] Kurth, M. J.; Decker, O. H. W. *Tetrahedron Lett.* **1983**, *24*, 4535.

[203] Kurth, M. J.; Decker, O. H. W.; Hope, H.; Yanuck, M. D. *J. Am. Chem. Soc.* **1985**, *107*, 443.

[204] Kurth, M. J.; Decker, O. H. W. *J. Org. Chem.* **1986**, *51*, 1377.

[205] Kurth, M. J.; Decker, O. H. W. *J. Org. Chem.* **1985**, *50*, 5769.

[206] Maruoka, K.; Banno, H.; Yamamoto, H. *J. Am. Chem. Soc.* **1990**, *112*, 7791.

[207] Maruoka, K.; Saito, S.; Yamamoto, H. *J. Am. Chem. Soc.* **1995**, *117*, 1165.

[208] Tayama, E.; Saito, A.; Ooi, T.; Maruoka, K. *Tetrahedron* **2002**, *58*, 8307.

[209] Calter, M.; Hollis, T. K.; Overman, L. E.; Ziller, J.; Zipp, G. G. *J. Org. Chem.* **1997**, *62*, 1449.

[210] Uozumi, Y.; Kato, K.; Hayashi, T. *Tetrahedron: Asymmetry* **1998**, *9*, 1065.

[211] Cohen, F.; Overman, L. E. *Tetrahedron: Asymmetry* **1998**, *9*, 3213.

[212] Kang, J.; Han Yew, K.; Hyung Kim, T.; Hyuk Choi, D. *Tetrahedron Lett.* **2002**, *43*, 9509.

[213] Jiang, Y.; Longmire, J. M.; Zhang, X. *Tetrahedron Lett.* **1999**, *40*, 1449.

[214] Yoon, T. P.; MacMillan, D. W. C. *J. Am. Chem. Soc.* **2001**, *123*, 2911.

[215] Abraham, L.; Czerwonka, R.; Hiersemann, M. *Angew. Chem., Int. Ed.* **2001**, *40*, 4700.

[216] Hiersemann, M.; Abraham, L. *Eur. J. Org. Chem.* **2002**, 1461.

[217] Krebs, A.; Kazmaier, U. *Tetrahedron Lett.* **1996**, *37*, 7945.

[218] Kazmaier, U.; Mues, H.; Krebs, A. *Chem. Eur. J.* **2002**, *8*, 1850.

[219] Kazmaier, U.; Mues, H.; Krebs, A. *Chem. Eur. J.* **2002**, *8*, 1850.

[220] Corey, E. J.; Lee, D.-H. *J. Am. Chem. Soc.* **1991**, *113*, 4026.

[221] Ito, H.; Sato, A.; Kobayashi, T.; Taguchi, T. *Chem. Commun.* **1998**, 2441.

[222] Ito, H.; Sato, A.; Taguchi, T. *Tetrahedron Lett.* **1997**, *38*, 4815.

[223] Srikrishna, A.; Yelamaggad, C. V.; Kumar, P. P. *J. Chem. Soc., Perkin Trans. 1*, **1999**, 2877.

[224] Srikrishna, A.; Kumar, P. P. *Tetrahedron* **2000**, *56*, 8189.

[225] Srikrishna, A.; Nagaraju, S.; Venkateswarlu, S.; Hiremath, U. S.; Reddy, T. J.; Venugopalan, P. *J. Chem. Soc., Perkin Trans. 1*, **1999**, 2069.

[226] Stork, G.; Raucher, S. *J. Am. Chem. Soc.* **1976**, *98*, 1583.

[227] Chao, S.; Kunng, F.A.; Gu, J.M.; Ammon, H. L.; Mariano, P. S. *J. Org. Chem.* **1984**, *49*, 2708.

[228] Baxter, E. W.; Labaree, D.; Ammon, H. L.; Mariano, P. S. *J. Am. Chem. Soc.* **1990**, *112*, 7682.

[229] Suh, Y.G.; Kim, S.A.; Jung, J.K.; Shin, D.Y.; Min, K.H.; Koo, B.A.; Kim, H.S. *Angew. Chem., Int. Ed. Engl.* **1999**, *38*, 3545.

[230] Mossa, J. S.; Cassady, J. M.; Antoun, M. D.; Byrn, S. R.; McKenzie, A. T.; Kozlowski, J. F.; Main, P. *J. Org. Chem.* **1985**, *50*, 916.

[231] Mossa, J. S.; El-Denshary, E.; Hindawi, R.; Ageel, A. *Int. J. Crude, Drug Res.* **1988**, *26*, 81.

[232] Boeckman, R. K., Jr.; Rico-Ferreira, M. R.; Mitchel, L. H.; Shao, P. *J. Am. Chem. Soc.* **2002**, *124*, 190.

[233] Lee, M.; Lee, T.; Kim, E.-Y.; Ko, H.; Kim, D.; Kim, S. *Org. Lett.* **2006**, *8*, 745.

[234] Nicolaou, K. C.; Xu, H.; Wartmann, M. *Angew. Chem. Int. Ed.* **2005**, *44*, 756.

[235] Burgstahler, A. W.; Nordin, I. C. *J. Am. Chem. Soc.* **1961**, *33*, 198.

[236] Fukuda, Y.; Okamoto, Y. *Tetrahedron* **2002**, *58*, 2513.

[237] Corey, E. J.; Roberts, B. E.; Dixon, B. R. *J. Am. Chem. Soc.* **1995**, *117*, 193.

定向邻位金属化反应

(Directed *ortho* Metalation, DoM)

席婵娟[*]　闫晓宇

1 背 景 简 述

自从著名的凯库勒结构式提出以来，芳香族化合物的结构、反应及其合成的研究一直是有机化学研究的热点课题之一[1~4]，其中取代芳香化合物的定位反应研究备受关注。

1939-1940 年间，Gilman[5]和 Wittig[6] 研究小组独立发现了用丁基锂使某些官能团取代的芳香类化合物定向地在邻位发生去质子化反应 (式 1)。这种现象被称之为定向邻位金属化 (Directed *ortho* Metalation, DoM)，而那些能够帮助发生 DoM 的官能团被称之为定向金属化基团 (Directed Metalation Group, DMG)。随后，Gilman 课题组开展了对 DoM-反应性的基础研究[7]，20 世纪 60 年代，Hauser 又开展了对 DMGs 的系统性研究[8]。另外，DoM-反应与同样是被由 Gilman[9]和 Wittig[10]发现的金属-卤素交换反应互相补充，共同促进了芳香化合物金属化领域的发展。

$$(1)$$

在过去的几十年里，我们看到了这一重要的反应不仅在基础研究方面的进展，而且在多取代的芳环化合物及杂芳环化合物的区域选择性构建方面起到了重要的作用，同时为天然产物化学合成提供了有效的方法。

2 DoM-反应的基本特征和机理

2.1 DoM-反应的基本特征

严格意义上，DoM-反应指的是芳环上含有 DMG 的邻位被强碱 (通常为烷基锂试剂) 选择性脱质子生成邻位金属化物种的化学过程。该过程中形成的邻位金属化物种可以在随后的亲电试剂的作用下生成 1,2-二取代的产物 (式 2)。

$$(2)$$

要使脱质子反应定向地发生，DMG 的存在是必要的。DMG 可以是杂原子或者是含有杂原子的基团，图 1 列出了部分具有代表性的 DMG：

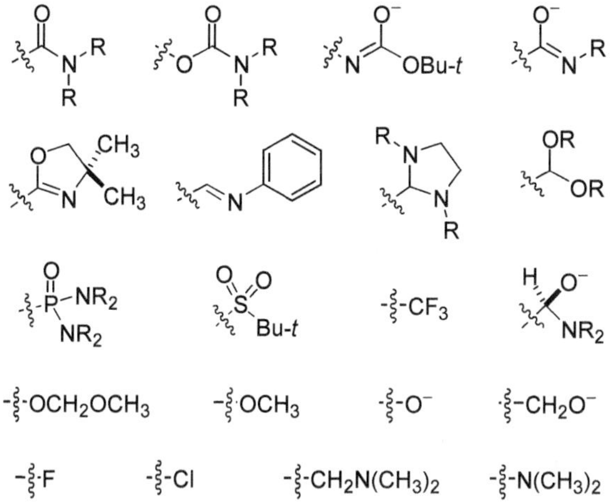

图 1 部分具有代表性的 DMG

DoM-反应通常需要强碱试剂，强碱试剂可以使 DMG 邻位的质子顺利脱去。常用的强碱试剂主要包括有机锂试剂、二烷基氨基锂试剂、有机钠试剂、有机锌试剂、有机铝试剂等，其中有机锂试剂应用居多 (图 2)。

RLi R$_2$NLi RNa TMPZn(*t*-Bu)$_2$Li (*i*-Bu)$_3$Al(TMP)Li

(TMEDA)Li(TMP)Zn(*t*-Bu)$_2$ (TMEDA)Na(TMP)Zn(*t*-Bu)$_2$

图 2 常用的强碱试剂

2.2 DoM-反应机理

DoM-反应看似非常简单，但也可以看作是一个三步反应 (式 3)：通常情况下，首先金属有机试剂 (如：锂试剂 RLi) 与含有杂原子的 DMG 配位得到配合物，然后锂与质子交换得到邻锂环状配合物，最后再与亲电试剂反应得到 1,2-取代产物。

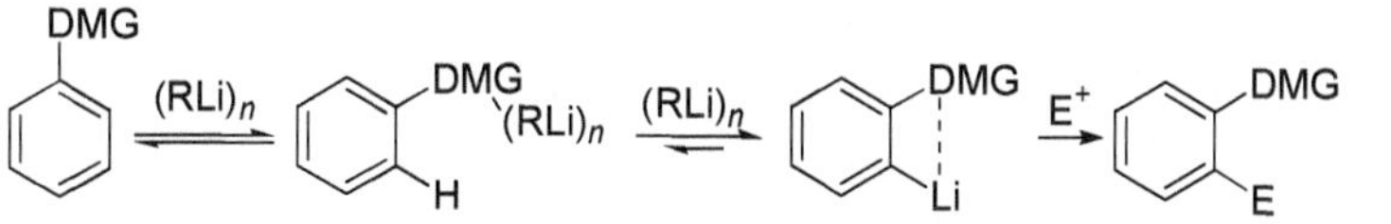

$$ \text{(3)} $$

热力学数据表明，对位锂苯甲醚脱氢比邻位锂苯甲醚脱氢多放热 3.6 kcal/mol（15.06 kJ/mol）[11]，这样的结果为最初提出的邻锂环状化合物通过配位增强稳定性的猜想提供了理论支持[12]。碱催化的氘-氢交换、pK_a 值、空间效应和从头计算等关于苯甲醚脱质子速率结果都与邻锂环状化合物的热力学稳定性一致。邻锂化合物晶体结构数据也表明，锂与杂原子之间有很强的配位作用，这些晶体结构数据进一步证实了邻锂化合物通过配位作用的猜想，为 DoM-反应机理研究提供了有力的证据 (式 4～式 5)[13,14]。

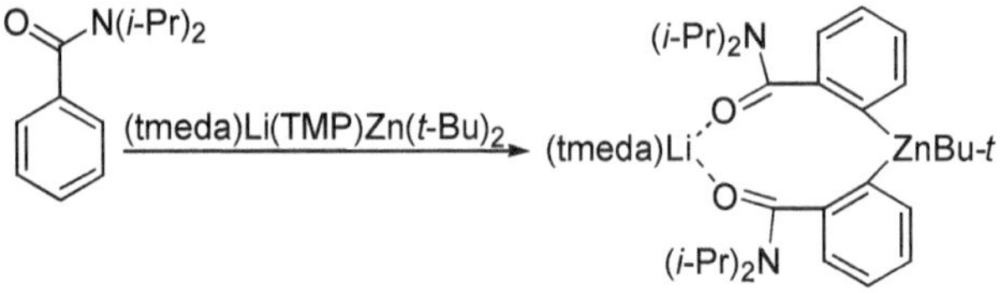

$$(4)$$

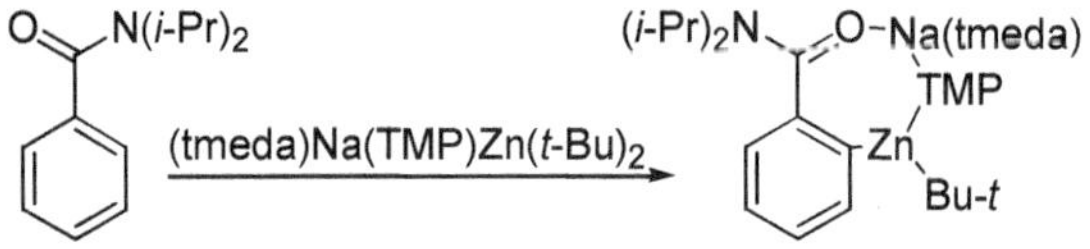

$$(5)$$

3 DoM-反应的基本概念

3.1 DMG 的类型

在 DoM-反应中，DMG 起着非常重要的作用。要使脱质子反应顺利地在邻位发生，DMG 需要具有某些特殊的基本性质：既具有与烷基锂试剂很好配位的能力，又是弱的亲电试剂，不易与强碱发生反应。因此，杂原子是 DMG 中必不可少的成分。空间位阻效应和电子效应也是设计 DMG 时需要关注的重要内容。

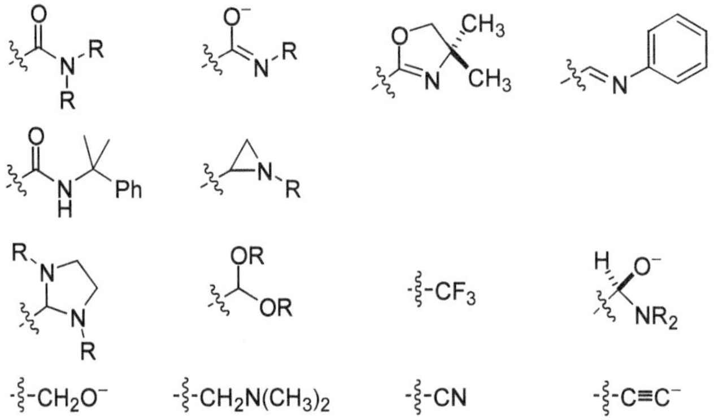

图 3 基于碳原子的 DMG

在 DoM-反应研究过程中人们发现了各种各样的 DMG。按照它们与芳烃成键原子的种类，可以简单地区分为基于碳原子的 DMG (图 3) 和基于杂原子的 DMG (图 4)。

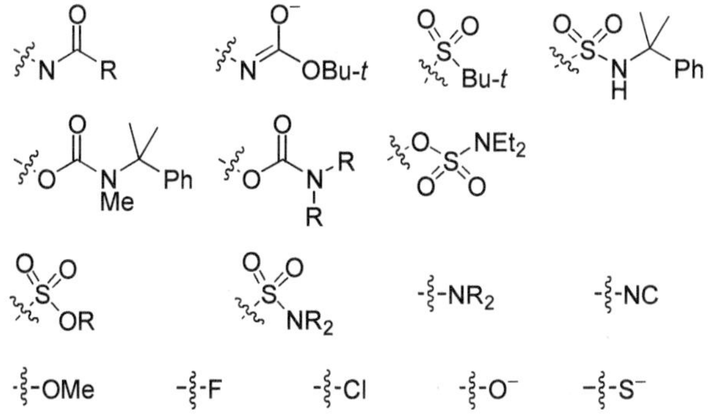

图 4 基于杂原子的 DMG

仲酰胺、叔酰胺[15]和噁唑啉[16]在安息香酸的氧化方面是一类高效和使用广泛的 DMG，但其缺点是容易水解。为了克服这一难题，人们开发了 *N*-苯基异丙基酰胺 [-CONHC(CH₃)₂Ph]。在式 6 所示的反应中，含有 *N*-苯基异丙基酰胺可以连续诱导发生两次 DoM-反应，分别在 *N*-苯基异丙基酰胺的两个邻位引入甲酰基和 TMS 基团[17]。

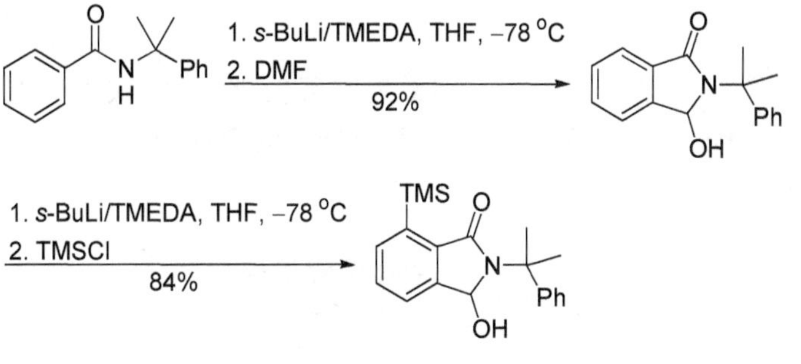

(6)

同样，*N*-苯基异丙基磺酰胺基 [-SO₂NHC(CH₃)₂Ph] 也是一个很好的定向金属化基团。如式 7 所示，*N*-苯基异丙基磺酰胺发生金属化反应后与 DMF 反应，生成苯并噻唑衍生物[18]。

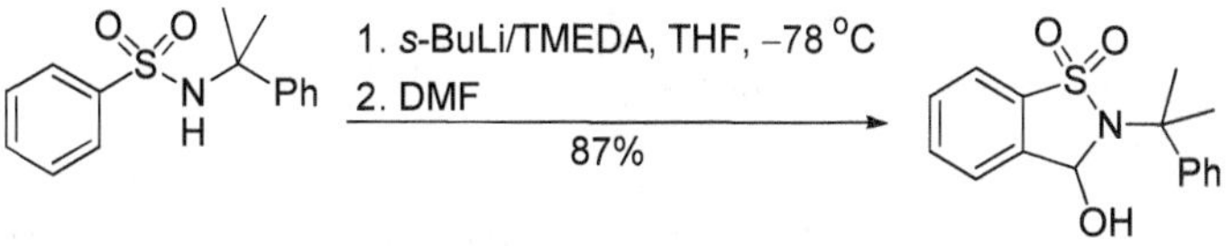

(7)

氨基甲酸酯也是 DoM-反应中有效的 DMG 之一[19,20]。例如：*N*-苯基异丙基-N-甲基氨基甲酸酯可以在温和的条件下进行 DoM-反应，制备各种取代芳烃化合物 (式 8)。但是，N,N-二烷基氨基甲酸酯衍生物不是一种很好的 DMG，这是因为该基团容易与烷基锂试剂反应。

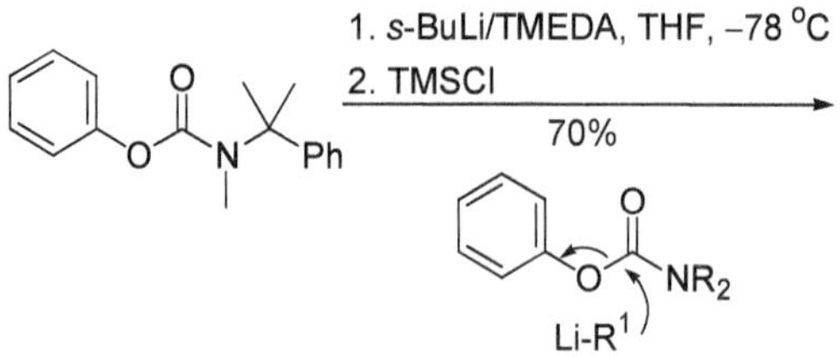

(8)

在各种含氮的 DMG 中 (例如：酰胺基、氨基甲酸酯、磺酰胺、噁唑啉、亚胺基以及烷基胺)，人们早期忽略了氮丙啶类官能团。氮丙啶有一对孤对电子，能够用于金属化试剂的预配位和/或与相应的邻位锂化物种配位。氮丙啶的实验操作也非常方便，例如：用 s-BuLi (1.5 eq)/THF 在 –78 °C 下处理 N-烷基苯基氮丙啶，生成了邻位被锂化的黄色溶液。如果将氘代水加入到黄色溶液中，便得到邻位氘代的氮丙啶 (D ≥ 98％)。如果与其它亲电试剂反应，则可以生成各种苯基氮丙啶衍生物 (式 9)[21]。

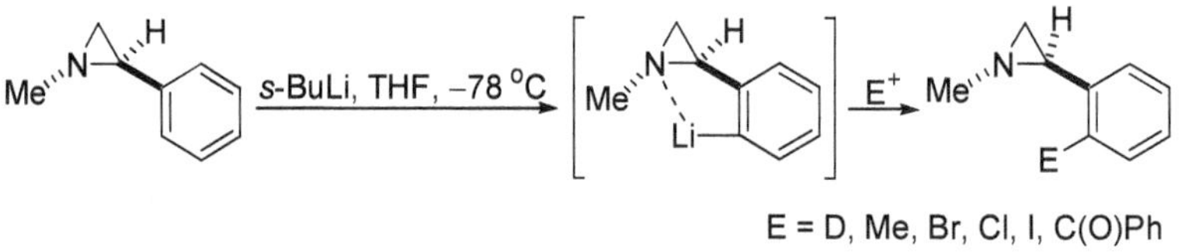

(9)

E = D, Me, Br, Cl, I, C(O)Ph

O-氨基甲酸酯类官能团[22,23]和最近发现的 O-磺酰胺类官能团[24] 都已经证明是很强的 DMG，它们为多取代芳香类物质的合成及其选择性官能化提供了新的途径 (式 10)。

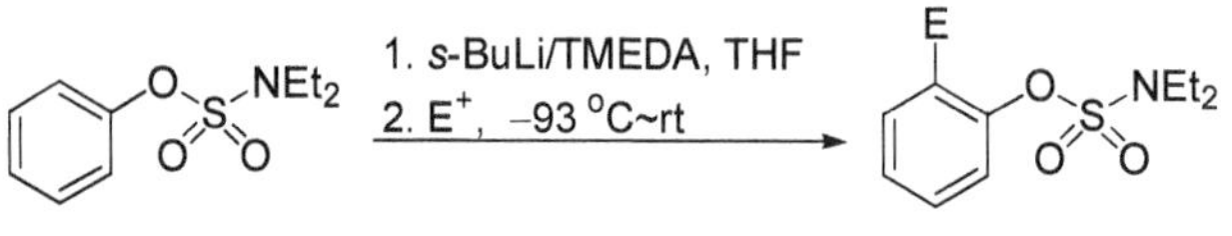

(10)

使用甲酸盐类型的 DMG 也是制备邻位取代芳基甲酸衍生物最简单的方法之一，而且该反应可以一锅完成 (式 11)[25~27]。

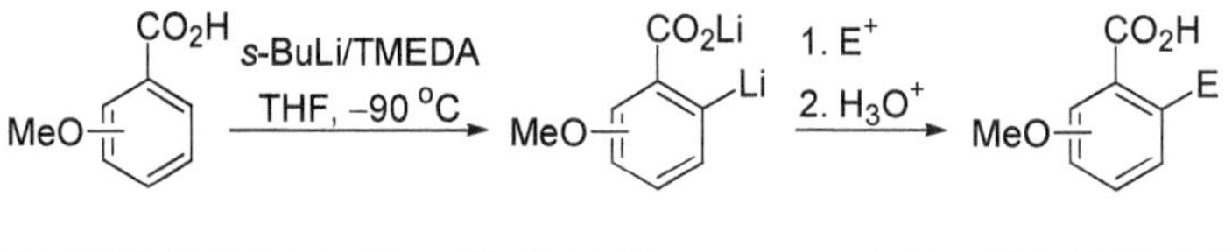

(11)

二叔丁基膦氧化物也是一类较好的 DMG，它们对烷基锂有较好的稳定作用。例如：苯基二叔丁基膦氧化物表现出极好的 DoM-反应特性，经过亲电淬灭之后可以得到许多重要的芳基膦衍生物 (式 12)[28]。但是，二叔丁基膦氧基团难于从芳环上除去，是这一方法的主要缺点，限制了该方法在杂环 DoM-反应中的应用，因此有待进一步的改善。

$$(12)$$

在卤素取代基中，氟具有很强的邻位定位效应。这种作用已经得到了深入的研究，并在有机合成中得到了广泛的应用[29]。溴代芳烃的 DoM-反应不容易实现，因为溴的邻位定位效应相对较弱[30]，到现在为止，溴代苯衍生物和溴代杂芳环的 DoM-反应仅有为数不多的几篇报道[31]。另一方面，邻溴芳基锂中间体比氟代或氯代类似物的热稳定性差，并且在金属化条件下可能分解成苯炔类化合物[31b,32]，或者可能通过著名的 Bunnett's "卤素之舞" 过程发生异构化[31a]。最近，有人报道了二卤苯的 DoM-反应可以通过使用合适的亲电试剂 (如: TMSCl) 原位捕获烷基锂化合物来完成，从而避免了交换和消除反应 (式 13，式 14)[33]。

$$(13)$$

$$(14)$$

酰胺是一类公认的强 DMG，但是当 3,5-二氯苯甲酰胺用有机锂试剂处理时却得到了对位金属化的产物[34] (式 15)。此类现象可能是由于立体效应或电子效应的结果，也许是二者共同作用的影响。

$$(15)$$

对底物中含有两种竞争的 DMG 的研究十分有限。Gschwend 和 Rodriguez[35] 基于有限的数据提出了 "单纯的配位" 机理或者 "酸-碱" (诱导) 机理。到目前为止，还没有人利用基本的 Lewis 酸碱和电子法则对 DMG 的配位效应和诱导效应之间的关系进行过系统地研究。在氟苯[36]和苯腈[37]的邻位脱质子过程中，因为从来没有得到通过配位而稳定的邻锂中间体，所以被认为诱导效应在起主要作用。

3.2 DMG 的活性次序

DoM-反应的应用范围和限制主要取决于 DMG 的性质及其所处的位置。对于含有两个以上 DMG 的底物来说，DoM-反应主要取决于这些 DMG 之间的相互作用。有人对三种含有两个 DMG 的苯衍生物进行了去质子化的一些理论预测 (图 5)[38~41]。

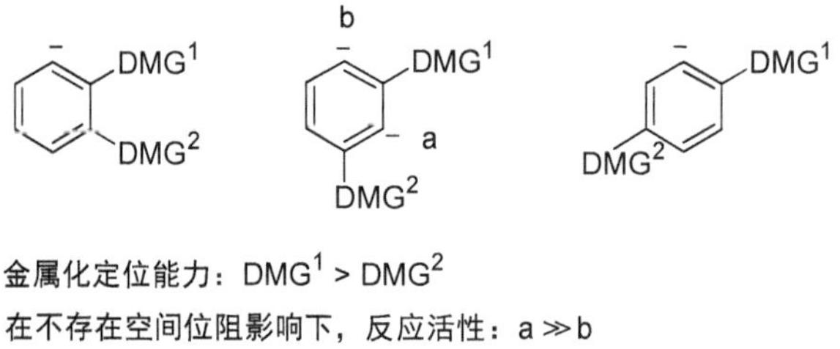

金属化定位能力：DMG^1 > DMG^2

在不存在空间位阻影响下，反应活性：a ≫ b

图 5　三种含有两个 DMG 的苯衍生物

在早期的工作中，Slocum 和 Jennings 利用 4-OMe 作为固定基团，对其它不同 DMG 的反应性进行了研究，并提出了粗略的反应性顺序 (式 16)[42]。

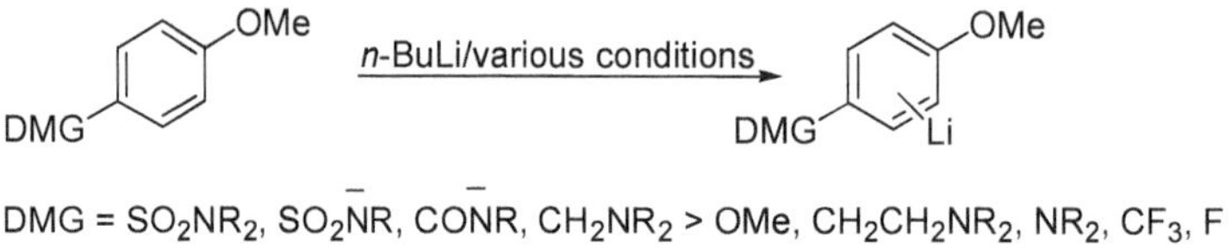

$$(16)$$

DMG = SO$_2$NR$_2$, SO$_2\overline{\text{N}}$R, CONR, CH$_2$NR$_2$ > OMe, CH$_2$CH$_2$NR$_2$, NR$_2$, CF$_3$, F

Beak 和 Brown 在标准条件下，用 4-CONEt$_2$ 作为固定基团对该研究进行了扩展 (式 17)。在中等或弱的 DMG (如：4-OMe 和 4-Cl) 存在下，金属化反应几乎完全发生在 CONEt$_2$ 的邻位[43,15a,19]。

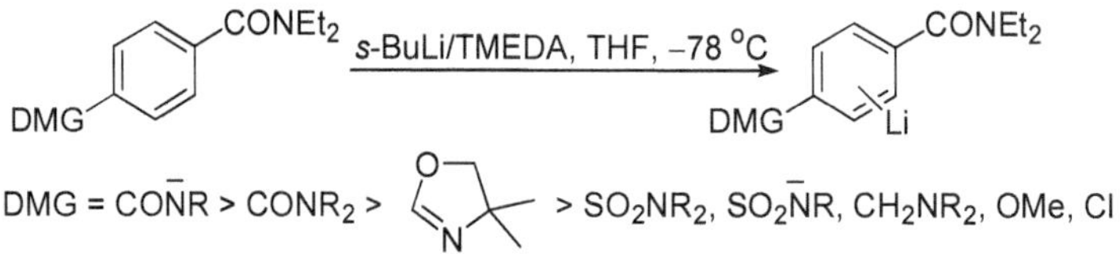

$$(17)$$

DMG = CO$\overline{\text{N}}$R > CONR$_2$ > (oxazoline) > SO$_2$NR$_2$, SO$_2\overline{\text{N}}$R, CH$_2$NR$_2$, OMe, Cl

最近，有人对 SO$_2$t-Bu 基团的分子内 (式 18) 和分子间 (式 19) 竞争能力进行了分析评价。结果显示：SO$_2$t-Bu 金属化定位能力不仅比 CONEt$_2$ 强，甚至比 OCONEt$_2$ 还要强[44]。

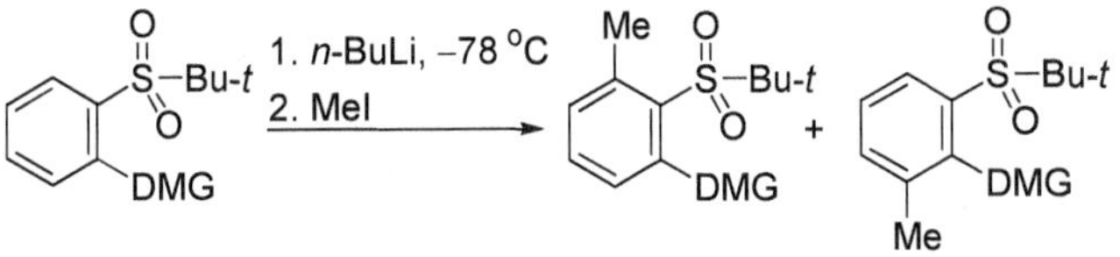

$$(18)$$

DMG =	$CONEt_2$	76%	< 1%
	OMOM	55%	31%
	$NHCO_2Bu\text{-}t$	76%	<1%

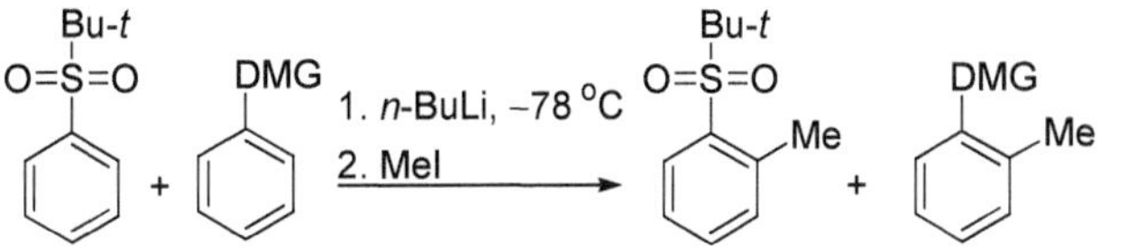

$$(19)$$

DMG =	$CON(i\text{-}Pr)_2$	93%	< 1%
	$OCON(i\text{-}Pr)_2$	91%	< 1%
	OMOM	89%	< 1%
	$NHCO_2Bu\text{-}t$	42%	< 1%

Meyer 和 Lutomski 用噁唑啉作为定位基团的分子，研究了它与其它各种不同 DMG 的分子之间的竞争反应 (式 20)[45]。

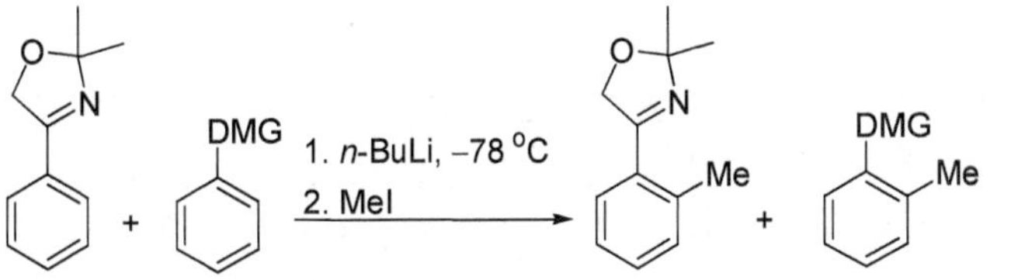

$$(20)$$

DMG =	SO_2NMe_2	<1%	88%
	SO_2NHMe	7%	41%
	$CON(i\text{-}Pr)_2$	7%	66%
	$CONEt_2$	15%	70%
	CONHMe	20%	78%
	$CONMe_2$	<1%	97%

在预测竞争反应结果的时候，还必须考虑影响反应的空间和诱导效应、烷基锂试剂的配位以及邻锂化合物的形成，这在分子内竞争的实验中尤其重要。虽然目前获得结果还不能够完美地定性解释所有的实验现象，但足以为设计合成策略提供重要的预测性指导。

弱的 DMG：

$-\overset{\xi}{-}C{\equiv}C^-$ $\quad$ $-\overset{\xi}{-}CH_2O^-$ $\quad$ $-\overset{\xi}{-}O^-$ $\quad$ $-\overset{\xi}{-}S^-$

中等强度的 DMG：

$-\overset{\xi}{-}CF_3$ $\quad$ $-\overset{\xi}{-}NR_2$ $\quad$ $-\overset{\xi}{-}NC$ $\quad$ $-\overset{\xi}{-}OCH_3$ $\quad$ $-\overset{\xi}{-}F$ $\quad$ $-\overset{\xi}{-}Cl$

图 6

强的 DMG:

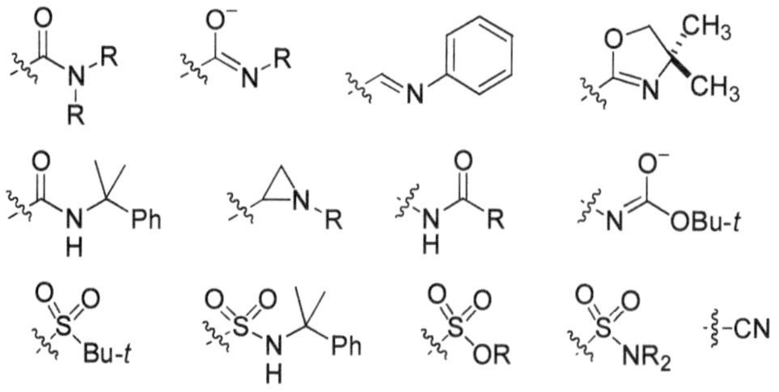

图 6 各类金属化定位基团（DMG）相对定位能力分类

3.3 协同金属化效应

DoM-反应中还有一个最重要和值得单独讨论的内容，那就是在促进金属化的过程中 1,3-二取代定位基团对芳环位置选择性的 DoM-反应 (式 21)。

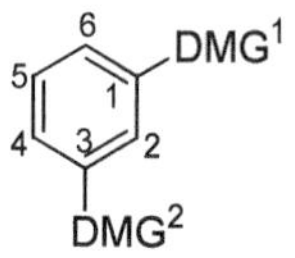

$$(21)$$

表 1 中精选的一些例子表明了这种协同效应在合成连续取代的芳香化合物中的优点。在基于碳原子系列的 DMG 中，与 OR、Cl、F、和 CH=NR 等基团处于间位的 CONR、CONEt$_2$ 以及噁唑啉基团都专一地在"两者之间"的位置上发生金属化反应。

表 1 金属化过程中 1,3-DMGs 的协同效应

序号	底物	金属化条件	区域选择性 C2 : C6	参考文献
1	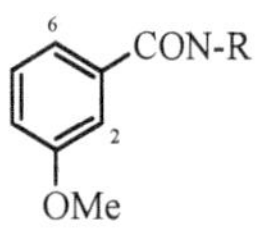 (CON-R, OMe)	n-BuLi/TMEDA/THF −78~−10 °C、 n-BuLi/THF, −75~−10 °C	95 : 5	[42,46]
2	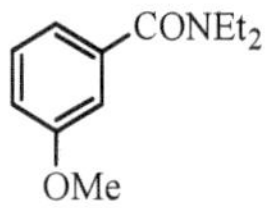 (CONEt$_2$, OMe)	s-BuLi/TMEDA/THF, −78 °C	约95 : 5	[47]
3	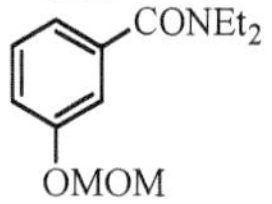 (CONEt$_2$, OMOM)	t-BuLi/Et$_2$O/hexane, −78 °C	100 : 0	[48]
4	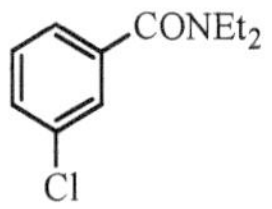 (CONEt$_2$, Cl)	s-BuLi/TMEDA/THF, −78 °C	95 : 5	[47]

序号	底物	金属化条件	区域选择性 C2:C6	参考文献
5	Me（NC₆H₁₁, CONEt₂ 取代苯）	s-BuLi/TMEDA/THF, −100 °C	95:5	[49]
6	（噁唑啉, Cl 取代苯）	n-BuLi/THF, −78 °C	95:5	[50]
7	（NC₆H₁₁, 亚甲二氧基取代苯）	n-BuLi/THF, −78 °C	95:5	[51]
8	（NMe, OMe 取代苯）	n-BuLi/Et₂O, −78 °C	95:5	[42]

如表 2 所示：在与 OMe、Cl 和 F 取代基共同作用时，基于杂原子系列的 DMG 如 *N*-Boc、NCO*t*-Bu 以及 OCONEt₂ 基团都表现出很好的"两者之间"位置选择性 (序号 1~4)。但是，OCONEt₂ 和 -NR₂ 的组合倾向于在 C-6 位置发生金属化反应 (序号 5)。对含氧 DMG 中 OMOM 与 OR 和 NR₂ 之间协同效应的系统性显示，它们都表现出很强的溶剂效应依赖性 (序号 6~8)。OR-OR 和 OMe-NR₂ 在正常位点发生金属化 (序号 9~10)，F-F (序号 11) 之间协同效应到目前为止还没有得到广泛的合成应用。

表 2　基于碳原子的 1,3-关联的 DMG 的金属化

序号	底物	金属化条件	区域选择性 C2:C6	参考文献
1	（N⁻COBu-*t*, OMe 取代苯）	*t*-BuLi/THF, −20 °C	95:5	[52]
2	（N⁻COBu-*t*, F 取代苯）	*n*-BuLi/THF, −20~0 °C	95:5	[53]
3	（N⁻COBu-*t*, F 取代苯）	*t*-BuLi/THF, −70~−25 °C	95:5	[53]

续表

序号	底物	金属化条件	区域选择性 C2 : C6	参考文献
4	(苯环, OCONEt$_2$, OMe)	s-BuLi/TMEDA/THF, -78 °C	67 : 33	[54]
5	(苯环, OCONEt$_2$, NMe$_2$)	s-BuLi/TMEDA/THF, -78 °C	0 : 100	[55]
6	(苯环, OMOM, 1,3-二氧六环)	n-BuLi/C$_6$H$_{12}$, 0 °C	95 : 0.5	[48]
		t-BuLi/TMEDA/Et$_2$O, -78 °C	10 : 90	[48]
7	(苯环, OMOM, OMe)	t-BuLi/hexane, 0 °C	97 : 3	[48]
		t-BuLi/TMEDA/Et$_2$O, -78 °C	59 : 41	[48]
8	(苯环, OMOM, 吡咯烷基 N)	n-BuLi/Et$_2$O, reflux	0 : 100	[55]
		n-BuLi/TMEDA/C$_6$H$_{14}$, rt	62 : 38	[55]
9	(苯环, OMe, OMe)	n-BuLi/Et$_2$O, -78 °C	95 : 5	[35,56]
10	(苯环, OMe, NMe$_2$)	n-BuLi/TMEDA/Et$_2$O, 35 °C	95 : 5	[42]
11	(苯环, F, F)	n-BuLi/THF, -78 °C	95 : 5	[25~27]

3.4 碱的性质

DoM-反应通常需要强碱试剂，这些试剂可以将 DMG 邻位的质子脱去。有机锂试剂作为强碱[57,58]通常在有机溶剂中发生聚合作用形成一些低聚物，如六聚物 (在烃类溶剂中) 或四聚物 (在碱性溶剂中) 等 (表 3)。

表 3　常见有机锂试剂在不同溶剂中的聚集态

有机锂试剂	溶剂	浓度范围/(mol/L)	聚集态	参考文献
MeLi	THF或Et$_2$O	0.2~1.2	四聚体	[59a]
n-BuLi	C$_6$H$_{12}$或PhH	0.4~3.4	六聚体	[59b~d]
	THF或Et$_2$O	0.1~0.7	四聚体或二聚体	[59a, 59c, 60a, 60b]
n-BuLi-TMEDA		0.1	单体	[60c]
n-BuLi-TMEDA		高浓度	二聚体	[60c]
s-BuLi	C$_5$H$_{10}$		四聚体或六聚体	[60b]
t-BuLi	THF或Et$_2$O		四聚体	[59d]
	n-Hex, C$_6$H$_{12}$ 或PhH	0.05~0.5	四聚体	[59c, 60c]
	THF		二聚体	[59d]

基于反应性[57a]、NMR[61]、晶体衍射结构[62]以及计算[63]结果，烷基锂试剂通常被看作是多共价 C-Li 键的缺电子重排所形成的桥联结构，它们在溶剂中会迅速发生碳-锂键、锂-配体键交换以及快速的构象异构 (式 22)。

(22)

在烃类溶剂中，通常认为烷基锂试剂以聚合物或聚合物与离解物的混合形态起作用。碱性溶剂 (如醚、胺、膦类溶剂) 会通过酸-碱反应引起聚合物解离，例如：THF 会使 (*n*-BuLi)$_6$ 溶剂化为 (*n*-BuLi)$_4$ (表 3)，在 (*n*-BuLi)$_4$ 中加入 Et$_3$N 则会使其解离为 (*n*-BuLi)$_2$[64]。此外，双齿配体，尤其是 TMEDA，在溶剂中能有效地使烷基锂从聚合物解离为单体或二聚体 (表 3)，并使其碱性显著增强[58b]。晶体衍射结构表明，解离后的烷基锂通常以 (RLi·TMEDA)$_2$ 的形式存在，其中锂为四配位[60g,62]。*n*-BuLi·TMEDA 能使苯定量地去质子化而 *n*-BuLi 却不能，由此可以进一步证明 *n*-BuLi·TMEDA 具有更强的碱性[60g]。*s*-BuLi·TMEDA 几乎是最有效的金属化试剂，它使 Me$_4$Si 去质子化的速度比

n-BuLi·TMED 聚合物要快 1000 倍[60g]。对于 D*o*M-反应来说，二烷基氨基锂[65] 的动力学碱性是不够的。

从实验室到工业规模，有机金属强碱试剂的使用几乎仅限于有机锂衍生物。目前，有机钠试剂也可以应用于 D*o*M-反应。在芳烃底物存在时，由卤代烃和等量的金属钠反应生成的有机钠，不需要进行分离，原位即可发生邻位金属化反应[66] (式 23)。

$$MeO \underset{}{\overset{}{\bigcirc}} OMe \xrightarrow[\text{RX, solvent}]{\text{Na sand}} \left[MeO \underset{}{\overset{Na}{\bigcirc}} OMe \right] \xrightarrow[\text{2. H}_3O^+]{\text{1. CO}_2 +} MeO \underset{}{\overset{CO_2H}{\bigcirc}} OMe \qquad (23)$$

人们通过尝试不同定向基团对多种强碱 (例如：烷基锂、二烷基氨基锂和烷基钠等) 脱质子化的促进作用，发现酯基是一种很有用的 DMG。但由于含有酯基的芳基锂中间体很不稳定，其脱质子化需要严格控制条件，因而限制了它的使用。为了进一步发展含有羧基官能团的芳烃化合物的 D*o*M-反应，人们开发了使用双金属有机试剂作为脱质子试剂。例如：在 −78 °C 往四甲基哌啶锂的 THF 溶液中加入二叔丁基锌，即可得到双金属试剂二叔丁基四甲基哌啶锌酸锂盐 (TMP-zincate) 的混合溶液 (式 24)。

$$\underset{Li}{\overset{}{\bigcirc}N} + Zn(t\text{-Bu})_2 \xrightarrow{\text{THF, } -78\,^{\circ}\text{C}} \left[\underset{t\text{-Bu}}{\overset{}{\bigcirc}N\underset{Zn}{\overset{}{}}Bu\text{-}t} \right] Li \qquad (24)$$

烷基苯甲酸酯或苯甲腈与 TMP-zincate 能在室温下进行反应，生成相应芳基锌酸盐 (式 25)。

$$\underset{}{\overset{DMG}{\bigcirc}} \xrightarrow{\text{TMPZn}(t\text{-Bu})_2\text{Li, THF, rt}} \underset{}{\overset{DMG}{\bigcirc}}Zn(t\text{-Bu})_2\text{Li} \xrightarrow{E^+} \underset{}{\overset{DMG}{\bigcirc}}E \qquad (25)$$

$$\text{DMG} = CO_2R, CN$$
$$E = I, Ar$$

还有两种碱金属锌酸盐试剂，(TMEDA)Na(μ-TMP)[μ-(t-Bu)]Zn(t-Bu)[67] 和 (TMEDA)Li(μ-TMP)[μ-(t-Bu)]Zn(t-Bu)，它们可以分别通过 t-Bu$_2$Zn 和经 TMEDA 处理的 NaTMP 或 LiTMP 反应来制备。如式 26 所示：钠金属锌酸盐试剂的结构已被单晶结构所证实。

另外，使用异丁基四甲基哌啶铝酸锂盐 [(i-Bu)$_3$Al(TMP)Li] 作为碱也可以化学选择性地形成芳基铝酸盐。如式 27 所示[68]：在 THF 溶液中将 1:1 的 i-Bu$_3$Al 和 LiTMP 混合即可得到 i-Bu$_3$Al(TMP)Li。

$$\text{MTMP} + (t\text{-Bu})_2\text{Zn} + \text{TMEDA} \longrightarrow \boxed{(\text{TMEDA})\text{M}(\text{TMP})(t\text{-Bu})\text{Zn}(t\text{-Bu})} \qquad (26)$$

M = Li, Na

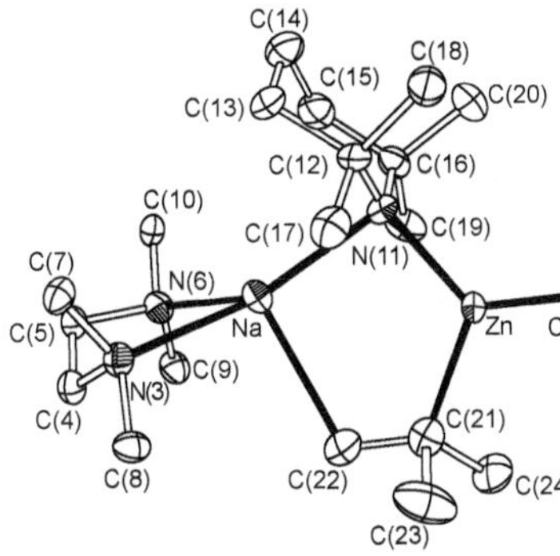

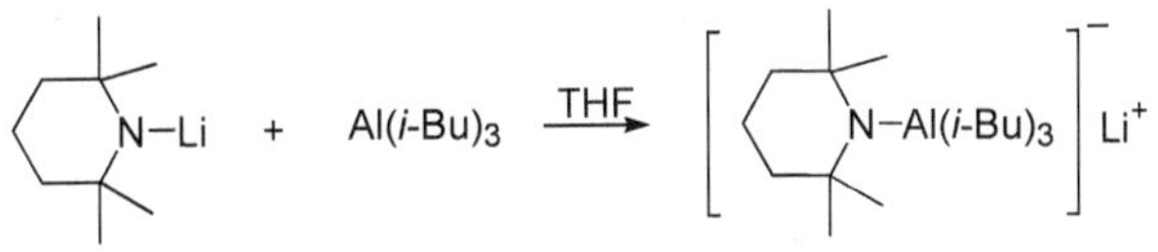

$$\text{N—Li} + \text{Al}(i\text{-Bu})_3 \xrightarrow{\text{THF}} \left[\text{N—Al}(i\text{-Bu})_3\right]^- \text{Li}^+ \qquad (27)$$

i-Bu₃Al(TMP)Li 试剂与苯衍生物反应高选择性地得到邻位取代产物 (式 28)[68]。

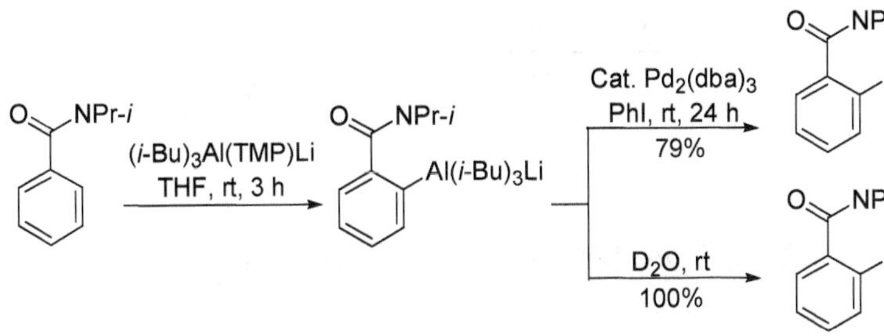

$$(28)$$

反应体系中如果含有两个以上的 DMGs，不同的碱可以使金属化反应选择性的发生在不同的 DMGs 的邻位。例如：*o*-甲氧基苯甲酸在不同的碱作用下，金属化反应发生在两个不同 DMG 的邻位。而对于 *m*-甲氧基苯甲酸来说，不同的碱可以使金属化反应发生在三个不同的 DMG 的邻位 (图 7)[27,69]。

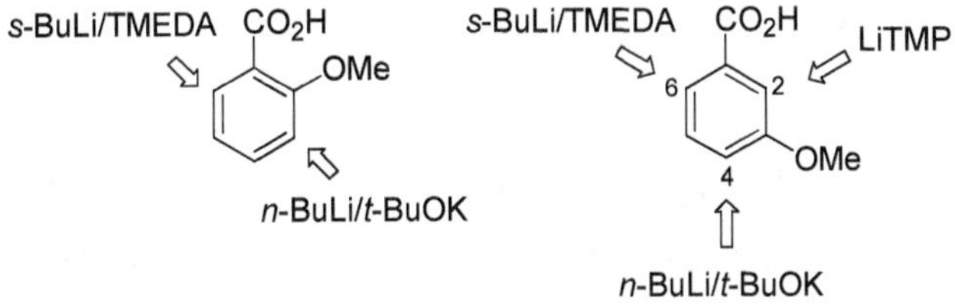

图 7 不同的碱对金属化反应的选择性

具体的反应式如式 29 和式 30 所示。

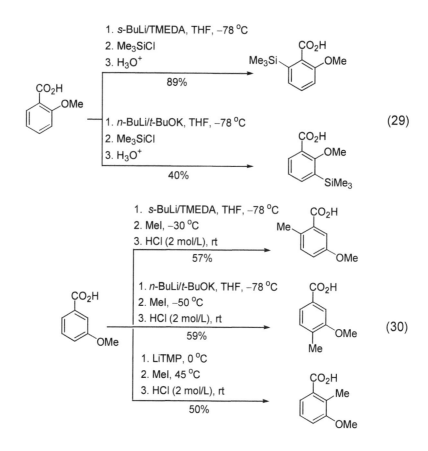

4 杂环芳烃定向邻位金属化反应

取代杂芳烃的需求促使人们研究杂环定向邻位金属化反应 (HetDoM)，这些芳香杂环化合物包括传统的 π-缺电子杂芳烃 (例如：吡啶、喹啉和吡嗪等)、π-富电子杂芳烃 (例如：呋喃、噻吩和吡咯等) 和许多含有两个杂原子及多个杂原子的类似物。

4.1 π-缺电子杂芳烃的 HetDoM-反应

带有 DMG 的 π-缺电子杂芳烃可以发生 HetDoM-反应，前面讨论的所有 DMG 几乎都可以用于该类化合物。HetDoM-反应的区域选择性通常受到热力学和动力学的控制，热力学控制的主要形式有三种 (图 8)：(a) DMG 对金属的配位作用；(b) DMG 的吸电子作用；(c) 碳负离子和氮上的孤对电子之间的排斥作用。因此，π-缺电子芳香杂环化合物的 HetDoM-反应通常发生在 3-位或 4-位。在低温和烷基锂被用作碱时，HetDoM-反应主要受动力学控制，如图 9 所示主要有两种形式：(a) 酸碱诱导机理；(b) 过渡态的配位作用。它们都有解聚金属化试剂的作用。当在芳香杂环底物中没有 DMG 时，溶剂作用变得相当重要。没有螯合作用的溶剂 (例如：正己烷等) 使得含氮芳香化合物的脱质子反应选择性地发生在 2-位 (式 31 和式 32)[70,71]。

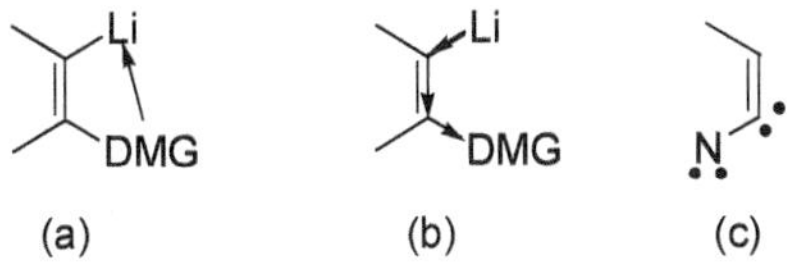

图 8 热力学控制的 *Het*DoM-反应的区域选择性

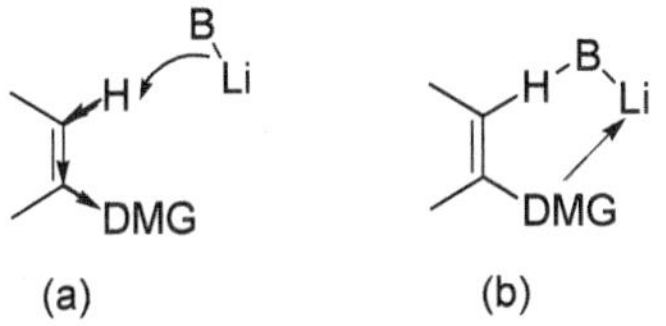

图 9 动力学控制的 *Het*DoM-反应的区域选择性

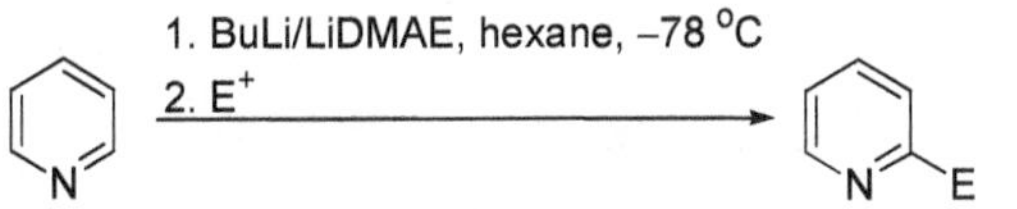

$$(31)$$

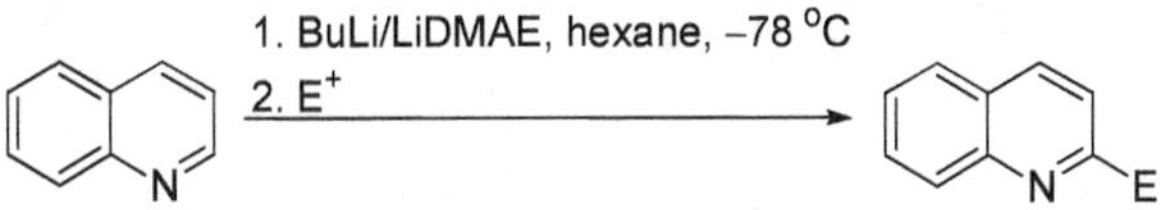

$$(32)$$

当在芳香杂环底物中含有 DMG 时，如 2-氟-4-甲基吡啶与 LDA 作用经 *Het*DoM-反应后，用 I_2 淬灭反应得到 2-氟-3-碘-4-甲基吡啶[72] (式 33)，没有得到 6-位被碘代的产物。

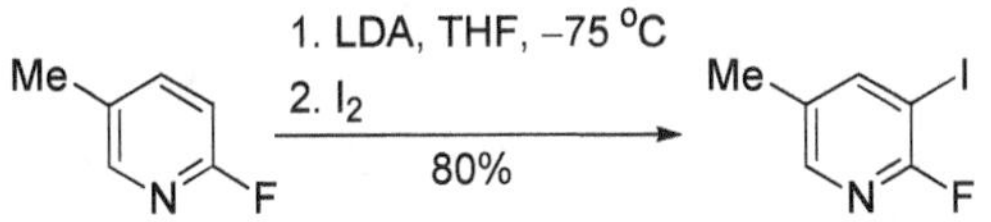

$$(33)$$

BuLi 用于 2,6-二氯-3-氟吡啶的金属化后，再与 CO_2 反应得到 4-甲酸化产物[73](式 34)。

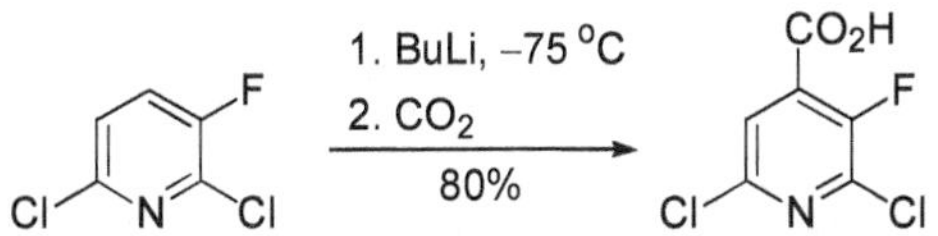

$$(34)$$

由于喹啉具有较低的 LUMO 能级，和吡啶相比它更易进行亲核加成反应。

LDA 不能使单取代的氟代喹啉发生脱质子得到金属化中间体，但是使用活化的 LDA (LDA-t-BuOK) 可以使 3-氟喹啉发生定向邻位金属化反应 (式 35)[74]。

$$\begin{array}{c}\text{1. LDA-}t\text{-BuOK, THF-hexane, }-75\ ^\circ\text{C}\\ \hline \text{2. }CO_2\\ 64\%\end{array}$$

(35)

当 2,2'-联吡啶进行 *Het*DoM-反应时可生成双金属化产物 (式 36)，而 2,4'-联吡啶却得到单金属化产物 (式 37)[75]，在另外一个吡啶环上没有得到取代产物。

$$\begin{array}{c}\text{1. LDA, THF, }-40\ ^\circ\text{C}\\ \hline \text{2. ClSnBu}_3\\ 14\%\end{array}$$

(36)

$$\begin{array}{c}\text{1. LTMP, THF, }-70\ ^\circ\text{C}\\ \hline \text{2. ClSnBu}_3\\ 64\%\end{array}$$

(37)

氮氧吡啶脱质子反应通常发生在 2-位和/或 6-位。但是，当有定位基团时，金属化反应选择性地发生在定位基团的邻位 (式 38)[76]。

$$\begin{array}{c}\text{1. BuLi, THF, 0 }^\circ\text{C}\\ \hline \text{2. ClCH(OH)Me}\end{array}$$

(38)

61%　　　0%

和含一个氮原子的芳香杂环化合物相比，含有两个氮原子的芳香杂环化合物的 LUMO 能级更低。因此，它们比前者更难金属化，相反亲核加成反应却更容易进行。烷基锂试剂不能用于二氮化合物的金属化反应，原因之一是因为烷基锂本身是一个良好的亲核试剂。另外，氮的强的吸电子效应使得双氮杂环化合物环上的氢具有更强的酸性。LDA 和 LTMP 是双氮杂环化合物的良好金属化试剂。例如：用 LTMP 处理氟代吡嗪后，再与亲电试剂作用便可得到氟的邻位被官能化的衍生物 (式 39)[77]。

$$\begin{array}{c}\text{1. LTMP, THF, }-75\ ^\circ\text{C}\\ \hline \text{2. E}^+\end{array}$$

(39)

又例如：当砜取代的吡嗪用 LDA 处理时，金属化反应同样也发生在砜取代基的邻位 (式 40)[78]。

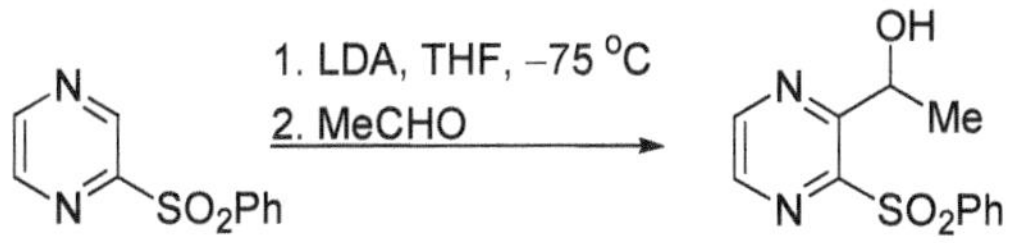
1. LDA, THF, –75 °C
2. MeCHO
OH
Me
SO2Ph
SO2Ph

(40)

甲硫基苯并二嗪用 LTMP 处理时，金属化反应也可以发生在甲硫基的邻位 (式 41)[79]。

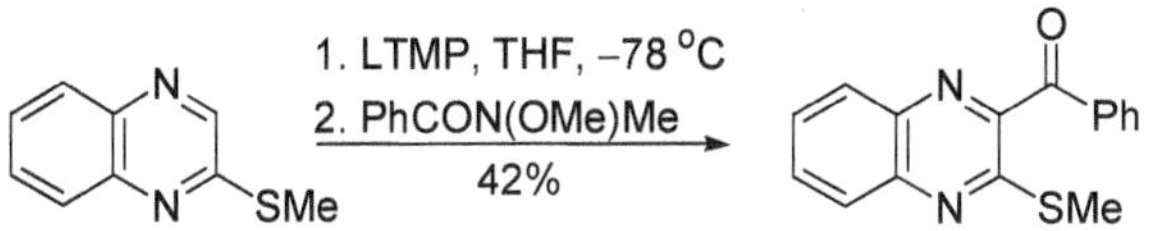
1. LTMP, THF, –78 °C
2. PhCON(OMe)Me
42%
SMe
Ph
SMe

(41)

4.2 π-富电子杂芳烃的 *Het*D*o*M-反应

在 π-富电子杂芳烃呋喃和噻吩 (式 42) 的金属化研究过程中，不仅要考虑 DMG 的影响，还要考虑 2-位或 5-位上氢的酸性。

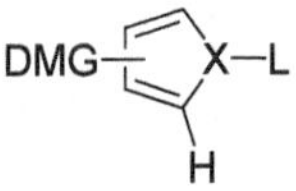
DMG
X—L
H
X = O, S

(42)

酰胺和噁唑啉在苯环衍生物中广泛地被用作 DMG。但是，在呋喃、噻吩及其苯并类似物中，羧基是最有用的 DMG[80] (图 10)。

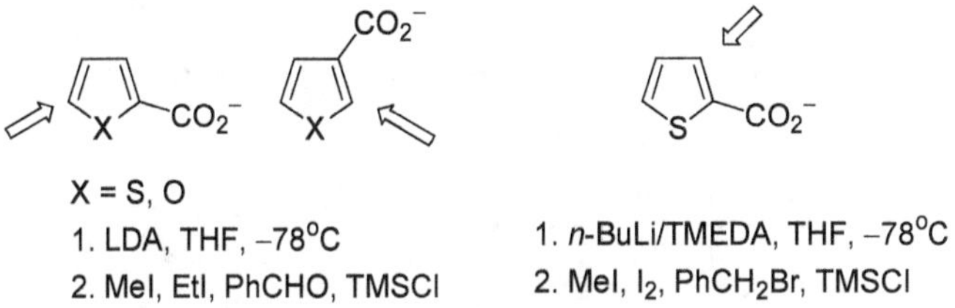
X = S, O
1. LDA, THF, –78°C
2. MeI, EtI, PhCHO, TMSCl
1. n-BuLi/TMEDA, THF, –78°C
2. MeI, I2, PhCH2Br, TMSCl

图 10 羧基定位的呋喃、噻吩定位示例

例如：以呋喃羧酸为原料，经 D*o*M-反应可得到倍半萜类化合物 (式 43)[81]。

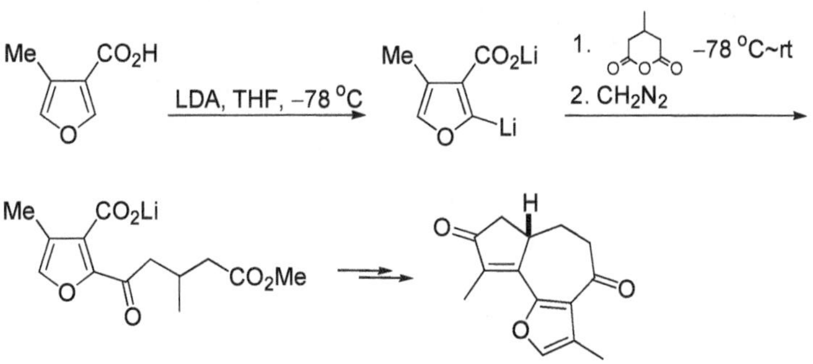
Me
CO2H
LDA, THF, –78 °C
CO2Li
Li
1.
–78 °C~rt
2. CH2N2
CO2Me

(43)

相对与碳原子 DMG 而言，杂原子 DMG 在呋喃和噻吩底物中的应用较少，只有噻吩磺酰胺研究的较多[82]。受热力学或动力学控制，2-取代的噻吩磺酰胺脱

质子的位置不同 (见式 44)。

$$\tag{44}$$

吡咯的 DoM-反应被研究的很少。相比之下吲哚，尤其是 N-DMG 吲哚的 DoM-反应研究内容还是很丰富的。在吲哚的 2-位或者 3-位引入 DMG，可以在 3-位或者 2-位发生金属化反应 (式 45)[83]。

$$\tag{45}$$

但是，在吲哚的苯环一侧进行的 DoM-反应的报道相对较少。Snieckus 等人报道了 N-P(O)(t-Bu)$_2$ 吲哚与不同的碱作用可以高选择性地得到 2-位或 7-位脱质子化的产物，但该反应的缺点在于亚磷酸基团不易除去。如式 46 所示[84]：使用 2 倍量的 LDA 与 N-P(O)(t-Bu)$_2$ 吲哚在 0 ℃ 反应 15 min 后，用 TMSCl 淬灭反应可以得到的主要产物是 N-二叔丁基磷氧基-2-三甲硅基吲哚。如果使用 2.2 倍量的 n-BuLi 与 N-P(O)(t-Bu)$_2$ 吲哚在 −40 ℃ 反应 2 h 后用 TMSCl 淬灭反应，得到的主要产物是 N-二叔丁基膦氧基-7-三甲硅基吲哚。

$$\tag{46}$$

Iwao 等人报道：N-三(异丙基硅)-3-(二甲氨基甲基)吲哚经过 4-位脱质子、亲电反应得到 4-氯取代吲哚衍生物 (式 47)[85]。

$$\tag{47}$$

如果 2-位上的碳被硅基团保护，可以通过定向邻位金属化合成 C7 取代的吲哚。生成的 7-位卤原子取代的吲哚可以进一步通过交叉偶联反应，转化为芳基偶联化合物 (式 48)[86]。这种策略已经在天然产物 [例如：7-异戊(间)二烯基吲哚作为探针[87]以及 Pyrrolophenanthridone 生物碱[88]] 的合成以及药物开发中 (如：依托度酸[89]) 得到应用。

$$
\begin{array}{c}
\text{1. } t\text{-BuLi, TMSCl, } -78\ ^{\circ}C \\
\text{2. } s\text{-BuLi, TMEDA, } -78\ ^{\circ}C \\
\text{3. } E^+ \\
\hline
33\%\sim82\%,\ E = Br,\ I,\ B(OR)_2
\end{array}
$$

$$
\xrightarrow[70\%\sim99\%]{ArX \text{ or } ArB(OH)_2/Cat.\ Pd/K_3PO_4/DMF} \tag{48}
$$

5　DoM-反应与过渡金属催化的 Ar-Ar 交叉偶联反应

Suzuki-Miyaura 反应、Corriu-Kumada-Tamao 反应、Negishi 反应和 Stille 反应都是通过金属催化的交叉偶联合成联芳环或多芳环化合物的重要合成方法[90] (式 49)。将过渡金属催化的偶联反应和 DoM-反应有机结合可以实现产物的高度区域选择性，这种区域选择性可以由 DMG 所决定 (式 50)。

$$
Ar^1\text{—Met} + Ar^2\text{—LG} \xrightarrow{NiL_n \text{ or } PdL_n} Ar^1\text{—}Ar^2 \tag{49}
$$

Met	LG	研究者	年份
MgX	Br, I	Corriu, Kumada	1972
ZnX	Br, I	Negishi	1977
B(OH)$_2$	Br, I	Suzuki	1981
SnR$_3$(L=solv)	I	Beletskaya	1981(1983)
SnR$_3$	OTf	Migita, Still	1977~1978
SiRF$_2$	I	Hiyama	1989

$$
\tag{50}
$$

Met	LG	Cat	交叉偶联
B(OH)$_2$	I > Br > OTf	Pd	Suzuki
MgX	OTf > OCONEt$_2$, SCONEt$_2$	Ni	Kumada-Corriu
ZnX	Hal, OTf	Ni	Negishi
SnR$_3$	Hal, OTf	Pd	Stille

DMG = CONEt$_2$, OCONEt$_2$, OMOM, NHBoc, SO$_2$Bu-t

5.1 DoM-反应与 Suzuki-Miyaura 反应结合

Suzuki-Miyaura 反应是指芳基卤代烃与芳基硼酸化合物在 Pd 催化作用下生成联芳基化合物的反应 (式 51)。

$$Ar^1-B(OH)_2 + Ar^2-LG \xrightarrow{Pd} Ar^1-Ar^2 \tag{51}$$

芳基硼酸通常由芳基锂中间体与三烷基硼酸酯制得，DoM-反应是制备芳基锂中间体的有效方法。因此 DoM-反应与 Suzuki-Miyaura 反应的结合，为联芳基化合物和联芳基杂环化合物的合成提供了有效的合成路线 (式 52[91] 和式 53[92])。

$$(52)$$

$$(53)$$

5.2 *O*-氨基甲酸芳基酯和 *O*-氨基磺酸芳基酯与 Grignard 交叉偶联反应

具有 *O*-氨基甲酸酯 (-OCONEt$_2$) 和 *O*-氨基磺酸酯 (-OSO$_2$NEt$_2$) 基团的芳基化合物在 Ni-催化剂的作用下，可以与 Grignard 试剂发生偶联反应[22]。由于 -OCONEt$_2$ 和 -OSO$_2$NEt$_2$ 都是很强的邻位定位基团，因此在理论上同一芳环中可能有连续三次亲电-亲核-亲电取代反应发生 (式 54)。

$$\tag{54}$$

如式 55 所示：*O*-氨基甲酸萘酯经 DoM-反应首先生成 1,2-二取代的萘衍生物；然后，该化合物发生第二次 DoM-反应生成 1,2,3-三取代的萘衍生物；最后，再在 Ni-催化剂的作用下与 RMgX 试剂偶联，得到 1,2,3-三取代的萘衍生物[22]。

$$\tag{55}$$

如式 56 所示[24]：*O*-氨基磺酸酯经 DoM-反应生成 1,2-二取代的芳基化合物后，Ni-催化剂的作用下与芳基 Grignard 试剂反应可以生成各种联芳基化合物。

$$\tag{56}$$

5.3 DoM-反应与 Negishi 反应结合

与有机镁试剂相比较，有机锌试剂的一个重要优点就是它可以与许多官能团相兼容，例如：CHO、COR、CN、NO$_2$、CO$_2$R 和 CONR$_2$ 等。因此，DoM-反应与 Negishi 反应结合，可以得到系列芳香化合物和芳香杂环化合物 (式 57)。

$$(57)$$

5.4　DoM-反应与 Stille 反应结合

　　Stille 反应指 Pd 催化剂催化的有机锡化合物与芳基卤代烃的偶联反应，可以得到联芳基化合物[93,94]。芳基锡化合物通常由芳基锂中间体与三烷基氯化锡制得，因此 DoM-反应与 Stille 反应结合可以得到理想的区域选择性联芳基化合物 (式 58)[95]。

$$(58)$$

6　过渡金属直接参与的 DoM-反应

　　将 DoM-反应与过渡金属催化的交叉偶联反应相结合，提供了一种制备取代芳基化合物的方法。由于锂试剂具有很高的反应活性，这些反应的条件不易掌控。有时需要与其它金属盐进行转金属后与亲电试剂反应，反应步骤较多。

　　1963 年，Kleiman 和 Dubeck 用偶氮苯与二茂镍反应，首次实现了过渡金属参与的邻位金属化反应 (式 59)[96]。近几十年来，过渡金属直接参与的 DoM-反应取得了重大的进展[98~105]。

$$(59)$$

　　1965 年，Cope 报道了偶氮苯同二价 Pt 和 Pd 反应，形成了一个含有 Ar-M 键的五员环螯合物 (式 60)[97a]。后来发现用苄胺反应也可以得到类似的五员环化合物 (式 61)[97b]。

$$(60)$$

$$(61)$$

尽管大量的过渡金属都能够参与 DoM-反应，但以钯、铑、钌和铱等化合物研究居多。与主族金属试剂 (有机锂，有机钠，有机锌，有机铝等试剂) 相比较，由于定位基中配位原子 (例如：N、P、O、S、As、Se 及卤素原子等) 的存在，使得 C-H 键向 C-M 键的转化相对较为容易。

1967 年，Tsuji 首次提出了偶氮苯的邻位钯化反应为亲电取代机理，不同的取代基对反应速率的影响的次序为：OMe > Me > H > Cl (式 62)[106,107]。

$$(62)$$

大部分过渡金属，例如 Pd、Pt、Rh、Fe 和 Hg 等参与的邻位金属化反应都遵循亲电反应机理。但是，氟代偶氮苯和苄基膦等与 Rh 和 Ir 化合物发生的邻位金属化反应则被认为是按照氧化加成机理进行的[108]。

Miura、Hayashi 和 Larock 等发现：当 Pd 和 Rh 等金属与氢处于 1,4-位置时，可以发生金属-氢交换[109]。这也是一种实现芳基化合物邻位金属化反应的方法 (式 63)。

$$(63)$$

如式 64 所示：Larock 等报道了用钯催化碘苯与二苯乙炔反应，得到了芴类化合物。反应首先是碘苯与钯的氧化加成，然后二苯乙炔插入，接着进行 1,4-钯-氢交换，最后关环得到芴[110]。

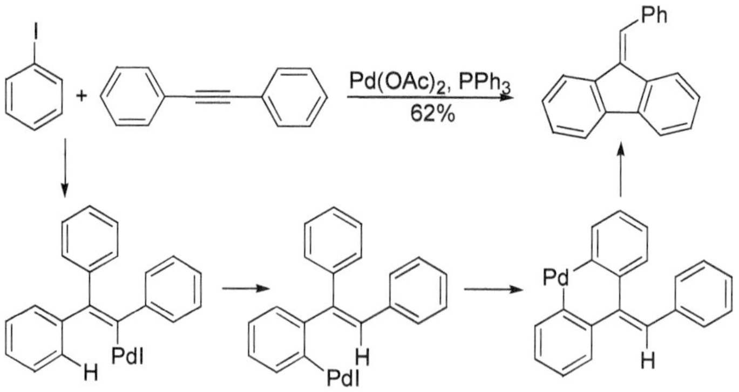

(64)

　　早期过渡金属参与的 DoM-反应应用于有机合成时，都是采用化学计量的金属试剂。与锂试剂相比，它们通常具有反应温和、官能团相容性好的优点 (式 65[111]和式 66[112])。

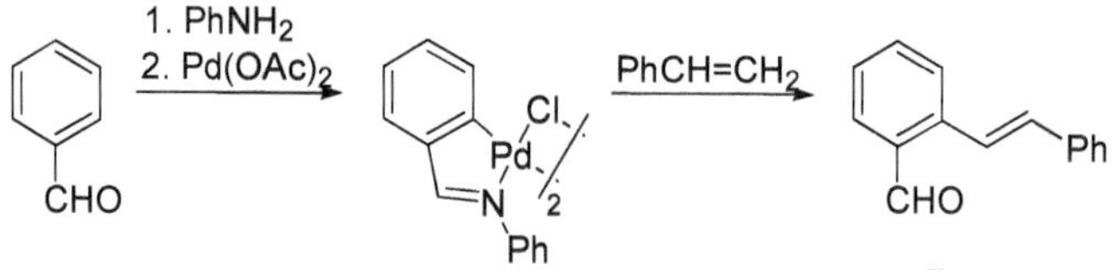

(65)

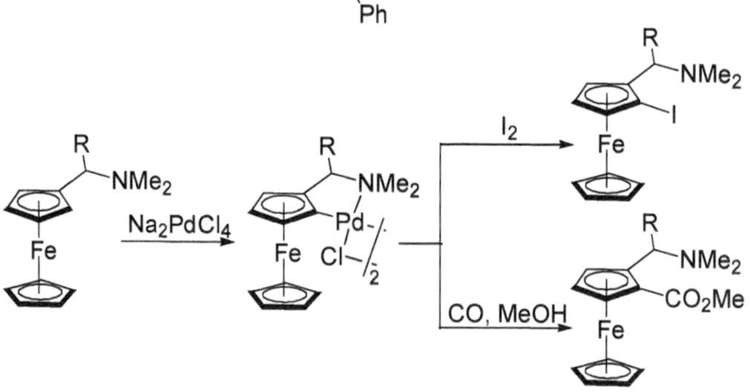

(66)

　　由于许多过渡金属价格昂贵，因此限制了它们的应用。近年来，一些研究小组用加入氧化剂的方法，使过渡金属能够在反应中循环使用，实现了催化形式的过渡金属参与的 DoM-反应 (式 67)[113]。

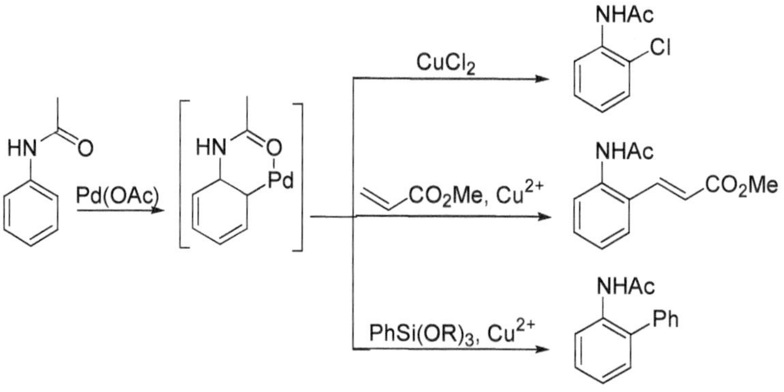

(67)

7　DoM-反应与新型合成方法的联合

过渡金属催化有机反应的发现,使得有机合成的方法和手段发生了革命性的变化。除上一节已经描述的 DoM-反应与 Ar-Ar 交叉偶联反应结合外,DoM-反应与其它具有合成潜力的反应结合,将会对芳香化合物及芳香杂环化合物的合成产生重要的影响。

7.1　DoM-反应与分子内 RCM-反应的结合

成环烯烃复分解反应 (RCM) 是构成中环和大环碳环或杂环化合物的有效方法,DoM-反应与 RCM 反应结合可以有效地构筑苯并杂环结构化合物 (式 68)[83b,114]。

$$X = O, CON-\xi-;\ DMG^1, DMG^2 = CONHR, OMOM, OCONEt_2, NHBoc$$

式 69 所示:苯酰胺首先发生 DoM-反应,高度区域选择性地生成 2-烯丙基苯酰胺;然后,再进一步发生 N-烯丙基化反应生成二烯化合物;最后,用 Grubbs 催化剂催化 RCM 反应,得到苯并氮杂辛酮[114]。

7.2　与过渡金属催化的级联反应相关的 DoM-反应

苯并吡喃氨基甲酸酯是合成 Plicadin 的重要中间体,可以按照式 70 来合成。这个 "一锅" 的序列反应利用了区域选择性的 DoM-反应[83b]和分子内的氨基甲酸酯基的迁移。这样使氨基甲酸酯基经 S_N2' 反应离去更容易,并最后生成取代的苯并吡喃。取代的苯并吡喃与 s-BuLi 再次发生 DoM-反应后,通过亲电试剂的淬灭可以高产率地生成高度区域选择性的邻位取代衍生物[115]。

$$(70)$$

R = I   82%
R = CHO   85%
R = B(OH)$_2$ quant.

58%

7.3 联芳酰胺和联芳基 O-氨基甲酸酯的 DoM-反应

尽管酰胺和 O-氨基甲酸酯是一个很好的邻位定向基团，但当其邻位有一个芳基基团存在时，该化合物与有机锂试剂作用时金属化反应发生在邻位的芳环上（式 71 和 式 72）。此类金属化中间体不能与外加的亲电试剂反应，但可发生分子内反应生成稠环化合物[116~118]。

$$(71)$$

$$(72)$$

以杂原子桥连的联芳基化合物也可以发生类似的反应，制备出许多杂环化合物。如化合物 **1** 与过量的二异丙基氨基锂作用，可生成噻吨酮、吡啶酮及二苯并磷杂醌等（式 73）[119~121]。

$$X = S, SO_2, O, P(O)Ar, NR \tag{73}$$

7.4 手性 DMGs 的邻位金属化及其对不饱和化合物的立体可控加成

如果使手性化合物发生脱质子反应，然后再与前手性亲电试剂进行加成作用，则可能得到手性产物。如式 74 所示：使用手性亚磺酰基作为定位基团，在实现邻位金属化反应后[22b]与醛或亚胺发生加成反应，可以得到手性产物[122]。

$$X = O, NR \tag{74}$$

许多手性邻位定向基团已经得到了研究和应用，例如：噁唑啉[123]、掩蔽的醛类[124,125]、氨基类[19,126]、磺酰胺类[127]和亚砜类[128]基团等等。Matsui[126]观测到：使用前手性亲电试剂是醛或酮时，不对称诱导效果最好的是氨基类邻位定向基团。在研究二嗪和苯并二嗪亚砜的合成和金属化过程中[78,128b]，金属化物种和醛的加成在有些情况下具有显著的不对称诱导效应 (式 75)[128b]。

$$\tag{75}$$

通过 S-叔丁基-硫代亚磺酸酯与芳基或杂芳锂衍生物的反应合成了手性芳基 (苯基、萘基)和杂芳环 (吡啶、喹啉、嘧啶基) 亚砜。用锂试剂作为碱能实现亚砜的定向邻位金属化反应，该锂化中间体与 N-对苯甲磺基亚胺加成得到 (对甲苯磺氨基)烷基叔丁亚磺酰基芳烃。大多数情况下，完全的不对称诱导主要生成 (S,S)-异构体。加热芳基亚砜时能发生新颖的环化作用生成新型的环状亚磺酰胺。该方法成功地合成手性苄胺，手性氨基亚砜作为含氮、硫配体，该配体在烯丙型亲核取代的不对称催化中得到了成功的应用 (式 76)[123]。

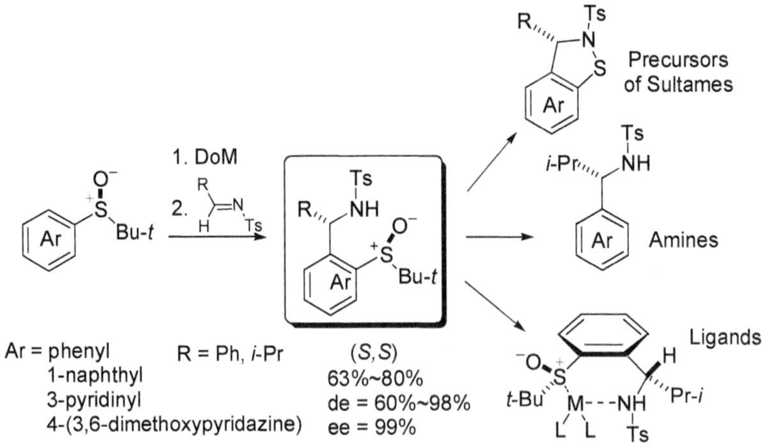

1. DoM
2.
Ts
NH
Bu-t
Ar
Precursors of Sultames
Amines
Ligands
Ar = phenyl
1-naphthyl
3-pyridinyl
4-(3,6-dimethoxypyridazine)
R = Ph, i-Pr
(S,S)
63%~80%
de = 60%~98%
ee = 99%

(76)

7.5 N-烷基化和 DoM-反应实现 N,N-二芳基脲的选择性官能化

N,N'-二芳基脲的构象一直是一个有趣的课题。因为在特定的取代方式时，脲中的两个 N-CO 键能保持一种让两个芳环处于顺式的构象[129,130]，从而使它们之间有 π-π 相互作用（式 77）。作为研究类氨基体系[131]构象控制可能性的一部分，人们希望发展合成不对称 *N,N'*-二芳基脲的可靠途径[132]。很多含氮和氧的 DMG 官能团，尤其是仲酰胺和叔酰胺[4,83b,133]、噁唑啉[134]、*O*-芳基氨基甲酸酯[134]以及 *N*-芳基甲酰胺[135]，都是强有力的邻位锂化定向剂[136]。与之相比，脲类物质在邻位锂化中的合成潜能尚未进行过开发[137]。

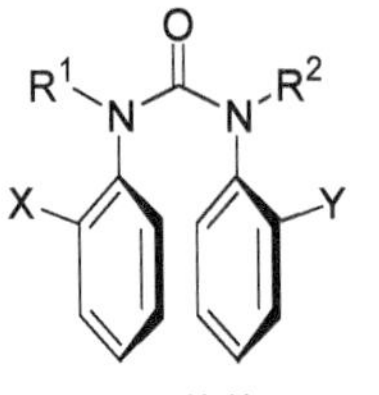

(77)

N,N'-二芳基脲

利用选择性烷基化的脲，人们研究了它们的邻位锂化反应。通过用至少 2 倍量的烷基锂碱处理烷基化的脲并用亲电试剂淬灭反应，便可以获得官能团化的脲（式 78 和式 79）[138]。

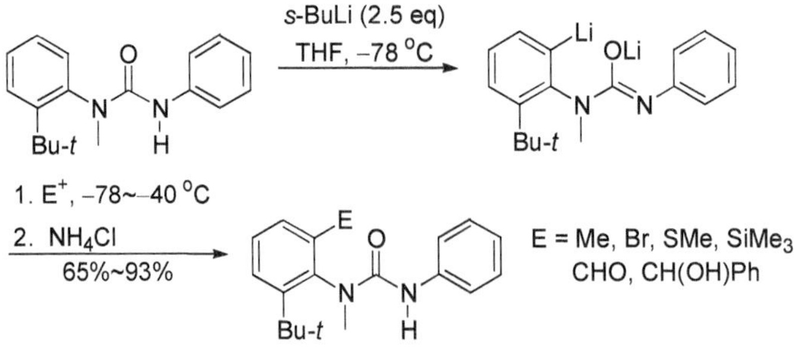

s-BuLi (2.5 eq)
THF, –78 °C
1. E+, –78~–40 °C
2. NH4Cl
65%~93%
E = Me, Br, SMe, SiMe3
CHO, CH(OH)Ph

(78)

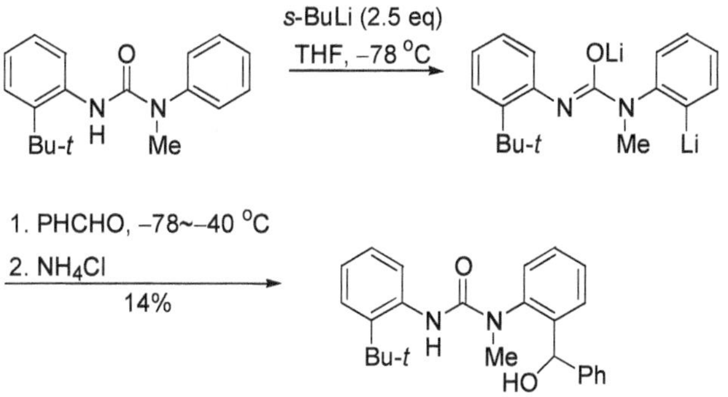

(79)

8 DoM-反应在天然产物合成中的应用

　　许多天然产物含有官能化的芳环和稠合芳环结构，DoM-反应常用于这些天然产物的合成反应中。特别是 DoM-反应与其它一些新方法联合使用，为天然产物全合成带来了许多成功的机会。例如：DoM-反应与 RCM 反应联合应用的策略，在第一例钙调蛋白抑制剂 Radulanin A 的全合成中得到了很好的应用。如式 80 所示：首先，用 1,3,5-三取代苯衍生物依次发生 DoM-反应和烯丙基化反应，区域选择性地在定位基团 MOM 的邻位引入烯丙基；在酸催化下除去 MOM 后再进行 *O*-烯丙基化反应，得到双烯丙基化产物；然后，在 20 mol% 的 Grubbs 催化剂 (0.002 mol/L CH$_2$Cl$_2$, 16 h, 25 $^{\circ}$C) 存在下，双烯丙基化产物发生 RCM 反应得到 Radulanin A 甲基醚[139]。

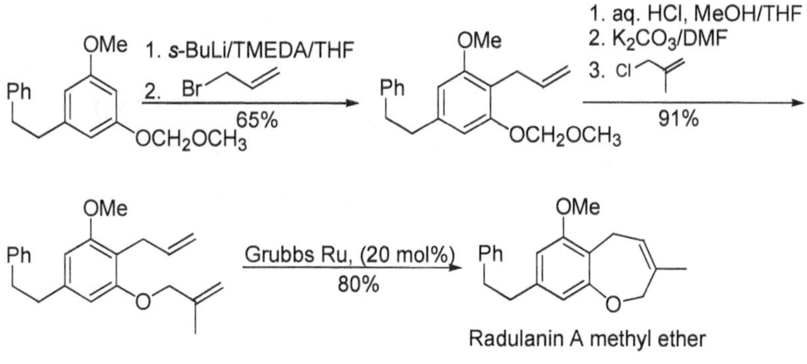

(80)

Radulanin A methyl ether

　　吲哚衍生物通过定向邻位金属化反应可以得到 C-7 取代的吲哚，再通过 Suzuki-Miyaura 交叉偶联反应可以用于合成 Pyrrolophenanthridon 生物碱 (式 81)[86]。

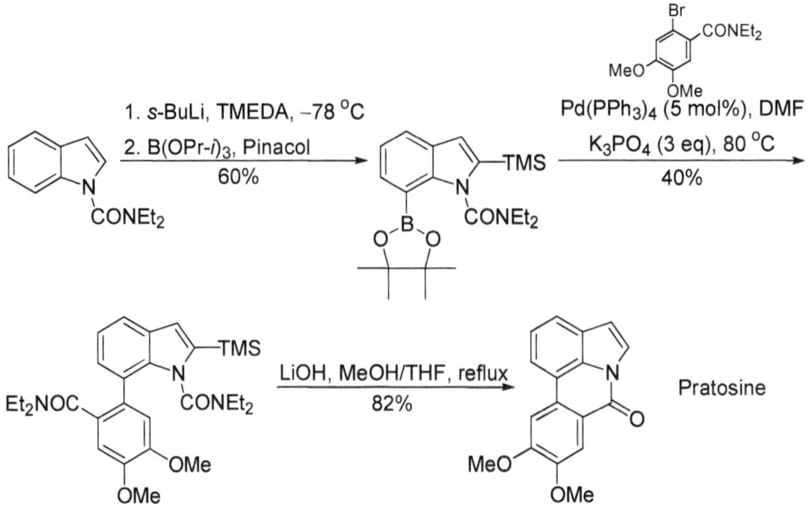
Br
CONEt2
MeO
OMe
1. s-BuLi, TMEDA, –78 °C
2. B(OPr-i)3, Pinacol
60%
Pd(PPh3)4 (5 mol%), DMF
K3PO4 (3 eq), 80 °C
40%
N
CONEt2
TMS
B
O
O
TMS
Et2NOC
OMe
OMe
LiOH, MeOH/THF, reflux
82%
MeO
OMe
Pratosine
(81)

如式 82 所示：Plicadin 是从植物 *Poralea plicata* 中分离得到的一种天然产物，它具有一个紧凑而富氧的杂环结构。

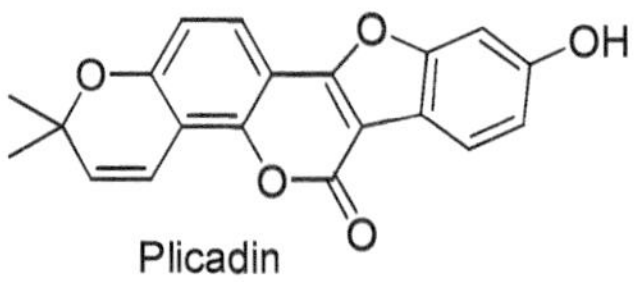
O
O
OH
O
O
Plicadin
(82)

从定向邻位金属化/定向远程金属化 (D*o*M/DreM) 以及过渡金属催化的偶联反应策略的联合应用可以得到该化合物。在前面的 7.2 节我们已描述了通过 D*o*M 与过渡金属催化的级联反应，可以得到苯并吡喃氨基甲酸酯。将苯并吡喃氨基甲酸酯与 *s*-BuLi 首先发生 D*o*M-反应，然后通过 I_2 试剂的淬灭可以得到碘代苯并吡喃氨基甲酸酯。如式 83 所示[115]：该产物在 $[PdCl_2(PPh_3)_2]$/CuI 催化下发生 Sonogashira 反应、脱硅基反应，再依次发生

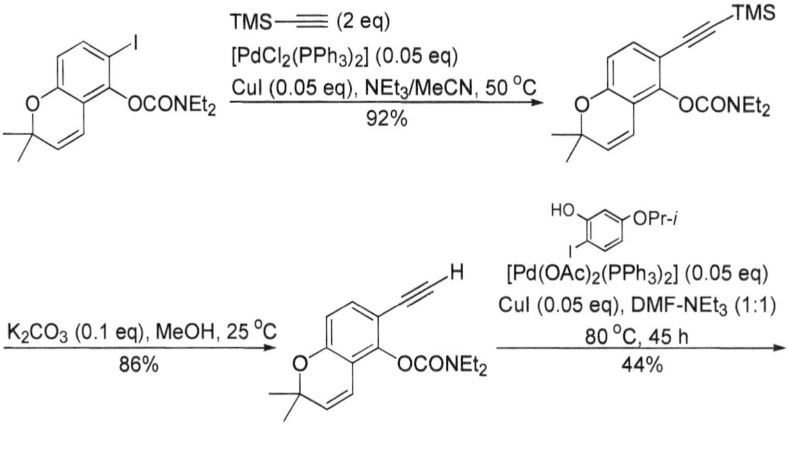
I
OCONEt2
O
TMS (2 eq)
[PdCl2(PPh3)2] (0.05 eq)
CuI (0.05 eq), NEt3/MeCN, 50 °C
92%
TMS
OCONEt2
K2CO3 (0.1 eq), MeOH, 25 °C
86%
H
OCONEt2
HO
OPr-i
I
[Pd(OAc)2(PPh3)2] (0.05 eq)
CuI (0.05 eq), DMF-NEt3 (1:1)
80 °C, 45 h
44%

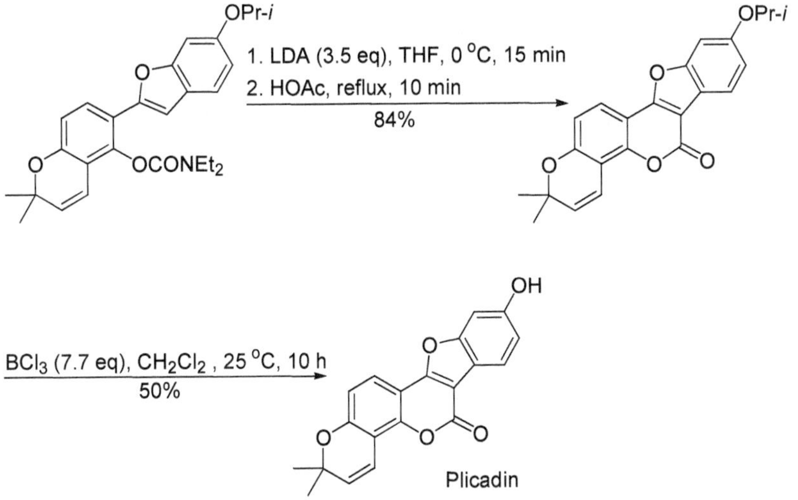

(83)

Sonogashira/Castro-Stephens 反应、DreM、氨基甲酸酯迁移以及酸催化环化反应得到异黄酮；最后，异黄酮再通过用 BCl₃ 脱质子实现了 Plicadin 的全合成。

Buflavine 是从 *Boophane flava* 的球根生长的植物中分离出来的，其结构式被确定为如式 84 所示。

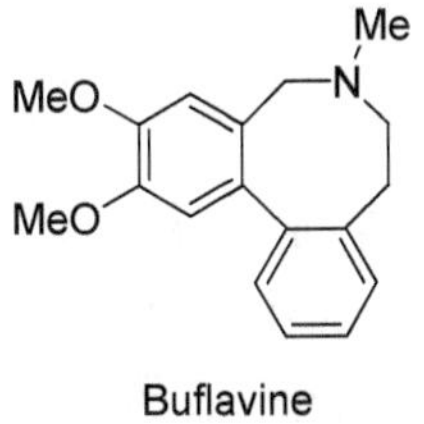

(84)

Buflavine

如式 85 所示[140]：利用 *N,N*-二-(三甲基硅)-苯甲酰胺依次发生 DoM-反应、Suzuki-Miyaura 偶合反应、Peterson 成烯反应、催化氢化及还原等反应，顺利地得到了目标产物 Buflavine。

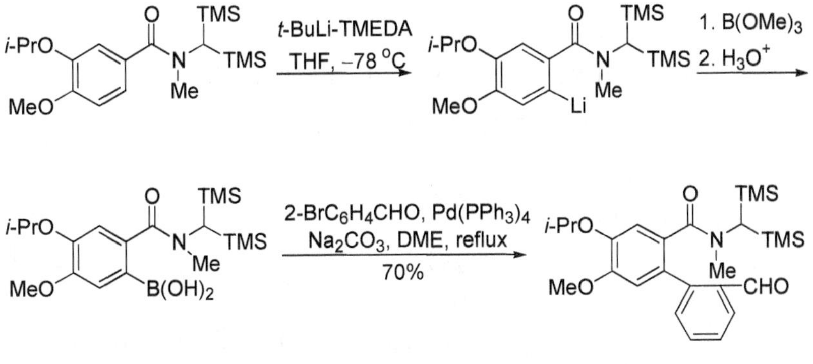

$$\xrightarrow[54\%]{\text{CsF, DMF, 110 }^{\circ}\text{C}}$$

$$\xrightarrow[71\%]{\begin{array}{l}1.\ \text{H}_2,\ \text{Pd(OH)}_2\text{-C}\\2.\ \text{LAH}\\3.\ \text{BCl}_3\end{array}}$$

$$\xrightarrow[84\%]{\text{NaH-Me}_2\text{SO}_4,\ \text{DMF, 0 }^{\circ}\text{C}} \text{Buflavine} \tag{85}$$

9 DoM-反应实例

例 一

N-(2-苯基异丙基)-2-(氢氧化二苯基甲基)苯磺酰胺[17]
(磺酰胺基定位与醛试剂反应)

$$\xrightarrow[95\%]{\begin{array}{l}1.\ s\text{-BuLi (2.2 eq), TMEDA}\\ \quad \text{THF, }-78\ ^{\circ}\text{C, 2 h}\\2.\ \text{Ph}_2\text{CO, rt}\end{array}} \tag{86}$$

　　在氮气保护下，将 N-(2-苯基异丙基)苯磺酰胺（551 mg, 2.0 mmol）和四甲基乙二胺（TMEDA, 0.66 mL, 4.4 mmol）溶于 THF (20 mL) 中。冷至 −78 ℃ 后，将 s-BuLi (4.4 mmol) 缓慢注射入上述溶液当中。搅拌 2 h 后，缓慢加入溶有二苯甲酮（427 mg, 2.4 mmol）的 THF (10 mL) 溶液。然后，将反应混合物缓慢升至室温，加入饱和 NH₄Cl 溶液。反应混合物用乙醚萃取产物 3 次，合并的萃取液用 MgSO₄ 干燥后在真空下浓缩。得到的残留物用柱色谱纯化 [硅胶，正己烷-乙酸乙酯 (6/1)] 得到无色固体产物 (868 mg, 95%)，mp 143~145 ℃。

例 二

2-羟甲基-4-甲基-5-甲氧基-苯硼酸酯[91a]
(甲氧基定位与硼试剂反应)

$$\xrightarrow[42\%]{\begin{array}{l}1.\ n\text{-BuLi, Et}_2\text{O, 0~25 }^{\circ}\text{C}\\2.\ \text{B(OMe)}_3\end{array}} \tag{87}$$

在 0 ℃ 下，把正丁基锂 (1.72 mol/L, 8.41 mL, 14.4 mmol) 逐滴滴加到溶有 5-甲基-3-甲氧基苄醇 (1.00 g, 6.57 mmol) 的正己烷和乙醚的混合液 (9:1 *v/v*, 60 mL) 中。将所得到的非均相混合物在室温下搅拌 2 h 后，再把硼酸三甲酯 (6.84 mL, 60.0 mmol) 快速加入到混合物中。然后，用饱和氯化铵水溶液 (100 mL) 稀释反应混合物并搅拌 15 min。用盐酸 (2.0 mol/L, 30 mL) 将所得混合物酸化后，再用乙酸乙酯萃取。合并的有机相用氢氧化钠水溶液 (2.0 mol/L) 洗涤后，合并的水相用盐酸酸化后用乙酸乙酯萃取。合并的有机相用硫酸镁干燥后，在减压条件下蒸去溶剂，得到无色油状产物 (496 mg, 42%)，mp 175~177 ℃。

例　三

邻[2-烯丙基-3-甲氧基-5-(2-苯基乙基)]苯基-*N,N*-二甲基氨基甲酸酯的合成[139]
(*O*-甲酰胺与甲氧基协同定位及烯丙化)

(88)

氩气保护下，将 3-甲氧基-5-(2-苯基乙基)-苯基-*N,N*-二甲基氨基甲酸酯 (2.21 g, 6.75 mmol) 和四甲基乙二胺 (TMEDA, 1.52 mL) 溶于干燥的 THF (20 mL) 中。冷至 -78 ℃ 后，将 ⁵BuLi (10 mL, 1 mol/L) 在 20 min 内逐滴滴入反应溶液中。约在 30 min 内，反应液逐渐变为橘红色。然后加入新制的 MgBr₂-Et₂O 溶液 (2.6 mL)，溶液的橘红色消失，并且形成了白色奶油状沉淀。反应混合物缓慢升温，搅拌直至固体溶解并形成一种淡黄色的均相溶液。将反应液重新降至 -78 ℃，加入过量的烯丙基溴 (5 mL) 后在搅拌下反应过夜。然后，将反应体系渐渐升至室温，加入饱和的氯化铵溶液。生成的混合物用乙酸乙酯萃取，合并的提取液用 Na₂SO₄ 干燥后在真空下浓缩。得到的残留物用柱色谱纯化 [硅胶，正己烷-乙酸乙酯 (9:1)] 得到无色油状产物 (1.74 g, 70%)。

例　四

4-氟-3,5-二(三甲基硅烷基)溴苯的合成[31c]
(氟定位的苯环硅化反应)

(89)

在 –70 °C 下，把二异丙基氨基锂 (LDA, 2.0 mol/L, 55mL, 110 mmol) 逐滴滴加到溶有 4-氟溴苯 (7.8 g, 50 mmol) 和三甲基氯硅烷 (12.0 g, 14 mL) 的新蒸四氢呋喃 (70 mL) 中。把所得溶液在 –75 °C 下搅拌 30 min 后，用稀硫酸水解。分出黄色有机相，水相用醚萃取。合并的有机相蒸去溶剂后得到浅黄色油状物，减压蒸馏得到无色油状的粗产品。向所得粗产品中加入甲醇 (10 mL)，然后将其置于 –20 °C 制冷器中过夜。过滤出从冷冻液中析出的晶体，并用冷甲醇洗涤，干燥后得到白色晶体状产物 (1.25 g, 78%)，mp 48~50 °C。

例 五

2-(三甲基硅基)苯基-*N,N*-二乙基氨基磺酸酯的合成[24]

(*N,N*-二乙基氨基磺酸酯邻位定向的硅化反应)

$$
\underset{}{\text{PhO-SO}_2\text{NEt}_2} \xrightarrow[\substack{\text{2. Me}_3\text{SiCl, } -93\,^{\circ}\text{C}\sim\text{rt}}\\ 96\%]{\text{1. }s\text{-BuLi, TMEDA, THF, } -93\,^{\circ}\text{C, 45 min}} \underset{}{\text{2-TMS-C}_6\text{H}_4\text{O-SO}_2\text{NEt}_2} \qquad (90)
$$

在氩气的环境下，将苯基-*N,N*-二乙基氨基磺酸酯 (0.50 g, 2.18 mmol) 和四甲基乙二胺 (TMEDA, 0.36 mL, 2.40 mmol) 依次溶于无水四氢呋喃 (10 mL) 中。冷至 –93 °C 后，将异丁基锂 (1.73 mL, 2.40 mmol, 1.39 mol/L) 加入上述混合液中。继续搅拌 45min 后，用注射器逐滴加入三甲基氯硅烷 (0.33 mL, 2.62 mmol)。反应 15 min 后将反应体系升至室温，用饱和氯化铵溶液淬灭和蒸馏水稀释。生成的混合物用正己烷萃取，合并的提取液用无水硫酸钠干燥后减压浓缩。得到的残留物用柱色谱纯化 [硅胶，正己烷-乙酸乙酯 (9:1)] 得到无色固体产物 (0.63 g, 96%)。

10 参 考 文 献

[1] Franck, H. G.; Stadelhofer, J. W. *Industrial Aromatic Chemistry*; Springer- Verlag: Berlin, New York, **1987**.

[2] Tarbell, D. S.; Tarbell, A. T., Eds. *Essays on the History of Organic Chemistry in the United States*, 1875-1955; Folio: Nashville, TN, **1986**: 139.

[3] (a) Olah, G., Ed. *Friedel-Crafts and Related Reactions;* Interscience: New York, **1963;** Vols. I-IV. (b) Pearson, D. E.; Buehler, C. A. *Synthesis* **1972**, 533.

[4] Beak, P.; Snieckus, V. *Acc. Chem. Res.* **1982**, *15,* 306.

[5] Gilman, H.; Bebb, R. L. *J. Am. Chem. Soc.* **1939**, *61,* 109.

[6] Wittig, G.; Fuhrman, G. *Chem. Ber.* **1940**, *73,* 1197.

[7] Gilman, H.; Morton, J. W. *Org. React. (N.Y.)* **1954**, *8,* 258.

[8] Puterbaugh, W. H.; Hauser, C. R. *J. Org. Chem.* **1964**, 29, 853.

[9] Gilman, H.; Jacoby, A. L. *J. Org. Chem.* **1938**, *3,* 108.

[10] Wittig, G.; Pockels, U.; Droee. H. *Chem. Ber.* **1938**. *71*, 1903.

[11] Mlumpp, G. W.; Sinnige, M. J. *Tetrahedron Lett.* **1986**, *27*, 2247.

[12] (a) Roberts, J. D.; Curtin, D. Y. *J. Am. Chem.* Soc. **1946**, *68*, 1658. (b) Morton, A. A. *J. Am. Chem.* Soc. **1947**, *69*, 969.

[13] Jastrzebski, J. T.; Van, K. G.; Konijn, M.; Stam, C. H. *J. Am. Chem. Soc.* **1982**, *104*, 5490.

[14] Harder, S.; Boersma, J.; Brandsma, L.; Van, H. A.; Kanters, J. A.; Bauer, W.; Schleyer, P. R. *J. Am. Chem. Soc.* **1988**, *110*, 7802.

[15] (a) Sibi, M. P.; Shankaran, K.; Alo, B. I.; Hahn, W. R.; Snieckus, V. *Tetrahedron Lett.* **1987**, *28*, 2933. (b) Iwao, M.; Mahalanabis, K. K.; Watanabe, M.; De Silva, S. O.; Snieckus, V. *Tetrahedron* **1983**, *39*, 1955.

[16] Meyers, A. I.; Gant, T. G. *Tetrahedron* **1994**, *50*, 2297.

[17] Metallinos, C.; Nerdinger, S.; Snieckus, V. *Org. Lett.* **1999**, *1*, 1183.

[18] MacNeil, S. L.; Familoni, O. B.; Snieckus, V. *J. Org. Chem.* **2001**, *66*, 3662.

[19] Beak, P.; Tse, A.; Hawkins, J.; Chen, C. W.; Mills, S. *Tetrahedron* **1983**, *39*, 1983

[20] Quesnelle, C.; Iihama, T.; Aubert, T.; Perrier, H.; Snieckus, V. *Tetrahedron Lett.* **1992**, *33*, 2625.

[21] Capriati, V.; Florio, S.; Luisi, R.; Musio, B. *Org. Lett.* **2005**, *7*, 3749.

[22] Sengupta, S.; Leite, M.; Raslan, D. S.; Quesnelle, C.; Snieckus, V. *J. Org. Chem.* **1992**, *57*, 4066.

[23] Cai, X.; Brown, S.; Hodson, P.; Snieckus, V. *Can. J. Chem.* **2004**, *82*, 195.

[24] Macklin, T. K.; Snieckus, V. *Org. Lett.* **2005**, *7*, 2519.

[25] Moyroud, J.; Guesnet, J. L.; Bennetau, B.; Mortier, J. *Tetrahedron Lett.* **1995**, *36*, 881.

[26] Mortier, J.; Moyroud, J.; Bennetau, B.; Cain, P. A. *J. Org. Chem.* **1994**, *59*, 4042.

[27] Nguyen, T. H.; Castanet, A. S.; Mortier, J. *Org. Lett.* **2006**, *8*, 765.

[28] Gray, M.; Chapell, B. J.; Felding, J.; Taylor, N. J.; Snieckus. V. *Synlett.* **1998**, 422.

[29] (a) Bridges, A. J.; Lee, A.; Maduakor, E. C.; Schwartz, C. E. *Tetrahedron Lett.* **1992**, *33*, 7495. (b) Bridges, A. J.; Lee, A.; Maduakor, E. C.; Schwartz, C. E. *Tetrahedron Lett.* **1992**, *33*, 7499. (c) Moyroud, J.; Guesnet, J. L.; Bennetau, B.; Mortier, J. *Tetrahedron Lett.* **1995**, *36*, 885.

[30] Mongin, F.; Schlosser, M. *Tetrahedron Lett.* **1996**, *37*, 6551.

[31] (a) Mongin, F.; Marzi, E.; Schlosser, M. *Eur. J. Org. Chem.* **2001**, *14*, 2771. (b) Leroux, F.; Schlosser, M. *Angew. Chem., Int. Ed.* **2002**, *41*, 4272. (c) Luliński, S.; Serwatowski, J. *J. Org. Chem.* **2003**, *68*, 9384. (d) Van, P. C.; Macomber, R. C.; Mark, H. B., Jr.; Zimmer, H. *J. Org. Chem.* **1984**, *49*, 5250.

[32] (a) Gilman, H.; Gaj, B. J. *J. Org. Chem.* **1957**, *22*, 447. (b) Dougherty, T. K.; Lau, K. S. Y.; Hedberg, F. L. *J. Org. Chem.* **1983**, *48*, 5273. (c) Pellissier, H.; Santelli, M. *Tetrahedron* **2003**, *59*, 701.

[33] Luliński, S.; Serwatowski, J. *J. Org. Chem.* **2003**, *68*, 9384.

[34] Demas, M.; Javadi, G. J.; Bradley, L. M.; Hunt, D. A. *J. Org. Chem.* **2000**, *65*, 7201.

[35] Gschwend, H. W.; Rodriguez, H. R. *Org. React.* **1979**, *26*, 1.

[36] Rauer, W.; Schleyer, P. V. R. *J. Am. Chem. Soc.* **1989**, *111*, 7191.

[37] Krizan, T. D.; Martin, J. C. *J. Org. Chem.* **1982**, *47*, 2681.

[38] (a) Hartung, C. G.; Snieckus, V. *Modern Arene Chemistry,* Astruc, D., Ed.; Wiley-VCH: New York, **2002**, 330. (b) Schlosser, M. *Angew. Chem., Int. Ed.* **2005**, *44*, 376.

[39] (a) Maggi, R.; Schlosser, M. *J. Org. Chem.* **1996**, *61*, 5430. (b) Gohier, F.; Castanet, A. S.; Mortier, J. *J. Org. Chem.* **2005**, *70*, 1501.

[40] (a) De Silva, S. O.; Reed, J. N.; Snieckus, V. *Tetrahedron Lett.* **1978**, *19*, 1823. (b) Beak, P.; Brown, R. A. *J. Org. Chem.* **1981**, *46*, 34.

[41] Shimano, M.; Meyers, A. I. *J. Am. Chem. Soc.* **1994**, *116*, 10815.

[42] Slocum, D. W.; Jennings, C. A. *J. Org. Chem.* **1976**, *41*, 3653.

[43] Beak, P.; Brown, R. A. *J. Org. Chem.* **1979**, *44*, 4463.

[44] Iwao, M.; Iihama, T.; Mahalanabis, K. K.; Perrier, H.; Snieckus, V. *J. Org. Chem.* **1989**, *54*, 24.

[45] Meyers, A. I.; Lutomski, K. *J. Org. Chem.* **1979**, *44*. 4464.

[46] Baldwin, J. E.; Bair, K. W. *Tetrahedron Lett.* **1978**, *19*, 2559.

[47] Beak, P.; Brown, R. A. *J. Org. Chem.* **1982**, *47*, 34.

[48] Winkle, M. R.; Ronald, R. C. *J. Org. Chem.* **1982**, *47*, 2101.

[49] Keay, B. A.; Rodrigo, R. *J. Am. Chem. Soc.* **1982**, *104*, 4725.

[50] Pansegrau, P. D.; Rieker, W. F.; Meyers, A. I. *J. Am. Chem. Soc.* **1988**. *110*. 7178.

[51] Ziegler, F. E.; Fowler, K. W. *J. Org. Chem.* **1976**, *41*, 1564.

[52] Reed, J. N.; Rotchford, J.; Strickland, D. *Tetrahedron Lett.* **1988**, *29*, 5725.

[53] Clark, R. D.; Caroon, J. M. *J. Org. Chem.* **1982**, *47*, 2804.

[54] Sibi, M. P.; Snieckus, V. *J. Org. Chem.* **1983**, *48*, 1935.

[55] Skowronska-Ptasinska, M.; Verboom, W.; Reinhoudt, D. N. *J. Org. Chem.* **1985**, *50*, 2690.

[56] Koft, E. R.; Smith, A. B. III. *J. Am. Chem. Soc.* **1982**, *104*, 2659.

[57] Wakefield, B. J. *The Chemistry of Organolithium Compounds;* Peramon: Oxford, **1974**.

[58] (a) Wardell, J. E. *Comprehensive Organometallic Chemistry;* Wilkinson, E., Stone, F. G. A., Abel, E., Eds.; Pergamon: Oxford, **1982**; Vol. 1, Chapter 1. (b) Bates, R. B.; Ogle, C. A. *Carbanion Chemistry;* Springer-Verlag: Berlin, **1983**.

[59] (a) West, P.; Waack, R. *J. Am. Chem. Soc.* **1967**, *89*, 4395. (b) Brown, T. L. *J. Am. Chem. Soc.* **1970**, *92*, 4664. (c) Eastham, J. *J. Am. Chem. Soc.* **1964**, *86*, 1076. (d) Quirck, R. P.; Kester, D. E. *J. Organomet. Chem.* **1974**, *72*, C23.

[60] (a) McGarrity, J. E.; Ogle, C. A. *J. Am. Chem. Soc.* **1985**, *107*, 1805. (b) Fraenkel, G.; Henrichs, M.; Hewitt, M.; Su, B. M. *J. Am. Chem. Soc.* **1984**, *106*, 225. (c) West, P. *Inorg. Chem.* **1962**, *1*, 654.

[61] (a) Fraenkel, G.; Hsu, S. P.; Su, B. M. In *Lithium Current Applications in Science, Medicine, and Technology;* Bach, R., Ed.; Wiley: New York, **1985**: 273. (b) Fraenkel, G.; Winchester, W. R. *J. Am. Chem. Soc.* **1988**, *110*, 8720.

[62] Setzer, W. N.; Schleyer, P. V. R. *Adv. Organomet. Chem.* **1985**. *24*. 353.

[63] Schleyer, P. V. R. *Pure Appl. Chem.* **1984**, *56*, 151.

[64] Brown, T. L. *Pure Appl. Chem.* **1970**, *23*, 447.

[65] (a) DePue, J. S.; Collum, D. B. *J. Am. Chem. Soc.* **1988**, 110, 5524. (b) Barr, D.; Clegg, W.; Mulvey, R. E.; Snaith, R.; Wright, D. S. *J. Chem. Soc. Chem. Commun.* **1987**, 716. (c) Renaud, P.; Fox, M. A. *J. Am. Chem. Soc.* **1988**, *110*, 5702. (d) Newcomb, M.; Burchill, M. T.; Deeb, T. M. *J. Am. Chem. Soc.* **1988**, *110*, 6528. (e) Fraser, R. R.; Mansour, T. S. *J. Org. Chem.* **1984**, *49*, 3442.

[66] Gissot, A.; Becht, J. M.; Desmurs, J. M.; Pevere, V.; Wagner, A.; Mioskowski, C. *Angew. Chem., Int. Ed.* **2002**, *41*, 340.

[67] Andrikopoulos, P. C.; Armstrong, D. R.; Barley, H. R. L.; Clegg, W.; Dale, S. H.; Hevia, E.; Honeyman, G. W.; Kennedy, A. R.; Mulvey, R. E. *J. Am. Chem. Soc.* **2005**, *127*, 6184.

[68] (a) Maruoka, K.; Oishi, M.; Yamamoto, H. *J. Org. Chem.* **1993**, *58*, 7638. (b) Uchiyama, M.; Naka, H.; Matsumoto, Y.; Ohwada, T. *J. Am. Chem. Soc.* **2004**, *126*, 10526. (c) Naka, H.; Uchiyama, M.; Matsumoto, Y.; Wheatley, A. E.; McPartlin, M.; Morey, J. V.; Kondo, Y. *J. Am. Chem. Soc.* **2007**, *129*, 1921.

[69] Nguyen, T. H; Chau, N. T.; Castanet, A. S.; Nguyen, K. P.; Mortier, J. *Org. Lett.* **2005**, *7*, 2445.

[70] Gros, P.; Fort, Y.; Caubère, P. *J. Chem. Soc., Perkin Trans. 1* **1997**, 3597.

[71] Gros, P.; Fort, Y.; Caubère, P. *J. Chem. Soc., Perkin Trans. 1* **1998**, 1685.

[72] Rocca, P.; Cochennec, C.; Marsais, F.; Thomas-dit-Dumont, L.; Mallet, M.; Godard, A.; Queguiner, G. *J. Org. Chem.* **1993**, *58*, 7832.

[73] Remuzon, P.; Bouzard, D.; Jacquet, J. P. *Heterocycles* **1993**, *36*, 431.

[74] Shi, G. q.; Takagishi, S.; Schlosser, M. *Tetrahedron* **1994**, *50*, 1129.

[75] Zoltewicz, J. A.; Dill, C. D. *Tetrahedron* **1996**, *52*, 14469.

[76] Mongin, O.; Rocca, P.; Thomas-dit-Dumont, L.; Trécourt, F.; Marsais, F.; Godard, A.; Quéguiner, G. *J. Chem. Soc., Perkin Trans. 1* **1995**, 2503.

[77] Ple, N.; Turck, A.; Heynderickx, A.; Queguiner, G. *Tetrahedron* **1998**, *54*, 4899.

[78] Turck, A.; Plé, N.; Pollet, P.; Quéguiner, G. *J. Heterocycl. Chem.* **1998**, *35*, 429.

[79] Ward, J. S.; Merritt, L. *J. Heterocycl. Chem.* **1991**, *28*, 765

[80] (a) Knight, D. W.; Nott, A. P. *Tetrahedron* **1980**, *21*, 5051. (b) Knight, D. W.; Nott, A. P. *J. Chem. Soc., Perkin Trans. 1* **1981**, 1125. (c) Knight, D. W.; Nott, A. P. *J. Chem. Soc., Perkin Trans. 1* **1983**, 791. (d)

Carpenter, A. J.; Chadwick, D. J. *Tetrahedron Lett.* **1985**, *26*, 1777. (e) Carpenter, A. J.; Chadwick, D. J. *Tetrahedron Lett.* **1985**, *26*, 5335.

[81]   Dell, C. P.; Knight, D. W. *J. Chem. Soc., Chem. Commun.* **1987**. 349.

[82]   82. Cuomo, J.; Gee, S. K.; Hartzell, S. C. in *Synthesis and Chemistry of Agrochemicals II*, Eds: Baker, D.R.; Feynes, J. P.; Moberg, W. K.. ACS Symposium series No.443. Washington D C: ACS, **1990**.

[83]   (a) Gribble, G. W. in *Advances in Heterocyclic Natural Product Synthesis*; Pearson, W. H., Ed.; Jai Press: Greenwich, CT, 1990; Vol. 1, p43. (b) Snieckus, V. *Chem. Rev.* **1990**, *90*, 879. (c) Turck, A.; Ple, N.; Mongin, F.; Quéguiner, G. *Tetrahedron* **2001**, *57*, 4489. For relevant selected indole metalation chemistry, see: (d) Comins, D. L. *Synlett* **1992**, 615. (e) Matsuzono, M.; Fukuda, T.; Iwao, M. *Tetrahedron Lett.* **2001**, *42*, 7621. (f) Vasquez, E.; Davies, I. W.; Payack, J. F. *J. Org. Chem.* **2002**, *67*, 7551.

[84]   Hartung, C. G.; Fecher, A.; Chapell, B.; Snieckus, V. *Org. Lett.* **2003**, *5*, 1899.

[85]   Iwao, M.; Kuraishi, T. *Heterocycles* **1992**, *34*, 1031.

[86]   Hartung, C. G.; Fecher, A.; Chapell, B.; Snieckus, V. *Org. Lett.* **2003**, *5*, 1899.

[87]   Achenbach, H.; Renner, C. *Heterocycles* **1985**, *23*, 2075.

[88]   Grundon, M. F. *Nat. Prod. Rep.* **1989**, *6*, 79.

[89]   Jones, R. A. *Inflammopharmacology* **2001**, *9*, 63.

[90]   Anctil, E. J.; Snieckus, V. *J. Organomet. Chem.* **2002**, *653*, 150.

[91]   (a) Mohri, S. I.; Stefinovic, M.; Seieckus, V. *J. Org. Chem.* **1997**, *62*, 7072. (b) Kristensen, J.; Lysen, M.; Vedso, P.; Begtrup, M. *Org. Lett.* **2001**, *3*, 1435.

[92]   Cai, X.; Snieckus, V. *Org. Lett.* **2004**, *6*, 2293.

[93]   Stille, J. K. *Angew. Chem., Int. Ed.* **1986**, *25*, 508.

[94]   Stille, J. K. *Pure Appl. Chem.* **1985**, *57*, 1771.

[95]   Hudkins, R. L.; Diebold, J. L.; Marsh, F. D. *J. Org. Chem.* **1995**, *60*, 6218.

[96]   Klenman, J. P.; Dubeck, M. *J. Am. Chem. Soc.* **1963**, *85*, 1544.

[97]   (a) Cope, A. C.; Siekman, R. W. *J. Am. Chem. Soc.* **1965**, *87*, 32(b) Cope, A. C.; Friedrich, E. C. *J. Am. Chem. Soc.* **1968**, *90*, 909.

[98]   Dehand, J. Pfeffer, M. *Coord. Chem. Rev.* **1976**, *18*, 327.

[99]   Bruce, M. I. *Angew. Chem. Int. Ed.* **1977**,*16*, 73.

[100]   Newkome, G. R. Puckett, W. E. Gupta, V. K. Kiefer, G. E. *Chem. Rev.* **1986**, *86*, 451.

[101]   Linford, L. Rauberheimer, H. G. *Adv. Organomet. Chem.* **1991**, *32*, 1.

[102]   Jastrzebski, J. T. B. H. van Koten, G. *Adv. Organomet. Chem.* **1993**, *35*, 241.

[103]   Gruter, G. J. M. van Klink, G. P. M. Akkerman, O. S. Bickelhaupt, F. *Chem. Rev.* **1995**, *95*, 2405.

[104]   Cowley, A. H. Gabbiï, F. P., Isom, H. S. Decken, A. *J. Organomet. Chem.* **1995**, *500*, 81.

[105]   (a) Omae, I. *Chem. Rev.* **1979**, *79*, 287. (b) Omae, I. *Coord. Chem. Rev.* **1979**, *28*, 97. (c) Omae, I. *Coord. Chem. Rev.* **1980**, *32*, 235. (d)Omae, I. *Coord. Chem. Rev.* **1982**, *42*, 31. (e)Omae, I. *Coord. Chem. Rev.* **1982**, *42*, 245. (f) Omae, I. *Angew. Chem. Int. Ed.* **1982**, *21*, 889. (g) Omae, I. *Coord. Chem. Rev.* **1983**, *51*, 1. (h) Omae, I. *Coord. Chem. Rev.* **1984**, *53*, 261. (i) Omae, I. *Coord. Chem. Rev.* **1988**, *83*, 137.

[106]   Takahashi, H.; Tusji, J. *J. Organomet. Chem.* **1967**, *10*, 511.

[107]   Tsuji, J. *Acc. Chem. Res.* **1969**, *2*, 144.

[108]   (a) Bruce, M. I.; Goodall, B. L.; Stone, F. G. A. *J. Chem. Soc. Chem. Commun.* **1973**. 558. (b) Hietkamp, S.; Stufkens, D.J.; Vrieze, K. *J. Organomet. Chem.* **1979**, *168*, 351.

[109]   (a) Oguma, K.; Miura, M.; Satoh, T.; Nomura, M. *J. Am. Chem. Soc.,* **2000**, *122*, 10464. (b) Hayashi, T.; Inoue, K.; Taniguchi, N.; Ogasawara, M. *J. Am. Chem. Soc.,* **2001**, *123*, 9918. (c) Larock, R. C.; Tian, Q. *J. Org. Chem.* **2001**, *66*, 7372. (d) Ma, S.; Gu, Z. *Angew. Chem. Int. Ed.,* **2005**, *44*, 7512.

[110]   Tian, Q.; Larock, R. C. *Org. Lett.* **2000**, *2*, 3329.

[111]   (a) Murahashi, S.; Tanba, Y.; Yamamura, M.; Moritani, I. *Tetrahedron Lett.* **1974**, 3749. (b) Murahashi, S.; Tanba, Y.; Yamamura, M.; Moritani, I. *J. Org. Chem.* **1978**, *43*, 4099. (c) Girling, I. R.; Widdowson, D. A. *Tetrahedron Lett.* **1982**, 1957. (d) Chao, C. H.; Hart, D. W.; Bau, R.; Heck, R. F. *J. Organomet. Chem.* **1979**, *179*, 301.

[112]   (a) Sokolov, V. I.; Troitskaya, L. L.; Reutov, O. A. *J. Organomet. Chem.* **1979**, *182*, 537. (b) Sokolov, V. I.;

Troitskaya, L. L.; Reutov, O. A. *J. Organomet. Chem.* **1977**, *133*, C28. (c) Sokolov, V. I.; Troitskaya, L. L.; Reutov, O. A. *J. Organomet. Chem.* **1980**, *202*, C58. (d) Onishi, M.; Hiraki, K.; Iwamoto A. *J. Organomet. Chem.* **1984**, *262*, C11.

[113] For leading references to recent work, see: (a) Dick, A. R.; Hull, K. L.; Sanford, M. S., *J. Am. Chem. Soc.* **2004**, *126*, 2300. (b) Tsang, W. C. P.; Zheng, N.; Buchwald, S. L. *J. Am. Chem. Soc.* **2005**, *127*, 14560. (c) Zaitsev, V. G.; Daugulis, O. *J. Am. Chem. Soc.* **2005**, *127*, 4156. (d) Wan, X.; Ma, Z.; Li, B.; Zhang, K.; Cao, S.; Zhang, S.; Shi, Z. *J. Am. Chem. Soc.* **2006**, *128*, 7416. (e) Yang, S.; Li, B.; Wan, X.; Shi, Z. *J. Am. Chem. Soc.* **2007**, *129*, 6066. (f) Cai, G.; Fu, Y.; Li, Y.; Wan, X.; Shi, Z. *J. Am. Chem. Soc.* **2007**, *129*, 7666.

[114] Lane, C.; Snieckus, V. *Synlett* **2000**, 1294.

[115] Chauder, B. A.; Kalinin, A. V.; Taylor, N. J.; Snieckus, V. *Angew. Chem. Int. Ed.* **1999**, *38*, 1435.

[116] Fu, J. M.; Zhao, B. P.; Sharp, M. J.; Snieckus, V. *J. Org. Chem.* **1991**, *56*, 1683.

[117] Wang, W.; Snieckus, V. *J. Org. Chem.* **1992**, *57*, 424.

[118] Humphries, M. J.; Tellmann, K. P.; Gibson, V. C.; White, A. J.; Williams, D. J. *Organometallics* **2005**, *24*, 2039.

[119] Beaulieu, F.; Snieckus, V. *J. Org. Chem.* **1994**, *59*, 6508.

[120] Familoni, O. B.; Ionica, I.; Bower, J. F.; Snieckus, V. *Synlett* **1997**, 1081.

[121] MacNeil, S. L.; Gray, M.; Briggs, L. E.; Li, J. J.; Snieckus, V. *Synlett* **1998**, 419.

[122] Fur. N. L.; Mojovic, L.; Plé, N.; Turck, A.; Reboul, V.; Metzner, P. *J. Org. Chem.* **2006**, *71*, 2609.

[123] Meyers, A. I.; Hanagan, M. A.; Trefonas, L. M.; Baker, R. J. *Tetrahedron* **1991**, *39*, 1991.

[124] (a) Commercüon, M.; Mangeney, P.; Tejero, T.; Alexakis, A. *Tetrahedron: Asymmetry* **1990**, *1*, 287. (b) Asami, M.; Mukaiyama, T. *Chem. Lett.* **1980**, *9*, 17.

[125] Juaristi, E.; Beck, A. K.; Hansen, J.; Matt, T.; Mukhopadhyay, T.; Simson, M.; Seebach, D. *Synthesis* **1993**, 1271.

[126] Matsui, S.; Uejima, A.; Suzuki, Y.; Tanaka, K. *J. Chem. Soc., Perkin Trans. 1*, **1993**, 701.

[127] Takahashi, H.; Tsubuki, T.; Higashiyama, K. *Chem. Pharm. Bull.* **1991**, *39*, 260.

[128] (a) Ogawa, S.; Furukawa, N. *J. Org. Chem.* **1991**, *56*, 5723. (b) Pollet, P.; Turck, A.; Plé, N.; Quéguiner, G. *J. Org. Chem.* **1999**, *64*, 4512. (c) Fernández, I.; Khiar, N. *Chem. Rev.* **2003**, *103*, 3651. (d) Legros, J.; Dehli, J. R.; Bolm, C. *Adv. Synth. Catal.* **2005**, *347*, 19.

[129] (a) Lepore, G.; Migdal, S.; Blagdon, D. E.; Goodman, M. *J. Org. Chem.* **1973**, *38*, 2590. (b) Lepore, U.; Castronuovo Lepore, G.; Ganis, P.; Germain, G.; Goodman, M. *J. Org. Chem.* **1976**, *41*, 2134. (c) Yamaguchi, K.; Matsumura, G.; Kagechika, H.; Azumaya, I.; Ito, Y.; Itai, A.; Shudo, K. *J. Am. Chem. Soc.* **1991**, *113*, 5474.

[130] (a) Tanatani, A.; Kagechika, H.; Azumaya, I.; Fukutomi, R.; Ito, Y.; Yamaguchi, K.; Shudo, K. *Tetrahedron Lett.* **1997**, *38*, 4425. (b) Kurth, T. L.; Lewis, F. D.; Hattan, C. M.; Reiter, R. C.; Stevenson, C. D. *J. Am. Chem. Soc.* **2003**, *125*, 1460. (c) Lewis, F. D.; Kurth, T. L.; Hattan, C. M.; Reiter, R. C.; Stevenson, C. D. *Org. Lett.* **2004**, *6*, 1605.

[131] For recent papers, see: Clayden, J.; Lund, A.; Vallverdú, L.; Helliwell, M. *Nature* **2004**, *431*, 966.

[132] Batey, R. A.; Santhakumar, V.; Yoshina-Ishii, C.; Taylor, S. D. *Tetrahedron Lett.* **1998**, *39*, 6267.

[133] Beak, P.; Brown, R. A. *J. Org. Chem.* **1977**, *42*, 1823.

[134] Reuman, M.; Meyers, A. I. *Tetrahedron* **1985**, *51*, 837.

[135] Führer, W.; Gschwend, H. W. *J. Org. Chem.* **1979**, *44*, 1133.

[136] For reviews, see: (a) Clayden, J. *Organolithiums: Selectivity for Synthesis*; Pergamon: Oxford, 2002; Chapter 2, 28. (b) Clayden, J. In *The Chemistry of Organolithium Compounds*; Rapoport Z., Marek, I., Ed.; Wiley: New York, 2004; 495.

[137] (a) Cram, D. J.; Dicker, I. B.; Lauer, M.; Knobler, C. B.; Trueblood, K. N. *J. Am. Chem. Soc.* **1984**, *106*, 7150. (b) Smith, K.; El-Hiti, G. A.; Shukla, A. P. *J. Chem. Soc., Perkin Trans. 1*, **1999**, 2305. (c) Smith, K.; El-Hiti, G. A.; Hawes, A. C. *Synlett* **1999**, 945. (d) Meigh, J. P.; Alvarez, M.; Joule, J. A. *J. Chem. Soc., Perkin Trans. 1*, **2001**, 2012.

[138] Clayden, J.; Turner, H.; Pickworth, M.; Adler, T. *Org. Lett.* **2005**, *7*, 3147.

[139] Stefinovic, M.; Snieckus, V. *J. Org. Chem.* **1998**, *63*, 2808.

[140] Patil, P.; Snieckus, V. *Tetrahedron Lett.* **1998**, *39*, 1325.

细见-樱井反应

(Hosomi-Sakurai Reaction)

董广彬

1 历史背景简述

碳-碳键的形成是有机合成化学的核心，而 Hosomi-Sakurai 反应则是最重要的碳-碳键形成反应之一。它取名于对该反应做出杰出贡献的日本有机化学家 Akira Hosomi 和 Hideki Sakurai。

Hosomi (1943-) 于 1970 年在日本京都大学 (Kyoto University) 著名化学家 H. Kumada 指导下获得博士学位。他首先在东北大学 (Tohoku University) 担任助理教授，并在 1985年晋升为副教授。之后，他在长崎大学 (Nagasaki University) 担任药学教授。1990 年，Hosomi 转做筑波大学 (University of Tsukuba) 化学教授，并一直担任该校纯粹与应用化学研究生院院长。

Sakurai (1931-) 于 1953-1958 年之间在东京大学 (University of Tokyo) Osamu Simamura 教授的指导下学习有机自由基化学。在大阪大学 (Osaka University) 担任一年讲师之后，他进入哈佛大学 Bartlett 教授课题组进行博士后研究。1963 年，Sakurai 被京都大学 (Kyoto University) 聘为副教授，并开始了有机硅化学的研究。1969 年，Sakurai 转做东北大学 (Tohoku University) 化学教授，并在那里一直工作到退休。在 1990-1993 年期间，他曾担任过东北大学科学院院长。

早在 1948 年，Sommer 就对烯丙基三甲基硅烷的反应活性进行过详细的研究[1]。他们发现：烯丙基和硅原子之间的 σ-键很容易被亲电试剂 (例如：卤素) 或者质子酸等切断，并且提出了现在被广泛接受的反应机理 (式 1)。

$$\text{Me}_3\text{Si} \diagup\diagdown \xrightarrow{\text{A}^+\text{B}^-} \text{Me}_3\text{Si} \diagup\diagup^+ \diagdown \text{A} \longrightarrow \text{Me}_3\text{SiB} + \diagup\diagdown\diagup^\text{A} \qquad (1)$$

1969 年，Sakurai、Hosomi 和 Kumada 等报道：在自由基的条件下，烯丙基三甲基硅烷可以与三氯溴甲烷反应生成 4,4,4-三氯-1-丁烯[2]。1974 年，Calas 等人发现：在路易斯酸的催化下，具有活化碳硅键的硅烷可以加成到氯代乙醛和氯代丙酮上[3] (式 2 和式 3)。几乎与此同时，英国的 Abel 小组也独立发现：在三氯化铝的催化下，烯丙基三甲基硅烷可以加成到六氟丙酮上[4]。

$$\text{Me}_3\text{Si}\diagup\diagdown + \underset{\text{Cl}}{\overset{\text{Cl}}{\text{Cl}}}\diagup\overset{\text{O}}{\underset{\text{H}}{\diagdown}} \xrightarrow[\substack{40\%}]{\substack{\text{AlCl}_3 \text{ or GaCl}_3 \\ 100\sim110\,^\circ\text{C}}} \underset{\text{Cl}}{\overset{\text{Cl}}{\text{Cl}}}\diagup\overset{\text{H OH}}{\diagdown}\diagdown\diagup \qquad (2)$$

$$\text{Me}_3\text{Si}\diagup\diagdown + \text{Cl}\diagup\overset{\text{O}}{\diagdown}\text{Me} \xrightarrow[\substack{60\%}]{\substack{\text{AlCl}_3 \text{ or GaCl}_3 \\ 100\sim110\,^\circ\text{C}}} \text{Cl}\diagup\overset{\text{OH}}{\diagdown}\diagup\text{Me} \qquad (3)$$

但是，真正将该反应实现在有机合成上的应用还是 Hosomi 和 Sakurai。1976 年，他们发现：在化学计量 $TiCl_4$ 的存在下，烯丙基硅烷可以与各种醛和酮反应，以很好的产率生成相应的高烯丙基醇[5] (式 4)。尽管当时他们并没能够提出正确的反应机理，但这个发现却为今后烯丙基硅试剂在有机合成中的应用奠定了基础。在此之后，他们在这个领域做了细致且出色的工作，极大地拓展了该反应的应用范围。

$$Me_3Si \diagup\!\!\diagdown + R^1\!\!-\!\!\overset{O}{\overset{\|}{C}}\!\!-\!\!R^2 \xrightarrow[44\%\sim96\%]{TiCl_4 (50\ mol\%),\ DCM,\ rt} \underset{R^1 \quad R^2}{HO}\diagup\!\!\diagdown\!\!\diagup \qquad (4)$$

2　Hosomi-Sakurai 反应的定义和重要性

2.1　Hosomi-Sakurai 反应的定义

经典的 Hosomi-Sakurai 反应被定义为：在路易斯酸的催化或者诱导下，烯丙基硅烷与醛或者酮反应生成相应的高烯丙基醇的化学过程 (式 5)。

$$Me_3Si\!\!-\!\!\overset{R^1}{\underset{}{C}}\!\!\diagdown\!\!\diagup^{R^2} + R^3\!\!-\!\!\overset{O}{\overset{\|}{C}}\!\!-\!\!R^4 \xrightarrow{\text{Lewis acid}} \underset{R^3 \quad R^4}{HO}\!\!\diagup\!\!\overset{R^2}{\underset{}{}}\!\!\diagdown\!\!\diagup^{R^1} \qquad (5)$$

现在，Hosomi-Sakurai 反应被广义地定义为：在路易斯酸或者路易斯碱催化或诱导下，烯丙基硅烷与有机亲电试剂反应生成相应的烯丙基加成产物的反应(式 6)。有机亲电试剂可以是醛、酮、缩醛、缩酮、不饱和醛酮、亚胺以及酰氯等。

$$X_3Si\!\!-\!\!\overset{R^1}{\underset{}{C}}\!\!\diagdown\!\!\diagup^{R^2} + E^+Y^- \xrightarrow[\text{or Lewis base}]{\text{Lewis acid}} E\!\!\diagup\!\!\overset{R^2}{\underset{}{}}\!\!\diagdown\!\!\diagup^{R^1} + X_3SiY \qquad (6)$$

2.2　Hosomi-Sakurai 反应的重要性

羰基的烯丙基加成反应是最常见的增长碳链和引入官能团的手段之一[6]。能够参与羰基加成的烯丙基试剂还有很多，例如：烯丙基锂试剂、格氏试剂、铜试剂、硼试剂和锌试剂等等。然而，最稳定、最易分离提纯和保存的却是有机烯丙基硅试剂 (主要是烯丙基三烷基硅烷)[7]。多数的金属有机烯丙基试剂在低温下会发生迅速的 1,3-位移反应 (1,3-shift)，又称为 Metallotropic Rearrangement (式 7)[8]。当使用 γ-取代的烯丙基亲核试剂时，该重排会导致反应的区域选择性严重降低。然而，使用有机烯丙基硅试剂却不存在这个问题。由于硅碳键的键能很高，这种 1,3-位移只有在极高的温度下才会发生 (约 500

°C)。因此，Hosomi-Sakurai 反应具有很高的区域选择性。由于有机烯丙基硅试剂的稳定性，使得我们可以对其进行功能上的衍生化。现在，通过 Hosomi-Sakurai 反应可以实现很多分子内的加成反应以及复杂和多取代的烯丙基加成。

$$ (7) $$

由于 Hosomi-Sakurai 反应的条件十分温和，且避免了金属有机试剂的强碱性，使得该反应具有很好的化学选择性。该反应能够兼容很多官能团，例如：酯基、环氧、醚、硅醚、酰胺、炔基和芳基溴化物等。与其它金属有机试剂相比 (例如：有机烯丙基锡试剂)，有机硅试剂的毒性要小很多，而且避免使用重金属，有利于减少对环境的污染。由于 Hosomi-Sakurai 反应具有众多的优点，该反应在天然产物全合成中已经得到了广泛的应用。

3　Hosomi-Sakurai 反应的机理和立体选择性

根据反应的条件和所使用的烯丙基硅试剂的不同，Hosomi-Sakurai 反应的机理可以大致分为两种类型：开放式过渡态机理 (Open Transition-state Mechanism) 和封闭式过渡态机理 (Closed Transition-state Mechanism)[9,10]。

3.1　开放式过渡态机理

经典的 Hosomi-Sakurai 反应通常是通过开放式过渡态机理进行的，理解该过渡态的关键在于了解硅基的 β-效应 (β-effect)。所谓的硅基的 β-效应，就是硅原子能够稳定其 β-位的碳正离子[11]。如式 8 所示：β-效应的本质在于碳硅 σ-键可以通过超共轭效应稳定邻近空的 p-轨道。有机烯丙基硅试剂中的烯烃具有亲核性的原因在于：烯丙基的 γ-位与亲电试剂反应之后所生成的 β-位碳正离子可以被硅基稳定。

$$ (8) $$

在经典的 Hosomi-Sakurai 反应中，通常需要使用化学计量的路易斯酸催化剂。当烯丙基三烷基硅烷作为亲核试剂进攻亲电试剂时，反应被认为是分步进行

的[12,13]。以醛酮的烯丙基加成反应为例 (式 9)：首先，路易斯酸与醛或者酮的
羰基配合使羰基活化；接着，硅烷烯丙基的 γ-位进攻羰基生成新的碳碳键，同
时生成被硅基稳定的 β-碳正离子；然后，与路易斯酸配位的阴离子进攻硅原子
使得硅碳键断裂；最后，经电子转移重新生成碳碳双键。

$$(9)$$

该反应的区域选择性很高，亲电试剂通常只进攻烯丙基硅烷的 γ-位[14]
(式 10)。

$$(10)$$

尽管对于有机烯丙基硅试剂与羰基化合物反应的立体选择性目前并没有非
常清楚的解释，但了解 "路易斯酸与醛配合物的结构" 和 "有机烯丙基硅烷的
anti S_E' 进攻方式" 两个基本概念有助于理解该立体选择性。

(1) 路易斯酸与醛配合物的结构

1986 年，Reetz 等报道了苯甲醛与三氟化硼的 X 衍射晶体结构[15](式 11)。
他们发现：在该配合物中三氟化硼和醛基的氢原子处于顺式。此现象还进一步被
杂原子 NMR 的 NOE 实验所证实。之后，$SnCl_4$ 和 $TiCl_4$ 等其它路易斯酸与
醛的配合物晶体相继被合成和表征，进一步支持了路易斯酸和醛基的氢原子处于
顺式关系的结论[16~19]。

$$(11)$$

(2) 有机烯丙基硅烷的 *anti* S_E' 进攻方式

在通常情况下，由于有机烯丙基硅试剂中的 A-1,3 (strain) 相互作用，烯丙位的氢原子与双键处以重叠构象。亲电试剂从硅原子同侧方向进攻双键的方式，被称为 *syn* S_E' 进攻方式。反之，亲电试剂从硅原子异侧方向进攻双键的方式，被称为 *anti* S_E' 进攻方式 (式 12)。实验结果[20,21] 和理论计算[22] 同时表明：有机烯丙基硅烷与亲电试剂的反应倾向于 *anti* S_E' 的进攻方式。因此，在反应的过渡态中硅原子与亲电试剂分别处于 π-键平面的两侧，并经过电子转移成键。

$$(12)$$

从 *anti* S_E' 的进攻模式不难看出，当烯丙基硅烷的 α-位含有取代基时，烯烃产物通常以 *E*-构型为主[23~25] (式 13 和式 14[26])。

$$(13)$$

$$(14)$$

当烯丙基硅烷的 γ-位含有一个取代基时，该烯烃无论是顺式或是反式，通常产物以 *syn*-非对映异构体为主。其中，使用 *E*-烯丙基硅烷得到的非对映异构选择性要比使用 *Z*-烯丙基硅烷高[27] (式 15)。

$$(15)$$

92%, 97:3   from *E* crotyltrimethylsilane
98%, 64:36   from *Z* crotyltrimethylsilane

该反应的 *syn*-非对映异构选择性可以用 Newman 投影式来解释[9] (式 16)。不难看出，不论是使用 *E*- 还是 *Z*-烯丙基硅烷，在产生 *anti*-产物的反应构象中都存在着不利的邻位交叉排斥作用，从而优先生成 *syn*-产物。至于为什么 *E*-烯丙基硅烷得到的非对映异构选择性要比顺式的高，目前却还没有满意的答案。

$$(16)$$

与 Aldol 反应的情况类似，α-位或者 β-位含有手性的醛生成产物的相对立体化学可以受到 Felkin-Anh 规则控制或者受螯合规则控制。在一般情况下，这类反应普遍受到 Felkin-Anh 规则控制。但是，当醛的 α- 或者 β-位含有能够与路易斯酸配位的基团 (例如：RO-)、且同时使用具有两个或者两个以上配位点的路易斯酸 (例如：TiCl$_4$ 和 SnCl$_4$ 等) 时，则主要受到螯合规则控制。

α- 或者 β-位的苄醚基是一个很好的可与路易斯酸配位的基团。如式 17 和式 18 所示[28,29]：当路易斯酸与醛和苄醚螯合形成环状配合物后，烯丙基硅烷倾向于进攻空阻小的一面，最终给出 *syn*-产物。

$$(17)$$

$$(18)$$

当使用单配位的路易斯酸或者使用不含邻近配位基团的手性醛时,产物的立体化学受 Felkin-Anh 规则控制 (式 19)[30]。一般说来,Felkin-Anh 规则控制下的非对映立体选择性要比螯合规则控制的低。

$$R = H, TiCl_4, 62:38$$
$$R = Me, BF_3 \cdot Et_2O, 88:12$$

但上述结论也不是绝对的,三氟化硼作为一个典型的单配位路易斯酸有时也能给出非常优秀的立体选择性。使用同样的反应底物,通过简单地变换路易斯酸的性质就可以彻底改变最终产物的立体结构[31] (式 20)。一般说来,Hosomi-Sakurai 反应可以给出比格氏试剂加成反应更好的选择性。

BrMg	70% (33:67)
Me₃Si + BF₃·Et₂O	80% (95:5)
Me₃Si + TiCl₄	89% (9:91)

3.2 封闭式过渡态机理

另一类重要的 Hosomi-Sakurai 反应是通过六员环椅式过渡态的机理进行的 (式 21)。在这类反应中,烯丙基硅烷中的硅原子首先被活化以增强其路易斯酸性。然后,活化的硅原子与底物的羰基配位形成六员封闭环状的过渡态。在这种机理控制下的反 应,通常具有很高的立体选择性,而且产物与底物的结构之间也具有很强的相关性。为了尽量降低椅式过渡态的能量,各"取代基"会尽量选择平伏键的位置以减少 1,3-直立键的排斥作用。

常见的活化硅基的方法是将四配位硅转化成六配位硅[32]。与同族碳元素不同的是，硅含有空的 d-轨道。因此，硅不仅可以有四配位的形式，也可以有五配位和六配位形式。如式 22 所示：在四配位状态 **A** 中，硅原子以 sp^3 杂化轨道的形式存在。但是，在五配位状态 **B** 和六配位状态 **C** 中，硅原子分别以 sp^{3}d 和 sp^{3}d^2 杂化轨道的形式存在。由于轨道状态的不同，五配位和六配位硅具有与四配位硅显著不同的反应性质。与常规理念不同，增加配体数目非但没有增加硅中心的电子云密度，反而使之降低，从而导致硅中心的电负性增加。由于配体 (例如：氟和氧) 的强电负性以及配体与硅原子之间的极化作用，导致电子云从硅转移到配体之上。因此，硅中心更加缺电子而亲电性增强，配体更加富电子而亲核性增强。从以上原理不难得出如下结论：从四配位硅到六配位硅的化合物，硅的路易斯酸性得到增强，而配体 R (烯丙基) 的亲核性得到增强。

$$R-\underset{\underset{L}{|}}{\overset{\overset{L}{|}}{Si}}L \xrightarrow{L} R-\underset{\underset{L}{|}}{\overset{\overset{L}{|}}{Si}}\overset{L}{} \xrightarrow{L} R-\underset{\underset{L}{|}}{\overset{\overset{L}{|}}{Si}}\overset{L}{}L \qquad (22)$$

A   **B**   **C**

sp^3 sp^{3}d   sp^{3}d^2

L：负电荷配体或亲硅性配体，例如：
F, Cl, OR 以及其它的路易斯碱

硅中心的电子云密度增加
$\longleftarrow$

R 配体的亲核性增强
$\longrightarrow$

最常见的提高硅配位数的手段是使用三卤代烯丙基硅烷作为底物。由于卤原子的强电负性导致硅的路易斯酸性比一般三烷基硅烷强很多，从而易于和强的路易斯碱 (例如：氟离子等) 配合形成五配位或者六配位硅的配合物。1987年，Sakurai 报道了第一例氟离子促进的三氟烯丙基硅烷的烯丙基加成反应[33] (式 23)。

$$F_3Si\diagup\!\!\!\diagdown\overset{R^1}{\underset{R^2}{}} + R^3CHO \xrightarrow{CsF, THF, rt} R^3\overset{OH}{\underset{R^1\ R^2}{}}\!\!\diagup\!\!\!\diagdown \qquad (23)$$

他们发现：当使用化学计量的氟化铯时，三氟烯丙基硅烷与醛的反应不但具有很高的区域选择性 (γ-加成)，而且具有极高的立体选择性。在前面讨论的路易斯酸促进的 Hosomi-Sakurai 反应中，无论使用 E-crotyltrimethylsilane 还是 Z-crotyltrimethylsilane，产物都是以 syn-构型为主。然而，在该氟负离子促进的反应中，使用 E-crotyltrifluorolsilane 得到的是 anti-产物，使用 Z-crotyltrifluorolsilane

得到的是 *syn*-产物 (式 24)。因而，Sakurai 等人提出，反应的活性中间体是五配位的硅，而反应的过渡态是六员环的椅式过渡态。之后，该假设经理论计算得到了证实[34]。

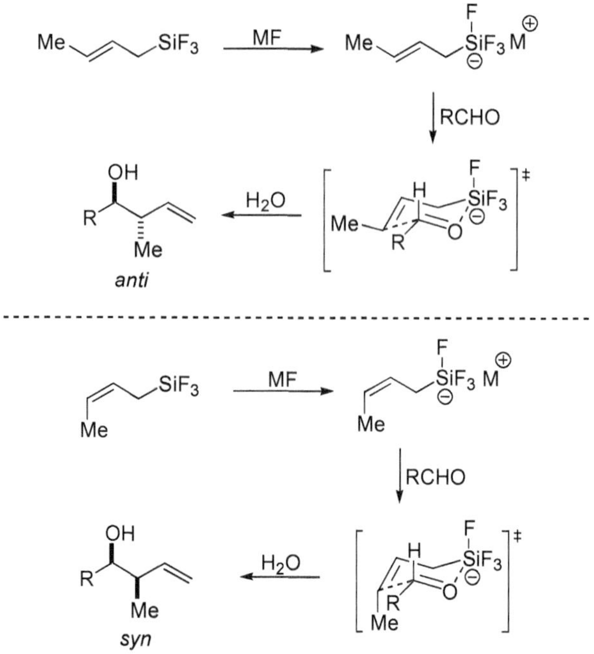

(24)

Kobayashi 等人后来发现[35]：使用 DMF 作为溶剂时，烯丙基三氯硅烷可以甚至在零度直接与醛反应，以很高的产率和立体选择性得到烯丙基加成产物 (式 25)。他们也提出活性的高配位硅中间体的假设 (式 26)，并被 NMR 实验所证实[36]。

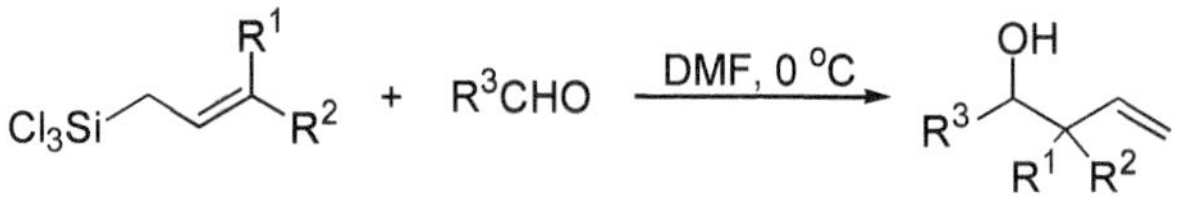

(25)

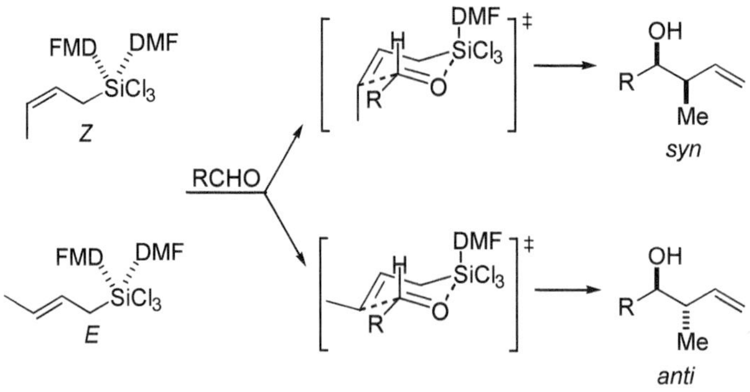

(26)

Sakurai 和 Kobayashi 早期的工作，奠定了 "路易斯碱活化路易斯酸" 化学的基础。同时，为之后 Denmark 等人发展手性路易斯碱催化的不对称 Hosomi-Sakurai 反应[37,38] 开辟了道路。

4 Hosomi-Sakurai 反应的条件综述

4.1 亲电试剂 (底物) 的类型

Hosomi-Sakurai 反应中的亲电试剂有多种类型，最为常见的是醛和酮。共轭不饱和的酮也经常被应用，使用缩醛和缩酮是该反应独具特色的一面，亚胺和酰氯也具有相当的应用价值。

4.1.1 醛作为亲电试剂

在 Hosomi-Sakurai 反应中，醛是被研究的最早和最透彻的底物之一。这种现象不仅是因为醛的反应活性高和结构简单，而且还因为醛的烯丙基加成反应在有机合成中的地位至关重要 (式 27~式 29)。几乎所有类型的醛都可以参与 Hosomi-Sakurai 反应 (例如：芳香醛、脂肪醛和共轭不饱和醛等)，其产物为相应的高烯丙基醇[5]。醛的反应活性明显受到空阻因素的影响，空阻比较大的醛需要较长的反应时间和较高的反应温度。值得注意的是：当使用 α,β-共轭不饱和醛时，烯丙基只进攻醛基而不进攻双键[39] (式 30)。

$$\text{(27)}$$

$$\text{(28)}$$

$$\text{(29)}$$

$$\text{(30)}$$

4.1.2 酮作为亲电试剂

在 Hosomi 和 Sakurai 最初那篇开创性的论文中[5]，酮就被用作反应的亲电试剂 (式 31~式 33)。与醛相比较，酮的反应活性较低，需要较长的反应时间且给出偏低的产率。

$$
\text{Me}_3\text{Si}\diagdown + \quad \underset{\text{Me}}{\overset{\text{O}}{\diagdown}}\text{Me} \quad \xrightarrow[83\%]{\text{TiCl}_4,\ \text{DCM} \atop \text{rt, 1 min}} \quad \underset{\text{Me}}{\overset{\text{Me}}{\diagdown}}\overset{\text{OH}}{\diagdown} \tag{31}
$$

$$
\text{Me}_3\text{Si}\diagdown + \quad \xrightarrow[44\%]{\text{TiCl}_4,\ \text{DCM} \atop \text{rt, 1 min}} \tag{32}
$$

$$
\text{Me}_3\text{Si}\diagdown + \quad \xrightarrow[70\%]{\text{TiCl}_4,\ \text{DCM} \atop \text{rt, 3 min}} \tag{33}
$$

与其它的烯丙基加成反应相比，Hosomi-Sakurai 反应最独特的优点在于可以选择性地对 α,β-共轭不饱和酮进行 1,4-烯丙基加成 (式 34~式 36)。早在 1977 年，Hosomi 和 Sakurai 就发现：使用四氯化钛和三甲基烯丙基硅烷可以对 α,β-共轭不饱和酮进行高选择性的 1,4-加成[40]。该反应的速度很快，环状、非环状和大位阻的共轭不饱和酮均能够得到极好的产率和区域选择性。当 α,β-共轭不饱和酮在 4-位上有取代基时，该反应可以有效地得到通常被认为难以合成的季碳原子。由于简单的 α,β-共轭不饱和酯在该反应条件下并不反应，因此而该反应也具有很好的化学选择性。

$$
\text{Me}_3\text{Si}\diagdown + \quad \xrightarrow[82\%]{\text{TiCl}_4,\ \text{DCM},\ -78\ ^{\circ}\text{C, 1 h} \atop \text{then} -30\ ^{\circ}\text{C, 20 min}} \tag{34}
$$

$$
\text{Me}_3\text{Si}\diagdown + \quad \xrightarrow[76\%]{\text{TiCl}_4,\ \text{DCM},\ -30\ ^{\circ}\text{C, 20 min}} \tag{35}
$$

$$
\text{Me}_3\text{Si}\diagdown + \quad \xrightarrow[85\%]{\text{TiCl}_4,\ \text{DCM},\ -78\ ^{\circ}\text{C, 18 h} \atop \text{then} -30\ ^{\circ}\text{C, 5 h}} \tag{36}
$$

众所周知，有机铜试剂 (或有机铜锂试剂) 是最常用的 1,4-加成试剂。然而，由于烯丙基的特殊反应性和 1,3-位移等因素，烯丙基铜试剂既不稳定且反应的选择性也比较差。如式 37 所示：使用 Hosomi-Sakurai 反应条件可以得到高度区域选择性的 1,4-加成产物，使用 Grignard 反应只能得到 1,2-加成的产物，而使用烯丙基铜试剂几乎没有给出任何选择性[41]。

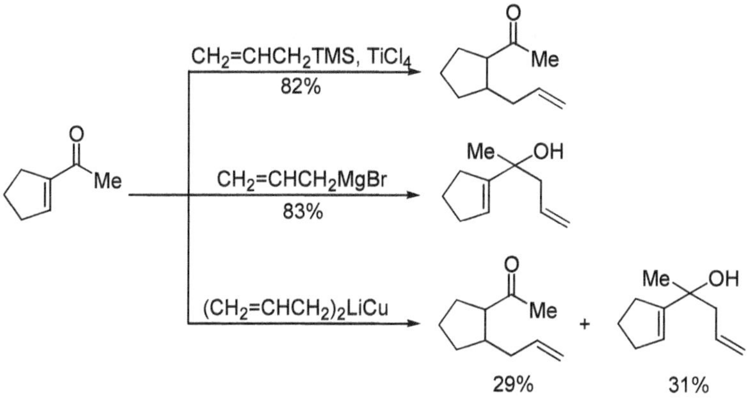

(37)

4.1.3　缩醛和缩酮作为亲电试剂

能够使用缩酮和缩醛作为亲电试剂是 Hosomi-Sakurai 反应的特色，反应的产物是相应的高烯丙基醚。早在 1976 年，Hosomi 和 Sakurai 就开创性地使用缩酮和缩醛作为反应的亲电试剂[42](式 38 和式 39)。由于生成的产物醚比相应的醇更稳定，因而该反应经常可以得到比使用醛酮更好的产率。同时，该反应的条件也更为温和且官能团的兼容性也更好。

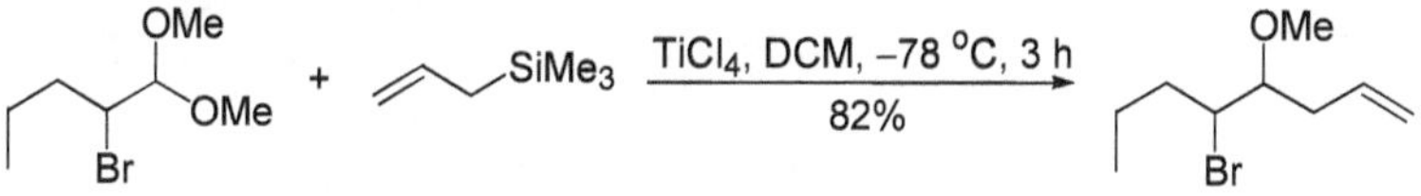

(38)

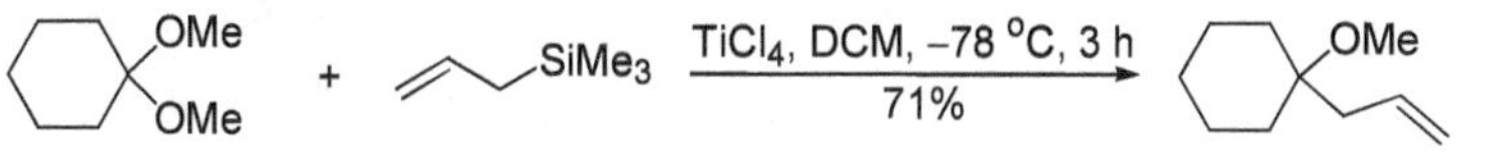

(39)

与醛的反应类似，脂肪族缩醛反应的立体选择性通常被认为是经过开放式过渡态机理完成的。对于使用 γ-位含有一个取代基的烯丙基硅烷，无论顺式烯烃或是反式烯烃，均生成以 *syn*-非对映异构体为主的产物[43] (式 40)。但是，芳香族缩醛反应的立体选择性却与芳环上的对位取代基和使用的路易斯酸有关，详细确切的机理目前还不是很清楚。

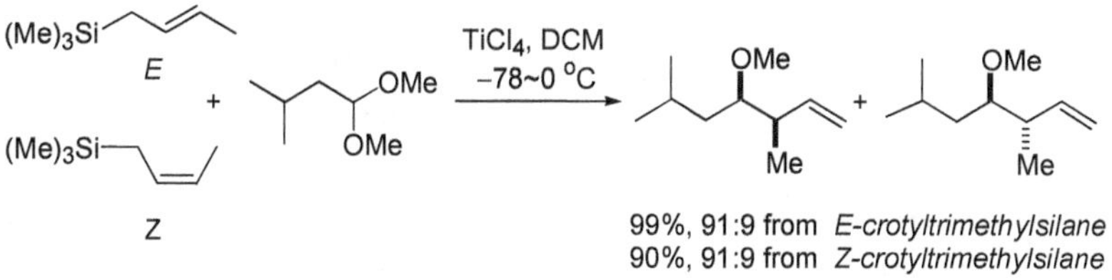

99%, 91:9 from *E-crotyltrimethylsilane*
90%, 91:9 from *Z-crotyltrimethylsilane*

(40)

糖类化合物通常都是以半缩醛或半缩酮的形式存在，因此，Hosomi-Sakurai 反应在糖化学中有着颇为广泛的应用。将从糖衍生的缩醛或缩酮作为路易斯酸催化的 Hosomi-Sakurai 反应的亲电试剂，很容易达到对糖类化合物进行结构修饰的目的[44,45]（式 41 和式 42）。

$$(41)$$

$$(42)$$

4.1.4 亚胺和酰氯作为亲电试剂

尽管亚胺与醛酮在结构及反应活性上具有很大的相似性，但亚胺参与的 Hosomi-Sakurai 反应却很少。其中，氟离子催化的亚胺的烯丙基化反应在此领域具有重要的意义。1991 年，Sakurai 报道了氟化铯诱导下的烯丙基三氟化硅对亚胺的加成[46]。如式 43 和式 44 所示：在 Hosomi-Sakurai 反应中，芳香族和脂肪族亚胺都能够得到很高的产率和区域选择性，但立体选择性却很一般。

$$(43)$$

$$(44)$$

1996 年，Deshong 等人发现四丁基铵三苯基二氟硅盐 (TBAT, Tetrabutylammonium Triphenyldifluorosilicate) 可以活化烯丙基三甲基硅烷，并报道了使用化学计量 TBAT 促进的亚胺的烯丙基加成反应[47]。但是，该反应却受到底物的严重限制。如式 45~式 47 所示：苯基和苄基取代的亚胺可以参与该反应，而正丙基取代的亚胺却没有反应。

$$(45)$$

$$(46)$$

$$(47)$$

1999 年，Hou 和 Dai 报道了第一例氟离子催化的亚胺的烯丙基化反应，并提出了氟离子引发的自催化机理[48]。如式 48 所示：使用分子筛和 1 mol% 的 TBAF 在 THF 回流的条件下，烯丙基三甲基硅烷可以与亚胺反应得到高产率的高烯丙基胺。

$$\text{TMS} \diagup\diagdown + \underset{\text{Ph}}{\overset{\text{N}^{-\text{Ph}}}{\diagup}}\!\!\diagdown_{\text{H}} \xrightarrow{\text{TBAF, THF, 70 }^\circ\text{C}} \underset{\text{Ph}}{\overset{\text{HN}^{-\text{Ph}}}{\diagup}}\!\!\diagdown \quad (48)$$

TBAF (1 mol%), THF, 5 h, 0%

TBAF (1 mol%), 4 Å MS, THF, 5 h, 92%

TBAF (0.1 mol%), 4 Å MS, THF, 9 h, 85%

在该反应中，分子筛起到了至关重要的作用。在几乎同样的反应条件下，没有分子筛就不能得到任何的产物。这可能是因为商品 TBAF 都含有少量的水，水的存在会大大降低氟离子的亲核性。因此，分子筛的功能只是作为简单的除水试剂。尽管该反应的机理不是非常清楚，但作者通过一系列的实验发现：该反应不是氟离子"催化"的反应，而是氟负离子"引发"的自催化反应。如式 49 所示：反应的初始阶段被认为氟离子进攻硅原子而产生烯丙基负离子。接着，烯丙基负离子进攻亚胺而形成四正丁基铵盐。由于胺的负离子同样具有强亲核性，它进攻烯丙基硅烷后重新生成烯丙基负离子。

(49)

在路易斯酸的催化下，酰氯也可以与烯丙基硅烷反应生成相应的 β,γ-不饱和酮。2003 年，Yadav 等人报道了 InBr$_3$ 催化的酰氯的烯丙基化反应[49]。他们筛选了一系列的路易斯酸，其中 InBr$_3$ 给出的产率最高。如式 50 所示：该反应同时适用于脂肪酰氯和芳香酰氯。因为原料酰氯的反应活性要比产物酮高很多，所以反应可以控制在只生成酮的阶段。由于 β,γ-不饱和酮对酸有一定的敏感性，反应的副产物是相应的共轭 α,β-不饱和酮。

$$(50)$$

4.2 亲核试剂(硅烷)的类型

Hosomi-Sakurai 反应中的亲核试剂烯丙基硅烷有多种类型,最常使用的是烯丙基三甲基硅烷 (式 51,**A**)。它便宜易得且比较稳定,是 Hosomi-Sakurai 反应方法学研究中最常使用的亲核试剂。

$$(51)$$

三甲 (或乙) 氧基烯丙基硅烷 (**B**) 和三氯烯丙基硅烷 (**C**) 也是 Hosomi-Sakurai 反应中常用的亲核试剂。由于氧原子和氯原子的强吸电子作用,致使硅的路易斯酸性比相应的三烷基硅烷增强许多。虽然它们的反应活性得到增加,但分子自身的对空气和水的稳定性却降低了。

除了以上三种硅烷之外,Hosomi-Sakurai 反应中还有两类特殊的硅基结构:一种是五配位的硅酯,另一种是含有张力的烯丙基硅烷。在 1987-1988 年之间,Corriu[50]、Hosomi[51~53]和 Sakurai[54]先后发现烯丙基三甲氧基硅烷可以在碱的存在下与邻苯二酚反应生成相应稳定的五配位硅酯盐。该硅酯可以在没有任何路

$$(52)$$

易斯酸或者路易斯碱的存在下与醛反应，高产率地生成相应的高烯丙基醇。如式 52 所示：六配位硅可能是经过一个环状椅式过渡态进行反应的，因而反应的立体选择性与路易斯酸催化有所不同。

另一种增强硅原子路易斯酸性的办法是将硅原子置于强张力的四员环中。该硅杂环丁烷比相应的三烷基硅烷更易与醛基的氧配位，因而可以在不需路易斯酸存在的条件下直接与醛经环状过渡态反应[55] (式 53)。但是，该反应常常需要在加热条件下才能进行。后来，Leighton 等人基于这个理念发展了手性助剂诱导的不对称 Hosomi-Sakurai 反应 (见 5.3 节)。

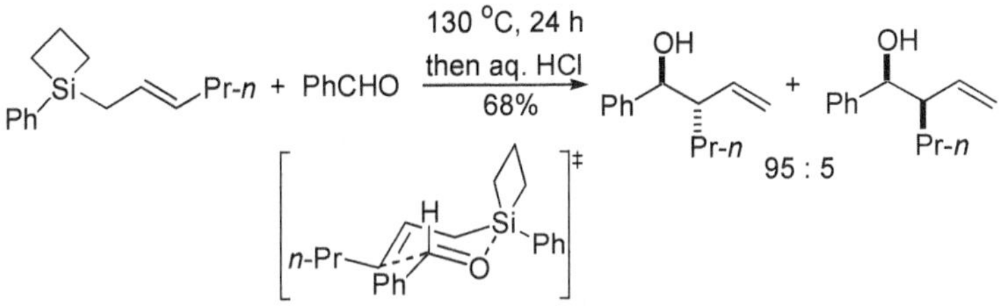

(53)

4.3 反应的促进剂

经典的 Hosomi-Sakurai 反应需要使用化学计量的路易斯酸。随着该反应的深入发展，催化 Hosomi-Sakurai 反应更是层出不穷。

4.3.1 经典的反应体系

对于使用醛或者酮作为底物的经典 Hosomi-Sakurai 反应，通常需要化学计量的强路易斯酸。TiCl₄ 是最传统和最常使用的路易斯酸，AlCl₃、BF₃、SnCl₄ 和 EtAlCl₂ 也常常用于该目的。即使是在催化 Hosomi-Sakurai 反应蓬勃发展的今天，化学计量的 Hosomi-Sakurai 反应由于其方便操作、底物适应范围广和试剂易得等优点仍然在全合成中具有重要地位[56,57] (式 54 和式 55)。

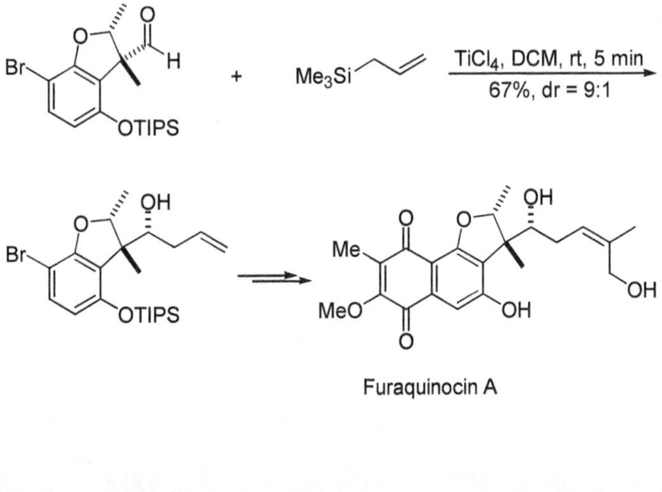

(54)

Furaquinocin A

$$(55)$$

(–)-Amphidinolide P

4.3.2 催化的反应体系

(1) 酸催化的 Hosomi-Sakurai 反应

纯粹的路易斯酸催化的醛和酮的 Hosomi-Sakurai 反应十分罕见[38,58]，其原因并不十分清楚。但是，大致可认为：在没有路易斯碱存在的情况下，由于产物与路易斯酸的结合很强以及三烷基烯丙基硅烷的活性比其它烯丙基负离子试剂低很多，因而路易斯酸很难在催化循环中再生。相比之下，路易斯酸催化的缩酮和缩醛的 Hosomi-Sakurai 反应却很常见。如式 56~式 58 所示：TMSOTf[59]、TMSI[60]、CPh_3ClO_4[61]和 $Cp_2Ti(OTf)_2$[62]等都是该类反应的催化剂。

$$(56)$$

$$(57)$$

$$(58)$$

质子酸同样可以催化缩酮和缩醛的 Hosomi-Sakurai 反应。如式 59 所示：取代苯磺酸可以有效地催化缩醛的烯丙基加成反应[63]。

$InCl_3/TMSCl$ 体系可以催化共轭不饱和酮的 Hosomi-Sakurai 反应[64]。与其它路易斯酸相比，该催化体系被证明具有独特的反应活性。如式 60 所示：该反应同时具有很好的产率和化学选择性。

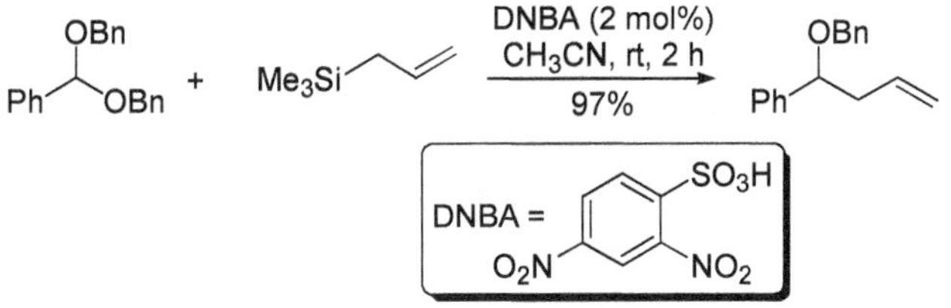

(59)

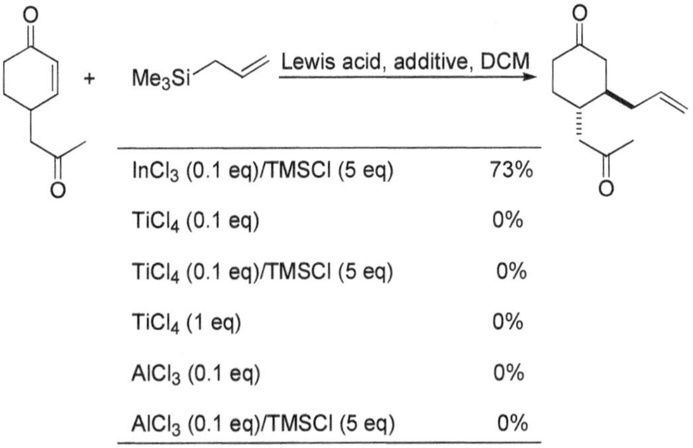

DNBA =

(60)

InCl$_3$ (0.1 eq)/TMSCl (5 eq)	73%
TiCl$_4$ (0.1 eq)	0%
TiCl$_4$ (0.1 eq)/TMSCl (5 eq)	0%
TiCl$_4$ (1 eq)	0%
AlCl$_3$ (0.1 eq)	0%
AlCl$_3$ (0.1 eq)/TMSCl (5 eq)	0%

(2) 路易斯碱催化的 Hosomi-Sakurai 反应

1978 年，Hosomi 和 Sakurai 首次报道了 TBAF 催化的烯丙基三甲基硅烷与醛酮的加成反应[65]。在 5 mol% 的 TBAF 和分子筛的存在下，将烯丙基三甲基硅烷与醛酮在 THF 中反应便可高产率地得到高烯丙基醇 (式 61)。

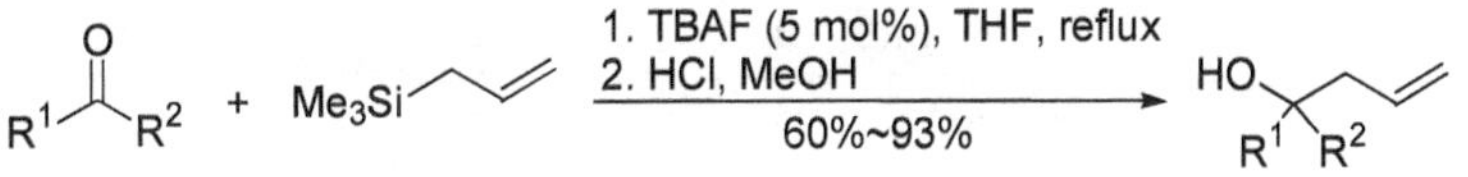

(61)

当底物羰基的 γ-位含有酯基时，产物可以形成五员环的内酯 (式 62)。

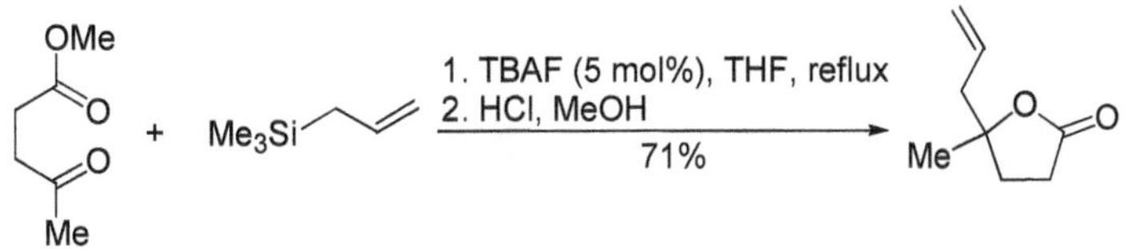

(62)

人们发现：路易斯碱可以活化带有拉电子基团的硅烷 (例如：三氟化硅和三氯化硅等)，使得硅原子的路易斯酸性和烯丙基的亲核性同时增强 (见 3.2 节) 。然而，这些反应最初局限于使用化学计量的路易斯碱试剂。直到最近，由于手性路易斯碱尤其是双齿配位的手性路易斯碱的出现，才使路易斯碱催化的 Hosomi-Sakurai 反应得到快速的发展。

(3) 路易斯酸和路易斯碱共催化的体系

路易斯酸可以活化底物的羰基，而路易斯碱可以活化亲核的硅烷。如果反应体系中同时存在着可互相兼容的路易斯酸和路易斯碱，该体系便同时活化 Hosomi-Sakurai 反应的底物和硅烷，从而大大降低反应的活化能。2002 年，Shibasaki 等人基于该双重活化的概念发展了一个通用性的 Hosomi-Sakurai 反应的催化体系[66]。通过使用催化量的 CuCl 和 TBAT 并使用比较活泼的三甲氧基烯丙基硅烷，醛酮以及亚胺的 Hosomi-Sakurai 反应均可以顺利地进行 (式 63 和式 64)。尽管该反应的机理目前还存有争议，然而一个普遍接受的理论是 Cu 作为路易斯酸可以活化底物的羰基或羰基等价物。而 TBAT 生成的氟离子或者氟离子等价物可以活化硅基，从而增强烯丙基的亲核性。

$$\text{(63)}$$

$$\text{(64)}$$

如式 65 所示：该反应条件温和，六员环内酯、烯丙基酯基以及对酸敏感的 TES 硅醚都可以被兼容。

$$\text{(65)}$$

值得注意的是：当共轭不饱和酮作为底物时，得到的是 1,2-加成产物，而不是经典的 1,4-加成产物 (式 66)。从而可见，该反应的机理与路易斯酸促进的反应有所不同。

$$\text{(66)}$$

后来，Yamamoto 等人基于该双重活化的理念出色地发展了银催化的不对称的 Hosomi-Sakurai 反应 (见 5.3 节)。

4.4 反应的其它条件

经典的 Hosomi-Sakurai 反应通常是使用二氯甲烷作为溶剂，在惰性气体的保护下进行的。根据底物和路易斯酸的活泼程度，反应的温度可以从 -78 °C 至室温。经典 Hosomi-Sakurai 反应的速度通常比较快，几分钟到几个小时不等。然而，对于其它的"衍生"的 Hosomi-Sakurai 反应，反应的溶剂、温度与反应时间都会有差异，应该做到具体问题具体分析。

5 几类特别的 Hosomi-Sakurai 反应

5.1 分子内 Hosomi-Sakurai 反应

当一个分子内同时具有烯丙基硅基和亲电基团时，该分子就有可能发生分子内的 Hosomi-Sakurai 反应[67]。该反应可以有效和立体选择性地构建环系结构，包括多取代简单环系、稠环体系、桥环体系和螺环体系等。

多取代的环己酮是有机合成中常见的重要中间体之一，分子内的 Hosomi-Sakurai 反应提供了一种从线性分子合成复杂多取代环己酮的有效办法。如式 67 所示[68]：从取代的烯丙基醇出发，经过钯催化的烯丙基化、铱催化的双键位移及随后的 Claisen 重排反应，高度立体选择性地得到中间体醛；接着，经过几步简单的修饰得到所需的共轭不饱和酮；在 TiCl₄ 的作用下，该分子发生分子内的 Hosomi-Sakurai 反应，高产率和高度立体选择性地得到多取代的环己酮。

(67)

天然产物往往含有复杂的环状体系，利用分子内的 Hosomi-Sakurai 反应可以迅速地构建多种不同种类和大小的环形骨架。如式 68~式 70 所示：如果底物中已经含有环状结构，根据烯丙基硅基与亲电基团的相对位置可以方便地构筑稠环、桥环或者螺环等产物。

稠环体系

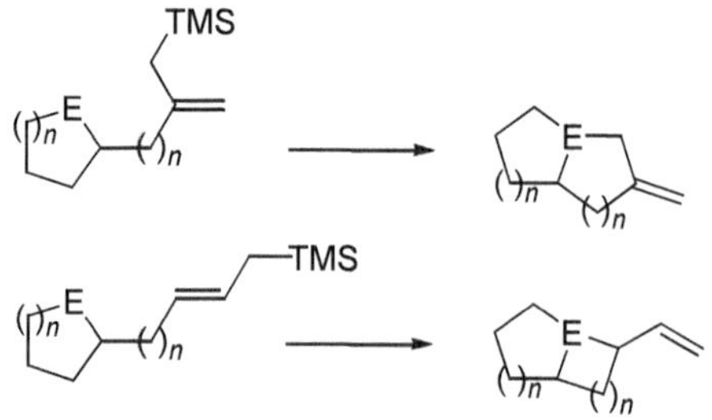

(68)

桥环体系

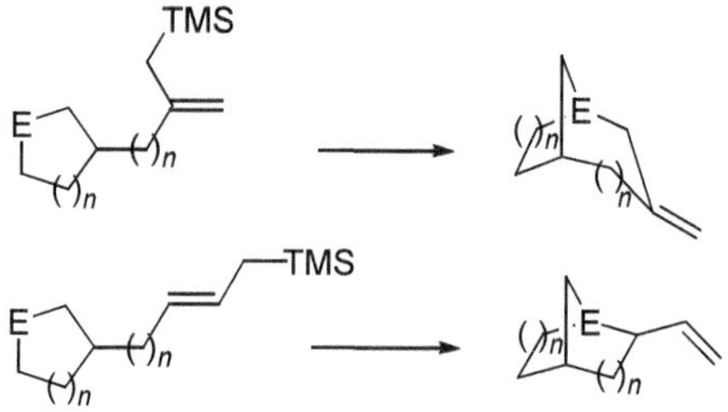

(69)

螺环体系

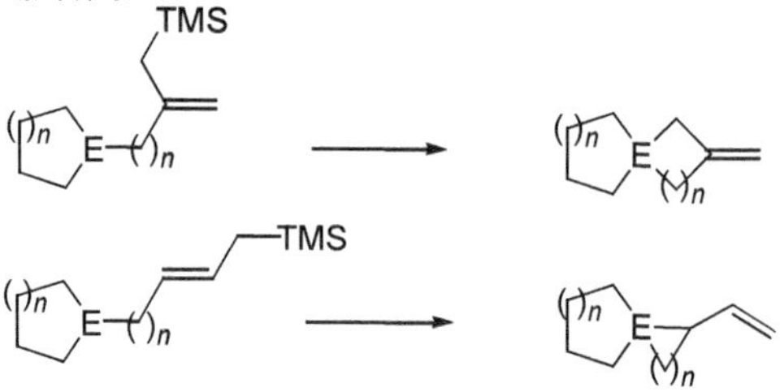

(70)

如式 71 所示：利用环式共轭不饱和酮作为原料，通过 2′-烯丙基三甲基硅烷格氏试剂进行 1,4-加成，再经过路易斯酸催化的 Hosomi-Sakurai 反应可以高产率地得到具有刚性结构的 [3.1.2] 双环骨架[69]。

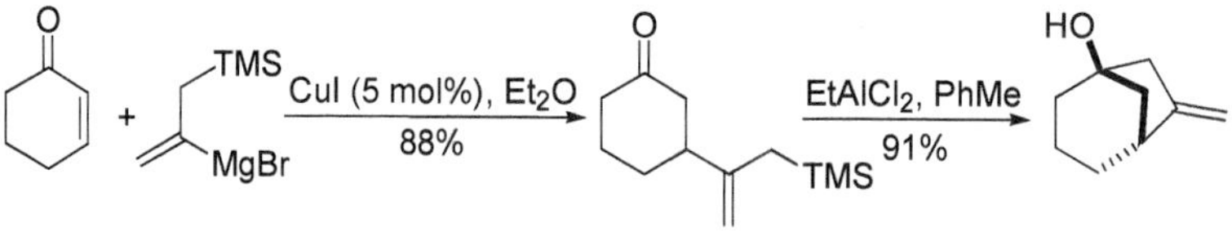

(71)

将烯丙基化反应和分子内的 Hosomi-Sakurai 反应联用，可以有效地构建各种稠环体系。如式 72 所示：生成的 [3.3.0] 稠环可以在强碱作用下发生扩环消除反应，从易得的五员环简便地合成难以得到的八员环产物[70]。

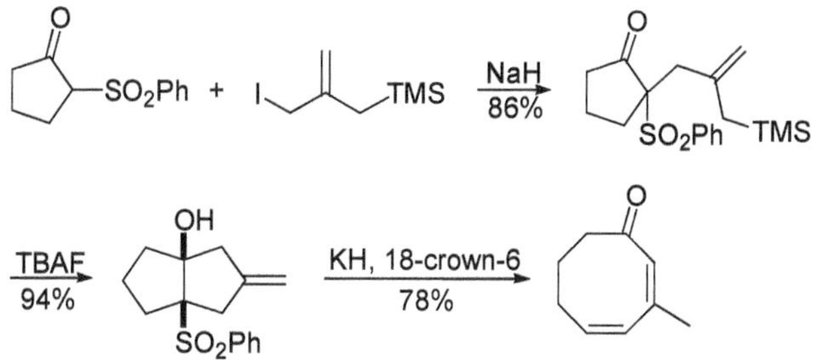

(72)

在天然产物 Lubimin 的合成中，螺 [4.5] 癸烷结构的构筑具有一定的难度。但是，使用分子内的 Hosomi-Sakurai 反应不仅可以一步形成所需要的骨架，而且立体选择性地产生二个手性碳原子，其中包括一个季碳原子[71] (式 73)。使用 EtAlCl$_2$ 作为促进剂对该反应至关重要，其它路易斯酸 (例如：BF$_3$、SnCl$_4$ 或 TiCl$_4$ 等) 则导致底物分解并发生副反应。此外，使用较低的反应温度和非极性溶剂也有益于获得较好的非对映异构选择性。

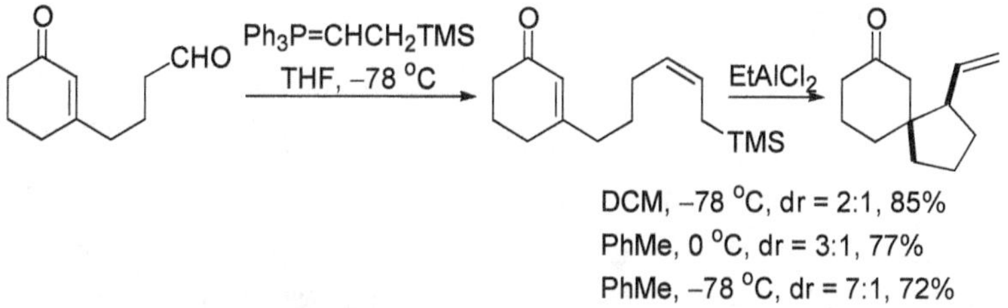

DCM, −78 °C, dr = 2:1, 85%
PhMe, 0 °C, dr = 3:1, 77%
PhMe, −78 °C, dr = 7:1, 72%

(73)

5.2 串联 Hosomi-Sakurai 反应

Hosomi-Sakurai 反应的条件十分温和，且烯丙基硅烷具有很好的稳定性。因此，该反应可以与很多其它反应的条件兼容，从而发展出很多精彩的串联反应。

众所周知：在酸的催化下，醛可以与醇 (或经保护的醇) 反应生成缩醛，而缩醛亦可在酸催化下与烯丙基硅烷反应生成相应的高烯丙基醚。2008 年，List 首次报道了质子酸催化的醛、醇和烯丙基硅烷的三组分偶联反应[72] (式 74)。如式 75 所示：使用相应的三甲基硅醚代替醇可以得到更好的结果。

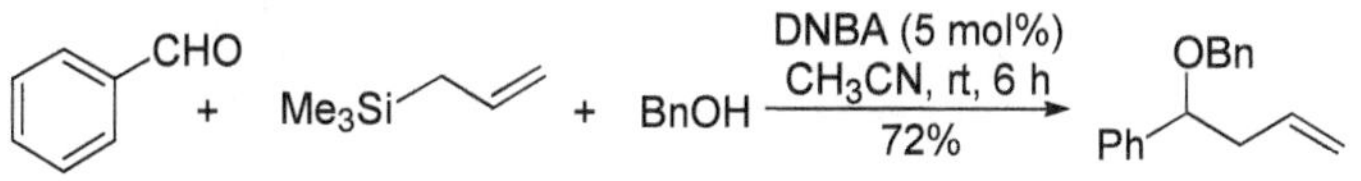

(74)

(75)

Markó 等人在 Methyl Monate C 的合成中使用了 Prins-Sakurai 串联成环反应[73]。如式 76 所示：在三氟化硼的作用下，缩醛与含有烯丙基硅烷的仲醇首先生成氧𬭩离子。然后，再发生分子内的 Hosomi-Sakurai 反应，经六员椅式过渡态高度立体选择性地生成多取代的四氢吡喃环。

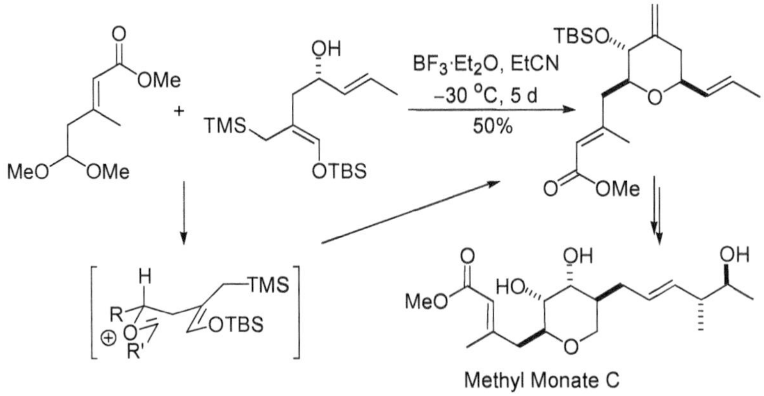

Methyl Monate C

(76)

在计量路易斯酸促进的共轭不饱和酮的 Hosomi-Sakurai 反应中，产物在后处理前实际上是相应路易斯酸的烯醇盐。例如：在 TiCl₄ 参与的反应中，其产物是相应的烯醇钛盐。因此，当反应体系中存在有其它亲电试剂时，烯醇盐可以进一步发生反应。该反应可以是分子内的，也可以是分子间的，式 77 给出了一个分子内 Hosomi-Sakurai-Aldol 反应[68]。在首先发生的分子内 Hosomi-Sakurai 反应中，由于环系的限制而选择性地发生 1,4-加成生成六员环。所生成的烯醇钛盐接着与邻近的醛发生立体选择性 Aldol 反应，一步生成 [3.4.0]-*cis*-稠二环结构，并同时生成了四个相邻的手性碳原子。

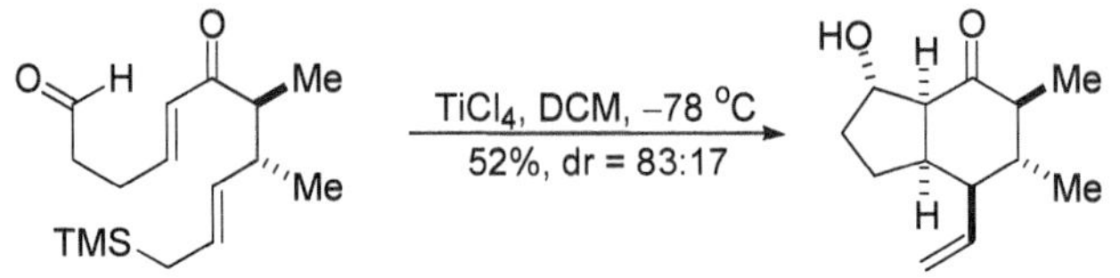

(77)

Hosomi-Sakurai 反应同样可以与过渡金属催化的反应一起联用。例如：Kobayashi 等人发展了钯催化的 1,3-丁二烯的氢硅化反应 (Hydrosilation) 与 Hosomi-Sakurai "一锅煮" 的反应。如式 78 所示：该反应使用三氯硅烷作为氢

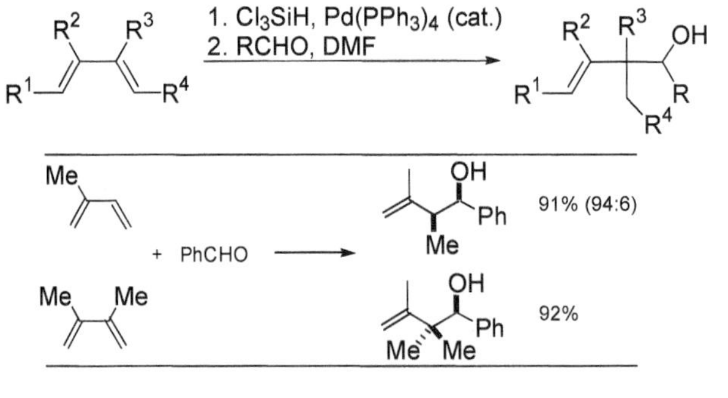

(78)

硅化反应的底物, 首先生成活泼的三氯烯丙基硅烷。接着, 三氯烯丙基硅烷不经分离直接与醛发生 Hosomi-Sakurai 反应[74]。

5.3 不对称 Hosomi-Sakurai 反应

不对称 Hosomi-Sakurai 反应主要有两种类型: 手性辅助试剂诱导的不对称 Hosomi-Sakurai 反应和催化不对称 Hosomi-Sakurai 反应。其中后者又大致分为路易斯酸催化的不对称 Hosomi-Sakurai 反应和路易斯碱催化的不对称 Hosomi-Sakurai 反应。

5.3.1 手性辅助试剂诱导的不对称 Hosomi-Sakurai 反应

手性辅助试剂 (简称: 手性助剂) 诱导的不对称的 Hosomi-Sakurai 反应是在底物 (亲电试剂) 或者烯丙基硅烷中引入手性基团, 使之成为手性的底物或者手性的烯丙基硅烷后再发生 Hosomi-Sakurai 反应。一个优秀的手性助剂最好具备以下优点: (1) 原料便宜易得; (2) 制备和引入方法简单; (3) 手性诱导能力高; (4) 容易从产物中除去; (5) 可以回收和重复使用。

在底物中引入手性助剂的例子并不多见, 可能是因为在醛和酮分子中引入或除去手性助剂比较困难。但是, 将手性二醇以缩醛的形式作为手性助剂引入却非常容易。如式 79 所示: Johnson 等人使用手性 2,4-戊二醇衍生的缩醛与烯丙基硅烷反应, 高产率和高度立体选择性地得到了相应的手性醚。当反应完成后, 该手性助剂经氧化和强碱处理通过 β-消除反应从产物中除去[75]。

与手性缩醛类似, 醛的手性 N-酰基腙化合物 (Chiral N-Acylhydrazones)[76] 非常容易制备, 并可以在 Hosomi-Sakurai 反应中生成相应的高烯丙基胺 (式 80)。但是, 该反应的缺点在于需要三步反应才能将手性助剂除去 (式 81)。

$$(80)$$

$$(81)$$

该领域大量的工作是将手性助剂引入到烯丙基硅烷分子中[77,78]，许多手性的烯丙基硅烷被制备 (式 82)。但是，由于三烷基烯丙基硅烷参与的 Hosomi-Sakurai 反应是通过开放式过渡态机理进行的，手性中心远离反应中心导致反应的非对映异构选择性通常比较低 (< 80% de)。

$$(82)$$

2002 年，Leighton 等人发展了 (1S,2S)-pseudoephedrine 与三氯烯丙基硅烷衍生的新型环状烯丙基硅试剂，给手性辅助 Hosomi-Sakurai 反应带来了突破性的进展 (式 83)[79]。由于硅基上被引入三个拉电子基团的同时又被固定在具有张力的五员环中，该试剂自身的路易斯酸性大大增强。它可在低温和

$$(83)$$

无需促进剂的条件下与醛反应，高度对映选择性地生成相应的高烯丙基醇。该反应适用于脂肪族和芳香族的醛、N-酰基腙和某些酮化合物 (式 84 和式 85)[80~82]。该反应被认为是通过封闭式过渡态机理进行的，因而能够得到较好的立体选择性。

$$ (84) $$

R = Ph, 80%, 81% ee
R = Cy, 70%, 87% ee
R = t-Bu, 80%, 96% ee

PhMe, –10 °C, 2 h

$$ (85) $$

DCM, 10 °C, 16 h
R = Ph, 86%, 88% ee
R = o-MeC₆H₄, 75%, 85% ee

手性助剂诱导的不对称 Hosomi-Sakurai 反应有三个主要缺点：(1) 增加若干反应步数来引入或除去手性助剂，缺乏反应步数经济性 (step-economics)；(2) 必须使用化学计量的昂贵手性试剂，缺乏原子经济性 (atom-economics)；(3) 多数手性助剂的手性控制效果不很理想。

5.3.2 路易斯酸催化的不对称 Hosomi-Sakurai 反应

1991 年，Yamamoto 报道了首例路易斯酸催化的不对称 Hosomi-Sakurai 反应[83,84]。在该反应中，20 mol% 酒石酸衍生的 **CAB** (Chiral Acyloxy Borane) 化合物被用作催化剂。如式 86 所示：β,γ-双取代的烯丙基三甲基硅烷与脂肪醛或芳香醛反应所得产物的光学纯度可以高达 96% ee，反应的 syn/anti-选择性可以高达 94% de。然而，使用简单非取代的烯丙基三甲基硅烷却只得到中等的化学和光学产率 (式 87)。

CAB (20 mol%), EtCN, –78 °C
74%, 96% ee, dr = 97 : 3

$$ (86) $$

CAB (20 mol%), EtCN, –78 °C
46%, 55% ee

$$ (87) $$

BINOL/Ti(IV) 是最常见的手性路易斯酸催化剂之一。1993 年，Mikami 和 Nakai 首次报道了 BINOL/Ti(IV) 催化的乙醛酸甲酯与烯丙基三甲基硅烷的不对称 Hosomi-Sakurai 反应[85]，并得到了 83:17 的非对映异构选择性和 80% ee

(式 88)。与 **CAB** 体系非常类似，使用简单非取代的烯丙基三甲基硅烷不能得到较好的对映异构选择性。因此，该反应的应用因底物的特殊性而受到了限制。

$$(88)$$

BINOL/Ti(IV) 催化剂的路易斯酸性通常认为比较弱，因而一般的醛酮在 Mikami 和 Nakai 的反应体系中具有很低的反应活性。1996 年，Carreira 等人基于双重活化的理念，用 TiF$_4$ 取代了 Ti(Oi-Pr)$_4$ 后极大地提高了催化剂的反应活性。非取代的烯丙基三甲基硅烷也可以与某些脂肪和芳香醛发生反应，得到高光学纯度的产物[86] (式 89)。但是，该反应也有不足之处，例如：对于小位阻醛的对映选择性比较低 (小于 60% ee) 且反应时间比较长。

$$(89)$$

1999 年，Yamamoto 等人基于双重活化的理念发展了 BINAP-AgF 催化的不对称 Hosomi-Sakurai 反应，可以使用比较活泼的三甲氧基烯丙基硅烷作为亲核试剂[87]。甲醇被意外地发现是最好的溶剂，可能是由于 AgF 在甲醇中具有好的溶解性。在该反应条件下，芳香醛与共轭不饱和醛可以得到很高的产率与对映选择性，但饱和脂肪醛的反应活性极低 (式 90)。到目前为止，该反应的机理并不是很清楚。

$$(90)$$

Yamamoto 催化体系同样适用于简单芳香酮和共轭不饱和酮的不对称 Hosomi-Sakurai 反应[88]。如式 91 和式 92 所示：使用 DIFLUORPHOS 作为手性配体可以得到比 BINAP 更好的结果。共轭不饱和酮只得到 1,2-加成的产物，暗示反应可能经过一个环状封闭式过渡态机理。

$$(91)$$

$$(92)$$

整体而言，路易斯酸催化的不对称 Hosomi-Sakurai 反应仍然处于发展的初级阶段。已经报道的方法学并不成熟，多数存在有明显的局限性。但是，可以预测该领域将来会有很大的发展。

5.3.3 路易斯碱催化的不对称 Hosomi-Sakurai 反应

与路易斯酸催化的不对称 Hosomi-Sakurai 反应互补的是路易斯碱催化的不对称反应。由于该反应使用的路易斯碱都是有机分子，因而也可称之为有机分子催化的不对称 Hosomi-Sakurai 反应[37,38]。该类反应必须使用三卤代烯丙基硅烷作为亲核试剂，因为路易斯碱具有增强三卤代烯丙基硅烷路易斯酸性的能力。通过使用手性的路易斯碱对反应的过渡态进行控制，从而可以得到高度立体选择性的产物。

1994 年，Denmark 报道了首例路易斯碱催化的不对称的 Hosomi-Sakurai 反应[89]（式 93）。通过使用 10 mol% 的 (R,R)-反式环己二胺衍生的手性磷酰胺作为催化剂，在低温和二氯甲烷作为溶剂的条件下，苯甲醛与三氯烯丙基硅烷反应生成的产物可以达到 40% 的产率和 53% ee。尽管该实验结果并不是十分理

$$(93)$$

想，却验证了手性路易斯碱可以催化不对称烯丙基化反应的假设。

Denmark 等人通过对非线性效应与反应动力学的分析发现：手性磷酰胺配体的反应级数是二级。这表明该反应的过渡态极有可能是两个磷酰胺配体共同完成的[90]（式 94），并由此他们使用手性双齿磷酰胺配体（Nakajima[91]报道了第一例手性双齿路易斯碱催化的 Hosomi-Sakurai 反应）。

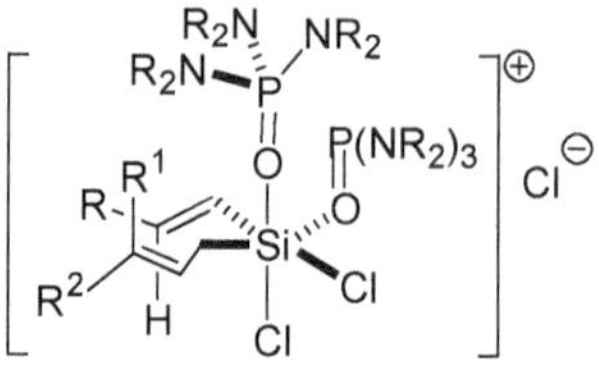

(94)

经过细致的筛选，他们发现在式 95 中使用的双齿磷酰胺配体能够有效地催化芳香醛与共轭不饱和醛的烯丙基化反应，产物的对映选择性通常在 90% ee 以上[92]。为了使反应中的催化剂能够循环再生，一般需要使用 5 倍化学当量的 Hünig 碱作为添加剂。

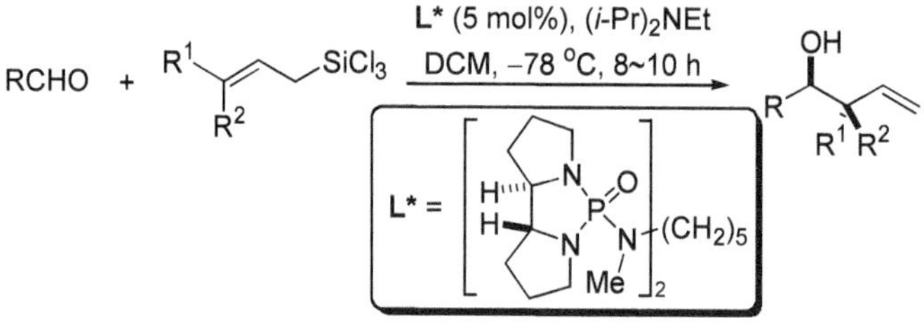

(95)

醛	硅烷	产率/%	syn:anti	ee/%
PhCHO	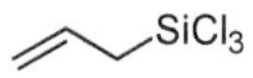 SiCl₃	85	—	87
PhCHO	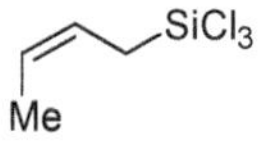 SiCl₃ (Me)	89	99:1	94
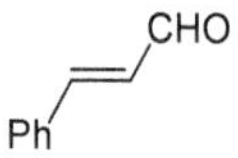 Ph—CHO	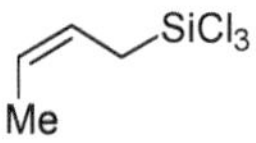 SiCl₃ (Me)	78	99:1	88
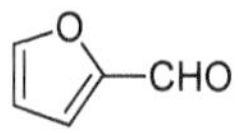 呋喃-CHO	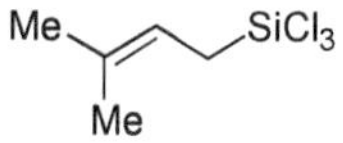 Me,SiCl₃	71	—	95

当 γ-双取代的烯丙基硅烷作为亲核试剂时，该反应能够有效地生成手性季碳中心[93]（式 96）。但是，Denmark 催化体系不适用于饱和脂肪醛且催化剂的合成比较复杂。

$$(96)$$

除了手性磷酰胺配体外，手性甲酰胺[94~96]（式 97）、各种手性 *N*-氧化物[92,97,98]、手性亚砜化合物[99]，以及膦氧化物[100]等皆可作为手性路易斯碱催化不对称 Hosomi-Sakurai 反应。但是，这些催化剂的缺点依然是底物应用的范围比较狭窄，一般只有使用芳香醛和共轭不饱和醛才能得到好的结果。

$$(97)$$

6　Hosomi-Sakurai 反应在天然产物全合成中的应用

羰基或者羰基等价物的烯丙基加成反应是有机合成中的重要转换，不仅增长了碳链，而且引入了碳碳双键官能团。Hosomi-Sakurai 反应具有试剂稳定易得和毒性小、反应条件温和且官能团兼容好、化学和区域选择性高等优点，因此在天然产物全合成中已经得到了广泛应用。基于 Hosomi-Sakurai

反应特点，在此特别选择了四个典型的反应类型在天然产物全合成中的应用。它们分别代表了路易斯酸促进的不对称烯丙基加成反应、路易斯碱催化的不对称烯丙基加成反应、立体选择性的烯丙基共轭加成反应和串联成环反应。

6.1 (–)-Laulimalide 的全合成

(–)-Laulimalide 是从太平洋深海海绵中提取出的一个具有独特抗癌活性的大环内酯化合物[101,102]。体外生物活性研究表明：该化合物能够促使异常的微管蛋白 (Tubulin) 聚合老化，其抗癌活性与紫杉醇 (Taxol) 相似[103]，然而其潜在的优点是不易产生抗药性。(–)-Laulimalide 新颖的化学结构和潜在的药用价值吸引了有机合成化学家对之进行全合成的研究。

2002 年，Wender 课题组成功漂亮地完成了对 (–)-Laulimalide 的全合成[104]。其核心策略便是使用分子间不对称 Hosomi-Sakurai 反应将两个几乎同等复杂的合成片段连接起来，有效地达到降低合成步骤的目的。如式 98 所示：他们一方面从异亚丙基保护的酒石酸甲酯出发，经由 13 步反应得到片段 **A** 的 α,β-不饱和醛。另一方面，他们从已知的醛经过多步反应得到片段 **B** 的烯丙基硅烷[105] (式 99)。然后，他们采用了 Yamamoto 手性 **CAB** 试剂成功地将 **A** 和 **B** 两个片段连接起来，以 86% 的产率得到了单一的手性产物 (式 100)。尽管他们使用了化学计量的手性催化剂是一个严重的不足之处，但考虑到该分子的复杂程度以及该步反应在全合成中的重要程度而仍然是可以接受的。接着，经由几步 C3 的碳链增长反应和保护基的转换得到炔酸化合物，并用 Yamaguchi 大环内酯成环法区域选择性地得到 18 员大环内酯。最后，经由还原三键、脱保护和 Sharpless 不对称环氧化完成了 (–)-Laulimalide 的全合成。

(98)

(99)

$$A + B \xrightarrow[86\%, > 90\% \text{ de}]{\text{CAB, EtCN, } -75\ ^\circ C}$$

CAB =

(−)-Laulimalide

(100)

6.2 Papulacandin D 的全合成

早在 1977 年，Traxler 课题组从微生物 *Papularia spherosperma* 的发酵产物中分离提纯了 Papulacandins A-E，并进行了结构的鉴定[106~108]。体外生物活性研究表明：这类化合物具有很好的抗细菌和抗真菌活性。Papulacandins 是一类结构新颖的糖脂类化合物，可以看作是一个螺环缩酮糖醇与一个不饱和手性脂肪酸形成的酯。从合成的观点来看，核心的问题是如何立体选择性地生成螺环缩酮以及 C7 上的手性仲醇。

2007 年，Denmark 课题组报道了对 Papulacandin D 的全合成[109]。在该合成路线中，路易斯碱催化的 Hosomi-Sakurai 反应被成功用于生成 C7 上的手性仲醇。如式 101 所示：从便宜易得的香叶醇出发，经由 8 步反应得到 α,β-γ,δ 不饱和醛。接着，在手性二磷酰胺催化剂存在下与烯丙基三氯硅烷发生 Hosomi-Sakurai 反应，高产率和高非对映选择性地生成了仲醇中间体。随后，经过碳链增长和仲醇保护等转化得到不饱和脂肪酸，并采用 Yamaguchi 成酯方法与手性螺环缩酮糖醇进行偶联。最后，经过整体的脱保护反应完成了 Papulacandin D 的全合成。

$$\xrightarrow{\text{8 steps}} \xrightarrow[88\%, 92\% \text{ de}]{\text{L* (10 mol\%), } H_2C=CHCH_2SiCl_3 \\ (i\text{-Pr})_2NEt, CH_2Cl_2, -78\ ^\circ C, 8\ h}$$

L* =

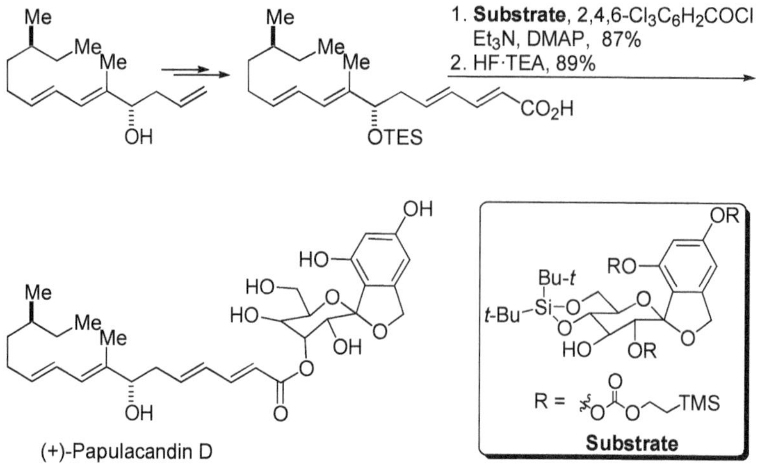

(101)

(+)-Papulacandin D

6.3 (–)-Terpestacin 的全合成

(–)-Terpestacin 是一个在生物活性和化学结构上都非常重要的二萜类化合物，最初是从微生物 *Arthrinium* 的发酵物中提取出来的[110~113]。生物活性实验表明：该化合物具有抗 HIV 病毒和抗癌活性。(–)-Terpestacin 具有罕见的邻二酮结构，而且其中一个以烯醇的形式存在。在其二环结构中，其中一个是 15 员纯碳链大环且含有三个三取代的双键。因此，富有挑战性的化学结构和具有极高应用价值的生物活性使得 (–)-Terpestacin 的全合成成为一个热门话题。

2007 年，Trost 课题组报道了对 (–)-Terpestacin 的全合成[114]。在该全合成路线中，所遇到的核心困难之一是如何立体选择性地对 C15 进行烷基化，而最终的解决办法便是采用 Hosomi-Sakurai 对不饱和酮的共轭加成反应。如式 102 所示：从廉价的 3-甲基-1,2-环戊二酮出发，经过钯催化的不对称烯丙基烷基化

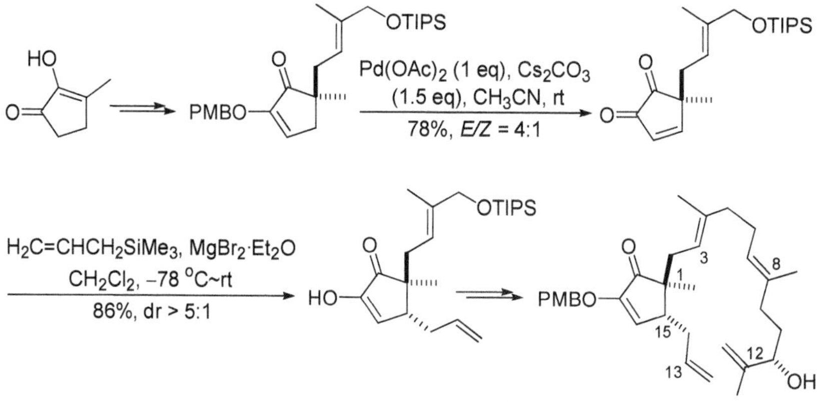

反应(AAA 反应或者 Tsuji-Trost 反应) 和 Claisen 重排得到一个新的手性邻二酮化合物。接着，他们首次发展了一个直接将邻二酮氧化成为共轭不饱和邻二酮的方法，这是 Saegusa 氧化法的一个延伸，而这种共轭不饱和邻二酮结构在文献中也是鲜有报道。由于具有该结构的邻二酮反应活性很高，采用温和的路易斯酸 $MgBr_2$ 作为促进剂在低温下就可以与烯丙基三甲基硅烷顺利反应，高度立体选择性地将烯丙基加入到 C15 上。然后，经过碳链偶合增长和烯烃的 RCM 反应，艰巨却成功地构建了分子的双环骨架。最后，经过必要的修饰完成了其全合成。

6.4 Bryostatin 类似物的全合成

Bryostatins (草苔虫总内酯) 是一类著名的具有显著抗癌活性的大环内酯天然产物，最早是由 Pettit 课题组从深海海绵中分离提取得到的[115]。该类化合物抗癌的机理在于它们可以与蛋白激酶 C 产生很强的亲和作用，从而可以抑制癌细胞的增长。由于它们具有活性高和毒性小的优点，在临床研究上具有重要的应用价值。然而，它们从自然界分离提取得到的产率极低，无法满足生物医学研究的需要。由于目前已经报道的全合成路线存在有步骤太多和产率太低的缺点[116~118]，所以人们开始寻找新的解决办法。显然，利用 Bryostatin 类似物便是其中一个非常有效的办法。经过构效关系研究之后，人们可以将复杂分子简化。通过保留原形化合物的骨架结构和相关官能团，可以达到既保存分子的生物活性又简化合成步骤的目的。

2008 年，Keck 课题组在报道了一条简洁新颖的合成 Bryostatin 类似物的路线[119]。其精彩之处便是两次利用了串联的 Prins-Hosomi-Sakurai 成环反应。如式 103 所示：前体醛和手性烯丙基硅烷醇在 TMSOTf 的诱导下发生偶合反应，以 96% 的高产率形成了第一个四氢吡喃环。然后，经过三步反应又得到一个新的手性烯丙基硅烷化合物。在 TMSOTf 的诱导下，它与另一个 α,β-不饱和醛再次发生偶合反应，以 84% 的高产率形成了第二个四氢吡喃环。再经过大环内酯化反应和若干官能团保护基的转换，最终完成了三个 Bryostatin 类似物的合成。经过生物活性检验，这三个类似物都具有极好的生物活性。

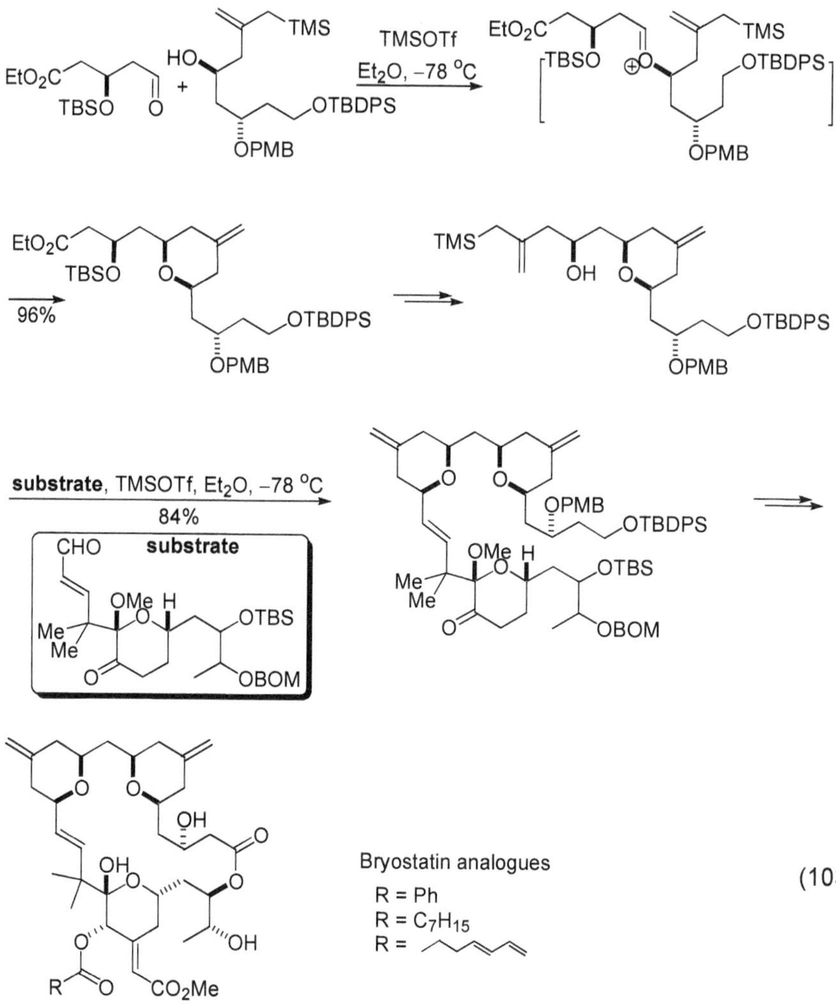

Bryostatin analogues
R = Ph
R = C₇H₁₅
R =

(103)

7　Hosomi-Sakurai 反应实例

例　一

4-羟基-1-庚烯的合成[120]
(经典的 Hosomi-Sakurai 反应)

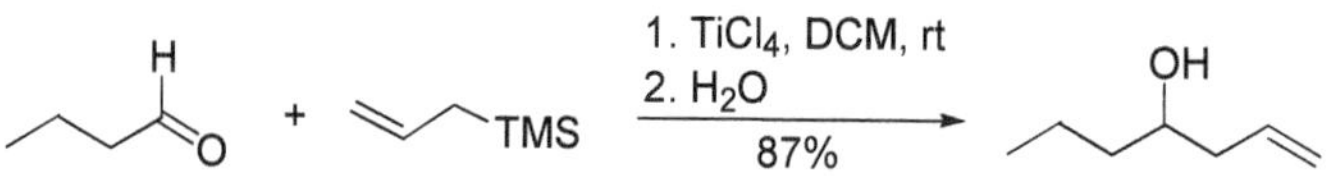

(104)

在室温、搅拌和氮气保护下，通过注射器将 TiCl₄ (190 mg, 1 mmol) 缓慢滴加到正丁醛 (144 mg, 2 mmol) 的 CH₂Cl₂ (3 mL) 溶液中。搅拌 5 min 后，接着加入烯丙基三甲基硅烷 (228 mg, 2 mmol)。生成的反应混合物室温搅拌 1min 后，将水 (5 mL) 加入反应体系中。用乙醚萃取 (3 × 5 mL)，合并的提取液经水洗后用无水硫酸钠干燥。蒸去溶剂，残留物经柱色谱分离纯化得到纯净的反应产物 (198 mg, 87%)。

例　二

1-甲氧基-3-丁烯基苯的合成[121]

(催化的缩醛的 Hosomi-Sakurai 反应)

$$(105)$$

在 −78 ℃ 和氩气保护下，将 TMSOTf (22 mg, 0.1 mmol) 慢慢地滴加到烯丙基三甲基硅烷 (1.31 g, 11.5 mmol) 的 CH₂Cl₂ (1 mL) 溶液中。然后，用注射器将苯甲基二甲缩醛 (1.60 g, 10.5 mmol) 的 CH₂Cl₂ (4 mL) 溶液慢慢地滴加到上述混合溶液中。生成的反应混合物在 −78 ℃ 搅拌 6 h 之后，倒入饱和的碳酸氢钠水溶液 (10 mL)。然后，用乙醚萃取 (3 × 20 mL)。合并的有机提取液经饱和食盐水洗涤后，用无水硫酸钠干燥。蒸去溶剂，残留物经柱色谱分离纯化 [硅胶，乙醚-正己烷 (1:20)] 得到无色的液体产物 (1.51 g，88%)。

例　三

1-氧-1,3-二苯基-5-己烯的合成[122]

(催化的 1,4-加成类型的 Hosomi-Sakurai 反应)

$$(106)$$

在室温和氮气保护下，将反式查耳酮 (208 mg, 1.0 mmol)、三甲基氯硅烷 (543 mg, 5.0 mmol) 和烯丙基三甲基硅烷 (126 mg, 1.1 mmol) 依次加入到三氯化铟 (22.0 mg, 0.1 mmol) 的 CH₂Cl₂ (3 mL) 溶液中。继续搅拌 30 min 后，倒入饱和的碳酸氢钠水溶液 (10 mL)。生成的混合物用乙醚萃取 (3 × 25 mL)，合并的萃取液依次经水 (20 mL)、饱和食盐水 (20 mL) 洗后，用无水硫酸镁干燥。蒸去溶剂，残留物经柱色谱分离纯化 [乙酸乙酯-正己烷 (1:20)] 得到纯净的

反应产物 (223 mg，89%)。

例 四

4-羟基-5,5-二甲基-1,7-辛二烯的合成[123]

(不对称催化 Hosomi-Sakurai 反应)

$$
\begin{array}{c}
\text{1. (S)-BINOL (20 mol\%), TiF}_4 \text{ (10 mol\%)} \\
\text{CH}_3\text{CN-CH}_2\text{Cl}_2, \text{0 °C, 4 h} \\
\hline
\text{2. TBAF, THF} \\
\hline
\text{90\%, 94\% ee}
\end{array}
\tag{107}
$$

在室温和氮气保护下，将四氟化钛的乙腈溶液 (0.2 mL，0.5mol/L) 加入到 (S)-BINOL (57 mg，0,20 mmol) 的乙腈溶液 (0.5 mL) 中。得到的深红色溶液搅拌 5 min 后，减压蒸去溶剂。然后，在真空 (1 mmHg) 抽气 30 min 后，加入 CH₂Cl₂ (0.5 mL)。接着，在 0 °C 慢慢滴加烯丙基三甲基硅烷 (0.24 mL，1.5 mmol)。在相同温度下继续搅拌 1.5 h 后 (溶液变为橙红色)，加入 2,2-二甲基-4-戊烯醛 (0.14 mL，1.0 mmol)。生成的反应混合物在 0 °C 下搅拌 4 h 后，用乙醚/正戊烷 (1:2，10 mL) 稀释。使用硅胶短柱过滤该混合物，并用乙醚/正戊烷 (1:2，50 mL) 冲洗。收集滤液并蒸去溶剂，真空干燥后得到的油状物用 THF (2.0 mL) 稀释。然后，加入 TBAF (1.0 mL，1 mol/L 的 THF 溶液)，并在室温下搅拌 0.5 h。反应混合物用乙醚 (50 mL) 稀释后，依次经水 (20 mL) 和饱和食盐水 (20 mL) 洗涤后用无水硫酸钠干燥。蒸去溶剂，残留物经柱色谱分离纯化 [乙醚-正戊烷 (1:10)] 得到纯净的反应产物 (138 mg，90%)。

例 五

4-亚甲基四氢吡喃环的合成[124]

(串联 Hosomi-Sakurai 反应)

$$
\begin{array}{c}
\text{TMSOTf, Et}_2\text{O, −78 °C} \\
\hline
\text{97\%}
\end{array}
\tag{108}
$$

在 −78 °C 和氮气保护下，将 TMSOTf (23.3 mg，0.105 mmol) 慢慢滴加到羟基烯丙基三甲基硅烷 (19.5 mg，0.0700 mmol) 和 TBDPS 保护的 β-羟基丙醛 (44.0 mg，0.140 mmol) 的乙醚溶液中。反应混合物在 −78 °C 继续搅拌 20

min 后，加入氢氧化钠水溶液 (1 mL, 1 mol/L) 并温至室温。分出有机层，水层用乙酸乙酯萃取 (3 × 5 mL)。合并的萃取液，经饱和食盐水 (5 mL) 洗涤后，用无水硫酸镁干燥。蒸去溶剂，残留物经柱色谱分离纯化 [乙酸乙酯-正己烷 (1:9)] 得到无色油状物产物 (34.0 mg, 97 %)。

8 参 考 文 献

[1]   Sommer, L. H.; Tyler, L. J.; Whitmore, F. C. *J. Am. Chem. Soc.* **1948**, *70*, 2872.

[2]   Sakurai, H.; Hosomi, A.; Kumada, M. *J. Org. Chem.* **1969**, *34*, 1764.

[3]   Deleris, G.; Dunogues, J.; Calas, R.; Pisciotti, F. *J. Organomet. Chem.* **1974**, *69*, C15.

[4]   Abel, E. W.; Rowley, R. J. *J. Organomet. Chem.* **1975**, *84*, 199.

[5]   Hosomi, A.; Sakurai, H. *Tetrahedron Lett.* **1976**, *17*, 1295.

[6]   Roush, W. R. In *Comprehensive Organic Chemistry*; Trost, B. M.; Fleming, I., Eds.; Pergamon Press: Oxford, 1991, Vol. 2, Chapter 1.1.

[7]   Hosomi, A.; Miura, K. *Bull. Chem. Soc. Jpn.* **2004**, *77*, 835.

[8]   Yamamoto, Y.; Asao, N. *Chem. Rev.* **1993**, *93*, 2207 and reference therein.

[9]   Denmark, S. E.; Almsted, N. G. In *Modern Carbonyl Chemistry*; Otera, J., Ed.; Wiley-VCH: Weinheim, 2000; pp 298-401.

[10] Denmark, S. E.; Fu, J. *Chem. Rev.* **2003**, *103*, 2763.

[11] Lambert, J. B.; Zhao, Y.; Emblidge, R. W.; Salvador, L. A.; Liu, X.; So, J.-H.; Chelius, E. C. *Acc. Chem. Res.* **1999**, *32*, 183.

[12] Fleming, I.; Langley, J. A. *J. Chem. Soc., Perkin Trans. 1* **1981**, 1421.

[13] White, J. M.; Clark, C. I. In *Topics in Stereochemistry*; Denmark, S. E., Ed.; Wiley: New York, 1999; pp 137-200.

[14] Hosomi, A.; Sakurai, H. *Tetrahedron Lett.* **1978**, *19*, 2589.

[15] Reetz, M. T.; Hu llmann, M.; Massa, W.; Berger, S.; Rademacher, P.; Heymanns, P. *J. Am. Chem. Soc.* **1986**, *108*, 2405.

[16] Denmark, S. E.; Henke, B. R.; Weber, E. *J. Am. Chem. Soc.* **1987**, *109*, 2512.

[17] Denmark, S. E.; Almstead, N. G. *J. Am. Chem. Soc.* **1993**, *115*, 3133.

[18] Cozzi, P. G.; Solari, E.; Floriani, C.; Chiesi-Villa, A.; Rizzoli, C. *Chem. Ber.* **1996**, *129*, 1361.

[19] Jin, S.; McKee, V.; Nieuwenhuyzen, M.; Robinson, W. T.; Wilkins, C. J. *J. Chem. Soc., Dalton Trans.* **1993**, *20*, 3111.

[20] Denmark, S. E.; Weber, E. J. *Helv. Chim. Acta* **1983**, *66*, 1655.

[21] Denmark, S. E.; Almstead, N. G. *J. Org. Chem.* **1994**, *59*, 5130.

[22] S. D. Kahn, C. F. Pau, A. R. Chamberlin, W. J. Hehre *J. Am. Chem. Soc.* **1987**, *109*, 650.

[23] Hayashi, T.; Konishi, M.; Ito, H.; Kumada, M. *J. Am. Chem. Soc.* **1982**, *104*, 4962.

[24] Hayashi, T.; Kabeta, K.; Hamachi, I.; Kumada, M. *Tetrahedron Lett.* **1983**, *24*, 2865.

[25] Hayashi, T.; Konishi, M.; Kumada, M. *J. Org. Chem.* **1983**, *48*, 281.

[26] Osumi, K.; Sugimura, H. *Tetrahedron Lett.* **1995**, *36*, 5789.

[27] Hayashi, T.; Kabeta, T.; Hamachi, I.; Kumada, M. *Tetrahedron Lett.* **1983**, *24*, 2865.

[28] Healthcock, C. H.; Kiyooka, S.; Blumenkopf, T. A. *J. Org. Chem.* **1984**, *49*, 4214

[29] Reetz, M. T.; Jung, A. *J. Am. Chem. Soc.* **1983**, *105*, 4833.

[30] Heathcock, C. H.; Kiyooka, S.; Blumenkopf, T. A. *J. Org. Chem.* **1984**, *49*, 4214.

[31] Danishefsky, S. J.; DeNinno, M. *Tetrahedron Lett.* **1985**, 26, 823.

[32] Rendler, S.; Oestreich, M. *Synthesis* **2005**, *11*, 1727.

[33] Kira, M.; Kobayashi, M.; Sakurai, H. *Tetrahedron Lett.* **1987**, *28*, 4081.

[34] Kira, M.; Sato, K.; Sakurai, H.; Hada, M.; Izawa, M.; Ushiro, J. *Chem. Lett.* **1991**, 387.

[35] Kobayashi, S.; Nishio, K. *Tetrahedron Lett.* **1993**, *34*, 3453.

[36] Kobayashi, S.; Nishio, K. *J. Org. Chem.* **1994**, *59*, 6620.

[37] Orito, Y.; Nakajima, Y. *Synthesis* **2006**, *9*, 1391.

[38] Denmark, S. E.; Fu, J. *Chem. Rev.* **2003**, *103*, 2763.

[39] Majetich, G.; Casares, A.; Chapman, D.; Behnke, M. *J. Org. Chem.* **1986**, *51*, 1745.

[40] Hosomi, A.; Sakurai, H. *J. Am. Chem. Soc.* **1977**, *99*, 1673.

[41] Majetich, G.; Casares, A.; Chapman, D.; Behnke, M. *J. Org. Chem.* **1986**, *51*, 1745.

[42] Hosomi, A.; Masahiko, E.; Sakurai, H. *Chem. Lett.* **1976**, 941.

[43] Hosomi, A.; Masahiko, E.; Sakurai, H. *Chem. Lett.* **1986**, 365.

[44] Hosomi, A.; Sakata, Y.; Sakurai, H. *Tetrahedron Lett.* **1984**, *25*, 2383.

[45] Danishefsky, S.; Kerwin, J. F. *J. Org. Chem.* **1982**, *47*, 3803.

[46] Kira, M.; Hino, T.; Sakurai, H. *Chem. Lett.* **1991**, 277.

[47] Pilcher, A. S.; DeShong, P. *J. Org. Chem.* **1996**, *61*, 6901.

[48] Wang, D.; Zhou, Y.; Tang, Y.; Hou, X.; Dai, L. *J. Org. Chem.* **1999**, *64*, 4233.

[49] Yadav, J. S.; Reddy, B. V. S.; Reddy, M. S.; Parimala, G. *Synthesis* **2003**, 2390.

[50] Cerveau, G.; Chuit, C.; Corriu, R. J. P.; Reye, C. *J. Orgnomet. Chem.* **1987**, *328*, C17, 57a.

[51] Hosomi, A.; Kohra, S.; Tominaga, Y. *J. Chem. Soc., Chem. Commun.*, **1987**, 1517.

[52] Hosomi, A.; Kohra, S.; Tominaga, Y. *Chem. Pharm. Bull.* **1987**, *35*, 2155.

[53] Hosomi, A.; Kohra, S.; Ogata, K.; Yanagi, T.; Tominaga, Y. *J. Org. Chem.* **1987**, *55*, 2415.

[54] Kira, M.; Sato, K.; Sakurai, H. *J. Am. Chem. Soc.* **1988**, *110*, 4599.

[55] Matsumoto, K.; Oshima, K.; Utimoto, K. *J. Org. Chem.* **1994**, *59*, 7152.

[56] Trost, B. M.; Thiel, O. R.; Tsui, H. *J. Am. Chem. Soc.* **2003**, *125*, 13155.

[57] Williams, D. R.; Myers, B. J.; Mi, L. *Org. Lett.*, **2000**, *2*, 945.

[58] Hollis, T. K.; Bosnich, B. *J. Am. Chem. Soc.* **1995**, *117*, 4570.

[59] Tsunoda, T.; Suzuki, M.; Noyori, R. *Tetrahedron Lett.* **1980**, *21*, 71.

[60] Sakurai, H.; Sasaki, K.; Hosomi, A. *Tetrahedron Lett.* **1981**, *22*, 745.

[61] Mukaiyama, T.; Nagaoka, H.; Murakami, M.; Ohshima, M. *Chem. Let.* **1985**, 977.

[62] Hollis, T. K.; Robinson, N. P.; Whelan, J.; Bosnich, B. *Tetrahedron Let.* **1993**, *34*, 4309.

[63] Kampen, D.; List, B *Synlett.* **2006**, *16*, 2589.

[64] Lee, P. H.; Lee, K.; Sung, S.; Chang, S. *J. Org. Chem.* **2001**, *66*, 8646.

[65] Hosomi, A; Shirahata, A.; Sakurai, H *Tetrahedron lett.* **1978**, 33, 3043.

[66] Yamasaki, S.; Fujii, K.; Wada, R.; Kanai. M.; Shibasaki, M. *J. Am. Chem. Soc.* **2002**, *124*, 6536.

[67] Schinzer, D. *Synthesis* **1988**, *4*, 263.

[68] Stevens, B. D.; Nelson, S. G. *J. Org. Chem.* **2005**, *70*, 4375.

[69] Trost, B. M.; Coppola, B. P. *J. Am. Chem.* Soc. **1982**, *104*, 6879.

[70] Trost, B. M.; Vincent, J. E. *J. Am. Chem.* Soc. **1980**, *102*, 5680.

[71] Schinzer, D. Angew. Chem. Int. Ed. Engl. **1984**, 23, 308.

[72] Kampen, D; Ladepeche, A; Clasen, G; List, B *Adv. Synth. Catal.* **2008**, *350*, 962.

[73] van Innis, L.; Plancher, J. M.; Marko', I. E. *Org. Lett.* **2006**, *8*, 6111.

[74] Kobayashi, S.; Nishio, K. *J. Org. Chem.* **1994**, *59*, 6620.

[75] Johnson, W. S.; Crackett, P. H.; Elliott, J. D.; Jagodzinski, J. J.; Lindell, S. D. S.; Natarajan, S. *Tetrahedron Lett.* **1984**, *25*, 3951.

[76] Friestad, G. K.; Korapala, C. S.; Ding, H. *J. Org. Chem.* **2006**, *71*, 281.

[77] For a review see: Chan, T. H.; Wang, D. *Chem. Rev.* **1992**, *92*, 995.

[78] Shing, T. K. M.; Li, L-H. *J. Org. Chem.* **1997**, *62*, 1230.

[79] Kinnaird, J. W. A.; Ng, P. Y.; Kubota, K.; Wang, X.; Leighton, J. L. *J. Am. Chem. Soc.* **2002**, *124*, 7920.

[80] Berger, R.; Rabbat, P. M. A.; Leighton, J. L. *J. Am. Chem. Soc.* **2003**, *125*, 9596.

[81] Berger, R.; Duff, K.; Leighton, J. L. *J. Am. Chem. Soc.* **2004**, *126*, 5686.

[82] Burns, N. Z.; Hackman, B. M.; Ng, P. Y.; Powelson, I. A.; Leighton, J. L. *Angew. Chem. Int. Ed.* **2006**, *45*, 3811.

[83] Furuta, K.; Mouri, M.; Yamamoto, H. *Synlett* **1991**, 561.

[84] Ishihara, K.; Mouri, M.; Gao, Q.; Maruyama, T.; Furuta, K.; Yamamoto, H. *J. Am. Chem. Soc.* **1993**, *115*, 11490.

[85] Aoki, S.; Mikami, K.; Terada, M.; Nakai, T.*Tetrahedron* **1993**, *49*, 1783.

[86] Gauthier, D. R. Jr.; Carreira, E. M. *Angew. Chem., Int. Ed. Engl.* **1996**, *35*, 2363.

[87] Yanagisawa, A.; Kageyama, H.; Nakatsuka, Y.; Asakawa, K.; Matsumoto, Y.; Yamamoto, H. *Angew. Chem., Int. Ed.* **1999**, *38*, 3701.

[88] Wadamoto, M.; Yamamoto, H. *J. Am. Chem. Soc.* **2005**, *127*, 14556.

[89] Denmark, S. E.; Coe, D. M.; Pratt, N. E.; Griedel, B. D. *J. Org. Chem.* **1994**, *59*, 6161.

[90] Denmark, S. E.; Fu, J. *J. Am. Chem. Soc.* **2000**, *122*, 12021.

[91] Nakajima, M.; Saito, M.; Shiro, M.; Hashimoto, S. *J. Am. Ch em. Soc.* **1998**, *120*, 6419.

[92] Denmark, S. E.; Fu, J. *J. Am. Chem. Soc.* **2001**, *123*, 9488.

[93] Denmark, S. E.; Fu, J. *Org. Lett.* **2002**, *4*, 1951.

[94] Iseki, K.; Mizuno, S.; Kuroki, Y.; Kobayashi, Y. *Tetrahedron Lett.* **1998**, *39*, 2767.

[95] Iseki, K.; Mizuno, S.; Kuroki, Y.; Kobayashi, Y. *Tetrahedron* **1999**, *55*, 977.

[96] Jagtap, S. B.; Tsogoeva, S. B. *Chem. Commun.* **2006**, 4747.

[97] Malkov, A. V.; Orsini, M.; Pernazza, D.; Muir, K. W.; Langer, V.; Meghani, P.; Kocovsky, P. *Org. Lett.* **2002**, *4*, 1047.

[98] Shimada, T.; Kina, A.; Ikeda, S.; Hayashi, T. *Org. Lett.* **2002**, *4*, 2799.

[99] Massa, A.; Malkov, A. V.; Kočovský, P.; Scettri, A. *Tetrahedron Lett.* **2003**, *44*, 7179.

[100] Ogawa, C.; Sugiura, M.; Kobayashi, S. *Angew. Chem. Int. Ed.* **2004**, *43*, 6491.

[101] Quinoa, E.; Kakou, Y.; Crews, P. *J. Org. Chem.* **1988**, *53*, 3642.

[102] Corley, D. G.; Herb, R.; Moore, R. E.; Scheuer, P. J.; Paul, V. J. *J. Org. Chem.* **1988**, *53*, 3644.

[103] Mooberry, S. L.; Tien, G.; Hernandez, A. H.; Plubrukarn, A.; Davidson, B. S. *Cancer Res.* **1977**, *37*, 159.

[104] Wender, P. A.; Hegde, S. G.; Hubbard, R. D.; Zhang, L. *J. Am. Chem. Soc.* **2002**, *124*, 4956.

[105] Narayanan, B. A.; Bunnelle, W. H. *Tetrahedron Lett.* **1987**, *28*, 6261.

[106] Traxler, P.; Gruner, J.; Auden, J. A. *J. Antibiot.* **1977**, *30*, 289.

[107] Traxler, P.; Frittz, H.; Richter, W. *J. Helv. Chim. Acta* **1977**, *60*, 578.

[108] Traxler, P.; Fritz, H.; Fuhrer, H.; Richter, W. *J. Antibiotics* **1980**, *33*, 967.

[109] Denmark, S. E.; Regens, C. S.; Kobayashi, T. *J. Am. Chem. Soc.* **2007**, *129*, 2774.

[110] Oka, M.; Iimura, S.; Tenmyo, O.; Sawada, Y.; Sugawara, M.; Ohkusa, H.; Yamamoto, H.; Kawano, K.; Hu, S. L.; Fukagawa, Y.; Oki, T. *J. Antibiot.* **1993**, *46*, 367.

[111] Iimura, S.; Oka, M.; Narita, Y.; Konishi, M.; Kakisawa, H.; Gao, Q.; Oki, T. *Tetrahedron Lett.* **1993**, *34*, 493.

[112] Oka, M.; Iimura, S.; Narita, Y.; Furumai, T.; Konishi, M.; Oki, T.; Gao, Q.; Kakisawa, H. *J. Org. Chem.* **1993**, *58*, 1875.

[113] Jung, H. J.; Lee, H. B.; Kim, C. J.; Rho, J. R.; Shin, J.; Kwon, H. J. *J. Antibiot.* **2003**, *56*, 492.

[114] Trost, B. M.; Dong, G.; Vance, J. A. *J. Am. Chem. Soc.* **2007**, *129*, 4540.

[115] For a review of the chemistry and biology of the bryostatins, see: Hale, K. J.; Hummersone, M. G.; Manaviazar, S.; Frigerio, M. *Nat. Prod. Rep.* **2002**, *19*, 413.

[116] Kageyama, M.; Tamura, T.; Nantz, M. H.; Roberts, J. C.; Somfai, P.; Whritenour, D. C.; Masamune, S. *J. Am. Chem. Soc.* **1990**, *112*, 7407.

[117] Evans, D. A.; Carter, P. H.; Carreira, E. M.; Charette, A. B.; Prunet, J. A.; Lautens, M. *J. Am. Chem. Soc.* **1999**, *121*, 7540.

[118] Ohmori, K.; Ogawa, Y.; Obitsu, T.; Ishikawa, Y.; Nishiyama, S.; Yamamura, S. *Angew. Chem., Int. Ed.* **2000**, *39*, 2290.

[119] Keck, G. E..; Kraft, M. B.; Truong, A. P.; Li, W.; Sanchez, C. C.; Kedei, N.; Lewin, N. E.; Blumberg, P. M. *J. Am. Chem. Soc.* **2008**, *130*, 6660.

[120] Hosomi, A.; Sakurai, H. *Tetrahedron Lett.* **1976**, *17*, 1295.

[121] Tsunoda, T.; Suzuki, M.; Noyori, R. *Tetrahedron Lett.* **1980**, *21*, 71.

[122] Lee, P. H.; Lee, K.; Sung, S.; Chang, S. *J. Org. Chem.* 2001, *66*, 8646.

[123] Gauthier, D. R., Jr.; Carreira, E. M. *Angew. Chem., Int. Ed. Engl.* **1996**, *35*, 2363.

[124] Keck, G. E.; Covel, J. A.; Schiff, T.; Yu, T. *Org. Lett.* **2002**, *4*, 1189.

光 延 反 应

(Mitsunobu Reaction)

许家喜

1 历史背景简述

1967 年，日本有机化学家光延旺洋 (Oyo Mitsunobu) 教授首先报道了在偶氮二甲酸二乙酯 (diethyl azodicarboxylate, DEAD) 存在下亚磷酸二乙基烯丙基酯对羧酸的烯丙基化反应，以及在 DEAD 和 PPh$_3$ 存在下醇与羧酸生成酯的反应[1](式 1 和式 2)。

$$\text{(1)}$$

$$\text{PhCO}_2\text{H} + \text{ROH} + \text{EtO}_2\text{CN=NCO}_2\text{Et} + \text{PPh}_3 \xrightarrow{73\%}$$

$$\text{(2)}$$

1971 年，该研究小组又发现：光学纯仲醇 (S)-(+)-2-辛醇与苯甲酸在同样的反应条件下生成酯时，醇上的手性碳发生了构型翻转[2] (式 3)。

$$\text{(3)}$$

后来，Mitsunobu 将醇在 PPh$_3$ 和 DEAD 及其同系物存在下作为烷基化试剂的应用进行了进一步的发展。1981 年，Mitsunobu 对该类反应在有机合成中的应用进行了综述[3]。所以，人们现在就将该类反应称之为 Mitsunobu 反应。

1992 年和 1996 年，Hughes 分别发表了 2 篇关于 Mitsunobu 反应的全面综述，进一步促进了该反应的应用[4,5]。最近十余年来，许多综述论文从不同的角度对 Mitsunobu 反应进行了讨论和总结[6~16]。

Mitsunobu (1934-2003) 出生于日本东京，1959 年从学习院大学 (Gakushuin University) 毕业后成为东京工业大学 (Tokyo Institute of Technology) 的教员。1996 年后任职于青山学院大学 (Aoyama Gakuin University) 理工学院化学系的副教授和教授。1984 年，日本有机合成化学会授予 Mitsunobu 成就奖以表彰他对活化醇羟基参与的立体专一性反应的发现和发展 (Discovery and development of the stereospecific reaction by the activation of the alcoholic hydroxyl group)。

2 Mitsunobu 反应的定义和机理

Mitsunobu 反应是指醇和具有酸性的亲核试剂前体在三烃基膦和偶氮二甲酸酯存在下的氧化还原偶联反应 (式 4)。

$$R^1OH + H\text{-}Nu + R^2_3P + R^3O_2CN{=}NCO_2R^3 \longrightarrow$$

$$R^1\text{-}Nu + R^2_3P{=}O + R^3O_2CNH\text{-}NHCO_2R^3 \qquad (4)$$

在反应过程中，最常用的氧化还原偶联试剂是 PPh$_3$ 和 DEAD 的组合。该反应主要适用于伯醇和仲醇[3~5]，叔醇参与该反应的例子较少[17~20]。仲醇如果是手性的，在反应过程中会完全发生构型翻转[2] (式 5)。

$$\underset{R}{\overset{OH}{\diagup}}R^1 + H\text{-}Nu + R^2_3P + R^3O_2CN{=}NCO_2R^3 \longrightarrow$$

$$\underset{R}{\overset{Nu}{\diagup}}R^1 + R^2_3P{=}O + R^3O_2CNH\text{-}NHCO_2R^3 \qquad (5)$$

近期的研究表明：在光学活性叔醇与酚形成烷基芳基醚的 Mitsunobu 反应中，光学活性叔醇也完全发生构型翻转[21] (式 6)。

$$\underset{R}{\overset{HO}{\diagup}}\overset{R^2}{\underset{R^1}{}} + HOAr + Ph_3P + R^3O_2CN{=}NCO_2R^3 \longrightarrow$$

$$\underset{R}{\overset{ArO}{\diagup}}\overset{R^2}{\underset{R^1}{}} + Ph_3P{=}O + R^3O_2CNH\text{-}NHCO_2R^3 \qquad (6)$$

早在 1981 年，Mitsunobu 认为该反应的机理可能经历了四个步骤[3]：(1) 三烃基膦对偶氮二甲酸酯亲核加成生成偶极肼氮负离子季鏻盐 (式 7)；(2) 该肼氮负离子从酸性亲核试剂前体中夺得质子形成肼基取代的季鏻盐 (式 8)；(3) 醇羟基氧原子进攻季鏻盐生成烷氧基季鏻盐和肼二甲酸酯 (式 9)；(4) 亲核试剂对烷氧基季鏻盐进行 S$_N$2 取代得到构型翻转的产物和三烃基氧膦 (式 10)。

$$R^2_3P + R^3O_2CN=NCO_2R^3 \longrightarrow \underset{\overset{+}{P}R^2_3}{R^3O_2CN-N^--CO_2R^3} \qquad (7)$$

$$\underset{\overset{+}{P}R^2_3}{R^3O_2CN-N^--CO_2R^3} + H-Nu \longrightarrow \underset{\overset{+}{P}R^2_3}{R^3O_2CN-NHCO_2R^3} \; Nu^- \qquad (8)$$

$$\underset{\overset{+}{P}R^2_3}{R^3O_2CN-NHCO_2R^3} \; Nu^- + \underset{OH}{\overset{R \quad R^1}{\diagup}} \longrightarrow \underset{O^+PR^2_3}{\overset{R \quad R^1}{\diagup}} \; Nu^- + R^3O_2CNH-NHCO_2R^3 \qquad (9)$$

$$\underset{O^+PR^2_3}{\overset{R \quad R^1}{\diagup}} + Nu^- \longrightarrow \underset{Nu}{\overset{R \quad R^1}{\diagup}} + R^2_3P=O \qquad (10)$$

但是，后来其他研究小组用 ^{31}P NMR 对该反应进行仔细研究发现：根据酸性亲核试剂前体加入的时间不同，反应机理也有所不同[22~24]。当第一步反应中偶极肼氮负离子季鏻盐形成时，如果反应体系中没有酸性亲核试剂前体存在，此时加入的醇会与偶极肼氮负离子季鏻盐发生反应，形成二烷氧基三烃基膦和肼二甲酸酯 (式 11)。若在此时加入酸性亲核试剂前体，剩下的偶极肼氮负离子季鏻盐就会发生质子化生成肼基取代的季鏻盐。而二烷氧基三烃基膦也会很快和酸性亲核试剂前体发生反应生成烷氧基季鏻盐，同时释放出一半的醇去和肼基取代的季鏻盐发生反应生成烷氧基季鏻盐，亲核试剂对烷氧基季鏻盐进行 S_N2 取代得到构型翻转的产物。在此反应过程中，从肼基取代的季鏻盐到烷氧基季鏻盐的反应过程非常慢，从二烷氧基三烃基膦到烷氧基季鏻盐的反应过程则非常快。与 Mitsunobu 提出的反应机理不同的是，在后加入酸性亲核试

$$\begin{array}{c}
R^2_3P + R^3O_2CN=NCO_2R^3 \\
\downarrow \\
\underset{\overset{+}{P}R^2_3}{R^3O_2CN-N^--CO_2R^3} \\
\end{array}$$

H-Nu（左路径） ... HOR¹（右路径）

$$\underset{\overset{+}{P}R^2_3}{R^3O_2CN-NHCO_2R^3} \; Nu^- \qquad\qquad \underset{R^2 \quad OR^1}{\overset{R^2}{\underset{R^2}{P}}OR^1}$$

$$R^3O_2CNH-NHCO_2R^3$$

$$\begin{array}{ccc}
HOR^1 & & H-Nu \\
\text{slow} & & \text{fast} \\
\end{array}$$

$$R^1O^+PR^2_3 \; Nu^-$$

$$\text{slow} \searrow \; R^2_3P=O$$

$$R-Nu$$

(11)

剂前体的反应条件下，将有一大部分的醇经过二烷氧基三烃基膦中间体形成烷氧基季鳞盐，再进一步与亲核试剂发生偶联反应得到产物。

近几年的研究还发现：某些位阻较大的仲醇在标准 Mitsunobu 反应条件下进行酯化时，会分离得到构型保持的产物[25~28]。这可能是因为位阻较大时，仲醇在反应机理第三步 (式 9) 中不易接近肼基取代的季鳞盐。此时，亲核试剂酰氧基负离子进攻该季鳞盐形成酰氧基季鳞盐，醇再与该酰氧基季鳞盐发生 S_N2 取代得到构型保持的产物 (式 12)。

$$(12)$$

研究还发现：不同反应底物的 Mitsunobu 反应还会得到不同反应类型的产物。位阻小的亲核试剂前体和醇反应时，往往会得到 N-酰基肼二甲酸酯和 N-烷基肼二甲酸酯，这可能就是导致某些 Mitsubonu 反应产率较低的原因之一[24]。如果亲核试剂的位阻比较小 (例如：甲酸和乙酸)，它们就会进攻在第一步反应中生成的取代肼基季鳞盐，得到含有 N-甲酰基肼二甲酸酯和三烃基氧膦[24] (式 13)。但若增加甲酸的用量，过量的甲酸可以与甲酸根负离子形成氢键，会抑制甲酸根对肼基季鳞盐的进攻，从而避免 N-酰基化产物的生成。

$$(13)$$

如果没有亲核试剂前体的存在，位阻很小的醇会在该步反应中得到 *N*-烷基肼二甲酸酯和三烃基氧膦[24] (式 14)。

$$Ph_3P \ + \ EtO_2CN{=}NCO_2Et \ \longrightarrow \ \underset{\overset{|}{\overset{+}{P}Ph_3}}{EtO_2CN{-}N^-CO_2Et} \ \xrightarrow{ROH}$$

$$EtO_2CNH{-}N^-CO_2Et \ + \ ROPPh_3 \ \longrightarrow \ \underset{\overset{|}{R}}{EtO_2CNH{-}NCO_2Et} \ + \ O{=}PPh_3 \qquad (14)$$

3　Mitsunobu 反应的基本概念

3.1　膦试剂

在 90% 以上的 Mitsunobu 反应中使用的膦试剂是 PPh₃,但其它三价膦试剂和亚磷酸酯也经常被用于该目的。有机膦试剂包括取代的三芳基膦[24,29]、含有芳杂环基的三芳基膦[30]、三烷基膦[31~37]、手性烷基芳基膦[38]、烃基烃氧基膦[39]、烃基二烃氨基膦[32,40]、亚磷酸烷基酯[32,41~45]和亚磷酸苯酯[39]。部分具有代表性的有机膦试剂和亚磷酸酯的结构如式 15 所示。

$$\underset{Ph}{\overset{Ph}{P}}{-}Ph \qquad \underset{Ar}{\overset{Ar}{P}}{-}Ar \qquad \underset{Me}{\overset{Me}{P}}{-}Me \qquad \underset{n\text{-}Bu}{\overset{n\text{-}Bu}{P}}{-}Bu{-}n$$

Ar = 3-ClPh, 4-ClPh, 4-FPh, 4-MeOPh, C₆F₅

$$\underset{Ph}{\overset{Ph}{P}}{-}\overset{}{\bigcirc}{-}NMe_2 \qquad \underset{Ph}{\overset{Ph}{P}}{-}\overset{}{\underset{N}{\bigcirc}} \qquad \underset{Me_2N}{\overset{Me_2N}{P}}{-}NMe_2 \qquad (15)$$

$$\underset{MeO}{\overset{MeO}{P}}{-}OMe \qquad \underset{EtO}{\overset{EtO}{P}}{-}OEt \qquad \underset{PhO}{\overset{PhO}{P}}{-}OPh$$

虽然 Mitsunobu 反应已经得到了广泛的应用,但在该反应后处理时除去未反应的膦试剂和副产物三烃基氧膦却相当困难。如果使用含氮膦试剂,反应完成后通过酸性水溶液的简单洗涤就可以方便地完成后处理工作[30,32,40]。后来,人们还发展了其它几种可以通过反应方便除去的膦试剂 (式 16)。例如:带有丙酸叔丁酯基的膦试剂用酸处理后可以水解成酸,很容易通过水洗除去[46,47]。带有三甲基硅乙氧羰基的 PPh₃ 反应完成后,用氟化四丁基铵可以除去三甲基硅乙基也得到相应的酸[48]。又例如:带有冠醚基团的 PPh₃ 在反应完成后,可以用含有铵离子的阳离子交换树脂将其除去[49]。带有蒽-9-甲氧羰基的 PPh₃ 在反应完成后,通过与连接在高聚物上的马来酰亚胺进行 Diels-Alder 反应，用过滤的方法就可以除去[50]。

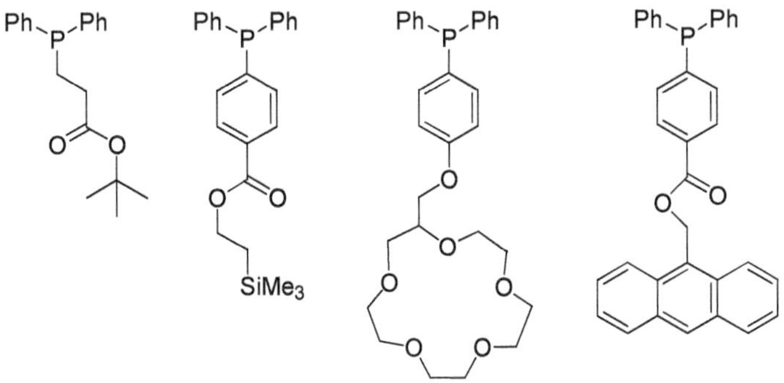

(16)

    通过相分离方法除去 Mitsunobu 反应中的膦试剂及其副产物也是一个很好的方法，但有一定的局限性。带有氟代烷基的 PPh₃ 在反应完成后，可以用氟代烷烃类溶剂萃取或用氟代烷基衍生化的硅胶柱快速柱色谱除去[51]。通过聚乙二醇连接的双 PPh₃ 试剂，在反应结束后加入乙醚沉淀后过滤就可以比较方便地除去[52~54]。聚苯乙烯固载化的 PPh₃ 在反应完成后，通过简单的过滤就可以从反应混合物中除去连接在高聚物上未反应的膦试剂和生成的副产物三烃基氧膦[55~61]。部分具有代表性的可以使用相分离方法的膦试剂如式 17 所示。

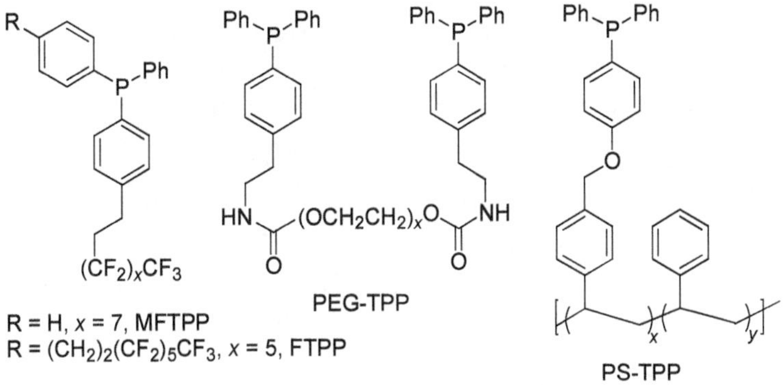

(17)

R = H, x = 7, MFTPP
R = (CH₂)₂(CF₂)₅CF₃, x = 5, FTPP
PEG-TPP
PS-TPP

3.2 偶氮二甲酸酯

    绝大多数报道的 Mitsunobu 反应都使用 DEAD 或 DIAD (偶氮二甲酸二异丙酯, Diisopropyl azodicarboxylate)，但它们反应后生成的肼二甲酸酯也较难从反应混合物中除去[3,4]。DMAD (偶氮二甲酸二甲酯, Dimethyl azodicarboxylate) 偶尔也用于 Mitsunobu 反应，但反应后生成的副产物可以通过水洗除去[41]。为便于产物分离，人们发展了一系列 *N,N,N',N'*-四烷基取代的偶氮二甲酰胺类试剂[10]，例如：TMAD、TIPA 和 ADDP 等 (式 18)。使用这些试剂进行的 Mitsunobu 反应，通过水洗就可以完成后处理工作[10,62]。

$$(18)$$

将反应后的偶氮二甲酸酯通过简单反应转化成为容易除去的化合物，也是一个常用的手段。例如：偶氮二甲酸二叔丁酯 (DBAD，式 19) 在反应完成后生成的肼二甲酸叔丁酯用酸处理后变成肼、二氧化碳和异丁烯，二氧化碳和异丁烯直接可以放出，而肼通过水洗就可以方便除去[30,46,47,57]。又例如：偶氮二甲酸二(降冰片烯-2-甲)酯 (DNAD)，反应完成后生成的肼二甲酸二(降冰片烯-2-甲)酯通过在 Grubbs 催化剂催化下发生烯烃复分解反应生成高聚物，然后，通过简单的过滤就可以除去这些高聚物[58]。

$$(19)$$

也可以使用相分离的方法从反应混合物中除去生成的副产物肼二甲酸酯。例如：氟代醇制备的偶氮二甲酸氟代醇酯 (FDEAD，式 20) 在反应完成后，用氟代烷烃萃取或用氟代烷基衍生化的硅胶进行柱色谱分离就可以非常方便地除去副产物[63,64]。使用高聚物固载化的偶氮二甲酸酯 (PS-AD) 在反应完成后，通过简单的过滤就可以除去副产物[65]。

$$(20)$$

除了偶氮二甲酸酯外，其它氧化剂也可以用作 Mitsunobu 反应的氧化剂。例如：过氧苯甲酰[66]、4-甲基-1,2,4-三唑啉-3,5-二酮[67]、2-氧代丙二酸二甲酯[68]和 3-甲基苯并噻唑-2-硒酮[69]等 (式 21)。

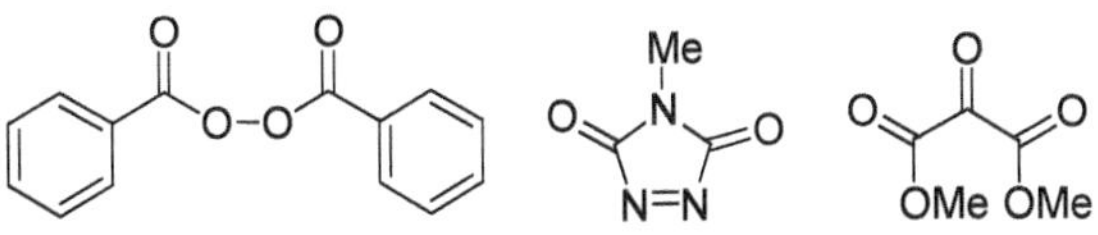

(21)

3.3 替代偶联试剂

虽然经典的 Mitsunobu 反应试剂也可以用于仲醇和叔醇[3,18,19,21,70]，但使用某些位阻比较大的醇却得不到偶联产物。如式 22 所示：叔丁醇与 4-羟基-5H-呋喃-2-酮在经典 Mitsunobu 条件下只能得到偶氮二甲酸酯的加成产物[71]。

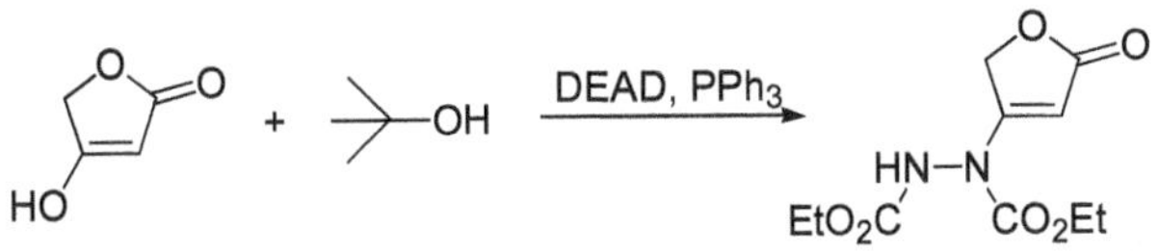

(22)

为此，人们不断地发展新型的 Mitsunobu 反应偶联试剂。例如：Paintner 等将 Hendrickson 试剂 (POP, triphenylphosphonium anhydride trifluoromethanesulfonate)[72] 应用于 Mitsunobu 反应中，该试剂是通过三苯基氧膦和三氟甲磺酸酐反应来制备的[73]。如式 23 所示：该反应不需要加入偶氮二甲酸酯，从而避免了偶氮二甲酸酯加成产物的生成。他们研究了一系列醇对 4-羟基-5H-呋喃-2-酮的烷基化反应，除了叔丁醇的产率只有 7% 以外，其它醇的产率都在 47%~91% 之间。该结果并不十分理想，而且该反应还会得到少量 2-位烷基化的副产物。

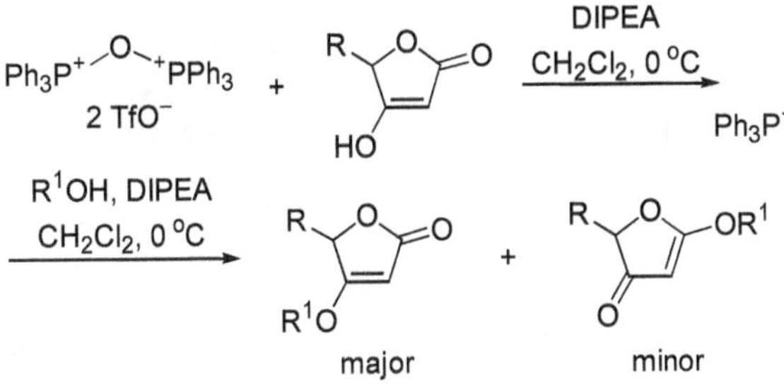

(23)

在光学活性仲醇生成醚的 Mitsunobu 反应中，POP 作为偶联试剂时会明显降低产物的光学纯度。例如：用 97.6% ee 的 (S)-2-辛醇在 POP 作用下对 4-羟基-5H-呋喃-2-酮进行烷基化，得到产物醚的光学纯度只有 76.2% ee。Paintner 等建议，该反应过程可能是按照式 24 进行的[72]。(S)-2-辛醇首先进攻烯醇季膦盐中的磷原子得到 (S)-2-辛醇的季膦盐，同时释放出 4-羟基-5H-呋喃-2-酮的醇负离子 (步骤 a)。然后，该负离子再进攻 (S)-2-辛醇的季膦盐中的手性碳原子，得到构型翻转的产物 (步骤 b)。因此，产物的光学纯度被降低。后来，Elson 等对该反应的机理进行了深入的研究[74]。

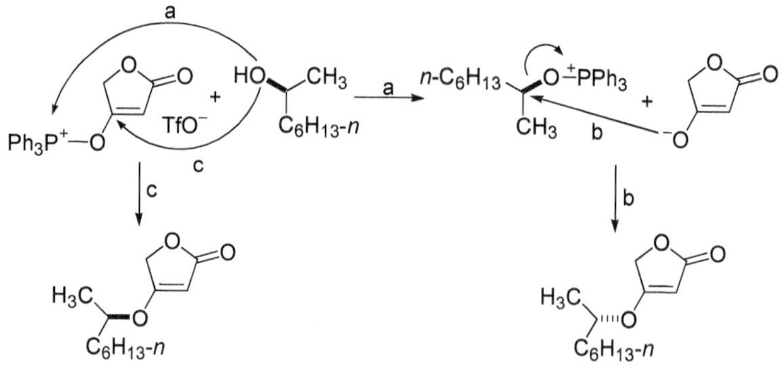

(24)

另一种替代试剂是由 Castro 等发展的由 PPh$_3$ 和环状磺酰胺形成的氮磷偶极离子 (**1**)。该试剂可以用 4,4-二甲基-1,1-二氧代-1,2,5-噻二唑烷与 PPh$_3$ 和 DEAD 反应来制备[75] (式 25)。

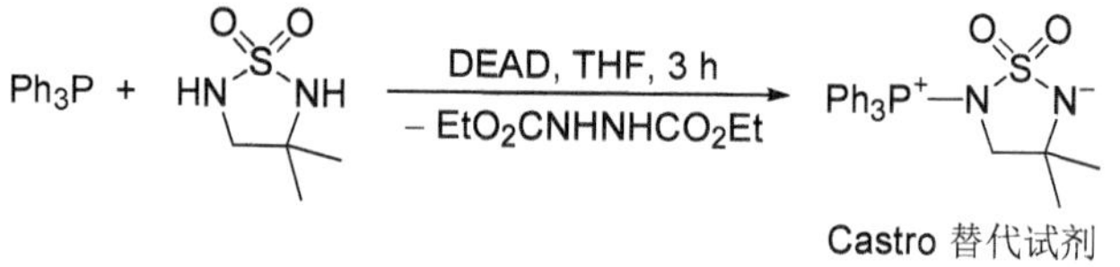

(25)

将该 PPh$_3$ 和环状磺酰胺形成的氮磷偶极离子替代偶联试剂进行甾醇类化合物的酯化和光学活性 2-辛醇的酰亚胺化等反应,虽然反应时间相对较长,但都获得了比较满意的结果[75] (式 26 和式 27)。

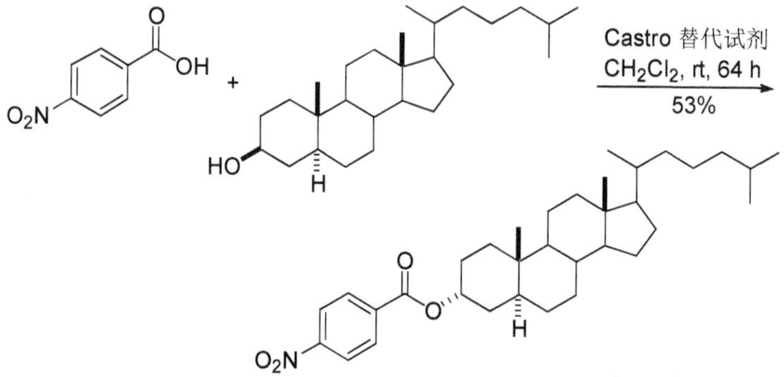

(26)

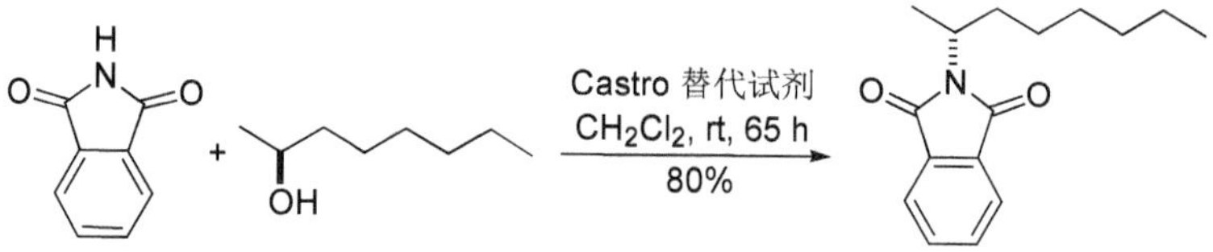

(27)

如式 28 所示[75]:该替代试剂首先与酸性亲核试剂前体反应,从其中夺得一个活泼氢原子;然后,再与醇反应生成烷氧基季鏻盐;最后,亲核试剂进攻烷氧基季鏻盐中与氧原子相连的碳原子,得到醇构型翻转的偶联产物。

$$(28)$$

Brummond 和 Lu 使用该替代试剂将 1,3-噻唑烷-2,4-二酮连接到了含有羟甲基芳基化的树脂上,并经过后续反应在树脂上合成了具有过氧化物酶增殖因子活性的 1,3-噻唑烷-2,4-二酮衍生物 BRL 49653 (式 29)[76]。

BRL 49653 (29)

Tsunoda 等人发展了氰亚甲基三烷基膦类替代试剂。他们首先报道了氰亚甲基三丁基膦 (CMBP) 可以实现醇与苯甲酸和 N-甲基对甲苯磺酰胺的偶联反应,得到 O- 和 N-烷基化的产物。如式 30 和式 31 所示[77]:使用手性仲醇 (S)-2-辛醇作为底物,手性碳原子发生了完全的构型翻转。

$$(30)$$

$$(31)$$

经典的 Mitsunobu 试剂对 C-C 键的形成并不十分有效,氰亚甲基三烷基膦类替代试剂可以成功地应用于形成 C-C 键的 Mitsunobu 反应中。如式 32~式 34 所示[78~80]:CMBP 可以实现醇对活泼亚甲基类化合物中活泼亚甲基的烷基化;而氰亚甲基三丁基膦 (CMMP) 可以实现醇对活泼次甲基类化合物中活泼次甲基的烷基化[79] (式 33) 和醇对芳甲基砜类化合物中亚甲基的烷基化。手性仲醇(S)-2-辛醇在上述反应过程中也发生了完全的构型翻转。

$$ROH + X\!\!\frown\!\!Y \xrightarrow[\substack{X, Y = CO_2Et, CN \\ PhSO_2, Ts, etc.}]{\substack{Bu_3P=CHCN \\ PhH, 100\ ^oC, 24\ h}} R\!\!\begin{array}{c} Y \\ \diagup \\ \diagdown \\ X \end{array} \tag{32}$$

$$ROH + \begin{array}{c} R^1 \quad CN \\ \diagup \\ H \quad SO_2Ph \end{array} \xrightarrow[\substack{or\ Me_3P=CHCN \\ PhH, 100\ ^oC, 24\ h}]{Bu_3P=CHCN} \begin{array}{c} R^1 \quad CN \\ \diagup \\ \diagdown \\ SO_2Ph \end{array} \tag{33}$$

$$ROH + \begin{array}{c} H \quad Ar \\ \diagup \\ H \quad SO_2Ph \end{array} \xrightarrow[\substack{PhH\ or\ THF \\ 80\sim100\ ^oC, 24\ h}]{Me_3P=CHCN} \begin{array}{c} H \quad Ar \\ \diagup \\ R \quad SO_2Ph \end{array} \tag{34}$$

后来, Zaragoza 等发现碘化三烷基氰甲基季鏻盐本身就可以作为 Mitsunobu 型反应的试剂, 实现醇对胺的烷基化[81] (式 35), 并提出了可能的反应机理。如式 36 所示[81]: 在该反应过程中, 碘化三烷基氰甲基季鏻盐在 DIPEA 作用下首先生成氰亚甲基三烷基鏻。然后, 醇再对其加成得到氰亚甲基三烷基烷氧基鏻, 并在 HI 作用下消除一分子乙腈得到碘化三烷基烷氧基鏻。最后, 碘进攻烷氧基的碳原子得到碘代烷, 并与胺反应得到 N-烷基化产物。

$$ROH + HN\!\!\begin{array}{c} R^1 \\ \diagdown \\ R^2 \end{array} \xrightarrow[\text{DIPEA, EtCN, 90 }^oC, 2\ h]{\substack{Bu_3P^+CH_2CN\ I^- \\ or\ Me_3P^+CH_2CN\ I^-}} R\!-\!N\!\!\begin{array}{c} R^1 \\ \diagdown \\ R^2 \end{array} \tag{35}$$

$$R^3_3P^+\!\!\begin{array}{c}\frown CN \\ I^- \end{array} \xrightarrow[-HI]{DIEPA} R^3_3P=\!\!\begin{array}{c}\frown CN \end{array} \xrightarrow{ROH} R^3_3P\!\!\begin{array}{c} \diagup CN \\ \diagdown \\ O \\ | \\ R \end{array}$$

$$\xrightarrow[-MeCN]{+HI} R^3_3P^+\!-\!O \atop I^-\quad R \xrightarrow{-R^3_3PO} R\!-\!I \xrightarrow[-HI]{+HNR^1R^2} R\!-\!N\!\!\begin{array}{c} R^1 \\ \diagdown \\ R^2 \end{array} \tag{36}$$

Zaragoza 等还发现, 该替代试剂可以将醇转化成多两个碳的腈[82] (式 37), 并为反应提出了合理的机理。如式 38 所示[82]: 在反应过程中, 碘化三甲基氰甲基季鏻盐首先与醇反应得到氰亚甲基三甲基烷氧基鏻, 并在 HI 作用下消除一分子乙腈得到碘化三甲基烷氧基鏻。然后, 碘进攻烷氧基的碳原子得到碘代烷, 生成的碘代烷与氰亚甲基三烷基鏻 (由碘化三甲基氰甲基季鏻盐在 DIPEA 作用下生成) 反应得到碘代 α-烷基乙腈三甲基化季鏻盐。最后, 在 HI 中水解得到比醇多两个碳原子的产物腈。

$$
ROH \xrightarrow[\text{2. } H_2O,\ 97\ ^{\circ}C,\ 3\sim12\ h]{\substack{\text{1. } Me_3P^+CH_2CN\ I^- \\ \text{DIEPA, EtCN, } 97\ ^{\circ}C,\ 24\sim48\ h}} R\diagup CN \tag{37}
$$

$$
Me_3P^+\diagup CN\ I^- + ROH \xrightarrow[-HI]{DIEPA} Me_3P\diagdown{}^{CN}_{\ O-R} \xrightarrow[-MeCN]{+HI} Me_3P^+{-}O \diagup R \quad I^-
$$

$$
\xrightarrow{-Me_3PO} R\text{-}I \quad Me_3P=\diagup CN \xrightarrow{} Me_3P^+\diagdown{}^{CN}_{R}\ I^- \xrightarrow[-Me_3PO]{+H_2O,\ -HI} R\diagup CN \tag{38}
$$

2003 年，McNulty 等发展了另外一种磷叶立德型替代试剂—双甲氧羰基亚甲基三丁基膦。该替代试剂可以替代三烃基膦和偶氮二甲酸酯来实现羧酸和醇的成酯反应[83]（式 39）。有意思的是，该反应的立体化学不仅受到羧酸的结构控制，而且还受到反应溶剂的控制。一般来说，邻位有推电子取代基的苯甲酸有利于与手性醇反应生成构型翻转的产物，而含有拉电子取代基的苯甲酸有利于得到构型保持的产物。在 DMF 中比在甲苯中更容易生成构型保持的产物。

$$
RCO_2H + R^1\diagdown{}^{OH}_{}\diagup R^2 \xrightarrow[\text{PhMe or DMF, } 70\ ^{\circ}C,\ 24\ h]{Bu_3P=C(CO_2Me)_2} R^1\diagdown{}^{O_2CR}_{}\diagup R^2 + R^1\diagdown{}^{O_2CR}_{}\diagup R^2 \tag{39}
$$

如式 40 所示：由于在反应过程中既可以生成烷氧基季鏻盐，也可以生成酰氧基季鏻盐。所以，通过烷氧基季鏻盐反应就得到构型翻转的酯，而通过生成酰氧基季鏻盐反应就会得到构型保持的酯。

Mukaiyama 等也发展了一种替代试剂，首先将醇与二甲基氨基二苯基膦或二苯基氯化膦反应得到烷氧基二苯基膦，然后在 2,6-二甲基-1,4-苯醌（**2**）的氧化下与酚或羧酸偶联，得到相应的醚[84]或羧酸酯[85~88]（式 41 和式 42）。

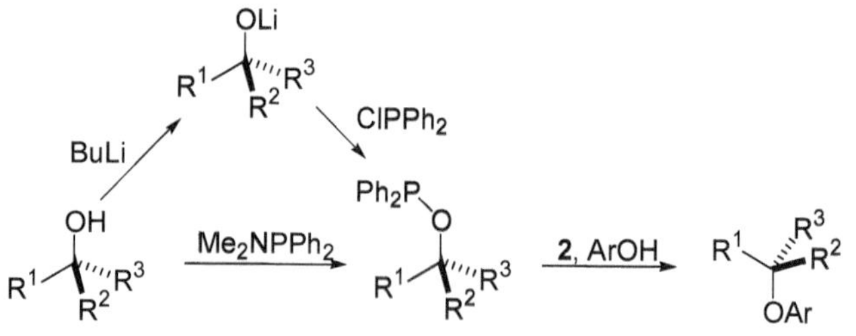

(41)

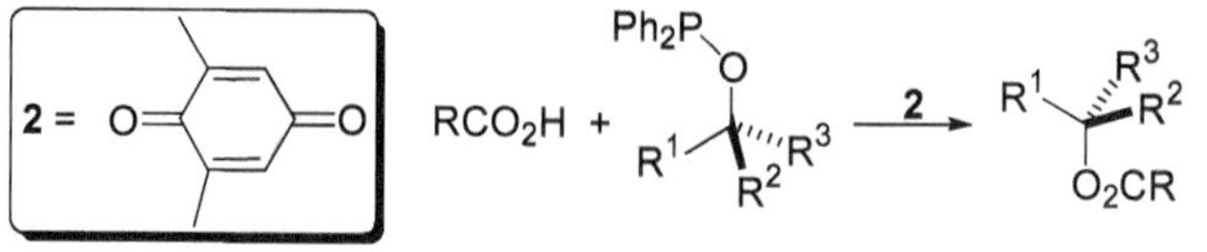

(42)

　　在该替代试剂的偶联反应中，醇可以是各种各样的伯醇、仲醇和叔醇 (式 43)。羧酸可以是各种各样的脂肪酸和芳香酸，甚至大位阻的羧酸 (例如：2,2-二甲基丙酸) 也可以发生偶联反应。一般来讲，手性仲醇得到构型完全翻转的产物。除羟基在桥环上的叔醇得到构型保持的产物外，其它手性叔醇也主要得到构型翻转的产物。但当羧酸为脂肪羧酸 (例如：3-苯基丙酸) 和带有吸电子取代基的芳香羧酸 (例如：对氯苯甲酸) 时，会得到部分构型保持的产物。该替代试剂的优点是可以实现位阻较大的羧酸和醇的偶联反应，缺点是对某些底物会得到部分构型保持的产物，立体选择性不够好。该反应的机理见式 44。

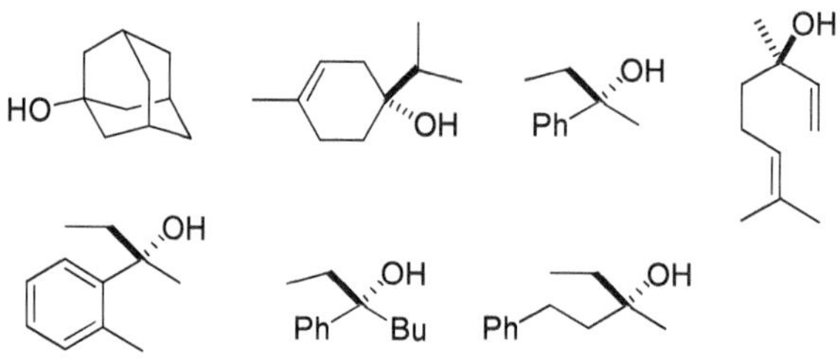

(43)

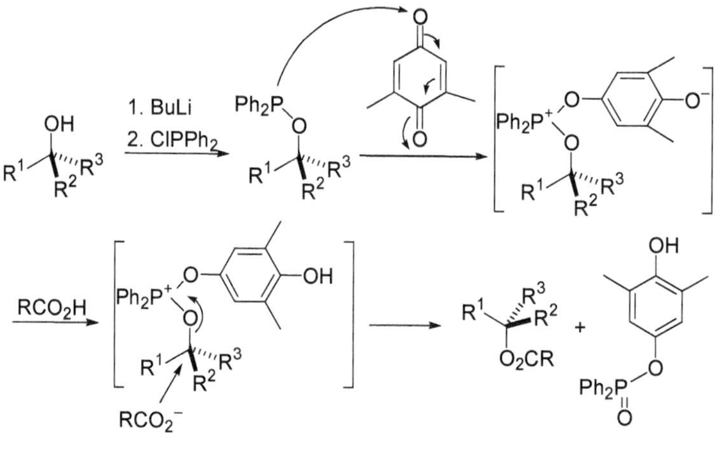

(44)

3.4 亲核试剂前体

通过 Mitsunobu 反应可以形成 C-O、C-N、C-S、C-X (卤) 和 C-C 键等，其反应的酸性亲核试剂前体具有广泛的结构多样性，可以是羧酸、酚、醇、N-羟基酰亚胺、能够烯醇化的酰胺、酰亚胺、叠氮酸及其盐、胺、硫醇和硫酚、硫代乙酸、硫代酰胺、硫脲衍生物、异硫氰酸及其盐、卤代烷和带有强吸电子取代基的活泼亚甲基类化合物等[3,4,80,82]。一般认为 Mitsunobu 反应的酸性亲核试剂前体的 pK_a 最好小于 13，大于 13 较难发生反应。pK_a 在 11~13 时，产率可能较低[10,12]。但在形成 C-C 键的 Mitsunobu 反应中，酸性亲核试剂前体的 pK_a 高达 23.4 也可以进行反应，并且以满意到很高的产率得到产物[78] (式 45)。

$$ROH + \underset{SMe}{\overset{O}{\underset{\|}{O=S}}}-\!\!\!\!\!-\!\!\!\!\!-CH_3 \xrightarrow[\substack{38\%\sim94\%}]{\substack{Bu_3P=CHCN,\ PhH,\ 100\sim \\ 120\ ^oC,\ sealed\ vessel,\ 24\ h}} \underset{\substack{R \\ SMe}}{\overset{O}{\underset{\|}{O=S}}}-\!\!\!\!\!-\!\!\!\!\!-CH_3 \qquad (45)$$

R = Bu, Bn, PhCH₂CH₂, MeCH=CHCH₂, 2-methylheptyl

3.5 醇

醇在 Mitsunobu 反应中相当于是烷基化试剂，伯醇和仲醇[3~6]比叔醇[4,17~21,85]应用的较为广泛。醇分子中包含的许多种其它官能团，例如：β-内酰胺、缩醛和缩酮、缩硫醛和缩硫酮、三烷基硅基醚、卤化物、烯基、炔基、苄氧羰基和叔丁氧羰基、C-Si 键、亚砜和砜、环丙烯基、三苯甲基、氰基、甲氧基甲基和甲氧基乙氧基甲基、重氮基、叠氮基、硝基、对甲苯磺酰基等，在反应过程中都不会受到影响[5]。具有光学活性的仲醇和叔醇在绝大多数反应中都发生构型翻转，只在少数例子中会得到构型保持的产物 (见式 12[24]、式 24[72]和式 39[83])。

烯丙基醇类化合物也表现出一定的复杂性，通常情况下会得到构型翻转的 S_N2 取代产物。但在个别情况下，却会生成 S_N2'取代产物。如式 46 所示：

Ethisolide, R = Et
Isoavenaciolide, R = n-C₈H₁₇

$$(46)$$

由于羟基附近的位阻较大，4-取代-2-亚甲基-3-羟基-γ-丁内酯与三甲基硅基乙氧基乙酸的偶联反应主要得到了 S_N2' 取代产物。如果将该中间体进一步转化，则可以生成具有抗菌活性的天然产物 Ethisolide 和 Isoavenaciolide[89,90]。

endo-2-降冰烯醇在与苯甲酸或苯酚发生 Mitsunobu 反应，得到正常的 *exo*-2-降冰烯醇苯甲酸酯或 *exo*-2-降冰烯基苯基醚[91] (式 47)。而 *exo*-2-降冰烯醇在同样的条件下则得到 π-键参与反应的 S_N2' 型非正常的苯甲酸酯或苯基醚[91] (式 48)。

$$\text{(47)}$$

$$\text{(48)}$$

如式 49 和式 50 所示[91]：双环烯丙基醇与乙酸的 Mitsunobu 反应得到了构型翻转酯和构型保持酯的混合物。同位素标记实验结果表明：该反应中既发生了直接的构型翻转 S_N2 反应，也发生了烯丙位的 S_N2' 反应。由于构型翻转和构型保持产物的比例与反应物的浓度无关，基本可以排除发生 S_N1 反应的可能。

$$\text{(49)}$$

$$\text{(50)}$$

但是，Sakamoto 等在具有烯丙基醇结构的大环内酯与甲酸的 Mitsunobu 反应中却观察到了 S_N1 反应。如式 51 所示[92]：他们从该反应中分离得到了正常的构型翻转产物 (54%)、原位的构型保持产物 (10%)、烯丙基位的构型翻转和保持产物的混合物 (19%) 以及消除产物 (13%)。

当烯丙基醇的 α-位带有吸电子取代基 CN 时，Mitsunobu 反应除了得到少量的正常产物外，还会得到双键移位的产物[93] (式 52)。这可能是由于氰基的 α-

氢的酸性较强而容易被反应开始时形成的肼二甲酸酯负离子夺走,从而引起双键的迁移。

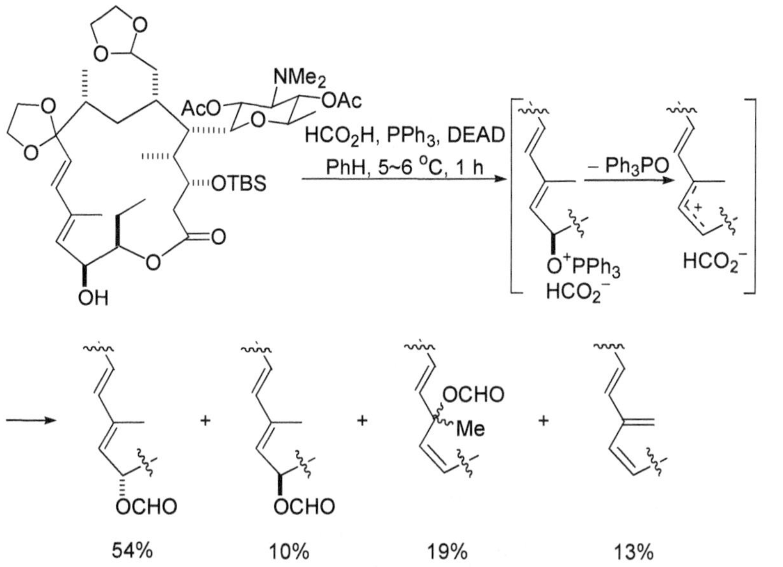

(51)

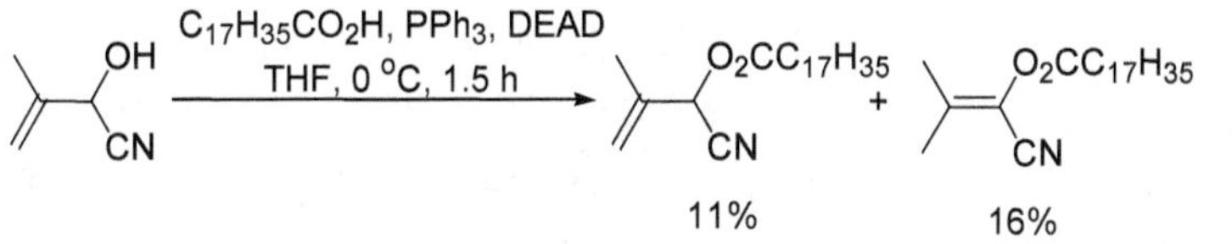

| 54% | 10% | 19% | 13% |

(52)

| 11% | 16% |

对于非 1,2-二醇而言,羟基相连碳原子上取代基较少的优先发生反应。但是,1,2-二醇通常主要是多取代碳原子上的羟基优先发生反应。这主要是因为 1,2-二醇在 Mitsunobu 反应中形成的中间体是 2,2,2-三苯基-1,3,2-二氧杂磷杂环戊烷衍生物,其质子化会主要发生在位阻较小的氧原子上得到位阻大的氧原子与 PPh$_3$ 形成的烷氧基季鳞盐。如式 53 所示:1,2-丙二醇和 1,2-苯乙二醇与苯甲酸的 Mitsunobu 反应就主要得到苯甲酸的仲醇酯[66]。

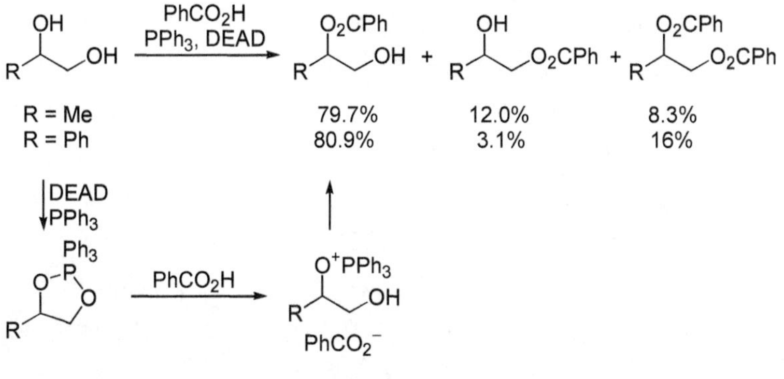

R = Me	79.7%	12.0%	8.3%
R = Ph	80.9%	3.1%	16%

(53)

4 Mitsunobu 反应的条件综述

4.1 反应溶剂[4]

Mitsunobu 反应最常用的溶剂是四氢呋喃，但也有以乙醚、二氧六环、二氯甲烷、氯仿、苯、甲苯、N,N-二甲基甲酰胺和六甲基磷酰胺等为反应溶剂取得较好结果的实例[4]。糖类化合物由于溶解度的原因，通常在极性非质子溶剂中进行反应[4]。

4.2 反应温度[4]

Mitsunobu 反应的温度通常在 0 °C 至室温，低温有利于提高反应的选择性。位阻比较大的仲醇和叔醇底物通常需要较高的反应温度，有时需要 70~100 °C 才可以保证反应的顺利进行[4,21]。如果反应有选择性问题时，通常会采取先在低温下开始反应，然后逐渐升温的方法[4]。

Shi 等在制备重要药物中间体 (R)-2-甲基-2-对苄氧苯氧基丁酸苄酯时就是通过高温 Mitsunobu 反应来实现的[21]。他们发现：在 THF 中，该反应在室温以下根本不反应，但在 50 °C 反应 16 h 会有痕量的产物生成。使用甲苯作为溶剂，该反应在 100 °C 反应 14 h 可以得到 47% 的产物。如果在反应混合物中滴加纯净的 DIAD 或 DIAD 的甲苯溶液，则可以将产率提高到 54%。然而，将反应在氯苯中 130 °C 下反应，产率又会下降 (式 54)。在所有的反应条件下，都得到的是构型发生翻转的产物，在较高温度下还伴随有消除产物 α,β-不饱和酸酯。

$$\text{(54)}$$

4.3 加料顺序[4]

在典型的 Mitsunobu 反应操作中，加料顺序是将偶氮二甲酸酯滴加到含有膦试剂、醇和酸性亲核试剂前体的溶液中[4]。但也可以先将膦试剂与偶氮二甲酸酯反应形成偶氮二甲酸酯-膦试剂加成物，然后再加入醇和亲核试剂[94,95]。由于偶氮二甲酸酯既是强氧化剂，也是 Michael 受体和亲二烯体，因此不能让反应体系中有过量的偶氮二甲酸酯存在。为此，可以采用慢慢滴加偶氮二甲酸酯到含有有机膦试剂、醇和酸性亲核试剂前体的溶液中，或者在反应体系中保持低浓度的偶氮二甲酸酯与膦试剂形成的加成物[4]。研究表明：在四氢呋喃和二氯甲烷中，DEAD 与 PPh₃ 的反应很快，在 -20 °C 下几分钟就可以全部形成加成物[4,24]。

4.4 超声波

虽然超声波也曾用来促进或加速许多有机反应,但目前只有一例用超声波来加速和促进 Mitsunobu 反应的报道。通过对比常规和超声波条件下醇和 4-羟基香豆素的反应发现:甲醇、异丙醇、烯丙醇、炔丙醇、正丁醇和叔丁醇在超声波条件下反应 1 h 的产率比在传统条件下的产率要高出 9%~23%,但苄醇的反应产率却没有提高[96] (式 55)。

$$ROH \ + \ \text{（4-羟基香豆素）} \quad \xrightarrow{\text{DIAD, PPh}_3\text{, sonication}} \quad \text{（产物）} \quad (55)$$

4.5 微波

微波虽然广泛用于有机合成中,但很少用于 Mitsunobu 反应中。因为 Mitsunobu 反应通常的反应温度都低于室温,而微波辐射是加热的。到目前为止,文献中只有两例微波辅助 Mitsunobu 反应的报道。2001 年,Kappe 报道了首例微波辅助的 Mitsunobu 反应。与脂酶催化的乙酰化反应相结合,成功地将一种雄性甲壳虫产生的集聚激素 [消旋的 sulcatol (6-甲基-5-庚烯-2-醇)] 以很高的产率和光学活性转化成了相应的 *R*-构型异构体的乙酸酯 (式 56)[97]。虽然该 Mitsunobu 反应在微波辅助下的反应温度为 180 °C,但反应时间只有 7 min。

$$\xrightarrow[\text{30 h, }C.\text{ antarctica B lipase}]{\text{vinyl acetate, hexane, 30 °C}} \quad + \quad (56)$$

AcOH, PPh₃, DIAD
180 °C, 7 min, MW
> 99%, > 98% ee

如式 57 所示[98]:另外一例是微波辅助的固相 Mitsunobu 反应。Taddei 等首先在固相载体上合成了二肽异羟肟酸,然后在微波辅助下进行固相 Mitsunobu 环化反应,得到连接在固相载体上的氢化 1,4-二氮杂-2,5-二酮衍生物。该类连接在固相载体上的杂环化合物既可以作为组合化学中的核心模板分子,也可以用来合成构象控制的刚性小肽。

$$\xrightarrow[\text{MW, 60 W, 210 °C}]{\text{DIAD, PPh}_3\text{, DMF}} \quad (57)$$

4.6 氟试剂参与的 Mitsunobu 反应

Mitsunobu 反应的应用非常广泛，但反应完成后除掉生成的副产物肼二甲酸酯和三烃基氧膦通常比较麻烦。大多数反应都需要经过柱色谱分析，既耗时也浪费溶剂。由于全氟或高含氟溶剂与普通的有机溶剂不互溶，可以利用这一性质通过简单的液-液萃取来分离高含氟的有机化合物与其它有机物。在 Curran 发展了利用含氟试剂参与的反应后[99]，这个方法也已经在 Mitsunobu 反应中得到了应用[13]。

2002 年，有人制备了偶氮二甲酸双十三氟辛酯 (FDEAD)，并将其应用于苯甲酸与 (S)-2-辛醇和 N-羟基邻苯二甲酰亚胺与 (R)-1-苯基丁醇的 Mitsunobu 反应中。如式 58 和式 59 所示[64]：当反应完成后用全氟己烷 (FC-72, perfluorohexane) 萃取，就可以非常方便地除去副产物肼二甲酸双十三氟辛酯。对比发现：该方法主要方便了目标产物的分离和纯化，并没有对反应的产率产生任何影响。

$$\text{OH} \quad + \quad PhCO_2H \quad \xrightarrow[63\%]{FDEAD,\ PPh_3,\ THF} \quad O_2CPh \tag{58}$$

$$\text{N-OH} \quad + \quad \overset{Ph}{\underset{OH}{}} \quad \xrightarrow[78\%]{FDEAD,\ PPh_3 \atop THF,\ 50\ ^{\circ}C,\ 3\ d} \quad \text{N-O}\overset{Ph}{} \tag{59}$$

同年，Curran 等报道了使用氟代偶氮二甲酸酯和氟代膦试剂的方法来进一步简化 Mitsunobu 反应的分离。他们在进行 4-对硝基苯基丁酸和对氟苄醇的 Mitsunobu 酯化反应时，以第一代含氟的试剂 FDEAD 和 FTPP 为偶联试剂，反应完成后用氟固相萃取法 (fluorous solid-phase extraction, FSPE) 实现了快速分离[51] (式 60)。在实际操作中，首先将反应混合物 (包括不含氟或低含氟的反应产物和高含氟的副产物) 吸附到氟烷基衍生化的硅胶柱上，然后用憎氟溶剂 (通常为 80% 甲醇) 洗脱得到不含氟或低含氟的产物。然后，再用亲氟的溶剂 (通常为醚或 THF) 洗脱得到含氟的副产物。这些副产物经过适当的转化，便可以再生成偶联试剂 FDEAD 和 FTPP。

$$\overset{CO_2H}{} \quad + \quad HO\overset{}{} F \quad \xrightarrow[88\%]{FDEAD,\ FTPP \atop THF,\ rt} \quad \text{(产物)} \tag{60}$$

后来他们发现：第一代含氟偶联试剂的应用范围比较有限，位阻相对较大和酸性较弱的亲核试剂在此条件下的反应产率较低或者甚至不反应。为了克服这些缺点，他们又发展了第二代含氟偶联试剂 (FDEAD-2、FDEAD-3 和 FTPP-2)。其中 FDEAD-2 为偶氮二甲酸单叔丁酯单十七氟代十一烷酯，分子中只含有一个氟代烷基且比 FDEAD 多出一个亚甲基和两个二氟亚甲基。FDEAD-3 与 FDEAD 相比在氟代烷基上多引入了一个亚甲基；FTPP-2 为二苯基对十三氟辛基苯基膦，与 FTPP 相比少了一个十三氟辛基[100] (式 61)。

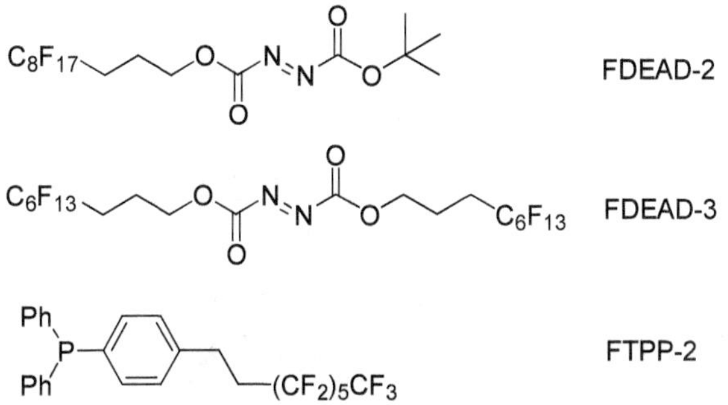

(61)

与第一代含氟偶联试剂相比，第二代偶联试剂含氟相对较低，但提高了偶联试剂的反应活性。用第二代偶联试剂组合不仅可以实现羧酸的酯化反应，还可以实现位阻相对较大和酸性较弱的亲核试剂前体参与的 Mitsunobu 反应。如式 62 和式 63 所示[100]：间甲基酚和 N-叔丁氧羰基对甲苯磺酰胺的 Mitsunobu 反应都可以顺利地进行。

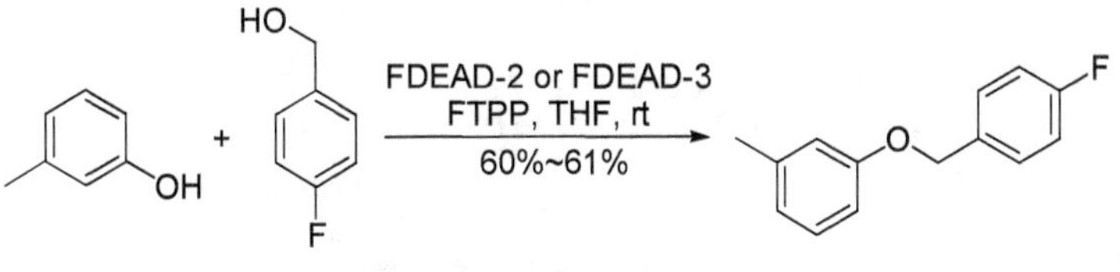

(62)

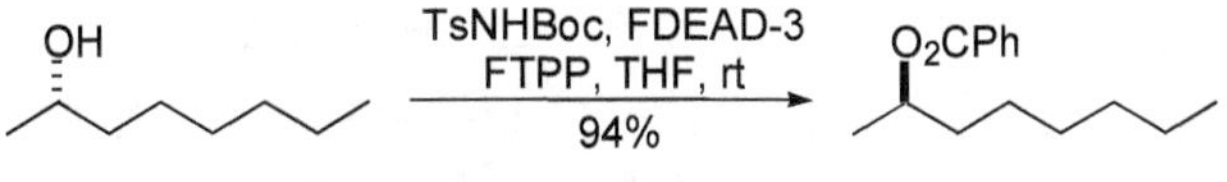

(63)

与经典 Mitsunobu 反应的偶联试剂相比，含氟偶联试剂价格也相对较贵且反应产率要低 15% 左右。但是，其方便快捷的分离方法特别适用于那些需要快速纯化的组合化学合成。

4.7 固相 Mitsunobu 反应

固相有机合成就是有连接在固相载体上的反应物或试剂参与的有机合成，或者使用固载化的试剂从反应混合物中捕获目标产物或除去副产物和过量未反应原料的有机合成。在 Mitsunobu 反应中，使用固相合成方法主要是可以通过简单过滤和洗涤来实现产物的快速分离和纯化。固相 Mitsunobu 反应主要包括固载化试剂参与的固相 Mitsunobu 反应 (Immobilized Reagent-Participated Solid-Phase Mitsunobu Reaction)、固载化原料参与的固相 Mitsunobu 反应 (Immobilized Starting Material-Participated Solid-Phase Mitsunobu Reaction)、固载化捕获剂参与的固相 Mitsunobu 反应 (Immobilized Capturer-Participated Solid-Phase Mitsunobu Reaction)和固载化清除剂参与的固相 Mitsunobu 反应 (Immobilized Scavegener-Participated Solid-Phase Mitsunobu Reaction)。

4.7.1 固载化试剂参与的固相 Mitsunobu 反应

为了实现 Mitsunobu 反应产物的快速分离和纯化，固载化试剂参与的 Mitsunobu 反应也得到了广泛发展。人们不仅制备了固载化的膦试剂，也制备了固载化的偶氮二甲酸酯试剂。其中，固载化的 PPh_3 试剂应用得较多。1998 年，Georg 等报道了在聚苯乙烯载体固载化的 PPh_3 和 DEAD 作用下酚与醇的偶联反应。反应完成后，通过简单地过滤就可以除去连接在固相载体上的三苯基氧膦[101] (式 64)。

$$ArOH + ROH \xrightarrow[\substack{Et_3N,\ 25\ ^\circ C,\ 4\sim12\ h \\ 59\%\sim94\%}]{DEAD,\ PS\text{-}TPP,\ CH_2Cl_2} ArOR \qquad (64)$$

2003 年，Lizarzaburu 和 Shuttleworth 报道了在聚苯乙烯载体固载化的 PPh_3 和 DEAD 作用下酚与各种五员和六员环状氨基醇的偶联反应。反应完成后，通过简单地过滤就可以除去固载化的三苯基氧膦[102] (式 65)。

$$\underset{\substack{HO \diagdown (\diagup)_n}}{\overset{\substack{PG \\ N}}{\bigcirc}} \xrightarrow[\substack{CH_2Cl_2,\ Et_3N,\ rt,\ 16\ h \\ n=1,2}]{ArOH,\ DEAD,\ PS\text{-}TPP} \underset{\substack{ArO \diagdown (\diagup)_n}}{\overset{\substack{PG \\ N}}{\bigcirc}} \qquad (65)$$

由于固载化的 PPh_3 只解决了三苯基氧膦的分离问题，没有解决另一个副产物肼二甲酸酯的分离问题。后来，Pelletier 和 Kincaid 把聚苯乙烯载体固载化的 PPh_3 和 DBAD 组合作为偶联试剂，分别完成了 α-萘甲酸、对硝基苯酚、邻苯二甲酰亚胺和 N-丁基苯磺酰亚胺与醇的 Mitsunobu 反应。反应完成后，肼二甲酸叔丁酯经三氟乙酸处理被转化生成异丁烯、二氧化碳和肼。过滤洗涤除去固载化的三苯基氧膦，再用稀酸洗涤就以较高的产率得到了纯净的产物 α-萘甲酸酯、对硝基苯基烷基醚、N-烷基邻苯二甲酰亚胺和 N-烷基-N-丁基苯磺酰亚胺[57] (式 66~式 69)。

为了解决肼二甲酸酯的分离问题，Barrett 等巧妙地利用了烯烃复分解反应 (RCM)。在聚苯乙烯载体固载化的 PPh_3 和偶氮二甲酸二(降冰片烯-2-甲基)酯

(DNAD) 的反应中，他们首先将反应后生成的肼二甲酸二(降冰片烯-2-甲基)酯通过 RCM 生成高聚物。然后，通过简单地过滤就可以从反应混合物中除去以高聚物状态存在的副产物肼二甲酸酯衍生物和固载化的三苯基氧膦[58] (式 70~式 72)。

$$\text{naphthalene-CO}_2\text{H} + \text{ROH} \xrightarrow{\text{DBAD, PS-TPP, CH}_2\text{Cl}_2} \text{naphthalene-CO}_2\text{R} \tag{66}$$

$$\text{O}_2\text{N-C}_6\text{H}_4\text{-OH} + \text{ROH} \xrightarrow{\text{DBAD, PS-TPP, CH}_2\text{Cl}_2} \text{O}_2\text{N-C}_6\text{H}_4\text{-O-R} \tag{67}$$

$$\text{phthalimide-NH} + \text{ROH} \xrightarrow{\text{DBAD, PS-TPP, CH}_2\text{Cl}_2} \text{phthalimide-N-R} \tag{68}$$

$$\text{PhSO}_2\text{-NH-Bu} + \text{ROH} \xrightarrow{\text{DBAD, PS-TPP, CH}_2\text{Cl}_2} \text{PhSO}_2\text{-N(R)-Bu} \tag{69}$$

$$\text{R}^1\text{-C}_6\text{H}_4\text{-CO}_2\text{H} + \text{ROH} \xrightarrow{\text{DBAD, PS-TPP, CH}_2\text{Cl}_2} \text{R}^1\text{-C}_6\text{H}_4\text{-CO}_2\text{R} \tag{70}$$

$$\text{phthalimide-NH} + \text{ROH} \xrightarrow{\text{DBAD, PS-TPP, CH}_2\text{Cl}_2} \text{phthalimide-N-R} \tag{71}$$

$$\text{phthalimide-N-OH} + \text{ROH} \xrightarrow{\text{DBAD, PS-TPP, CH}_2\text{Cl}_2} \text{phthalimide-N-OR} \tag{72}$$

　　Wentworth 等将可溶性载体聚乙二醇 (PEG) 负载的 PPh$_3$ (PEG-TPP) 也应用到了酚和醇的 Mitsunobu 反应中。反应完成后经过适当的后处理，连接在 PEG 上的三苯基氧膦就会自动沉淀出来并可以通过简单地过滤被除去[52] (式 73)。

$$\text{C}_6\text{H}_5\text{-OH} + \text{ROH} \xrightarrow{\text{DEAD, PEG-TPP, CH}_2\text{Cl}_2} \text{C}_6\text{H}_5\text{-OR} \tag{73}$$

　　与固载化的膦试剂相比，固载化的偶氮二甲酸酯试剂应用的相对较少。Vederas 等将固载化的偶氮二甲酸酯和 PPh$_3$ 应用到苯甲酸与醇的酯化和邻苯二甲酰亚胺与苄醇的烷基化反应等中,反应完成后通过简单过滤就可以去掉连接在固相载体上的肼二甲酸酯[65] (式 74 和式 75)。

$$(74)$$

$$(75)$$

在固相 Mitsunobu 反应中,不能够同时使用固载化的膦试剂和固载化的偶氮二甲酸酯。这可能是因为连接在两种固相载体上的试剂之间较难接触,因此较难发生反应[13]。

4.7.2 固载化原料参与的固相 Mitsunobu 反应

Aronov 和 Gelb 用固载化原料参与的固相 Mitsunobu 反应合成了氨基核苷。如式 76 所示[103]:他们首先将邻苯二甲酰亚胺衍生化的树脂与核苷进行 Mitsunobu 反应,将核苷连接到树脂上。反应完成后,通过洗涤除去所有副产物。最后,经过肼解和过滤除去固相载体就得到了氨基核苷。

$$(76)$$

如式 77 所示[104]:Hanessian 和 Xie 在连接有 3-苯基-1,2-丙二醇的树脂上通过固相 Mitsunobu 反应合成了 1-苯基-3-叠氮基-2-丙醇。

$$(77)$$

如式 78 所示[105]:Fisher 和 Brown 在酚羟基树脂上通过固相 Mitsunobu

反应合成了 1-肉桂基哌啶。

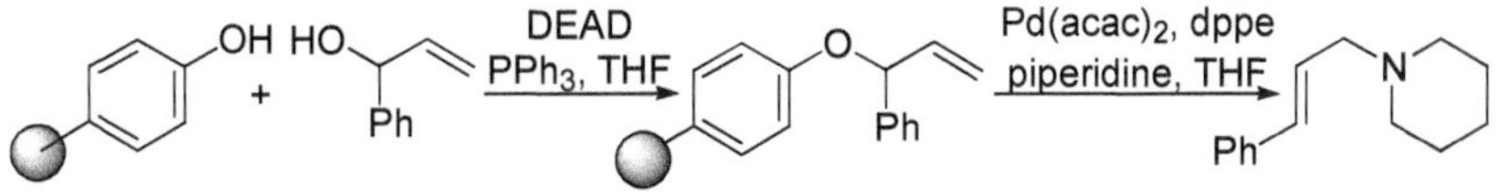

(78)

4.7.3 固载化捕获剂参与的固相 Mitsunobu 反应

Schultz 等在进行嘌呤类衍生物的合成时，应用了固载化捕获剂参与的固相 Mitsunobu 反应。如式 79 所示[106]：他们首先让 2-氟-6-苯硫基嘌呤与醇发生 Mitsunobu 烷基化反应。然后，通过直接向反应混合物中加入氨基树脂将烷基化后的嘌呤衍生物直接连接到树脂上。接着，通过简单的过滤洗除去副产物。最后，用三氟乙酸将完成修饰和转化后的产物从树脂上切割下来。

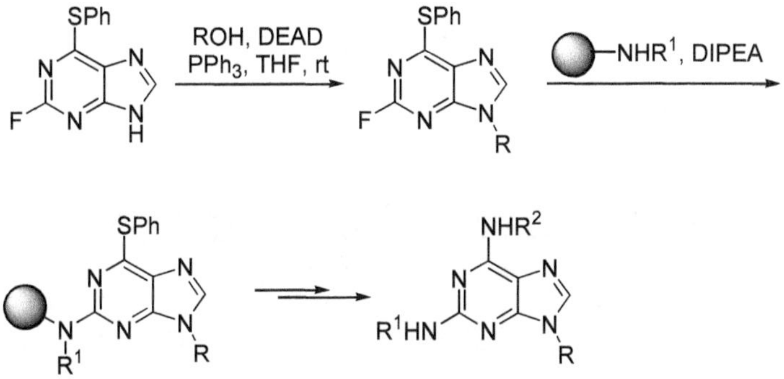

(79)

4.7.4 固载化清除剂参与的固相 Mitsunobu 反应

Parlow 等发展了固载化清除剂参与的固相 Mitsunobu 反应，并将其应用到多种酸性亲核前体 (例如：芳甲酸、酚、邻苯二甲酰亚胺、N-羟基邻苯二甲酰亚胺衍生物等) 与醇的 Mitsunobu 反应中。如式 80 所示[50]：他们首先制备了蒽-9-甲氧羰基衍生的 PPh₃，将其与固载化的偶氮二甲酸酯配合作为 Mitsunobu 反应的偶联试剂。反应完成后，过滤除去连接在树脂上的副产物肼二甲酸酯。然后，向滤液中加入马来酰亚胺衍生化的树脂与带有蒽-9-甲氧羰基的三苯基氧膦副产物发生 Diels-Alder 反应。用这种方法将可溶性的三苯基氧膦衍生物转化成连接在固相载体上的不溶性的 Diels-Alder 环加成产物后，最后通过简单地过滤就可以非常方便完成产物的分离纯化。

他们也试图制备含有蒽-9-甲基酯的偶氮二甲酸酯衍生物，希望与蒽-9-甲氧羰基衍生的 PPh₃ 一起使用。这样，在反应完成后就可以一步将两种副产物同时除去。但遗憾的是，得到的偶氮二甲酸单乙酯单蒽-9-甲基酯马上就原位发生了分子内 Diels-Alder 反应[50]，没有能够实现这一设想。

NuH + ROH + [结构式] + PS-AD ⟶

Nu-R + [结构式] + [结构式] →Filter→ Nu-R   (80)

5   Mitsunobu 反应的类型综述

    Mitsunobu 反应可以形成多种化学键,例如:C-O、C-N、C-S、C-X 和 C-C 键等。因此,通过该反应可以将醇转化成多种官能团化的化合物,或者对其它含有酸性氢的基团进行烷基化。

5.1   碳-氧键的形成反应

    C-O 键的形成反应是最早报道的 Mitsunobu 反应,也是研究和应用最广泛的一类反应。主要包括成酯反应和成内酯反应、成醚反应和成环醚反应、成杂环反应、成烷氧基胺反应等。

5.1.1   酯的生成反应

    伯醇非常容易与羧酸发生 Mitsunobu 反应生成酯[107] (式 81)。分子中同时含有伯醇和仲醇羟基 (除 1,2-二醇外) 的底物与等摩尔量的羧酸反应时 (由于位阻的原因),主要生成伯醇羟基的酯[108] (式 82)。

$$\text{[结构式]} \xrightarrow[\text{75\%}]{\substack{\text{PhCO}_2\text{H, PPh}_3 \\ \text{DEAD, THF}}} \text{[结构式]} \qquad (81)$$

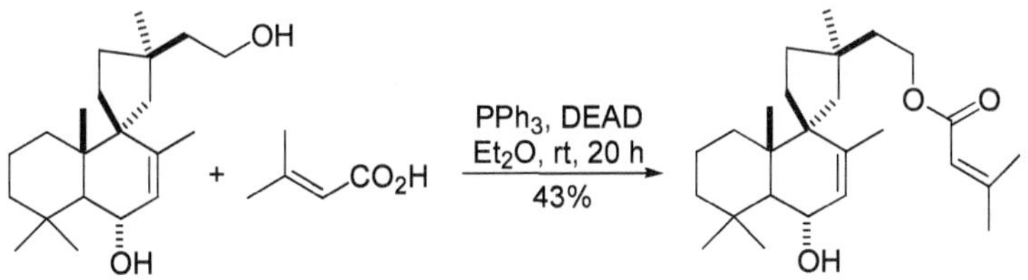

(82)

由于 Mitsunobu 成酯反应是在中性条件下进行的，所以反应底物中含有不稳定的基团通常也不会受到影响。如式 83 所示[109]：含有过氧键的伯醇也可以通过 Mitsunobu 反应以较高的产率得到酯。

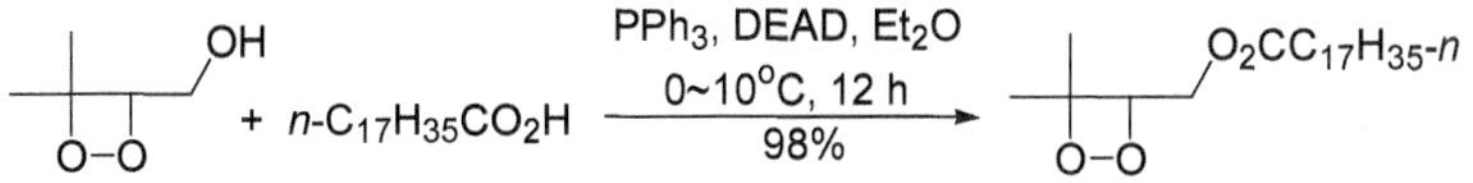

(83)

仲醇在进行 Mitsunobu 酯化反应时，一般得到构型翻转的酯[110~113]（式 84~式 87）。

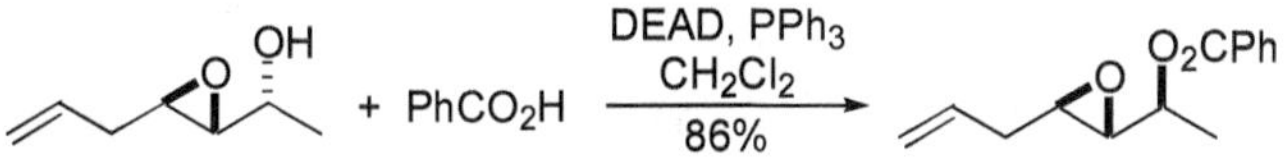

(84)

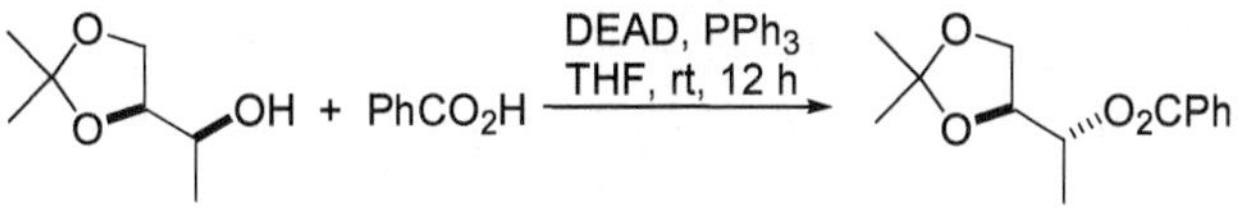

(85)

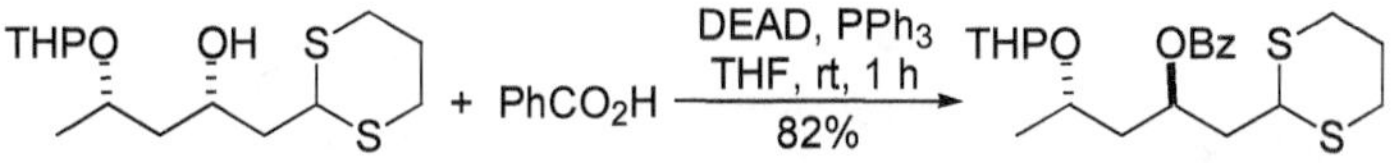

(86)

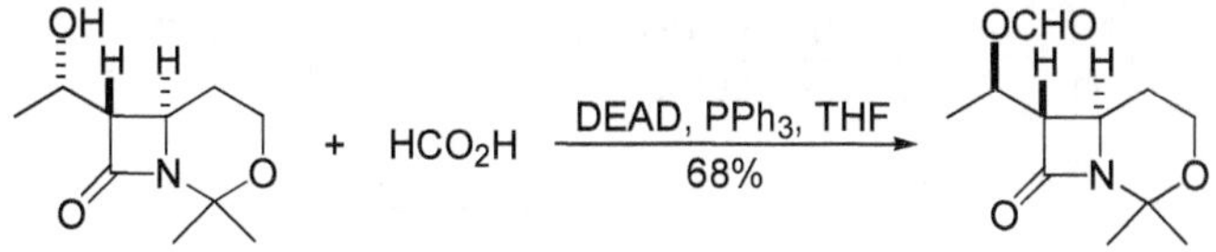

(87)

虽然经典的 Mitsunobu 偶联试剂可以实现叔醇与羧酸的酯化反应[17~19]，但位阻较大叔醇的反应效果不够理想。但是，使用替代试剂二苯基氯化膦和 2,6-二甲基苯醌时，也能以很好的产率得到构型翻转的酯[85]（式 88 和式 89）。

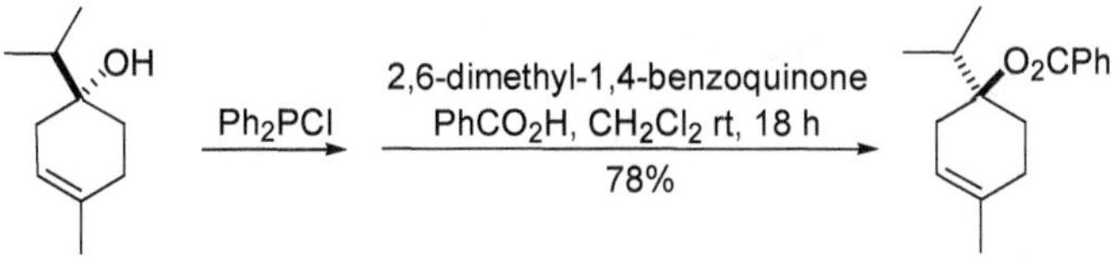

(88)

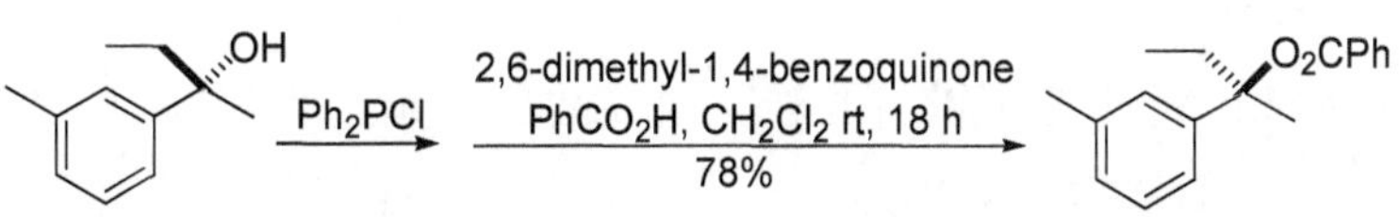

(89)

羟基羧酸在 Mitsunobu 反应条件下会发生分子内环化生成内酯[114~116] (式 90 和式 91)，有时也会发生两分子羟基羧酸分子间的环化生成交酯[117] (式 92)。

$$(90)$$

$$(91)$$

$$(92)$$

如式 93 和式 94 所示[117~121]：Mitsunobu 反应还可以用来合成大环内酯。伯醇和仲醇羟基通常以较好的产率形成构型翻转的内酯。叔醇羟基也可能生成构型保持的内酯，但同时还会伴随有消除产物烯烃的生成[122~124]。在极性溶剂乙腈中有利于内酯生成，在非极性的二甲苯中则有利于烯烃的生成[124]。

$$(93)$$

$$(94)$$

通过 Mitsunobu 反应还可以将醇转化成磺酸酯，磺酸盐和磺酸酯都可以用作亲核试剂[23,125~129] (式 95~式 97)。

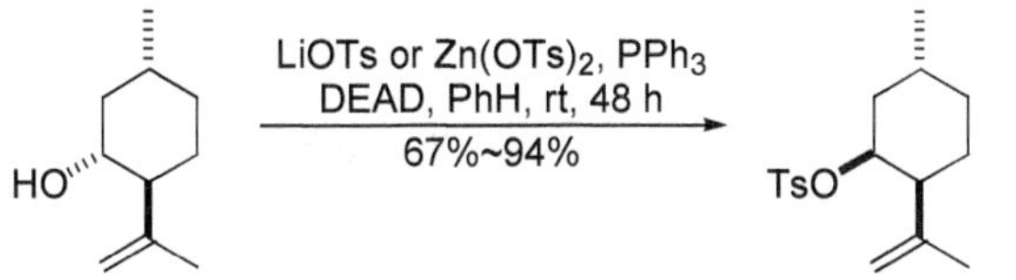

(95)

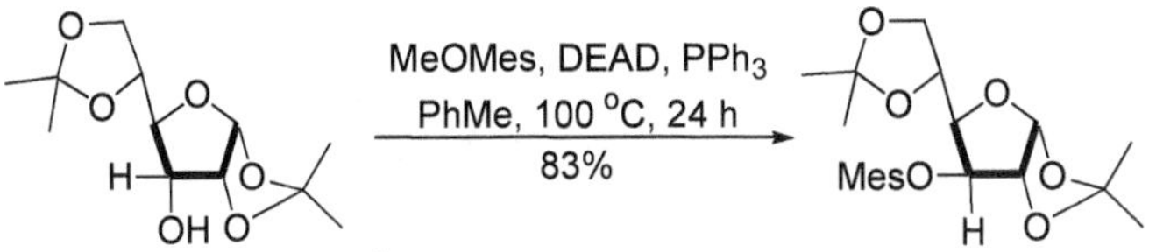

(96)

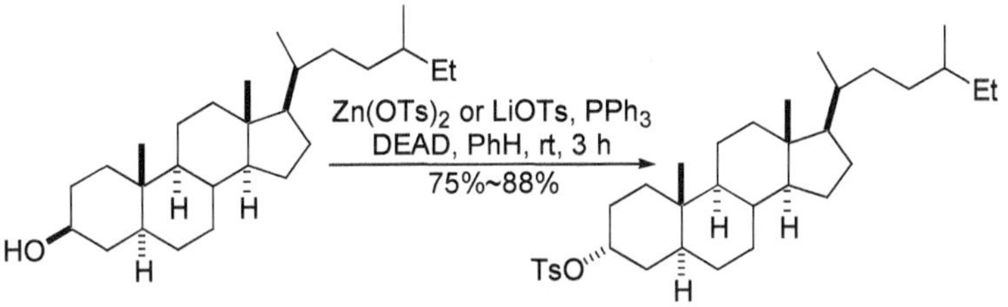

(97)

5.1.2 醚的生成反应

醚的生成是另一类广泛应用的 Mitsunobu 反应，既可以用来制备链状的芳基烷基醚，也可以用来合成环状的芳基烷基醚[130~133]（式 98~式 101）。

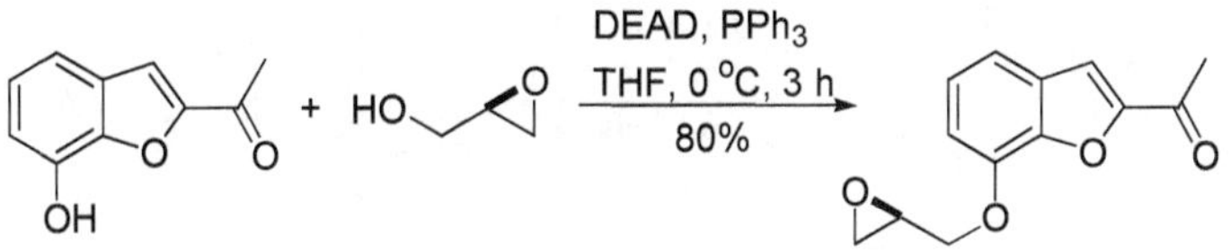

(98)

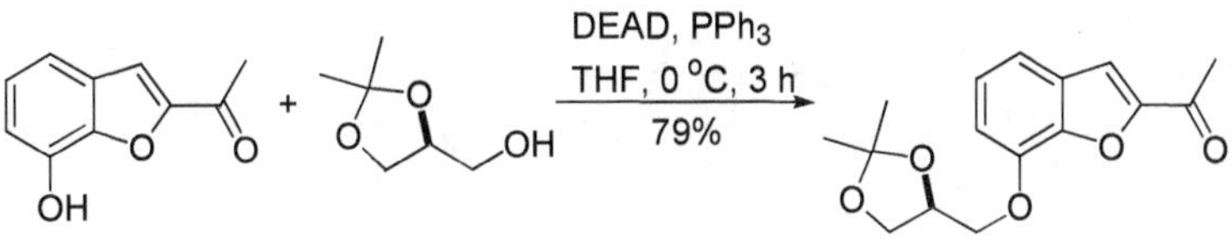

(99)

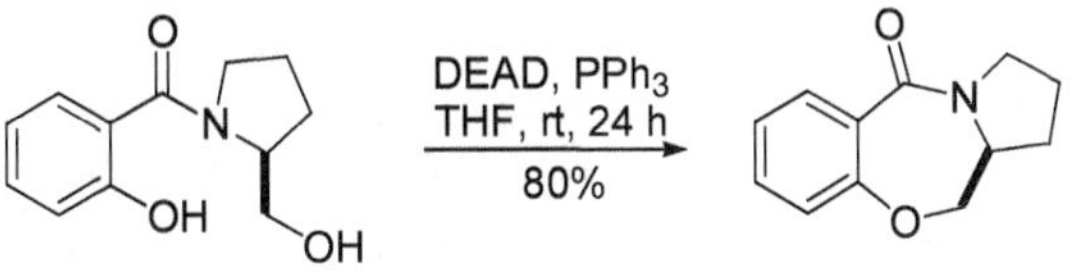

(100)

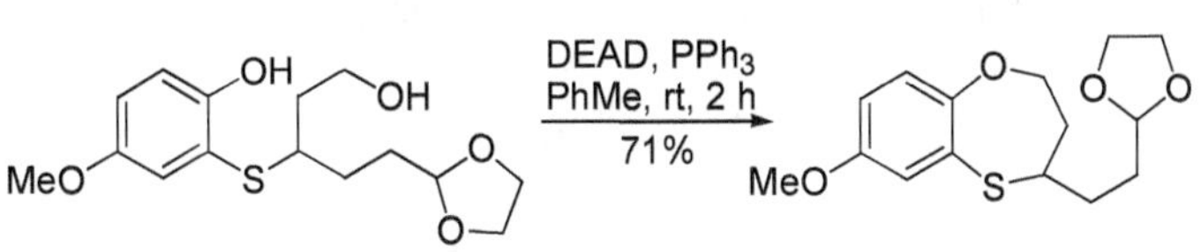

(101)

使用二醇底物也可以通过 Mitsunobu 反应来制备烷基醚，例如：环氧乙烷、氧杂环丁烷、氧杂环戊烷和氧杂环己烷等[134~137]（式 102~式 105）。从这些例子中的立体结构可以看出，二醇中位阻较小的醇羟基被活化了，而位阻较大的醇羟基的构型保持不变。

$$(102)$$

$$(103)$$

$$(104)$$

$$(105)$$

烯醇或者可以烯醇化的酮在 Mitsunobu 反应条件下也可以形成烯基醚[138~140]（式 106~式 108）。

$$(106)$$

$$(107)$$

$$(108)$$

烯醇和醇也可以发生分子间的 Mitsunobu 反应得到烷基烯基醚[41]（式 109）。

$$(109)$$

在 Mitsunobu 反应条件下，能够烯醇化的酰胺也可以和醇形成亚氨基烷基醚。如式 110~式 112 所示[141~145]：该反应可以用来方便地制备核苷衍生物。

$$(110)$$

$$(111)$$

$$(112)$$

5.1.3 杂环的生成反应

从广义的杂环化合物来讲，用 Mitsunobu 反应合成的内酯、交酯和环状醚等都是杂环化合物。这里介绍的成杂环反应主要是指通过 Mitsunobu 反应形成 C-O 键来合成含有 2 个或 2 个以上杂原子的杂环化合物。

Miller 等在用 N-苯乙酰基-(S)-丝氨酸羟酰胺衍生物通过 Mitsunobu 反应环化制备 β-内酰胺时，只得到了少量 β-内酰胺，却主要得到了噁唑啉衍生物[146]（式 113）。后来，人们就开始通过 N-酰基邻氨基醇的 Mitsunobu 反应来合成噁唑啉类化合物[147,148]（式 114 和式 115）。

$$(113)$$

$$(114)$$

$$(115)$$

1997 年，Wang 和 Hauske 报道了在固相载体上通过 Mitsunobu 反应由 β-酚羟基酰胺合成苯并噁唑的反应[149]（式 116）。

$$(116)$$

苯并噁唑的合成大多都是在酸性条件下由羧酸和邻氨基酚缩合得到的。Xu 等在由光学活性酒石酸出发来合成光学活性双苯并噁唑手性配体时，由于酒石酸的双羟基由丙酮保护，常规的酸催化缩合过程会破坏 2,2-亚丙基保护。他们首先制备了羟基保护的酒石酸邻氨基酚的双酰胺，通过中性的 Mitsunobu 反应合成了双苯并噁唑手性配体[150]（式 117 和式 118）。

$$(117)$$

$$(118)$$

5.1.4 烷氧基胺的生成反应

含有 N-羟基的酰胺类化合物也可以和醇通过 Mitsunobu 反应实现 O-烷基化，得到 O-烷基化羟胺的酰胺衍生物。如式 119~式 121 所示[151~153]；该反应可以用来方便地制备核苷及其核苷类似物。

$$\text{(119)}$$

$$\text{(120)}$$

$$\text{(121)}$$

5.2 碳-氮键的形成反应

Mitsunobu 反应在由醇作为烷基化试剂对氮原子的烷基化上也发挥了重要作用,在各类含氮衍生物的制备上得到了广泛的应用。其中最主要的反应类型包括:酰亚胺 (含羧酸酰亚胺、羧酸与膦酸或磺酸形成的混合酰亚胺等) 的烷基化,叠氮酸及其盐的烷基化,内酰胺的形成,氮杂环丙烷、氮杂环丁烷、氮杂环戊烷、哌啶和氮杂环庚烷等氮杂脂肪环状衍生物的形成。

5.2.1 酰亚胺的烷基化反应

由于酰亚胺氮原子上氢的酸性较强,很早就被选作 Mitsunobu 反应的酸性亲核试剂前体。对含有酰亚胺结构的化合物进行烷基化,可以制备 N-烷基化的酰亚胺类化合物[154~157] (式 122~式 125)。

$$\text{(122)}$$

$$\text{(123)}$$

$$\text{(124)}$$

$$(125)$$

含有羟基的酰亚胺可以发生分子内的 Mitsunobu 反应，得到 N-酰化的环状脲衍生物，但同时会伴有 O-烷基化产物生成[159]（式 126）。

$$(126)$$

除了羧酸酰亚胺可以在 Mitsunobu 反应条件下与醇发生烷基化反应外，氨基甲酸与膦酸或磺酸形成的混合酰亚胺等也可以在 Mitsunobu 反应条件下与醇发生烷基化反应[160,161]（式 127 和式 128）。

$$(127)$$

$$(128)$$

5.2.2 酰胺的烷基化反应

除了酰亚胺以外，某些酰胺（例如：碳酸和 O-烷基羟胺形成的单酰胺单酯）和磺酰胺也可以与醇发生 Mitsunobu 烷基化反应，得到 N-烷基化的酰胺衍生物[161,162]（式 129~式 131）。

$$(129)$$

$$(130)$$

$$(131)$$

酰腙中的氮原子也可以在 Mitsunobu 反应条件下用醇烷基化[163]（式 132 和式 133）。N-磺酰基腙可以与伯醇和仲醇反应，而 N-叔丁氧羰基芳香醛腙必须为具有吸电子取代基的芳香醛形成的腙才可以反应（式 133）。

$$(132)$$

$$(133)$$

5.2.3 合成内酰胺

β-内酰胺是一类抗生素药物的重要药效基团，β-羟基羧酸的酰胺通过环化可以得到 β-内酰胺。β-羟基羧酸酰胺通过 Mitsunobu 反应合成 β-内酰胺类化合物已经成为合成该类化合物的重要方法之一[164~167] (式 134~式 137)。

$$(134)$$

$$(135)$$

$$(136)$$

$$(137)$$

由含有 ω-羟基的羧酸和 O-烷基羟胺形成的酰胺进行分子内 Mitsunobu 反应时，既可以得到 N-酰化的产物，也会有 O-烷基化产物生成[168,169] (式 138)。

$$(138)$$

5.2.4 胺的烷基化反应

醇通过 Mitsunobu 反应可以对含有较强酸性氢的芳香环上的氮原子进行烷基化。如式 139 所示[170]：嘌呤环上的 NH 就可以通过 Mitsunobu 反应烷基化。

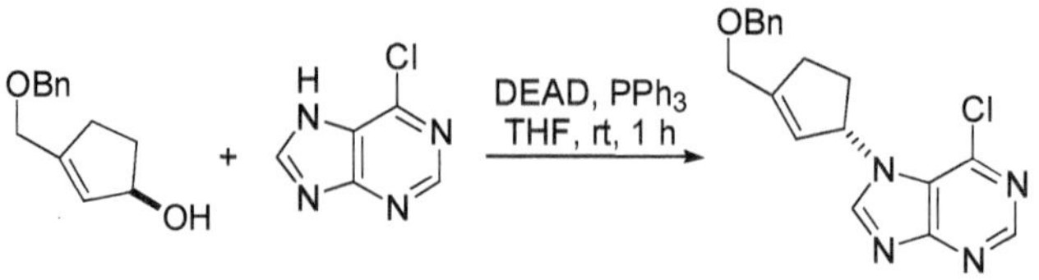

(139)

除了嘌呤外，咔唑上的 NH 也可以用醇通过 Mitsunobu 反应进行烷基化[171]（式 140）。使用替代试剂 CMMP，不仅咔唑的 NH 可以用醇烷基化，吲哚上的 NH 也可以用醇烷基化[171]（式 141）。

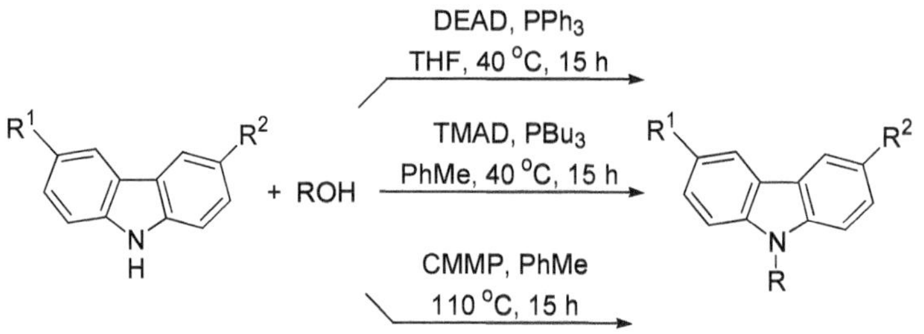

(140)

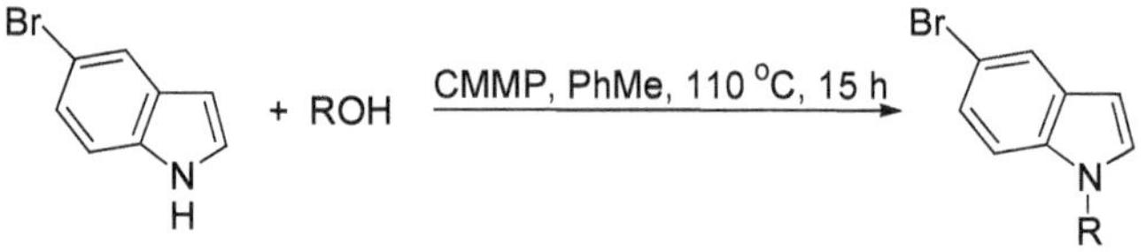

(141)

使用替代试剂碘代三烷基氰甲基季鏻盐，还可以实现醇对各种仲胺的烷基化反应[82]（式 142）。

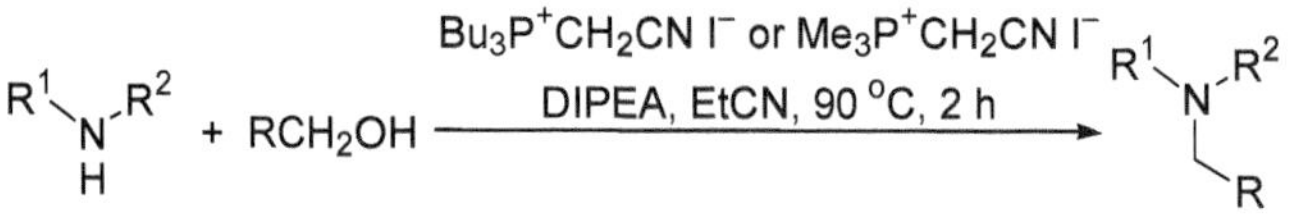

(142)

5.2.5 叠氮酸的烷基化反应

醇通过 Mitsunobu 反应可以非常方便地转化成叠氮化合物，常用的叠氮亲核试剂可以是叠氮酸、叠氮酸盐和二苯氧基膦酰叠氮等[172~174]（式 143~式 145）。

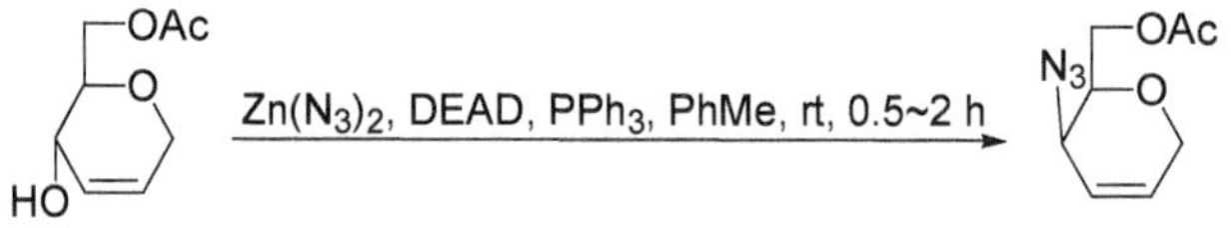

(143)

$$(144)$$

$$(145)$$

通过该反应制备的叠氮化合物可以用 PPh₃ 原位通过 Staudinger 还原直接得到胺，实现了醇到胺的方便转化[175]。

5.2.6 合成氮杂脂肪环烷

氨基醇在 Mitsunobu 反应条件下会发生环化反应得到相应的氮杂脂肪环烷衍生物。例如：邻氨基醇环化后得到氮杂环丙烷[176~180] (式 146)；1,3-氨基醇环化后生成氮杂环丁烷衍生物[181~183] (式 147 和式 148)；1,4-氨基醇环化后形成氮杂环戊烷衍生物[184~186] (式 149)。用同样的方法，也可以形成哌啶[180,181]和氮杂环庚烷[187]。

$$(146)$$

$$(147)$$

$$(148)$$

$$(149)$$

5.3 碳-硫键的形成反应

与 C-O 键的形成有些相似，通过 Mitsunobu 反应也可以形成 C-S 键得到硫酯、硫醚和含硫杂环化合物。

5.3.1 硫酯生成反应

醇与硫代羧酸在 Mitsunobu 反应中形成 C-S 键得到硫酯，这已经成为合成硫酯的重要方法[188~190] (式 150 和式 151)。

$$\text{(150)}$$

$$\text{(151)}$$

如式 152 和式 153 所示[191]：醇与二硫代氨基甲酸锌的 Mitsunobu 反应形成硫代氨基甲酸硫酯。

$$\text{(152)}$$

$$\text{(153)}$$

如式 154 所示[192,193]：醇与硫代酰胺的 Mitsunobu 反应形成羧酸亚胺硫酯。

$$\text{(154)}$$

醇与 N-酰基硫脲的 Mitsunobu 反应形成氨基甲酸亚胺硫酯[194] (式 155)。

$$\text{(155)}$$

醇与二硫代羧酸的 Mitsunobu 反应形成硫代羧酸硫酯[195] (式 156)。

$$\text{(156)}$$

羟基硫代酰胺经分子内的 Mitsunobu 反应形成羧酸亚胺硫内酯[193,196] (式157~式 159)。β-羟基硫代酰胺只生成羧酸亚胺-β-硫内酯[193] (式 157 和式158)，而 γ-羟基硫代酰胺则既生成羧酸亚胺-γ-硫内酯，还伴随有硫代羧酸-γ-内酰胺生成[196] (式 159)。

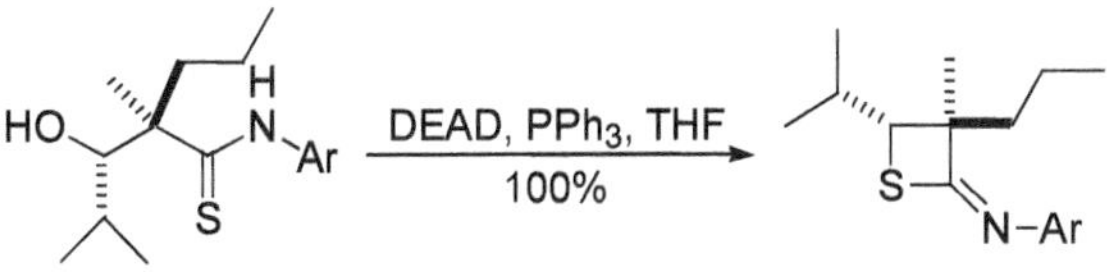

(157)

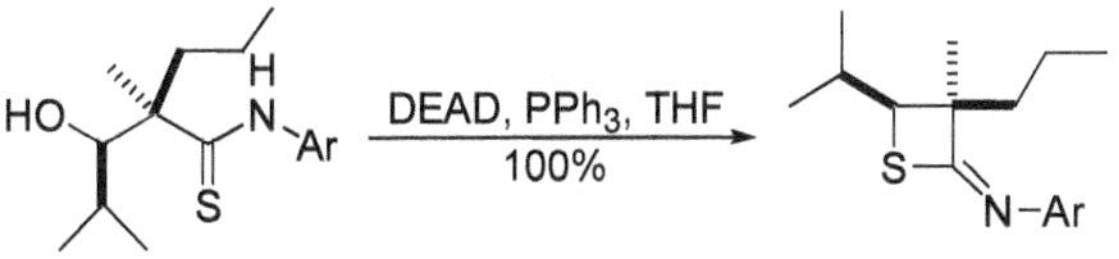

(158)

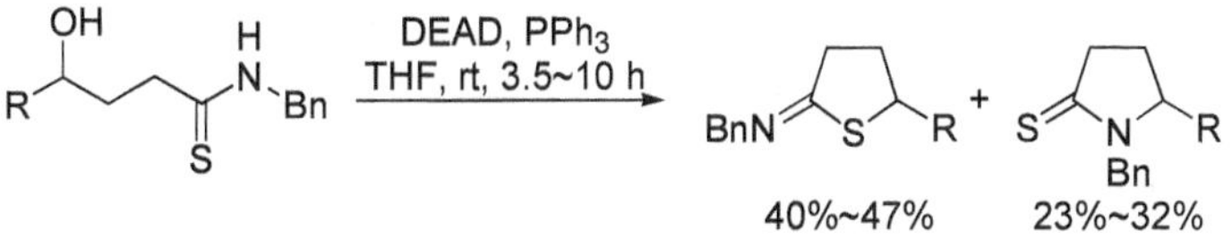

(159)

5.3.2 硫醚生成反应

醇在 Mitsunobu 试剂存在下与硫醇、硫酚、巯基杂环化合物、硫代羧酸硫酯等含硫化合物反应，都可以生成硫醚类衍生物[197~201] (式 160~式 163)。其中醇与硫代羧酸硫酯反应的产物硫醚具有烯酮硫缩酮结构[201] (式 163)。

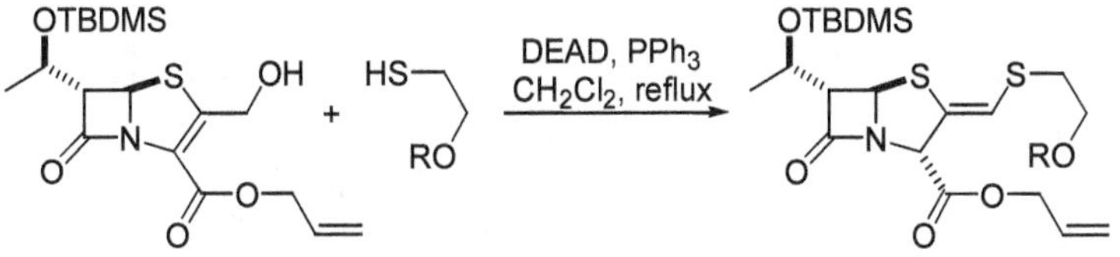

(160)

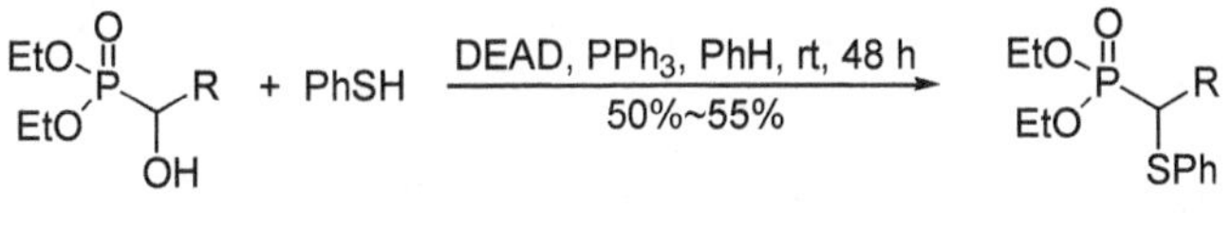

(161)

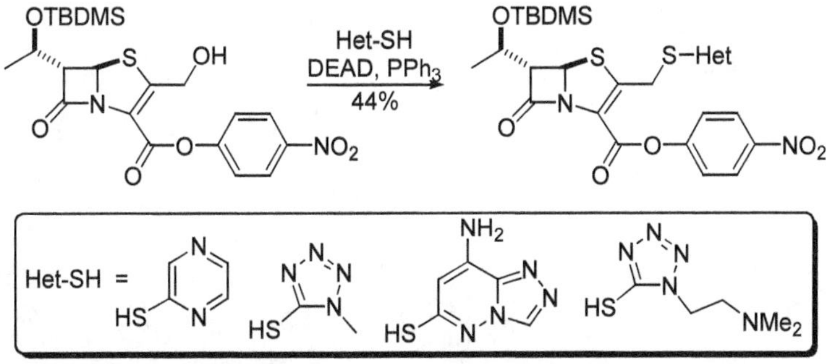

(162)

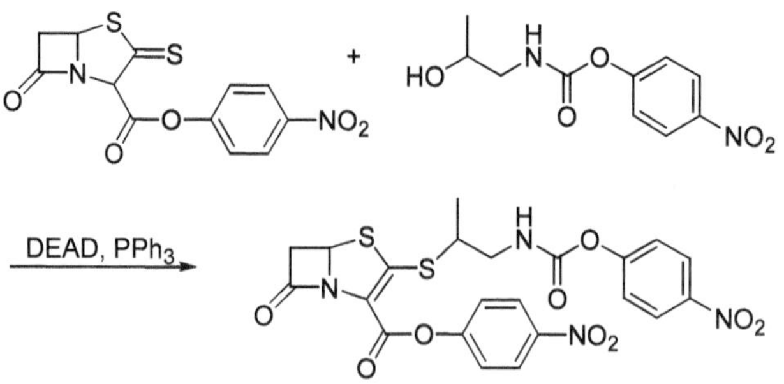

(163)

5.3.3 硫杂环生成反应

由羟基硫代酰胺经分子内的 Mitsunobu 反应形成羧酸亚胺硫内酯也可以看作是成含硫杂环的反应，得到的是脂肪含硫杂环化合物[193,196] (式 157~式 159)。

由光学活性酒石酸出发合成的羟基保护的酒石酸邻氨基硫酚的双酰胺，通过中性的 Mitsunobu 反应得到的光学活性的双苯并噻唑是芳香含硫杂环化合物[150] (式 164 和式 165)。

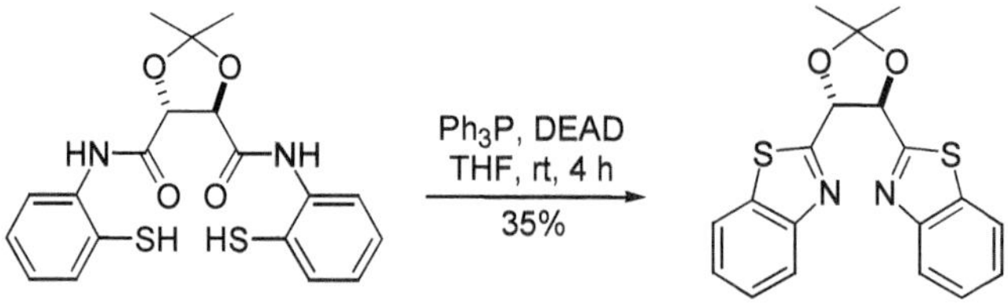

(164)

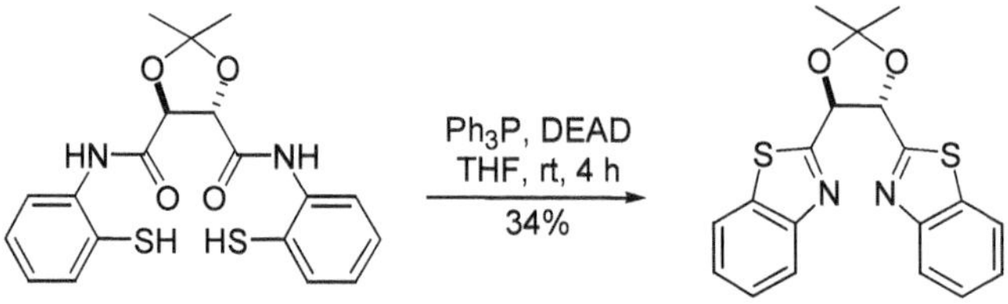

(165)

5.4 碳-卤键的形成反应

通过 Mitsunobu 反应可以将醇在中性条件下转化成卤代烷，这对于分子中含有对酸碱不稳定的基团的化合物非常有用。在用 Mitsunobu 反应进行卤化时，常见的卤化试剂可以是氢卤酸盐 (包括卤化锌、卤化锂、卤化铵、羟胺盐酸盐等)、氢卤酸吡啶盐、单卤代甲烷、二卤代甲烷、卤代乙烷、苄卤和酰卤等[202~206] (式 166~式 170)。

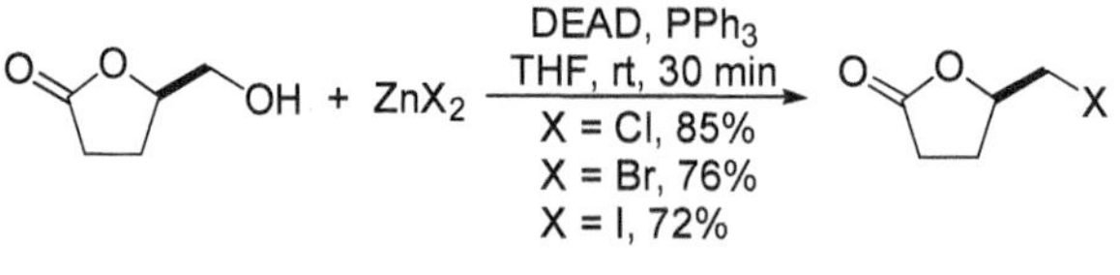

(166)

$$(167)$$

$$(168)$$

$$(169)$$

$$(170)$$

5.5 碳-碳键的形成反应

通过 Mitsunobu 反应来形成 C-C 键的例子相对比较少，使用经典的 Mitsunobu 试剂只能对酸性较强的 β-二羰基类化合物进行烷基化，例如：β-二酮、β-酮酸酯、α-氰基羧酸酯、α-氰基羧酸硫酯等。丙二酸酯的 α-氢酸性还不够强，在经典 Mitsunobu 试剂条件下不能发生烷基化反应[207,208]。氰乙酸乙酯与醇发生 Mitsunobu 反应时，既可以得到单烷基化产物，也可以得到双烷基化产物[207]（式 171）。

$$(171)$$

乙酰乙酸酯与醇进行 Mitsunobu 反应时，可以得到 O-烷基化和 C-烷基化产物的混合物，但主要是 O-烷基化产物[207]。

使用替代偶联试剂 CMMP 和 CMBP 可以实现醇对 α-氰基羧酸酯、α-氰基羧酸硫酯、α-磷酰基羧酸酯和 α-磺酰基羧酸酯等的烷基化[78,79]（式 172），也可以实现对芳基苄基砜和芳基烯丙基砜的苯甲基位和烯丙基位的烷基化[80,209]（式 173 和式 174）。

$$\text{ROH} + \overset{Y}{\underset{X}{|}} \xrightarrow[\substack{\text{PhH, 100 °C, 24 h} \\ \text{X,Y = CO}_2\text{Et, CN, PhSO}_2\text{, Ts, etc.}}]{\text{Me}_3\text{P=CHCN or Bu}_3\text{P=CHCN}} R\overset{Y}{\underset{X}{|}} \tag{172}$$

$$\text{ROH} + \underset{H}{\overset{R^1}{|}}\overset{Ar}{\underset{SO_2Ph}{|}} \xrightarrow[\substack{\text{THF, 80~100 °C, 24 h}}]{\text{Me}_3\text{P=CHCN, PhH or}} \underset{R}{\overset{R^1}{|}}\overset{Ar}{\underset{SO_2Ph}{|}} \tag{173}$$

$$\text{ROH} + \underset{R^2}{\overset{R^1}{|}}\diagdown_{SO_2Ph} \xrightarrow[\substack{\text{100 °C, 24 h}}]{\text{Me}_3\text{P=CHCN}} \underset{R^2}{\overset{R^1}{|}}\diagdown\underset{SO_2Ph}{\overset{R}{|}} \tag{174}$$

醇与氢氰酸或氰化锂进行 Mitsunobu 反应可以得到腈衍生物[205,210]。Tsunoda 等用 2-甲基-2-羟基丙腈在 Mitsunobu 试剂和其替代偶联试剂存在下，可以将伯醇和仲醇转化成相应的腈类化合物[211] (式 175)。

$$\underset{}{\text{HO}}\diagup\text{CN} + \underset{R^1}{\overset{OH}{|}}\text{R}^2 \xrightarrow[\substack{\text{or CMMP or CMBP, THF or PhH}}]{\text{DEAD, PPh}_3 \text{ or DMAD, PBu}_3} \underset{R^1}{\overset{}{|}}\overset{CN}{\underset{R^2}{|}} \tag{175}$$

5.6 二可亲核试剂参与的 Mitsunobu 反应

许多二可亲核试剂（ambident nucleophile）在参与 Mitsunobu 反应时，通常会生成两种烷基化的混合产物。例如：邻苯二甲酸与羟胺形成的 *N,O*-邻苯二甲酰羟胺与醇反应会生成 *N/O*-烷基化的混合产物[212] (式 176)；乙酰乙酸乙酯与醇反应会生成 *C/O*-烷基化的混合产物[213] (式 177)；硫脲衍生物与醇反应会得到 *N/S*-烷基化的混合产物[194] (式 178)。

$$\tag{176}$$

40%　　　35%

$$\tag{177}$$

$$(178)$$

5.7 消除反应

在没有酸性亲核试剂存在时，Mitsunobu 试剂也可以引起消除反应，生成烯烃、碳二酰亚胺和烯酮亚胺等。

5.7.1 脱水反应

在 Mitsunobu 反应中，当三烃基膦和偶氮二甲酸酯的加成物与醇反应后，会生成烷氧基磷和肼二甲酸酯氮负离子。如果反应体系中没有酸性亲核试剂存在，该氮负离子就可能会夺取氧原子邻位碳原子上的氢，发生消除反应形成 C-C 双键，得到烯烃衍生物。尤其是氧原子邻位碳原子上氢的酸性较强时，即使有酸性亲核试剂存在，有时也会发生消除反应。该消除反应是 Mitsunobu 反应中经常遇到的一个重要副反应[214] (式 179)。

$$(179)$$

在 Mitsunobu 反应条件下，β-羟基羧酸可以同时脱去水和二氧化碳得到烯烃[215] (式 180)。

$$(180)$$

5.7.2 脱硫化氢反应

在 Mitsunobu 试剂存在下，N,N'-二取代硫脲和 N-取代硫代酰胺都可以发生脱硫化氢反应，分别得到碳二酰亚胺和烯酮亚胺衍生物[216~218] (式 181 和式 182)。

$$(181)$$

$$
\text{Ph}\underset{\text{Ph}}{\overset{\text{S}}{\underset{|}{\text{C}}}}\text{—}\overset{\text{N}}{\underset{\text{H}}{\text{—Ph}}} \xrightarrow[\text{61\%}]{\text{DEAD, PPh}_3} \underset{\text{Ph}}{\overset{\text{Ph}}{\text{C=C=N}}}\text{—Ph} \tag{182}
$$

5.8 催化的 Mitsunobu 反应

为了简化 Mitsunobu 反应产物的分离纯化，人们开发了很多新型的膦试剂、偶氮二甲酸酯试剂和一些替代试剂。Toy 等希望将 Mitsunobu 反应发展成可以在催化量的偶联试剂作用下进行的反应，从另一个角度来解决该反应的分离纯化问题。最近，他们报道了第一例催化的 Mitsunobu 反应[219]。如式 183 所示：他们以二醋酸碘苯为氧化剂，将反应中生成的肼二甲酸二乙酯再氧化成为 DEAD，实现了催化 Mitsunobu 反应。

$$ \tag{183} $$

5.9 不对称 Mitsunobu 反应

就目前的不对称 Mitsunobu 反应而言，实际上就是通过 Mitsunobu 反应进行动力学拆分得到光学活性醇和偶联产物的反应。1995 年，Hulst 等报道了第一例不对称 Mitsunobu 反应。如式 184 所示[220]：他们使用光学活性的 (*R*)-联萘酚制备的手性膦试剂，通过不对称 Mitsunobu 反应实现了苯甲酸对 α-苯乙醇的动力学拆分，但得到的产物光学活性较低 (< 39% ee)。

$$ \tag{184} $$

Tang 等也用该手性衍生物为膦试剂，通过不对称 Mitsunobu 反应研究了邻苯二甲酰亚胺对一系列芳香仲醇的动力学拆分。该反应的立体选择性仍然很低，但产物都以 *R*-构型为主。如式 185 所示[221]：反应后得到的手性醇为 13%～30%

ee，手性胺为 26%~45% ee。

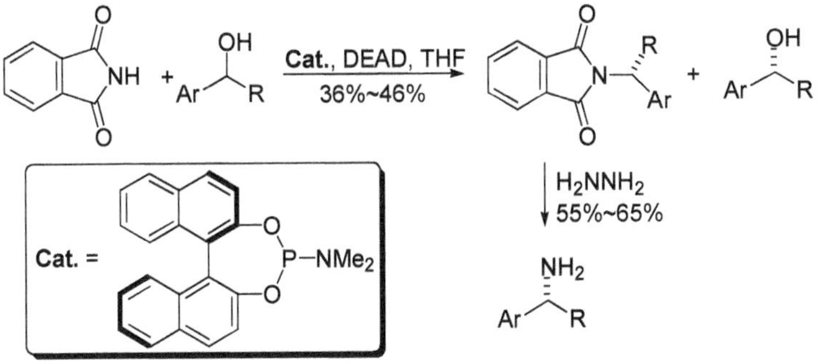

(185)

2002 年，Chandrasekhar 和 Kulkarni 报道了 (1*S*)-(+)-樟脑甲酸在不对称 Mitsunobu 反应中对一系列仲醇的动力学拆分。如式 186 所示[222]：该反应具有很好的立体选择性。未反应醇的产率为 38%~44%，对映选择性可以达到 70%~90% ee；偶联后酯的产率为 37%~42%，对映选择性可以达到 76%~95% ee。他们还发现：1-(对甲基苯基)苄醇和 1-(2-萘基)乙醇在反应中成酯的产率可以超过理论最大值 50% (分别达到 63% 和 75%)，表明在这两个醇的不对称 Mitsunobu 反应中存在动态动力学拆分现象[222] (式 186)。

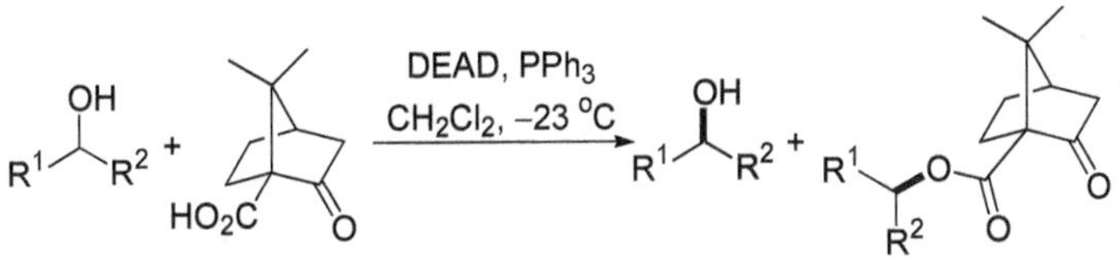

(186)

6　Mitsunobu 反应在天然产物合成中的应用

通过 Mitsunobu 反应可以形成多种碳杂原子键，并且绝大多数仲醇在该反应中都表现出构型完全翻转的立体化学。因此，该反应广泛应用于天然产物的全合成中，特别是用来构建在大环内酯类天然产物中丰富存在的、具有特定立体构型的 C-O 键 (包括酯键和醚键) 和在生物碱类天然产物中丰富存在的 C-N 键等。

1997 年，有人从微缝线型海鞘类海洋动物 (Micronesian ascidian) *Nephteis fasicularis* 中分离得到了一种三环含氮海洋天然产物 (−)-Fasicularin。该化合物对 DNA 修复不足的有机体有选择性的抑制作用，并且对 Vero 细胞有细胞毒性[223]。该化合物的构型最初是通过核磁建立的，绝对构型还没有确定。2003 年，Kibayashi 等[224]报道了该化合物的全合成，并确定了它的绝对构型。

如式 187 所示：他们从 (S)-5-苄氧甲基-1-叔丁氧羰基-2-吡咯烷出发，首先制备了重要中间体三环氨基醇。然后，通过异硫氰酸 HSCN 参与的 Mitsunobu 反应得到天然产物 (−)-Fasicularin 和三环氨基醇的异硫氰酸酯。其中，异硫氰酸酯可以经过分子内的 S_N2 反应生成氮杂环丙烷氮正离子衍生物，硫氰酸根 ⁻SCN 再对其中的具有较高活性的氮杂环丙烷氮正离子开环也得到目标天然产物 (−)-Fasicularin。他们发现：在 Mitsunobu 反应条件下，(−)-Fasicularin 的形成是通过氮杂环丙烷氮正离子中间体进行的。于是，他们就将异硫氰酸换成了异硫氰酸铵，结果以 91% 的产率得到了目标天然产物。

(187)

1996 年，有人从苏格兰东海岸采集的含有石灰质的海绵体 *Leucascandra caveolata* 中分离得到了天然产物 Leucascandrolide A。其化学结构为富含氧的 18 员环大环内酯[225]，其对许多肿瘤细胞具有细胞毒性和抗真菌活性。2003 年，Paterson 等完成了该天然产物的全合成。如式 188 所示[226,227]：在他们设计的合成路线中，两次用到了 Mitsunobu 酯化反应。其中一次是合成大环内酯，另一次是进行环合侧链的偶联。

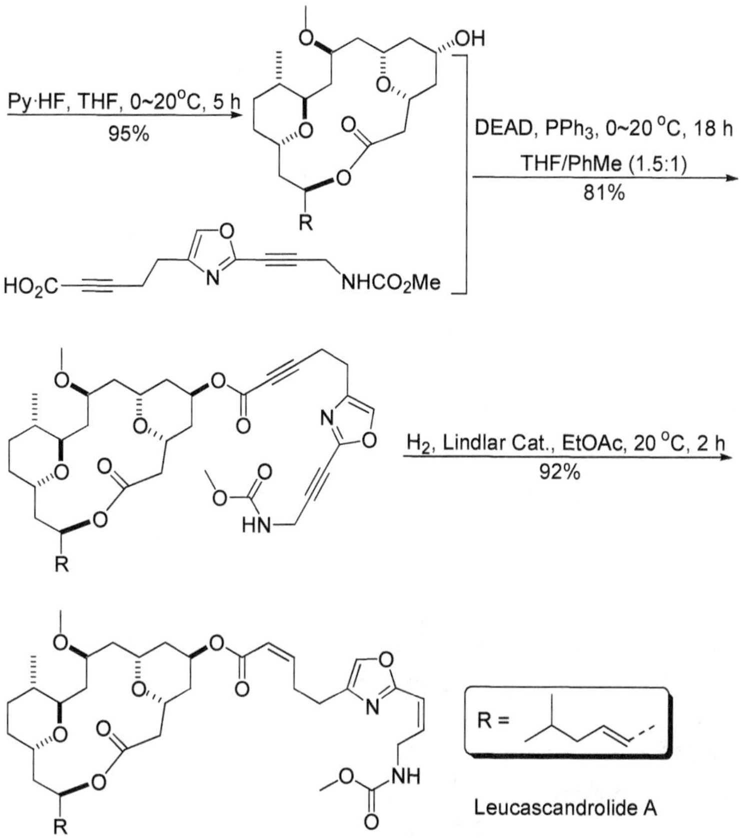

(188)

Leucascandrolide A

Phoslactomycin 是一类磷酰化的多烯醇类二倍半萜天然产物，具有抗肿瘤、抗菌和抗真菌活性[228,229]。如式 189 所示[230]：Kibayashi 等以消旋的 3-羟基-4-己烯酸乙酯为原料经多步反应制备了醇前体化合物，通过 Mitsunobu 反应转化成带有保护基的 Phoslactomycin B。然后，经过简单地脱保护就完成了该天然产物的全合成。如果从制备 Phoslactomycin B 的中间体直接磷酰化，然后再脱除保护就可以得到生物合成的前体化合物醇。

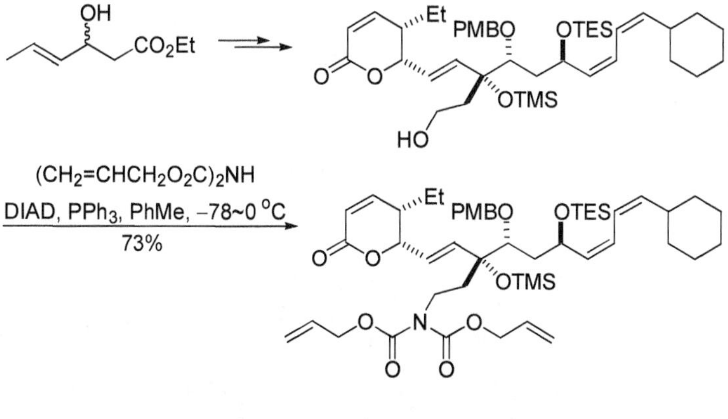

$$(189)$$

Phoslatomycin B: R = NH$_2$
biosynthetic precursor: R = OH

　　1997 年，默克制药公司的一个研究小组从发酵培养基 MF6020 中分离出来了一种酮多烯酸酯类天然产物 Khafrefungin[231]。它具有抗菌活性，还可以抑制肌醇磷酰化神经酰胺合成酶 (inositolphosphorylceramide, IPC)。Kobayashi 等以简单的分子为原料，用汇聚策略合成了该天然产物。如式 190 所示[232]：在合成过程中，他们两次用到了 Mitsunobu 反应。他们以 (R)-β-羟基异丁酸甲酯为原料，经过多步反应得到羟基酮多烯。然后，经过 Mitsunobu 脱水反应得到了酮多烯，并进一步转化成酮多烯酸。接着，酮多烯酸再与醇发生 Mitsunobu 反应生成关键中间体酯。最后，再经过脱保护和氧化等处理得到目标天然产物。

$$(190)$$

Khafrefungin

Ziziphine N 是一种 13 员环肽类天然产物，可作为抗原生质剂 (antiplasmodial agent)[233]。如式 191 所示[234]：Ma 等人用汇聚式的策略合成了该天然产物。他们从保护的 D-丝氨酸衍生物出发，首先制备了 (*R*,*R*)-3-羟基四氢吡咯衍生物。然后，与 3-碘乙烯基-4-甲氧基苯酚在 PPh₃ 和 DIAD 作用下进行 Mitsunobu 反应，以 54% 的产率得到了重要的芳基四氢吡咯基醚中间体。最后，再经过多步转化得到目标天然产物。

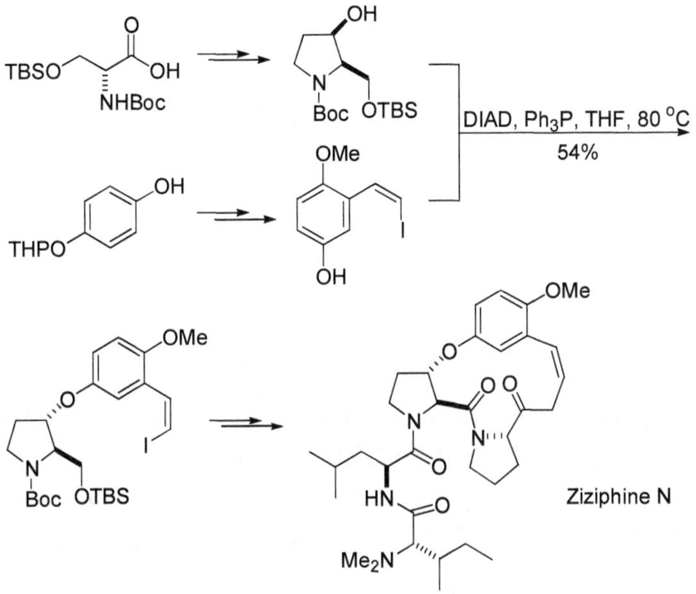

(191)

(−)-Galanthamine 是石蒜科生物碱，临床上用于治疗具有阿尔兹海默病征兆的病人[235,236]。从天然资源获得该化合物的成本很高，英国的 Brown 等发展了一条以取代苯甲醛为原料的化学合成方法。如式 192 所示[237]：他们首先将 3-羟基-4-甲氧基-2-碘代苯甲醛转化成 3-(*N*-甲基-*N*-叔丁氧羰基)氨甲基-6-

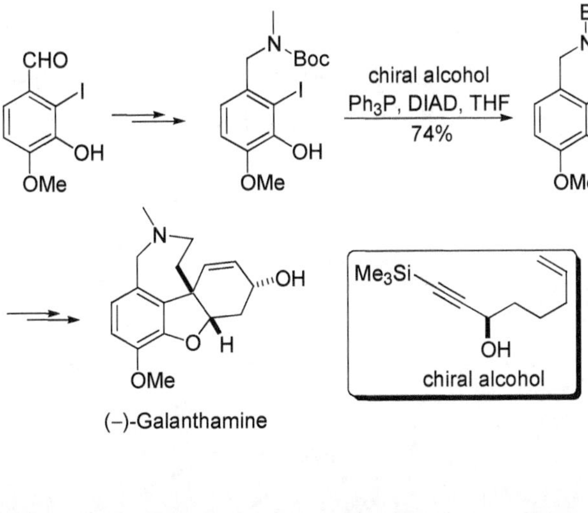

(192)

甲氧基-2-碘代苯酚。然后，在 PPh₃ 和 DIAD 作用下与 (R)-1-三甲基辛-7-烯-1-炔-3-醇进行 Mitsunobu 反应，以 74% 的产率得到 (S)-构型的芳基炔丙基醚中间体。最后，再经过多步转化得到了目标天然产物。

7 Mitsunobu 反应实例

例 一

(4S)-2,2-二甲基-4-[(2R)-对硝基苯甲酰氧基-4-戊烯基]-1,3-二氧杂环戊烷的合成[238]
(形成 C-O 键的 Mitsunobu 反应)

$$\tag{193}$$

在 −30 ℃ 和搅拌条件下，向 PPh₃ (5.41 g, 20.6 mmol) 和对硝基苯甲酸 (3.45 g, 20.6 mmol) 的甲苯 (60 mL) 溶液中加入 (4S)-2,2-二甲基-4-[(2S)-2-羟基-4-戊烯基]-1,3-二氧杂环戊烷 (3.2 g, 17.2 mmol) 的甲苯 (10 mL) 溶液。然后，在该温度和剧烈搅拌条件下，在 15 min 内滴加 DEAD (3.3 mL, 20.6 mmol) 的甲苯 (30 mL) 溶液。生成的反应混合物在 1 h 内升温到 0 ℃ 后，加入饱和碳酸氢钠水溶液 (75 mL)。分出有机相，水相用乙醚萃取 (2 × 75 mL)。合并后的有机相用无水硫酸钠干燥后蒸除溶剂，残余物用乙醚 (25 mL) 和己烷 (75 mL) 稀释。滤去三苯基氧膦沉淀后蒸去溶剂，残余物经硅胶柱色谱分离 [石油醚-乙醚 (4:1)] 得到无色针状晶体产物 (5.23 g, 90%)，mp 28~30 ℃。

例 二

(4R,5R)-4,5-双(苯并噁唑-2-基)-2,2-二甲基-1,3-二氧杂环戊烷的合成[150]
(形成杂环的 Mitsunobu 反应)

$$\tag{194}$$

在氮气保护和冰水浴冷却下，将 DEAD (3.95 mL, 22.7 mmol) 的 THF (10 mL) 溶液滴加到冷却的 (4R,5R)-N,N'-双(2-羟基苯基)-2,2-二甲基-1,3-二氧杂环戊烷-4,5-二酰胺 (3.85 g, 10.3 mmol) 和 PPh₃ (5.95 g, 22.7 mmol) 的 THF (30 mL) 溶液中。滴完毕后，混合物在室温下继续搅拌反应 8 h。旋转蒸发除去 THF 后，加入乙醚 (30 mL) 再搅拌 1 h。过滤除去白色沉淀物，滤液旋干后得到的残余物经硅胶柱色谱分离 [石油醚 (60~90 °C)-乙酸乙酯 (10:1)] 得到无色晶体产物 (2.60 g, 75%)，mp 109~110 °C。

例 三

(S)-2-苄基氮杂环丙烷的合成[179]

(形成 C-N 键的 Mitsunobu 反应)

(195)

在室温和搅拌下，将 DEAD (3.65 g, 21 mmol) 的无水甲苯 (45 mL) 溶液在 15 min 内滴加到 PPh₃ (5.5 g, 21 mmol) 的无水甲苯 (30 mL) 溶液中。将反应混合物继续搅拌反应半小时，有白色沉淀生成。然后，在 30 min 内滴加含有 (S)-苯丙氨醇 (3.02 g, 20 mmol) 的干燥甲苯 (30 mL) 溶液。继续搅拌反应 1 h 后，回流过夜。减压蒸除溶剂后，加入乙酸乙酯和石油醚 (30~60 °C) 混合溶剂沉淀出三苯基氧膦。过滤除去三苯基氧膦，滤液经水洗干燥后浓缩，得到的残余物硅胶柱色谱分离得到无色液体 (S)-2-苄基氮杂环丙烷 (2.1 g, 79%)。

例 四

乙酸 2-苯基-2-苄氧羰氨基丙硫酯的合成[190]

(形成 C-S 键的 Mitsunobu 反应)

(196)

在 -10 °C 和搅拌下，将 DEAD (1.74 g, 10 mmol) 的无水 THF (6 mL) 溶液在 15 min 内滴加到 PPh₃ (2.62 g, 10 mmol) 的无水 THF (12 mL) 溶液中。反应混合物继续在 -10 °C 搅拌反应半小时，有白色沉淀生成。然后，在 30min 内滴加入含有 2-苯基-2-苄氧羰氨基丙醇 (1.43 g, 5 mmol) 和硫代乙酸 (0.76 g, 10 mmol) 的干燥 THF (12 mL) 溶液。再在 -10 °C 搅拌反应 2 h 后，反应液变成橙色透明溶液。在室温下继续搅拌至反应液变黄，表明反应完成。减压蒸除溶剂后，加入乙酸乙酯和石油醚 (60~90 °C) 混合溶剂沉淀出三苯基氧膦。过滤除去三苯基氧膦后浓缩，得到的残余物经硅胶柱色谱分离 [石油醚 (60~90 °C)-乙酸乙酯 (8:1)] 得到无色晶体硫代乙酸酯 (1.20 g, 70%)，mp 70~74 °C。

例 五

苯甲酸[(R)-2-苯基-2-丁基]酯的制备[85]
(替代偶联试剂的 Mitsunobu 反应)

$$
\begin{array}{c}
\text{Ph}\overset{}{\diagup}\text{OH} \xrightarrow[\text{2. ClPPh}_2]{\text{1. BuLi}} \text{Ph}\overset{}{\diagup}\text{OPPh}_2 \xrightarrow[90\%]{\textbf{2}, \text{PhCO}_2\text{H}} \text{Ph}\overset{}{\diagup}\text{O}_2\text{CPh}
\end{array} \tag{197}
$$

在 0 °C 和氩气氛下，将正丁基锂 (1.5 mmol) 的正己烷溶液滴加到含有 (S)-2-苯基-2-丁醇 (210 mg, 1.5 mmol) 的 THF (5 mL) 溶液中。在室温搅拌反应 1 h 后，在 0 °C 向该溶液中加入含有二苯基氯化膦 (331 mmg, 1.5 mmol) 的 THF (2 mL) 溶液。生成的混合物在室温下继续搅拌 1 h 后，旋转蒸发蒸除溶剂。然后，立即加入苯甲酸 (64 mg, 0.6 mmol) 和 2,6-二甲基-1,4-苯醌 (82 mg, 0.6 mmol) 的二氯甲烷 (0.5 mL) 溶液。然后，将反应混合物在室温搅拌反应 18 h。加入水淬灭反应，水相用二氯甲烷萃取。合并的有机相经无水硫酸钠干燥后，蒸除溶剂。残余物经柱色谱分离得到产物 (122 mg, 90%)。

8 参 考 文 献

[1] Mitsunobu, O.; Yamada, M. *Bull. Chem. Soc. Jpn.* **1967**, *40*, 2380.

[2] Mitsunobu, O.; Eguchi, M. *Bull. Chem. Soc. Jpn.* **1971**, *44*, 3427.

[3] Mitsunobu, O. *Synthesis* **1981**, 1.

[4] Hughes, D. L. *The Mitsunobu Reaction*, in *Organic Reactions*, Vol. 42, Chapter 2. John Wiley & Sons, Inc. 1992, New York.

[5] Hughes, D. L. *Org. Prep. Proc. Int.* **1996**, *28*, 127.

[6] Dodge, J. A.; Jones, S. A. *Recent Res. Dev. Org. Chem.* **1997**, *1*, 273.

[7] Simon, C.; Hosztafi, S.; Makleit, S. *J. Heterocycl. Chem.* **1997**, *34*, 349.

[8] Wisniewski, K.; Koldziejczyk, A. S.; Falkiewicz, B. *J. Pept. Sci.* **1998**, *4*, 1.

[9] Ito, S. *J. Pharm. Soc. Jpn.* **2001**, *121*, 567.

[10] Tsunoda, T.; Kaku, H.; Ito, S. *TCIMeru* **2004**, *(123)*, 2.

[11] Tsunoda, T.; Kaku, H.; Sakamoto, I. *Farumashia* **2005**, *41*, 518.

[12] Dembinski, R. *Eur. J. Org. Chem.* **2004**, *13*, 2763.

[13] Dandapani, S.; Curran, D. P. *Chem. Eur. J.* **2004**, *10*, 3130.

[14] Nune, S. K. *Synlett* **2003**, 1221.

[15] Parenty, A.; Moreau, X.; Campagne, J.-M. *Chem. Rev.* **2003**, *106*, 911.

[16] But, T. Y. S.; Toy, P. H. *Chem. Asian J.* **2007**, *2*, 1340.

[17] Slusarchyk, W. A.; Dejneka, T.; Gougoutas, J.; Koster, W. H.; Kronenthal, D. R.; Malley, M.; Perri, M. G.; Routh, F. L.; Sundeen, J. E.; Weaver, E. R.; Zahler, R. *Tetrahedron Lett.* **1986**, *27*, 2789.

[18] Subramanian, R. S.; Balasubranmanian, K. K. *Synth. Commun.* **1989**, *19*, 1255.

[19] Subramanian, R. S.; Balasubranmanian, K. K. *Tetrahedron Lett.* **1989**, *30*, 2297.

[20] Brunner, H.; Hankofer, P.; Treittinger, B. *Chem. Ber.* **1990**, 1029.

[21] Shi, Y.-J.; Hughes, D. L.; McNamara, J. M. *Tetrahedron Lett.* **2003**, *44*, 3609.

[22] Crich, D.; Dyker, H.; Harris, R. J. *J. Org. Chem.* **1989**, *54*, 257.

[23] Varasi, M.; Walker, K. A. M.; Maddox, M. L. *J. Org. Chem.* **1987**, *52*, 4235.

[24] Hughes, D. L.; Reamer, R. A.; Bergan, J. J.; Grabowski, E. J. J. *J. Am. Chem. Soc.* **1988**, *110*, 6487.

[25] Ahn, C.; Correia, R.; DeShong, P. *J. Org. Chem.* **2002**, *67*, 1751.

[26] Ahn, C.; DeShong, P. *J. Org. Chem.* **2002**, *67*, 1754.

[27] Liao, X.; Wu, Y.; De Brabander, J. K. *Angew. Chem., Int. Ed.* **2003**, *42*, 1648.

[28] Smith, A. B. III; Safonov, I. G.; Corbett, R. M. *J. Am. Chem. Soc.* **2002**, *124*, 11102.

[29] Lepore, S. D.; He, Y. *J. Org. Chem.* **2003**, *68*, 8261.

[30] Kiankarimi, M.; Lowe, R.; McCarthy, J. R.; Whitten, J. P. *Tetrahedron Lett.* **1999**, *40*, 4497.

[31] Valentine, D. H. Jr.; Hillhouse, J. H. *Synthesis* **2003**, 317.

[32] Bose, A. K.; Manhas, M. S.; Sahu, D. P.; Hegde, V. R. *Can. J. Chem.* **1984**, *62*, 2498.

[33] Tamaru, Y.; Ishige, O.; Kawamura, S.; Yoshida, Z. *Tetrahedron Lett.* **1984**, *25*, 3683.

[34] Toth, J. E.; Fuchs, P. L. *J. Org. Chem.* **1987**, *52*, 473.

[35] Toth, J. E.; Hamann, P. R.; Fuchs, P. L. *J. Org. Chem.* **1988**, *53*, 4694.

[36] Olsen, C. A.; Jorgensen, M. R.; Witt, M.; Mellor, I. R.; Usherwood, P. N. R.; Jaroszewski, J. W.; Franzyk, H. *Eur. J. Org. Chem.* **2003**, 3288.

[37] Hillier, M. C.; Desrosiers, J.-N.; Marcoux, J.-F.; Grabowski, E. J. J. *Org. Lett.* **2004**, *6*, 573.

[38] Watanabe, T.; Gridnev, I. D.; Imamoto, T. *Chirality* **2000**, *12*, 346.

[39] Morrison, M. A.; Miller, M. J. *J. Org. Chem.* **1983**, *48*, 4421.

[40] Kay, P. B.; Trippett, S. *J. Chem. Soc. Perkin Trans. 1* **1987**, 1813.

[41] Spry, D. O.; Bhala, A. R. *Heterocycles* **1986**, *24*, 1653.

[42] Bhagwat, S. S.; Hamann, P. R.; Still, W. C. *J. Am. Chem. Soc.* **1985**, *107*, 6372.

[43] Bhagwat, S. S.; Hamann, P. R.; Still, W. C.; Bunting, S.; Fitzpatrick, F. A. *Nature* **1985**, *315*, 511.

[44] Townsend, C. A.; Nguyen, L. T. *J. Am. Chem. Soc.* **1981**, *103*, 4582.

[45] Townsend, C. A.; Nguyen, L. T. *Tetrahedron Lett.* **1982**, *23*, 4859.

[46] Starkey, G. W.; Parlow, J. J.; Flynn, D. L. *Bioorg. Med. Chem. Lett.* **1998**, *8*, 2385.

[47] Flynn, D. L. *Med. Res. Rev.* **1999**, *19*, 408.

[48] Yoakim, C.; Guse, I.; O'Meara, J. A.; Thavonekham, B. *Synlett* **2003**, 473.

[49] Jackson, T.; Routledge, A. *Tetrahedron Lett.* **2003**, *44*, 1305.

[50] Lan, P.; Porco, J. A. Jr.; South, M. S.; Parlow, J. J. *J. Comb. Chem.* **2003**, *5*, 660.

[51] Zhang, Q.; Luo, Z.; Curran, D. P. *J. Org. Chem.* **2000**, *65*, 8866.

[52] Wentworth, P. Jr.; Vandersteen, A. M.; Janda, K. D. *Chem. Commun.* **1997**, 759.

[53] Dickerson, T. J.; Reed, N. N.; Janda, K. D. *Chem. Rev.* **2002**, *102*, 3325.

[54] Toy, P. H.; Janda, K. D. *Acc. Chem. Res.* **2000**, *33*, 546.

[55] Amos, R. A.; Emblidge, R. W.; Havens, N. *J. Org. Chem.* **1983**, *48*, 3598.

[56] Lizarzaburu, M. E.; Shuttleworth, S. J. *Tetrahedron Lett.* **2002**, *43*, 2157.

[57] Pelletier, J. C.; Kincaid, S. *Tetrahedron Lett.* **2000**, *41*, 797.

[58] Barrett, A. G. M.; Roberts, R. S.; Schroder, J. *Org. Lett.* **2000**, *2*, 2999.

[59] Charette, A. B.; Janes, M. K.; Boezio, A. A. *J. Org. Chem.* **2001**, *66*, 2178.

[60] Tuhland, T.; Holm, P.; Anderson, K. *J. Comb. Chem.* **2003**, *5*, 842.

[61] Gentles, R. G.; Wodka, D.; Park, D. C.; Vasudevan, A. *J. Comb. Chem.* **2002**, *4*, 442.

[62] Kosower, E. M.; Kanety-Londner, H. *J. Am. Chem. Soc.* **1976**, *98*, 3001.

[63] Dandapani, S.; Curran, D. P. *Tetrahedron* **2002**, *58*, 3855.

[64] Dobbes, A. P.; McGregor-Johnson, C. *Tetrahedron Lett.* **2002**, *43*, 2807.

[65] Arnold, L. D.; Assil, H. I.; Vederas, J. C. *J. Am. Chem. Soc.* **1989**, *111*, 3973.

[66] Pautard, A. M.; Evans, S. A. *J. Org. Chem.* **1988**, *53*, 2300.

[67] Oshikawa, T.; Yamashita, M. *Bull. Chem. Soc. Jpn.* **1984**, *57*, 2675.

[68] Achmatowicz, O.; Grynkiewicz, G. *Tetrahedron Lett.* **1977**, 3179.

[69] Mitsunobu, O.; Takemasa, A.; Endo, R. *Chem. Lett.* **1984**, 855.

[70] Martin, S. F.; Dodge, J. A. *Tetrahedron Lett.* **1991**, *32*, 3017.

[71] Bajwa, J. S.; Anderson, R. C. *Tetrahedron Lett.* **1990**, *31*, 6973.

[72] Paintner, F. F.; Allmendinger, L.; Bauschke, G. *Synlett* **2003**, 83.

[73] Hendrickson, J. B.; Husaoin, Md. S. *J. Org. Chem.* **1987**, *52*, 4137.

[74] Elson, K. E.; Jenkins, I. D.; Loughlin, W. A. *Org. Biomol. Chem.* **2003**, *1*, 2958.

[75] Castro, J. L.; Matassa, V. G.; Ball, I. G. *J. Org. Chem.* **1994**, *59*, 2289.

[76] Brummond, K. M.; Lu, J. L. *J. Org. Chem.* **1999**, *64*, 1723.

[77] Tsunoda, T.; Ozaki, F.; Ito, S. *Tetrahedron Lett.* **1994**, *35*, 5081.

[78] Tsunoda, T.; Nagaku, M.; Nagino, C.; Kawamura, Y.; Ozaki, F.; Hioki, H.; Ito, S. *Tetrahedron Lett.* **1995**, *36*, 2531.

[79] Tsunoda, T.; Nagino, C.; Oguri, M.; Ito, S. *Tetrahedron Lett.* **1996**, *37*, 2459.

[80] Tsunoda, T.; Uemoto, K.; Ohtani, T.; Kaku, H.; Ito, S. *Tetrahedron Lett.* **1999**, *40*, 7359.

[81] Zaragoza, F.; Stephensen, H. *J. Org. Chem.* **2001**, *66*, 2518.

[82] Zaragoza, F. *J. Org. Chem.* **2002**, *67*, 4963.

[83] McNulty, J.; Capretta, A.; Laritchev, V.; Dyck, J.; Robertson, Al J. *J. Org. Chem.* **2003**, *68*, 1597.

[84] Mukaiyama, T.; Shintou, T.; Kikuchi, W. *Chem. Lett.* **2002**, 1126.

[85] Mukaiyama, T.; Shintou, T.; Fukumoto, K. *J. Am. Chem. Soc.* **2003**, *125*, 10538.

[86] Shintou, T.; Kikuchi, W.; Mukaiyama, T. *Chem. Lett.* **2003**, *32*, 22.

[87] Mukaiyama, T.; Kikuchi, W.; Shintou, T. *Chem. Lett.* **2003**, *32*, 300.

[88] Shintou, T.; Kikuchi, W.; Mukaiyama, T. *Bull. Chem. Soc. Jpn.* **2003**, *76*, 1645.

[89] Burke, S. D.; Pacofsky, G. J.; Piscopio, A. D.   *Tetrahedron Lett.* **1986**, *27*, 445.

[90] Burke, S. D.; Pacofsky, G. J. *Tetrahedron Lett.* **1986**, *27*, 3345.

[91] Subramanian, R. S.; Balasubramanian, K. K. *Tetrahedron Lett.* **1990**, *31*, 2201.

[92] Sakamoto, S.; Tsuchiya, T.; Umezawa, S.; Umezawa, H. *Bull. Chem. Soc. Jpn.* **1987**, *60*, 1481.

[93] Nishizawa, M.; Adachi, K.; Hayashi, Y. *J. Chem. Soc. Chem. Commun.* **1984**, 1637.

[94] Smith, A. B.; Hale, K. J.; Rivero, R. A. *Tetrahedron Lett.* **1986**, *27*, 5813.

[95] Volante, R. P. *Tetrahedron Lett.* **1981**, *22*, 3119.

[96] Cravotto, G.; Nano, G. M.; Palmisano, G.; Tagliapietra, S. *Synthesis* **2003**, 1286.

[97] Steinreiber, A.; Stadler, A.; Mayer, S. F.; Faber, K.; Kappe, C. O. *Tetrahedron Lett.* **2001**, *42*, 6283.

[98] Lampariello, L. R.; Piras, D.; Rodriquez, M.; Taddei, M. *J. Org. Chem.* **2003**, *68*, 7893.

[99] Curran, D. P. *Angew. Chem. Int. Ed.* **1998**, *37*, 1174.

[100]   Dandapani, S.; Curran, D. S. *J. Org. Chem.* **2004**, *69*, 8751.

[101]   Tunoori, A. R.; Dutta, D.; Georg, G. I. *Tetrahedron Lett.* **1998**, *39*, 8751.

[102]   Lizarzaburu, M. E.; Shuttleworth, S. J. *Tetrahedron Lett.* **2003**, *44*, 4873.

[103]   Aronov, A. M.; Gelb, M. H. *Tetrahedron Lett.* **1998**, *39*, 4947.

[104]   Hanessian, S.; Xie, F. *Tetrahedron Lett.* **1998**, *39*, 737.

[105] Fisher, M.; Brown, R. C. D. *Tetrahedron Lett.* **2001**, *42*, 8227.

[106] Ding, S.; Gray, N. S.; Ding, Q.; Schultz, P. G. *J. Org. Chem.* **2001**, *66*, 8273.

[107] Harada, T.; Kurokawa, H.; Oku, A. *Tetrahedron Lett.* **1987**, *28*, 4847.

[108] Somoza, C.; Colombo, M. I.; Olivieri, A. C.; Gonzalez-Sierra, M.; Raveda, E. A. *Synth. Commun.* **1987**, *17*, 1727.

[109] Adam, W.; Babatsikos, C.; Cilento, G. *Z. Naturforsch.* **1984**, *39B*, 679.

[110] Dai, L.; Lou, B.; Zhang, Y. *J. Am. Chem. Soc.* **1988**, *110*, 5195.

[111] Abushanab, E.; Vemishetti, P.; Leiby, R. W.; Singh, H. K.; Mikkilineni, A. B.; Wu, D. C.; Saibaba, R.; Panzica, R. P. *J. Org. Chem.* **1988**, *53*, 2598.

[112] Redlich, H.; Schneider, B.; Hoffmann, R. W.; Geueke, K. J. *Justus Liebigd Ann. Chem.* **1983**, 393.

[113] Fleming, L.; Kilburn, J. D. *J. Chem. Soc. Chem. Commun.* **1986**, 1198.

[114] Sakai, T.; Yoshida, M.; Kohmoto, S.; Utaka, M.; Takeda, A. *Tetrahedron Lett.* **1982**, *23*, 5185.

[115] Butera, J.; Rini, J.; Helquist, P. *J. Org. Chem.* **1985**, *50*, 3676.

[116] Liu, L.; Tanke, R. S.; Miller, M. J. *J. Org. Chem.* **1986**, *51*, 5332.

[117] Barbier, M. *Helv. Chim. Acta* **1981**, *64*, 1407.

[118] Zibuck, R.; Liverton, N. J.; Smith, A. B. III. *J. Am. Chem. Soc.* **1986**, *108*, 2451.

[119] Smith, A. B. III.; Noda, I.; Remiszewski, S. W.; Liverton, N. J.; Zibuck, R. *J. Org. Chem.* **1990**, *55*, 3977.

[120] Attwood, S. V.; Barrett, A. G. M.; Carr, R. A. E.; Richardson, G. *J. Chem. Soc. Chem. Commun.* **1986**, 479.

[121] Barrett, A. G. M.; Carr, R. A. E.; Attwood, S. V.; Richardson, R. A. E.; Walshe, N. D. A. *J. Org. Chem.* **1986**, *51*, 4840.

[122] Mulzer, J.; Bruntrup, G.; Chucholowski, A. *Angew. Chem., Int. Ed. Engl.* **1979**, *18*, 622.

[123] Bajwa, J. S.; Miller, M. J. *J. Org. Chem.* **1983**, *48*, 1114.

[124] Adam, W.; Narita, N.; Nishizawa, Y. *J. Am. Chem. Soc.* **1984**, *106*, 1843.

[125] Galynker, I.; Still, W. C. *Tetrahedron Lett.* **1982**, *23*, 4461.

[126] Galynker, I.; Still, W. C. *J. Am. Chem. Soc.* **1982**, *104*, 1774.

[127] Pautard-Cooper, A.; Evans, S. A. Jr. *J. Org. Chem.* **1989**, *54*, 2485.

[128] Camp, D.; Jenkins, I. D. *J. Org. Chem.* **1989**, *54*, 3045.

[129] Camp, D.; Jenkins, I. D. *J. Org. Chem.* **1989**, *54*, 3049.

[130] Nakano, J.; Mimura, M.; Hayashida, M.; Kimura, K.; Nakanishi, T. *Heterocycles* **1983**, *20*, 1975.

[131] Nakano, J.; Mimura, M.; Hayashida, M.; Fujii, M.; Kimura, K.; Nakanishi, T. *Chem. Pharm. Bull.* **1988**, *36*, 1399.

[132] Schultz, A. G.; Sundararaman, P. *Tetrahedron Lett.* **1984**, *25*, 4591.

[133] Sugihara, H.; Mabuchi, H.; Hirate, M.; Inamoto, T.; Kawamatsu, Y. *Chem. Pharm. Bull.* **1987**, *35,* 1930.

[134] Ferrier, R. J.; Prasit, P.; Gainsford, G. J. *J. Chem. Soc. Perkin Trans.* **1983**, 1629.

[135] Franel, M. M.; Hansell, G.; Patel, B. P.; Swindell, C. S. *J. Am. Chem. Soc.* **1990**, 112, 3535.

[136] Kirmse, W.; Mrotzeck, U. *Chem. Ber.* **1988**, *121*, 485.

[137] Lee, B. H.; Biswas, A.; Miller, M. J. *J. Org. Chem.* **1986**, *51*, 106.

[138] Moreno-Manas, M.; Ribas, J.; Virgili, A. *Synthesis* **1985**, 699.

[139] Hrytsak, M.; Durst, T. *Heterocycles* **1987**, *26*, 2393.

[140] Mastalerz, H.; Menard, M.; Vinet, V.; Desiderio, J.; Fung-Tomc, J.; Kessler, R.; Tsai, Y. *J. Med. Chem.* **1988**, *31*, 1190.

[141] Van Aerschot, A.; Herjewijn, P.; Janssen, G.; Vanderhaeghe, H. *Nucleosides, Nucleotides* **1988**, *7*, 519.

[142] Sammes, P. G.; Thetford, D. *J. Chem. Soc., Chem. Commun.* **1985**, 352.

[143] Sammes, P. G.; Thetford, D. *Tetrahedron Lett.* **1986**, *27*, 2275.

[144] Sammes, P. G.; Thetford, D. *J. Chem. Soc., Perkin Trans. 1* **1988**, 111.

[145] Malkiewicz, A. J.; Nawrot, B.; Sochacka, E. *Z. Naturforsch.* **1987**, *42B*, 360.

[146] Miller, M. J.; Biswas, A.; Krook, M. A. *Tetrahedron* **1983**, *39*, 2571.

[147] Brandstetter, H. H.; Zbiral, E. *Justus Liebigs Ann. Chem.* **1983**, 2055.

[148] Rough, D. M.; Patel, M. M. *Synth. Commun.* **1985**, *15*, 675.

[149] Wang, F. J.; Hauske, J. R. *Tetrahedron Lett.* **1997**, *38*, 6529.

[150] Jiao, P.; Xu, J. X.; Zhang, Q. H.; Choi, M. C. K.; Chan, A. S. C. *Tetrahedron: Asymmetry* **2001**, *12*, 3081.

[151] Grochowski, E.; Boleslawska, T. *Pol. J. Chem.* **1981**, *55*, 615.

[152] Harnden, M. R.; Wyatt, P. G. *Tetrahedron Lett.* **1990**, *31*, 2185.

[153] Grochowski, E.; Stepowska, H. *Synthesis* **1988**, 795.

[154] Hamersma, J. A. M.; Speckamp, W. N. *Tetrahedron* **1982**, *38*, 3255.

[155] Cannizzo, L. F.; Grubs, R. H. *J. Org. Chem.* **1985**, *50*, 2316.

[156] Van der Vliet, P. N. W.; Hamersma, J. A. M.; Speckamp, W. N. *Tetrahedron* **1985**, *41*, 2007.

[157] Kano, S.; Yuasa, Y.; Yokomatsu, T.; Shibuya, S. *J. Org. Chem.* **1983**, *48*, 3835.

[158] Kano, S.; Yuasa, Y.; Yokomatsu, T.; Shibuya, S. *Heterocycles* **1984**, *22*, 1411.

[159] Kim, T. H.; Rapoport, H. *J. Org. Chem.* **1990**, *55*, 3699.

[160] Slusarska, E.; Zwierzak, A. *Liebigs Ann. Chem.* **1986**, 402.

[161] Henry, J. R.; Marcin, L. R.; McIntosh, M. C.; Scola, P. M.; Harris, G. D.; Weinreb, S. M. *Tetrahedron Lett.* **1989**, *30*, 5709.

[162] Edwards, M. L.; Stemerick, D. M.; McCarthy, J. R. *Tetrahedron Lett.* **1990**, *31*, 3417.

[163] Keith, J. M.; Gomez, L. *J. Org. Chem.* **2006**, *71*, 7113.

[164] Williams, R. M.; Lee, B. H. *J. Am. Chem. Soc.* **1986**, *108*, 6431.

[165] Miller, M. J.; Bajwa, J. S.; Mattingly, P. G.; Peterson, K. *J. Org. Chem.* **1982**, *47*, 4928.

[166] Hsiao, C. N.; Ashburn, S. P.; Miller, M. J. *Tetrahedron Lett.* **1985**, *26*, 4855.

[167] Townsend, C. A.; Salituro, G. M.; Nguyen, L. T.; Di Novi, M. J. *Tetrahedron Lett.* **1986**, *27*, 3819.

[168] Maurer, P. J.; Miller, M. J. *J. Org. Chem.* **1981**, *46*, 2835.

[169] Maurer, P. J.; Miller, M. J. *J. Am. Chem. Soc.* **1983**, *105*, 240.

[170] Marquez, V. E.; Tseng, C. K. H.; Driscoll, J. S. *Nucleosides, Nucleotides* **1987**, *6*, 239.

[171] Bombrun, A.; Giulio Casi, G. *Tetrahedron Lett.* **2007**, *43*, 2187.

[172] Viaud, M. C.; Rollin, P. *Synthesis* **1990**, 130.

[173] Alpegiani, M.; Bedeschi, A.; Perrone, E.; Zarini, F.; Franceschi, G. *Heterocycles* **1988**, *27*, 1329.

[174] Nakano, M.; Atsuumi, M.; Koike, Y.; Tanaka, S.; Funabashi, H.; Hashimoto, J.; Morishima, H. *Tetrahedron Lett.* **1990**, *31*, 1569.

[175] Fabiano, E.; Golding, B. T.; Sadighi, M. M. *Synthesis* **1987**, 190.

[176] Boschelli, D. H. *Synth. Commun.* **1988**, *18*, 1391.

[177] Pfister, J. R. *Synthesis*, **1984**, 969.

[178] Minamoto, K.; Azuma, K.; Tanaka, T.; Iwasaki, H.; Eguchi, S.; Kadoya, S.; Moroi, R. *J. Chem. Soc. Perkin Trans. 1* **1988**, 2955.

[179] Xu, J. X. *Tetrahedron: Asymmetry* **2003**, *13*, 1129.

[180] Hu, L. B.; Zhu, H.; Du, D.-M.; Xu, J. X. *J. Org. Chem.* **2007**, *72*, 4543.

[181] Sammes, P. G.; Smith, S. *J. Chem. Soc., Chem. Commun.* **1983**, 682.

[182] Sammes, P. G.; Smith, S. *J. Chem. Soc. Perkin Trans. 1* **1984**, 2415.

[183] Sammes, P. G.; Smith, S.; Woolley, G. T. *J. Chem. Soc., Perkin Trans. 1* **1984**, 2603.

[184] Danishefsky, S.; Regan, J. *Tetrahedron Lett.* **1981**, *22*, 3919.

[185] Takana, S.; Imamura, Y.; Ogasawara, K. *Chem. Lett.* **1981**, 1385.

[186] Takana, S.; Imamura, Y.; Ogasawara, K. *Tetrahedron Lett.* **1981**, *22*, 4479.

[187] Minamoto, K.; Fujiki, Y.; Shiomi, N.; Uda, Y.; Sasaki, T. *J. Chem. Soc., Perkin Trans. 1* **1985**, 2337.

[188] Strijtveen, B.; Kellogg, R. M. *Rec. Trav. Chim. Pays-Bas* **1987**, *106*, 539.

[189] Xu, J. X.; Xu, S. *Synthesis* **2004**, 276.

[190] Wang, B. Y.; Zhang, W.; Zhang, L. L.; Du, D.-M.; Liu, G.; Xu, J. X. *Eur. J. Org. Chem.* **2008**, 350.

[191] Rollin, P. *Tetrahedron Lett.* **1986**, *27*, 4169.

[192] Tamaru, Y.; Ishige, O.; Kawamura, S.; Yoshida, Z. *Tetrahedron Lett.* **1984**, *25*, 3583.

[193] Tamaru, Y.; Hioki, T.; Kawamura, S.; Satomi, H.; Yoshida, Z. *J. Am. Chem. Soc.* **1984**, *106*, 3876.

[194] Nagasawa, H.; Mitsunobu, O. *Bull. Chem. Soc. Jpn.* **1981**, *54*, 2223.

[195] Kpegba, K.; Metzner, P. *Synthesis* **1989**, 137.

[196] Takahata, H.; Ohkura, E.; Ikuro, K.; Yamazaki, T. *Synth. Commun.* **1990**, *20*, 285.

[197] Alpegiani, M.; Perrone, E.; Franceschi, G. *Heterocycles* **1988**, *27*, 49.

[198] Gajda, T. *Synthesis* **1988**, 327.

[199] Alpegiani, M.; Bedeschi, A.; Perrone, E.; Zarini, F.; Franceschi, G. *Heterocycles* **1985**, *23*, 2255.

[200] Dormoy, J. R. *Synthesis* **1982**, 753.

[201] Tanaka, T.; Hashimoto, T.; Iino, K.; Sugimuta, Y.; Miyadera, T. *J. Chem. Soc. Chem. Commun.* **1982**, 713.

[202] Ho, P.-T.; Davies, N. *J. Org. Chem.* **1984**, *49*, 3027.

[203] Nakata, M.; Arai, M.; Tomooka, K.; Ohsawa, N.; Kinoshita, M. *Bull. Chem. Soc. Jpn.* **1989**, *62*, 2618.

[204] Kunz, H.; Schmidt, P. *Justus Liebigs Ann. Chem.* **1982**, 1245.

[205] Manna, S.; Falck, J. R.; Mioskowski, C. *Synth. Commun.* **1985**, *15*, 663.

[206] Alpegiani, M.; Bedeschi, A.; Perrone, E. *Gazz. Chim. Ital.* **1985**, *115*, 393.

[207] Kurihara, T.; Sugizaki, M.; Kime, I.; Wada, M.; Mitsunobu, O. *Bull. Chem. Soc. Jpn.* **1981**, *54*, 2107.

[208] Liu, H.-J.; Wynn, H. *Can. J. Chem.* **1986**, *64*, 658.

[209] Uemoto, K.; Kawahito, A.; Matsushita, N.; Sakamoto, I.; Kaku, H.; Tsunoda, T. *Tetrahedron Lett.* **2001**, *42*, 905.

[210] Loibner, H.; Zbiral, E. *Helv. Chim. Acta* **1976**, *59*, 2100.

[211] Tsunoda, T.; Uemoto, K.; Nagino, C.; Kawamura, M.; Kaku, H.; Ito, S. *Tetrahedron Lett.* **1999**, *40*, 7355.

[212] Hayashida, M.; Sakairi, N.; Kuzuhara, H. *Carbohydr. Res.* **1986**, *154*, 115.

[213] Cabaret, D.; Maigrot, N.; Welvart, Z. *Tetrahedron Lett.* **1981**, *22*, 5279.

[214] St. Laurent, D. R.; Paquette, L. A. *J. Org. Chem.* **1986**, *51*, 3861.

[215] Mulzer, J.; Pointner, A.; Chucholowski, A.; Brunrrup, G. *J. Chem. Soc. Chem. Commun.* **1979**, 52.

[216] Mitsunobu, O.; Kato, K.; Kakese, F. *Tetrahedron Lett.* **1969**, *10*, 2473.

[217] Mitsunobu, O.; Kato, K.; Tomari, M. *Tetrahedron* **1970**, *26*, 5731.

[218] Mitsunobu, O.; Kato, K.; Wada, M. *Bull. Chem. Soc. Jpn.* **1971**, *44*, 1362.

[219] But, T. Y. S.; Toy, P. H. *J. Am. Chem. Soc.* **2006**, *128*, 9636.

[220] Hulst, R.; Basten, A.; Fitzpatrick, K.; Kellog, R. M. *J. Chem. Soc. Perkin Trans. 1* **1995**, 2961.

[221] Li, Z. M.; Zhou, Z. H.; Wang, L. X.; Zhou, Q. L.; Tang, C. C. *Tetrahedron: Asymmetry* **2002**, *13*, 145.

[222] Chandrasekhar, S.; Kulkarni, G. *Tetrahedron: Asymmetry* **2002**, *13*, 145.

[223] Patil, A. D.; Freyer, A. J.; Reichwein, R.; Cartre, B.; Killmer, L. B.; Faucette, L.; Johnson, R. K.; Faulkner, D. J. *Tetrahedron Lett.* **1997**, *38*, 363.

[224] Abe, H.; Aoyagi, S.; Kibayashi, C. *J. Am. Chem. Soc.* **2005**, *127*, 1473.

[225] D'Ambrosio, M.; Guerrierp, A.; Debitus, C.; Pietra, F. *Helv. Chim. Acta* **1996**, *79*, 51.

[226] Paterson, I.; Tudge, M. *Angew. Chem., Int. Ed.* **2003**, *42*, 343.

[227] Paterson, I.; Tudge, M. *Tetrahedron* **2003**, *59*, 6833.

[228] Fushimi, S.; Nishikawa, S.; Shimazu, A.; Seto, H. *J. Antibiot.* **1989**, *42*, 1019.

[229] Ozasa, T.; Suzuki, K.; Sasamata, M.; Tanaka, K.; Kobori, M.; Kadota, S.; Nagai, K.; Saito, T.; Watanabe, S.; Iwanami, M. *J. Antibiot.* **1989**, *42*, 1331.

[230] Wang, Y. G.; Takeyama, R.; Kobayashi, Y. *Angew. Chem., Int. Ed.* **2006**, *45*, 3320.

[231] Mandala, S. M.; Thornton, R. A.; Rosenbach, M.; Milligan, J.; Garcia-Calvo, M.; Bull, H. G.; Kurtz, M. B. *J.*

Biol. Chem. **1997**, *272*, 32709.

[232] Shirokawa, S. I.; Shinoyama, M.; Ooi, I.; Hosokawa, S.; Nakazaki, A.; Kobayashi, S. *Org. Lett.* **2007**, *9*, 849.

[233] Morel, A. F.; Araujo, C. A.; Silva, U. F.; Hoelzel, S. C. S. M.; Záchia, R.; Bastos, N. R. *Phytochemistry* **2002**, *61*, 561.

[234] He, G.; Wang, J.; Ma, D. W. *Org. Lett.* **2007**, *9*, 1367.

[235] Jin, Z. *Nat. Prod. Rep.* **2003**, *20*, 606.

[236] Marco-Contelles, J.; Carreiras, M. D.; Rodriguez, C.; Villarroya, M.; Garcia, A. G. *Chem. Rev.* **2006**, *106*, 116.

[237] Satcharoen, V.; McLean, N. J.; Kemp, S. C.; Camp, N. P.; Brown, R. C. D. *Org. Lett.* **2007**, *9*, 1867.

[238] Kocienski, P. J.; Street, S. D. A.; Yeates, C.; Campbell, S. F. *J. Chem. Soc. Perkins Trans 1* **1987**, 2183.

向山羟醛缩合反应

(Mukaiyama Aldol Reaction)

王　竑

1 历史背景简述

羟醛缩合反应[1~5] (式 1) 是最重要的碳-碳键形成方法之一，能够在一步反应中有效地构建两个手性中心，从原子经济性考虑也比较合理。从适当取代的反应物出发，该反应可以制备 3-羟基、3-羟基-2-甲基、2,3-二羟基和 3-羟基-2-氨基取代的羰基化合物以及这些化合物的衍生结构。由于这些结构单元常见于天然产物、药物和具有显著生理活性的分子，因此该反应是有机合成以及药物合成中不可缺少的有力工具。

$$R^1 \overset{O}{\underset{}{\|}} R^2 \; + \; \overset{H}{\underset{R^3 \; R^4}{}} \overset{O}{\underset{}{\|}} R^5 \longrightarrow \; R^1 \overset{HO \; R^2}{\underset{R^3 \; R^4}{}} \overset{O}{\underset{}{\|}} R^5 \qquad (1)$$

早在 1838 年，R. Kane 就报道了首例羟醛缩合反应，即丙酮的自身缩合反应[6]。然而直到 20 世纪 70 年代，交叉羟醛缩合反应[7] (cross aldol condensation) 才有了长足的发展。这主要是由于在通常的碱性催化条件下，两分子不同的醛或酮之间的交叉缩合反应具有选择性差和副反应多的缺点。其中的主要问题如下：(1) 产生大量的自身缩合及多缩合副产物；(2) 产物进一步脱水形成 α,β-不饱和羰基化合物，并能发生进一步副反应；(3) 该反应为可逆反应，一般无法进行完全。特别是对于酮之间的反应，平衡强烈偏向原料一方。

1973 年，T. Mukaiyama 跳出传统的思维方式，提出了 Lewis 酸促进的烯醇硅醚定向缩合 (directed condensation) 的新方法[8]。同年，他还提出了烯醇硼酯的羟醛缩合反应[9] (随后由 D. A. Evans 等人加以发展，被命名为 Evans 反应[10])。从此，烯醇硅醚的交叉羟醛缩合反应得到了迅猛发展，成为当代有机合成化学家最常用的重要方法之一，并被命名为 Mukaiyama 反应[11~20]。

Teruaki Mukaiyama (向山光昭) (1927-) 出生于日本长野县伊那市。他于 1948 年和 1957 年先后获学士学位 (东京理工学院) 和博士学位 (东京大学)。1958 年，他任职东京理工学院助理教授，并于 1963 年晋升为教授。后历任东京大学 (1973) 和东京理科大学 (1987) 教授，现任北里研究所 (2002-) 教授及上述各学府名誉教授。Mukaiyama 对有机合成作出了多方面的贡献[21~23]，以他名字命名的还有 Mukaiyama-Michael 反应[24~26] (式 2)。

$$\overset{O}{\underset{}{\|}} \diagup\diagdown R \; + \; R^1 \overset{OSiMe_3}{\underset{R^2}{}} \longrightarrow \; \overset{O}{\underset{}{\|}} \diagup\diagdown \overset{R}{\underset{R^1}{}} \overset{O}{\underset{}{\|}} R^2 \qquad (2)$$

另外，1-甲基-2-氯吡啶碘化物被称为 Mukaiyama 试剂[27]，常用于大环内酯的关环反应。

Mukaiyama reagent:

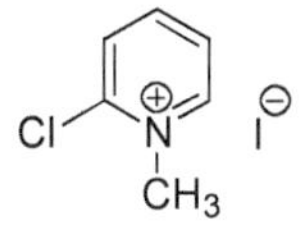

2 Mukaiyama 羟醛缩合反应的定义和机理

Mukaiyama 羟醛缩合通常定义为：以烯醇硅醚 (silyl enol ether, enoxysilane 或者 silyl enolate，形式上还包括硅基烯酮缩醛 silyl ketene acetal) 为亲核试剂，与醛、酮、缩醛和缩酮类型亲电试剂之间的缩合反应 (式 3 和式 4)，一般不涉及产物经消除形成 α,β-不饱和羰基化合物的转化。虽然在某些催化的 Mukaiyama 反应中，烯醇硅醚与催化剂发生转金属化生成的金属烯醇盐可能是实际反应的活性中间体[28,29]，但是硅以外的其它元素的烯醇酯、醚、盐型衍生物的反应不在本章讨论范围内。烯醇硅醚与亚胺等杂羰基化合物的加成反应也不在本章中介绍。

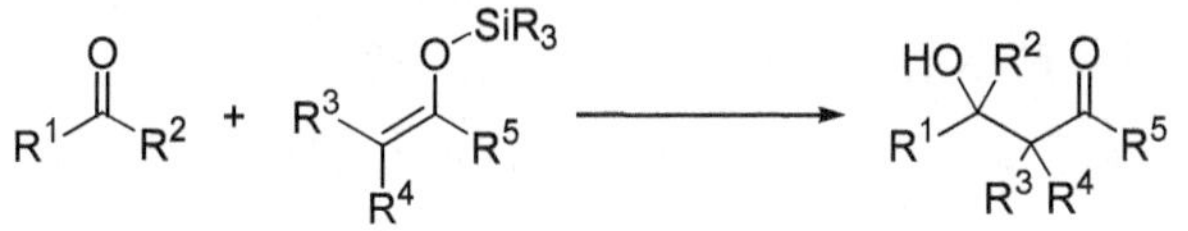

$$R^1 \overset{O}{\underset{}{\parallel}} R^2 + R^3 \overset{O-SiR_3}{\underset{R^4}{|}} R^5 \longrightarrow R^1 \overset{HO \ R^2 \ O}{\underset{R^3 \ R^4}{|}} R^5 \qquad (3)$$

$$RO \overset{OR}{\underset{}{|}} R^2 + R^3 \overset{O-SiR_3}{\underset{R^4}{|}} R^5 \longrightarrow R^1 \overset{RO \ R^2 \ O}{\underset{R^3 \ R^4}{|}} R^5 \qquad (4)$$

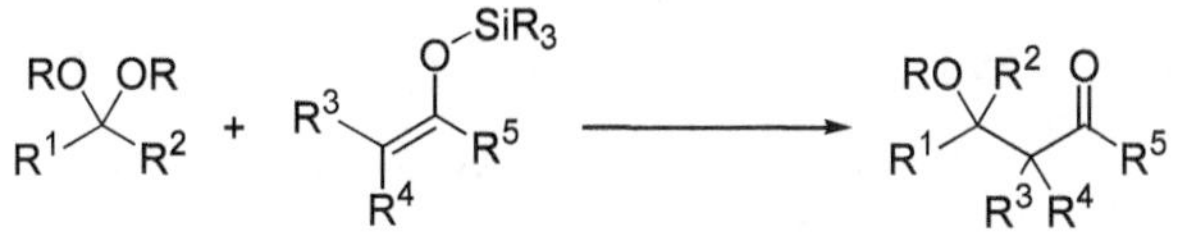

烯醇硅醚的亲核性主要来自两个因素：(1) 氧的孤对电子对烯烃双键的给电子共轭效应；(2) β-硅基效应 (即硅基的超共轭作用能够稳定 β-位的正电荷，同时硅氧键的成键轨道电子跃迁到烯烃双键的反键轨道中，提高了其电子云密度[30]) (式 5)。事实上，普通的烯醇三甲基硅醚的亲核性并不足以使其与醛发生加成。但是，在 Lewis 酸或碱等的催化下，反应就能够顺利地发生并生成缩合产物。这一特点十分重要，因为只有在很大程度上排除了非催化的背景反应，才有可能发展出高对映选择性的不对称催化反应。

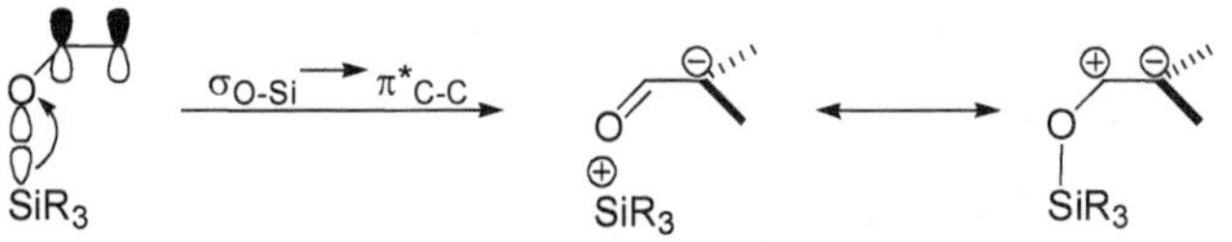

$$\overset{\sigma_{O-Si} \rightarrow \pi^*_{C-C}}{\underset{SiR_3}{\longrightarrow}} \qquad (5)$$

在 Mukaiyama 反应中，2-取代烯醇硅醚的几何构型可以简单地按其形式来定义, 不必套用 Cahn-Inglod-Prelog 命名原则[31]。如式 6 所示: 不论 X 是何种元素或基团, 凡 R^1 与 $OSiR_3$ 在双键同侧者定义为 Z-构型, 反之则为 E-构型。

$$\text{Z-enoxysilane} \qquad \text{E-enoxysilane} \tag{6}$$

与形式上相似的 Evans 反应[10]相比较, Mukaiyama 羟醛缩合的反应机理比较复杂。在很大程度上取决于反应条件、底物结构以及 Lewis 酸/碱的性质等, 难以用一个简单的模型加以总体概括。因此, 该反应产物的相对立体化学必须根据上述因素作具体分析, 一般不能仅以烯醇硅醚底物的几何构型为依据, 有时两者甚至完全没有关联。而在 Evans 反应中, 由于烯醇硼酸酯的硼原子具有较强的 Lewis 酸性, 通常与醛羰基配位后能够形成椅式六员环状过渡态[32,33]。因此, 反应产物的相对立体化学可以根据烯醇硼酸酯的几何构型来预测, 一般呈现 Z-syn 和 E-anti 的关联。

早在 1973 年的那篇原始论文中, Mukaiyama 就对该反应提出了一种假设机理。如式 7 所示: 四氯化钛与烯醇硅醚发生金属交换生成烯醇钛盐, 随后与醛/酮加成生成羟醛的钛盐, 最后水解得到产物[8]。但是后来的研究表明, 反应并非通过烯醇钛盐的途径进行, 这已经从 ^{29}Si 的核磁 INEPT 谱得到证实[34]。同时还发现, $TiCl_4$ 与烯醇硅醚中的氧原子只有微弱的配位作用。另外, 用其它方法制备的烯醇 Ti(IV) 盐的反应与 $TiCl_4$ 促进的烯醇硅醚的反应显示出完全不同的立体选择性[35]。因此, 该反应的机理很快得到了修正[36]。

$$\tag{7}$$

按照过渡态的类型进行分类, 目前得到广泛认可的 Mukaiyama 羟醛缩合反应的机理有两种: 开放式过渡态 ("Open/extended" transition-state) 和环状过渡态 ("Closed" transition-state)。

开放式过渡态: 在经典的条件下使用化学计量的 Lewis 酸时, 醛的羰基首先与 Lewis 酸配位被活化。接着, 烯醇硅醚进攻活化的羰基形成碳-碳键, 迅速生成羟醛的金属盐或硅醚。然后，经过水解除去金属离子或硅基，便可获得最终的产物 (式 8)[36]。由于并未形成稳定的环状结构，过渡态的结构相对较松散，较难获得对反应立体化学的完全控制。因此，产物的 *syn-* 和 *anti-* 选择性主要取决于底物中取代基的空间效应和 Lewis 酸的性质。

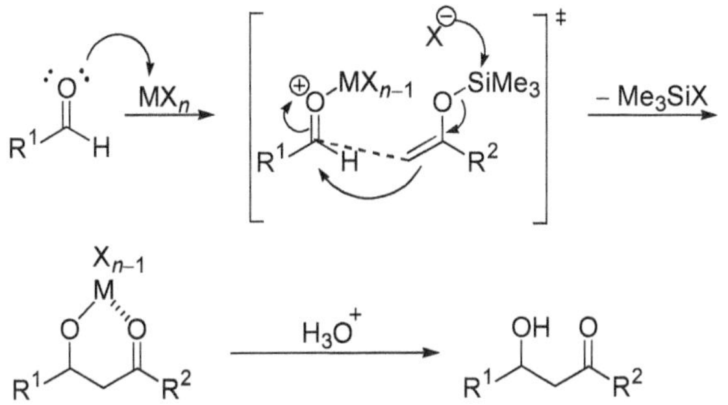

$$\qquad (8)$$

如果在催化条件下发生反应，反应的途径稍为复杂些。如式 9 所示：只有在反应产物中的羟基被硅醚化以后，Lewis 酸催化剂才得以再生，重新进入催化循环。因此，催化 Mukaiyama 反应的产物是羟醛的硅醚而不是游离的羟醛。在形成硅醚的过程中，硅基转移可以是分子内的过程 (途径 A)，也可以是分子间的过程 (途径 B)。当硅醚化过程较慢时，硅基催化的反应 (途径 C) 还有可能与上述两种途径发生竞争[37,38] (式 10)。例如：某些金属三氟甲磺酸盐与硅基化合物作用可以产生 TMSOTf，后者有可能才是反应真正的催化剂。

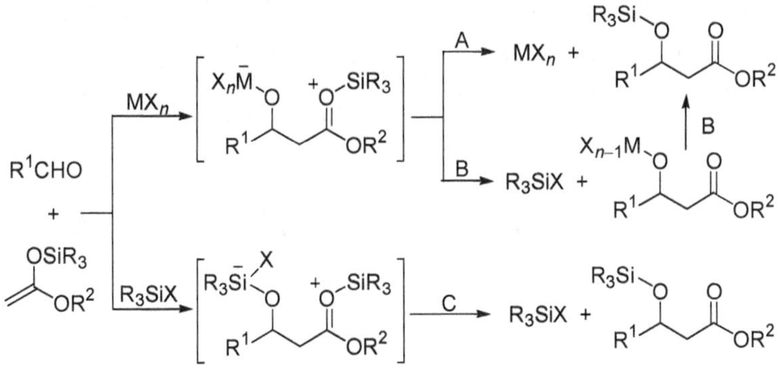

$$\qquad (9)$$

$$\qquad (10)$$

环状过渡态：也有不少 Lewis 酸/碱催化的 Mukaiyama 羟醛缩合反应是经过环状的椅式过渡态 (Zimmermann-Traxler 模型[39]) 进行的[40,41]。由于环状结构具有较低的自由度和比较紧密的结构，因此能够在反应过程中获得较高程度的立体化学控制。如式 11 所示：反应的相对立体化学与烯醇硅醚的几何构型呈现较高的相关性。在此过渡态模型中，反应物的空间排列一般尽量避免1,3-竖立键相互作用。按照该过渡态模型，许多反应体系的立体选择性实验结果可以得到合理的解释。

应当指出：鉴于 Mukaiyama 羟醛缩合反应底物范围的广泛性和反应条件的多样性，上述机理或过渡态模型只是对反应过程的近似描述或实用假设，其中还存在不少争议有待进一步的研究来澄清。有时，相似反应体系的立体化学结果却需要采用两种不同的过渡态来解释。而在一些复杂的反应体系中 (例如：催化剂金属中心的配位数较高时)，可能产生的催化剂多聚体也对反应具有一定的催化活性。因此，难以用简单的单一模型来描述。另外，当硅原子配位数增加后，其几何构型不再是四面体形而是三角双锥形，形成的过渡态的形状必然发生扭曲。此时，可能是环状的船式过渡态更为有利。这些将在下文中结合具体反应的立体选择性择要介绍。因此，Mukaiyama 羟醛缩合反应的机理、过渡态结构以及立体选择性至今仍是值得深入研究的课题[42,43]。

3　Mukaiyama 羟醛缩合反应的条件综述

3.1　反应物的类型

3.1.1　亲电试剂

在 Mukaiyama 羟醛缩合中，亲电试剂主要有三种类型：(1) 醛作为亲电试剂；(2) 酮作为亲电试剂；(3) 缩醛和缩酮作为亲电试剂。

（1）**醛作为亲电试剂**　这是研究最为透彻和应用最为广泛的一种类型，反应的产物为 3-羟基-羰基化合物。如式 12 所示：2-位取代基 R^2 和 R^3 可以是烷基、芳基、烷氧基、氨基、胺基、卤素和含硫基团等，R^2 和 R^3 或者 R^3 和 X 也可以是环状结构的一部分。

$$R^2, R^3 = alkyl, aryl, RO, R_2N, RS, Hal, etc.$$
$$X = H, alkyl, aryl, OR, NR_2, SR$$

醛的立体选择性和不对称 Mukaiyama 羟醛缩合反应是过去二十多年研究的焦点, 现已取得了长足的进展[1~5,12~20]。早期的研究工作以手性底物诱导和手性辅基诱导 (试剂控制) 为主, 并获得了一定的成功。但存在的缺点是辅基引入和脱除增加了额外的反应步骤, 而底物诱导的适用范围有限 (式 13)[44]。近年来发展了很多有效的不对称催化体系, 其中有的达到甚至超越了手性辅基诱导的立体选择性。同时, 催化反应还具有操作简便和调控手段多样化等优点 (式 14)[45]。

$$dr = 93.5:6.5$$
$$Si:Re = 97:3 \quad (13)$$

$$anti:syn = 65:35$$
$$90\% \ ee \ (anti)$$
$$97\% \ ee \ (syn) \quad (14)$$

　　(2) **酮作为亲电试剂**　烯醇硅醚或硅基烯酮缩醛与酮发生 Mukaiyama 反应, 生成 3-位带有叔碳羟基的羰基化合物。该类反应弥补了 Evans 反应的不足, 因为烯醇硼酸酯一般不与酮反应。酮的反应活性明显低于醛, 例如: 以 TiCl₄ 为促进剂, 醛的反应一般在 −78 ℃ 下进行, 而 3,3-二甲基丁酮的反应需要在室温下才能完成 (式 15)[46]。反应对底物和亲核试剂的位阻均不敏感, 许多 2,2-二取代的烯醇硅醚都能与酮顺利反应, 得到的产物中 C2-C3 是两个相连的季碳。这些空间位阻很大的产物用其它方法难以获得, 这也是 Mukaiyama 反应比碱性条件下烯醇盐的羟醛缩合的优越之处。

$$(15)$$

丙酮酸酯（α-酮酸酯）是一类特殊的底物，α-酯基使酮羰基更具亲电性，反应活性更高。同时，酯羰基也能与 Lewis 酸配位，有助于产生较紧密的过渡态结构。因此，α-酮酸酯的 Mukaiyama 羟醛缩合反应能够得到较好的立体选择性。早期曾报道利用手性醇（例如：薄荷醇）的酯实现底物控制的不对称诱导，得到中等的非对映选择性（式 16）[47]。近年来发展了几种较高效的不对称催化体系，α-酮酸酯的 Mukaiyama 反应已得到更广泛的应用（见第 4 节）。

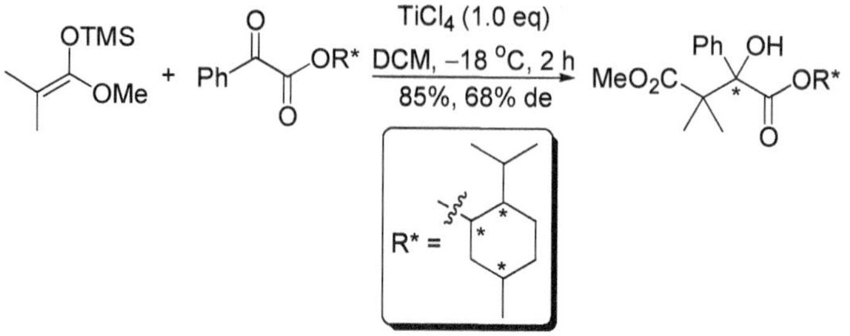

(16)

与醛不同的是，α-酮酸酯以外的一般酮类底物在 Mukaiyama 反应中较难得到理想的立体选择性。目前，仅有 Shibasaki 等人报道的 Cu(I)-手性双膦体系，对映选择性可以达到 80%~82% ee[48]。虽然 α,β-不饱和酮倾向于发生 Mukaiyama-Michael 加成，但在适当的催化体系中能以较好的化学选择性得到 1,2-加成的羟醛缩合反应产物[41,48]。其它特殊类型的酮及其反应的区域选择性见式 17 所示。

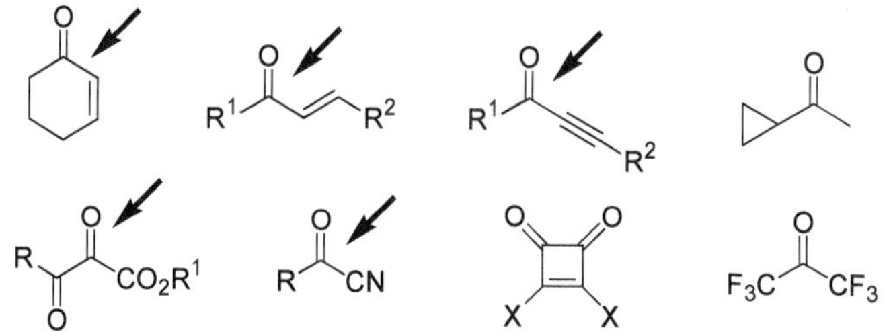

(17)

（3）缩醛和缩酮作为亲电试剂[49]　不仅游离的醛/酮羰基可作为 Mukaiyama 羟醛缩合的亲电试剂，以缩醛和缩酮形式保护的醛/酮羰基也可以发生反应，生成 3-烷氧基羰基化合物（式 18）[50]。在 Lewis 酸催化条件下，由于缩醛和缩酮的氧原子与 Lewis 酸的配位能力比相应的羰基更强[49]，因此能够在醛/酮存在下优先反应。

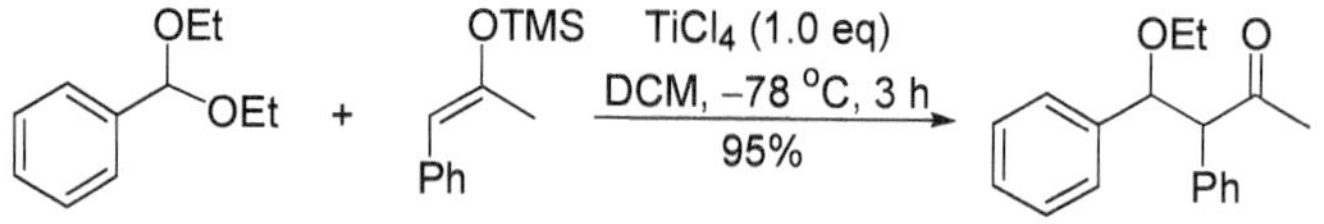

(18)

使用缩醛和缩酮底物的主要优点是它们在羟醛缩合中只能作为亲电试剂反

应[49]，避免了羰基化合物由于烯醇化导致可能的副反应。如式 19 所示：利用易得的手性 1,3-二醇生成的环状缩醛作为底物，可以发生不对称开环反应[51]。然后，3-烷氧基经过适当的官能团变换转化为 3-羟基。

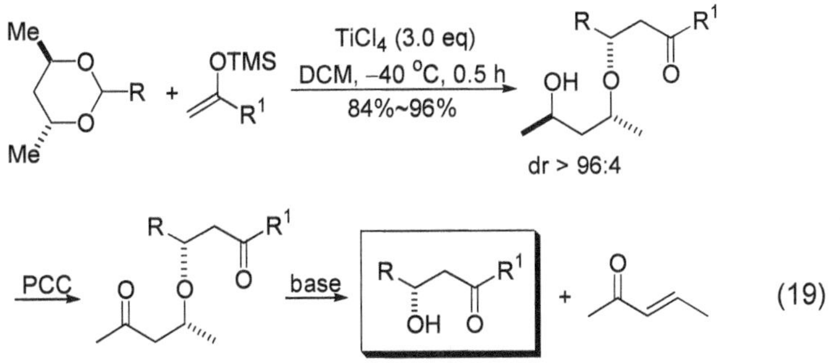

(19)

在缩醛和缩酮参与的 Mukaiyama 反应中，三聚甲醛、三聚乙醛[36] (式 20)、混合缩醛[52] (式 21) 和 O-酰基糖苷[53] 属于比较特殊的一类底物 (式 22)。后两者的反应又可看作 C-糖苷化反应 (C-glycosylation)，在糖化学中占有重要的地位。这是从糖合成非糖化合物的重要途径之一，在复杂天然产物的合成中常用来构造 α-取代的环醚。

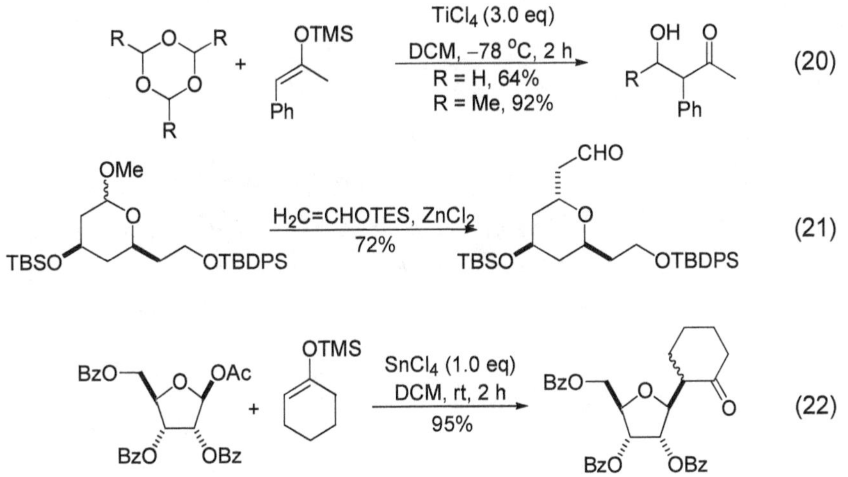

(20)

(21)

(22)

3.1.2 亲核试剂

在 Mukaiyama 反应中，亲核试剂主要有三种类型：(1) 烯醇硅醚；(2) 硅基烯酮缩醛；(3) 插烯型 (vinylogous) 亲核试剂。

（1）烯醇硅醚作为亲核试剂　烯醇硅醚[54~56]的母体是醛或酮，可以通过硅基化试剂与相应醛或酮的烯醇盐反应来制备 (式 23)[54~56]。在动力学控制条件下，反应的溶剂效应非常明显。例如：在 THF 中主要得到 E-烯醇硅醚，而用

THF-HMPA 混合溶剂时的主要产物为 Z-构型[57]。以 LOBA 为碱，用 TMSCl 原位捕获烯醇盐可使 E/Z 比例提高到 49:1。因为在此条件下，反应十分迅速使得烯醇锂盐来不及发生顺反异构化[58]。乙基酮用高位阻的碱 (Me₂PhSi)₂NLi 处理可以几乎立体专一地制备 Z-烯醇硅醚[59]，用 2-三甲硅基乙酸乙酯为硅基化剂可在中性条件下达到同样效果[60]。

由醛衍生的烯醇硅醚相对较少，可能由于其 1-位的取代基是位阻最小的氢原子，不利于获得较高的立体选择性。醛的烯醇硅醚稳定性相对较差，这也是限制其应用的因素之一。因此，通常将它们制备成相应的三乙基或二甲基叔丁基硅醚以提高其稳定性。

（2）硅基烯酮缩醛作为亲核试剂 硅基烯酮缩醛[55,56,61]可以由羧酸衍生物（如酯、硫酯和酰胺等）与碱和硅基化试剂反应制备[61~64]（式 24）。与烯醇硅醚的情况类似，溶剂的极性可以控制反应的 E/Z 选择性。母体化合物酯基的取代基也能显著影响反应的立体选择性，较大的基团有利于生成 E-产物[64]。

酰胺的硅基烯酮缩醛报道较少，因为其制备过程中伴有不同程度的 C-硅基化副反应，N,N-二取代乙酰胺的副反应尤为严重[65]。但是，酰胺键具有容易在底物中接入手性基团的优点。因此，由酰胺衍生的这类亲核试剂主要用于手性辅基诱导的 Mukaiyama 反应。

从酯和硫酯衍生的硅基烯酮缩醛最为常用，它们对醛的反应活性次序为：硅基烯酮缩醛 ＞ 硅基烯酮硫代缩醛 ＞ 烯醇硅醚[66]。但是，高反应活性在一定程度上不利于获得高对映选择性，无取代的硅基烯酮缩醛的不对称反应长期以来一直是个难题[67]。在基于 B(III) 和 Sn(II) 的 Lewis 酸催化体系中，羧酸苯基酯的硅基烯酮缩醛参与的反应具有较高的立体选择性。虽然这种现象被称之为"苯基酯效应"，但具体原因尚不明确。硅基烯酮硫代缩醛的 Mukaiyama 反应显示出较好的 2,3-*anti* 选择性，硫原子上较大的基团 (例如：叔丁基) 有利于提高反应的立体选择性 ["风车轮 (pinwheel)"效应][68]。硅基烯酮缩醛对水的稳定性比烯醇硅醚更差，这两类化合物的纯化一般需要通过减压蒸馏的方式进行，小量制备时可用经去活化处理的硅胶柱色谱分离。

（3）插烯型 Mukaiyama 反应[5] 根据插烯原理[69]，烯醇硅醚 2-位用乙烯基延伸后所得的插烯型类似物具有相似的反应性。常用的非环及环状插烯型烯醇硅醚的制备如式 25~式 28 所示[5]。

$$\text{CHO} \xrightarrow[\substack{C_6H_6,\ 70\ ^oC \\ 65\%}]{\text{TMSCl, Et}_3\text{N}} \text{OTMS} \qquad (25)$$

$$\xrightarrow[65\%\sim80\%]{\text{TMSNEt}_2,\ \text{Et}_2\text{O}} \qquad X = O,\ NMe,\ S \qquad (26)$$

$$\xrightarrow[93\%]{\substack{1.\ \text{LDA, THF, }-78\ ^oC \\ 2.\ \text{TMSCl}}} \qquad (27)$$

$$\xrightarrow[]{\substack{1.\ \text{LDA, THF, }-78\ ^oC \\ 2.\ \text{TMSCl}}} \qquad (28)$$

插烯型烯醇硅醚与羰基化合物的反应具有较好的区域选择性，一般在共轭体系的末端 (γ-位) 进行[5,70]，这是与烯醇盐的又一个显著差异。值得一提的是，由乙酰乙酸酯衍生的插烯型烯醇硅醚能依次在 γ-位和 α-位发生串联反应，是构造复杂环系的有效手段。因而，在复杂化合物的全合成中采用该类型反应常能使路线大为简化 (例如：*rac*-davanone 的全合成[71]) (式 29)。

$$\xrightarrow[92\%]{\substack{\text{TMSOTf (0.1 eq)} \\ \text{DCM, }-50\ ^oC,\ 12\ h}} \xrightarrow[19\%]{7\ \text{steps}} \qquad (29)$$

rac-davanone

3.2 硅基的结构

在 Mukaiyama 羟醛缩合反应中，最常用的烯醇硅醚是三甲硅基及其它三烷基硅基 (例如：TES 和 TBS 等) 的衍生物。在最近十多年中，人们又尝试开发了许多新型的硅基化合物，利用其空间和电子效应获得了独特的反应活性以及化学和立体选择性。例如：酰胺的环状烯醇硅醚在室温或更低的温度下，不需要催化剂即可与醛发生反应，以优良的立体选择性生成 2,3-*anti*-产物[72] (式 30)。

R = Ph, 77%, 97% ds
R = *i*-Pr, 72%, > 99% ds

(30)

烯氧基硅杂环丁烷 (enoxysilacyclobutane) 中硅原子具有较强的 Lewis 酸性，易与醛羰基的孤对电子配位。由此形成的五配位硅中间体具有较大的环张力和较高的活性，反应在室温下即可顺利进行。如式 31 所示：该反应经过类船式过渡态，显示出优良的 2,3-*syn*-选择性[73]。

E:Z = 89:11

R = Ph, --, 98:2
R = (*E*)-cinnamyl, 95%, 93:7
R = *n*-C$_5$H$_{11}$, 91%, 93:7
R = *c*-C$_6$H$_{11}$, 85%, >99:1

(31)

在硅基中引入 Cl 或 OTf 等吸电子基团能够提高硅原子的电正性，使其更容易与醛的羰基配位而提高反应活性。例如：在不加催化剂的条件下，二甲基三氟甲磺酰氧基烯醇硅醚[74]和三氯硅基烯醇硅醚[75]均能在低温下发生羟醛缩合。如式 32 和式 33 所示：由酮衍生的二甲基三氟甲磺酰氧基烯醇硅醚和 (*E*)-三氯硅基烯醇醚均显示出较理想的 2,3-*syn* 非对映选择性。Lewis 碱可以加速三氯硅基烯醇醚的反应，采用手性磷酰胺作催化剂可以实现较有效的不对称诱导[76]。

R = Ph, 88%, *syn:anti* = 91:9
R = Pr, 66%, *syn:anti* = 92:8

(32)

92%, *syn:anti* = 49:1

(33)

减小硅基上的基团可以有效地降低硅原子周围的空间位阻, 因此有利于亲核性催化剂或促进剂的配位。例如: 以 CaCl$_2$ 为 Lewis 碱, 二甲基硅基烯醇醚比三甲基硅基烯醇醚的反应活性明显提高[77] (式 34)。

$$
\begin{array}{c}
\text{OSiXMe}_2 \\
\text{(环己烯醇醚)} + \text{PhCHO} \xrightarrow[\substack{X = H, 24\ h, 30\ ^{\circ}C, 90\% \\ X = Me, 48\ h, 50\ ^{\circ}C, 38\%}]{\text{CaCl}_2\ (25\ mol\%),\ DMF} \text{产物}
\end{array} \tag{34}
$$

当硅基相连的基团具有极大的空间位阻时, 反应的化学选择性会发生有趣的变化。例如: 三(2,6-二苯基苄基)硅基烯醇醚几乎不与 α,β-不饱和醛反应, 这与普通三甲基硅基烯醇醚的选择性恰好相反 (式 35)[78]。

$$
\begin{array}{c}
\text{Bu}\frown\text{CHO} + \text{Bu}\frown\frown\text{CHO} + \overset{\text{OSiR}_3}{\diagup} \xrightarrow[\substack{R = Me,\ 89\%,\ 1:1.6 \\ R = 2,6\text{-diphenylbenzyl} \\ 73\%,\ >99:1}]{\substack{BF_3\cdot OEt_2\ (2.2\ eq),\ DCM \\ -78\ ^{\circ}C,\ 0.5\sim1.5\ h}} \\
\text{(1.1 eq)} \qquad \text{(1.1 eq)} \qquad \text{(1.0 eq)} \\
\\
\text{Bu}\frown\overset{OH}{\frown}\overset{O}{\frown} + \text{Bu}\frown\frown\overset{OH}{\frown}\overset{O}{\frown}
\end{array} \tag{35}
$$

3.3 反应的催化剂

3.3.1 化学计量的反应体系

经典条件下的 Mukaiyama 羟醛缩合反应必须使用化学计量的 Lewis 酸作为催化剂, TiCl$_4$、SnCl$_4$、BF$_3$·OEt$_2$ 和 ZnCl$_2$ 等[36]均可用于该目的。严格意义上应称它们为促进剂, 最常用的是 TiCl$_4$。一般认为: 只有一个配位空轨道的 BF$_3$ 只能与羰基氧配位。而配位数较高的 TiCl$_4$ 和 SnCl$_4$ 在反应过程中除了与羰基氧络合外, 还能与反应底物中带孤对电子的基团 (例如: 烷氧基) 配位形成螯合物。事实上, 这两种情况导致了不同的反应过渡态结构。因此, 根据底物的取代情况, 可以利用 Lewis 酸的性质来调控反应的非对映选择性 (式 36)[79~81]。

$$
\begin{array}{c}
\overset{OTMS}{t\text{-Bu}\diagup} + \overset{OHC}{\underset{BnO}{\diagdown}} \xrightarrow{LA,\ DCM,\ -78\ ^{\circ}C} t\text{-Bu}\frown\overset{O}{\frown}\overset{OH}{\underset{OBn}{\frown}} + t\text{-Bu}\frown\overset{O}{\frown}\overset{OH}{\underset{OBn}{\frown}} \\
\\
LA = SnCl_4,\ 86\%,\ >99:1 \\
LA = BF_3\ (g),\ 85\%,\ 10:90
\end{array} \tag{36}
$$

但是, 反应性较高的 Lewis 酸往往对底物官能团的兼容性较差, 例如: 缩醛和缩酮类型的常用保护基一般难以共存。这类催化剂的另一缺点是用量大且不能回收或再生, 有时还带来后处理不便等问题。此外, 这些反应体系需要严格的无水操作, 显然无法在水相中进行反应。

除了上述简单的 Lewis 酸外，Mukaiyama 发现化学计量的叔胺-Sn(II) Lewis 酸体系也是羟醛缩合的高效促进剂[12]。以等当量的手性二胺配体修饰后可实现优良的不对称诱导，在其基础上发展的不对称催化体系将在下一节介绍。

3.3.2 催化的反应体系

随着对 Mukaiyama 反应的深入研究，人们发现了许多更温和、更高效、选择性更好的在催化剂量下使用的催化剂。几乎元素周期表中每一族的元素都有适当的化合物可作为该反应的催化剂，其范围涵盖了 Lewis 酸、Lewis 碱和少数 Brønsted 酸 (例如：Tf_2NH)[82]及中性的化合物 [例如：$Rh_4(CO)_{12}$]。

代表性的非手性 Lewis 酸催化剂有：$LiClO_4$[83]、$B(C_6F_5)_3$[84]、Me_2AlCl[85]、$TMSOTf$[86]、$TMSNTf_2$[87]、$Ph_3C(ClO_4)$[88]、$Bu_2Sn(OTf)_2$[89]、$Ln(OTf)_3$[90]、$Sc(OTf)_3$[91]，乃至单质碘[92]等 (式 37 和式 38)。

$$RCHO + \overset{OTBS}{\underset{OMe}{\Big|}} \quad \xrightarrow[\substack{R = Ph, 15\ min, 100\% \\ R = i\text{-}Pr, 18\ h, 87\%}]{LiClO_4\ (3\ mol\%),\ DCM,\ rt} \quad R\overset{OTBS}{\underset{}{\diagup}}CO_2Me \qquad (37)$$

$$RCHO + \overset{OTBS}{\underset{Ph}{\Big|}} \quad \xrightarrow[DCM,\ -78\ ^{o}C,\ 6\sim12\ h]{B(C_6F_5)_3\ (2\ mol\%)} \xrightarrow{TBAF} \quad R\overset{OH\ \ O}{\diagup\diagdown}Ph \qquad (38)$$

$$R = Ph,\ 84\%$$
$$R = Ph(CH_2)_2,\ 78\%$$

在不对称 Mukaiyama 反应中，有效的 Lewis 酸催化剂主要是那些手性金属配合物 (式 39)。主要的手性配体类型有：α-氨基酸、α-羟基酸、β-氨基醇、二胺 (包括双噁唑啉等)、Schiff 碱、联萘型双膦和联萘酚等。常用的金属离子包括：B(III)、Sn(II)、Ti(IV)、Zr(IV)、Pd(II)和 Cu(II) 等。近年来，还出现了手性非金属 Lewis 酸催化剂，例如：三芳基甲基碳鎓离子[93]。虽然它的不对称催

(39a)

(39b)

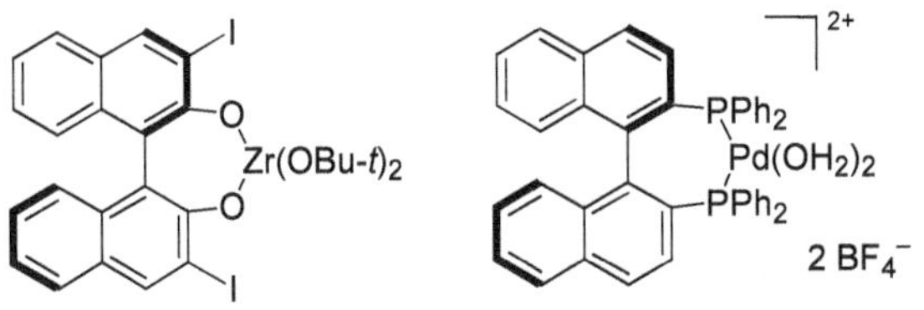

(39c)

化效果一般，但代表了催化剂设计的一种新方向。从式 39 可见，手性催化剂的基本设计思路有以下几种：(1) 利用手性源化合物：对手性氨基酸、氨基醇、二胺和碳水化合物等经过简单的修饰或衍生化。(2) 基于对称性的设计：C_2-对称性是许多常见的高效催化剂的特征。(3) 前两种策略的有机结合：双噁唑啉型配体等。

如式 40 所示：Lewis 碱催化剂是通过进攻硅原子形成高配位的物种活化烯醇硅醚来提高其亲核性[15,94]。典型的非手性 Lewis 碱催化剂有：Ph₂NLi[94]、LiOAc[95]、TBAF[96]、P[2,4,6-(MeO)₃C₆H₂]₃ (TTMPP)[97]、HMPA[98] 以及氮杂环卡宾 (NHC)[99]等 (式 41)。

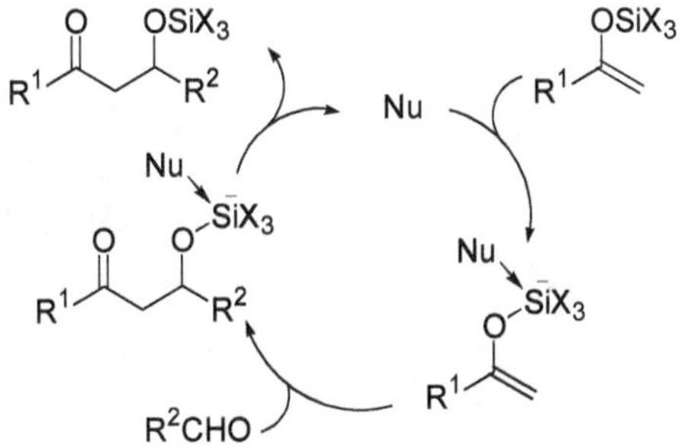

(40)

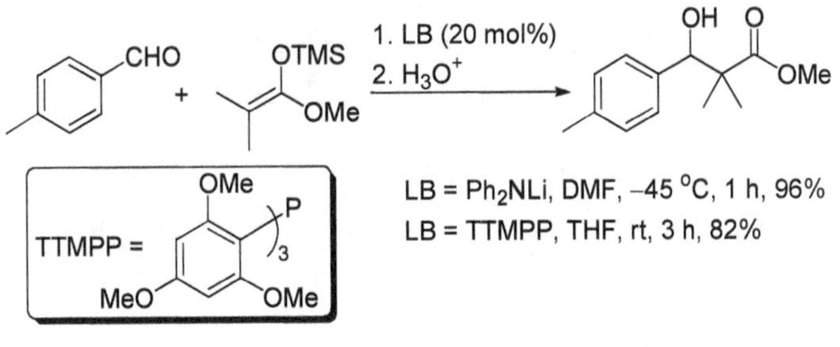

(41)

LB = Ph₂NLi, DMF, –45 °C, 1 h, 96%
LB = TTMPP, THF, rt, 3 h, 82%

主要的手性 Lewis 碱催化剂有：轴手性的 2,2'-联吡啶 N-氧化物[41]、以 2,2'-联萘胺为骨架的手性磷酰胺[100]和由奎宁衍生的手性季铵盐氟化物[101]等 (式 42)。

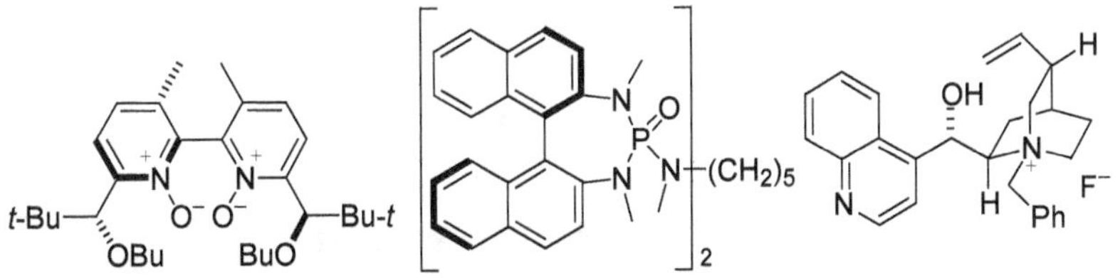

(42)

非均相催化剂在 Mukaiyama 反应中也有应用，例如：K10 高岭土[102]、高分子负载的酸[103]、介孔硅胶材料[104]以及憎水高分子负载的 Sc(III) 磺酸盐[105]。其中，高分子负载的 Sc(III) 催化的反应可以在纯水中进行。由于羟醛缩合反应中人们关注的重点是立体选择性，而非均相催化中催化剂结构表征和性质微调 (fine-tuning) 比较困难。因此，非均相催化在 Mukaiyama 反应中的发展显得相对滞后[106]。

3.4 反应的溶剂

Mukaiyama 羟醛缩合反应显示较强的溶剂效应，一般在惰性有机溶剂中进行。在经典条件下，最佳溶剂是二氯甲烷，使用苯和烷烃会使产率明显下降。乙醚和四氢呋喃中的孤对电子能与羰基竞争 Lewis 酸，因此导致反应无法进行[36]。在催化的反应体系中，溶剂的范围可以拓宽到甲苯、乙醚、四氢呋喃和乙腈等。质子性的溶剂 (例如：醇类) 较少被使用，具有 Lewis 碱性的溶剂 (例如：DMF) 偶尔用于一些特殊硅醚的反应。

不少过渡金属和稀土元素的三氟甲磺酸盐和高氯酸盐在水溶液中较稳定 (水解常数 $pK_h = 4\sim10$)，同时又能够保持其催化活性 (配位水与醛对金属离子的交换速率常数约 3×10^6 L/mol·s)。因此，Mukaiyama 反应也可以在含水溶剂体系甚至纯水中进行[107,108]。但当水解常数过大时，产生的酸将导致烯醇硅醚的分解。水相反应不仅拓宽了反应条件而且环境友好，更重要的是方便了催化剂的回收和重复使用。将处理后的有机相分离后，含有催化剂的水相可以直接循环使用。由于甲醛一般以水溶液形式使用，水相中的羟醛缩合为酮和酯的 α-羟甲基化提供了有效的途径[90,108] (式 43)。常用的水相 Mukaiyama 羟醛缩合的高效催化剂主要有 $Ln(OTf)_3$[90,108]、$Sc(OTf)_3$[91]和 $Cu(OTf)_2$[109]等。

近年来，还有人报道了水相中的不对称 Mukaiyama 反应[110]。例如：以联萘酚修饰的冠醚作为手性配体，烯醇硅醚与醛在含水溶剂中的反应可以被 Pb(OTf)₂ 催化，得到较高的非对映选择性和良好的对映选择性 (式 44)。

固相合成法在 Mukaiyama 反应中也得到了应用。例如：从易制备的巯基树脂出发，可以方便地合成固载化的硅基硫代烯酮缩醛。其羟醛缩合的产物用 DIBAL、LiBH₄ 或者 NaOH 分别处理后，可以得到相应的 β-羟基醛、1,3-二醇或者 β-羟基酸。如式 45 所示[111]：该方法是解决 Mukaiyama 反应中过量的底物及试剂与产物的分离问题的一种新途径。

随着"绿色化学"概念的提出，无溶剂反应逐渐受到重视。InCl₃ 能催化无溶剂条件下烯醇硅醚"自身"的 Mukaiyama 反应[112]。如式 46 所示：催化剂先使烯醇硅醚水解为酮，随之原位与另一分子烯醇硅醚发生羟醛缩合。

4 Mukaiyama 羟醛缩合反应的选择性

4.1 非对映选择性

4.1.1 简单非对映选择性

在非手性的底物与烯醇硅醚的反应产物中，2-位取代基与 3-羟基之间的两种相对立体构型 (syn-/anti-) 的比例称为简单非对映选择性。它反映了各过渡态之间能量的相对高低，对其考察有助于对反应的过渡态结构作出合理的推测，作为优化反应条件的依据。

20 世纪 80 年代中期，Heathcock 等人提出了开放式过渡态来解释 Mukaiyama 反应中的简单非对映选择性[79]。如式 47 所示：他们假设了六种可能的过渡态结构 **A~F**。由于结构 **B** 存在有羰基与 R^3 的非键相互作用，结构 **C** 和结构 **E** 存在有羰基与硅醚的偶极相互作用，因此这三者因能量很高可以首先被排除。

$$R^1 = i\text{-Pr}, R^2 = Me, R^3 = OEt, anti:syn = 93:7$$
$$R^1 = i\text{-Pr}, R^2 = Me, R^3 = t\text{-Bu}, anti:syn = 95:5$$
$$R^1 = Ph, R^2 = Me, R^3 = OEt, anti:syn = 91:9$$
$$R^1 = Ph, R^2 = Me, R^3 = t\text{-Bu}, anti:syn = 95:5$$

在 R^2 较小而 R^3 较大的情况下，过渡态 **D** 中有 R^1 和 R^3 的相互作用，过渡态 **F** 中有 R^3 与羰基的非键相互作用，因此过渡态 **A** 的能量最低。因此，不论烯醇硅醚双键的构型和 Lewis 酸的性质如何，总是 anti-产物占优势。同样，使用具有大空间位阻的 Lewis 酸催化剂 (例如：三苯甲基盐)，也有利于生成 *anti-*产物。

相反，在 R^2 较 R^3 大的情况下，R^1-R^2 非键相互作用更具有决定意义。此时，过渡态 **A** 和 **F** 的能量较高，而 **D** 的能量变得最低。因此，不论烯醇硅醚双键的构型如何，主要得到 *syn-*产物 (式 48)。

$$Z:E = 76:24, \quad anti:syn = 8:92$$
$$Z:E = 5:95, \quad anti:syn = 8:92$$

另一个有价值的规律是：当底物中的取代基能与羰基一同和 Lewis 酸配位形成螯合物时，可获得较高的 *syn-*简单非对映选择性。如式 49 所示[113]：由于

$$syn:anti = (90:10) \sim (94:6)$$

螯合作用，碳链和 Lewis 酸必须处于羰基双键的同一侧，两种可能的过渡态 **G** 和 **H** 中前者占优势，因此给出与前面式 47 相反的立体选择性。

由于酮羰基的两个取代基一般较难以区分，酮类底物在亲核加成反应中立体选择性普遍较低。但是，三苯甲基高氯酸盐催化的烯醇硅醚与炔酮的反应却有较好的简单非对映选择性 (式 50)[114]。

$$\text{(50)}$$

$$syn:anti = (83:17){\sim}(99:1)$$

在 $Sn(OTf)_2$ 催化下，α-酮酸酯与硅基烯酮缩醛的反应显示出较高的非对映选择性，且产物的 *syn/anti* 比例与硅基烯酮缩醛的 *E/Z* 比例一致。因此可以推测：Sn(II) 在反应过程中除了与底物的两个羰基配位外，还与硅基烯酮缩醛中的硫原子配位，形成六员环状椅式过渡态 (式 51 和式 52)[115]。

$$\text{(51)}$$

$$syn:anti = 90:10$$

$$\text{(52)}$$

$$syn:anti = 9:91$$

二甲基三氟甲磺酰氧基烯醇硅醚不仅具有较高的反应活性和较广的底物范围，而且对醛和缩醛的反应显示了较好的 *syn*-简单非对映选择性[74] (式 53)。

$$\text{(53)}$$

$$syn:anti = 94:6$$

环状插烯型烯醇硅醚的简单非对映选择性也值得一提。例如：1-三甲基硅氧基呋喃与醛的反应在 Lewis 酸促进下能取得良好的 *syn*-选择性，而用氟离子促

进的反应给出相反的选择性[116] (式 54)。这类反应在聚醚和生物碱等天然产物的
合成中具有重要的作用。

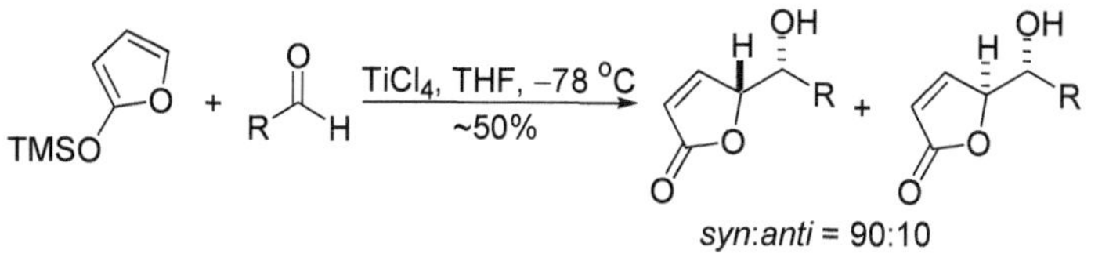

$$syn:anti = 90:10$$

(54)

4.1.2 底物控制的非对映选择性

在 Mukaiyama 羟醛缩合反应的早期发展中，底物控制的立体选择性反应
占有重要的地位。这是由于该反应的非对映选择性一般受到较强的 Felkin-Anh
控制，醛的 α- 和 β-取代基能够对反应的立体化学起到决定性作用。由于 α-
和 β-手性取代的醛能通过手性源途径或者较成熟的反应来制备，因此在不对称
的 Mukaiyama 反应取得长足进展前，底物控制的反应是建立手性 β-羟基醛及
相关结构的可靠方法。

底物控制的不对称合成策略中，1,2- 和 1,3-不对称诱导最为常见和有效，
产物的立体化学通常能够用 Cram-Felkin-Anh 模型[117~119]来预测。例如：α-手
性甲基取代可以对反应的非对映选择性产生较强的 1,2-不对称诱导。事实上，
在 2-苯基丙醛与丙酸硫醇酯的硅基烯酮缩醛的反应中，在四种可能的产物中只
检测到三种。对醛羰基的非对映面选择性达到 (91+7):2，反应的简单非对映选
择性达到 91:(7+2)[120,121]。如式 55 所示：过渡态的结构中各基团的空间取向
满足非键相互作用最小化的要求。

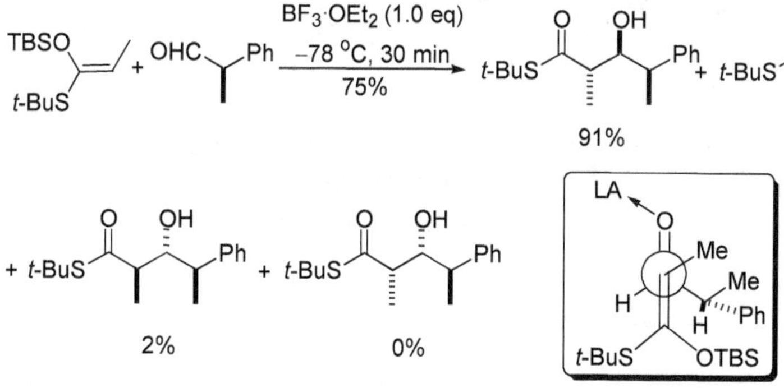

(55)

α-杂原子 (O-、N-或者 S-原子) 取代也可以增加不对称诱导的效果。这类
底物能够与 TiCl$_4$ 或 SnCl$_4$ 等 Lewis 酸形成环状螯合物，对羰基的非对映面
选择性保持不变。如式 56 所示[79,80,122]：通过 Felkin 规则可以预测主要产物
中新生成的羟基与原 α-取代基为 syn-构型。

$$
\begin{array}{c}
R^1 \text{—}C(\text{OR})\text{=}CH_2 \;+\; CH_3CH(OBn)CHO \xrightarrow[\text{DCM, }-78\ ^{\circ}C]{SnCl_4,\ TiCl_4} \\
\end{array}
\tag{56}
$$

R¹ = SBu-t, R = TBS, 80%, 97:3
R¹ = Bu-t, R = TMS, 86%, 99:1
R¹ = Ph, R = TMS, 70%, 99:1

若在烯醇硅醚的 2-位有取代基，则反应以较高的立体选择性生成全顺式的 2,3-*syn*-3,4-*syn*-产物[79,120,121]（式 57），在形式上与非螯合条件下的选择性相反（对比式 55）。

$$
\begin{array}{c}
R^1\text{—}C(\text{OTMS})\text{=}CH(\text{OBn}) \;+\; CH_3CH(OBn)CHO \xrightarrow[\text{DCM, }-78\ ^{\circ}C]{LA} \\
\end{array}
\tag{57}
$$

R¹ = SBu-t, LA = TiCl₄, 94:6
R¹ = SBu-t, LA = SnCl₄, 95:5
R¹ = Ph, LA = TiCl₄, 95:5

β-烷氧基取代的醛同样能与多配位的 Lewis 酸形成类似的六元环状螯合物，反应的立体选择性相似。如式 58 所示[120,121,123]：反应主要生成全顺式产物，醛羰基的面选择性由其 α-取代基控制。

$$
\tag{58}
$$

R¹ = SBu-t, R = TBS, LA = TiCl₄, 99:1
R¹ = SBu-t, R = TMS, LA = SnCl₄, 97:3
R¹ = Ph, R = TMS, LA = TiCl₄, 91:9

上述经验规则的一个明显例外是 α-*N,N*-二苄基胺基醛。该底物的反应在多种条件下都经过非螯合的过渡态，因此产物中的相对立体化学为 *anti*-构型[124~126]（式 59）。

手性 β-烷氧醛的 1,3-不对称诱导的立体选择性与上述 1,2-诱导恰好相反，主要生成 1,3-*anti*-产物。值得注意的是，在此类反应中烯醇硅醚的立体选择性远高于其它烯醇盐，而 Evans 反应中完全缺乏类似的 1,3-不对称诱导效应。如式

60 所示[127]：过渡态结构中各基团的空间取向按照偶极和空间相互作用最小的方式排列。

$$
\underset{R}{\overset{NBn_2}{|}}CHO + \overset{OTBS}{\underset{OR^1}{||}} \xrightarrow{LA, DCM} \underset{R}{\overset{NBn_2}{|}} \underset{OTBS}{\overset{}{|}} CO_2R^1 \tag{59}
$$

LA = LiClO$_4$, EtAlCl$_2$, MgCl$_2$, *anti:syn* > 99:1

(60)

M = TMS, 91%, 92:8
M = Li, 99%, 71:29
M = TiCl$_n$, 98%, 60:40
M = 9-BBN, 82%, 42:58

更复杂的手性 α-甲基-β-烷氧醛的底物诱导效应需要根据取代基的相对立体化学来分析，α,β-反式取代的底物中两个基团各自的诱导效果相互叠加。因此不论烯醇硅醚中的 R 取代基的大小，都能获得极高的不对称诱导效果 (式 61)[127]。

(61)

R = *t*-Bu, 94%, 99:1
R = *i*-Pr, 91%, 98:2
R = Me, 86%, 97:3

另一方面，α,β-顺式的取代模式使两个基团各自的立体诱导效果部分抵消。当烯醇硅醚中的 R 取代基体积减小时，底物的 α-甲基的构型成为控制反应立体选择性的主导因素，有利于生成全顺式产物 (式 62)[127]。

(62)

R = *t*-Bu, 88:12
R = *i*-Pr, 32:68
R = Me, 6:94

最近，有人报道了 β-酰胺取代基对酮的 Mukaiyama 反应的 1,3-不对称诱导。如式 63 所示[128]：使用 20 mol% 的 InCl$_3$ 促进烯醇硅醚与 β-酰胺基酮酸酯在纯态下的反应，得到了良好的 1,3-*syn*-非对映选择性。这可能是由于胺基侧链上的芳环有效地遮挡了亲核试剂对酮羰基 *Si*-面的进攻。

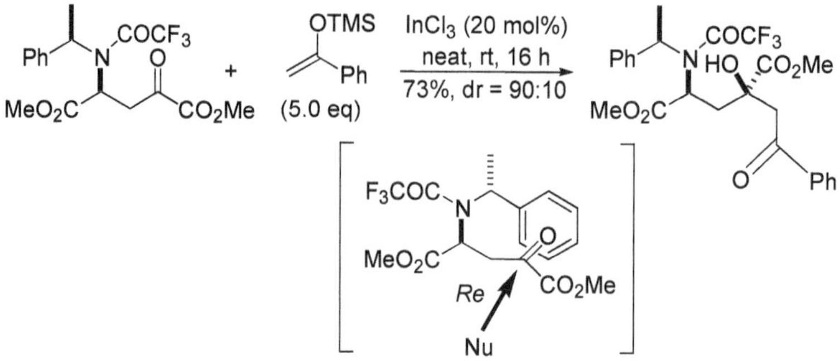

(63)

2-脱氧核糖衍生物的反应提供了环状体系中远程不对称诱导的例子。缺少 2-取代基时，呋喃糖的糖苷化反应一般无立体选择性。但当 3-羟基以硫代氨基甲酸酯形式保护时，此基团起到邻基参与作用。选用 ClSi(OTf)3 为 Lewis 酸催化剂，2-脱氧核糖乙酸酯的 Mukaiyama 反应主要生成期望的 *β*-构型的碳-糖苷化产物。值得注意的是，金属的三氟甲磺酸盐对该反应无催化活性 (式 64)[129]。

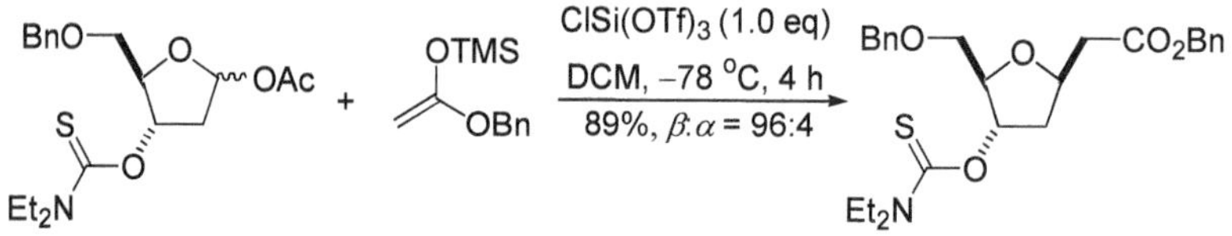

(64)

α-烷硫基缩醛的 Mukaiyama 反应也显示了较高的底物 1,2-诱导效应，Lewis 酸的性质对立体选择性的影响很小。如式 65 所示：该反应的机理比较独特，可能是通过亲核试剂对缩醛-Lewis 酸配合物直接发生 S_N2 反应生成 *anti*-产物。另一种可能是 *α*-烷硫基的亲核性使其参与了反应，促进与 Lewis 酸配合的甲氧基的离去形成环锍盐中间体。由于存在环锍盐中间体与氧锱离子的平衡，通过进攻氧锱离子也同样得到 *anti*-产物。在这种情况下，烷硫基作为立体诱导基团，反应结果符合 Felkin 规则的预测[130]。

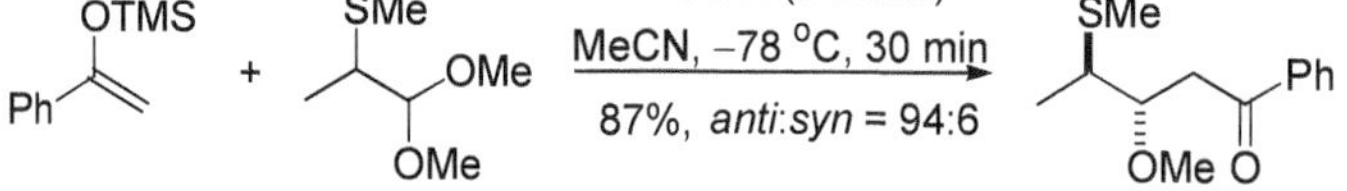

(65)

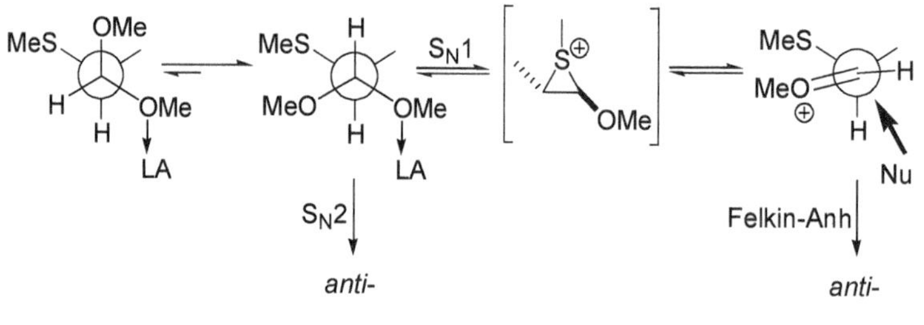

除了这些与底物相连的"永久性"诱导基团，可除去的手性辅基在底物诱导的 Mukaiyama 反应中也有应用。例如：手性醇的丙酮酸酯显示了非常高的不对称诱导水平，不失为一种构造手性叔醇的有效方法 (式 66)[131]。

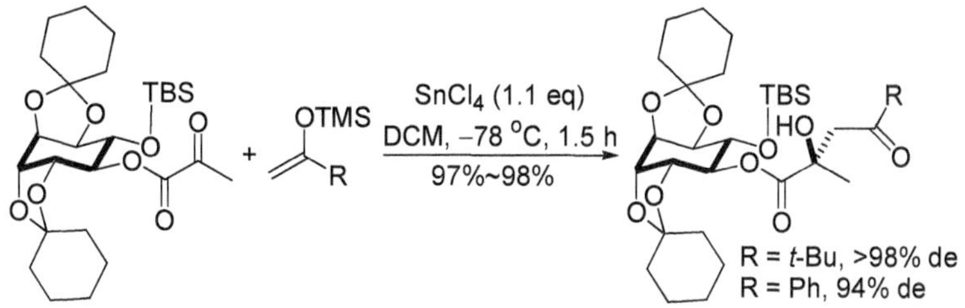

R = t-Bu, >98% de
R = Ph, 94% de

(66)

4.1.3 试剂控制的非对映选择性

试剂控制是底物控制之外的另一种不对称诱导策略。该方法主要是对烯醇硅醚进行手性修饰，许多手性辅基常常用于该目的。有人曾经尝试在硅基中引入手性因素，但仅获得有限的效果 (式 67 和式 68)。另一方面，制备上的不便也使这些方法缺乏吸引力[132,133]。

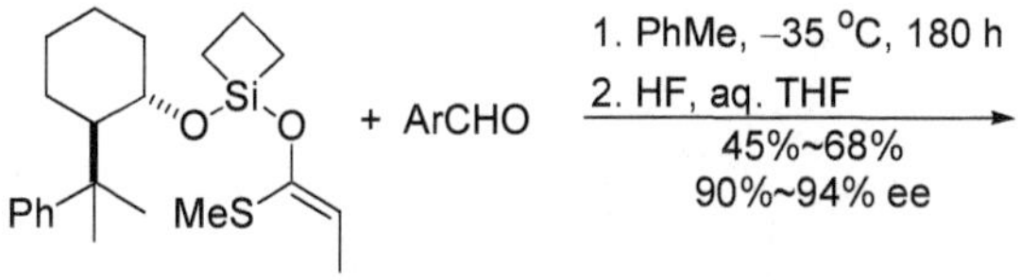

1. PhMe, –35 °C, 180 h
2. HF, aq. THF
45%~68%
90%~94% ee

(67)

TMSOTf, DCM
–78 °C, 8 h
78%

syn:anti = 81:19
17% ee (syn)
35% ee (anti)

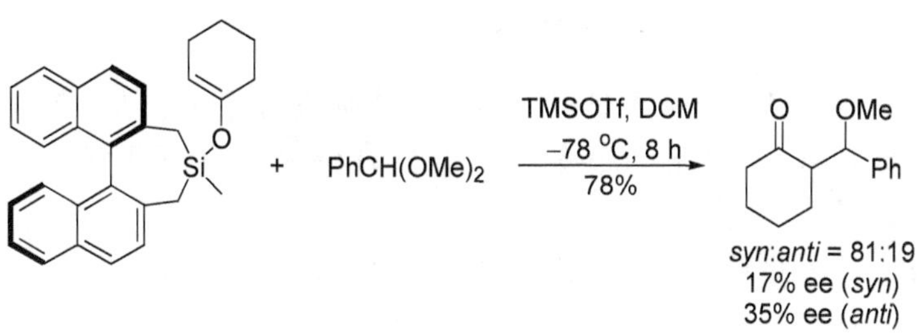

(68)

在该类反应中，较为可靠和实用的手性辅基主要是 N-甲基麻黄碱[134,135]和带有刚性双环骨架的樟脑衍生物[44,136]。由于反应的产物是酯或酰胺，因此便于手性辅基的脱除、回收和产物的进一步转化 (式 69)。N-甲基麻黄碱的胺基可以与 Lewis 酸 TiCl4 配位形成六配位的顺八面体过渡态；而樟脑衍生物中大体积的磺酰胺基团可以有效地屏蔽烯醇硅醚双键的一面，诱导亲电试剂从位阻小的一面进攻。

通过其它官能团实现的试剂控制也有零星的报道。例如：在天然产物 (+)-Lactacystin 的不对称全合成中，有人利用手性氨基缩醛进行不对称诱导[137]。如式 70 所示：手性胺基缩醛可以从焦谷氨酸衍生物制备。虽然转化为插烯型烯醇硅醚后原有的焦谷氨酸 α-位的手性中心消失，但胺基缩醛的手性和刚性并环骨架在 Mukaiyama 反应过程中实现了高效率的不对称诱导，简洁地构建了目标分子中最关键的手性季碳和与之相邻的另一个手性中心。

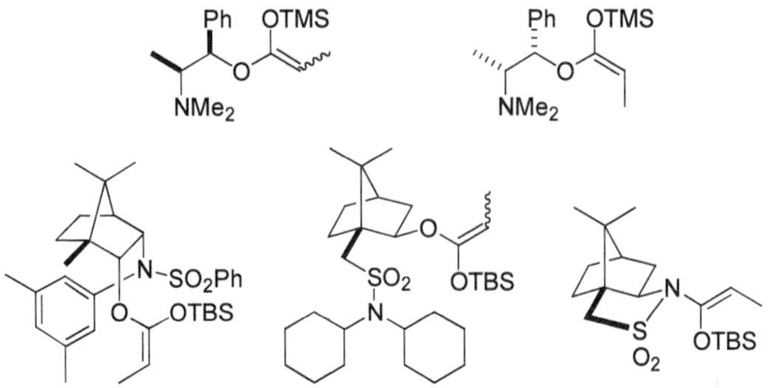

(69)

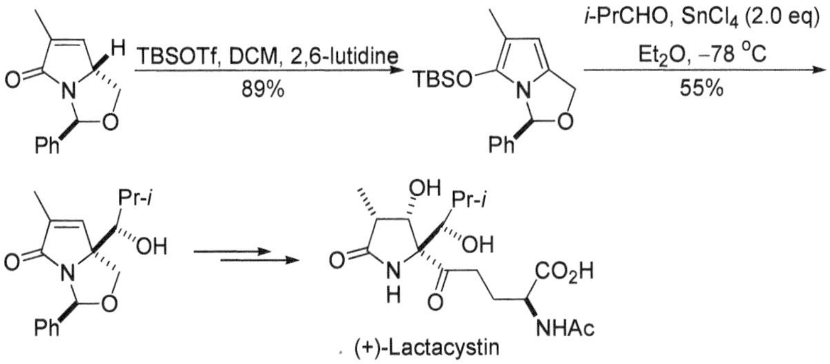

(70)

试剂控制策略的另一个特色是可以与底物控制策略巧妙地结合起来，提供一种双不对称诱导策略。当试剂和底物二者的立体控制效果相互匹配时，一般能获得很高的立体选择性。式 71 所示[138]的是一个较为极端的例子，只有 S 构型的醛发生缩合反应，因此甚至可以用来实现消旋底物的动力学拆分。

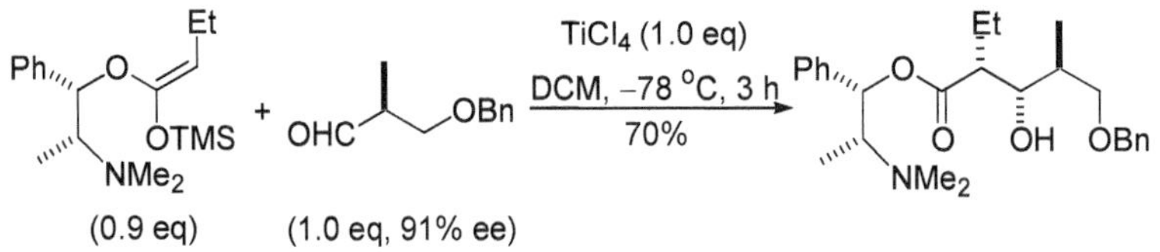

(71)

4.2 对映选择性

Mukaiyama 反应可以通过对催化剂/促进剂的手性修饰来实现催化不对称反应，而其它烯醇盐发生的羟醛缩合反应却不能。例如：烯醇硼酯能够利用试剂控制进行不对称诱导，但必须使用化学计量的手性辅基。这不仅带来一定的不便，而且适用范围受到了限制。

Reetz 等人最先报道了催化不对称 Mukaiyama 反应，BINOL、蒎烯二醇以及樟脑衍生物被用作手性配体。如式 72 所示[139]：这些配体与金属离子 Ti(IV) 和 Al(III) 组成的几种催化剂体系给出了低到中等的对映选择性。有趣的是，在后续的研究中再也没有发现其它具有高对映选择性的 Al(III) 型 Lewis 酸催化剂。这些结果预示：在不对称 Mukaiyama 反应中，立体选择性对催化剂的空间和电子效应、催化活性物种在溶液中的结构、反应条件的细微变化乃至催化剂的制备过程等诸多细节的高度敏感性。

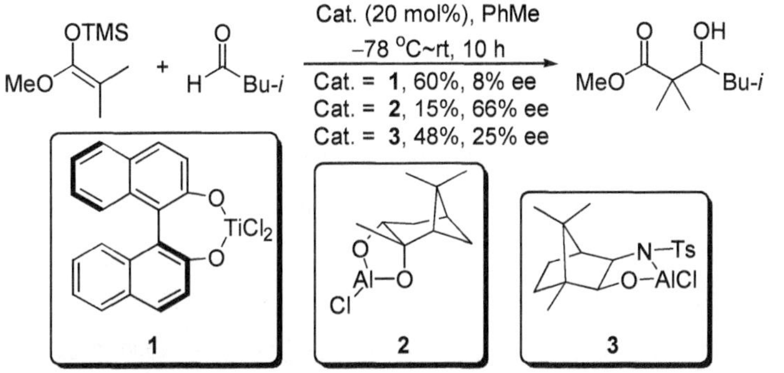

(72)

不少硼的化合物是常用的 Lewis 酸催化剂，手性硼杂环化合物在催化的不对称 Mukaiyama 反应中也得到了广泛的应用。用天然氨基酸、酒石酸和易得的 α,α-二取代氨基酸衍生物制备的双齿配体实现了较为有效的手性诱导[140~142]，高极性的丙腈或硝基乙烷作为反应溶剂有助于完成催化循环。尽管如此，由于这种类型的催化剂活性不够高导致用量偏大，普遍需要 20 mol% 以上的催化剂 (式 73)。如果将催化剂 **5** 中硼原子上的取代基由 H 原子换为芳基，催化剂的活性和立体选择性均有所提高 (用量可降至约 10 mol%)。

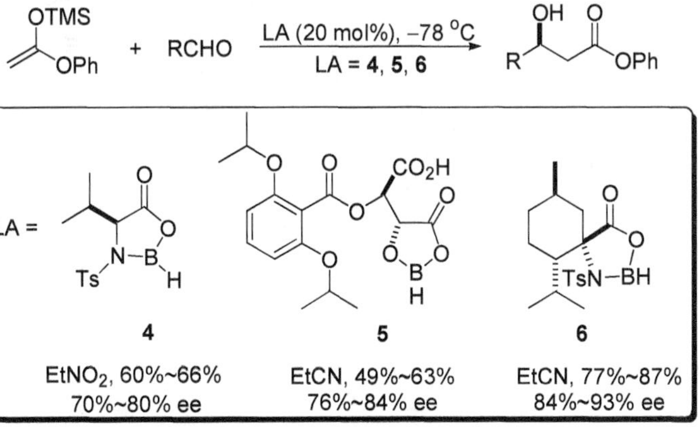

(73)

反应的立体选择性受烯醇硅醚和底物结构的影响显著。2,2-二甲基取代硅基

烯酮缩醛是催化剂 **4** 最理想的亲核试剂 (83%~93% ee)，无取代的类似物只能获得中等的不对称诱导效果。催化体剂 **5** 对末端烯醇硅醚具有良好的对映选择性 (80%~85% ee)，对单取代的烯醇硅醚显示出中等的 *syn*-简单非对映选择性和优良的对映选择性 (60%~88% de, 88%~96% ee)。硅基烯酮缩醛的反应使用苯酯衍生物最好，丙酸苯酯硅基烯酮缩醛与 α,β-不饱和醛的反应可以得到理想的立体选择性 (>95:5 dr, 94%~97% ee)，而乙酸酯类型的缩合效果一般 (76%~84% ee)。在 2,2-二甲基取代硅基烯酮缩醛的 Mukaiyama 反应中，使用催化剂 **6** 可以得到最佳的对映选择性 (91%~98% ee)。减少该底物的 β-取代基将导致立体选择性变差，只适用于乙酸硫酯及苯酯的反应。用色氨酸衍生物制备的手性催化剂适用范围较窄，仅限于烯醇硅醚与醛的反应 (86%~93% ee)[143]。

Mukaiyama 和 Kobayashi 发展了以 Sn(II) 为中心的催化体系[12]。以脯氨酸衍生的手性二胺 **7** 为配体，使用化学计量的 Sn(II) 盐可得到很高的对映和非对映选择性 (*syn:anti* > 93:7, > 91% ee)。但是，该反应必须同时使用当量的 Sn(IV) 作为添加剂，例如：Bu$_3$SnF 或 Bu$_2$Sn(OAc)$_2$。添加剂的作用是捕获反应过程中产生的 TMSOTf，防止通过 TMSOTf 催化的非手性反应途径降低对映选择性。采用慢加料手段可以降低促进剂的用量 (20 mol%)[144]，使反应中间产物羟醛锡盐及时转化为羟醛硅醚，防止其积累而通过另一途径产生 TMSOTf。E-硅基烯酮硫代缩醛与各类醛的反应都得到理想的结果 (式 74)，产物具有高 *syn*-选择性和对映选择性[145]。乙酸硫酯的硅基烯酮缩醛适合于脂肪醛和 α-酮酸酯，与共轭醛底物的反应对映选择性显著降低[146]。而 Z-硅基烯酮硫代缩醛未见报道，似乎不适合此反应体系。

有趣的是，两个结构非常相近的手性二胺配体却能导致完全相反的不对称诱导结果[147] (式 75 和式 76)。2-苄氧基取代的硅基烯酮缩醛的 *syn-* 和 *anti-*选择性也可通过配体进行调控[148]。

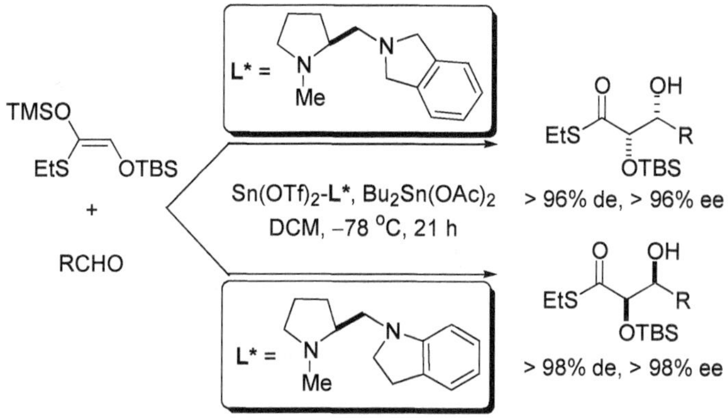

$$\text{(75)}$$

$$\text{> 96\% de, > 96\% ee}$$

$$\text{(76)}$$

$$\text{> 98\% de, > 98\% ee}$$

Carreira 等发展的 Ti(IV)-Schiff 碱催化体系是 Ti(IV) 型 Lewis 酸中的佼佼者，具有操作简便、催化活性高和适用范围广等优点。该催化剂由 Ti(OPr-*i*)₄、手性 Schiff 碱和 3,5-二叔丁基水杨酸原位反应生成。但其结构尚未得到确证，反应中也可能存在复杂的配体交换过程和多聚体。如式 77 所示[149]：使用 2~5 mol%的该催化剂即可得到满意的结果，无取代的硅基烯酮缩醛与各类醛反应能得到优秀的对映选择性 (94%~98% ee)。

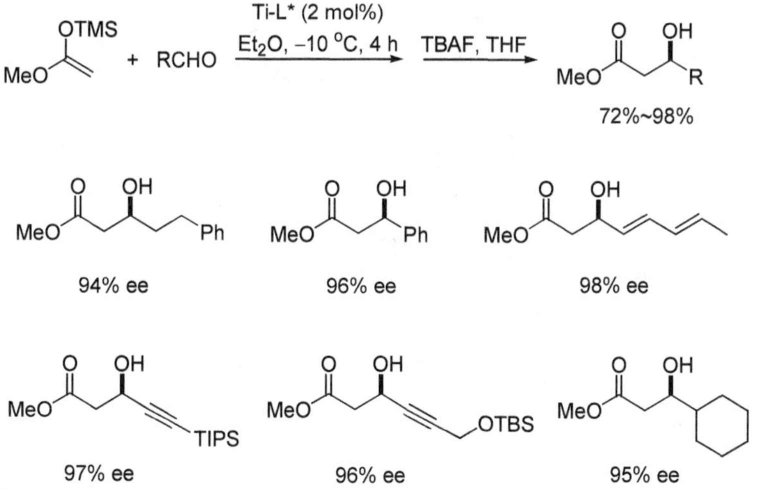

$$\text{(77)}$$

$$\text{72\%~98\%}$$

94% ee

96% ee

98% ee

97% ee

96% ee

95% ee

加入 3,5-二叔丁基水杨酸作为抗衡离子十分关键，有助于反应中间体的分子内硅基迁移生成产物羟醛硅醚。其中，羧基可能是通过形成活泼的三甲基硅酯起到转运硅基的作用。可贵的是，以插烯型烯醇硅醚为亲核试剂也能得到优良的对映选择性 (式 78)[150]。

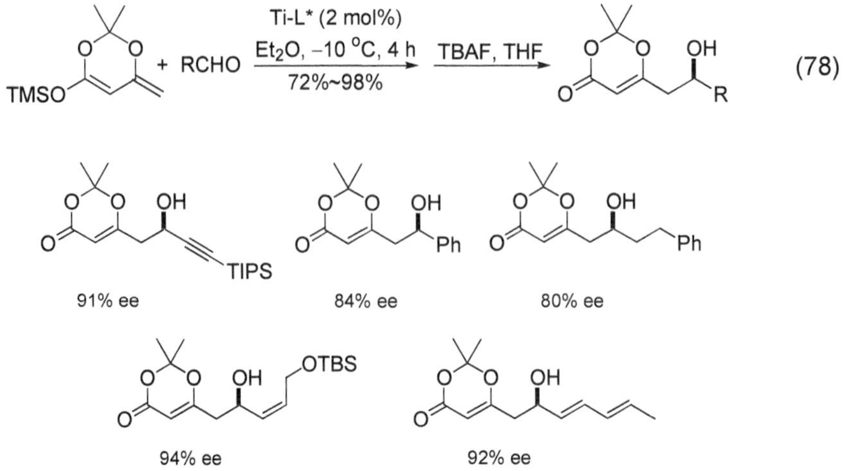

$$(78)$$

91% ee   84% ee   80% ee

94% ee   92% ee

    尽管 Cu(II) 较少用于不对称催化 Mukaiyama 反应，但是使用 Evans 双噁唑啉类型的二齿"box"和三齿"pybox"手性配体时显示出了优异的对映选择性。催化剂的用量一般为 0.5~10 mol%，反应底物限于能与催化剂形成五员环状螯合物的 α-烷氧醛和 α-酮酸酯。若底物中无配位基团，反应的对映选择性最高仅有 56% ee。亲核试剂可用酯和硫酯的硅基烯酮缩醛，反应具有非对映汇聚性。E- 或 Z-硅基烯酮缩醛均生成 syn-产物，未取代的硅基烯酮缩醛同样得到高对映选择性 (式 79)[151]。

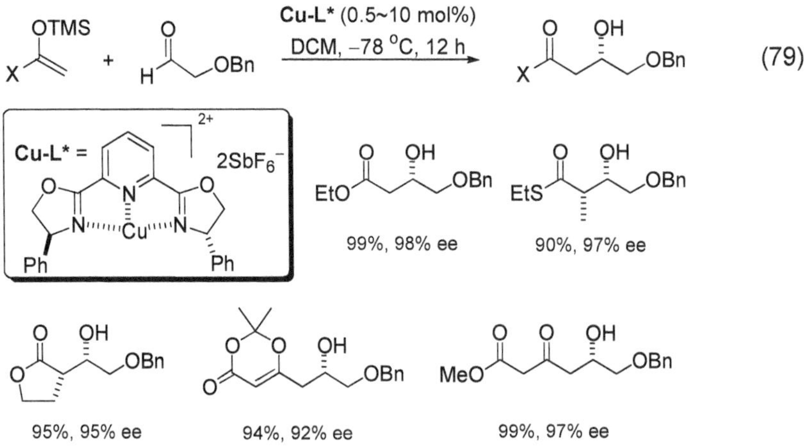

$$(79)$$

EtO ... OH ... OBn   EtS ... OH ... OBn

99%, 98% ee   90%, 97% ee

95%, 95% ee   94%, 92% ee   99%, 97% ee

    如式 80 所示：使用 α-酮酸酯参与的反应是合成手性叔醇的好方法[152]。反应似乎不受非手性的"硅催化"途径的干扰。在体系中加入 TMSOTf 不但没有降低对映选择性，反而对反应有加速作用。交叉实验表明：硅基的转移是分子间的过程。有趣的是：手性双噁唑啉与 Sn(II) 盐的配合物也能催化硅基烯酮缩醛与丙酮酸酯和乙醛酸酯的高对映选择性反应[153]，而简单非对映选择

性变为 *anti*。

$$(80)$$

Denmark 等人发展的手性 Lewis 碱催化的三氯硅基烯醇醚的不对称 Mukaiyama 反应是一个概念上的突破[76,154]。它既保留了 Mukaiyama 反应的高反应活性 (酮可作为底物[48])，又可以通过与 Evans 反应相似的环状过渡态实现手性诱导。例如：在使用"中性" Lewis 碱手性磷酰胺 **8** 为催化剂的反应中，烯醇硅醚首先与两分子 Lewis 碱及羰基化合物配位形成六配位八面体的硅物种。然后，通过六员环状椅式过渡态有效地传递 Lewis 碱的不对称信息，显示出较好的不对称诱导效果。一般来讲，*E*-烯醇硅醚的立体选择性比较理想。如式 81 所示[155]：环己酮的三氯硅基烯醇醚与各种醛反应可以得到很高的 *anti*-非对映选择性和优良的对映选择性，只有炔醛是例外。该催化体系的一个局限性是 *Z*-烯醇硅醚的反应非对映选择性相对较低。另一方面，不加磷酰胺的非催化的反应也很迅速，在此过程中，硅中间体是五配位的三角双锥结构，过渡态为六员环状船式，所以导致相反的简单非对映选择性 (对比式 33)。值得一提的是，此反应体系第一次实现了醛为底物的不对称交叉缩合[100]。

$$(81)$$

4.3 化学选择性

Mukaiyama 羟醛缩合反应还有一个重要特色，就是它在较广的底物范围内具有相当高的化学选择性。在该反应发展的早期，主要利用不同类型羰基的反应活性差异来实现化学选择性的转化。例如：醛羰基比酮羰基具有更强的亲电性，因此前者更为活泼[36] (式 82)。

$$\text{Ph-CHO} + \text{Ph} \diagup\text{OTMS} \xrightarrow[83\%]{\text{TiCl}_4 \text{ (1.0 eq)} \atop \text{DCM, } -78\,^{\circ}\text{C, 1 h}} \text{Ph} \diagup\text{OH} \diagup\text{Ph} \diagup\text{O} \tag{82}$$

又如：三氯化铝能促进缩醛存在下酮与烯醇硅醚的选择性反应[156] (式 83)。

$$\xrightarrow[\substack{R = 4\text{-ClC}_6\text{H}_4,\ 65\% \\ R = t\text{-Bu},\ 57\%}]{\text{AlCl}_3 \text{ (2.2 eq), DCM} \atop -20\sim0\,^{\circ}\text{C, 5 h}} \tag{83}$$

目前较新的趋势是通过对催化剂的修饰和改造来调控反应的化学选择性，对反应性能相近的同类型底物实现选择性转化。另一个主要的研究课题是让反应活性低的底物优先反应，获得与常规预期相反的结果。

镧系元素铕的化合物 Eu(dppm)₃ 对于底物醛羰基的空间位阻差异有很高的识别作用，高位阻的新戊醛在 0 ℃ 下几乎不发生反应。因此，可以非常容易地实现高度的化学选择性 (式 84)。使用铕催化剂时，反应活性与底物的电子效应也显示了很强的相关性。例如：芳香醛的反应活性次序是 2-甲氧基苯甲醛 > 苯甲醛 > 4-硝基苯甲醛，与醛羰基的亲电性次序恰好相反。这些结果表明：在铕催化的过程中，醛的相对反应活性几乎完全由羰基与金属配位的强度决定，而与底物本身的羰基亲电性无关[157]。

$$\begin{array}{c} \text{R}^1\text{CHO} \\ + \\ \text{R}^2\text{CHO} \end{array} \ + \ \diagup\text{OEt} \xrightarrow{\text{LA, DCM}} \text{R}^1 \diagup\text{CO}_2\text{Et} + \text{R}^2 \diagup\text{CO}_2\text{Et} \tag{84}$$

P1　　　　　**P2**

R^1	R^2	LA (mol%)	$T/^{\circ}C$	产率/%	P1:P2
Et	t-Bu	Eu(dppm)₃ (2.5)	0	61	>99:1
Et	t-Bu	TiCl₄ (100)	−78	88	77:23
4-O₂NC₆H₄	Ph	Eu(dppm)₃ (2.5)	−70	66	1:>99
2-MeOC₆H₄	Ph	Eu(dppm)₃ (2.5)	−78	78	95:5
2-MeOC₆H₄	Ph	TiCl₄ (100)	−78	82	68:32

具有很大取代基的铝盐 ATPH [aluminum tris(2,6-diphenylphenoxide)] 是另一种高选择性催化剂，它选择性地与空间位阻较小的醛羰基配位。但是，该试剂的缺点是用量太大 (1~2 倍摩尔量)，减少用量将导致产率及选择性的显著降低[158]。结构类似的胺基铝化合物 **9** 克服了上述缺点，是一个高效和高化学选择性的催

化剂 (式 85)。

$$R^1CHO + \quad \overset{OTMS}{\underset{R^3}{\diagup}} \quad \xrightarrow{LA, DCM, -78\ ^oC} \quad \overset{OH\quad O}{R^1\diagdown\diagup R^3} + \overset{OH\quad O}{R^2\diagdown\diagup R^3} \quad (85)$$

LA	R^1	R^2	R^3	产率/%	**P1:P2**
ATPH (1-2 eq)	Bu	Cy	Me	75	> 99:1
ATPH (1-2 eq)	Bu	t-BuCH$_2$	Me	63	91:1
ATPH (1-2 eq)	Bu	Ph	Me	61	15:1
9 (2 mol%)	n-C$_5$H$_{11}$	Ph	Ph	84	99:1
9 (2 mol%)	Cy	t-Bu	Ph	84	99:1

通过对不同类型反应底物间的化学选择性研究, 得到了很多有趣的结果。
如式 86 所示[159]: 在缩酮和缩醛与烯醇硅醚的平行反应中, 使用 Bu$_2$Sn(OTf)$_2$
能以极好的选择性得到缩酮优先反应的产物, 这种高度选择性是其它催化剂不
可比拟的。

LA = Bu$_2$Sn(OTf)$_2$ (0.05 eq), 80%, 100:0
LA = SnCl$_4$ (1.0 eq), 100%, 72:28
LA = TMSOTf (0.1 eq), 59%, 85:15

Bu$_2$Sn(OTf)$_2$ 和 Bu$_3$Sn(ClO$_4$) 能高选择性地催化醛与硅基烯酮缩醛的
Mukaiyama 反应。如式 87 所示[160]: 缩醛在此条件下不反应, 而烯醇硅醚相应

LA = Bu$_3$SnClO$_4$ (0.1 eq), 94%, 100:0
LA = Bu$_2$Sn(OTf)$_2$ (0.1 eq), 62%, 100:0
LA = TiCl$_4$ (1.0 eq), 38%, 32:68
LA = SnCl$_4$ (0.1 eq), 39%, 87:13
LA = TMSOTf (0.1 eq), 79%, 89:11

的反应很慢。

在 (C₆F₅)₂SnBr₂ 催化下，酮和烯酮可以在脂肪醛的存在下优先与硅基烯酮缩醛反应。相反，醛和缩醛则优先与烯醇硅醚反应。酮与烯醇硅醚或醛与硅基烯酮缩醛的交叉反应的产物很少。如式 88~式 90 所示：四组分的平行反应得到了令人惊奇的化学选择性产物。据此，Otera 等人还提出了平行识别 (parallel recognition) 反应的概念[161]。

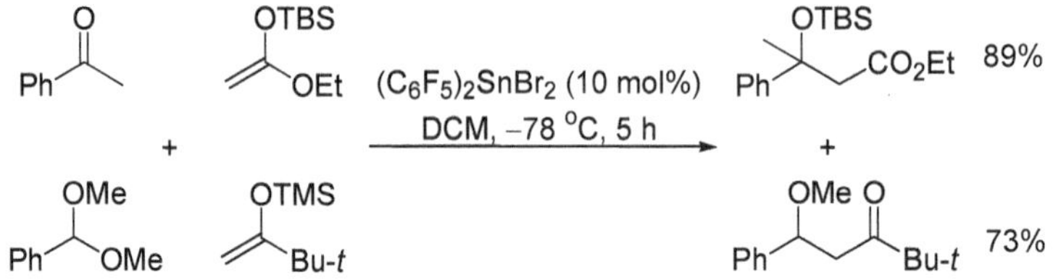

(88)

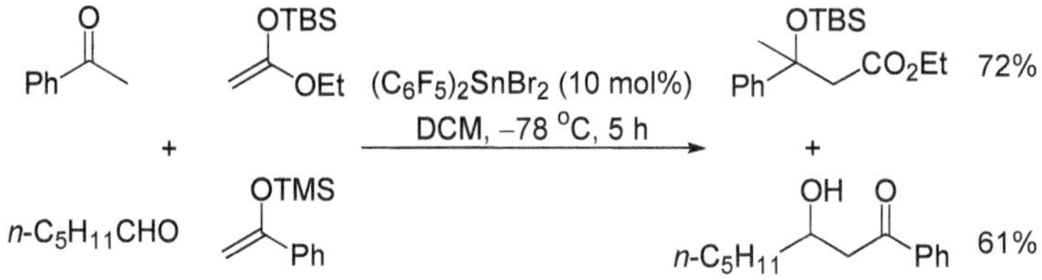

(89)

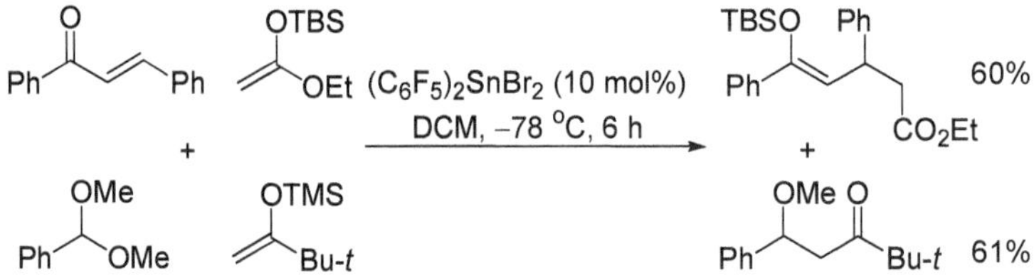

(90)

有人发现在介孔硅胶材料 MCM-41 的催化下，烯醇硅醚在醛的存在下优先与缩酮反应，得到良好的化学选择性[104] (式 91)。

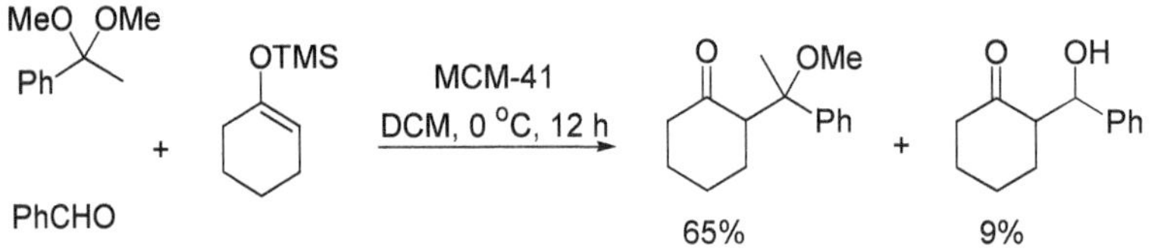

(91)

5　Mukaiyama 羟醛缩合反应的范围与限制

最近十多年中，Mukaiyama 羟醛缩合反应研究取得了长足的进展[1~5,12~20]。

但是，仍然存在不少有待于解决的问题，例如：(1) 以醛为给体的反应；(2) 酮与各类烯醇硅醚的高对映选择性羟醛缩合；(3) 普遍适用的高对映选择性的 anti-选择性反应；(4) 适合工业规模应用的反应条件的建立，包括手性催化剂和手性辅基；(5) 对反应机理更深入的认识。

与同类型烯醇盐的羟醛缩合反应相比，Mukaiyama 反应一般具有更好的立体选择性。特别是当希望得到 Felkin 控制的产物时，Mukaiyama 反应可作为首选考虑。例如：与 α-手性甲基醛反应时，各种酮和酯的烯醇硅醚普遍得到较高的 syn-选择性，而烯醇锂盐只能给出中等的立体选择性 (式 92)[162]。

$$M = TBS \ (Li)$$
$$R = Me, \ syn/anti = 91:9 \ (75:25)$$
$$R = t\text{-}Bu, \ syn/anti = 96:4 \ (80:20)$$
$$R = MeO, \ syn/anti = 94:6 \ (75:25)$$
$$R = t\text{-}BuO, \ syn/anti = 97:3 \ (80:20)$$

在不少条件下，Mukaiyama 反应与类似的烯醇盐反应具有互补的立体选择性。如式 93 和式 94 所示[163]：从相同的酮生成不同的烯醇底物后，烯醇锂盐的反应得到 syn-选择性的产物，而烯醇硅醚则得到 anti-产物。

Mukaiyama 羟醛缩合反应与 Evans 反应相对照，也显示了互补的立体选择性。如式 95 所示[120,121]：虽然两种条件下的底物诱导方式都遵循 Felkin 规则，但简单非对映选择性则相反。Mukaiyama 反应经过开放式过渡态，主要产物为

2,3-*anti*-3,4-*syn*-构型；而 Evans 反应经过环状椅式过渡态，主要产物为 2,3-*syn*-3,4-*syn*-构型。因此，通过选择合适的反应条件可以获得立体化学多样性的产物，这对于复杂化合物的合成具有重要价值。

　　近年来，醛、酮和亚胺等类型底物的烯丙基化反应和巴豆基化反应的研究取得了重要的进展，使得羟醛缩合不再是制备 3-羟基羰基化合物的唯一有效途径。例如：Roush[164] 和 Keck[165] 不对称烯丙基化反应是制备手性高烯丙基醇的好方法，产物的末端烯烃双键经过氧化断裂即可转变为羰基。如式 96 所示：重复上述烯丙基化反应，能以同样好的立体选择性继续延伸碳链。这是构造手性 1,3-二醇以及 2-甲基-1,3-二醇三元组结构 (triad) 的一种有效方法，具有官能团变换简便、基团兼容性好、立体选择性较高和可预见性等优点。

　　事实上，Mukaiyama 反应是使用羰基化合物预先制备的烯醇等同体作为给体，然后再与另一分子羰基化合物 (受体) 反应，这是一种间接的羟醛缩合。显然，采用未修饰的两种羰基化合物直接进行反应将更具有吸引力和挑战性。所以，直接的不对称催化羟醛缩合已成为当前有机合成方法学研究的热点之一[166,167]。事实上，多金属催化 (multi-metallic catalysis) 和有机催化 (organocatalysis) 两种途径都已经获得了相当的成功 (式 97)。在 Shibasaki 等人发展的 LLB 多中心催化体系中[168]，催化剂中既含有 Lewis 酸，又含有 Lewis 碱或 Brønsted 碱。前者可以与亲电的羰基配位进行活化，而后者则用于活化亲核试剂。两者通过手性的催化剂骨架连接协同作用，高效地传递其不对称信息。不对称羟醛缩合是有机催化中最先发展起来的一个方向，List 和 Barbas III 等人的开创性工作表明了在仿生条件下直接羟醛缩合的可行性、有效性和巨大的发展潜力[169,170]。受其启发和鼓舞，有机催化在不对称合成方法学的其它领域也得到了飞速发展[171]。

$$ \text{Cat. = LLB (10 mol\%), anti:syn = (2~5):1, 90\%~95\% ee} $$
$$ \text{Cat. = Proline (30 mol\%), anti:syn = (1.5~20):1, 67\%~99\% ee} $$

6 Mukaiyama 羟醛缩合反应在天然产物合成中的应用

Mukaiyama 羟醛缩合反应已成为有机合成中的有力工具之一，它是合成 1,3-二杂原子取代结构、特别是手性 3-羟基-2-甲基-1-醇类型的三元组结构 (triad) 非常合适的方法。后者是以丙酸酯为生源的天然大环内酯抗生素中普遍存在的结构，因此 Mukaiyama 反应在许多天然产物的合成中起到了关键的作用。

6.1 FR-901,228 的全合成

FR-901,228 是从陆生细菌 *Chromobacterium violaceum* 的培养液中分离得到的天然产物，具有逆转肿瘤细胞形态的作用，显示出很强的抗肿瘤活性[172]。它是一种具有新颖双环结构的环肽，其中一个环由二硫桥键形成，难以归入已知的环肽类别。

1996 年，哈佛大学 Simon 等人已完成了该化合物的不对称全合成 (式 98)[173]。逆向合成分析显示：目标分子可以切断为 5 个天然氨基酸和一个手性 β-羟基酸，二硫桥键则可以通过两个硫醇基团的氧化偶联来构造。利用 Carreira 发展的手性 Ti(IV)-Schiff 碱配合物催化体系[148]，醛和硅基烯酮缩醛的不对称 Mukaiyama 羟醛缩合反应几乎完美地建立了手性 3-羟基羧酸结构，产物 10 达到 >95% 的产率和 >98% ee。将 10 水解得到 11，然后与寡肽 12 缩合得到关环的前体酰胺化合物 14a 和 14b。在常用的成酯条件下，14a 的成环反应产率很不理想 (<5%)。但是，差向异构体 14b 的 Mitsunobu 反应则顺利地生成了 16 员大环内酯 15，反应中羟基发生构型翻转得到了天然产物的正确构型。最后，在碘的作用下一步脱去两个硫醇的三苯甲基保护，同时发生氧化偶联生成二硫桥键。

(98)

在该全合成工作中，Mukaiyama 羟醛缩合反应作为关键步骤构造了唯一需要合成的手性中心。同时，还非常方便地获得了两种构型的羟醛缩合产物，为最后阶段探索大环内酯的关环反应条件提供了多种选择的机会。

6.2 Sphingofungin B 的全合成

1992 年，Merck 公司从菌种 *Aspergillus fumigatus* 和 *Paecilomyces variotii* 的发酵液中分离到的一类多羟基取代的新型氨基酸 Sphingofungin[174]，它与鞘氨醇及鞘脂类化合物结构相似。这类化合物都是丝氨酸棕榈酰转移酶抑制剂，能有效抑制多种人类致病真菌，其中 Sphingofungin B 的活性最高。

1998 年，Kobayashi 等人完成了 Sphingofungin B 的首次不对称全合成[175]。其中巧妙地运用了三次羟醛缩合反应，高效地建立了目标分子中的 5 个手性中心。如式 99 所示：他们首先通过 Sn(II)-手性二胺 **7** 的配合物催化的

Mukaiyama 反应建立了 C4 和 C5 上二个羟基的立体化学，以较高的非对映及对映选择性 (*syn/anti* = 97/3, 91% ee) 得到了 *syn*-3-羟基-2-烷氧基酯产物 **16**。然后，他们采用同一反应体系，又高产率地合成了带 C14 手性羟基的侧链 **18**，对映选择性达到 94% ee (式 100)。将 **17** 和 **19** 两个片段通过炔的亲核取代反应连接后，天然产物中的 C2 和 C3 邻氨基醇结构则通过甘氨酸乙酯烯醇硅醚的 Mukaiyama 反应来建立，得到了 Sphingofungin B 的 C2 差向异构体 (式101)。上述合成策略也能用于类似物 Sphingofungin F 的不对称合成。Kobayashi 小组合成了一系列 Sphingofungin B 的立体异构体，通过测定生物活性与天然产物进行比较，最终确定了天然产物 C14 的绝对构型。

6.3 Zaragozic acid C 的全合成

1992 年，Merck 公司[176]和 Glaxo 公司[177]分别独立发现的一类具有独特的 2,8-二氧杂-双环 [3.2.1] 辛烷结构的真菌代谢物 Zaragozic acid。该化合物具有强烈的角鲨烯合成酶抑制活性 (K_i = 29~78 pmol/L)，显示出用于治疗高血脂症和冠心病的前景。

在 Zaragozic acid C 的不对称全合成中，Evans 小组[178]和 Hashimoto 小组[179]不约而同地采用 Mukaiyama 反应来建立目标分子中最关键的 C4 季碳的立体化学。如式 102 所示：Evans 小组以 α-手性醛 **20** 和手性硅基烯酮缩醛 **21** 为原料，经过 (^{i}PrO)TiCl$_3$ 催化的 Mukaiyama 反应高效地构造了 **22** 的 C4 手性季碳，没有生成其它立体异构体。将 C5 仲醇氧化为酮后与乙烯基 Grignard 试剂发生底物控制的立体选择性地加成，构造了 C5 手性季碳，圆满解决了构造 Zaragozic acid C 双环骨架的手性中心的问题。

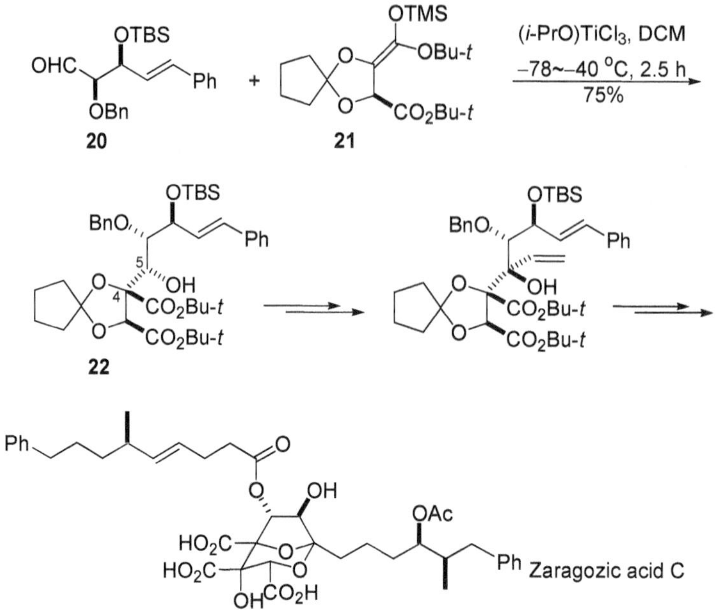

(102)

如式 103 所示：Hashimoto 小组的合成策略更为直接。他们从 α-酮酸酯 **23** 和手性硅基烯酮硫代缩醛 **24** 出发，在 Sn(OTf)$_2$ 促进下一步构建了两个连续的季碳手性中心。这步反应对于 C4 达到了完全的面选择性，遗憾的是在 C5 上产生了一对差向异构体。虽然该反应的非对映选择性偏低 (1.6:1)，但两者可以分离。接下来主产物经过官能团转化和延伸碳链，方便地合成了 Zaragozic acid C 的核心双环骨架。

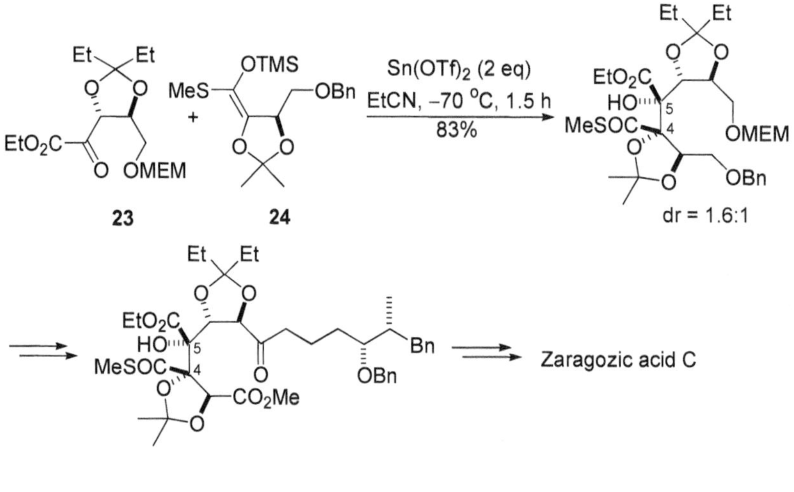

(103)

7 Mukaiyama 羟醛缩合反应实例

例 一

3-羟基-3-甲基-1-苯基-1-丁酮的合成[180]
(经典条件下酮的 Mukaiyama 羟醛缩合反应)

$$\text{(104)}$$

在 0 °C 和氩气保护下，将 TiCl$_4$ (11.0 mL, 100 mmol) 溶于干燥的 CH$_2$Cl$_2$ (140 mL) 中。搅拌下依次滴加丙酮 (6.5 g, 112 mmol) 的 CH$_2$Cl$_2$ (30 mL) 溶液 (用时 5 min) 和三甲硅基苯乙酮烯醇醚 (19.2 g, 100 mmol) 的 CH$_2$Cl$_2$ (15 mL) 溶液 (用时 10 min)。继续反应 15 min 后，在剧烈搅拌下将反应液倒入冰水 (200 mL) 中。分出有机相，水相用 CH$_2$Cl$_2$ 提取 (2 × 30 mL)。合并的有机相依次用半饱和 NaHCO$_3$ 水溶液、水和饱和盐水洗涤，然后用无水 Na$_2$SO$_4$ 干燥。减压浓缩溶液，残留物经柱色谱 [依次用乙酸乙酯-正己烷 (1:4) 和乙酸乙酯-正己烷 (1:2) 淋洗] 纯化得油状产物 (12.2~12.8 g, 70%~74%)。

例 二

5-异丙氧基-7-苯基-2,6-庚二烯醛的合成[70]
(缩醛的插烯型 Mukaiyama 羟醛缩合反应)

$$\text{(105)}$$

在 −40 °C 和氩气保护下，将 Ti(Oi-Pr)$_4$ (2.0 mmol) 和肉桂醛二甲基缩醛 (356 mg, 2.0 mmol) 的 CH$_2$Cl$_2$ (25 mL) 溶液滴加到 TiCl$_4$ (2.3 mmol) 的 CH$_2$Cl$_2$ (1 mL) 溶液中。搅拌 1 min 后，再滴加 1-三甲硅氧基-1,3-丁二烯 (355 mg, 2.5 mmol) 的 CH$_2$Cl$_2$ (4 mL) 溶液。在 −40 °C 下反应 30 min 后，用 20% 的 K$_2$CO$_3$ 水溶液淬灭反应。然后用乙醚提取，合并的有机相经无水 Na$_2$SO$_4$ 干燥。减压浓缩得到的残留物用制备型硅胶薄层色谱板纯化 [乙酸乙酯-正己烷 (1:4) 淋洗] 得到液体产物 (441 mg, 90%)。

例　三

(2R,3R)-2-苄氧基-3-羟基-3 苯基丙酸乙硫醇酯的合成[181]

(不对称 2,3-*anti*-选择性 Mukaiyama 羟醛缩合反应)

$$\text{(106)}$$

在室温和搅拌下，将 1-[(1-乙基-(S)-2-四氢吡咯基)甲基]-哌啶 (94.2 mg, 0.48 mmol) 的 CH_2Cl_2 (0.5 mL) 溶液和 $Bu_2Sn(OAc)_2$ (155 mg, 0.44 mmol) 的 CH_2Cl_2 (0.5 mL) 溶液依次滴加到 $Sn(OTf)_2$ (167 mg, 0.40 mmol) 的 CH_2Cl_2 (1.0 mL) 悬浮液中。搅拌 30 min 后，冷却到 −78 ℃。再滴加 2-苄氧基-1-乙硫基-1-三甲基硅氧基乙烯 (113 mg, 0.40 mmol) 的 CH_2Cl_2 (0.5 mL) 溶液和苯甲醛 (28.7 mg, 0.27 mmol) 的 CH_2Cl_2 (0.5 mL) 溶液。生成的混合物在 −78 ℃ 下搅拌 20 h 后，用饱和 $NaHCO_3$ 水溶液淬灭。用 CH_2Cl_2 提取后，合并的有机相依次水和饱和盐水洗涤。经无水 Na_2SO_4 干燥后减压浓缩，残留物用硅胶快速柱色谱纯化得无色油状物 (82.5 mg, 96%) (96% ee, 98% de)。

例　四

(2S,3S)-3-羟基-3-甲氧羰基-2-甲基-丁酸乙硫醇酯的合成[182]

(不对称 Mukaiyama 羟醛缩合反应构建手性季碳)

$$\text{(107)}$$

在氮气保护下，将 (S,S)-手性双噁唑啉配体 (71 mg, 0.24 mmol) 和 $Cu(OTf)_2$ (87 mg, 0.24 mmol) 的 CH_2Cl_2 (10 mL) 悬浊液在室温下快速搅拌 4 h，得到略浑浊的绿色溶液。冷却至 −78 ℃ 后，再依次加入丙酮酸甲酯 (0.86 mL, 9.5 mmol) 和由丙酸乙硫醇酯制备的三甲硅基烯酮缩醛 (2.20 mL, 10.0 mmol)。

在 −78 °C 下反应 15 h 后，缓慢补加 TMSOTf (0.90 mL, 4.9 mmol)。2 h 后，用 CH₂Cl₂ (15 mL) 稀释，在 0 °C 下用饱和 NaHCO₃ 水溶液 (15 mL) 淬灭。将淬灭后的反应物倒入盛有 CH₂Cl₂ (30 mL) 和水 (15 mL) 的分液漏斗中，分出有机相。水相用 CH₂Cl₂ (35 mL) 提取，合并的有机相依此用水和饱和盐水洗涤。经无水 Na₂SO₄ 干燥后减压浓缩，残留物用硅胶快速柱色谱纯化 [乙酸乙酯-正己烷 (15%~25%)] 得无色油状物 (1.95 g, 93%) (98% ee, 96% de)。

例 五

(R)-2-[S-羟基(苯基)甲基]-环己酮的合成[154]

(手性 Lewis 碱催化的不对称 Mukaiyama 羟醛缩合反应)

$$\text{(108)}$$

将手性磷酰胺催化剂 (4S,5S)-8 (73.9 mg, 0.2 mmol) 置于圆底瓶内，并在高真空下干燥 2~4 h。然后，在氩气保护下加入三氯硅基环己酮烯醇醚 (0.526 g, 2.27 mmol) 的 CH₂Cl₂ (20 mL) 溶液。冷却至 −78 °C 后，加入苯甲醛 (205 μL, 2.0 mmol)。在 −78 °C 下反应 2 h 后，倒入 0 °C 下的饱和 NaHCO₃ 水溶液中。室温下搅拌 1 h 后，分出有机相。水相用 CH₂Cl₂ 提取，合并的有机相经无水 Na₂SO₄ 干燥后减压浓缩。残留物用硅胶快速柱色谱纯化 [乙醚-正己烷 (3:7)] 得油状物 (391 mg)，通过升华 (40 °C/0.05 mmHg) 进一步提纯得到白色固体产物 (386 mg, 95%, 93% ee)。

8 参 考 文 献

[1] Mahrwald, R. Ed. *Modern Aldol Reactions*, Wiley-VCH: Weinheim, 2004.

[2] Helmchen, G.; Hoffmann, R. W.; Mulzer, J.; Schaumann, E. Eds. *Houben-Weyl Methods of Organic Chemistry*, 4th ed., Vol. E21b, Thieme: Stuttgart-New York, 1995, 1603-1748.

[3] Trost, B. M.; Fleming, I. Eds., *Comprehensive Organic Synthesis*, Pergamon Press: Oxford, 1991, Vol. 2, Parts 1.4-1.7, 1.9.

[4] Machajewski, T. D.; Wong, C.-H. *Angew. Chem., Int. Ed.* **2000**, *39*, 1352.

[5] Casiraghi, G.; Zanardi, F.; Appendino, G.; Rassu, G. *Chem. Rev.* **2000**, *100*, 1929.

[6] Kane, R. *J. Prakt. Chem.* **1838**, *15*, 129.

[7] Nielsen, A.; Houlihan, W. *Org. React.* **1968**, *16*, 1.

[8] Mukaiyama, T.; Narasaka. K.; Banno, K. *Chem. Lett.* **1973**, 1011.

[9] Mukaiyama, T.; Inomata, K.; Muraki, M. *J. Am. Chem. Soc.* **1973**, *95*, 967.

[10] Cowden, C. J.; Paterson, I. *Org. React.* **1997**, *51*, 1.

[11] Mukaiyama, T. *Org. React.* **1982**, *28*, 203.

[12] Mukaiyama, T.; Kobayashi, S. *Org. React.* **1994**, *46*, 1.

[13] Braun, M.; Sacha, H. *J. Prakt. Chem.* **1993**, *335*, 653.

[14] Gröger, H.; Vogl, E. M.; Shibasaki, M. *Chem. Eur. J.* **1998**, *4*, 1137.

[15] Nelson, S. G. *Tetrahedron: Asymmetry* **1998**, *9*, 357.

[16] Mahrwald, R. *Chem. Rev.* **1999**, *99*, 1095.

[17] Carreira, E. M. In *Comprehensive Asymmetric Catalysis*, Jacobsen, E. N.; Pfaltz, A.; Yamamoto, H. Eds., Springer-Verlag, Heidelberg, 1999; Vol 3, p. 997.

[18] Arya, P.; Qin, H. *Tetrahedron* **2000**, 56, 917.

[19] Palomo, C.; Oiarbide, M.; García, J. M. *Chem. Eur. J.* **2002**, *8*, 36.

[20] Palomo, C.; Oiarbide, M.; García, J. M. *Chem. Soc. Rev.* **2004**, *33*, 65.

[21] Mukaiyama, T. *Challenges in Synthetic Organic Chemistry*, Oxford University Press: New York, 1994.

[22] Mukaiyama, T. *Tetrahedron* **1999**, 55, 8609.

[23] Mukaiyama, T. *Angew. Chem., Int. Ed.* **2004**, *43*, 5590.

[24] Narasaka, K.; Soai, K.; Mukaiyama, T. *Chem. Lett.* **1974**, 1223.

[25] Narasaka, K.; Soai, K.; Aikawa, Y.; Mukaiyama, T. *Bull. Chem. Soc. Jpn.* **1976**, *49*, 779.

[26] Saigo, K.; Osaki, M.; Mukaiyama, T. *Chem. Lett.* **1976**, 163.

[27] Mukaiyama, T. *Angew. Chem., Int. Ed. Engl.* **1979**, *18*, 707.

[28] Slough, G. A.; Bergaman, R. G.; Heathcock, C. H. *J. Am. Chem. Soc.* **1989**, *111*, 938.

[29] Mori, Y.; Kobayashi, J.; Manabe, K.; Kobayashi, S. *Tetrahedron* **2002**, *58*, 8263.

[30] Wierschke, S. G.; Chandrasekhar, J.; Jorgensen, W. L.; *J. Am. Chem. Soc.* **1985**, *107*, 1496.

[31] Cahn, R. S.; Ingold, C.; Prelog, V. *Angew. Chem., Int. Ed. Engl.* **1966**, *5*, 385.

[32] Fenzl, W.; Köster, R. *Liebigs Ann. Chem.* **1975**, 1322.

[33] Fenzl, W.; Köster, R.; Zimmerman, H. J. *Liebigs Ann. Chem.* **1975**, 2201.

[34] Chan, T. H.; Brook, M. A. *Tetrahedron Lett.* **1985**, *26*, 2943.

[35] Kuwajima, I.; Nakamura, E. *Acc. Chem. Res.* **1985**, *18*, 181.

[36] Mukaiyama, T.; Banno, K.; Narasaka. K. *J. Am. Chem. Soc.* **1974**, *96*, 7503.

[37] Carreira, E. M.; Singer, R. A. *Tetrahedron Lett.* **1994**, *35*, 4323.

[38] Hollis, T. K.; Bosnich, B. *J. Am. Chem. Soc.* **1995**, *117*, 4570.

[39] Zimmermann, H. E.; Traxler, M. D. *J. Am. Chem. Soc.* **1957**, *79*, 1920.

[40] Mikami, K.; Matsukawa, S. *J. Am. Chem. Soc.* **1994**, *116*, 4077.

[41] Denmark, S. E.; Fan, Y. *J. Am. Chem. Soc.* **2002**, *124*, 4233.

[42] Denmark, S. E.; Lee, W. *J. Org. Chem.* **1994**, *59*, 707.

[43] Denmark, S. E.; Lee, W. *Chem.-Asian J.* **2008**, *3*, 327.

[44] Helmchen, G.; Leihauf, U.; Taufer-Knöpfel, I. *Angew. Chem., Int. Ed. Engl.* **1985**, *24*, 874.

[45] Kiyooka, S.; Kaneko, Y.; Kume, K. *Tetrahedron Lett.* **1992**, *33*, 4927.

[46] Wenke, G.; Jacobsen, E. N.; Totten, G. E.; Karydas, A. C.; Rhodes, Y. E. *Synth. Commun.* **1983**, *13*, 449.

[47] Ojima, I.; Yoshida, K.; Inaba, S. *Chem. Lett.* **1977**, 429.

[48] Oisaki, K.; Suto, Y.; Kanai, M.; Shibasaki, M. *J. Am. Chem. Soc.* **2003**, *125*, 5644.

[49] Mukaiyama, T.; Murakami, M. *Synthesis* **1987**, 1043.

[50] Mukaiyama, T.; Hayashi, M. *Chem. Lett.* **1974**, 15.

[51] Johnson, W. S.; Edington, C.; Elliott, J. D.; Silverman, I. R. *J. Am. Chem. Soc.* **1984**, *106*, 7588.

[52] Smith, A. B, III; Verhoest, P. R.; Minbiole, K. P.; Lim, J. J. *Org. Lett.* **1999**, *1*, 909.

[53] Ogawa, T.; Pernet, A. G.; Hanessian, S. *Tetrahedron Lett.* **1973**, 3543.

[54] Kobayashi, S.; Manabe, K.; Ishitani, H.; Matsuo, J.-I. In *Science of Synthesis*, 2002, Vol. 4, p. 317.

[55] Rasmussen, J. K. *Synthesis* **1977**, 91.

[56] Brownbridge, P. *Synthesis* **1983**, 1, 85.

[57] Ireland, R. E.; Mueller, R. H.; Willard, A. K. *J. Am. Chem. Soc.* **1976**, *98*, 2868.

[58] Corey, E. J.; Gross, A. W. *Tetrahedron Lett.* **1984**, *25*, 495.

[59] Masamune, S.; Ellingboe, J. W.; Choy, W. *J. Am. Chem. Soc.* **1982**, *104*, 5526.

[60] Nakamura, E.; Hashimoto, K.; Kuwajima, I. *Tetrahedron Lett.* **1978**, *19*, 2079.

[61] Bellassoued, M.; Chelain, E. *Rec. Res. Dev. Org. Chem.* **1999**, *3*, 357.

[62] Ainsworth, C.; Chen, F.; Kuo, Y. N. *J. Organomet. Chem.* **1972**, *46*, 59.

[63] Oare, D. A.; Heathcock, C. H. *J. Org. Chem.* **1990**, *55*, 157.

[64] Otera, J.; Fujita, Y.; Fukuzumi, S. *Synlett* **1994**, 213.

[65] Woodbury, R. P.; Rathke, M. W. *J. Org. Chem.* **1978**, *43*, 881.

[66] Patz, M.; Mayr, H. *Tetrahedron Lett.* **1993**, 34, 3393.

[67] Braun, M. *Angew. Chem., Int. Ed. Engl.* **1987**, *26*, 24.

[68] Wilcox, C. S.; Babston, R. *J. Org. Chem.* **1984**, *49*, 1451.

[69] Fuson, R. C. *Chem. Rev.* **1935**, *16*, 1.

[70] Ishida, A.; Mukaiyama, T. *Bull. Chem. Soc. Jpn.* **1977**, *50*, 1161.

[71] Molander, G. A.; Haas, J. *Tetrahedron* **1999**, *55*, 617.

[72] Myers, A. G.; Widdowson, K. L. *J. Am. Chem. Soc.* **1990**, *112*, 9672.

[73] Denmark, S. E.; Griedel, B. D.; Coe, D. M.; Schnute, M. E. *J. Am. Chem. Soc.* **1994**, *116*, 7026.

[74] Kobayashi, S.; Nishio, K. *J. Org. Chem.* **1993**, *58*, 2647.

[75] Denmark, S. E.; Wong, K.-T.; Stavenger, R. A. *J. Am. Chem. Soc.* **1997**, *119*, 2333.

[76] Denmark, S. E.; Winter, S. B. D.; Su, X.; Wong, K.-T. *J. Am. Chem. Soc.* **1996**, *118*, 7404.

[77] Miura, K.; Nakagawa, T.; Hosomi, A. *J. Am. Chem. Soc.* **2002**, *124*, 536.

[78] Shirakawa, S.; Maruoka, K. *Tetrahedron Lett.* **2002**, *43*, 1469.

[79] Heathcock, C. H.; Davidsen, S. K.; Hug, K. T.; Flippin, L. A. *J. Org. Chem.* **1986**, *51*, 3027.

[80] Reetz, M. T.; Kesseler, K.; Jung, A. *Tetrahedron Lett.* **1984**, *25*, 729.

[81] Reetz, M. T.; Kesseler, K. *J. Chem. Soc., Chem. Commun.* **1984**, 1079.

[82] Cossy, J.; Meyer, C.; Lutz, F.; Alauze, V.; Desmurs, J.-R. *Synlett* **2002**, 45.

[83] Reetz, M. T.; Baguse, B.; Marth, C. F.; Hügel, H. M.; Bach, T.; Fox, D. A. *Tetrahedron* **1992**, *48*, 5731.

[84] Ishihara, K.; Hanaki, N.; Yamamoto, H. *Synlett* **1993**, 577.

[85] Naruse, Y.; Ukai, J.; Ikeda, N.; Yamamoto, H. *Chem. Lett.* **1985**, 1451.

[86] Murata, S.; Suzuki, M.; Noyori, R. *J. Am. Chem. Soc.* **1980**, *102*, 3248.

[87] Ishihara, K.; Hiraiwa, Y.; Yamamoto, H. *Synlett* **2001**, 1851.

[88] Mukaiyama, T.; Kobayashi, S.; Murakami, M. *Chem. Lett.* **1985**, 447.

[89] Sato, T.; Otera, J.; Nozaki, H. *J. Am. Chem. Soc.* **1990**, *112*, 901.

[90] Kobayashi, S.; Hachiya, I. *J. Org. Chem.* **1994**, *59*, 3590.

[91] Kobayashi, S.; Hachiya, I.; Ishitani, H.; Araki, M. *Synlett* **1993**, 472.

[92] Phukan, P. *Synth. Commun.* **2004**, *34*, 1065.

[93] Chen, C.-T.; Chao, S.-D.; Yen, K.-C.; Chen, C.-H.; Chou, I.-C.; Hon, S. W. *J. Am. Chem. Soc.* **1997**, *119*, 11341.

[94] Fujisawa, H.; Mukaiyama, T. *Chem. Lett.* **2002**, 182.

[95] Nakagawa, T.; Fujisawa, H.; Nagata, Y.; Mukaiyama, T. *Bull. Chem. Soc. Jpn.* **2004**, *77*, 1555.

[96] Noyori, R.; Yokoyama, K.; Sakata, J.; Kuwajima, I.; Nakamura, E.; Shimizu, M. *J. Am. Chem. Soc.* **1977**, *99*,

1265.

[97] Matsukawa, S.; Okano, N.; Imamoto, T. *Tetrahedron Lett.* **2000**, *41*, 103.

[98] Denmark, S. E.; Pham, S. M. *Org. Lett.* **2001**, *3*, 2201.

[99] Song, J. J.; Tan, Z. Reeves, J. T.; Yee, N. K.; Senanayake, C. H. *Org. Lett.* **2007**, *9*, 1013.

[100] Denmark, S. E.; Ghosh, S. K. *Angew. Chem., Int. Ed.* **2001**, *40*, 4759.

[101] Ando, A.; Miura, T.; Tatematsu, T.; Shioiri, T. *Tetrahedron Lett.* **1993**, *34*, 1507.

[102] Onaka, M.; Ohno, R.; Kawai, M.; Izumi, Y. *Bull. Chem. Soc. Jpn.* **1987**, *60*, 2689.

[103] Tanaka N.; Masaki Y. *Synlett* **1999**, 1277.

[104] Ishitani, H.; Iwamoto, M. *Tetrahedron Lett.* **2003**, *44*, 299.

[105] Iimura, S.; Manabe, K.; Kobayashi, S. *Tetrahedron* **2004**, *60*, 7673.

[106] Orlandi, S.; Mandoli, A.; Pini, D.; Salvadori, P. *Angew. Chem., Int. Ed.* **2001**, *40*, 2519.

[107] Kobayashi, S.; Nagayama, S.; Busujima, T. *J. Am. Chem. Soc.* **1998**, *120*, 8287.

[108] Kobayashi, S. *Synlett* **1994**, 689.

[109] Kobayashi, S.; Nagayama, S.; Busujima, T. *Chem. Lett.* **1997**, 959.

[110] Nagayama, S.; Kobayashi, S. *J. Am. Chem. Soc.* **2000**, *122*, 11531.

[111] Kobayashi, S.; Wakabayashi, T.; Yasuda, M. *J. Org. Chem.* **1998**, *63*, 4868.

[112] Chancharunee, S.; Perlmutter, P.; Statton, M. *Tetrahedron Lett.* **2003**, *44*, 5683.

[113] Reetz, M. T.; Kesseler, K.; Jung, A. *Tetrahedron* **1984**, *40*, 4327.

[114] Kobayashi, S.; Matsui, S.; Mukaiyama, T. *Chem. Lett.* **1988**, 1491.

[115] Kobayashi, S.; Hachiya, I. *J. Org. Chem.* **1992**, *57*, 1324.

[116] Brown, D. W.; Campbell, M. M.; Taylor, A. P.; Zhang, X.-A. *Tetrahedron Lett.* **1987**, *28*, 985.

[117] Cram, D. J.; Abd Elhafez, F. A. *J. Am. Chem. Soc.* **1952**, *74*, 5828.

[118] Cherest, M.; Felkin, H.; Prudent, N. *Tetrahedron Lett.* **1968**, *9*, 2199.

[119] Anh, N. T. *Top. Curr. Chem.* **1980**, *88*, 145.

[120] Gennari, C.; Bernardi, A.; Cardani, S.; Scolastico, C. *Tetrahedron Lett.* **1985**, *26*, 797.

[121] Gennari, C.; Beretta, M. G.; Bernardi, G.; Moro, G.; Scolastico, C.; Todeschini, R. *Tetrahedron* **1986**, *42*, 893.

[122] Gennari, C.; Cozzi, P. G. *Tetrahedron* **1988**, *44*, 5965.

[123] Reetz, M. T. *Angew. Chem., Int. Ed. Engl.* **1984**, *23*, 556.

[124] Reetz, M. T.; Fox, D. N. A. *Tetrahedron Lett.* **1993**, *34*, 1119.

[125] Mikami, K.; Kaneko, M.; Loh, T.-P.; Tereda, M.; Nakai, T. *Tetrahedron Lett.* **1990**, *31*, 3909.

[126] Reetz, M. T. *Angew. Chem., Int. Ed. Engl.* **1991**, *30*, 1531.

[127] Evans, D. A.; Dart, M. J.; Duffy, J. L.; Yang, M. G. *J. Am. Chem. Soc.* **1996**, *118*, 4322.

[128] Loh, T.-P.; Huang, J.-M.; Goh, S.-H.; Jagadese, J. V. *Org. Lett.* **2000**, *2*, 1291.

[129] Mukaiyama, T.; Uchiro, H.; Hirano, N.; Ishikawa, T. *Chem. Lett.* **1996**, 629.

[130] Kudo, K.; Hashimoto, Y.; Sukegawa, M.; Hasegawa, M.; Saigo, K. *J. Org. Chem.* **1993**, *58*, 579.

[131] Akiyama, T.; Ishikawa, K.; Ozaki, S. *Synlett* **1994**, 275.

[132] Denmark, S. E.; Griedel, B. D. *J. Org. Chem.* **1994**, *59*, 5136.

[133] Jung, M. E.; Hogan, K. T. *Tetrahedron Lett.* **1988**, *291*, 6199.

[134] Gennari, C.; Bernardi, A.; Colombo, L.; Scolastico, C. *J. Am. Chem. Soc.* **1985**, *107*, 5812.

[135] Gennari, C.; Colombo, L.; Bertolini, G.; Schimperna, G. *J. Org. Chem.* **1987**, *52*, 2754.

[136] Oppolzer, W.; Starkemann, C.; Rodriguez, I.; Bernardinelli, G. *Tetrahedron Lett.* **1991**, *32*, 61.

[137] Uno, H.; Baldwin, J. E.; Russell, A. T. *J. Am. Chem. Soc.* **1994**, *116*, 2139.

[138] Gennari, C.; Cozzi, P. G. *J. Org. Chem.* **1988**, *53*, 4015.

[139] Reetz, M. T.; Kyung, S.-H.; Bolm, C.; Zierke, T. *Chem. Ind.* **1986**, 824.

[140] Kiyooka, S.; Kaneko, Y.; Komura, M.; Matsuo, H.; Nakano, M. *J. Org. Chem.* **1991**, *56*, 2276.

[141] Furuta, K.; Maruyama, T.; Yamamoto, H. *J. Am. Chem. Soc.* **1991**, *113*, 1041.

[142] Parmee, E. R.; Tempkin, O.; Masamune, S. *J. Am. Chem. Soc.* **1991**, *113*, 9365.

[143] Corey, E. J.; Cywin, C. L.; Roper, T. D. *Tetrahedron Lett.* **1992**, *33*, 6907.

[144] Mukaiyama, T.; Kobayashi, S.; Uchiro, H.; Shiina, I. *Chem. Lett.* **1990**, 129.

[145] Kobayashi, S.; Fujishita, Y.; Mukaiyama, T. *Chem. Lett.* **1990**, 1455.

[146] Kobayashi, S.; Furuya, M.; Ohtsubo, A.; Mukaiyama, T. *Tetrahedron: Asymmetry* **1991**, *2*, 635.

[147] Kobayashi, S.; Horibe, M. *J. Am. Chem. Soc.* **1994**, *116*, 9805.

[148] Kobayashi, S.; Hayashi, T. *J. Org. Chem.* **1995**, *60*, 1098.

[149] Carreira, E. M.; Singer, R. A.; Lee, W. *J. Am. Chem. Soc.* **1994**, *116*, 8837.

[150] Singer, R. A.; Carreira, E. M. *J. Am. Chem. Soc.* **1995**, *117*, 12360.

[151] Evans, D. A.; Murray, J. A.; Kozlowski, M. C. *J. Am. Chem. Soc.* **1996**, *118*, 5814.

[152] Evans, D. A.; Kozlowski, M. C.; Burgey, C. S.; MacMillan, D. W. C. *J. Am. Chem. Soc.* **1997**, *119*, 7893.

[153] Evans, D. A.; MacMillan, D. W. C.; Campos, K. R. *J. Am. Chem. Soc.* **1997**, *119*, 10859.

[154] Denmark, S. E.; Stavenger, R. A. *Acc. Chem. Res.* **2000**, *33*, 432.

[155] Denmark, S. E.; Stavenger, R. A.; Wong, K. T.; Su, X. *J. Am. Chem. Soc.* **1999**, *121*, 4982.

[156] Tanabe, Y.; Ohno, N. *J. Org. Chem.* **1988**, *53*, 1560.

[157] Mikami, K.; Terada, M.; Nakai, T. *J. Org. Chem.* **1991**, *56*, 5456.

[158] Maruoka, K.; Saito, S.; Yamamoto, H. *Synlett* **1994**, 439.

[159] Sato, T.; Otera, J.; Nozaki, H. *J. Am. Chem. Soc.* **1990**, *112*, 901.

[160] Chen, J.; Otera, J. *Tetrahedron* **1997**, *53*, 14275.

[161] Chen, J.; Sakamoto, K.; Orita, A.; Otera, J. *Tetrahedron* **1998**, *54*, 8411.

[162] Heathcock, C. H.; Flippin, L. A. *J. Am. Chem. Soc.* **1983**, *105*, 1667.

[163] Mori, I.; Ishihara, K.; Heathcock, C. H. *J. Org. Chem.* **1990**, *55*, 1114.

[164] Roush, W. R.; Walts, A. E.; Hoong, L. K. *J. Am. Chem. Soc.* **1985**, *107*, 8186.

[165] Keck, G. E.; Tarbet, K. H.; Geraci, L. S. *J. Am. Chem. Soc.* **1993**, *115*, 8467.

[166] Alcaide, B.; Almendros, P. *Eur. J. Org. Chem.* **2002**, 1595.

[167] Shibasaki, M.; Yoshikawa, N.; Matsunaga, S. In *Comprehensive Asymmetric Catalysis*, Supplement, **2004**, *1*, 135.

[168] Yoshikawa, N.; Yamada, Y. M. A.; Das, J.; Sasai, H.; Shibasaki, M. *J. Am. Chem. Soc.* **1999**, *121*, 4168.

[169] List, B.; Lerner, R. A.; Barbas III, C. F. *J. Am. Chem. Soc.* **2000**, *122*, 2395.

[170] Sakthivel, K.; Notz, W.; Bui, T.; Barbas III, C. F. *J. Am. Chem. Soc.* **2001**, *123*, 5260.

[171] Berkessel, A.; Gröger, H. *Asymmetric Organocatalysis*, Wiley-VCH: Weinheim, 2005.

[172] Ueda, H.; Nakajima, H.; Hori, Y.; Fujita, T.; Nishimura, M.; Goto, T.; Okuhara, M. *J. Antibiot.* **1994**, *47*, 301.

[173] Li, K. W.; Wu, J.; Xing, W.; Simon, J. A. *J. Am. Chem. Soc.* **1996**, *118*, 7237.

[174] VanMiddlesworth, F.; Giacobbe, R. A.; Lopez, M.; Garrity, G.; Bland, J. A.; Bartizal, K.; Fromtling, R. A.; Polishook, J.; Zweerink, M.; Edison, A. M.; Rozdilsky, W.; Wilson, K. E.; Monaghan, R. A. *J. Antibiot.* **1992**, *45*, 861.

[175] Kobayashi, S.; Furuta, T.; Hayashi, T.; Nishijima, M.; Hanada, K. *J. Am. Chem. Soc.* **1998**, *120*, 908.

[176] Wilson, K. E.; Burk, R. M.; Biftu, T.; Ball, R. G.; Hoogsteen, K. *J. Org. Chem.* **1992**, *57*, 7151.

[177] Dawson, M. J.; Farthing, J. E.; Marshall, P. S.; Middleton, R. F.; O'Neill, M. J.; Shuttleworth, A.; Stylli, C.; Tait, R. M.; Taylor, P. M.; Wildman, H. G.; Buss, A. D.; Langley, D.; Hayes, M. V. *J. Antibiot.* **1992**, *45*, 639.

[178] Evans, D. A.; Barrow, J. C.; Leighton, J. L.; Robichaud, A. J.; Sefkow, M. *J. Am. Chem. Soc.* **1994**, *116*,

12111.

[179]   Sato, H.; Nakamura, S.; Watanabe, N.; Hashimoto, S. *Synlett* **1997**, 451.

[180]   Mukaiyama, T.; Narasaka, K. *Org. Synth. Coll. Vol. VIII*, **1993**, 323.

[181]   Mukaiyama, T.; Shiina, I.; Iwadare, W.; Saitoh, M.; Nishimura, T.; Ohkawa, N.; Sakoh, H.; Nishimura, K.; Tani, Y.-I.; Hasegawa, M.; Yamada, K.; Saitoh, K. *Chem. Eur. J.* **1999**, *5*, 121.

[182]   Evans, D. A.; Burgey, C. S.; Kozlowski, M. C.; Tregay, S. W. *J. Am. Chem. Soc.* **1999**, *121*, 686.

帕尔-克诺尔呋喃合成

(Paal-Knorr Furan Synthesis)

王剑波[*]　彭玲玲

1 历史背景简述

Paal-Knorr 呋喃合成是应用最为广泛的制备呋喃和取代呋喃的方法,取名于对该反应做出杰出贡献的德国有机化学家 Carl Paal 和 Ludwig Knorr。

1884 年,Paal 首次报道了 1-苯基-1,4-戊二酮在硫酸的作用下生成 2-苯基-5-甲基呋喃的反应 (式 1),并从其它 1,4-二羰基化合物出发利用该转化制备了多种二取代、三取代和四取代呋喃的衍生物[1]。几乎同时,Knorr 也报道了 3-乙氧羰基-2,5-己二酮在浓盐酸的作用下可以脱水环化生成 2,5-二甲基-3-乙氧羰基呋喃[2](式 2)。

Paal 方法: $Ph\underset{O}{\overset{}{\underset{\|}{C}}}\sim\underset{O}{\overset{}{\underset{\|}{C}}}CH_3 \xrightarrow{H_2SO_4} Ph\underset{}{\overset{}{}}CH_3$ (1)

Knorr 方法: $H_3C\sim CH_3 \xrightarrow{HCl} H_3C\sim CH_3$ (2)

在接下来发表的一系列文章中,Knorr 又报道了 1,4-二羰基化合物和氨水或者伯胺反应生成吡咯或者取代吡咯衍生物的反应[3],现在被称之为 Paal-Knorr 吡咯合成 (式 3)。而 Paar 接着又报道了加入硫化氢合成噻酚衍生物的反应[4],现在被称之为 Paal-Knorr 噻吩合成 (式 4),P_2S_5 或 Lawesson 试剂也是该反应常用的硫化试剂。

$$R^1\underset{O}{\overset{R^2\quad R^3}{\underset{\|}{C}}}R^4 + RNH_2 \xrightarrow{\text{protic or Lewis acid}} \underset{R}{\overset{R^2\quad R^3}{\underset{N}{\bigcirc}}}R^4 \quad (3)$$

$$R^1\underset{O}{\overset{R^2\quad R^3}{\underset{\|}{C}}}R^4 \xrightarrow[\text{Lawesson's reagent}]{H_2S, P_2S_5 \text{ or}} \underset{S}{\overset{R^2\quad R^3}{\bigcirc}}R^4 \quad (4)$$

Lawesson's reagent:

$$O-\text{⟨⟩}-\underset{S}{\overset{S}{\underset{\|}{P}}}\underset{S}{\overset{}{P}}-\text{⟨⟩}-O$$

2 Paal-Knorr 呋喃合成的定义和机理

2.1 Paal-Knorr 呋喃合成的定义

1,4-二羰基化合物在酸或脱水试剂作用下生成多取代呋喃的反应称为
Paal-Knorr 呋喃合成 (式 5)。

$$R^1 \xrightarrow{\text{acid or dehydrating agent}} R^1 \quad (5)$$

该方法非常广泛地应用于各种单取代、二取代、三取代和四取代的呋喃衍生
物合成[5]。除了具有非常大位阻的底物外[6]，各种 1,4-二羰基化合物都可以发生
Paal-Knorr 呋喃合成。其中 R^2 和 R^3 可以是 H、烷基、芳基、羰基、氰基和磷
酸酯等，R^1 和 R^4 可以是 H、烷基、芳基、三烷基硅基和烷氧基等。

2.2 Paal-Knorr 呋喃合成的机理

Paal-Knorr 反应的第一步是质子快速可逆地加成到 1,4-二羰基化合物的一
个羰基上，形成质子化的中间体 **1**。中间体 **1** 有 a, b, c, d 四种可能的途径来进
行下一步的反应 (式 6)。途径 b 是质子化的羰基首先发生烯醇化得到中间体 **3**，

烯醇的羟基再去进攻另一个羰基环化得到中间体 **5**。这是以往普遍被接受的机理[7]，并且认为发生烯醇化得到 **3** 或者关环得到二氢呋喃 **5** 的步骤是反应的决速步。途径 a 也是首先发生烯醇化反应，但得到的是一个甲烯基的中间体 **2**。途径 c 是烯醇化和环化同时发生而直接得到中间体 **5**，中间体 **5** 或 **6** 发生脱水生成最后的芳香性呋喃产物 **7** 被认为是一个快速的不可逆的过程。途径 d 是未被质子化的羰基亲电进攻质子化的羰基得到氧鎓离子中间体 **4**，然后发生快速的脱质子得到中间体 **5**。1995 年，Amarnath 等人研究了 Paal-Knorr 呋喃合成的反应机理，他通过对 2,3-二取代的 1,4-二酮包括 *d,l* 和内外消旋异构体作了详细的动力学和同位素实验研究后，认为途径 c 是最为可能的机理[8]。

3 呋喃的基本性质和 1,4-二羰基化合物的制备方法

3.1 呋喃的基本性质[9]

呋喃的五个原子处于同一平面上，键长没有完全平均化，形成一个稍稍不规则的五边形 (式 7)。

$$\tag{7}$$

键长 (pm)：$L_{1,2} = 136.2$, $L_{2,3} = 136.1$, $L_{3,4} = 143.0$

键角：$\angle 1 = 106.5°$, $\angle 2 = 110.65°$, $\angle 3 = 106.07°$

呋喃分子的碳原子和氧原子均以 sp^2 杂化轨道互相连接，五原子共处在同一个平面上。每个原子上均有一个互相平行的 p-轨道，其中碳原子的 p-轨道中有一个 p-电子，而氧原子的 p-轨道中有两个 p-电子。五原子形成了一个环形封闭的 6π-电子共轭体系，符合休克尔的 $4n+2$ 规则，因此呋喃是一个具有芳香性质的杂环化合物。与其它芳香体系相比较，呋喃具有非常弱的芳香性。实验结果表明苯和杂环芳香化合物的芳香性大小顺序为：苯 > 噻吩 > 吡咯 > 呋喃 (式 8)。

$$\tag{8}$$

由于氧原子具有比碳原子较大的电负性，非芳香的四氢呋喃分子在氧的拉电子诱导效应作用下产生氧端为负的偶极矩。但是，由于呋喃分子中氧原子上的两个 p-电子参与了共轭，部分拉电子诱导效应被给电子的共轭效应所抵消。因此，呋喃具有比四氢呋喃较小的偶极矩 (式 9)。

$$1.73\ D \qquad\qquad 0.70\ D \tag{9}$$

呋喃有五种共振结构 (式 10)，结构 a 因为不发生电荷分离而具有最低能量，是呋喃存在的最主要形式。正负电荷分离较近的结构 b 和 c 比正负电荷分离较远的结构 d 和 e 具有较低的能量，因此在共振结构中的比例更多一些。

$$\tag{10}$$

$$\text{a} \qquad \text{b} \qquad \text{c} \qquad \text{d} \qquad \text{e}$$

呋喃结构存在于很多天然产物和重要药物分子中。呋喃环体系在动物代谢中未被发现，但在植物的二次代谢物中广泛出现。特别是那些萜类化合物，紫苏烯就是一个简单的 3-取代呋喃衍生物。一些 5-硝基糠醛衍生物是很重要的药物分子，例如：硝基呋喃唑酮是一种杀菌剂。而雷尼替丁 (Ranitidine) 是具有重要商业价值的治疗胃溃疡的药物 (式 11)。

紫苏烯   5-硝基呋喃唑酮 $$\tag{11}$$

雷尼替丁

呋喃环的电子云密度分布不如苯分布均匀，它是富电子的，比苯更易发生亲电取代反应。与苯、吡咯和噻吩相比较，呋喃具有最弱的芳香性。因而呋喃在发生各种亲电取代反应 (例如：硝化反应、磺化反应、卤化反应、Friedel-Crafts 酰基化和烷基化反应等) 以及与各种亲二烯体发生 Diels-Alder 反应时，都表现出一些共轭二烯的性质。吡咯只有遇到很强的亲二烯试剂 (例如：苯炔) 等才能发生 Diels-Alder 反应，噻吩发生 Diels-Alder 加成反应的倾向性更小。

呋喃遇到强酸或氧化剂时容易开环或者产生聚合物。呋喃在水解 (式 12) 或醇解 (式 13) 时，首先在氧原子上发生质子化，然后断裂开环被水或醇进攻形成 1,4-二羰基化合物或其衍生物。一些烷基呋喃能很有效地转化为 1,4-二羰基产物[10]，因而这也成为从呋喃出发制备 1,4-二羰基化合物的很好的合成方法，是 Paal-Knorr 呋喃合成的逆反应。

$$\text{(12)}$$

$$\text{(13)}$$

3.2 1,4-二羰基化合物的制备方法

Paal-Knorr 呋喃合成是一个分子内环化缩合反应，呋喃产物的所有官能团都来自于起始的 1,4-二羰基化合物，这个方法的应用也就极大受限于各种取代的 1,4-二羰基化合物的来源。因此，有机合成化学家们围绕 1,4-二羰基化合物的制备也开展了很多工作，发展了一些非常实用的方法[11]。

这些研究工作总的来说可以分为两大类：(1) 同系偶联 (Homo-coupling) 一般是使用 α-卤代酮在金属试剂的作用下发生还原二聚，或是具有 α-H 的酮在金属试剂或 I_2 的促进下发生氧化二聚；(2) 交叉偶联 (Cross-coupling) 通常是使用等当量的金属试剂与 α,β-不饱和羰基化合物发生 1,4-加成或是对 α-卤代酮发生亲核取代反应。早期发展的方法中大多存在一些缺点，如底物的适用性不强，需要用过量的金属试剂或需要多步反应的过程等。

3.2.1 同系偶联

Hofmann 等人报道了 α,α'-二卤代酮在锌-铜试剂的作用下发生还原偶联得到 1,4-二酮化合物 (式 14)[12]。类似的，Ranu 小组报道了烷基或芳基碘化物在 In 促进下的还原二聚反应，当 α-碘代酮发生二聚时，就能生成对称的 1,4-二羰基化合物 (式 15)[13]。

$$\text{(14)}$$

$$\text{(15)}$$

过渡金属促进的碳负离子的二聚是建构 C-C 键的很有效的方法。Ito 等人

报道了 LDA 与酮原位作用生成的烯醇锂盐在当量的 $CuCl_2$ 的促进下能很好的发生氧化偶联得到 1,4-二酮产物 (式 16)。当底物分子中发生偶联的位点有取代基时，反应的收率很低[14]。

$$
Ph\text{-}CO\text{-}CH_3 \xrightarrow[\substack{2.\ CuCl_2\ (1\ eq),\ DMF,\ -78\ ^{\circ}C,\ 30\ min \\ 95\%}]{1.\ LDA,\ THF,\ -78\ ^{\circ}C,\ 15\ min} Ph\text{-}CO\text{-}CH_2CH_2\text{-}CO\text{-}Ph \qquad (16)
$$

Nishiyama 等人则采用 TDAE 作为一个有效的还原脱溴试剂，将 2-溴苯乙酮转化为对应的还原偶联产物 (式 17)。该反应在回流的 THF 中半个小时就能完成，加入催化量的 I_2 能够大大提高反应的收率[15]。

$$
Ph\text{-}CO\text{-}CH_2Br \xrightarrow[\substack{(2\ eq),\ THF,\ 67\ ^{\circ}C,\ 0.5\ h \\ 94\%}]{TDAE\ (0.6\ eq),\ I_2\ (0.04\ eq),\ MgSO_4} Ph\text{-}CO\text{-}CH_2CH_2\text{-}CO\text{-}Ph \qquad (17)
$$

$$
TDAE = \underset{Et_2N}{\overset{Et_2N}{\diagup}} C=C \underset{NEt_2}{\overset{NEt_2}{\diagdown}}
$$

Yang 等人在最近报道的工作中，采用碘促进芳基酮发生氧化二聚来合成四芳基取代的 1,4-二羰基化合物 (式 18)。这类底物通过 Paal-Knorr 吡咯合成法制备的全芳基取代的吡咯衍生物可以作为蓝色发光的二极管材料[16]。

$$
Ar^2\text{-}CH_2\text{-}CO\text{-}Ar^1 \xrightarrow{I_2,\ NaOMe,\ THF,\ 0\ ^{\circ}C,\ 2\ h} Ar^2\text{-}CO\text{-}CH(Ar^2)\text{-}CH(Ar^2)\text{-}CO\text{-}Ar^1 \qquad (18)
$$

3.2.2 交叉偶联

Hegedus 等人报道了一种 Co-配合物的锂盐 **8** 可以作为酰基化试剂与 α,β-不饱和酮发生加成制备不对称 1,4-二酮化合物 (式 19)。$Co(NO)(CO)_2PPh_3$ 和不同的烷基锂试剂在 THF 和 $-40\ ^{\circ}C$ 下作用能够得到一个红棕色的均相溶液，原位制备成 Co-配合物的锂盐 **8**。该锂盐在 $-40\ ^{\circ}C$ 下能稳定存在一段时间，温度升到室温就会分解。它与加入的各种 α,β-不饱和酮化合物发生 1,4-加成，都能以较好的收率得到相应的 1,4-二酮产物[17]。Corey 等人报道，烷基或芳基锂试剂与等当量的 $Ni(CO)_4$ 和 α,β-不饱和酮作用，发生羰基插入反应和加成反应可以方便地制备各种 1,4-二酮化合物 (式 20)[18]。

$$
Co(NO)(CO)_2PPh_3 \xrightarrow[\substack{R = Me,\ n\text{-}Bu}]{RLi,\ THF,\ -40\ ^{\circ}C} [RCCo(NO)(CO)PPh_3]^{\ominus} Li^{\oplus}
$$
$$
\mathbf{8}
$$

$$
\xrightarrow[47\%\sim91\%]{R^1CH=CHCOR^2} R\text{-}CO\text{-}CH(R^1)\text{-}CH_2\text{-}CO\text{-}R^2 \qquad (19)
$$

$$\text{Ni(CO)}_4 + \text{PhCH=CHCOCH}_3 \xrightarrow[\text{82%}]{\text{CH}_3\text{Li, Et}_2\text{O, } -78\,^{\circ}\text{C, 5 h}} \qquad (20)$$

此外，Orito 等人报道了一个在 Pd(0) 的催化下，各种苄基氯化锌试剂与烯基酮和 CO 反应得到 1,4-二酮的方法 (式 21)。在该反应体系中，必须加入 3.5 eq 的 TMSCl 和 5 eq 的 LiCl 才能较好的结果。TMSCl 主要作用于烯基酮的羰基，活化烯酮底物与 Pd 催化剂的作用。但是，LiCl 的作用机制还不是很清楚，应该是在某些环节提高了催化剂的活性以及抑制了一些副反应的发生[19]。

$$\begin{array}{c}\text{R} \overset{\displaystyle}{\underset{}{\bigcirc}}\text{ZnCl} + \overset{O}{\diagup\!\!\!\diagdown} + \text{CO} + \text{TMSCl} + \text{LiCl} \\ \qquad\qquad (1.5\text{ eq}) \quad (1\text{ atm}) \quad (3.5\text{ eq}) \quad (5\text{ eq})\end{array}$$

$$\xrightarrow[\text{19%~82%}]{\begin{array}{c}\text{Pd(PPh}_3)_4 \text{ (1.5 mol%)}\\ \text{THF, 30 }^{\circ}\text{C, 30 min}\end{array}} \qquad (21)$$

Mukaiyama 等人报道了由二苯硫缩醛与 n-BuLi 和 CuI 原位生成铜锂试剂 9，然后再与丙烯酮发生 1,4-加成，得到产物 10。最后，再在 CuCl$_2$ 和 CuO 的作用下脱缩硫酮保护而高收率地得到 1,4-二酮产物 (式 22)[20]。

$$\text{PhCH(PhS)}_2 \xrightarrow[-78\,^{\circ}\text{C, 1 h}]{n\text{-BuLi, CuI, THF}} \underset{\textbf{9}}{[(\text{PhS})_2\text{C}]_2\text{CuLi}} \xrightarrow[\text{94%}]{\begin{array}{c}\text{H}_2\text{C=CHCOCH}_3\\ \text{THF, } -78\,^{\circ}\text{C, 2 h}\end{array}}$$

$$\underset{\textbf{10}}{\overset{\text{Ph}}{\underset{\text{PhS}}{\text{PhS}}}\diagdown\!\!\diagup\!\!\overset{O}{\diagdown}} \xrightarrow[\text{91%}]{\begin{array}{c}\text{CuCl}_2 \text{ (2 eq), CuO (4 eq)}\\ \text{acetone, rt, 1 h}\end{array}} \text{Ph}\overset{O}{\diagdown}\!\!\diagup\!\!\overset{O}{\diagdown} \qquad (22)$$

硝基在有机合成中很多时候可以作为羰基的等价物。McMurry 等人利用硝基化合物与 α,β-不饱和酮反应，发展了一个合成 1,4-二酮化合物的方法。硝基化合物先在碱的促进下与 α,β-不饱和酮发生 1,4-加成得到化合物 11。然后，再用 TiCl$_3$ 将 11 的硝基还原为羰基，就得到 1,4-二酮化合物 (式 23)[21]。

$$\diagup\!\!\diagdown\!\!\text{NO}_2 + \overset{O}{\diagdown\!\!\diagup} \xrightarrow[\text{75%}]{(i\text{-Pr})_2\text{NH}} \underset{\textbf{11}}{\overset{O}{\diagup\!\!\diagdown\!\!\diagup\!\!\diagdown}\!\!\underset{\text{NO}_2}{\diagdown}} \xrightarrow[\text{85%}]{\begin{array}{c}\text{TiCl}_3 \text{ (4 eq)}\\ \text{glyme, rt, 6 h}\end{array}}$$

$$\left[\underset{\text{NO}_2\text{H}}{\overset{O}{\diagup\!\!\diagdown\!\!\diagup\!\!\diagdown}}\right] \xrightarrow{\text{Ti(III)}} \underset{\text{NH}}{\overset{O}{\diagup\!\!\diagdown\!\!\diagup\!\!\diagdown}} \xrightarrow{\text{H}_2\text{O}} \overset{O}{\diagup\!\!\diagdown\!\!\diagup\!\!\overset{O}{\diagdown}} \qquad (23)$$

Yoshikoshi 等人采用烯醇硅醚与硝基烯化合物 **12** 在 Lewis 酸 SnCl₄ 或 AlCl₃ 的促进下发生加成反应也能生成 1,4-二羰基化合物 (式 24)。硝基烯化合物 **12** 可以方便的由硝基烷基化合物与醛或酮发生 Aldol 类型的加成反应再脱水缩合得到 (式 25)[22]。

$$(24)$$

$$(25)$$

金属试剂除了能与 α,β-不饱和酮发生 1,4-加成外，也可以与 α-卤代酮反应来制备 1,4-二羰基化合物。Baba 等人报道了烯醇锡醚和 α-氯代酮或 α-溴代酮在催化量的二卤化锌的作用下能很好地发生偶联反应得到 1,4-二羰基化合物 (式 26)[23]。当不加入催化剂时，反应得到的是烯醇负离子进攻羰基生成醇的产物。

$$(26)$$

在金属的促进下，酰氯和酸酐也常用来与 α,β-不饱和羰基化合物反应制备 1,4-二羰基化合物。Nishiguchi 等人采用镁粉促进酰氯或酸酐与 α,β-不饱和酮或酯发生加成反应 (式 27 和式 28)，以较好的收率得到高度区域选择性的 1,4-加成产物。Me₃SiCl 的加入可以加快反应的进行，反应可能是通过电子从镁粉转移到底物上来启动的[24]。

$$(27)$$

$$(28)$$

Zhang 等人报道了芳基酰氯和烯丙酯、烯丙酮或烯丙酰胺在 Sm 的促进下合成三羰基化合物的反应 (式 29)。Sm 在 DMF 溶剂中不需要活化或者预处理就具有合适的反应活性。该反应能以较好的收率合成各种 2-甲酸酯取代的 1,4-二羰基化合物。但是，当烯丙酯的 β-位有取代基时，反应受到阻碍[25]。

$$R \text{—COCl} + \underset{R^1}{\overset{O}{\parallel}} \text{(vinyl)} \quad \xrightarrow[\text{up to 93\%}]{\text{Sm, DMF, rt, 1 h}} \quad \text{(product)} \tag{29}$$

G = OR, CH₃, N(CH₃)₂

4　Paal-Knorr 呋喃合成的条件综述

Paal-Knorr 呋喃合成通常要在酸的促进下进行。质子酸催化剂可以是硫酸、盐酸、多聚磷酸 (PPA)、对甲苯磺酸、草酸和酸性树脂 Amberlyst 等；Lewis 酸催化剂可以是 $ZnBr_2$、ZnC_2、$BF_3 \cdot Et_2O$ 和 $SnCl_2$ 等。脱水试剂也可以促进 Paal-Knorr 呋喃反应，常用的脱水试剂有 P_2O_5 和 Ac_2O，也有报道用乙醇钠来促进环化步骤[26]。 Paal-Knorr 呋喃合成一般在室温或加热的条件下进行。常用的溶剂有苯、甲苯、乙酸、乙酸酐和乙醇等，通常非水介质酸性条件有利于脱水[27]。

4.1　质子酸促进的 Paal-Knorr 呋喃合成

Paal-Knorr 呋喃合成中最常用的质子酸催化剂是硫酸[28]、盐酸[29]和对甲苯磺酸[30]。大多数 1,4-二酮底物都能在这几种酸的促进下顺利进行环化得到相应的呋喃产物 (式 30~式 32)。

$$\xrightarrow[62\%]{H_2SO_4, \text{PhH, reflux, 12 h}} \tag{30}$$

$$\xrightarrow[84\%]{HCl, Ac_2O, \text{rt, 4 h}} \tag{31}$$

$$\xrightarrow[94\%]{p\text{-TSA, PhH} \atop \text{reflux, 8 h}} \tag{32}$$

多聚磷酸 (PPA) 也常用于 Paal-Knorr 呋喃合成反应中。PPA 是一种弱酸，同时也是一种脱水试剂。与硫酸、盐酸、乙酸酐和氯化锌等试剂相比较，PPA 催化的反应可以在较温和的条件下进行，而且可以直接用作反应的溶剂。Jones 等人采用 PPA 来促进二酮化合物 **13** 环化生成呋喃基吡啶 **14** (式 33)，也用此方法合成了其它类型的芳香杂环的寡聚物[31]。

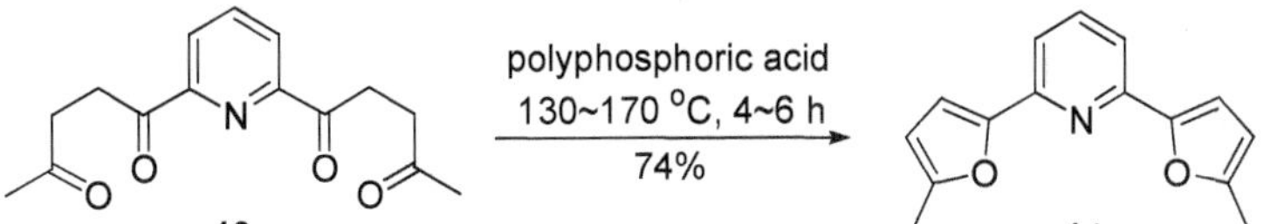

(33)

Neier 等人报道了用三氟乙酸 (TFA) 促进的三羰基或四羰基化合物发生
Paal-Knorr 缩合制备多取代呋喃产物的反应[32]。三羰基化合物 **15** 在 97% 的
TFA 作用下，室温反应 1 h 能缩合得到 2-羟基取代的呋喃产物 **16** (式 34)。而
四羰基化合物 **17** 在 10% 的 TFA 作用下室温搅拌过夜，得到的是一个脱羧的
2,5-二甲基取代的呋喃产物 **18** (式 35)。在该反应中，TFA 不仅促进了叔丁基官
能团的脱去，也促进了 1,4-二羰基化合物的环化缩合。但是，环化反应发生的难
易程度主要决定于底物的结构，简单的二酮底物如 2,5-己二酮在 TFA 的作用下
并不能发生环化反应得到对相应的呋喃产物。

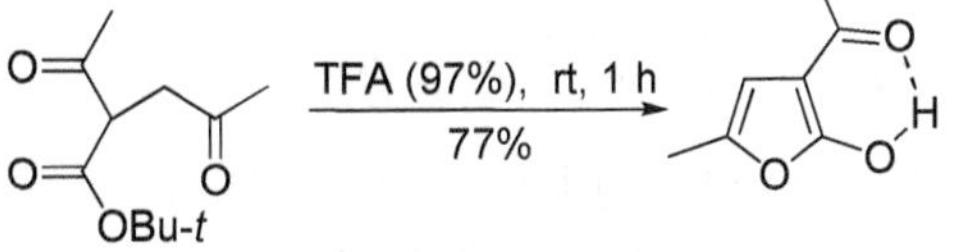

(34)

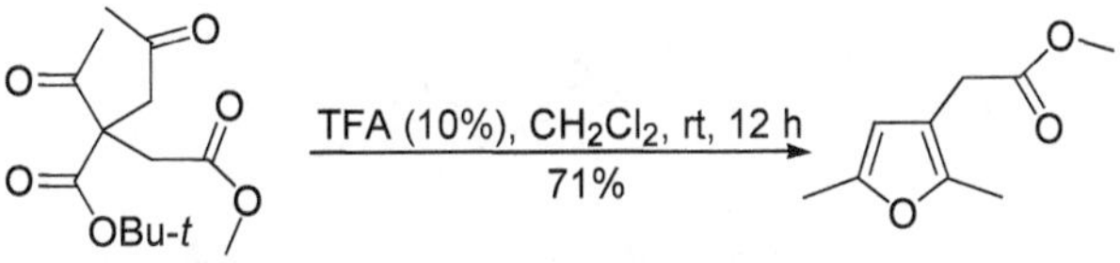

(35)

Scott 最早采用 Amberlyst 树脂作为酸催化剂，方便地将 2,5-己二酮转化为
2,5-二甲基呋喃 (式 36)[33]。Warren 在研究 Horner-Wittig 反应过程中，采用
Paal-Knorr 反应制备了一个含有磷氧键的呋喃产物，该产物就是在 Amberlyst
树脂作用下将二酮 **19** 转化成呋喃产物 **20** (式 37)[34]。

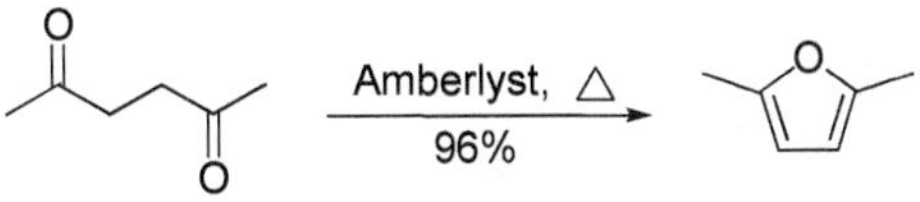

(36)

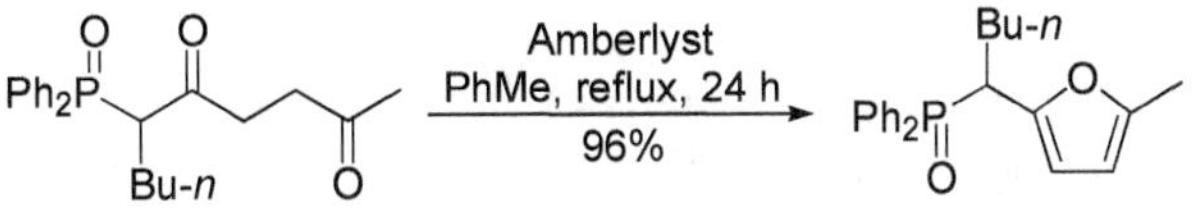

(37)

当底物中存在两个以上的羰基时，反应的选择性除了受到底物中各个羰基的反应活性的影响外，主要受到酸性催化剂的影响。Dien 等人报道的 Paal-Knorr 反应中，三酮底物 **21** 在不同的酸催化剂作用下，两个不同的羰基发生缩合的程度存在区别 (式 38)[35]。

	Cat.	温度/°C	时间/min	产率/%	
				A	**B**
	Ac$_2$O (5 mL), H$_2$SO$_4$ (1 drop)	110~115	10	9	72
	AcOH (5 mL), H$_2$O (0.7 mL), HCl (1 drop)	回流	10	79	10
	SnCl$_2$·2H$_2$O (2 g), AcOH (20 mL), HCl (4 mL)	回流	10	68	15

4.2 Lewis 酸促进的 Paal-Knorr 呋喃合成

Paal-Knorr 呋喃合成最常用的 Lewis 酸催化剂是 BF$_3$·Et$_2$O。二酮化合物在 BF$_3$·Et$_2$O 作为溶剂和酸催化剂的条件下，在室温下经过较长时间可以方便地转化成为呋喃产物 (式 39)[36]。

众多其它的 Lewis 酸都能有效地促进 Paal-Knorr 缩合反应，ZnX$_2$ 也是比较常用的试剂 (式 40)。Chauvin 等人报道了以 Me$_3$SiI、Me$_3$SiBr 或 Me$_3$SiCl-ZnBr$_2$ 作为催化剂时，α-硫取代的 1,4-二羰基化合物能够定量地被转化生成 3-硫取代的呋喃产物 (式 41)。这些反应在 15 °C 和 0.5 h 内就能完成，反应条件非常温和[37]。

Trost 等人在对 [CpRu(CH$_3$CN)$_3$]PF$_6$ 催化的砜桥连的二炔底物发生水解环化的反应研究中，得到了 1,4-二羰基产物 **22**。在 BCl$_3$ 的存在下，**22** 在 MeOH 溶剂中 60 °C 反应 2 h，几乎以定量的产率得到 Paal-Knorr 缩合的呋喃产物 **23**

(式 42)[38]。

$$(42)$$

4.3 脱水剂促进的 Paal-Knorr 呋喃合成

酸性条件下一些烷基呋喃产物可能会发生开环或聚合等副反应。而脱水试剂促进的 Paal-Knorr 呋喃反应可以避免这些副反应的发生。Orito 等人报道了 1,4-二羰基化合物在脱水试剂 P_2O_5 的作用下，甲苯中回流 2 h，能以 75% 的收率得到呋喃产物 (式 43)[39]。

$$(43)$$

Traynelis 等人报道的反应中，以 DMSO 作为脱水试剂，能将醇脱去一分子水得到相应的烯烃产物。例如 1,4-二羰基化合物的底物在 DMSO 作用下，则可以缩合环化得到呋喃产物 (式 44)[40]。该反应虽然收率不高，但预示着 DMSO 在 Paal-Knorr 呋喃合成反应中的潜在应用价值。

$$(44)$$

Tagliavini 等人采用 BuSnCl₃ 作为催化剂实现了醇底物分子间脱水成醚或二醇底物分子内脱水成醚的反应，BuSnCl₃ 既是一个酸催化剂又是一个脱水试剂。2,5-己二酮在 BuSnCl₃ 的作用下，则可以环化得到呋喃产物 (式 45)[41]，反应只需要 0.05 当量的 BuSnCl₃ 就可以进行。

$$(45)$$

在 Nicolaou 等人对 Diazonamide A 的全合成研究中，分子中的噁唑环是由一个 1,4-二羰基化合物前体在 POCl₃/Py (1:5) 的缓冲溶液的促进下缩合形成的。他们又进一步将这一方法学应用于简单的底物 (式 46~式 48)，拓展成为一个合成噁唑、噻唑和呋喃杂环的新的合成方法学。该方法对于呋喃环的形成，效果要差一些[42]。

$$(46)$$

$$\text{(47)}$$

$$\text{(48)}$$

4.4 无催化剂的 Paal-Knorr 呋喃合成

在某些情况下，Paal-Knorr 呋喃合成反应也可以在没有催化剂的存在下发生。例如：Trahanovsky 报道的反应中，三羰基化合物 **24** 在 180 °C 无溶剂强热的条件下，可以直接发生脱水环合得到呋喃产物 **25** (式 49)[43]。在这种情况下，水的脱去应当是反应的驱动力。

$$\text{(49)}$$

4.5 微波促进的 Paal-Knorr 呋喃合成

近年来，微波技术在有机合成中有了很广泛的应用。微波加速有机反应的原理，传统的观点认为是对极性有机物的选择性加热，是微波的致热效应。极性分子由于分子内电荷分布不平衡，在微波场中能迅速吸收电磁波的能量，通过分子偶极作用以每秒 4.9×10^9 次的超高速振动，提高了分子的平均能量，使反应温度与速度急剧提高。但其在非极性溶剂 (如甲苯、正己烷、乙醚、四氯化碳等) 中吸收微波能量后，通过分子碰撞而转移到非极性分子上，使加热速率大为降低，所以微波不能使这类反应的温度得以显著提高。实际上微波对化学反应的作用是复杂的，除了具有热效应以外，还具有因对反应分子间行为的作用而引起的所谓 "非热效应"，已有文献报道此观点。总之，很多反应条件较剧烈如需要强热的反应都可以尝试在微波条件下反应，反应时间大大缩短，反应的收率大多也能得到提高。

对于 Paal-Knorr 呋喃反应，其环化通常要在酸溶液中回流很长时间，条件较剧烈，也可以采用微波条件来促进反应的进行。Taddei 等人报道的反应中，1,4-二羰基化合物与 HCl 混合于乙醇溶剂中，微波条件下反应 4 min，就能以较高的收率得到对应的环化产物 (式 50)[44]。

$$\text{(50)}$$

4.6 离子液体作为溶剂的 Paal-Knorr 呋喃反应

离子液体作为一种环境友好的溶剂逐渐在各种有机反应中得到应用[45]。Yadav 等人报道了一个离子液体溶剂中进行的 Paal-Knorr 呋喃反应[46]，1,4-二羰基化合物 **26** 在 5 mol% 的 Bi(OTf)$_3$ 的催化下，以对湿度稳定的离子液体 [bmim]BF$_4$ 作为反应溶剂，90 °C 下反应 4 h 能以 85% 的收率得到呋喃产物 **27**（式 51）。采用类似的条件加入胺[47]或 Lawesson 试剂也能合成对应的吡咯和噻吩产物。这个反应很干净，不会发生什么副反应，而且只需要简单的乙醚萃取就能实现产物的分离，催化剂还剩余在离子液相中可以回收使用，活性只是略为降低。当采用 5 mol% Bi(OTf)$_3$ 作为催化剂时，反应在甲苯溶剂中也能进行，只是催化剂的回收和使用没有在离子液体中方便。

$$(51)$$

5　Paal-Knorr 呋喃合成的类型综述

5.1　2-取代呋喃的制备

几乎所有的 Paal-Knorr 呋喃缩合都生成了二取代、三取代或四取代的呋喃衍生物，这个反应也可以用于生成单取代的呋喃。Molander 等人报道的反应中，1,4-二羰基化合物 **28** 在盐酸的促进下能生成 2-(甲基二苯基硅)呋喃（式 52)[48]。

$$(52)$$

5.2　2,3-二取代呋喃的制备

Feist-Bénary 反应[49,50]更常用于合成 2,3-二取代的呋喃，而 Paal-Knorr 反应用于制备这类呋喃产物的报道较少。Castagnoli 等人从 1,4-醛酮 **29** 出发，在硫酸的作用下，能以 97% 的收率得到 2-(4-吡啶基)-3-乙基呋喃（式 53)[51]。

$$(53)$$

5.3 2,4-二取代呋喃的制备

采用 Paal-Knorr 缩合来制备 2,4-二取代呋喃的例子也是比较少的。Molander 等人报道了 1,4-醛酮 **30** 在盐酸作用下以 87% 的收率合成 2-甲基二苯基硅-4-甲基呋喃的反应 (式 54)。采用同样的方法也可以制备 2,5- 和 2,3-取代的呋喃[52]。上述三类报道较少的 Paal-Knorr 呋喃合成反应中，都是采用含有一个醛基的 1,4-二羰基底物，报道少的原因主要是因为这些类型的 1,4-二羰基化合物不易获得，而由于醛基较活泼，在发生环化反应时也容易发生副反应。

$$\text{(54)}$$

5.4 2,5-二取代呋喃的制备

Paal-Knorr 呋喃合成是用来合成 2,5-二取代呋喃的最常用的方法，包括合成各种 2,5-二烷基或 2,5-二硅基取代的呋喃。然而，最普遍的还是用它来合成 2,5-二芳基取代的呋喃。例如：Wilson 等人报道了二酮底物 **31** 在盐酸的作用下生成呋喃产物 **32** (式 55)，**32** 是最近发现的一系列具抗癌活性化合物的关键合成中间体[52]。同一研究小组也发现呋喃衍生物 **34** 具有潜在的治疗 RNA 病毒的活性，**34** 是由二酮 **33** 在催化量的硫酸作用下，在回流的乙酸酐中反应制备的 (式 56)[53]。

$$\text{(55)}$$

$$\text{(56)}$$

也有很多其它的研究小组利用 Paal-Knorr 呋喃合成制备具有潜在酶抑止剂活性的 2,5-二取代的呋喃产物。Nagai 小组采用硫酸催化二酮 **35** 合成呋喃产物 **36** (式 57)，并研究了其对于 retenoic acid 受体的活性[54]。Perrier 小组发现二酮 **37** 在对甲苯磺酸的催化下合成的呋喃产物 **38** (式 58) 是一个潜在的 PDE$_4$ 的抑制剂，可能具有抗感染的活性[55]。

$$\text{(57)}$$

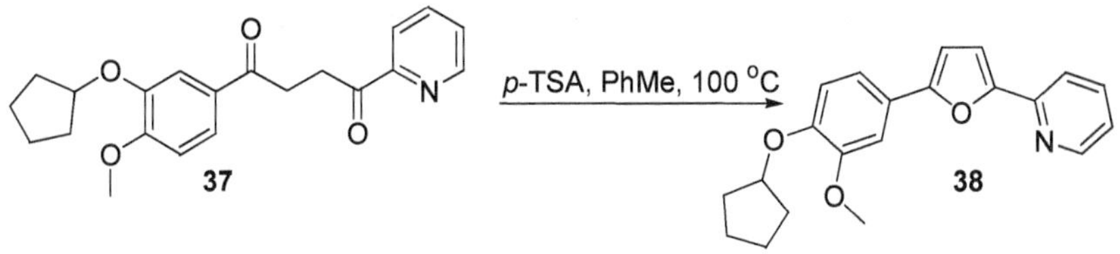

(58)

Juliá 小组采用循环伏安法以及 EPR 谱研究了联三呋喃 (terfuran) **41** 和二噻吩呋喃 **42** 衍生的自由基正离子。采用硫酸催化能以 18% 的产率缩合二酮 **39** 得到 **41**，而从二酮 **40** 出发在盐酸的催化下能以 84% 的收率得到 **42** (式 59)[56]。在一个相关的报道中，Luo 小组也采用类似的方法制备寡聚的二噻吩呋喃[57]。

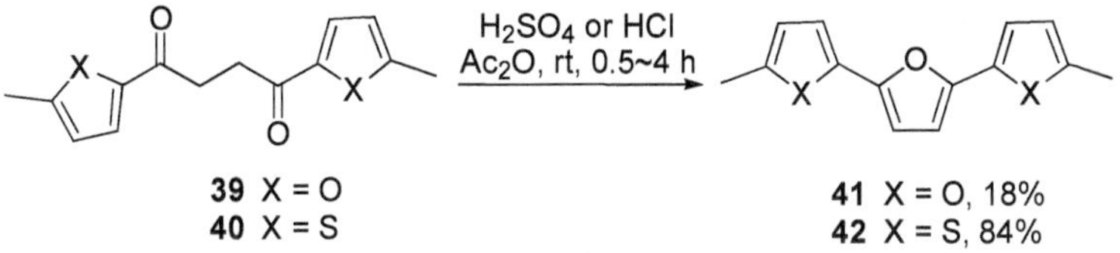

(59)

39 X = O
40 X = S

41 X = O, 18%
42 X = S, 84%

Ibers 小组利用 Paal-Knorr 呋喃合成来制备新颖的类卟啉芳香大环化合物的一个关键中间体。在酸的催化下缩合二酮 **43** 能以很好的收率得到二吡咯呋喃产物 **44** (式 60)[58]。

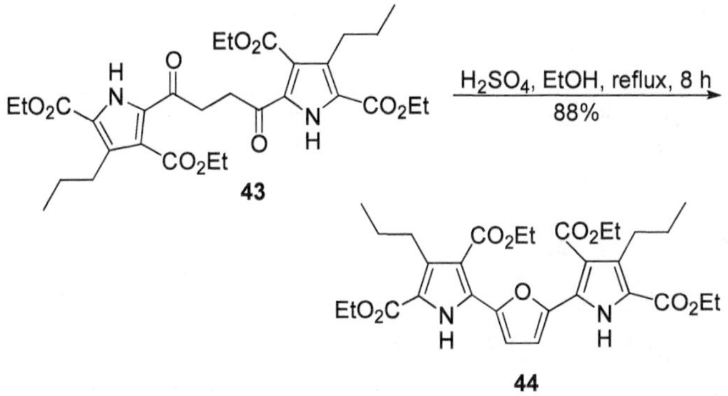

(60)

Paal-Knorr 合成也用于制备 2,5-芳基烷基呋喃衍生物。Salimbeni 等人采用二酮 **45** 在对甲苯磺酸催化下合成呋喃 **46** (式 61)，随后将之用作合成血管紧缩素 II 受体的拮抗剂的一个中间体[59]。

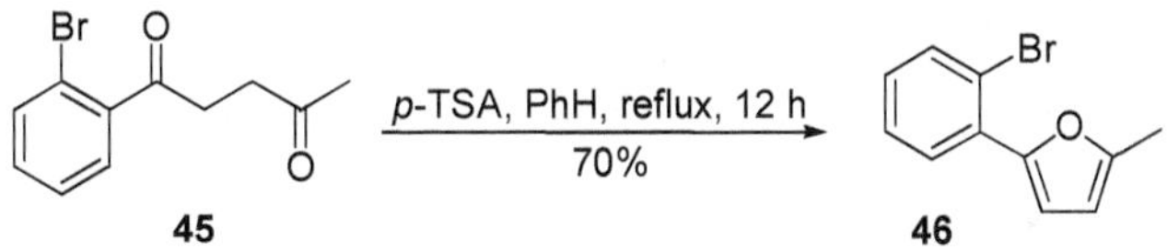

(61)

各种 2,5-二烷基取代的呋喃也可以通过 Paal-Knorr 缩合得到。Fleming 等人从二酮 **47** 出发，在对甲苯磺酸催化，苯回流的条件下能以 91% 的收率得到

2-环己基-5-甲基呋喃 (式 62)[60]。采用同样的方法，Denisenko 等人也由对应的二酮 **48** 以 35% 的收率合成了呋喃 **49** (式 63)[61]。

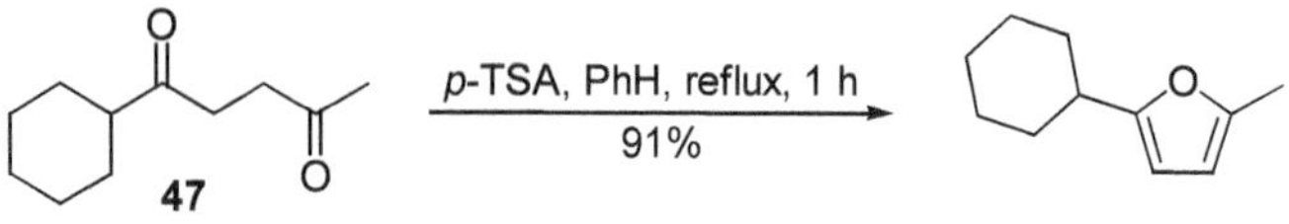

(62)

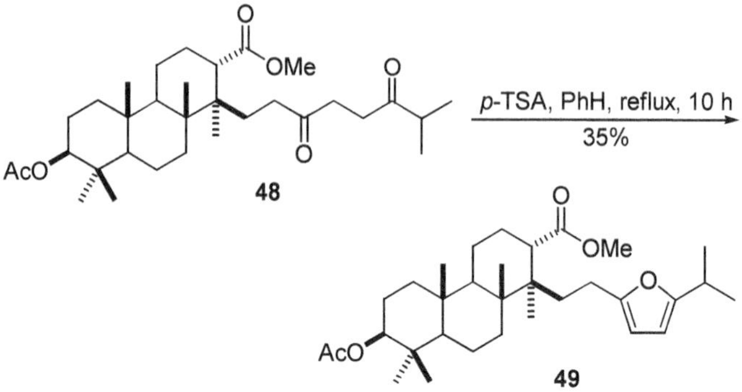

(63)

Portella 等人报道了由 1,4-二硅酰基 (acylsilanes) **50** 在对甲苯磺酸的催化下合成一系列 2,5-二硅基呋喃 **51** 的 Paal-Knorr 缩合反应 (式 64)[62]。可能由于位阻的限制，2-位有二硅酰基取代的底物不能发生 Paal-Knorr 反应而得到对应的三取代的呋喃产物。

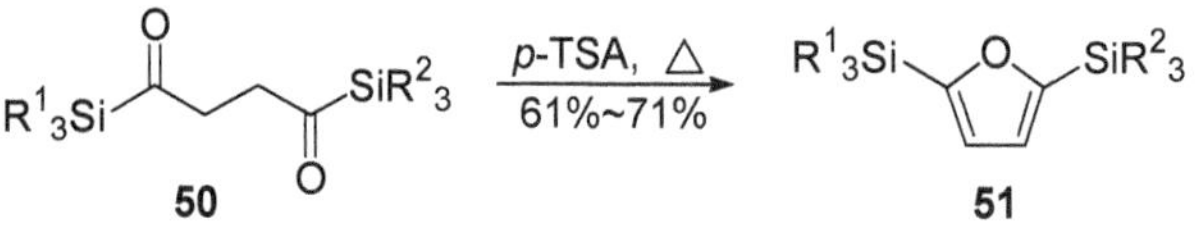

(64)

5.5 2,3,5-三取代呋喃的制备

对比于二取代呋喃的制备，采用 Paal-Knorr 反应制备 2,3,5-三取代呋喃具有更为广阔的底物范围，可以合成含有芳基、烷基、酯基和磷酯基取代的呋喃产物。与二芳基呋喃产物类似，三芳基呋喃产物作为酶抑制剂的生物活性也得到了研究。De Laszlo 小组采用 Paal-Knorr 反应制备了很多 2,3,5-三芳基取代的呋喃，并测试了它们对 P38 激酶的活性 (式 65)[63]。

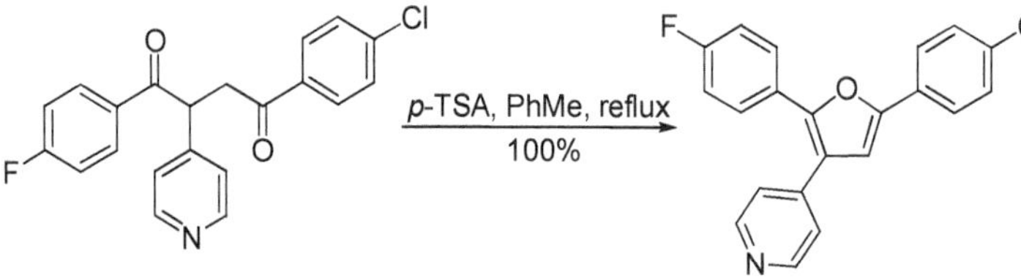

(65)

Barba 等人采用硫酸作为催化剂，在乙酸酐中能以很高收率将四酮化合物 **52** 转化为 3,3′-联-2,5-二苯基呋喃 (式 66)[64]，底物中的四个酮羰基两两之间分别

进行了 Paal-Knorr 缩合。

$$\text{(66)}$$

Ryder 等人报道了二酮 **53** 在盐酸的催化下环化得到 2,3,5-三取代呋喃产物 **54** (式 67)，**54** 可以作为单体用于聚合成为一个导电聚合物[65]。

$$\text{(67)}$$

Raghavan 小组通过固载的方法合成了一系列 2,3,5-三芳基呋喃和烷基二芳基呋喃衍生物。通过氧桥联固载的二酮 **55** 在对甲苯磺酸催化，甲苯回流的条件下发生环化后，呋喃产物用三氟乙酸可以从固载上裂解下来 (式 68)[66]。固相有机合成有很多优点：(1) 后处理简单，反应完毕后，只需通过过滤和用溶剂冲洗过量的试剂和未反应原料就可以达到分离纯化的目的，方法简便也减少了环境污染；(2) 由于采用了交联度高而负载低的树脂作为底物载体，反应相当于在浓度较低的体系中进行，可减少一些副反应的发生；(3) 易于实现自动化，发展多组分平行合成的组合化学。

$$\text{(68)}$$

很多小组也将 Paal-Knorr 反应用于 2,3,5-三烷基呋喃的合成。Ballini 等人采用对甲苯磺酸催化，由对应的二酮 **56** 合成了一系列 3-烷基-2,5-二甲基呋喃衍生物 **57**，收率为 60%~94% (式 69)[67]。Weirsum 等人从二酮 **58** 出发，也采用对甲苯磺酸作为催化剂，合成了位阻很大的 2,3,5-三叔丁基呋喃 (式 70)，但用该方法不能得到位阻更大的四叔丁基呋喃衍生物[68]。

$$\text{(69)}$$

$$(70)$$

采用 Paal-Knorr 反应也能合成 2,5-二烷基-3-酯基呋喃和 2,5-二烷基-3-磷氧基呋喃。Shono 等人报道了二酮 **59** 在硫酸的作用下能生成 2,5-二异丙基-3-呋喃甲酸甲酯 (式 71)[69]。而 Truel 等人采用 Amberlyst 树脂促进含磷酰基的二酮 **60** 有效地转化为对应的含磷酰基的呋喃产物 **61** (式 72)[70]。

$$(71)$$

$$(72)$$

5.6 四取代呋喃的制备

Paal-Knorr 反应是制备四取代呋喃的一种很好的方法,只是对一些位阻大的底物不适用。与前面提到的二取代和三取代的呋喃类似,很多四取代呋喃也用于生物活性的研究中。Katzenellenbogen 等人采用 Paal-Knorr 缩合制备了很多烷基三芳基取代的呋喃,并研究了它们对雌激素 α-受体的活性 (式 73)[71]。

$$(73)$$

Miyashita 等人采用标准的 Paal-Knorr 反应条件很高收率的将二酮 **62** 转化为 3,4-二取代-2,5-二芳基取代呋喃 **63** (式 74)[72]。Lai 等人报道了二酮 **64** 在五氧化二磷的作用下转化为 2,5-二取代-3,4-二芳基取代呋喃 **65** (式 75)[73]。

$$(74)$$

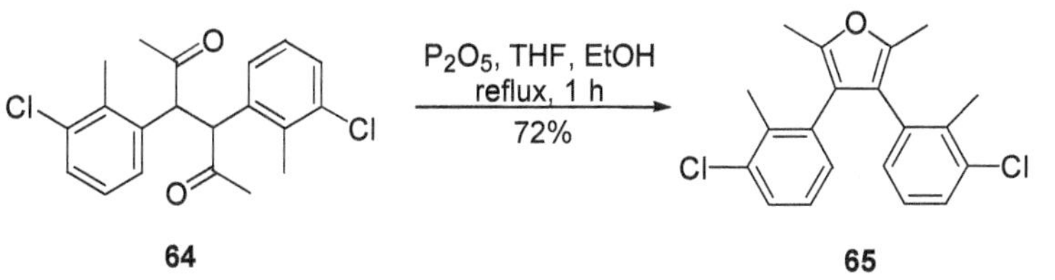

(75)

Paal-Knorr 缩合还可以用来制备 2,5-二芳基-3,4-二羰基取代的呋喃衍生物。例如：Zaleska 等人采用硫酸催化四羰基化合物 **66** 发生 Paal-Knorr 反应，以 92% 的收率得到两个酮羰基发生缩合的呋喃产物 **67** (式 76)[74]。而 Pan 等人采用对甲苯磺酸催化一系列四羰基化合物 **68** 转化为对应的四取代呋喃产物 **69** (式 77)[75]。

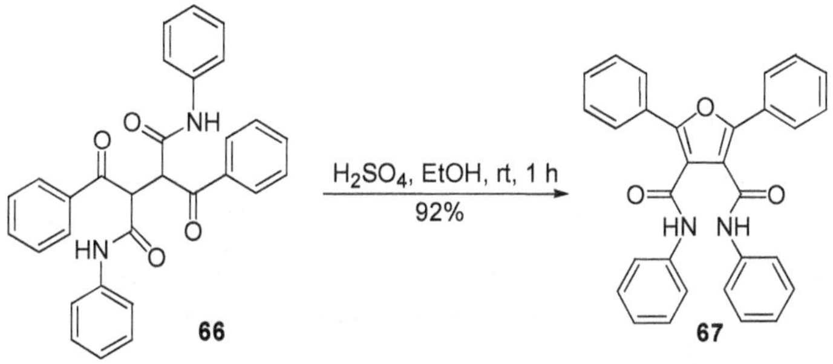

(76)

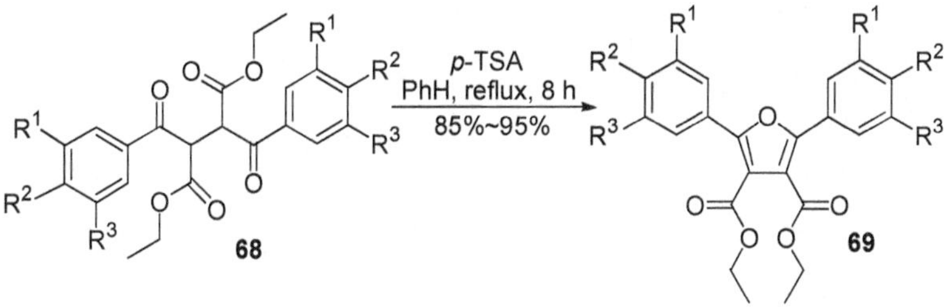

(77)

6 Paal-Knorr 呋喃合成的其它形式

6.1 1,4-二羰基化合物的类似物作为环化前体

Paal-Knorr 缩合反应在发展过程中有了很多形式的变化，可以用其它类似物代替 1,4-二羰基化合物前体。

从羰基被保护为缩(硫)醛、缩(硫)酮的底物出发，在合适的条件下原位去保护后再发生 Paal-Knorr 缩合也是一种常用的方式。Nagai 等人采用硫酸可以将缩醛 **70** 转化为 2,4-二取代的呋喃 **71** (式 78)，但收率比较低[51]。而分别用乙二醇保护了醛羰基，1,3-丙二硫醇保护了酮羰基的底物 **72**，在氯化汞的作用下能以 71% 的收率得到呋喃产物 **73** (式 79)[48]。这种方法对于合成 2,4-二取代的呋喃是很有效的。

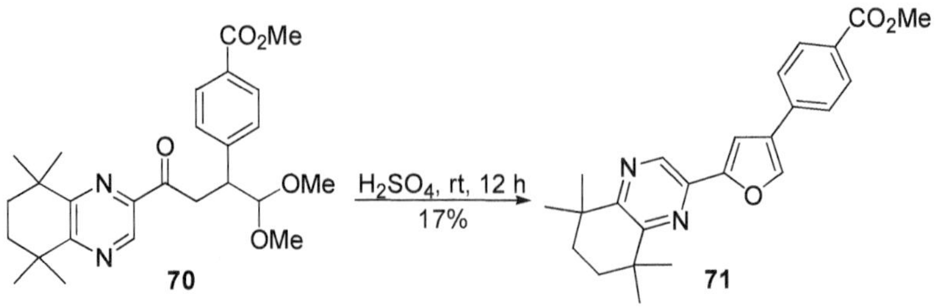

70 **71** (78)

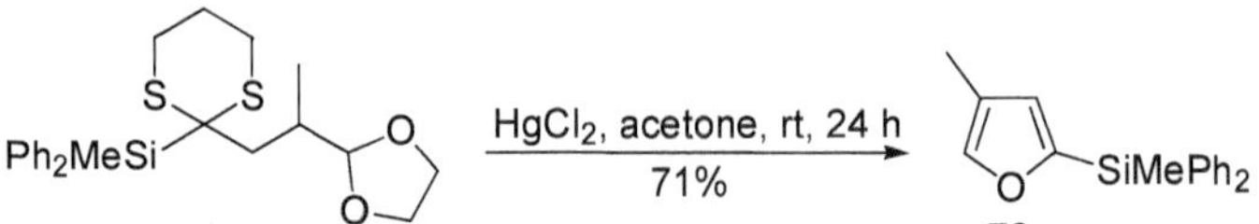

72 **73** (79)

含环氧官能团的底物也可以发生 Paal-Knorr 反应生成对应的呋喃产物，从而使单一的 1,4-二羰基化合物底物得以拓展。Cormier 等人报道了底物 **74** 在对甲苯磺酸的催化下重排生成呋喃 **75** (式 80)。Cormier 提出该反应可能是经由一个 1,4-二酮的中间体进行的，他从各种环氧酮的衍生物出发合成了其它 2,4-二取代的呋喃以及 2,3,5-三取代的呋喃[76]。而当一个羰基替换为环氧，另一个羰基保护为缩醛 (式 81)[77]或缩酮 (式 82)[78]的形式时，也能直接在酸的催化下环化生成对应的呋喃产物。

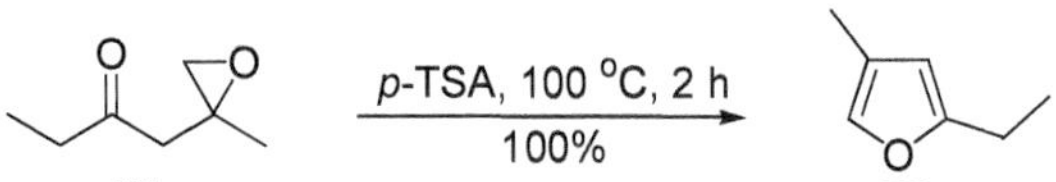

74 **75** (80)

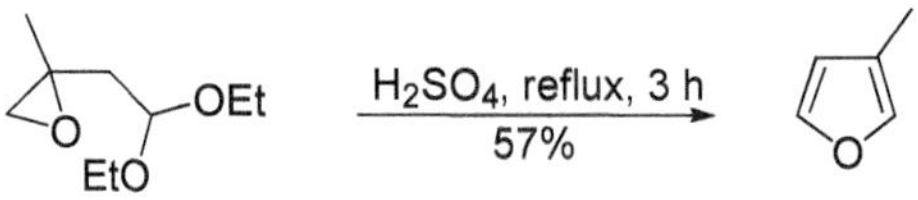

(81)

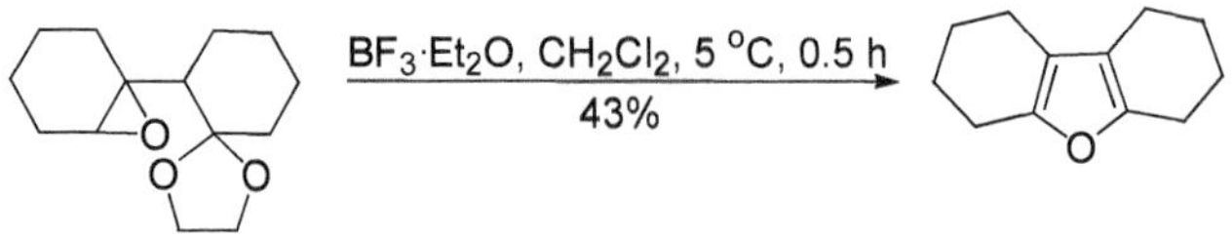

(82)

还可以从 2-烯-1,4-丁二酮或 2-炔-1,4-丁二酮出发，先发生原位的还原再发生 Paal-Knorr 环化反应。Rao 等人将烯酮底物 (式 83) 或是炔酮底物 (式 84) 与催化量的 Pd/C 和硫酸混合，采用微波的反应条件在甲酸溶剂中 5 min 就能以很高的收率获得对应的呋喃产物[79]。Haddadin 等人利用类似的策略将各种 2-烯 1,4-丁二酮转化为三取代和四取代的呋喃衍生物，不过他是使用三乙基膦作为还原剂 (式 85)[80]。

$$\text{(83)}$$

$$\text{(84)}$$

$$\text{(85)}$$

Perumal 等人将 Vilsmeier 反应和 Paal-Knorr 缩合结合起来发展了一个新颖的合成方法。从酮酸 **76** 出发在 Vilsmeier 反应的条件下能以 75% 的收率得到 2-苯基-3-醛基-5-氯呋喃 (式 86),而 2,5-己二酮在同样的条件下则以 60% 的收率转化为 2,5-二甲基-3-醛基呋喃 (式 87)[81]。

$$\text{(86)}$$

$$\text{(87)}$$

酮酰胺也能发生 Paal-Knorr 缩合生成 2-氨基取代的呋喃衍生物。Boyd 等人报道的反应中,酮酰胺底物 **77** 在醋酸酐和高氯酸的作用下先生成亚胺盐 **78**,再在三乙胺的作用下脱去质子得到 2-氨基呋喃 **79** (式 88)[82]。

$$\text{(88)}$$

6.2 原位产生 1,4-二羰基化合物的一锅反应

在制备 1,4-二羰基化合物的反应中,如果不将 1,4-二羰基化合物产物分离出来而原位再加入酸催化剂促进其发生 Paal-Knorr 环化的一锅反应也有一些报道。

Chochois 等人报道反应中,在 CO 存在下,芳基硼酸与 α,β-不饱和酮在 RhH(CO)(PPh$_3$)$_3$ 催化下先发生羰基化反应生成 1,4-二羰基化合物,不需要经过纯化,直接将体系中的甲醇溶剂旋干,再加入对甲苯磺酸和甲苯溶剂回流,就能得到对应的呋喃产物 (式 89)。而第一步羰基化反应也可以在甲苯/水 (1:1) 的溶剂中进行,反应能以类似的收率得到 1,4-二羰基化合物,反应完后通过萃

取分出有机相，硫酸镁干燥，再滤出甲苯溶液直接加入对甲苯磺酸回流可以环化得到呋喃产物。这样的转化过程避免了两步反应要变换溶剂的麻烦[83]。

$$
\text{ArB(OH)}_2 + \underset{\text{O}}{\parallel}{\overset{\text{R}}{\diagdown}} \xrightarrow[\text{2. } p\text{-TSA, PhMe, reflux, 12 h}]{\begin{array}{c}\text{1. RhH(CO)(PPh}_3)_3\ (0.5\ \text{mol\%})\\ \text{20 bar, CO, MeOH, 18 h, 80 }^\circ\text{C}\end{array}} \text{Ar}\overset{}{\underset{\text{O}}{\diagup}}\text{R} \qquad (89)
$$

而 Mattson 等人采用酰基硅化合物和 α,β-不饱和酮为起始底物，它们在氮杂环卡宾 **80** 的催化下发生 Stetter 反应，完全转化为成 1,4-二羰基化合物后，再往体系中加入乙酸也能继续发生 Paal-Knorr 环化一锅得到对应的呋喃产物（式 90）。芳基的和烷基的酰基硅化合物都能很好地发生这一反应，两步的收率为 74%~84% [84]。

$$
\underset{\text{O}}{\overset{}{\text{R}}}\text{X} + \text{R}^1\diagup\diagdown\overset{\text{O}}{\parallel}\text{Ph} \xrightarrow[\substack{\text{2. AcOH}\\ 74\%\sim84\%}]{\substack{\text{1. } \textbf{80}\ (20\ \text{mol\%}), \text{DBU}\\ i\text{-PrOH, THF, 70 }^\circ\text{C}}} \overset{\text{R}^1}{\underset{\text{O}}{\overset{}{\text{R}\diagup\diagdown\text{Ph}}}} \qquad (90)
$$

X = SiMe₃, SiMe₂Ph

（结构式 80）

7 Paal-Knorr 呋喃合成的应用

Hart 小组合成了各种各样的呋喃大分子[85]，包括一个含有两个相间的蒽环和两个呋喃环的大环分子 **84**。它是由四酮底物 **81** 出发，两个呋喃环先和稍稍过量的苯炔（由邻甲酸重氮的盐酸盐原位制备）发生 Diels-Alder 反应生成双氧桥化合物 **82**。然后，**82** 通过 Pd 催化氢化得到双氧桥化合物 **83**，再采用 Paal-Knorr 呋喃合成的条件，在 3.6 eq 对甲苯磺酸的苯中回流 8 h。在底物中的四个羰基就能分别缩合为两个呋喃环的同时，氧桥环也能断裂脱水形成蒽环，得到目标产物 **101**（式 91）。

81 → (N₂Cl, CO₂H (2.5 eq), DCE, reflux, 3 h, 97%) → 82 → (H₂, Pd(C), THF, EtOH, 93%)

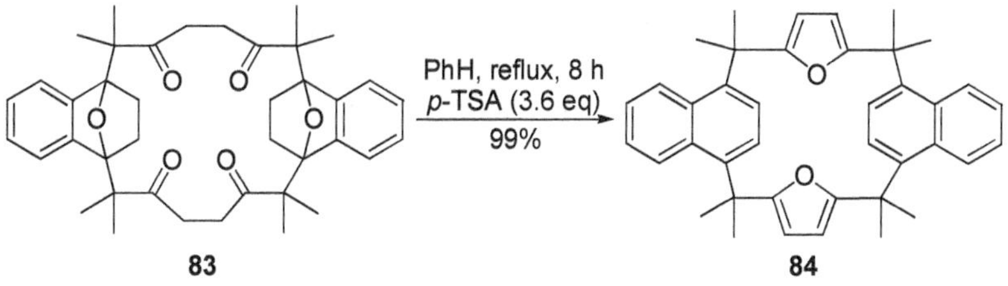

(91)

Miller 小组合成了一个可溶的 nonacenetriquinone[36]。它是通过该小组发展的苯并呋喃的 Diels-Alder 反应来构建的。而 1,3-二芳基苯并呋喃 **88** 的合成是从 1,4-二羰基化合物 **85** 出发，加入过量的 BF₃·Et₂O，无溶剂室温条件经过较长时间，能以几乎当量的产率得到 1,4-二芳基呋喃 **86**。而采用传统的硫酸或多聚磷酸等质子酸催化剂时，则不能很好地实现这一步的缩合关环。**86** 经过一系列的转化得到 3,4-位有两个醛基取代的呋喃 **87**。然后，**87** 与两分子 1,4-环己二酮发生缩合得到 1,3-二芳基苯并呋喃 **88**。最后发生一步 Diels-Alder 反应完成 nonacenetriquinone 的合成 (式 92)。

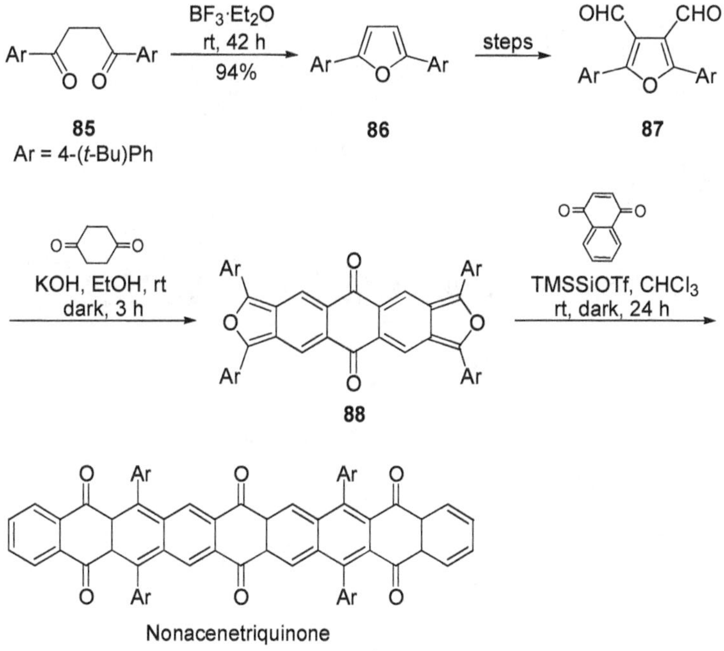

(92)

Nonacenetriquinone

Lai 等人制备了第一个 Furan-isoannelated[14]annulene[86]，分子中的呋喃部分就是通过 Paal-Knorr 呋喃合成来构建的。由二酮 **89** 出发，采用 P₂O₅ 为脱水试剂，乙醇中回流 1 h 就能得到呋喃产物 **90**。再经过一系列转化，最后得到目标分子 (式 93)。

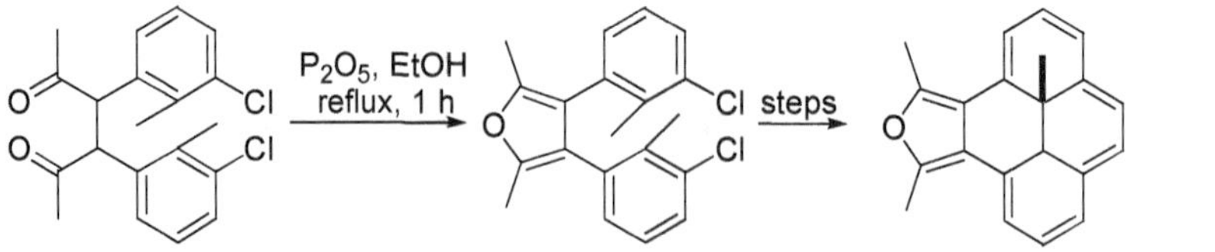

(93)

89　　　　　　　　　　　90

2,5b,10b,11-Tetramethyl
dihydropyreno[5,6-c]furan

　　Cooper 小组合成了一系列 7-位有五员或七员杂环取代的喹啉酮并测试了它们的抗菌活性[87]。底物 **91** 与异丙烯酸酯发生氧化偶联首先得到 1,4-二酮底物 **92**，然后，**92** 在对甲苯磺酸的促进下发生 Paal-Knorr 环化从而得到 7-位有一个呋喃取代的喹啉酮 **93**。在对甲苯环酸回流的条件下，酯基也同时水解生成羧酸(式 94)。

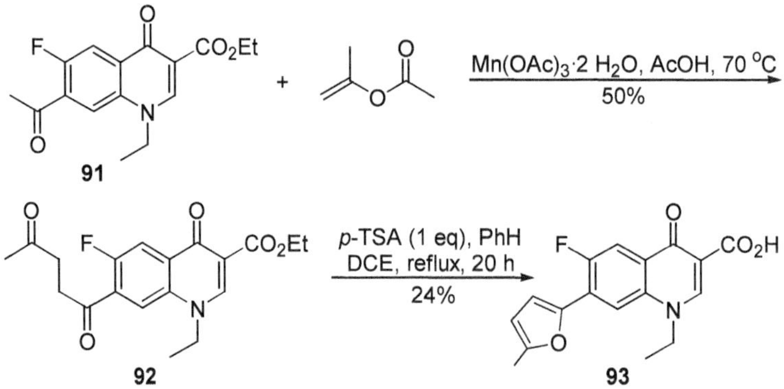

91

(94)

92　　　　　　　　　　　93

8　Paal-Knorr 呋喃合成的反应实例

例 一

2,5-二乙基-3,4-二(三氟甲基)呋喃的合成[88]
(硫酸促进的无溶剂 Paal-Knorr 呋喃合成)

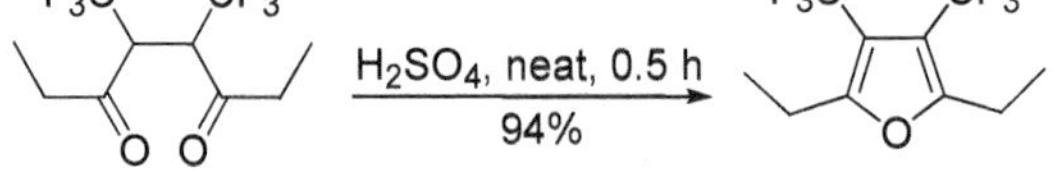

(95)

　　将浓硫酸 (80 mL) 在约 0.5 h 内逐渐滴入到 4,5-二(三氟甲基)-3,6-辛二酮 (79.9 g, 0.287 mol) 中。然后，将生成的黄色油状物倒入冰和乙醚的混合物中，分出有机层，水层用乙醚萃取。合并的有机萃取液用水洗，无水硫酸钠干燥。蒸去溶剂后的残留物经减压蒸馏得到纯的 2,5-二乙基-3,4-二(三氟甲基)呋喃产物 (70.1 g, 94%)，bp 86~87 °C/90 mmHg。

例 二

2-苄基-5-甲基呋喃的合成[39]

(P₂S₅ 促进的 Paal-Knorr 呋喃合成)

$$\text{Bn}\overset{O}{\underset{O}{\diagdown}}\text{CH}_3 \xrightarrow[\substack{\text{reflux, 2 h} \\ 75\%}]{P_2O_5 \ (2 \ \text{eq}), \ PhMe} \text{Bn}\diagdown\overset{}{\underset{}{\diagup}}\text{CH}_3 \qquad (96)$$

将 1-苯基-2,5-己二酮 (38 mg, 0.2 mmol) 的甲苯 (3 mL) 溶液加入到 P₂S₅ (57 mg, 0.4 mmol) 中。生成的混合物回流 2 h 后,倒入水 (10 mL) 中。二氯甲烷 (2 × 10 mL) 萃取,合并的有机萃取液用无水硫酸钠干燥。蒸去溶剂后的残留物经柱色谱分离纯化 [硅胶,正己烷-EtOAc (20∶1)],得到黄色油状 2-苄基-5-甲基呋喃产物 (26.3 mg, 76%)。

例 三

2-苯基-5-叔丁基呋喃-3-甲酸甲酯的合成[44a]

(微波条件下的 Paal-Knorr 呋喃合成)

$$\xrightarrow[\substack{100 \ ^{\circ}\text{C, 4 min} \\ 76\%}]{HCl, \ EtOH, \ MW} \qquad (97)$$

将浓盐酸 (37%, 0.1 mL) 加入到 1-苯基-2-甲氧羰基-4-叔丁基-1,4-二酮 (500 mg, 1.64 mmol) 的 EtOH (2 mL) 溶液中后,在微波反应器 (CEM) 150 W 下搅拌加热 4 min (内部温度达到 100 ℃)。生成的混合物用 EtOAc 稀释后,在用饱和 NaHCO₃ 溶液洗涤多次。有机层用无水硫酸钠干燥后,蒸去溶剂。生成的残留物经柱色谱分离纯化 [硅胶,正己烷-EtOAc (8∶1); R_f = 0.75],得到纯净的 2-苯基-5-叔丁基呋喃-3-甲酸甲酯产物 (490 mg, 76%)。

例 四

2-(4-氟苯基)-3-(2-噻吩基)-5-苯基呋喃的合成[46]

(离子液中的 Paal-Knorr 呋喃合成)

$$\xrightarrow[\substack{90 \ ^{\circ}\text{C, 4.5 h} \\ 80\%}]{Bi(OTf)_3 \ (0.05 \ \text{eq}), \ [bmin]BF_4} \qquad (98)$$

将 1-(4-氟苯基)-2-(2-噻吩基)-4-苯基-1,4-二酮 (1 mmol) 和 Bi(OTf)₃ (5 mol%) 在 [bmim]BF₄ (3 mL) 中生成的混合物加热到 90 ℃,TLC 监测至原料消失。反

应体系用乙醚 (6 × 10 mL) 萃取后，合并的有机萃取液用无水硫酸钠干燥。蒸去溶剂后的残留物经柱色谱分离纯化 [硅胶，Merck，100~200 mesh，正己烷-乙酸乙酯 (100:3)]，得到 2-(4-氟苯基)-3-(2-噻吩基)-5-苯基呋喃产物 (80%)。

例 五

2-苯基-5-甲基呋喃的合成[79]

("一锅煮"的 Paal-Knorr 呋喃合成)

$$\text{PhB(OH)}_2 + \quad \xrightarrow[\substack{\text{(20 bar), MeOH, 80 }^\circ\text{C, 18 h} \\ \text{2. } p\text{-TSA, PhMe, reflux, 12 h} \\ 49\%}]{\text{1. RhH(CO)(PPh}_3)_3\ (0.5\%),\ \text{CO}}} \text{Ph} \underset{\text{O}}{\diagup} \text{CH}_3 \qquad (99)$$

将丁烯酮 (0.25 mL，3 mmol) 加入到由苯硼酸 (1.5 mmol) 和 RhH(CO)(PPh$_3$)$_3$ (0.075 mmol) 的 MeOH (10 mL) 溶液中后，在 CO 压力 (20 bar) 和 80 °C 下加热 18 h。待体系冷却后，蒸去溶剂。残留物用甲苯 (10 mL) 稀释后，加入 p-TSA·H$_2$O (60 mg，1.5 mmol)。生成的混合物加热回流过夜后蒸去溶剂，生成的残留物经柱色谱分离纯化 [Al$_2$O$_3$，石油醚-乙酸乙酯 (9:1)] 得到 2-苯基-5-甲基呋喃产物 (49%)。

9 参 考 文 献

[1]   Paal, C. *Ber.* **1884**, *17*, 2756.

[2]   Knorr, L. *Ber.* **1884**, *17*, 2863.

[3]   Knorr, L. *Ber.* **1885**, *18*, 299.

[4]   Paal, C. *Ber.* **1885**, *18*, 367.

[5]   (a) Li, J. J. *Name Reactions in Heterocyclic Chemistry*, John Wiley & Sons Inc.: Hoboken, New Jersey. 2005, pp. 168-181. (b) König, B. Product Class 9: Furans. In *Science of Synthesis: Houben-Weyl Methods of Molecular Transformations*; Maas, G., Ed.; Georg Thieme Verlag: New York. 2001; Cat. 2, Vol. 9, pp. 183-278. (c) Friedrichsen, W. Furans and Their Benzo Derivatives: Synthesis. In *Comprehensive Heterocyclic Chemistry II*, Katritzky, A. R., Rees, C. W., Scriven, E. F. V., Eds.; Pergamon: New York, 1996; Vol. 2, pp. 351-393. (d) Dean, F. M. Recent Advances in Furan Chemistry. Part I. In *Advances in Heterocyclic Chemistry*, Katritzky, A. R., Ed.; Academic Press: New York, 1982; Vol. 30, pp.167-238. (e) Joule, J. A.; Mills, K. *Heterocyclic Chemistry*, 4th ed.; Blackwell Science: Cambridge, 2000; pp. 308-309. (f) Gupta, R. R.; Kumar, M.; Gupta, V. *Heterocyclic Chemistry*, Springer: New York, 1999; Vol. 2, pp. 83-84. (g) Gilchrist, T. L. *Heterocyclic Chemistry*, 3rd ed.; Longman: New York, 1997; p. 211.

[6]   Nowlin, G. *J. Am. Chem. Soc.* **1950**, *72*, 5754.

[7]   Drewes, S. E.; Hogan, C. J. *Synth. Commun.* **1989**, *19*, 2101.

[8]   Amamath, V.; Amarnath, K. *J. Org. Chem.* **1995**, *60*, 301.

[9]   杂环化学，J. A. 焦耳，K. 米尔斯著，叶诚，高大彬等译，科学出版社，2004, 335-361.

[10]   Piancatelli, G.; D'Auria, M.; D' Onofrio, F. *Synthesis* **1994**, 867.

[11]   (a) Hegedus, L. S.; Perry, R. J. *J. Org. Chem.* **1985**, *50*, 4955. (b) Mackay, D.; Neeland, E. G. Taylor, N. J. *J. Org. Chem.* **1986**, *51*, 2351. (c) Jacobson, R. M.; Raths, R. A.; McDonald, J. H. *J. Org. Chem.* **1977**, *42*, 2545. (d) Jacobson, R. M.; Abbaspour, A.; Lahm, G. P. *J. Org. Chem.* **1978**, *43*, 4650. (e) Botteghi, C.; Lardicci, L.; Menicagli, R. *J. Org. Chem.* **1973**, *38*, 2361.

[12]   Chassin, C.; Schmidt, E. A.; Hoffmann, H. M. R. *J. Am. Chem. Soc.* **1974**, *96*, 606.

[13]   Ranu, B. C.; Dutta, P.; Sarkar A. *Tetrahedron Lett.* **1998**, *39*, 9557.

[14]   Y. Ito, T. Konoike, T. Harada, T. Saegusa *J. Am. Chem. Soc.* **1977**, *99*, 1487.

[15]   Y. Nishiyama, A. Kobayashi *Tetrahedron Lett.* **2006**, *47*, 5565.

[16]   Kuo, W. -J.; Chen, Y. -H.; Jeng, R. -J.; Chan, L. -H.; Lin, W. -P.; Yang, Z. -M. *Tetrahedron* **2007**, *63*, 7086.

[17]   Hegedus, L. S.; Perry, R. J. *J. Org. Chem.* **1985**, *50*, 4955.

[18]   Corey, E. J.; Hegedus, L. S. *J. Am. Chem. Soc.* **1969**, *91*, 4926.

[19]   Yuguchi, M.; Tokuda, M.; Orito, K. *J. Org. Chem.* **2004**, *69*, 908.

[20]   Mukaiyama, T.; Narasaka, K.; Furusato, M. *J. Am.Chem. Soc.* **1972**, *94*, 8641.

[21]   McMurry, J. E.; Melton, J. *J. Am. Chem. Soc.* **1971**, *93*, 5309.

[22]   Miyashita, M.; Yanami, T.; Yoshikoshi, A. *J. Am. Chem. Soc.* **1976**, *98*, 4679.

[23]   Yasuda, M.; Tsuji, S.; Shigeyoshi, Y.; Baba, A. *J. Am. Chem. Soc.* **2002**, *124*, 7440.

[24]   Ohno, T.; Sakai, M.; Ishino, Y.; Shibata, T.; Maekawa, H.; Nishiguchi, I. *Org. Lett.* **2001**, *3*, 3439.

[25]   Liu, Y. J.; Zhang, Y. M. *Tetrahedron* **2003**, *59*, 8429.

[26]   Acheson, R. M.; Robinson, R. *J. Chem. Soc.* **1952**, 1127.

[27]   (a) Nowlin, G. *J. Am. Chem. Soc.* **1950**, *72*, 5754. (b) Traylelis, V. J.; Hergennother, W. L.; Hanson, H. T.; Valicenti, J. A. *J. Org. Chem.* **1964**, *29*, 123. (c) Scott, L. T.; Naples, J. O. *Synthesis* **1973**, 209.

[28]   Taylor, M. D.; Anderson, K. R.; Badger E. W. *J. Heterocycl. Chem.* **1989**, *26*, 1353.

[29]   Fajarí, L.; Brillas, E.; Alemán, C.; Juliá, L. *J. Org. Chem.* **1998**, *63*, 5324.

[30]   Wu, A. X.; Wang, M. Y.; Gan, Y. H.; Pan, X. F. *J. Chem. Res. (s)* **1998**, 136.

[31]   Jones, R. A.; Civcir, P. U. *Tetrahedron* 53, **1997**, 11529.

[32]   Stauffer, F.; Neier, R. *Org. Lett.* **2000**, *2*, 3535.

[33]   Scott, L. T.; Naples, J. O. *Synthesis* **1973**, 209.

[34]   Brown, P. S.; Greeves, N.; McElroy, A. B.; Warren, S. *J. Chem. Soc., Perkin Trans. I* **1991**, 1485.

[35]   Dien, C. K.; Lutz, R. E. *J. Org. Chem.* **1956**, *21*, 1492.

[36]   Christopfel, W. C.; Miller, L. L. *J. Org. Chem.* **1986**, *51*, 4169.

[37]   Duhamel, L.; Chauvin, J. *Chem. Lett.* **1985**, *6*, 693.

[38]   Trost, B. M.; Huang, X. *J. Org. Lett.* **2005**, *7*, 2097.

[39]   Yuguchi, M.; Tokuda, M.; Orito, K. *J. Org. Chem.* **2004**, *69*, 908.

[40]   Traynelis, V. J.; Hergenrother, W. L.; Hanson, H. T.; Valicent, J. A. *J. Org. Chem.* **1964**, *29*, 123.

[41]   Marton, A.; Slaviero, P.; Tagliavini G. *Tetrahedron* **1989**, *45*, 7099.

[42]   Nicolaou, K. C.; Hao, J. L.; Reddy, M. V.; Rao, P. B.; Rassias, G.; Snyder, S. A.; Huang, X. H.; Chen, D. Y.-K.; Brenzovich, W. E.; Giuseppone, N.; Giannakakou, P.; O'Brate, A. *J. Am. Chem. Soc.* **2004**, *126*, 12897.

[43]   Trahanovsky, W. S.; Chou, C. -H.; Cassady, T. J. *J. Org. Chem.* **1994**, *59*, 2613.

[44]   (a) Minetto, G.; Raveglia, L. F.; Sega, A.; Taddei, M. *Eur. J. Org. Chem.* **2005**, 5277. (b)Minetto, G.; Raveglia, L. F.; Taddei, M. *Org. Lett.* **2004**, 6, 389.

[45]   胡姨, 李恒, 康晖, 韦萍 化学试剂, **2006**, 28(6), 341.

[46]   Yadav, J. S.; Reddy, B. V. S.; Eeshwaraiah, B.; Gupta, M. K. *Tetrahedron Lett.* **2004**, *45*, 5873.

[47]   Wang, B.; Gu, Y.; Luo, C.; Yang, T.; Yang, L.; Suo, J. *Tetrahedron Lett.* **2004**, *45*, 3417.

[48]   Siedem, C. S.; Molander, G. A. *J. Org. Chem.* **1996**, *61*, 1140.

[49]   (a) Feist, F. *Ber.* **1902**, *35*, 1545. (b) Bénary, E. *Ber.* **1911**, *44*, 493.

[50]   Dean, F. M. Recent Advances in Furan Chemistry. Part I. In *Advances in Heterocyclic Chemistry*, Katritzky, A. R., Ed.; Academic Press: New York, 1982; Vol. 30, 167.

[51]   Castagnoli Jr., N.; Yu, J. *Bioorg. Med. Chem.* **1999**, *7*, 2835.

[52]   Lansiaux, A.; Dassonneville, L.; Facompré, M.; Kumar, A.; Stephens, C. E.; Bajic, M.; Tanious, F.; Wilson,

W. D.; Boykin, D. W.; Bailly, C. *J. Med. Chem.* **2002**, *45*, 1994.

[53] Xiao, G.; Kumar, A.; Li, K.; Rigl, C. T.; Bajic, M.; Davis, T. M.; Boykin, D. W.; Wilson, W. D. *Bioorg. Mad. Chem.* **2001**, *9*, 1097.

[54] Kikuchi, K.; Hibi, S.; Yoshimura, H.; Tokuhara, N.; Tai, K.; Hida, T.; Yamauchi, T.; Nagai, M. *J. Med. Chem.* **2000**, *43*, 409.

[55] Perrier, H.; Bayly, C.; Laliberté, F.; Huang, Z.; Rasori, R.; Robichaud, A.; Girard, Y.; Macdonald, D. *Bioorg. Med.Chem. Lett.* **1999**, *9*, 323.

[56] Fajarí, L.; Brillas, E.; Alemán, C.; Juliá, L. *J. Org. Chem.* **1998**, *63*, 5324.

[57] Chen, L. -H.; Wang, C. -Y.; Luo, T. -M. H. *Heterocycles* **1994**, *38*, 1393.

[58] Miller, D. C.; Johnson, M. R.; Becker, J. J.; lbers, J. A. *J. Heterocycl. Chem.* **1993**, *30*, 1485.

[59] Salimbeni, A.; Canevotti, R.; Paleari, F.; Bonaccorsi, F.; Renzetti, A. R.; Belvisi, L.; Bravi, G.; Scolastico, C. *J. Med.Chem.* **1994**, *37*, 3928.

[60] Fleming, I.; Morgan. I. T.; Sarkar, A. K. *J. Chem. Soc., Perkin Trans. I* **1998**, 2749.

[61] Denisenko, M. V.; Pokhilo, N. D.; Odinokova, L. E.; Denisenko, V. A, ; Uvarova, N. I. *Tetrahedron Lett.* **1996**, *37*, 5187.

[62] (a) Saleur, D.; Bouillon, J.-P.; Portella, C. *Tetrahedron Lett.* **2000**, *41*, 321. (b) Bouillon, J.-P.; Saleur, D.; Portella, C. *Synthesis* **2000**, 843.

[63] De Laszlo, S. E.; Visco, D.; Agarwal, L.; Chang, L.; Chin, J.; Croft, G.; Forsyth, A.; Fletcher, D.; Frantz, B.; Hacker, C.; Hanlon, W.; Harper, C.; Kostura, M.; Li, B.;Luell, S.; MacCoss, M.; Mantlo, N.; O'Neill, E. A.; Orevillo, C.; Pang, M.; Parsons, J.;Rolando, A.; Sahly, Y.; Sidler, K.; Widmer, W. R.; O'Keefe, S. J. *Bioorg. Med. Chem. Lett.* **1998**, *8* , 2689.

[64] Barba, R.; de la Fuente, J. L. *J. Org. Chem.* **1993**, 58, 7685.

[65] Schweiger, L. F.; Ryder, K. S.; Morris, D. G.; Glidle, A.; Cooper, J. M. *J. Mater. Chem.* **2000**, *10*, 107.

[66] Raghavan, S.; Anuradha, K. *Synlett* **2003**, 711.

[67] Ballini, R.; Bosica, G.; Fiorini, D.; Giarlo, G. *Synthesis* **2001**, 2003.

[68] Wynberg, H.; Wiersum U. E. *J. Chem. Soc., Chem. Commun.* **1990**, 460.

[69] Shono, T.; Soejima, T.; Takigawa, K.; Yamaguchi, Y.; Maekawa, H.; Kashimura, S. *Tetrahedron Lett.* **1994**, *35*, 4161.

[70] Truel, I.; Mohamed-Hachi, A.; About-Jaudet, E.; Collignon, N. *Synth. Commun.* **1997**, *27*, 1165.

[71] (a) Mortensen, D. S.; Rodriguez, A. L.; Carlson, K. E.; Sun, J.; Katzenellenbogen, B. S.; Katzenellenbogen. J. A. *J. Med. Chem.* **2001**, *44*, 3838. (b) Mortensen, D. S.; Rodriguez, A. L.; Sun, J.; Katzenellenbogen, B. S.; Katzenellenbogen, J. A. *Bioorg. Med. Chem. Lett.* **2001**, *11*, 2521.

[72] Miyashita, A.; Matsuoka, Y.; Numata, A.; Higashino, T. *Chem. Pharm. Bull.* **1996**, *44*, 448.

[73] Lai, Y. -H.; Chen, P. *J. Org. Chem.* **1996**, *61*, 935.

[74] Zaleska, B.; Lis, S. *Synth. Commun.* **2001**, *31*, 189.

[75] Wu, A.; Wang, M.; Pan, X. *Synth. Commun.* **1997**, *27*, 2087.

[76] Cormier, R. A.; Francis, M. D. *Synth. Commun.* **1981**, *11*, 365.

[77] (a) Cornforth, J. W.; *J. Chem. Soc.* **1958**, 1310. (b) Burness, D. M.; *J. Org. Chem.* **1956**, *21*, 102.

[78] Creese, M. W.; Smissman, E. E. *J. Org. Chem.* **1976**, *41*, 169.

[79] Rao, H. S. P.; Jothilingam, S. *J. Org. Chem.* **2003**, *68*, 5392.

[80] Haddadin, M. J.; Agha, B. J.; Tabri, R. F. *J. Org. Chem.* **1979**, *44*, 494.

[81] Venugopal, M.; Balasundaram, B.; Perumal, P. T. *Synth. Commun.* **1993**, *23*, 2593.

[82] Boyd, G. V.; Heatherington, K. *J. Chem. Soc., Perkin Trans. I* **1973**, 2523.

[83] Chochois, H.; Sauthier, M.; Maerten, E.; Castanet, Y.; Mortreux, A. *Tetrahedron* **2006**, *62*, 11740.

[84] Mattson, A. E.; Bharadwaj, A. R.; Zuhl, A. M.; Scheidt , K. A. *J. Org. Chem.* **2006**, *71*, 5715.

[85] Hart. H.; Takehira, Y. *J. Org. Chem.* **1982**, *47*, 4370.

[86] Lai, Y. H.; Chen, P. *Tetrohedron Lett.* **1988**, *29*, 3483.

[87] Cooper, C. S.; Klock, P. L.; Chu, D. T. W.; Fernandes, P. B. *J. Med. Chem.* **1990**, *33*, 1246.

[88] Matsui, M.; Hayakawa, Y. *J. Heterocycl. Chem.* **1991**, *28*, 225.

皮特森成烯反应

(Peterson Olefination Reaction)

李润涛

1 历史背景简述

Peterson 成烯反应 (Peterson Olefination Reaction) 是形成烯烃的重要方法之一，取名于该反应的最先发现者 Donald J. Peterson[1]。

自 1954 年 Wittig 和 Schöllkopf 发现 Wittig 反应后，人们就开始探索与 Wittig 试剂 (**1**) 类似的新试剂，以克服 Wittig 试剂的一些缺点。但是研究的重点集中在对 Wittig 试剂的改进上 (图 1)，一直没有大的突破。

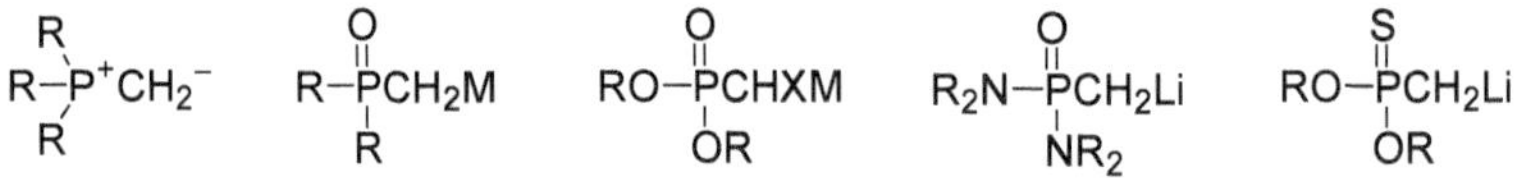

图 1　不同类型的 Wittig 试剂

1962 年，Gilman 和 Tomasi 在研究二苯甲酮与 Wittig 试剂 ($Ph_3P=CHSiMe_3$) 反应时，意外地得到了三甲基硅氧基消除的产物 $Ph_3PCH=CPh_2$ (式 1)[2]。

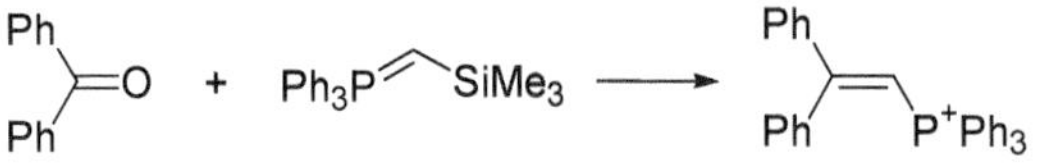

$$(1)$$

受上述工作的启发和比较磷原子与硅原子的性质，Peterson 认为：用硅原子代替 Wittig 试剂中的磷原子所形成的硅试剂将会有同样的效果。如式 2 所示，实验证明确实如此，就这样发现了这个有用的 Peterson 成烯反应。

$$(2)$$

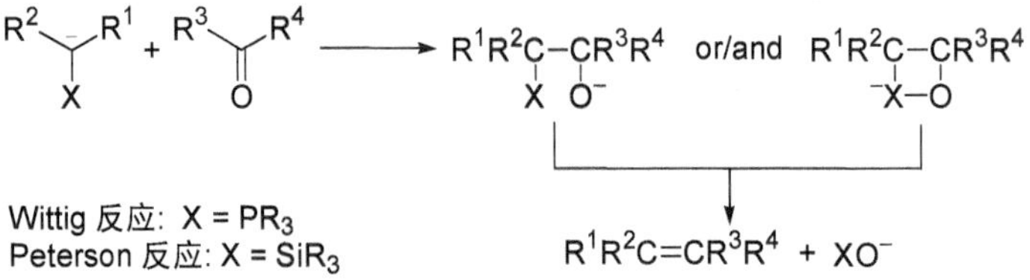

Wittig 反应: X = PR₃
Peterson 反应: X = SiR₃

从形式上来看，Peterson 成烯反应与 Wittig 反应非常类似，曾有人将其看作是硅化的 Wittig 反应。该反应首先是由 α-硅基碳负离子与醛、酮等羰基化合物发生亲核加成反应形成中间体 β-羟基硅烷。然后，通过消除烷基硅醇盐 (R_3SiOM) 或二烷基硅醚 ($R_3SiOSiR_3$) 生成相应的烯烃。

与 Wittig 反应相比较，Peterson 成烯反应主要有三个优点：(1) 反应的副产物容易与产物烯烃分离。该反应的副产物是三烷基硅醇盐或烷基硅醚，比

Wittig 反应的副产物三苯氧基膦的水溶性好和挥发性大。(2) 应用范围广泛。α-硅基碳负离子 (Peterson 试剂) 比 Wittig 试剂的反应活性强,可以与各种羰基化合物反应生成相应的取代烯烃。(3) β-羟基硅烷的消除反应具有高度的立体选择性。

但是,Peterson 成烯反应有两个明显的缺点:(1) α-硅基碳负离子的制备比较困难;(2) 整体反应的立体选择性差。尽管 β-羟基硅烷的消除反应具有高度的立体选择性,但 α-硅基碳负离子与羰基化合物的加成反应选择性却很低,得到的是几乎等量的苏式和赤式 β-羟基硅烷的非对映异构体。因此,最终生成的仍是 E-型和 Z-型烯烃的混合物。

由于 Peterson 成烯反应的重要性和应用价值,已经有多篇发表在不同时期的综述报道[3~7]。

2 Peterson 成烯反应的机理及立体化学

2.1 Peterson 成烯反应的机理

到目前为止,Peterson 成烯反应的机理还不像 Wittig 反应那样清楚。早期,人们曾认为该反应的机理与 Wittig 反应类似,是经过一个四员环状中间体形成烯烃 (式 3, **A**)。后来,Pelter 等[8] 对 Wittig 反应和 Peterson 成烯反应的四员环状过渡态中 P-O 和 P-C 以及 Si-O 和 Si-C 键的键长进行了比较 (图 2)。他们发现:Peterson 成烯反应的四员环状过渡态处于极化状态,环中的 Si-C 键非常容易断裂,很有利于 Si-O 键的快速形成。因此,他们提出了一个分步反应机理 (式 3, **B**):首先,硅烷与羰基化合物在碱性条件下反应形成 β-硅基醇负离子;接着,通过 Si-C 键的断裂和 Si-O 键的形成,迅速生成中间体 **B**;最后,发生快速的三烷基硅醇消去反应,生成烯烃产物。由于后两步反应进行得很快,所以第一步反应是速度决定步骤。

当硅烷分子中的 R^1 和 R^2 为推电子取代基 (例如:氢或烷基等) 时,可以

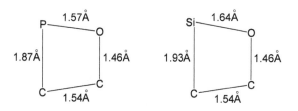

图 2 四员环状过渡态中的键长比较

$$\text{(3)}$$

分离得到反应中间体 β-硅基醇负离子 **1**。若 R^1 和 R^2 为拉电子取代基（包括芳基）时，则直接生成最终的烯烃产物。

2.2 Peterson 成烯反应的立体化学

按照 Peterson 成烯反应的分步反应机理，第一步反应通常得到的产物是 **1a** 和 **1b** 的混合物。混合物的比例虽然受到硅试剂和羰基化合物结构的影响，但这种影响非常有限。然而，**1a** 和 **1b** 却可以高度立体选择性地发生消除反应。如式 4 所示：在酸性条件下发生反式消除，在碱性条件下则发生顺式消除。因此，获得高度立体选择性烯烃的关键是发展高度非对映选择性制备 β-羟基硅烷的方法。

$$\text{(4)}$$

如式 5 所示：赤式 β-羟基硅烷和苏式 β-羟基硅烷分别在酸性和碱性条件下进行消除反应，均得到了高收率、高立体选择性的 Z-4-辛烯和 E-4-辛烯[9]。

$$\text{(5a)}$$

	(Z)	(E)
erythro		
KH,THF, rt, 1 h, 98%	98	2
H$_2$SO$_4$, THF, rt, 18 h, 96%	1	99

$$\text{(5b)}$$

	(Z)	(E)
threo		
KH, THF, rt, 1 h, 93%	100	0
H$_2$SO$_4$, THF, rt, 18 h, 94%	0.5	99.5

3　β-羟基硅烷的制备

由反应机理可以看出，β-羟基硅烷是 Peterson 成烯反应的关键中间体。因此，有关 Peterson 成烯反应的研究主要集中在 β-羟基硅烷的形成方法上。目前，β-羟基硅烷的形成主要有以下四种途径：(1) 由 α-硅烷基碳负离子与醛、酮反应制备 β-羟基硅烷；(2) 由 α-硅基酮立体选择性地制备 β-羟基硅烷；(3) 由 α,β-环氧硅烷经亲核开环制备 β-羟基硅烷；(4) 由 β-硅基酮经过氧化、水解制备 β-羟基硅烷。

3.1　α-硅烷基碳负离子与醛、酮反应制备 β-羟基硅烷

由 α-硅烷基碳负离子与醛、酮反应形成 β-羟基硅烷的反应如通式 6 所示：

$$R^1, R^2 = H,\ \text{alkyl, aryl, electron-withdraw group};\ X = H,\ 卤素等 \tag{6}$$

在该反应中，α-硅烷基碳负离子的形成是关键步骤，因此要求反应在碱性条件下进行。其中，X 可以是氢原子或卤原子，R^1 和 R^2 可以同时或分别是氢原子、推电子或拉电子取代基。取代基的拉电子能力越强，则越有利于 α-硅烷基碳负离子的形成。

3.1.1　由 α-硅烷形成 α-硅烷基碳负离子

在强碱的作用下，α-硅烷 (X = H) 可形成相应的 α-硅烷碳负离子。但是，该方法仅适用于 α-位连有拉电子基团的底物。如式 6 所示，R^1 和 R^2 至少有一个是拉电子基团，常见的拉电子基团包括：酯基、硼酸酯基、硫代酸酯基、β-酮酸酯基、氰基、酰氨基、芳基和杂芳基等。

3.1.1.1　酯基活化的 α-硅烷及类似物

在酯基活化的 α-硅烷中，三甲基硅基乙酸酯是结构最简单和应用最广泛的一种。如式 7 所示[10]：该化合物可以通过改进的 Reformatsky 反应方便地制备。但是，这种方法对于其它的羧酸酯不适用，因为收率太低。

$$BrCH_2CO_2C_2H_5 \xrightarrow[72\%]{\text{Zn, Me}_3\text{SiCl, PhH, Et}_2\text{O}} Me_3SiCH_2CO_2C_2H_5 \tag{7}$$

人们曾试图直接用乙酸酯与三甲基氯硅烷反应制备 α-三甲基硅基乙酸酯。但是，由于酯的烯醇化造成 O-硅化反应与 C-硅化反应的竞争，导致 C-硅化反应产物收率较低 (式 8a)。研究发现：使用体积较大的叔丁酯代替乙酯[11,12]，或

者使用二苯基甲基氯硅烷替代三甲基氯硅烷[13]均可以提高 *C*-硅化反应产物的比例 (式 8b，式 8c)。而且，这两种方法还适用于其它的羧酸酯 (包括内酯)。

$$CH_3CO_2Et \xrightarrow[\text{2. Me}_3\text{SiCl}]{\text{1. LDA, THF, }-78\,^{\circ}\text{C}} \underset{35\%}{Me_3SiCH_2CO_2Et} + \underset{65\%}{CH_2=C(OC_2H_5)OSiMe_3} \quad (8a)$$

$$CH_3CO_2Bu\text{-}t \xrightarrow[\text{2. Me}_3\text{SiCl}]{\text{1. LDA, THF, }-78\,^{\circ}\text{C}} \underset{98\%}{Me_3SiCH_2CO_2Bu\text{-}t} + \underset{2\%}{CH_2=C(OBu\text{-}t)OSiMe_3} \quad (8b)$$

$$C_2H_5CO_2Et \xrightarrow[\text{2. Ph}_2\text{MeSiCl}]{\text{1. LDA, THF, }-78\,^{\circ}\text{C}} \underset{93\%}{Ph_2CH_3SiCH(CH_3)CO_2Et} \quad (8c)$$

在碱性条件下，酯基活化的 *α*-硅烷与不同的醛或酮反应可以直接得到相应的 *α*,*β*-不饱和酯类化合物[14~16]。如式 9 所示：中间体 *β*-羟基硅烷一般无须分离。

$$(9a)$$

$$Me_3SiCH_2CO_2Et + PhCOCH=CHPh \xrightarrow[86\%]{(c\text{-}C_6H_{11})_2NLi, \text{ THF}} \quad (9b)$$

$$(9c)$$

五员不饱和环内酯类化合物广泛存在于自然界中，但是有效的合成方法却很少。利用 *α*-三甲基硅基乙酸酯的锂化物与 *α*-羰基缩醛反应，进而经还原和内酯化即可方便地得到相应的五员不饱和环内酯类化合物 (式 10)[17]。

$$(10)$$

除酯基外，羧基、硫代羧酸酯基、硼酸酯基等活化的 *α*-硅烷都可以用上述方法制得。当用 *α*-硅基羧酸与醛或酮反应时，需要使用 2 倍摩尔量的碱，得到的产物是 *α*,*β*-不饱和羧酸 (式 11)[16,18]。

$$Me_3SiCH_2CO_2H + C_6H_5CHO \xrightarrow[88\%]{LDA \text{ (2 eq), THF}} C_6H_5CH=CHCO_2H \quad (11)$$

α-硅基羧酸在草酰氯作用下形成的酰氯与硫醇反应，可得到 α-硅基羧酸硫醇酯。α-硅基羧酸硫醇酯与醛或酮反应生成相应的 α,β-不饱和羧酸硫醇酯，且主要是 E-型产物 (式 12)[19]。

$$Me_3SiCH_2CO_2H \xrightarrow[\text{(COCl)}_2]{t\text{-BuSH}} Me_3SiCH_2COSBu\text{-}t \xrightarrow[\text{73\%, }E\!:\!Z > 98\!:\!2]{\substack{\text{PhCHO, LDA} \\ \text{THF, } -78\,^\circ\text{C}}} PhCH=CHCOSBu\text{-}t \qquad (12)$$

通过酰胺的 α-硅基化可制得 α-硅基酰胺，它们比相应的 α-硅基羧酸酯具有更高的稳定性。如式 13 所示[12,20,21]：α-硅基酰胺与酮和非烯醇化的醛反应，高产率地得到 α,β-不饱和酰胺。

$$LiCH_2CONMe_2 \xrightarrow[78\%]{Me_3SiCl} Me_3Si\!\!\begin{array}{c}O\\\|\end{array}\!\!NMe_2 \xrightarrow[\text{LDA, THF}]{R^1R^2CO} \begin{array}{c}R^1\ O\\ \diagup\ \|\\ R^2 \quad NMe_2\end{array} \qquad (13)$$

R^1R^2CO	产物	产率/%
CH_3COCH_3	$(CH_3)_2C=CHCON(CH_3)_2$	94
$c\text{-}C_6H_{10}O$	$c\text{-}(C_6H_{10})=CHCON(CH_3)_2$	92
C_6H_5CHO	$C_6H_5CH=CHCON(CH_3)_2$	85
$C_6H_5CH=CHCHO$	$C_6H_5CH=CHCH=CHCON(CH_3)_2$	90
CH_3CHO	$CH_3CH=CHCON(CH_3)_2$	10

如式 14 所示[22,23]：该方法也同样适用于内酰胺底物。

Murai 等[24]最近报道：α-硅基硒代酰胺也可与羰基化合物反应生成 α,β-不饱和硒代酰胺。如式 15 所示：α-硅基硒代酰胺可以方便地由三甲基硅基乙炔与

$$Me_3Si\!\!=\!\!\equiv \xrightarrow[\text{BuLi, Se, Et}_2\text{O, 0}\,^\circ\text{C, 10 min}]{} Me_3Si\!\!=\!\!\equiv\!\!-SeLi \xrightarrow[\text{2. H}_2\text{O}]{\substack{\text{1. R}_2\text{NH, 0}\,^\circ\text{C}}}$$

$$Me_3Si\!\!\begin{array}{c}Se\\\|\end{array}\!\!NR_2 \xrightarrow[97\%]{\substack{\text{1. BuLi, 0}\,^\circ\text{C, 15 min}\\\text{2. R}^1\text{CHO}}} R^1\!\!\begin{array}{c}Se\\\diagup\ \|\end{array}\!\!NR_2 \qquad (15)$$

$$R_2NH = \text{⟨ }NH \qquad R^1 = 4\text{-MeC}_6H_4$$

丁基锂和硒反应来制备。该反应非常容易进行，立体选择性地生成单一的 *E*-式构型的产物。

用 *α*-硅基硫代酰胺替代 *α*-硅基硒代酰胺，尽管可以高收率地得到对应的 *α,β*-不饱和硫代酰胺，但几乎没有立体选择性 (式 16)。

$$
Me_3Si \overset{S}{\underset{}{\bigvee}} NR_2 + R^1CHO \xrightarrow[85\%, \; E:Z=50:50]{BuLi, \; 0\ ^oC, \; 15min} R^1 \overset{S}{\underset{}{\bigvee}} NR_2 \qquad (16)
$$

$$R_2NH = \langle\quad\rangle NH \qquad R^1 = 4\text{-}MeC_6H_4$$

α-硅基腈的性质与 *α*-硅基羧酸酯相似。如式 17 所示：*α*-硅基腈可以与醛或酮反应生成多取代的 *α,β*-不饱和腈，将产物腈进行水解可以高收率地得到 *α,β*-不饱和羧酸。*α*-硅基腈通常是由三烷基硅烷与 *α,β*-不饱和腈在过渡金属配合物存在下发生 Michael 加成反应制得 (式 18)[25,26]。

$$
R^1 \overset{SiR_3}{\underset{CN}{\bigvee}} + R^2 \overset{O}{\underset{}{\bigvee}} R^3 \xrightarrow{LDA, \; THF, \; -78\ ^oC} \overset{R^1}{\underset{NC}{\bigvee}} \overset{R^2}{\underset{R^3}{}} \qquad (17)
$$

$$
\overset{H}{\underset{R}{\bigvee}} \overset{CN}{\underset{H}{}} \xrightarrow[(Ph_3P)_3RhCl]{PhMe_2SiH} R \overset{SiPhMe_2}{\underset{CN}{\bigvee}} \xrightarrow[2. \; PhCOMe]{1. \; LDA, \; THF, \; -78\ ^oC} \overset{Me}{\underset{Ph}{\bigvee}} \overset{CN}{\underset{CH_2R}{}} \qquad (18)
$$

2-硅甲基二氢噁嗪可作为 *α*-硅基羧酸的替代物，与醛、酮反应主要生成 (*E*)-2-烯基二氢噁嗪[27]。该方法的收率和立体选择性好 (式 19)，远优于 Wittig 反应的方法。

$$
\xrightarrow[E:Z \; up \; to \; 96:4]{\substack{1. \; BuLi, \; THF, \; -78\ ^oC \\ 2. \; R^1R^2CO \\ 80\%\sim95\%}} \qquad (19)
$$

3.1.1.2 芳基活化的 *α*-硅烷及其类似物

由于芳基和杂环芳基的拉电子作用，相应的三甲基硅甲基芳烃和杂芳烃在碱的作用下也可以顺利地与醛、酮反应，生成芳基乙烯类化合物 (式 20)[1,28,29]。

$$
Ph \overset{}{\bigvee} TMS + R \overset{O}{\underset{}{\bigvee}} R^1 \xrightarrow{n\text{-}BuLi, \; HMPT \; or \; TMEDA} \overset{H}{\underset{Ph}{\bigvee}} \overset{R}{\underset{R^1}{}} \qquad (20)
$$

在有机锂试剂作用下，2-三甲基硅甲基吡啶与醛和酮反应生成 2-烯基吡啶衍生物 (式 21)[30,31]。虽然该反应只能得到中等收率，但仍优于其它方法。例如：直接由甲基吡啶与醛或酮反应，首先要在碱性条件下生成相应的醇；然后，再在浓硫酸作用下脱水才得到 2-烯基吡啶衍生物。

(21)

R^1	R^2	产率/%	E/Z
CH_3	C_6H_5	67	1:3
C_6H_5	C_6H_5	70	
H	C_6H_5	65	2:3
H	$C_6H_5CH=CH-$	53	
CH_3	CH_3	71	
$(CH_2)_5$		58	

3.1.1.3 α-硅基亚胺及类似物

α-硅基亚胺、腙或羟肟等在烷基锂的作用下与醛、酮反应后经水解，即得到相应的 α,β-不饱和醛 (式 22)[32,33]。其中，亚胺、腙和羟肟等相当于一个被保护的醛羰基。

(22)

X = NBu-t, NNMe₂

R	R^1	R^2	产率①/%	产率②/%	E/Z
H	C_5H_{11}	H	94	90	
H	$(CH_2)_5$		90	75	
CH_3	$i-C_3H_7$	H	88		
CH_3	$(CH_2)_5$		90		
CH_3	C_6H_5 (H)	H (C_6H_5)	90		1/1
H	C_6H_5 (H)	H		90	
H	$CH_3CH=CH$	H		75	

① X = NBu-t.
② X = NNMe₂.

3.1.1.4 杂原子活化的 α-硅烷

由于杂原子的电负性通常都大于碳原子，所以杂原子也可以活化 α-硅烷。如通式 23 所示：在 Peterson 成烯反应条件下，可以得到杂原子取代的烯烃衍生物。

(23)

X = RS-, RSO-, RSO₂-, (RO)₂P(O)- 和卤素等

3.1.1.4.1 α-硅甲基醚类化合物[34,35]

Carey 等[36]曾试图通过三甲基硅甲基甲醚与金属锂试剂形成相应的金属锂化物，然后与醛、酮反应得到烯基甲基醚类化合物，进而经水解、异构化得到增加一个碳原子的醛 (式 24)。

$$\underset{\text{Me}_3\text{Si}}{\overset{\text{Li}}{|}}\text{OMe} + \underset{R}{\overset{O}{||}}R^1 \longrightarrow \underset{R}{\overset{R^1}{\underset{\text{OCH}_3}{|}}}\overset{H}{|} \xrightarrow{\text{H}_3\text{O}^+} \underset{R}{\overset{R^1}{|}}\text{CHO} \quad (24)$$

然而，当他们用正丁基锂处理三甲基硅甲基甲醚后，得到的却是正丁基三甲基硅烷。改用叔丁基锂处理时，得到的却是硅甲基脱质子的金属锂化物。后来，Magnus 研究组发现[35]，如果使用仲丁基锂试剂，则可以得到预期的在亚甲基上脱质子的金属锂化物 (式 25)。用该锂化物与各种醛和酮反应，生成的 α-甲氧基-β-羟基硅烷可以被分离出来。如果在碱性条件下脱去三甲基硅氧基，即可得到相应的烯基甲基醚类化合物。如果将产物进一步在酸性条件下水解，便可得到相应的醛 (式 26)[36]。

$$\text{Me}_3\text{Si}\diagup\text{OMe} \begin{cases} \xrightarrow{n\text{-BuLi}} n\text{-C}_4\text{H}_9\text{SiMe}_3 \\ \xrightarrow{t\text{-BuLi}} \text{MeOCH}_2\text{SiMe}_2\text{CH}_2\text{Li} \\ \xrightarrow{s\text{-BuLi}} \underset{\text{Li}}{\overset{}{\text{MeOCHSiMe}_3}} \end{cases} \quad (25)$$

$$\text{Me}_3\text{Si}\diagup\text{OMe} + \overset{O}{\underset{}{\bigcirc}} \xrightarrow{s\text{-BuLi, THF, }-70\,^{\circ}\text{C}} \overset{\text{OH}\,\text{SiMe}_3}{\underset{\text{OMe}}{\bigcirc}}$$

$$\xrightarrow[>90\%]{\text{KH, THF}} \bigcirc\!\!=\!\!\text{OMe} \xrightarrow{\text{H}_3\text{O}^+} \bigcirc\!\!-\text{CHO} \quad (26)$$

Kende 研究组曾成功地将该方法用于天然产物 Warburganal 的关键中间体的合成 (式 27)[37]。他们还曾尝试使用其它的试剂 [例如：$\text{Ph}_3\text{P}=\text{CH}_2$, $(\text{EtO})_2\text{POCHOCH}_3$, $(\text{EtO})_2\text{POCHOCH}_2\text{CH}_2\text{OMe}$, $\text{Me}_3\text{SiCH}_2\text{Cl}$ 等] 来实现该相同的转化，但均没有得到满意的结果。

$$E:Z = 3:1 \qquad (27)$$

3.1.1.4.2 α-硅甲基硫醚及其衍生物

Carey 等发现[36]：在正丁基锂的存在下，三甲基硅甲基苯基硫醚可以定量地转化成相应的锂化物。如式 28 所示：该锂化物可以在温和的条件下与各种醛和酮反应，以良好的收率生成烯基苯基硫醚类化合物。

$$(28)$$

R	R^1	产率/%
Ph	H	71
Ph	Ph	82
CH$_3$	CH$_3$	50
(CH$_2$)$_5$		65
t-Bu	CH$_3$	55
CH=CH(CH$_2$)$_3$		75
		80

Katritzky 等发现[38]：由 2-巯基苯并噻唑与三甲基硅基氯甲烷反应制得的苯并噻唑-2-巯基三甲基硅基甲烷，在 LDA 的作用下也可形成相应锂试剂。如式 29 所示：该试剂与醛和酮反应首先形成 2-烯硫基苯并噻唑；然后，用不同的烷基锂试剂处理，可得到相应的烯基硫醚类化合物。

R = H, R^1 = p-MeC$_6$H$_4$, 98%
R = H, R^1 = n-Pr, 98%
R + R^1 = (CH$_2$)$_5$, 77%

$$(29)$$

与 α-硅甲基硫醚性质相似，α-硅甲基亚砜[39]和砜与醛和酮反应[40]可以形成相应的烯基亚砜和烯基砜。如式 30 和式 31 所示[39~43]：该反应的收率优良，反应产物还可以作为 Michael 加成反应的受体进一步发生一系列反应。

$$Me_3SiCH_2SOC_6H_5 + C_6H_5CHO \xrightarrow[87\%]{BuLi,\ THF} C_6H_5CH=CHSOC_6H_5 \quad (30)$$

$$Me_3SiCH_2SO_2C_6H_5 + C_6H_5CHO \xrightarrow[79\%]{BuLi,\ THF} C_6H_5CH=CHSO_2C_6H_5 \quad (31)$$

3.1.1.4.3 三甲基硅甲基磷酸酯类化合物[36,44]

氯甲基三甲基硅烷与亚磷酸三乙酯通过 Arbusov 反应可以方便地制得三甲基硅甲基磷酸二乙酯。如式 32 所示：该磷酸酯在丁基锂的作用下形成的锂试剂与各种醛和酮反应，以良好的产率生成烯基磷酸二乙酯类化合物。

$$Me_3Si\frown P(O)(OEt)_2 \xrightarrow{RCOR^1,\ BuLi,\ THF,\ rt} \quad (32)$$

R	R^1	产率/%
Ph	H	63
Ph	Ph	83
CH$_3$	CH$_3$	55
(CH$_2$)$_5$		65
H	(CH$_3$)$_2$CH	92

实验结果显示：使用芳香醛底物生成的是反式烯烃，使用脂肪醛底物生成的是以顺式为主的混合烯烃。例如：使用异丁醛底物得到的顺、反式产物的比例为 2.4:1。当使用环己酮底物反应时，首先生成的环外双键产物随时间的延长可逐渐转化成环内双键产物 (式 33)。

$$ \quad (33)$$

3.1.1.4.4 三甲基硅甲基硼酸酯

Matteson 研究组发现[45,46]：在四氢呋喃和 0 ℃ 下，三甲基硅甲基硼酸频哪醇酯经 2,2,6,6-四甲基哌啶锂和四甲基乙二胺处理可以得到三甲基硅甲基硼酸酯的碳负离子溶液。如式 34 所示：在该溶液中加入各种醛或酮即可形成 β-羟基硅烷衍生物。然后，消除三甲基硅醇得到以顺式产物为主的烯基硼酸酯。

烯基硼酸酯结构在一些药物结构中经常出现，也可以作为金属催化的偶联反应的中间体。进一步的研究发现：烯基硼酸酯类化合物在碱性条件下用过氧化氢溶液处理，同样可以得到相应的醛类化合物（式 35）[47]。

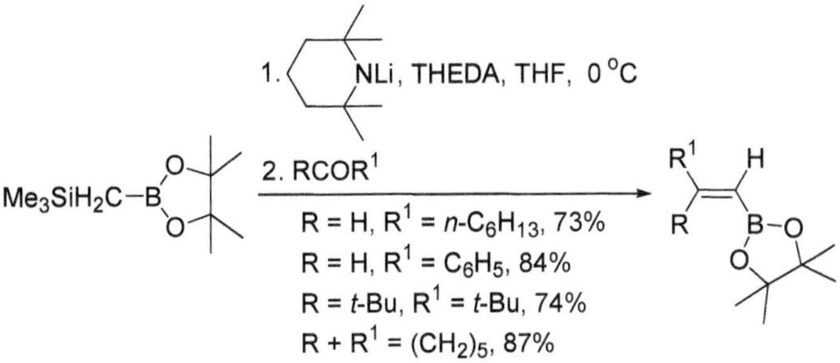
1. NLi, THEDA, THF, 0 °C
2. RCOR^1
Me$_3$SiH$_2$C—B
R = H, R^1 = n-C$_6$H$_{13}$, 73%
R = H, R^1 = C$_6$H$_5$, 84%
R = t-Bu, R^1 = t-Bu, 74%
R + R^1 = (CH$_2$)$_5$, 87%

(34)

$$Mes_2BCH_2Si(CH_3)_3 + C_6H_5CHO \xrightarrow[95\%]{1.\ MesLi;\ 2.\ H_2O_2,\ NaOH} C_6H_5CH_2CHO \quad (35)$$

三甲基硅甲基硼酸频哪醇酯可经过两步反应来制备：首先由三甲基硅甲基氯化镁与硼酸三甲酯反应生成三甲基硅甲基硼酸，然后再与频哪醇发生酯化反应[48]。

研究还发现[49]：烯丙基三甲基硅烷的锂化物与硼酸甲酯反应主要形成三甲基硅基烯丙基硼酸酯。如式 36 所示：该硼酸酯不需要碱的作用即可与醛和酮发生亲核加成反应；加成产物脱去硼酸后得到相应的 α-乙烯基取代的 β-羟基硅烷衍生物；再经进一步消去三甲基硅醇得到共轭二烯。

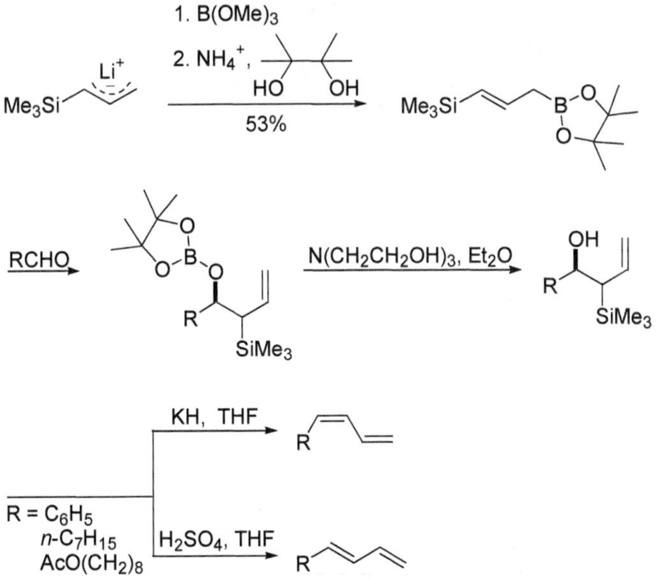
1. B(OMe)$_3$
2. NH$_4^+$, HO OH
53%
Me$_3$Si
Li$^+$
RCHO
N(CH$_2$CH$_2$OH)$_3$, Et$_2$O
SiMe$_3$
KH, THF
H$_2$SO$_4$, THF
R = C$_6$H$_5$
n-C$_7$H$_{15}$
AcO(CH$_2$)$_8$

(36)

3.1.1.5 双官能团活化的三烷基硅基甲烷衍生物

为了提高 α-三烷硅基碳负离子的亲核活性和得到多官能化的烯烃，常常使用双官能团活化的三烷基硅基甲烷衍生物来制备 α-三烷硅基碳负离子。

3.1.1.5.1 α-三烷硅基苄基芳基砜[50]

在碱性条件下，苄基芳基砜与三甲基氯硅烷反应可制得 α-三烷硅基苄基芳基砜。该试剂在碱性条件下与醛和酮反应形成相应的烯基砜。砜基在二(三甲硅基)氨基锂作用下很容易被脱除得到二芳基乙炔类化合物 (式 37)。该反应为不对称二芳炔的制备提供了一种很好的方法。

$$\text{(37)}$$

3.1.1.5.2 α-氟-α-硅基甲基砜[51]

在碱性条件下，苯基氟甲基砜与三丁基氯硅烷反应可以方便地制得 α-氟-α-硅基甲基砜。该试剂在丁基锂的作用下与醛和酮反应，得到砜基和氟在同一碳原子上取代的烯烃，主要得到中等收率的 E-式产物 (式 38)。砜基在钠汞齐和磷酸氢钠存在下可以脱除，形成氟代烯烃 (式 39)。

$$\text{(38)}$$

RCHO	产率/%	E/Z
PhCHO	52	3.3/1
i-PrCHO	41	4/1
BnOCH$_2$CH$_2$CHO	42	3.5/1
CH$_3$CH$_2$CH$_2$CHO	48	7/1
CH$_3$(CH$_2$)$_6$CHO	44	5/1
PhCH$_2$CH$_2$CHO	52	9/1
2-Furaldehyde	36	20/1

$$(39)$$

3.1.1.5.3　氨基甲酸-α-硅基苄酯[52,53]

氨基碳酸酯类化合物具有广泛的生物活性，但氨基碳酸烯酯的制备却比较困难。Emslie 研究组发现：氨基碳酸苄酯与三丁基氯硅烷反应可生成氨基甲酸-α-硅基苄酯。该苄酯可与醛和酮反应以良好的收率得到相应的氨基甲酸烯酯，主要是 Z-构型产物。实验结果表明：该反应使用叔丁基锂作为碱和乙醚作为溶剂可以达到最好的效果 (式 40)。

$$(40)$$

Am = CONEt$_2$

R^{1}COR^2	产率/%	E/Z	R^{1}COR^2	产率/%	E/Z
	76	7/93		65	23/77
	73	4/96		78	11/89
	80	20/80		70	17/83
	82	9/91	PhCOPh	82	

3.1.1.5.4　α-氟代乙酸酯

Welch 等发现[54]：在 LDA 的作用下，α-氟-α-三甲基硅基乙酸-2,4,6-三甲基苯酯可与醛发生 Peterson 成烯反应，高立体选择性地得到 (Z)-α-氟代-α,β-不饱和酸酯 (式 41)。但是，该方法对于芳酮或芳基烷基酮底物的立体选择性比较低。

$$
\text{(41)}
$$

R = 4-MeOC$_6$H$_4$, 90%, E:Z = 1:32
R = Furyl, 40%, E:Z = 1:50

3.1.1.5.5 α-氟-α-三甲基硅甲基磷酸酯[55]

亚磷酸三乙酯与三溴氟甲烷反应,可以得到二溴氟甲基磷酸二乙酯。在二倍当量的丁基锂存在下,它们可以与三甲基氯硅烷反应形成 α-氟-α-三甲基硅甲基磷酸酯的锂化物。有趣的是:该试剂在碱性条件下与醛反应主要生成 (E)-α-氟烯基磷酸酯,与酮反应则主要生成 (Z)-α-氟烯基磷酸酯 (式 42)。

$$
\text{(42)}
$$

R^{1}R^{2}CO	产率/%	E/Z	R^{1}R^{2}CO	产率/%	E/Z
C$_6$H$_5$CH$_2$CH$_2$CHO	85	49/51	4-Br-C$_6$H$_4$COMe	90	24/76
(CH$_3$)$_3$CCHO	77	36/64	Me$_2$CHCOMe	39	40/60
C$_6$H$_5$CHO	82	74/26	(−)-Carvone	87	0/100
4-MeOC$_6$H$_4$CHO	91	70/30	Isophorone	84	0/100
	52	85/15		62	0/100
	92	80/20		80	24/76

3.1.1.5.6 α-三甲基硅基氨甲基磷酸酯[56]

如式 43 所示:在碱性条件下,氨甲基磷酸酯与三甲基氯硅烷反应生成 α-三甲基硅基氨甲基磷酸酯。该试剂可以与芳香醛和脂肪醛发生 Peterson 成烯反应,高收率和高选择性地生成 α-氨基乙烯基磷酸酯。α-氨基乙烯基磷酸酯在

48% 的 HBr 中水解则得到相应的羧酸。

$$(43)$$

RCHO	产率[①]/%	E/Z[①]	产率[②]/%
	87	100/0	90
	67	100/0	93
	80	100/0	95
	82	100/0	98
	80	100/0	97
	70	60/40	90

① 对应于 α-氨基乙烯基膦酸酯。
② 对应于羧酸。

3.1.1.6　反应条件的改进

3.1.1.6.1　CeCl₃ 作为添加剂

经典的 Peterson 成烯反应要求使用强碱性条件且立体选择性低，因此限制了该反应的推广和使用。1987 年，Johnson 和 Tait 研究发现[57]：将三甲基硅烷基锂试剂用稍多于等当量的无水三氯化铈处理，可能形成铈试剂 "RCeCl₂"。由于该试剂对醛和酮的亲核性明显增强，使得反应条件得到改善，收率和选择性显著提高。尤其是对于醛和酮的亚甲基化反应特别有效，即使在酯、酰胺和卤素存在下也不受影响 (式 44)。

$$(44)$$

羰基化合物	产率 /%				
	Method A	Method B	Method C	Method D	Method E
PhCOCH$_3$	78	93	84		
（1-四氢萘酮）	37	95		91	85
（2-四氢萘酮）	0	82	80		
（1-茚酮）	31	96		75	65
（2-茚酮）	6	83	87		86
（二苯并二环酮）	42	83	98		
（4-叔丁基环己酮, Bu-t）	78	91	94		96
n-C$_7$H$_{15}$CHO	56	86	93		61
MeO$_2$C(CH$_2$)$_5$CHO	36	72			

注：Method A: Me$_3$SiCH$_2$Li; Method B: Me$_3$SiCH$_2$Li, CeCl$_3$; Method C: aq. HF, CH$_3$CN; Method D: aq. HF, Py, CH$_3$CN; Method E: KH, THF。

3.1.1.6.2　CsF-DMSO 作为添加剂

Bellassoued 等发现[58]：用氟化铯替代烷基锂和 DMSO 作溶剂，Peterson 成烯反应可以在室温下高速度和高收率地完成 (式 45)。该方法中，溶剂的性质和氟负离子均起到重要的作用。

$$\text{(45)}$$

硅化试剂	RCHO	反应条件	产物	产率/%
H₂C—COOEt (SiMe₃)	C₆H₅CHO	rt, 35 min; 100 °C, 1 h	C₆H₅ CO₂Et	93
	C₆H₅ CHO	rt, 40 min; 100 °C, 0.5 h	C₆H₅ CO₂Et	65
	t-BuCHO	rt, 40 min; 120 °C, 2.5 h	t-Bu CO₂Et	65
H₂C—C=N-Bu-t (H, SiMe₃)	C₆H₅CHO	rt, 2 h; 60 °C, 0.5 h	C₆H₅ N-Bu-t	94
	furyl-CHO	rt, 30 min; 85 °C, 1 h	furyl N-Bu-t	78
Me₃Si—CH=N-Bu-t	C₆H₅CHO	rt, 1.5 h; 75 °C, 0.5 h	C₆H₅ N-Bu-t	89
	furyl-CHO	rt, 25 min; 50 °C, 1 h	furyl N-Bu-t	71

3.1.2　由 α-卤硅烷形成 α-硅烷基碳负离子

对于没有拉电子基活化、甚至带有推电子基团的 α-硅基烷烃来说，可以由相应的卤化物在金属镁或烷基锂作用下转化成相应的 α-硅烷基金属试剂[1]。如式 46 所示：三甲基硅基氯甲烷是一种商品化的试剂，以该试剂为起始原料可方便地制备端基烯烃类化合物。

$$R_3Si\diagdown Cl \xrightarrow{Mg, Et_2O} R_3Si\diagdown MgCl \quad\Bigg\} \xrightarrow{R^1COR^2} \underset{R^1}{\overset{R^2\ OH}{>}}\diagdown SiR_3 \longrightarrow \underset{R^1}{\overset{R^2}{>}}=CH_2 \quad (46)$$

$$R_3Si\diagdown Br \xrightarrow{BuLi, Et_2O} R_3Si\diagdown Li$$

但是，其它的 α-卤代烷基三烷基硅烷一直没有合适的制备方法。最近有人发现[5]：α-卤代烷基三烷基硅烷可以从 α-羟基硅烷方便地来制备。如式 47 所示：α-羟基硅烷可以通过 Hiyama 等方法制备[59,60]。在溶剂 HMPA 中和无水四丁基氟化铵催化剂的存在下，醛可以与六甲基二硅烷或四甲基二苯基二硅烷反应生成中等产率的 α-羟基硅烷。

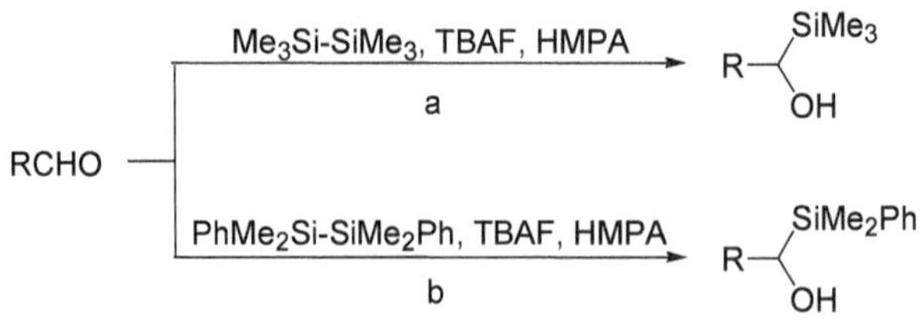

(47)

RCHO	产率/%	
	a	b
n-C10H21CHO	67	64
n-C8H17CHO		60
i-C3H7CHO		61
t-C4H9CHO	30	33
HCHO		38

如式 48 所示[61,62]：在三苯膦存在下，α-羟基硅烷可以方便地被转化成为不同类型的 α-卤代硅烷。例如：在四氯化碳中回流得到相应的 α-氯硅烷，而用四溴甲烷在 THF 中反应则得到相应的 α-溴硅烷[63]。在室温下，α-羟基硅烷在 DMF 中与甲基三苯氧膦碘化物反应得到相应的 α-碘硅烷。

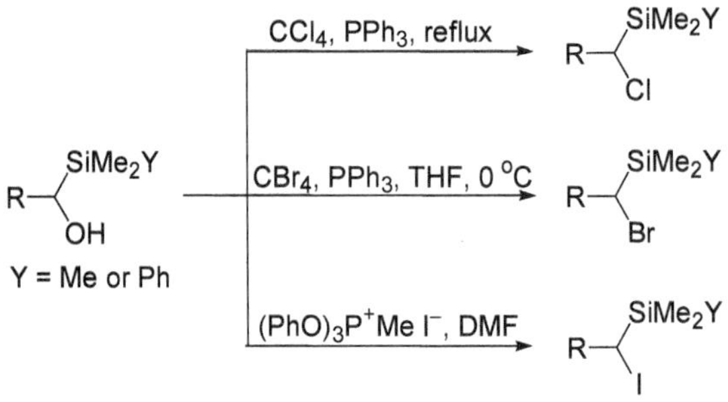

(48)

在 α-卤硅烷中，α-碘硅烷是最好的 α-硅基碳负离子前体。它可以非常有效地与烷基锂试剂发生交换反应形成 α-硅烷基锂试剂，进而与各种醛、酮反应生成相应的烯烃(式 49)[64]。

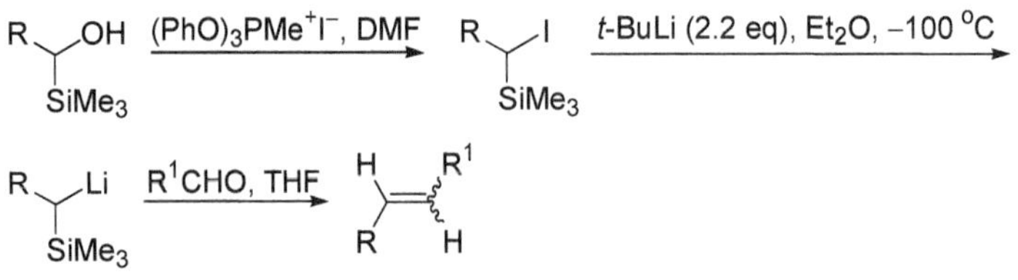

(49)

R	R^1	E/Z	产率/ %
$CH_3(CH_2)_4$	Ph	73/27	83
$Ph(CH_2)_2$	Ph	79/21	84
$CH_3(CH_2)_4$	$Ph(CH_2)_2$		71
$CH_3(CH_2)_4$	$t\text{-}BuPh_2SiO(CH_2)_4$		67

3.1.3 由烯基硅烷形成 α-硅烷基碳负离子

由烯基硅烷与烷基锂试剂发生双键加成反应是制备 α-硅烷基碳负离子的另一种有效方法。使用不同的烷基锂试剂可得到不同的 α-硅烷基锂化物，然后再与醛和酮反应得到相应的烯烃。在该方法中，使用三苯硅基乙烯时效果最好（式 50）[65]。

$$CH_2=CHSiPh_3 \xrightarrow{RLi} \underset{\underset{Li}{}}{RCH_2CHSiPh_3} \xrightarrow{R^1R^2CO} RCH_2CH=CR^1R^2 \qquad (50)$$

R	R^1	R^2	产率/%
$n\text{-}C_4H_9$	C_6H_5	H	50
C_6H_5	C_6H_5	H	40
$Me_2CHCH_2CH_2$	$CH_3(CH_2)_9$	H	69
$Me_2CH(CH_2)_2$	$CH_3(CH_2)_9$	H	50
$n\text{-}C_4H_9$	$Me_2C=CHCH_2$	CH_3	34

如式 51 所示：该方法已经成功地用于性激素 cis-2-甲基-7,8-环氧十八烷 (Disparlure) 的合成[65]。

$$(CH_3)_2CH(CH_2)_2CH_2Li \xrightarrow[\underset{50\%}{}]{\begin{array}{c}1.\ Ph_3SiCH=CH_2\\2.\ CH_3(CH_2)_9CHO\end{array}} (CH_3)_2CH(CH_2)_4CH=CH(CH_2)_9CH_3$$

$$\xrightarrow[\sim 100\%]{m\text{-}Cl\text{-}C_6H_4CO_3H} \underset{\text{Disparlure}}{(H_3C)_2HC(H_2C)_4 \overset{O}{\triangle} (CH_2)_9CH_3} \qquad (51)$$

Chan 研究组[66]报道了一种制备乙烯基硅烷的简便方法。如式 52 所示：在正丁基锂的存在下，苯磺酰腙与三甲基氯硅烷反应直接得到相应的乙烯基硅烷。该方法仅适用于酮腙。芳基酮腙可以得到良好的收率，但对脂肪酮腙只能得到较低的收率。

$$(52)$$

苯磺酰腙	乙烯基硅烷	产率/%
C6H5CCH3 (NNHSO2C6H5)	C6H5C=CH2 (SiMe3)	62
3,4-二氢萘-1(2H)-酮 NNHSO2C6H5	1-SiMe3-3,4-二氢萘	70
环己酮 NNHSO2C6H5	1-SiMe3-环己烯	48
C3H7—C(=NNHSO2C6H5)—C3H7	H、SiMe3,C2H5、C3H7 (烯基)	63

近年来,Kwan 研究组对烯基硅烷的合成方法也进行了比较深入的研究[67]。他们发现：非烯醇化的芳酮可以通过“一锅法”直接转化成烯基硅烷。如式 53 所示：三甲基硅基甲基锂与非烯醇化的芳酮首先发生加成反应；然后,依次加入三乙基氯化铝和少量水即可以优良的产率生成相应的烯基硅烷。但是,这种方法不适合于芳香醛底物。

$$\underset{R\ R^1}{C=O} \xrightarrow[\text{(1.2 eq), PhMe}]{\text{LiCH}_2\text{Si(CH}_3)_3} \underset{R\ R^1}{\text{LiO}}\text{—TMS} \xrightarrow[\text{2. aq. THF, reflux}]{\text{1. Et}_2\text{AlCl (1.4 eq)}} \underset{R\ R^1}{}\text{—TMS} \quad (53)$$

酮	产率/%	酮	产率/%
Ph—CO—Ph	86	(4-Cl-C6H4)2CO	79
二苯并环庚酮	76	Ph—CO—环丙基	78
		2,2-二甲基-1-茚满酮	81
(4-MeO-C6H4)2CO	83	(2-甲基苯基)—CO—(4-联苯基)	85

Kwan 等进一步研究发现[68]：如果将芳醛与三甲基硅基甲基锂的加成产物用等当量的 Tebbe's 试剂 (Cp2TiCH2-AlMe2Cl) 处理,则同样可以通过“一锅法”

以良好的收率得到相应的芳基取代的乙烯基硅烷 (式 54)。

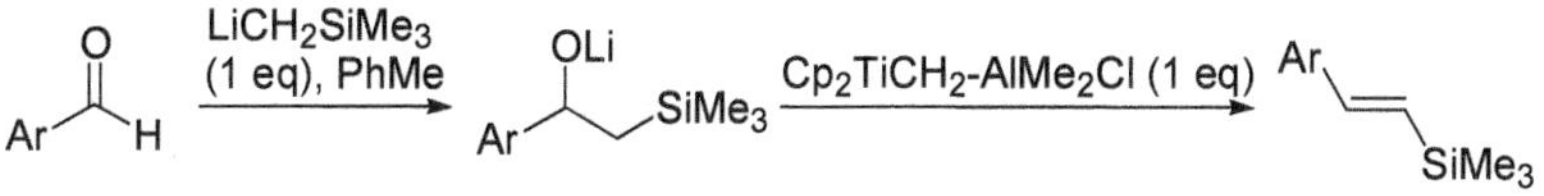

(54)

Ar	反应时间/h	产率/%	Ar	反应时间/h	产率/%
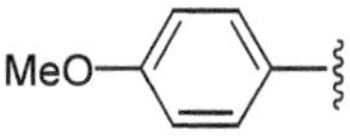 MeO—⟨ ⟩—	11.5	86	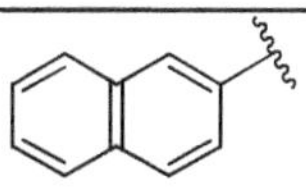 2-naphthyl	36	83
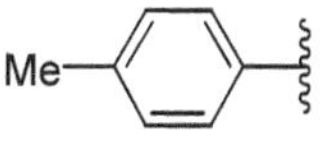 Me—⟨ ⟩—	17	58	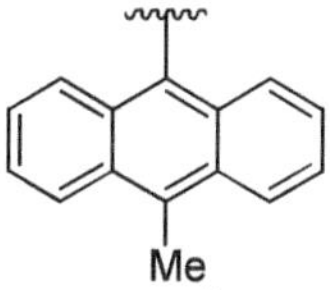 10-Me-anthracenyl	48	74
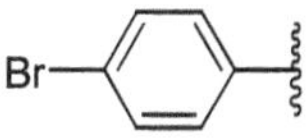 Br—⟨ ⟩—	48	44	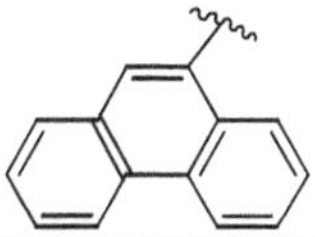 phenanthrenyl	36.5	82

最近，Yoshida 研究组报道了一种制备烯基硅烷的新方法[69]。该方法是利用二(2-吡啶基二甲基硅基)甲烷与各种醛、酮在正丁基锂作用下反应，可高收率、高立体选择性地得到 *E*-烯基硅烷类化合物 (式 55)。

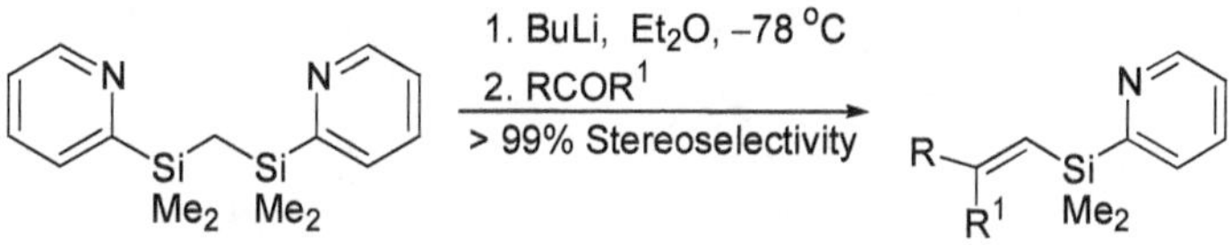

(55)

Carbonyl Comp.	产率/%	Carbonyl Comp.	产率/%
 Ph～～CHO	quant	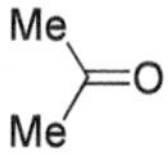 Me₂C=O	73
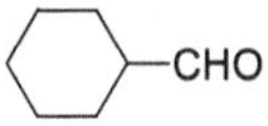 cyclohexyl-CHO	quant	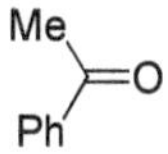 MeC(=O)Ph	50
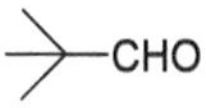 t-Bu-CHO	quant	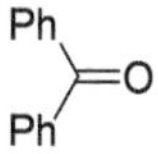 Ph₂C=O	84
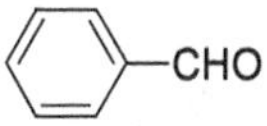 Ph-CHO	90	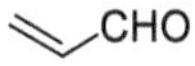 CH₂=CH-CHO	53
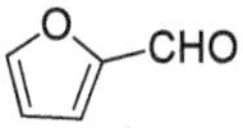 furyl-CHO	quant	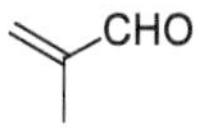 CH₂=C(Me)-CHO	quant
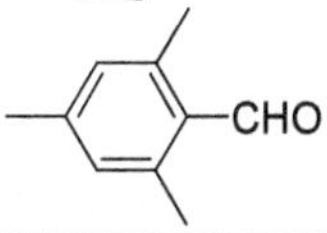 mesityl-CHO	94	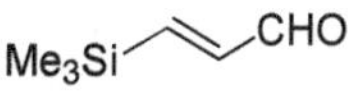 Me₃Si-CH=CH-CHO	51

3.1.4 由烯丙基硅烷碳负离子与醛酮的反应

烯丙基硅烷在碱的作用下，通常形成一个三原子共轭的负离子体系。在这种状态下，它们与羰基化合物反应时可发生 α-位进攻和 γ-位进攻两种方式。α-位进攻生成的是 β-羟基硅烷，脱去硅醇可得到 1,3-丁二烯类衍生物。γ-位进攻生成的是 δ-羟基烯基硅烷 (式 56)[70]。

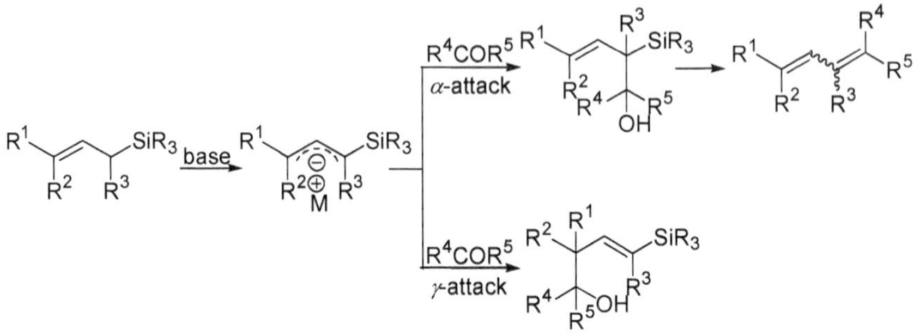

(56)

Chan 研究组发现[71]：在反应体系中加入溴化镁可以提高 α-位进攻的区域选择性 (式 57)。

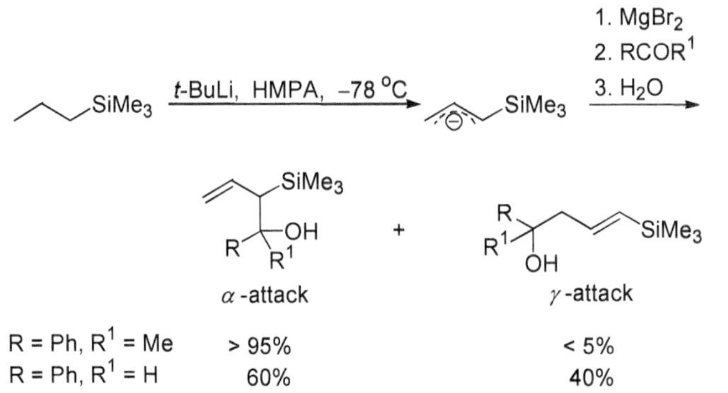

(57)

| R = Ph, R¹ = Me | > 95% | < 5% |
| R = Ph, R¹ = H | 60% | 40% |

Sato 等发现[72,73]：将烯丙基硅烷转变成钛配合物可以提高与醛反应的区域选择性和立体选择性。如式 58 所示：该反应可以高收率、高立体选择性地得到 α-烯基-β-羟基硅烷；然后，在碱性条件下立体选择性地脱除三甲基硅氧基得到端基二烯类化合物。

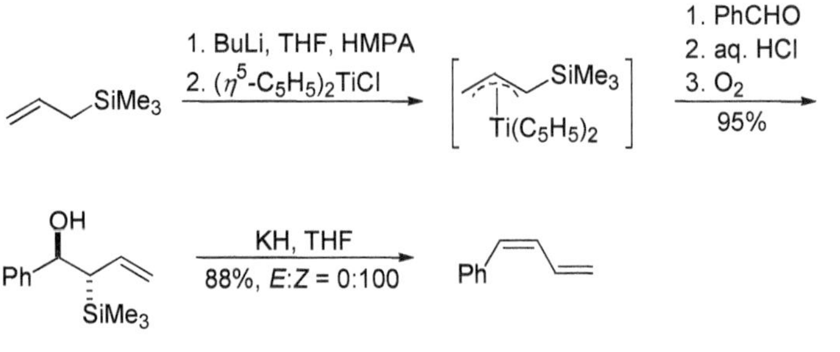

(58)

3.2 由 α-硅基酮立体选择性地制备 β-羟基硅烷

尽管通过 α-硅基碳负离子与醛、酮反应制备 β-羟基硅烷的方法很有效,但是立体选择性通常较低。如果由 α-硅基酮为原料,借助于酮羰基邻位不对称碳原子的潜手性影响,通过与亲核试剂反应或直接还原酮羰基为羟基,则可以立体选择性地制备 β-羟基硅烷[74]。

3.2.1 α-硅基酮与亲核试剂反应

α-硅基酮可以与 Grignard 试剂、有机锂试剂、二异丁基氢化铝试剂等发生亲核加成[75~77],按照 Cram 规则立体选择性地得到 β-羟基硅烷 (式 59)。

(59)

R	R^1	R^2	M	产率/%
CH$_3$	H	n-C$_4$H$_9$	Li	80
CH$_3$	H	n-C$_5$H$_{11}$	MgBr	84
n-C$_3$H$_7$	n-C$_5$H$_{11}$	CH$_3$	Li	80
n-C$_3$H$_7$	n-C$_3$H$_7$	H	Al(t-Bu)$_2$	90

如式 60 所示:利用这种方法可以高度立体选择性地得到二取代或者三取代的 E-型和 Z-型烯烃。

(60)

t-BuOK, 74%, Z:E = 9:91
AcOH-AcONa, 69%, Z:E = 88:12

虽然利用该方法可以高度立体选择性地得到 β-羟基硅烷,但是 α-硅基酮的制备一直没有有效的方法,因而限制了该方法在有机合成中的应用。1991 年,Barrett 等报道了一种制备 α-硅基酮的方便方法[64]。如式 61 所示:他们首先利用 α-碘代硅烷与烷基锂反应形成 α-硅基碳负离子;然后,在 CuBr-Me$_2$S 作用下再与酰氯反应得到相应的 α-硅基酮。

R	R^{1}M	Elim.	*E/Z*	产率/%
Me	BuLi	TFA	94/6	59
Me	BuLi	KH	5/95	57
Me	BuMgBr	TFA	93/7	56
Me	PhLi	TFA	67/33	47
Ph(CH$_2$)$_2$	MeLi	TFA	9/91	57
Me	t-BuPh$_2$SiO-(CH$_2$)$_5$Li	TFA	93/7	53

3.2.2 α-硅基酮的不对称还原

如果将 α-硅基酮直接还原，也可以立体选择性地得到 β-羟基硅烷。然后，在不同的条件下脱去硅醇即可立体选择性地得到二取代的 *Z*- 和 *E*-烯烃[64]。如式 62 所示：该方法已经成功地用于天然产物 1-乙酰化的 4-(*E*),8-(*Z*)-1-十四碳醇的合成。

3.3 α,β-环氧硅烷经亲核开环制备 β-羟基硅烷

α,β-环氧硅烷可与烷基金属试剂发生亲核开环反应，得到相应的 β-羟基硅烷，进而脱去硅醇形成各种官能化的烯烃 (式 63)[78~81]。

$$\text{(63)}$$

如式 64 所示[82]：1-三甲基硅基-1-正己基环氧乙烷与乙基溴化镁反应，形成相应的 β-羟基硅烷。然后，用酸处理得到反式烯烃，用碱处理得到顺式烯烃。

$$\text{(64)}$$

α,β-环氧硅烷不但可以与金属试剂发生开环反应，同样还可以与其它亲核试剂发生开环反应。如式 65 所示：用醇作为开环试剂，在酸性条件下可以立体选择性地生成烷氧基取代的 β-羟基硅烷，进而在碱性条件下脱去硅醇得到烯醚类化合物。如果在酸性的甲醇-水溶液中开环，则直接发生烷氧键断裂，经重排得到相应的酮类化合物 (式 66)[83]。

$$\text{(65)}$$

$$\text{(66)}$$

α,β-环氧硅烷通常可以通过 α-烯基硅烷在过氧酸作用下发生的环氧化反应来制备，而且该反应具有高度的立体选择性。α,β-环氧硅烷可以通过控制反应条件来实现预期的立体选择性开环 (式 67)[78]。

$$\text{(67)}$$

Conditions A: KH, THF, rt, 1 h
Conditions B: BF$_3$·Et$_2$O, CH$_2$Cl$_2$, 0 °C, 1 h

α,β-环氧硅烷也可以由 α-氯代硅烷制备。如式 68 所示[84]：首先，α-氯代硅烷在烷基锂试剂作用下形成相应的 α-氯代-α-硅基碳负离子，进而再与醛或酮反应，分子内合环生成 α,β-环氧硅烷。该方法具有反应收率高和适用范围广等优点。

$$(68)$$

R^{1}R^{2}CO	环氧硅烷	产率/%
PhCHO		≥ 95
PrCHO		R = H, ≥ 75 R = Me, 53
Ph$_2$CO		R = H, ≥ 95 R = Me, 78
		R = H, ≥ 95 R = Me, 82
		≥ 80

3.4 β-硅基环酮经 Baeyer-Villiger 氧化、水解制备 β-羟基硅烷

1981 年，Hudrlik 研究组报道了一种由 β-硅基环酮制备 β-羟基硅烷的新方法[85]。如式 69 所示：首先，β-硅基环酮经 Baeyer-Villiger 氧化形成相应的内酯；然后，经水解得到 β-羟基硅烷的羧酸衍生物；最后，该羧酸衍生物脱去硅醇得到含烯键的羧酸。当 R = Me 时，过氧酸氧化得到的是一种非正常的内酯，他们是由正常的内酯经开环和硅基的 1,2-迁移形成的。然而，这种非正常的内酯经开环、脱硅醇后与正常内酯得到的最终产物是一样的。

$$(69)$$

4　Peterson 成烯反应的扩展

1990 年，Palomo 研究组发现[86]：在氟离子催化下，二(三甲基硅基)甲基衍生物可与羰基化合物顺利反应生成相应的烯烃。尤其是与那些不能烯醇化的羰基化合物反应效果非常好，且具有很高的立体选择性 (式 70)。

$$\underset{R^2}{\overset{R^1}{>}}C=O \;+\; \underset{Me_3Si}{\overset{Me_3Si}{>}}\underset{R^4}{\overset{R^3}{C<}} \xrightarrow[\text{CH}_2\text{Cl}_2 \text{ or THF, rt}]{\text{TASF or TBAF}} \underset{R^2}{\overset{R^1}{>}}C=C\underset{R^4}{\overset{R^3}{<}} \tag{70}$$

羰基化合物	硅基化合物		烯烃	
	R^3	R^4	产率/%	E/Z
C_6H_5CHO	Ph	H	92	50/50
	CN	H	92	50/50
	P(O)(OEt)$_2$	H	60	84/16
	OMe	SPh	92	50/50
	SiMe$_3$	H	94	72/28
4-Me-C_6H_5CHO	Ph	H	82	50/50
	CO$_2$Bu-t	H	96	100/0
	CN	H	81	80/20
	P(O)(OEt)$_2$	H	65	85/15
	SPh	H	92	50/50
	SO$_2$Ph	H	86	100/0
$C_6H_5CH=CHCHO$	Ph	H	87	70/30
	CO$_2$Bu-t	H	90	100/0
	CN	H	72	100/0
	SPh	H	86	100/0
Me$_3$CCHO	Ph	H	50	100/0
	CO$_2$Bu-t	H	78	100/0
	CN	H	88	100/0
	P(O)(OEt)$_2$	H	62	50/50
Ph$_2$CO	CO$_2$Bu-t	H	94	
	CN	H	88	
	SPh	H	89	
	SO$_2$Ph	H	72	
PhCOMe	CN	H	40	100/0
	SPh	H	62	50/50
	SO$_2$Ph	H	70	100/0
环己酮	CN	H	71	
	SPh	H	43	
	SO$_2$Ph	H	70	

显然，该反应可以看作是对 Peterson 成烯反应的一种扩展。与经典的 Peterson 成烯反应相比，该反应条件温和，几乎是在中性条件下完成的，特别适用于那些含有对酸、碱敏感的反应底物 (例如：卤素、烷氧基、烷氧羰基和酯基等)。常用的氟离子源主要是(二甲氨基)锍盐的三甲基硅基二氟化物(TASF) [Tris (dimethylamino)-sulfoniumdifluorotrimethylsiliconate] 和四丁基氟化铵 (TBAF)。

该方法可能的反应机理如图 3 所示：在氟离子的作用下，二(三甲基硅基)甲基衍生物首先脱去三甲基氟硅烷得到 α-硅基碳负离子；然后，与羰基化合物反应形成 β-羟基硅烷；最后，脱去三甲基硅醇得到相应的烯烃。由于三甲基硅醇负离子可以与三甲基氟硅烷反应形成二(三甲基硅基)醚和释放出氟离子，因此它们可以再次进入循环反应。

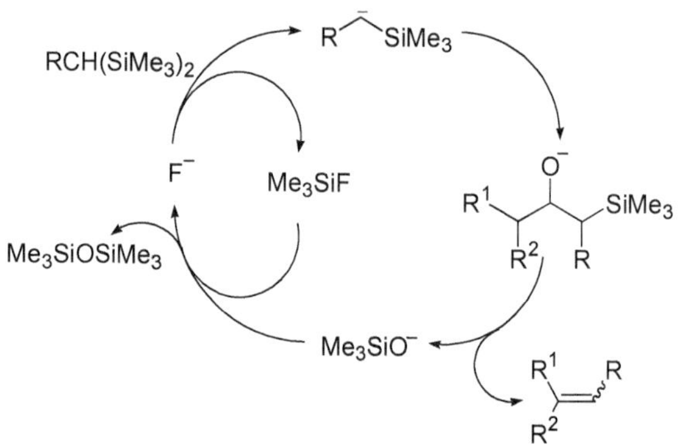

图 3   二(三甲基硅基)甲基衍生物与羰基化合物反应生成烯烃的反应机理

5   Peterson 成烯反应在有机合成中的应用

5.1   3-亚甲基吲哚的合成[87]

3-亚甲基吲哚是植物体内 3-吲哚乙酸被植物氧化酶氧化代谢的产物，具有多种生物活性，近年来还发现具有抗肿瘤作用。以吲哚满二酮为原料，通过 Peterson 成烯合成法可以方便地制得 3-亚甲基吲哚及衍生物 (式 71)。而用其它方法，包括使用 Wittig 反应的方法，都不能有效地合成该化合物。

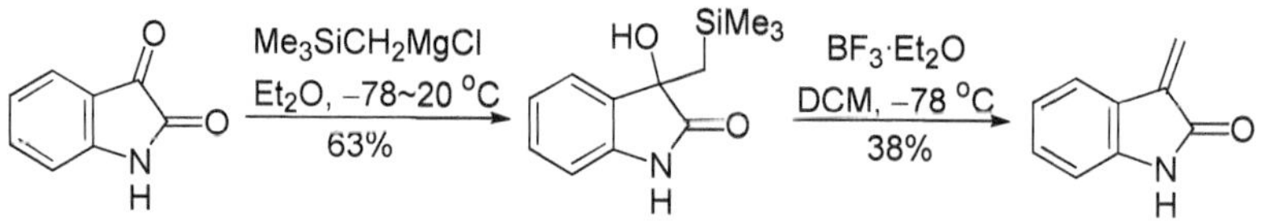

(71)

5.2 (+)-Discodermolide 关键中间体的合成

1999 年，Gunasekera 等[88]从深海的海绵动物体内分离出一种结构新颖的多烯化合物 (+)-Discodermolide，其抗肿瘤活性与紫杉醇 (Taxol) 相当[89]。因此，关于该化合物的全合成受到了人们的高度重视。2004 年，Mickel 研究组报道了一种公斤级规模合成 (+)-Discodermolide 的方法[90]。在该方法中，其关键中间体的制备就是利用 Peterson 成烯反应完成的。如式 72 所示：首先，在 CrCl₃ 存在下，相应的醛与 α-溴代烯丙基硅烷反应生成对应的 β-羟基硅烷；然后，在氢氧化钾作用下，脱去三甲基硅醇选择性地形成顺式烯键。两步反应经"一锅法"完成，收率高达 81%。

(72)

5.3   (+)-Crocacin D 的全合成

(+)-Crocacin D 是从 *C. pediculatus* 的 *Myxobacterial* 菌株中分离得到的一种天然产物，具有广泛的生物活性。其结构中含有四个立体构型确定的碳碳双键，全合成难度较大。如式 73 所示[91]：在 Chakraborty 等首次报道的全合成路线中，该分子中的顺式烯胺键就是通过 Peterson 成烯反应形成的。首先是对应烯基硅烷经环氧化形成三甲硅基环氧化物；然后，再与叠氮化物发生亲核开环反应形成对应的 α-叠氮-β-羟基硅烷；最后，脱去三甲硅醇形成顺式烯胺键。

$$(73)$$

(+)-Crocacin D

5.4 (−)-Lancifolol 的全合成

植物 *Apiaceae* 和 *Apiaceae* 的根一直作为药物用来治疗百日咳等疾病，(−)-Lancifolol 是从这些植物根部分离得到的一种非规则的倍半萜醇类化合物。如式 74 所示[92]：Monti 等最先立体选择性地完成了该天然产物的全合成。在他们报道的合成路线中，曾尝试用 Wittig 反应将环戊酮转变成环外双键环戊烷，但没有成功。最后，通过 Peterson 成烯反应顺利地完成了该转变。在二环己基氨基锂存在下，以四氢呋喃为溶剂，中间体环戊酮衍生物与三甲基硅基乙酸乙酯反应，以 82% 产率高度立体选择性 (*Z/E* = 93/7) 地得到了具有环外双键的环戊烷骨架结构。

$$(74)$$

5.5 (±)-Phomactin B2 的全合成

(±)-Phomactin B2 是从海洋真菌 *Phoma* sp. 中分离得到的一种大环天然产

物，是一种结构新颖的血小板活化因子拮抗剂。Wulff 研究组[93]最近报道了一条有关 (±)-Phomactin B2 全合成的新路线，其关键中间体的环外亚甲基化就是通过 Peterson 成烯反应实现的 (式 75)。

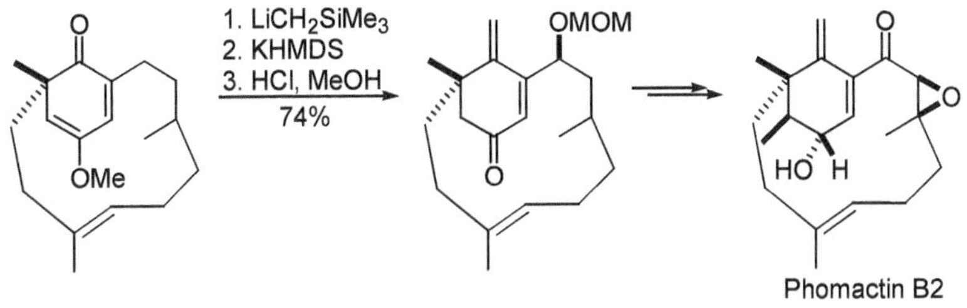

$$\text{(75)}$$

Phomactin B2

5.6 补骨脂甲素的立体选择性合成

补骨脂甲素 (Corylifolin) 是一种混源萜类化合物，对 DNA 的多聚酶具有抑制作用，乙烯基取代的季碳是该化合物的结构特征。在补骨脂甲素的合成中，反式苯乙烯结构单元就是由相应的 α-苯硫基三甲基硅烷与芳醛发生 Peterson 成烯反应形成的 (式 76)[94]。其中，TMSD 为 trimethyl silyl diazomathane，LDMDAN 为 lithium 1-(dimethylamino)naphthalenide。

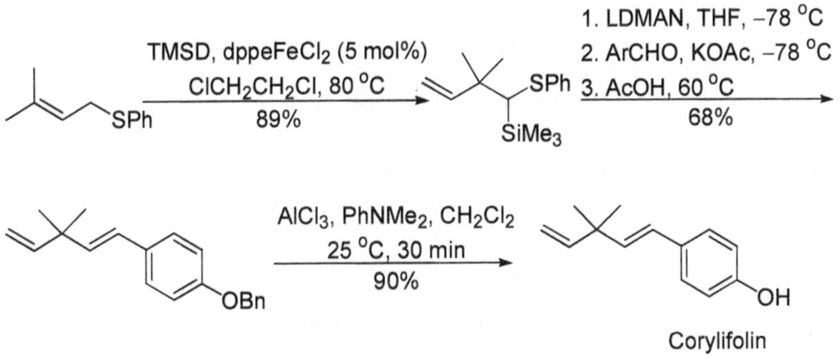

$$\text{(76)}$$

Corylifolin

6 Peterson 成烯反应实例

例 一

亚环己基乙酸叔丁酯的合成[95]
(酯基活化的 α-硅烷的 Peterson 成烯反应)

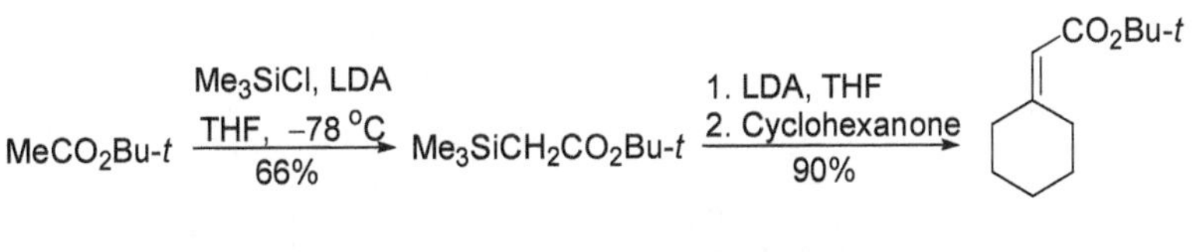

$$\text{(77)}$$

(1) 三甲基硅基乙酸叔丁酯的合成 在 -78 ℃ 下，将乙酸叔丁酯 (32.95 mL, 28.4 g, 0.245 mol) 的 THF (40 mL) 溶液滴加到二异丙基氨基锂 (0.25 mol) 的 THF (400 mL) 溶液中，滴加时间不少于 30 min。形成的混合物在此温度下继续搅拌 1 h 后，加入三甲基氯硅烷 (26.1 g, 0.24 mol)，使反应体系自然升至室温并继续搅拌 12 h。然后，将反应液倾入饱和的氯化铵水溶液 (50 mL) 中，用乙醚萃取 (3 × 100 mL)。合并有机相，并用饱和氯化钠溶液 (75 mL) 洗涤和无水硫酸钠干燥。干燥后的有机相先减压蒸去溶剂，残留物经减压蒸馏得到三甲基硅基乙酸叔丁酯 (29.7 g, 66%)，bp 67 ℃/13 mmHg。

(2) 亚环己基乙酸叔丁酯的合成 在 0 ℃ 下，将二异丙胺 (3.6 mL, 25 mmol) 加入到正丁基锂的己烷溶液 (12.5 mL, 25 mmol) 中，加入时间不少于 2 min。然后减压蒸去己烷，剩余物用 THF (25 mL) 稀释。将该溶液冷却到 -78 ℃ 后，在不少于 2 min 的时间内将三甲基硅基乙酸叔丁酯 (5.5 mL, 25 mmol) 滴加入其中。生成的混合物继续搅拌 10 min 后，加入环己酮 (2.6 mL, 25 mmol)。然后，让反应体系自然升至室温，并加入盐酸溶液 (3 mol/L, 25 mL)。形成的混合物用戊烷萃取，合并的有机相经减压蒸馏得到产物 (4.5 g, 90%)，bp 121~123 ℃/16 mmHg。

例 二

1,1-二苯基-2-(2-吡啶基)乙烯的合成[30]

(芳基活化的 α-硅烷的 Peterson 成烯反应)

$$(78)$$

在 -75 ℃ 下，将正丁基锂的己烷溶液 (15%, 13.0 g, 0.03 mol) 加入到二异丙胺 (0.03 mol) 的 THF (54 mL) 溶液中。然后，在不少于 5 min 的时间内加入 2-(三甲基硅甲基)吡啶 (5.0 g, 0.03 mol)，并在此温度下反应 10 min。接着，加入二苯甲酮 (8.2 g, 0.045 mol) 的 THF 溶液，在 -75 ℃ 下继续搅拌 1 h，自然升至室温再反应 2 h 以上。向反应体系中加入水 (60 mL)，用乙醚萃取。合并的有机相经干燥后蒸去溶剂，残留物用己烷重结晶得到产物 (5.4 g, 70%)，mp 118~118.9 ℃。

例 三

2-亚环己基丙醛的合成[32]

(α-硅基亚胺的 Peterson 成烯反应)

$$(79)$$

(1) α-三甲基硅基丙醛叔丁基亚胺   在 0 °C 和氩气保护下，将丙醛叔丁基亚胺 (7.23 mL, 63.8 mmol) 加入到二异丙基氨基锂 (66.0 mmol) 的 THF (100 mL) 溶液中。然后，向反应体系中加入三甲基氯硅烷 (8.12 mL, 64.9 mmol) 的 THF 溶液，并在此温度下反应 3.5 h 以上。将反应液倾入水 (150 mL) 中，用乙醚萃取。合并的有机相用饱和食盐水洗涤和无水碳酸钾干燥后蒸去溶剂，残留物经减压蒸馏得到产物 (8.5 g, 73%)，bp 175~178 °C。

(2) 2-亚环己基丙醛   在氩气保护下，将 α-三甲基硅基丙醛叔丁基亚胺 (493 mg, 2.5 mmol) 加入到二异丙基氨基锂 (2.60 mmol) 的 THF (9 mL) 溶液中，并在此温度下反应 15 min。然后，将反应温度降到 –78 °C，向反应体系中加入环己酮 (0.26 mL, 2.50 mmol)。升温至 –20 °C 反应 2.5 h 后，向反应体系中加入水 (3 mL) 终止反应。用固体草酸将反应体系调节至 pH = 4.5，并继续搅拌 30 min 后倾入到饱和食盐水 (10 mL) 中。生成的混合物用乙醚萃取，合并的有机相用饱和碳酸氢钠溶液洗涤，无水碳酸钾干燥后蒸去溶剂，残留物经减压蒸馏得到产物 (310 mg, 90%)，bp 80~85 °C (bath)/0.07 mmHg。

例 四

苯乙烯基苯硫醚的合成[36]
(杂原子活化的 α-硅烷的 Peterson 成烯反应)

$$\text{Me}_3\text{SiCH}_2\text{SPh} \quad + \quad \text{PhCHO} \quad \xrightarrow[71\%]{\text{BuLi, THF, 0 °C}} \quad \underset{\text{H}}{\overset{\text{Ph}}{\diagdown}}\text{C}=\text{C}\underset{\text{SPh}}{\overset{\text{H}}{\diagup}} \qquad (80)$$

在 0 °C 下，将正丁基锂的己烷溶液 (20 mmol) 加入到苯基(三甲基硅甲基)硫醚 (3.92 g, 20 mmol) 的 THF (10 mL) 溶液中。在此温度下搅拌 15 min 后，向反应体系中加入苯甲醛 (2.12 g, 20 mmol) 的 THF (5 mL) 溶液。然后，先在 0 °C 下反应 15 min，再在 25 °C 下反应 15 min。接着，向反应体系中加入饱和食盐水 (15 mL)。生成的混合物用乙醚 (2 × 10 mL) 萃取，合并的有机相经无水硫酸镁干燥后，减压蒸馏得到产物 (3.00 g, 71%, *cis:trans* = 2:1)，bp 154 °C/0.8 mmHg。

例 五

1-氟-1-苯磺酰基-2-(2-呋喃基)乙烯的合成[51]
(双官能团活化的 α-硅烷的 Peterson 成烯反应)

$$\text{F}\diagup\text{SO}_2\text{Ph} \quad \xrightarrow[36\%,\ E:Z\ =\ 20:1]{\begin{array}{l}1.\ \text{BuLi (2 eq), THF, } -78\,^{\circ}\text{C}\\ 2.\ \text{TBSCl}\\ 3.\ \text{Furfural}\end{array}} \quad \text{PhO}_2\text{S}\diagup\overset{\text{F}}{\diagup}\diagdown\text{O} \qquad (81)$$

在 −78 °C 和氩气保护下,将正丁基锂的己烷溶液 (1.55 mol/L, 1.4 mL, 2.1 mmol) 加入到氟甲基苯基砜 (1.0 mmol) 的 THF (2 mL) 溶液中。在此温度下搅拌 30 min 后,向反应体系中滴加叔丁基二甲基氯硅烷 (151 mg, 1.0 mmol) 的 THF (1 mL) 溶液。继续在此温度下搅拌 1 h 后,缓慢加入 2-呋喃甲醛 (1.0 mmol) 的 THF (1 mL) 溶液。然后,让反应体系自然升到室温并搅拌 12 h。将 pH = 7.0 的磷酸盐缓冲溶液加入反应体系中,分出有机相。水相用乙醚萃取,合并的有机相用无水硫酸镁干燥,减压蒸去溶剂,残留物经柱色谱 (乙酸乙酯:己烷 = 1:9) 分离纯化得到产物 (80.8 mg, 36%),*E*:*Z* = 20:1。

例 六

肉桂酸乙酯的合成[58]

(改进的 Peterson 成烯反应)

$$\text{Me}_3\text{SiCH}_2\text{CO}_2\text{Et} \ + \ \text{C}_6\text{H}_5\text{CHO} \ \xrightarrow[\text{93\%}]{\text{CsF, DMSO}} \ \text{C}_6\text{H}_5 \diagup\!\!\!\diagdown\!\!\!\diagup\text{CO}_2\text{Et} \qquad (82)$$

在室温和氮气保护下,将三甲基硅基乙酸乙酯 (1.6 g, 10 mmol) 的 DMSO (2 mL) 溶液加入到含有催化剂 CsF (0.15 g, 1 mmol)、DMSO (2 mL) 和苯甲醛 (0.9 g, 8.5 mmol) 的混合物中,时间不少于 5 min。反应体系先在室温下搅拌 35 min,再在 100 °C 下反应 1 h。然后,用乙醚 (50 mL) 稀释。生成的混合物经水洗和无水硫酸镁干燥后,经减压蒸馏得到产物 (1.39 g, 93%)。

例 七

1,4-二苯基-1-丁烯的合成[64]

(α-卤代硅烷的 Peterson 成烯反应)

$$\begin{array}{c}\underset{\text{BnCH}_2}{\overset{\text{I}}{\diagup}}\!\!\!\underset{\text{SiMe}_3}{} + \text{PhCHO} \xrightarrow[\quad 84\% \quad]{\begin{array}{l}1. \ t\text{-BuLi (2.2 eq), Et}_2\text{O, }-100\,^{\circ}\text{C}\\ 2. \ \text{TFA}\end{array}} \ \underset{\text{BnCH}_2\quad\ \text{H}}{\overset{\text{H}\qquad\text{Ph}}{\diagup\!\!\!\diagdown}} \end{array} \qquad (83)$$

在 −100 °C 下,先将正丁基锂的戊烷溶液 (1.7 mol/L, 3.88 mL, 2.2 mmol) 加入到乙醚 (10 mL) 中。然后,缓慢滴加 1-碘代-3-苯丙基三甲基硅烷 (3 mmol) 的乙醚 (1 mL) 溶液。接着,在 −78 °C 下加入苯甲醛 (2 mmol) 和乙醚 (1 mL)。生成的混合物在此温度下反应 30 min 后,加入三氟乙酸 (2 mmol),并缓慢升至室温反应 1 h。反应体系用乙醚 (75 mL) 稀释,并依次用饱和氯化铵水溶液 (3 × 15 mL) 和饱和碳酸氢钠水溶液 (3 × 20 mL) 洗涤。经无水硫酸镁干燥后减压蒸去溶剂，粗产物经柱色谱 (硅胶，己烷) 纯化得产物 (334 mg，84%, $E:Z$ = 79:21)。

例 八

1-苯基-1-庚烯的合成[65]

(烯基硅烷的 Peterson 成烯反应)

$$CH_2=CHSiPh_3 \ + \ PhCHO \ \xrightarrow[46\%]{BuLi, Et_2O} \ BuCH_2CH=CHPh \tag{84}$$

在室温搅拌下，将三苯基乙烯基硅烷 (1.43 g, 5 mmol) 的乙醚 (50 mL) 溶液滴加到正丁基锂的乙醚溶液 (2.2 mL, 5 mmol) 中，时间不少于 1.75 h。形成的反应液继续搅拌 5 min 后，再向反应液中加入苯甲醛 (0.53 g, 5 mmol)，时间不少于 15 min。然后，将反应体系加热回流 30 h 后冷至室温，倾入到氯化铵溶液 (10%, 5 mL) 中。分出醚层，水相用乙醚萃取 (2 × 25 mL)。合并的有机相用无水硫酸钠干燥后蒸去溶剂，粗产物用正戊烷处理。滤出三苯硅醇 (0.6 g)，滤液经减压蒸馏得到产物 (0.4 g, 46%)，bp 46 ℃/0.01 mmHg。

例 九

4-癸烯的合成[64]

(α-硅基酮的立体选择性 Peterson 成烯反应)

t-BuOK, 74%, $E:Z$ = 91:9
AcOH-AcONa, 69%, $E:Z$ = 12:88

在 −78 ℃ 下，将甲基锂的乙醚溶液 (0.85 mol/L, 3.5 mL, 3 mmol) 加入到 5-三甲基硅基-4-癸酮 (0.23 g, 1 mmol) 的 THF (5 mL) 溶液中。然后，在室温下反应 12 h 后，加入叔丁醇钾 (1.0 g, 9 mmol) 再回流 1 h，以 74% 的收率得到 4-癸烯，$E:Z$ = 91:9。

在 −78 ℃ 下，将甲基锂的乙醚溶液 (0.85 mol/L, 3.5 mL, 3 mmol) 加入到 5-三甲基硅基-4-癸酮 (0.23 g, 1 mmol) 的 THF (5 mL) 溶液中。形成的反应液首先在 −78 ℃ 下反应 15 min；接着在室温下反应 1 h；然后，加入饱和醋酸钠的冰醋酸溶液 (10 mL)，并使反应体系先在 −15 ℃ 下搅拌 30 min，再在室温下搅拌 12 h。以 69% 的收率得到 4-癸烯，$E:Z$ = 12:88。

例 十

(*E*)-3-苯基丙烯腈的合成[86]

(Peterson 成烯反应的扩展)

$$Me_3SiCH_2CN \xrightarrow[\substack{\text{THF, } -78\ ^\circ C \sim rt \\ 86\%}]{Me_3SiCl,\ BuLi} \underset{Me_3Si}{\overset{Me_3Si}{\diagup}}\!\!\!CN \xrightarrow[\substack{\text{CH}_2\text{Cl}_2,\ rt \\ 90\%}]{PhCHO,\ TASF} Ph \diagup\!\!\!\diagup CN \qquad (86)$$

(1) 二(三甲基硅基)乙腈 在 −78 ℃ 下，将三甲基硅基乙腈 (7.0 mL, 50 mmol) 加入到搅拌的正丁基锂-己烷 (1.6 mol/L, 66 mL, 105.6 mmol) 的无水 THF (70 mL) 溶液中。反应液在此温度下搅拌 30 min 后，加入三甲基氯硅烷 (13 mL, 100 mmol)，继续搅拌 10 min；接着再在室温下反应 30 min 以上。将反应液倾入饱和的 NH₄Cl 溶液 (150 mL) 中，并剧烈搅拌 5 min，然后用水 (300 mL) 稀释。分出的有机相用无水硫酸镁干燥，蒸取溶剂得二(三甲基硅基)乙腈 (8.0 g, 86%)，bp 102~103 ℃ (16 Torr)。

(2) (*E*)-3-苯基丙烯腈 在 −100 ℃ 下，将 (二甲氨基)锍盐的三甲基硅基二氟化物 (TASF, 50 mg) 加入到苯甲醛 (0.21 g, 2 mmol) 和二 (三甲基硅基)乙腈 (0.46 g, 25 mmol) 的无水二氯甲烷 (10 mL, 含有适量 4 Å 分子筛) 溶液中，并在此温度下反应 30 min。然后，快速升温到 40 ℃，加入三甲基氯硅烷 (0.5 mL) 淬灭反应。反应体系用二氯甲烷稀释后生成的混合物依次用盐酸 (0.1 mol/L) 和水洗涤，分出有机相用无水硫酸镁干燥。然后，经减压蒸馏得 (*E*)-3-苯基丙烯腈 (0.23 g, 90%)，bp 120~123 ℃ (20 Torr)。

7 参 考 文 献

[1] Peterson, D. J. *J. Org. Chem.* **1968**, *33*, 780.

[2] Gilman, H.; Tomasi, R. A. *J. Org. Chem.* **1962**, *17*, 3647.

[3] Birkofer, L.; Stiehl, O. *Top. Curr. Chem.* **1980**, *88*, 58.

[4] Ager, D. J. *Synthesis* **1984**, 384.

[5] Ager, D. J. *Organic Reactions* **1990**, *38*, 1-223.

[6] Barrett, A. G. M.; Hill, J. M.; Wallace, E. M.; Flygare, J. A. *Synlett* **1991**, 764.

[7] Staden, L. F.; Gravestock, D.; Ager, D. *J. Chem. Soc. Rev.* **2002**, *31*, 195.

[8] Pelter, A.; Buss, D.; Colclough, E.; Singaram, B. *Tetrahedron* **1993**, *49*, 7077.

[9] Hudrlik, P. F.; Peterson, D. *J. Am. Chem. Soc.* **1975**, *97*, 1464.

[10] Fessenden, R. J.; Fessenden, J. S. *J. Org. Chem.* **1967**, *32*, 3535.

[11] Rathke, M. W.; Sullivan, D. F. *Synth. Comm.* **1973**, *3*, 67.

[12] Hudrlik, P. F.; Peterson, D.; Chou. D. *Synth. Comm.* **1975**, *5*, 359.

[13] Larson, G. L.; Fuentes, L. M. *J. Am. Chem. Soc.* **1981**, *103*, 2418.

[14] Hartzell, S. L.; Sullivan, D. F., Rathke M. W. *Tetrahedron Lett.* **1974**, 1403.

[15] Yamamoto H., Nozaki H. *J. Am. Chem. Soc.* **1974**, *96*, 1620.

[16] Grieco P. A., Wang C.-L. J.; Burke, S. D. *J. Chem. Soc., Chem. Commun.* **1975**, 537.

[17] Larcheveque, M.; Legueue, Ch.; Debal, A.; Lallemand, J. Y. *Tetrahedron Lett.* **1981**, *22*, 1595.

[18] Petragnani, N.; Yonashiro, M. *Synthesis* **1982**, 521.

[19] Lucast, D. H.; Wemple J. *Tetrahedron Lett.* **1977**, 1103.

[20] Woodbury, R. P.; Rathke, M. W. *J. Org. Chem.* **1978**, *43*, 881.

[21] Woodbury, R. P.; Rathke, M. W. *J. Org. Chem.* **1978**, *43*, 1947.

[22] Kano, S.; Ebata, T.; Funaki, K.; Shibuya, S. *Synthesis* **1978**, 746.

[23] Bergmann, H.-J.; Mayrhofer, R.; Otto, H.-H. *Arch. Pharm.* **1986**, *319*, 203.

[24] Murai, T.; Fujishima, A.; Iwamoto, C.; Kato, S. *J. Org. Chem.* **2003**, *68*, 7979.

[25] Ojima, I.; Kumagai, M. *Tetrahedron Lett.* **1974**, 4005.

[26] Matsuda, I.; Murata, S.; Ishii, Y. *J. Chem. Soc., Perkin Trans. 1* **1979**, 22.

[27] Sachdev, K. *Tetrahedron Lett.* **1976**, 4041.

[28] Chan, T. H.; Chang, E. *J. Org. Chem.* **1974**, *39*, 3264.

[29] Chan, T. H.; Chang, E.; Vinokur, E. *Tetrahedron Lett.* **1970**, 1137.

[30] Konakahara, T.; Takagi, Y. *Synthesis* **1979**, 192.

[31] Konakahara, T.; Takagi, Y. *Tetrahedron Lett.* **1980**, 2073.

[32] Corey, E. J.; Enders, D.; Bock, M. G. *Tetrahedron Lett.* **1976**, 7.

[33] Corey, E. J.; Enders, D. *Chem. Ber.* **1978**, *111*, 1362.

[34] Croudace, M. C.; Schore, N. E. *J. Org. Chem.* **1981**, *46*, 5347.

[35] Magnus, P. D.; Roy, G. *J. Chem. Soc., Chem. Commun.* **1979**, 822.

[36] Carey, F. A.; Court, A. S. *J. Org. Chem.* **1972**, *37*, 939.

[37] Kende, A. S.; Blacklock, T. J. *Tetrahedron Lett.* **1980**, *21*, 3119.

[38] Katritzky, A. R.; Kuzmierkiewicz, W.; Aurrecoechea, J. M. *J. Org. Chem.* **1987**, *52*, 844.

[39] Carey, F. A.; Hernandez, O. *J. Org. Chem.* **1973**, *38*, 2670.

[40] Ager, D. J. *J. Chem. Soc., Chem. Commun.* **1984**, 486.

[41] Ley, S. V.; Simpkins, N. S. *J. Chem. Soc., Chem. Commun.* **1983**, 1281.

[42] Eisch, J. J.; Behrooz, M.; Dua, S. K. *J. Organomet. Chem.* **1985**, *285*, 121.

[43] Craig, D.; Ley, S. V.; Simpkins, N. S.; Whitham, G. H.; Prior, M. J. *J. Chem. Soc., Perkin Trans. 1* **1985**, 1949.

[44] Paulsen, H.; Bartsch, W. *Chem. Ber.* **1975**, *108*, 1732.

[45] Matteson, D. S., Majumdar, D. *J. Chem. Soc., Chem. Commun.* **1980**, 39.

[46] Matteson, D. S.; Majumdar, D. *Organometallics* **1983**, 2, 230.

[47] Garad, M. V.; Pelter, A.; Singaram, B.; Wilson, J. W. *Tetrahedron Lett.* **1983**, *24*, 637.

[48] Matteson, D. S.; Arne, K. *J. Am. Chem. Soc.* **1978**, *100*, 1325.

[49] Jieh, D.; Tsai, S.; Matteson, D. S. *Tetrahedron Lett.* **1981**, *22*, 2751.

[50] Orita, A.; Yasui, Y.; Otera, J. *Org. Proc. Res. Dev.* **2000**, *4*, 337.

[51] Asakura, N.; Usuki, Y., Iio, H. *J. Fluid. Chem.* **2003**, *124*, 81.

[52] Staden, L. F.; Bartels-Rahm, B.; Emslie, N. D. *Tetrahedron Lett.* **1997**, *38*, 1851.

[53] Staden, L. F.; Bartels-Rahm, B.; Field, J. S.; Emslie, N. D. *Tetrahedron* **1998**, *54*, 3255.

[54] Welch, J. T.; Herbert, R. W. *J. Org. Chem.* **1990**, *55*, 4782.

[55] Waschbiisch, R.; Carran, J.; Savignac, P. *Tetrahedron* **1996**, *52*, 14199.

[56] McNulty, J.; Dasa, P.; Gosciniak, D. *Tetrahedron Lett.* **2008**, *49*, 281.

[57] Johnson, C. R.; Tait, B. D. *J. Org. Chem.* **1987**, *52*, 281.

[58] Bellassoued, M.; Ozanne N. *J. Org. Chem.* **1995**, *60*, 6582.

[59] Joficzyk, A.; Radwan-Pytlewski, T. *J. Org. Chem.* **1983**, *48*, 912.

[60] Fleming, I.; Newton, T. W.; Roessler, F. *J. Chem. Soc., Perkin Trans 1* **1981**, 2527.

[61] Verheyden, J. P. H.; Moffatt, J. G. *J. Org. Chem.,* **1970**, *35*, 2319.

[62] Hooz, J.; Gilani, S. S. H. *Can. J. Chem.* **1968**, *46*, 86.

[63] Lee, J. B.; Nolan, T. J. *Can. J. Chem.* **1966**, *44*, 1331.

[64] Barrett, A. G. M.; Flygare, J. A. *J. Org. Chem.* **1991**, *56*, 638.

[65] Chan, T. H.; Chang, E. *J. Org. Chem.* **1974**, *39*, 3264.

[66] Chan, T. H.; Massuda, A. B. D. *Synthesis* **1976**, 801.

[67] Kwan, M. L.; Battiste, M. A. *Tetrahedron Lett.* **2002**, *43*, 8765.

[68] Kwan, M. L.; Yeung, C. W.; Breno, K. L.; Doxsee, K. M. *Tetrahedron Lett.* **2001**, *42*, 1411.

[69] Itami, K.; Nokami, T.; Yoshida, J.-I. *Org. Lett.* **2000**, *2*, 1299.

[70] Ehlinger, E.; Magnus, P. *J. Am. Chem. Soc.* **1980**, *102*, 5004.

[71] Lau, P. W. K.; Chan, T. H. *Tetrahedron Lett.* **1978**, *19*, 2383.

[72] Sato, F.; Suzuki, Y.; Sato, M. *Tetrahedron Lett.* **1982**, *23*, 4589.

[73] Sato, F.; Uchiyama, H; Iida, K.; Kobakashi, Y.; Sato, M. *J. Chem. Soc., Chem. Commun.* **1983**, 921

[74] Barrett, A. G. M.; Hill, J. M; Wallace, E. M.; Flygare, J. A. *Synlett* **1991**, 764.

[75] Hudrlik, P. K.; Peterson, D. *Tetrahedron Lett.* **1972**, *13*, 1785.

[76] Utimoto, K.; Obayashi, M.; Nozaki, H. *J. Org. Chem.* **1976**, *41*, 2940.

[77] Hudrlik, P. F.; Kulkarni, A. K. *J. Am. Chem. Soc.* **1981**, *103*, 6251.

[78] Hudrlik, P. F.; Peterson, D.; Rona, R. J. *J. Org. Chem.* **1975**, *40*, 2263.

[79] Eisch, J. J.; Galle, J. E. *J. Org. Chem.* **1976**, *41*, 2615.

[80] Eisch, J. J.; Trainor, J. T. *J. Org. Chem.* **1963**, *28*, 2870.

[81] Hudrlik, P. F.; Hudrlik, A. M.; Rona, R. J.; Misra, R. N.; Withers, G. P. *J. Am. Chem. Soc.* **1977**, *99*, 1993.

[82] Hudrlik, P. F.; Hudrlik, A. M.; Misra, R. N.; Peterson, D.; Withers, G. P.; Kulkarnilb, A. K. *J. Org. Chem.* **1980**, *45*, 4444.

[83] Stork, G.; Colvin, E. *J. Am. Chem. Soc.* **1971**, *93*, 2080.

[84] Burford, C.; Cooke, F.; Ehlinger, E.; Magnus, P. *J. Am. Chem. Soc.* **1977**, *99*, 4536.

[85] Hudrlik, P. F.; Hudrlik, A. M.; Nagendrappa, G.; Yimenu, T.; Zellers, E. T.; Chin, E. *J. Am. Chem. Soc.* **1980**, *102*, 6896.

[86] Palomo, C.; Aizpurua, J. M.; Garcia, J, M.; Ganboa, I.; Cossio, F. P.; Lecea, B.; Löpez, C. *J. Org. Chem.* **1990**, *55*, 2498.

[87] Rossiter, S. *Tetrahedron Lett.* **2002**, *43*, 4671.

[88] Gunasekera, S. P.; Gunasekera, M.; Longley, R. E.; Schulte, G. K. *J. Org. Chem.* **1990**, *55*, 4912.

[89] Balachandran, R.; ter Haar, E.; Welsh, M. J.; Grant, S. G.; Day, B. W. *Anti-Cancer Drugs* **1998**, *9*, 67.

[90] Mickel, S. J. *Org. Proc. Res. Dev.* **2004**, *8*, 113.

[91] Chakraborty, T. K.; Laxman, P. *Tetrahedron Lett.* **2002**, *43*, 2645.

[92] Galano, J. M.; Audran, G.; Monti, H. *Tetrahedron Lett.* **2001**, *42*, 6125.

[93] Huang, J.; Wu, C.; Wulff, W. D. *J. Am. Chem. Soc.* **2007**, *129*, 13366.

[94] Perales, J. B.; Makino, N. F.; Vranken, D. L. V. *J. Org. Chem.* **2002**, *67*, 6711.

[95] Gold, J. R.; Sommer, L. H.; Whitmore, F. C. *J. Am. Chem. Soc.* **1948**, *70*, 769.

维尔斯迈尔-哈克-阿诺德反应

(Vilsmeier-Haack-Arnold Reaction)

姚其正

1 历史背景简述

Vilsmeier-Haack 反应 (简称 VH 反应) 是有机合成中利用 *C*-甲酰化方法构建碳-碳键的重要人名反应之一。1927 年，德国青年有机化学家 Anton Vilsmeier 和 Albrecht Haack 首先发现和报道了该反应的结果[1]。

Anton Vilsmeier (1894-1962) 出生于德国巴伐利亚州的累根斯堡 (Regensburg)。他于 1920 年进入慕尼黑大学学习化学，1922 年转学到埃尔兰根大学并在 Otto Fischer 教授指导下进行喹啉类染料和色素的合成研究。在此期间，他发现了被后人以他的名字命名的 Vilsmeier 试剂和反应。Vilsmeier 于 1924 年获得博士学位，然后留在埃尔兰根大学工作至 1927 年。1927-1959 年，他进入位于德国莱茵河畔路得维希港的染料工业公司 (即巴登苯胺-苏打工厂的前身，Badischen Anilin- und Soda-Fabrik，简称 BASF) 工作。在 BASF 工作的 23 年中，他除了继续进行 VH 反应研究外[2]，还研究和发展了瓮染染料和金属配合物染料，使多种染料实现了商品化，对染料化学和染料工业作出了重要贡献。

Albrecht Haack (1898-1976) 出生于德国柏林，1919-1926 年在埃尔兰根大学学习。在 Otto Fischer 教授和 Anton Vilsmeier 博士共同指导下，他于 1926 年获得博士学位，博士论文的内容就是有关 VH 反应及其机理的研究。1928-1941 年，Haack 博士作为"企业化学家"在巴登-符腾堡州的卡尔斯鲁厄市的奶业中心工作。他在参加二次世界大战后便完全脱离了化学职业。

1895 年，Friedel[3]用 *N*-甲基乙酰苯胺和 $POCl_3$ 在 120 °C 反应，得到了一个可溶于水的褐红色色素。他观察到该色素与酸性水作用后红色消失，并为其提出了一奇怪的分子结构式 ($C_{20}H_{20}N_2Cl_2$) (式 1)。

$$\text{(1)}$$

在 Vilsmeier 的博士论文研究中，Vilsmeier 和 Fischer 对 Friedel 论文中的结果产生了疑问。经过反复实验研究，他们于 1925 年发表文章证明上述结构式 (式 1) 是错误的[4]。他们发现：*N*-甲基乙酰苯胺和 $POCl_3$ 反应可得到多种产物的混合物，其中 4-氯-1,2-二甲基喹啉氯化季铵盐和另一盐为主要产物。如式 2

所示：该结果为后来发现 VH 反应提供了机遇和基础。

2 VH 反应和 VHA 反应的定义

2.1 VH 反应

1927 年，Vilsmeier 和 Haack 发表了论文"在卤代磷与烷基甲酰苯胺作用下的对位取代仲/叔-烷基氨基苯甲醛的制备新方法"[1]。该论文报道了由 *N*-甲基甲酰苯胺 (*N*-Methylformanilide, MFA) 和 POCl₃ 组成的加合试剂与推电子取代基团活化的芳烃 [R = N(CH₃)₂] 发生的反应。如式 3 所示：反应首先形成了一个亲电取代的中间体 (季铵盐)，通常这类季铵盐中间体呈各种不同的红色。经水解使红色消除后 (验证了 Friedel 实验现象)，得到了相应的芳香(甲)醛产物。由此，他们发现了一个在芳烃环上引入甲酰基的简便方法。

通过对反应机理的探讨和应用范围的扩展，该方法现在已经成为各种活性芳烃和杂环芳烃甲酰化的通用方法。这就是经典的 VH 反应 (或称 Vilsmeier 甲酰化反应)，其中 *N*-甲基甲酰苯胺 (MFA) 和 POCl₃ 生成的加合物被称为 VH 试剂 (简称 Vilsmeier 试剂)。

2.2 VHA 反应

虽然 VH 反应具有广泛的应用性，但将反应底物扩展到各种非芳烃衍生物则完全归功于捷克斯洛伐克化学家 Zdeněk Arnold。

Arnold 等人用 20 多年的时间系统地研究了活性非芳烃底物的 VH 反

应。在 1958-1978 年间，他们以 "Synthetic Reactions of Dimethylformamide" 为总标题共计发表 40 篇论文[5]。他们将经典 VH 试剂中的 MFA 替换为价廉易得的 N,N-二甲基甲酰胺 (DMF)，详细地研究了用 DMF 进行的 VH 反应及其非芳烃底物的甲酰化等反应，使该反应的应用更为全面和广泛。基于 Arnold 对 VH 反应的重要贡献，人们也将这一反应称之为 Vilsmeier-Haack-Arnold 反应 (简称：VHA 反应)[6]。因此，由 DMF 和一些无机酸性氯化物 (例如：POCl₃、SOCl₂ 和 COCl₂ 等) 反应所形成的活性加合物也被称为 VHA 试剂[7]，它们广泛地被用作多官能团化试剂[8]。

Zdeněk Arnold (1922-1996)[9]于 1945 年在布拉格化学工程学院学习。1948 年，在 F. Šorm 教授指导下获得工学博士学位。之后，他首先在布拉格药物与生物化学研究所工作，1954 年后转入捷克斯洛伐克国家科学院有机化学与生物化学研究所工作。1961 年，他被授予科学博士学位，一直工作到 1988 年退休。

3 VHA 反应机理与 VHA 试剂

3.1 VHA 反应机理

Wizinger 早在 1939 年就提出[10]：VHA 甲酰化反应属于亲电取代反应，其反应机理可以用 4-(N,N-二甲氨基)苯甲醛的制备过程来表述。如式 4 所示：N-取代的甲酰苯胺首先与 POCl₃ 反应形成 VHA 试剂。然后，这一亚甲基铵盐正离子与活性底物 N,N-二甲基苯胺发生亲电取代反应，生成一个中间体 (限速步

(4)

骤)。接着，中间体迅速发生消去反应生成亚甲基铵盐，形成新的 C-C 键。最后，亚甲基铵盐经水解释放出 HCl 和 *N*-甲基苯胺，得到 4-(*N*,*N*-二甲氨基)苯甲醛。

在式 4 中，VHA 试剂与底物的亲电取代反应实质上是底物对亚甲基铵盐正离子的亲核加成。因此，富电子 (electron-rich) 芳烃更容易发生 VHA 反应，并且对 VHA 反应具有稳定和促进作用。换言之，VHA 试剂本身是一个较稳定的亚甲基铵盐，是相对较弱的亲电试剂。因而，一般情况下只能够与活性芳烃、活性杂环芳烃、活性烯烃以及 1,3-二烯等共轭多烯等发生 VHA 反应，这是该反应的局限性。

从简化后的式 5 可以看出，该反应的结果从形式上看似乎是 Friedel-Crafts 酰化反应的特例。其特殊性在于：酰化试剂不是羧酸、酸酐或酰卤，而且无需 Lewis 酸 (例如：无水 AlCl₃) 的帮助。

$$\underset{}{\text{NMe}_2\text{-C}_6\text{H}_5} + \text{Ph-N(Me)-CHO} \xrightarrow[-\text{HCl}]{\underset{-\text{HOPOCl}_2}{\text{POCl}_3}} \underset{\text{CHO}}{\text{NMe}_2\text{-C}_6\text{H}_4} + \text{PhNHMe} \qquad (5)$$

3.2 VHA 试剂和反应条件

3.2.1 VHA 试剂

理论上来讲，VHA 试剂是由等摩尔的 *N*,*N*-二取代甲酰胺衍生物和无机酸性卤化剂混合而形成的加合物：卤代亚甲基铵盐。

N,*N*-二取代甲酰胺衍生物，可用通式 $RCONR^1R^2$ 来表示。其中，R 可为 H、低级烷烃、低级烯烃基、或者取代苯基等；R^1 和 R^2 分别为低级烃基或者取代芳基等，可以相同或不相同 (较少情况下，R^1 和 R^2 其中一个也可为 H)；R^1R^2N 也可为环化物，例如：$O(CH_2CH_2)_2N$ 或者 $(CH_2)_nN$ ($n = 4,5$) 等。通式 $RCONR^1R^2$ 也可以是 *N*-烃基取代的 5~7 员环状内酰胺化合物，例如：2-吡咯烷酮、*N*-甲基-2-吡咯烷酮、α-哌啶酮或者 1-甲基喹啉酮等[11]。DMF、MFA 和 DMA 是最常用的取代甲酰胺衍生物，其中 DMF 被使用的频率最高。

通式   *N*,*N*-双取代甲酰胺   DMF   MFA   *N*-取代的环状内酰胺

无机酸性氯化剂是常用的无机酸性卤化剂，酸性氟化剂和碘化剂较少使用。最常用的卤化剂依次为：POCl₃、COCl₂、SOCl₂ 和 (COCl)₂。其次还包括：PCl₅、

PCl_3/Cl_2、SO_2Cl_2、$P_2O_3Cl_4$、$COBr_2$、$POBr_3$ 和 PBr_5 等。有些金属卤化剂、高氯酸季铵盐 (例如：$[Me_2NH_2]^+ClO_4^-$) 以及有机酸衍生物酰卤和酸酐 [例如：$(CF_3SO_2)_2O$] 也常常用于该目的。

由于 VHA 试剂中两组分化合物结构是多样的，因此加合物亚甲基铵盐的生成方法、形式和反应活性也是多样的 (见 3.3.2 节)。如式 6 所示：DMF 与 $POCl_3$ 反应首先形成两种比较稳定的活性加合中间体亚甲基铵盐 (**1** 和 **2**) 的平衡。

$$(6)$$

当以 DMF 被用作溶剂时 (或使用过量的 DMF 时)，亚甲基铵盐 **1** 与 DMF 反应形成氯代亚甲基铵盐 **3** (包括偶极结构化合物 **4**) 的另一种平衡 (式 7)[12]。相比较而言，氯代亚甲基铵盐 **3** (mp 140~145 ℃) 是比较稳定的季铵盐。

$$(7)$$

光气 (碳酰氯) 作为酸性卤化物的反应颇具特色，因为它与 DMF 反应形成可以分离的单一固体产物氯代亚甲基铵盐 **3** (式 8)。

$$(8)$$

草酰氯和 DMF 在 CH_2Cl_2 中反应也可以方便地制得一种纯净的 VHA 试剂，反应中除了放出 CO_2 和 CO 外无其它杂质残留 (式 9)[13a]。

$$\xrightarrow[- CO_2, -CO]{\triangle} \left[\begin{array}{c} \end{array} \right] Cl^- \qquad (9)$$

如式 10 所示[13b]：二氯亚砜与 DMF 反应首先形成两原料的加合物。然后，放出二氧化硫给出氯代亚甲基铵盐 **3**。由于该反应中二氧化硫的释放是可逆的，所以不能够像草酰氯那样生成非常纯净的 VHA 试剂。

$$\xrightarrow{SOCl_2} \qquad \xrightarrow[+ SO_2]{- SO_2} \qquad Cl^- \qquad (10)$$

VHA 试剂也包括插烯类氯代铵盐 (或称插烯类 VHA 试剂，见 4.3 节)。如式 11 所示：插烯类 VHA 试剂 **6** 是由相应取代的插烯甲酰胺衍生物 (**5**，部花青，merocyanine) 制得的。使用这种 VHA 试剂与活性底物 RH 发生反应，可以得到 β-取代的丙烯醛类衍生物[14]。

$$\xrightarrow[5]{} \xrightarrow{COCl_2, -CO_2} \xrightarrow[6]{} Cl^- \xrightarrow[2. H_3O^+]{1. RH} \qquad (11)$$

DMF 一般不能与碳酰溴 (COBr$_2$) 反应生成相应的溴代亚甲基铵盐 (类似于 **3**)，但将化合物 **3** 在氯仿中与无水 HBr[15]或 HI[16]发生卤素交换可以得到溴代或碘代亚甲基铵盐 (式 12)。它们的化学性质类似于氯代亚甲基铵盐 (**3**)，可以用于溴代甲酰化和碘代甲酰化反应 (见 4.4.1 节)。

$$\xrightarrow{HX} \qquad \xrightarrow{HF} \qquad \xrightarrow{BF_3} \qquad BF_4^- \qquad (12)$$

$$X = Br, I$$

化合物 **3** 与 HF 在氯仿中也会发生卤原子交换，但不能直接形成氟代亚甲基铵盐，而是形成了非离子的液态胺 N,N-二氟甲基二甲基胺 (bp 47~51 °C)。然后，在三氟化硼作用下才能制得相应的氟代亚甲基铵盐 (式 12)[17]。

VHA 反应是一个亲电取代过程，即由 VHA 试剂 **1**、**2** 或 **3** 分别与底物之间进行的亲电取代反应。该反应一般在无水条件下进行，产生一种新的亚甲基铵盐 **7**。然后，再经水解产生相应的醛 **8** (式 13)。亚甲基铵盐 **7** 是 VHA 反

$$RH \xrightarrow[\text{or} - HC]{\mathbf{1, 2 \text{ or } 3}} \xrightarrow[- HOPOCl_2]{} Cl^- \xrightarrow{\text{水解}} RCHO \qquad (13)$$

应中形成的中间体，常能以它的氯化物 (**7**)、高氯酸盐或四氟硼酸盐的固体形式分离获得。

中间体 **7** 具有与 VHA 试剂 **1~3** 类似的结构与性质，亦是一种亲电性试剂。除了被水解为醛外，它们还可以进一步被转化为其它官能团。例如：它们经硫化氢处理生成相应的硫代醛，与羟胺反应生成腈后被还原为胺等。如果底物分子中既有亲核性结构 (例如：π-体系或活性烯键等) 又有亲核性基团 (例如：-NH₂、-NHR 或 -OH 等) 或者潜在的亲核性基团 (例如：活泼甲基或者亚甲基等)，VHA 试剂则首先与亲核性结构发生反应，形成亚甲基铵盐 **7** 类型的中间体。随后，只要空间条件允许 (例如：遵循 Baldwin 规则[18])，中间体中的亚甲基铵盐结构再与另一亲核性基团反应，发生分子内环合生成环状产物。

3.2.2 VHA 反应条件

VHA 反应用于甲酰化反应时一般经历三个步骤：(1) VHA 试剂 (VHA 加合物中间体) 的制备；(2) VHA 试剂与底物反应形成新的亚甲基铵盐 **7**；(3) 中间体 **7** 在合适的条件下水解生成相应的醛。

VHA 试剂的制备常在氯代烷烃或氯代烯烃溶剂 (例如：CH_2Cl_2、$CHCl_3$、$ClCH_2CH_2Cl$ 等) 中进行。由于 VHA 试剂制备是一个放热反应，N,N-二取代甲酰胺衍生物和无机酸性卤化剂混合时需要用冰水冷却。VHA 反应的温度通常控制在 0~100 ℃ 范围内，最常用的温度在 70~80 ℃ 之间。很多情况下，也常用过量 DMF 作为溶剂[19]。反应的时间长短不一，有时几十分钟至数小时，有时几乎无反应过程，直接将底物缓慢地加到 VHA 试剂两组分混合物中即可发生反应。

一般来讲，VHA 试剂的用量是底物的数倍 (摩尔量) 甚至数十倍不等，主要根据实验结果来确定。当使用化学计量的 VHA 试剂时，则需要非常长时间的反应。VHA 反应经常是在形成相应的 VHA 试剂后，再在低温或常温下加入反应底物，有时也使用分离后的 VHA 试剂与底物反应。该步骤的反应温度范围很宽，主要依赖于底物和 VHA 试剂的反应活性。大多数反应的温度范围在 0~80 ℃ 之间，但有时需要在适当的溶剂中加热至回流。

反应结束后 (例如：形成亚甲基铵盐 **7** 类型中间体) 首先需要冷却，然后再加稀酸水溶液、水或者碱性水溶液进行水解得到相应的醛。

3.2.3 VHA 反应的区域选择性

早期的 VHA 反应主要集中在芳甲醛衍生物的制备上。大量的研究结果表明：VHA 反应具有较好的区域选择性，甲酰化主要发生在苯环上已有取代基的对位。

区域选择性还与 VHA 试剂本身的结构有关。如式 14 所示：焦磷酰氯 ($P_2O_3Cl_4$) 与 DMF 作用形成 VHA 试剂 **9**。虽然 **9** 具有较高的反应活性，但较大的立体位阻显著增大了它的反应区域选择性。如式 15 所示：苯甲醚在 DMF-$P_2O_3Cl_4$ 条件下甲酰化反应的主要产物是 4-甲氧基苯甲醛 (70.5%)；但是，在 DMF-POCl$_3$ 条件下，对位产物仅为 34%[20a,b]。

$$(14)$$

$$(15)$$

A, DMF-(Cl$_2$PO)$_2$O	R = OMe	4.5%	70.5%
B, DMF-POCl$_3$	R = OMe	4.0%	34.0%
B, DMF-POCl$_3$	R = NMe$_2$	0	85.0%

式 15 还显示：VHA 反应的区域选择还与底物上推电基团的体积大小有关。当 R = NMe$_2$ 时，对位取代的甲酰化产物是唯一的产物[21]。

在经典的 DMF-POCl$_3$ 条件下，很多时候直接使用过量的 DMF 作为反应溶剂。这时，新形成的 VHA 试剂 **3** 仍可与 DMF 作用，生成亲电试剂 **10** (式 16)[21]。由于 **10** 具有较低的反应活性和较大的体积，它与底物反应具有较高的区域选择性。

$$(16)$$

总之，VHA 甲酰化反应的区域选择性虽能惠及底物立体位阻小的地方，但电子效应 (例如：底物的反应活性与加合物中间体的亲电能力) 对反应的发生与产物形成速度的影响却更为重要与明显。

3.3 VHA 试剂性质与反应活性

3.3.1 VHA 试剂性质

R$_2$N-CHO (常用的是 DMF) 与 PCl$_5$、COCl$_2$、SOCl$_2$ 或 (COCl)$_2$ 等混合后，可以分离得到固态加合物中间体：HC(Cl)=NR$_2^+$Cl$^-$ (例如：R = Me (**3**), mp 140~145 °C)[7b,21]。这种离子形式加合物已由 IR 光谱获得证实，在 1670 cm^{-1} 附近较强的峰归属为 C=N$^+$ 的伸缩振动[16,23]；^{1}H NMR 谱也支持这一离子结构的存在[22b,24]。

DMF 与 POCl₃ 混合后主要形成 VHA 加合物 **1** 和 **2** 的混合物。进一步研究表明：当 DMF 过量时，加合物 **1** 中二氯磷酰负离子会部分转移到其它 DMF 分子上。在形成偶极结构化合物 **4** 的同时，加合物 **1** 中正离子部分则会和另一个 DMF 分子之间发生卤原子与氧原子的交换。如式 17 所示[25]：氘代-**1** 正离子部分与 DMF 之间的作用结果已经得到证实。

$$
\begin{array}{c}
\underset{D_3C}{\overset{D_3C}{\diagup}}\!\!\overset{+}{N}\!\!=\!\!\overset{H}{\underset{Cl}{\diagdown}} + (CH_3)_2NCHO \rightleftharpoons \underset{Me}{\overset{Me}{\diagup}}\!\!\overset{+}{N}\!\!=\!\!\overset{H}{\underset{Cl}{\diagdown}} + (CD_3)_2NCHO \quad (17)
\end{array}
$$

氘代 -**1**

如式 18 所示[26]：由 DMF-POCl₃ 与苯基乙炔反应所得产品的结构可以充分证明加合物 **2** 中存在有 C-O-P 类型的连接键。

$$
Ph-C\equiv CH \xrightarrow{\text{DMF-POCl}_3} \underset{Ph}{\overset{Cl}{\diagup}}C\!\!=\!\!C\underset{NMe_2}{\overset{H\ OP(O)Cl_2}{\diagup}} \quad (18)
$$

固体加合物 HC(Cl)=NR₂⁺Cl⁻ 一般不溶于烃类和醚类溶剂 (例如：石油醚、乙醚和苯等)，但能够很好地溶于多氯代溶剂和强极性溶剂 (例如：CHCl₂、CH₂Cl₃ 和 DMF 等)[21]。反应动力学研究结果显示：溶剂对 VHA 反应速度有明确的影响，多氯代溶剂对 VHA 反应速度的影响次序大概为：$CHCl_3 < ClCH_2CH_2Cl < CH_2Cl_2$[25a,27]。

3.3.2 VHA 试剂的稳定性

VHA 试剂可归属为甲酸的衍生物，从热力学稳定性与甲酰化活性的角度将这一试剂和其它甲酸衍生物进行比较分析可以看出：VHA 试剂是一个较稳定的并有一定反应活性的试剂 (式 19~式 22)[28]。

$$
HCl + CO \rightleftharpoons H\overset{\displaystyle O}{\underset{\displaystyle Cl}{\diagup}}C \quad (19)
$$

11

$$
\underset{Cl}{\overset{H}{\diagup}}C\overset{OCOPh}{\underset{OCOPh}{\diagdown}} \rightleftharpoons H\overset{+OCOPh}{\underset{OCOPh}{\diagup}}C\quad Cl^- \quad (20)
$$

12a   **12b**

$$
\left[\underset{Cl}{\overset{H}{\diagup}}C\overset{NR_2}{\underset{NR_2}{\diagdown}}\right] \rightleftharpoons H\overset{+NR_2}{\underset{NR_2}{\diagup}}C\quad Cl^- \quad (21)
$$

13a   **13b**

$$
\left[\underset{Cl}{\overset{H}{\diagup}}C\overset{NR_2}{\underset{Cl}{\diagdown}}\right] \rightleftharpoons H\overset{+NR_2}{\underset{Cl}{\diagup}}C\quad Cl^- \quad (22)
$$

14a   **14b**

甲酰氯 (**11**) 很不稳定，在 -60 ℃ 时的半衰期为 1 h，分解生成相应的
HCl 和 CO (式 **19**)。甲酰氯 (**11**) 只在醛的 Gattermann-Koch 合成中作为甲
酰化试剂[29]。氯亚甲基二苯甲酸酯 (**12a**) 的稳定性类似于甲酰氯 (式 **20**)，但
它仅能在有 AlCl₃ 的条件下对烷基取代的芳香化合物进行甲酰化[30]。

将 **12a** 中的 -OCOPh 基团分别用 -NR₂ 或 -Cl 置换则给出 **13a** 和
14a，它们可以分别离解生成 **13b** 与 **14b**。亚胺盐 **13b** 是较弱的亲电试剂，
只能和强碱 (例如：碳负离子) 反应。氯亚甲基铵盐 **14b** 就是 VHA 试剂，
在离子型甲酰氯类似物中它属于反应活性最强的一类，以致遇潮和在质子溶剂
中即可分解。

虽然经典 VHA 反应已经得到广泛的应用，并且可以用于工业规模生产，
但其含磷副产物对环境带来了不可避免的污染。因此，要尽量选用那些非磷卤
化物作为 VHA 试剂中的无机酸性卤化剂组分。如果同时也注意酸性废气的吸
收，就可以减轻或避免对环境的影响。

3.3.3 VHA 试剂的反应活性

3.3.3.1 经典的 VHA 试剂

在经典 DMF-POCl₃ 条件下所形成的 VHA 试剂是 **1** 和 **2** 两种形式的混合
物，哪一种形式优先参与反应尚有争议。但经 ^{1}H NMR 和 ^{31}P NMR 光谱数据证
实，参与反应的主要是 **2**，且它的反应活性高于 **1**[31]。这说明：VHA 试剂的反
应活性固然要依赖于试剂的亲核性，但更主要依赖于离去基团的离去能力。显然，
与卤代磷酰氧基相比，卤素的离去能力较低影响了亚甲基铵盐 **1** 的反应活性。

在研究 VHA 试剂对噻吩衍生物甲酰化时发现：DMF-POCl₃ 加合物的反应
活性高于加合物 **3**，这可能是由于各种亚甲基铵盐加合物的溶解性或者离子对
结合程度上有差别[32]。加合物 **3** 反应活性虽然低于其它加合物，但能够以纯
净的固体状态被分离出来。使用分离后的加合物 **3** 与底物反应，具有后处理
方便的优点。

一般来讲，由 DMF-POCl₃ 和 DMF-P₂O₃Cl₄ 所形成的 VHA 试剂反应活性
次序可用式 **23** 表示。

在很多资料文献中[33]，都将 VHA 试剂表述为：氯亚甲基铵盐或插烯氯亚甲基铵盐 (式 24)。从以上的加合物反应活性来看，这样定义 VHA 试剂没有反映出试剂的本质。VHA 试剂事实上应当是等摩尔比例的 N,N-双取代甲酰胺与无机酸性卤化剂形成的加合试剂。因此，为了提高 VHA 试剂的反应活性，尽量不要使用过量的 DMF 或者不将其用作反应的溶剂。

$$
\begin{array}{cc}
\overset{H}{\underset{Cl}{\diagup}}\overset{+R}{\underset{R^1}{\diagdown}}N\ X^- & Cl\diagup\!\!\!\diagdown\!\!\!\diagup\overset{+}{N}RR^1\ X^-
\end{array}
\qquad (24)
$$

毫无疑问，使用 N-甲基甲酰胺也可以形成相应的 VHA 试剂。由于从这个甲酰胺生成的那些 VHA 试剂位阻较小，它们是更强的亲电试剂和具有较高的反应活性。但是，N-甲基甲酰胺与酸性氯化物生成的加合物容易分解，应用它们时反应温度应控制在 80 °C 以内。

3.3.3.2 其它类型的 VHA 试剂

在许多类似于加合物 **3** 的 VHA 试剂 $[(Me_2N=CHX)^+X^-，X = Cl、Br、I]$ 中，离去基团的电负性和原子半径对加合物的反应活性有较重要的影响。Br 和 I 的原子半径较大，能够使 C-X 键易于极化而增加离去能力。但是，与 Cl 原子相比较，它们较小的电负性和较大的原子半径降低了加合物的亲电能力。因此，$(Me_2N=CHX)^+X^-$ 类型 VHA 试剂的反应活性排序大概为：$(Me_2N=CHCl)^+Cl^- > (Me_2N=CHBr)^+Br^- > (Me_2N=CHI)^+I^-$。

由 N,N-二甲基硫代甲酰胺 (Me_2NCHS) 与 $POCl_3$ 所形成的硫代的 VHA 加合物的反应活性高于 $DMF\text{-}POCl_3$ 的加合物，常被用于杂环化合物的甲酰化[34]。但是，使用 DMF 和 $PSCl_3$ 却不能形成硫代的 VHA 加合物，而得到 α-硫代羰基醛衍生物 $Me_2NC(=S)CHO$[35]。如式 25 所示：DMF 和 $PSCl_3$ 首先发生硫交换形成 Me_2NCHS 和 $POCl_3$。然后，它们再与 DMF 反应形成一个结构复杂的中间体。最后，经水解得到 α-硫代羰基醛。

$$
\begin{array}{ccc}
DMF\ +\ PSCl_3 & \longrightarrow & Me_2NCHS\ +\ POCl_3 \\
 & & \quad\ -HCl\ \big\downarrow\ DMF \\
Me_2NC(=S)CHO & \overset{水解}{\longleftarrow} & [Me_2N=CHC(=S)NMe_2]^+PO_2Cl_2^-
\end{array}
\qquad (25)
$$

由 DMF 和三氟甲磺酸酐 $[(CF_3SO_2)_2O]$ 所形成的 VHA 加合物 $[Me_2N=CH(OSO_2CF_3)]^+CF_3O_2SO^-$ 反应活性是很强的，可在温和反应条件下与活性较弱的芳香化合物 (例如：烷基苯和萘等) 反应，生成相应的甲酰化产物[36]。

在 VHA 反应中，VHA 试剂的类型及其反应活性，已经成为选择反应溶剂、反应时间与反应温度等反应条件的重要依据。

3.4　VHA 反应在有机合成中的地位与作用

VHA 试剂属于一类亲电试剂，它除了与活性芳烃、活性杂环芳烃、活性烯烃以及 1,3-二烯等共轭多烯反应外，还可与活性的甲基或亚甲基、胺或氨基以及羟基等化合物反应，产生多种类型的产物。VHA 试剂已经成为一种有效的多官能团化试剂。

VHA 反应在有机合成中的重要性具体地表现在以下三个方面：(1) 它是一个构建 C-C 键的反应，同时也是构建 C-O、C-S 和 C-N 键的反应；(2) 它在温和条件下与活性芳烃和杂环芳烃等反应所形成的甲酰基是一个具有广泛用途的基团，可发生许多有价值的后继反应；(3) 它的反应产物具有多样性，这是由 VHA 试剂和反应底物的多样性所决定的。

4　不同反应底物的 VHA 反应

4.1　芳香化合物的 VHA 反应

VHA 反应是一种在活性芳烃上引入甲酰基的有效方法，其温和的反应条件和生成的某些甲酰化产物常常是用其它方法难以得到的。活性芳烃甲酰化过程可用反应通式 26 来表示，活性芳烃主要是指芳胺 (X = NRR′)、酚 (X = OH)、或酚的衍生物 (X = OR) 等。

(26)

在限速步骤中，芳胺与亚甲基铵盐首先形成两种 (邻和对位) Wheland 中间体[37]。然后，迅速脱去质子得到新的亚甲基铵盐，再经水解给出芳甲醛。

4.1.1 活性单取代芳烃化合物作底物

烷氧基苯和 *N,N*-二烷基苯胺衍生物都是最常用的 VHA 反应底物，*N,N*-二甲基苯胺被研究得较多。甲酰基一般引入在取代基的对位，生成邻位异构体的机会极少。如式 27 所示：在 POCl₃ 的存在下，使用不同的酰化试剂可以得到不同的产物。例如：使用 DMF 可以得到 85% 的 4-甲酰基-*N,N*-二甲基苯胺[21]；而使用 *N*-苯基苯甲酰胺则得到一般收率的二苯甲酮衍生物 (**15**)[40]。

(27)

R = *p*-NMe₂, 75%   R = *p*-OH, 60%
R = *o*-OMe, 55%   R = *m*-NO₂, 40%
R = *m*-OMe, 40%   R = *p*-NO₂, 45%
R = *p*-OMe, 50%   R = *p*-Br, 75%
R = *m*-OH, 50%

用 DMF-P₂O₃Cl₄ 混合物与 *N,N*-二甲基苯胺反应，几乎是定量 (99%) 地得到 4-甲酰基-*N,N*-二甲基苯胺[20b]。*N,N*-二甲基苯胺与过量的 DMF-POCl₃ 反应，可形成部分二甲酰化产物[38]。其它无机酸性氯化物也可以作为活化试剂，常用的有光气和 SOCl₂ 等，还包括不常用的 2,4,6-三氯-1,3,5-三嗪[39]。

醛 **16** 与 POCl₃ 所形成的插烯类氯代亚甲基铵盐中间体与 *N,N*-二甲基苯胺发生 VHA 反应，是制备肉桂醛衍生物 **17** 及其二烯衍生物 **18** 的有效方法 (式 28)[41]。醛 **16** 的类似物 **19** 可在 VHA 反应条件下与 *N,N*-二甲基苯胺反应，获得相应的 α-取代肉桂醛衍生物[42]，其产率受到取代基的影响。

17, *n* = 1 (70%~80%)
18, *n* = 2 (19%)

(28)

R = H, 42%; R = Me, 61%
R = Et, 37%; R = *n*-Pr, 32%
R = *n*-C₅H₁₁, 21%

三苯基胺是一种特殊的取代苯胺衍生物，它的 VHA 反应选择性主要决定于

VHA 试剂的组成比例 (式 29)。在过量的 DMF-POCl₃ 存在下，如果使用等摩尔的 DMF 和 POCl₃ 可以高产率地得到单一的产物：二(4-甲酰基苯基)苯基胺 (**20**) 或者三(4-甲酰基苯基)胺 (**21**)。如果 DMF 的用量大于 POCl₃，则低产率地得到上述两种产物的混合物[43]。

$$(29)$$

在 VHA 反应中，苯甲醚甲酰化反应的区域选择性已经得到过比较详细的研究 (式 30)。虽然苯甲醚是一个低位阻的底物，但还是主要生成 4-甲酰化产物。虽然不同的 VHA 试剂对区域选择性有一定的影响，但从来没有办法得到以 2-甲酰化异构体为主产物。使用 MFA 与 P₂O₃Cl₄ 反应可以产生较大位阻效应的 VHA 试剂，所以，4-位和 2-位甲酰化异构体的比例可高达 98:2。和预期的结果一致，使用 DMF-P₂O₃Cl₄ 将会降低反应的区域选择性 (94:6)。使用经典的 DMF-POCl₃ 条件，区域选择性降低的更加明显 (89:11)[20b]。若用 DMF-(CF₃SO₂)₂O 来生成反应活性很强的 VHA 试剂，虽可定量地得到甲酰化产物，但区域选择性降低得更加显著 (78:22)[20c]。

$$(30)$$

	VHA Reagent 58%~99%			
MFA-(Cl₂PO)₂O	72%	98	:	2
DMF-(Cl₂PO)₂O	75%	94	:	6
DMF-POCl₃	58%	89	:	11
DMF-(CF₃SO₂)₂O	99%	78	:	22

在 DMF-SOCl₂ 条件下，苯烷基醚无法生成相应的甲酰化产物，却得到二苯硫代醚衍生物[44] (式 31)。

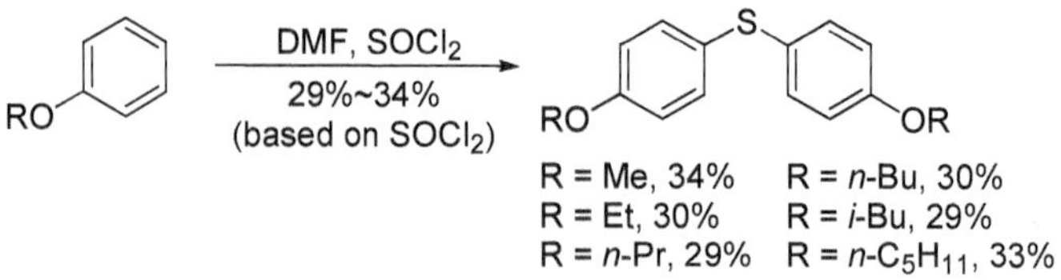
DMF, SOCl2
29%~34%
(based on SOCl2)
RO
S
OR
R = Me, 34%
R = n-Bu, 30%
R = Et, 30%
R = i-Bu, 29%
R = n-Pr, 29%
R = n-C5H11, 33%
(31)

4.1.2 多取代芳烃化合物底物

对于多取代芳烃底物来说，在 VHA 反应中的区域选择性甲酰化显得更为重要。二取代芳烃的 VHA 反应可用通式 32 来表示：其中 R 为氨基、取代氨基或烷氧基等；R^1 为烃基 (一般为 1~6 个碳的烷烃)、烷氧基、氨基或取代氨基、$-NO_2$、-OH 或卤原子等。虽然酚羟基可以在不要甲醚化保护的情况下直接与 VHA 试剂反应，但经常会生成一些甲酸酯或者带来一些其它副产物。

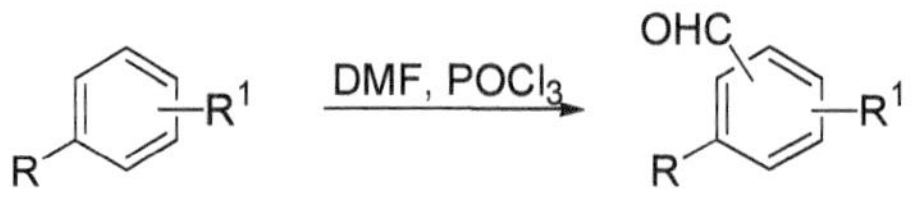
R
R1
DMF, POCl3
OHC
(32)

当两个推电性取代基互为间位时，VHA 主要选择在体积较小的取代基的邻位发生，生成在体积较大的取代基的对位甲酰化产物 (式 33 和式 34)[44, 45]。

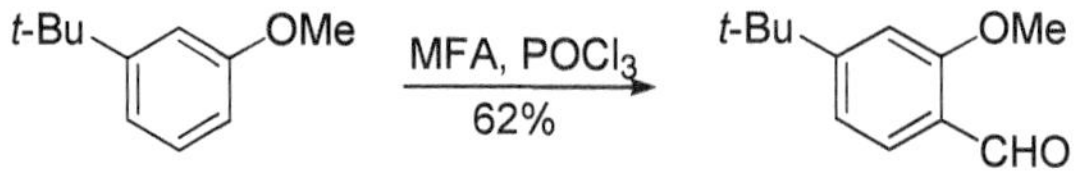
t-Bu
OMe
MFA, POCl3
62%
CHO
(33)

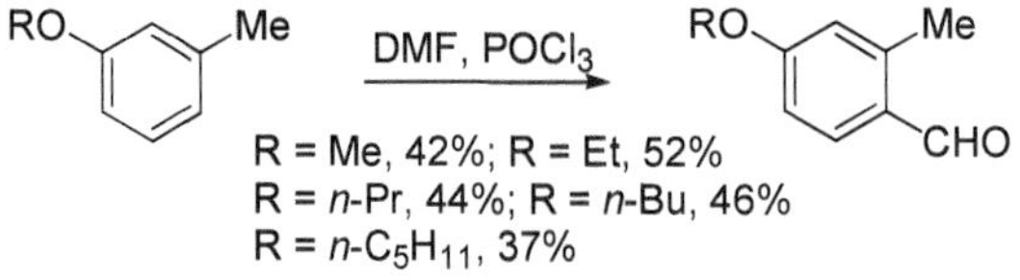
RO
Me
DMF, POCl3
CHO
R = Me, 42%; R = Et, 52%
R = n-Pr, 44%; R = n-Bu, 46%
R = n-C5H11, 37%
(34)

当底物中两个取代基处于对位时，甲酰基必然在其中一个取代基的邻位，这取决于两个取代基的推电子能力和位阻的大小。但在大多数情况下，甲酰基位于推电子能力强的取代基的邻位 (式 35)[46]。

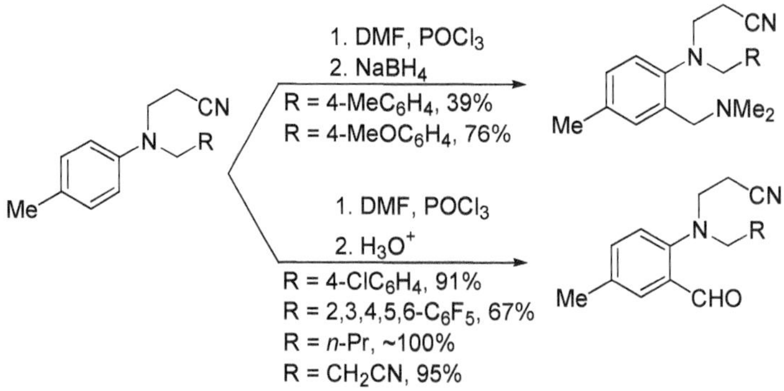
CN
N
R
Me
1. DMF, POCl3
2. NaBH4
R = 4-MeC6H4, 39%
R = 4-MeOC6H4, 76%
NMe2
1. DMF, POCl3
2. H3O+
R = 4-ClC6H4, 91%
R = 2,3,4,5,6-C6F5, 67%
R = n-Pr, ~100%
R = CH2CN, 95%
CHO
(35)

当芳环上有三丁基锡取代基时，VHA 试剂能高度区域选择性地置换这个基团，发生原位甲酰化反应 (*ipso*-formylation) (式 36)[47]。芳环上有其它三烃锡基 (例如：三甲锡基和三苯锡基等) 时也可发生类似的反应，这基于三烃基锡基是一个极好离去的基团。

$$
\underset{R}{\overset{SnBu_3}{\bigcirc}} \quad \xrightarrow[\substack{R = H, 56\%; R = 3\text{-Me}, 55\% \\ R = 3\text{-OMe}, 79\%; R = 4\text{-Cl}, 10\% \\ R = 4\text{-Me}, 70\%; R = 4\text{-OMe}, 96\%}]{MFA, POCl_3, 50\sim70\ ^oC} \quad \underset{R}{\overset{CHO}{\bigcirc}} \quad + \quad Bu_3SnCl \quad (36)
$$

其它多取代芳烃底物甲酰化位置的确定，可根据苯环上已有推电子取代基的性质与位置来推测。如式 37 所示：对于该三取代苯衍生物来说，甲酰化的位置很容易被确定[48]。

$$
\underset{MeO}{\overset{Pr\text{-}i}{\bigcirc}}_{OMe} \quad \xrightarrow[76\%]{DMF, POCl_3} \quad \underset{MeO}{\overset{OHC\quad Pr\text{-}i}{\bigcirc}}_{OMe} \quad (37)
$$

活性较低的底物需要使用活性极强的 VHA 试剂。如式 38 所示[49]：使用 DMF-三氟甲磺酸酐生成的加合物，1,3,5-三甲基苯才能成功地得到甲酰化产物。

$$
\underset{Me}{\overset{Me}{\bigcirc}}_{Me} \quad \xrightarrow[60\%]{DMF, (CF_3SO_2)_2O} \quad \underset{Me}{\overset{Me\quad CHO}{\bigcirc}}_{Me} \quad (38)
$$

当苯环上有亲核性基团能与 VHA 试剂反应中形成的亚甲基铵基正离子发生反应时，则可能会产生一个新的环合产物。许多时候，生成环合产物的趋势甚至成为影响 VHA 试剂区域选择性的一种因素或动力。如式 39 所示[50]：底物的 VHA 反应主要发生在成环官能团的邻位，并随即发生成环反应得到一系列苯并 [*b*] 呋喃衍生物。此方法也可以用于苯并 [*b*] 噻吩衍生物的合成[51]。

$$
\underset{R}{\overset{OEt}{\bigcirc}}_{O\quad OEt} \quad \xrightarrow[\substack{R = OMe, 27\% \\ R = OEt, 29\% \\ R = NEt_2, 33\%}]{DMF, POCl_3} \quad \underset{R}{\bigcirc}^{O}{-}CHO \quad (39)
$$

4.1.3 萘类化合物底物

萘与苯和甲苯类似具有较低的反应活性，仅能被 DMF-三氟甲磺酸酐生成的加合物甲酰化[49]。但在经典的 DMF-POCl$_3$ 条件下，萘和菲都不能被甲酰化。

当萘环上有活性基团取代时，可被 DMF-POCl$_3$ 加合物甲酰化。1-取代萘通常得 4-甲酰化产物，而 2-取代萘则得 1-甲酰化产物。如式 40 所示[52]：使用

1-(*N,N*-二甲基氨基)萘作底物，可以得到高达 76% 的二甲酰化产物以及少量的单甲酰化产物。

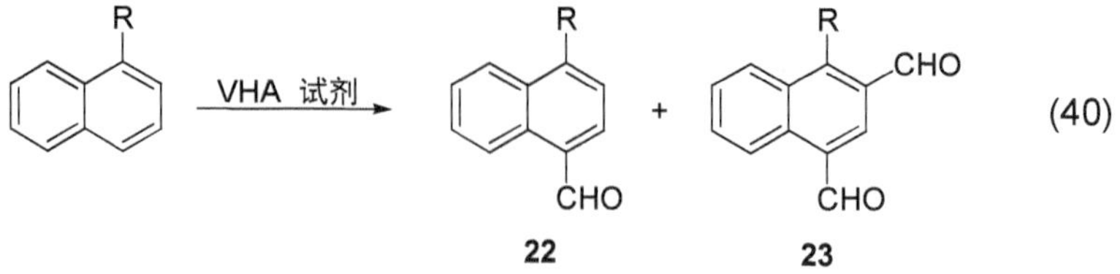

(40)

R	VHA 试剂	**22**/%	**23**/%	参考文献
OMe	DMF, (Cl₂PO)₂O	96	—	52a
OMe	DMF 或 MFA, POCl₃	81	—	52b
NMe₂	DMF, POCl₃ (3:1,摩尔比)	33	30	52c
NMe₂	DMF, POCl₃ (3:2, 摩尔比)	8	76	52c

在 DMF-POCl₃ 条件下，从 2,6-二甲氧基萘可获得 1-甲酰化产物[53] (式 41)、从 1,6-二甲氧基萘可获得 4-甲酰化产物 (用 MFA-POCl₃ 条件下则得到 5-甲酰化产物[54a,b])、从 1,7-二甲氧基萘则可以获得 4-甲酰化产物[54c]。

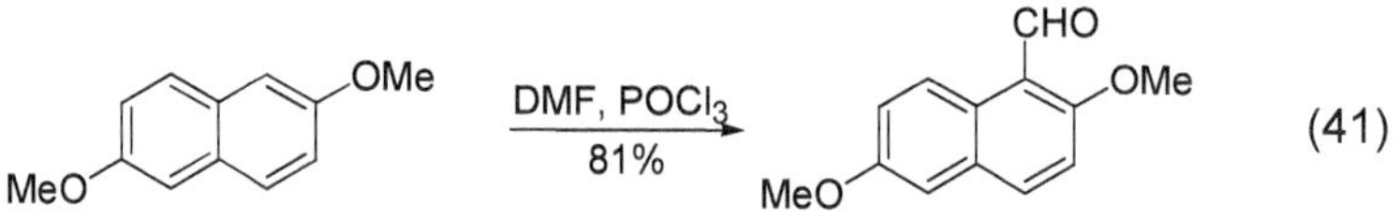

(41)

通过 VHA 反应，也可在取代的萘环上经分子内环合形成新环 (羟基与亚氨基之间的缩合) (式 42)[55]。

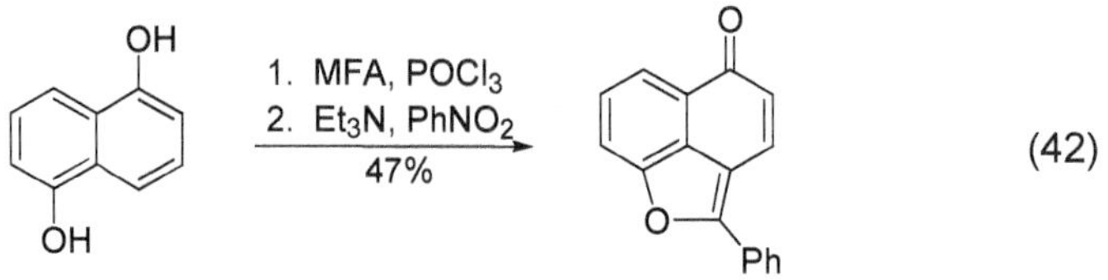

(42)

4.1.4 其它芳香碳环化合物底物

其它芳香碳环化合物也可以用作 VHA 反应的底物，例如：环戊二烯负离子衍生物就是一个典型的富电子芳香碳环化合物，它能够与一般的 VHA 试剂 (式 43)[56]或者插烯类 VHA 试剂 **24** 反应 (式 44)[57]，生成相应的亚甲基环戊二烯衍生物。它与交叉共轭的 VHA 试剂 **25** 反应，则得到由交叉共轭连接的双环戊二烯衍生物 (式 45)[57]。

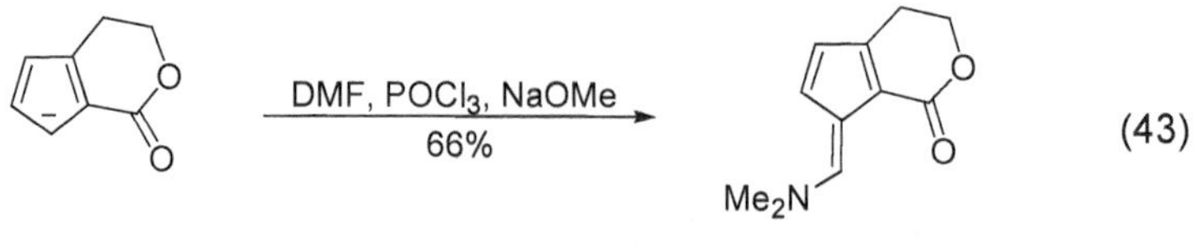

(43)

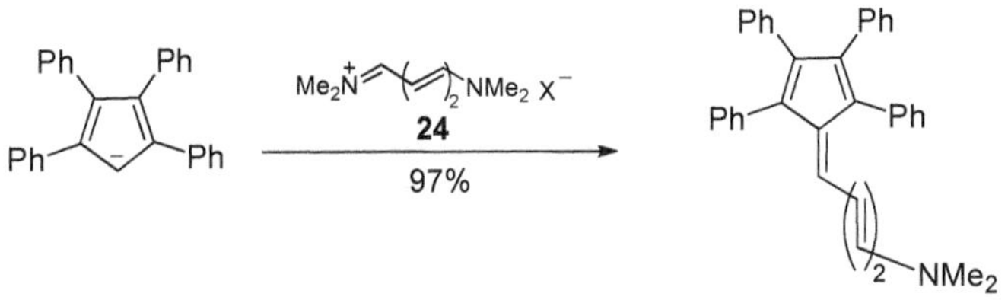

(44)

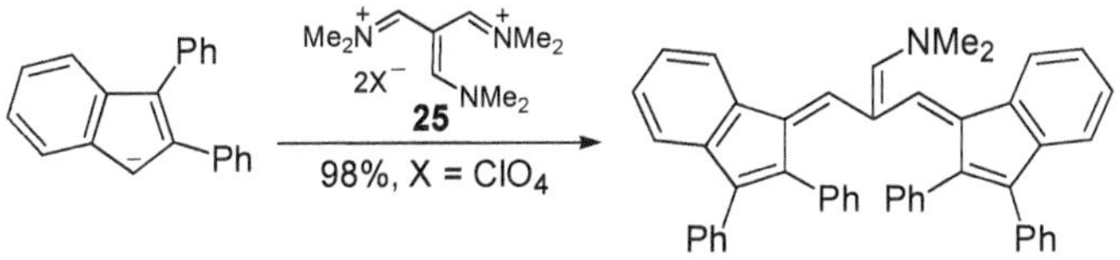

(45)

插烯 VHA 试剂 **24** 与交叉共轭 VHA 试剂 **25** 可按式 46 方式制得[57]：

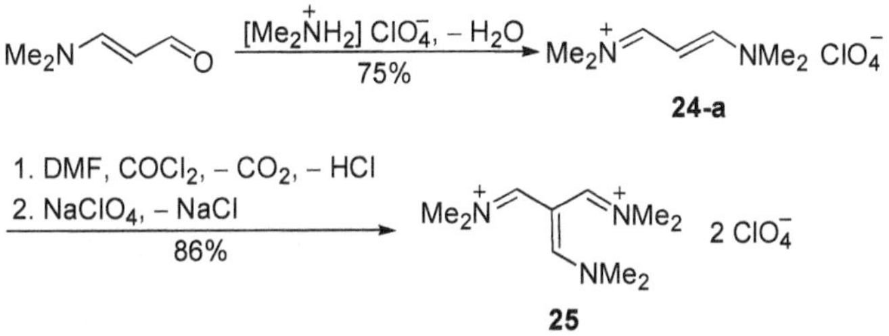

(46)

如式 47 所示[58]：使用插烯类 VHA 试剂 **24** 发生分子内环合反应可以用来制备芘类 (pyrene) 化合物。

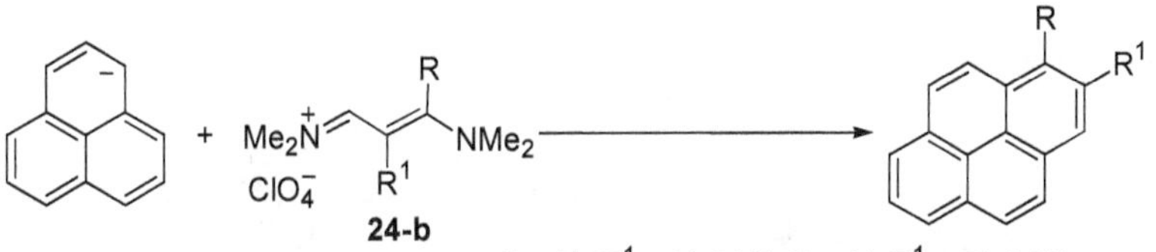

(47)

R = H, R¹ = H, 91%; R = H, R¹ = Cl, 38%
R = H, R¹ = NO₂, 30%; R = H, R¹ = Me, 79%
R = Me, R¹ = H, 88%; R = H, R¹ = OMe, 63%
R = H, R¹ = Et, 97%

甘菊环 (azulenes) 类环化物与 VHA 试剂反应常得到高收率的 1-酰化产物 (式 48)。在通常条件下，主要生成甘菊环 1-酰基取代产物[59a]或者 1-不饱和醛

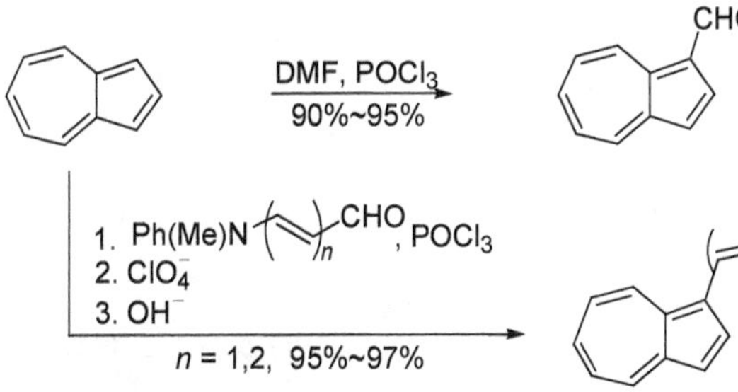

(48)

n = 1,2, 95%~97%

等衍生物[59b]。若使用过量的 VHA 试剂或者反应温度较高时，则可得到甘菊环1,3-二甲酰基取代产物。

最典型的有机金属非苯芳香化合物是二茂铁类化合物。根据 VHA 试剂的用量，二茂铁在 VHA 反应中可以得到单甲酰化或二甲酰化的二茂铁 (式 49)[60]。

$$(49)$$

4.2 芳香杂环化合物的 VHA 反应

4.2.1 吡咯、呋喃、噻吩和硒吩底物

吡咯、呋喃、噻吩和硒吩等富电子芳香杂环化合物具有较高的反应活性，它们无需带有推电子取代基就可以直接与 VHA 试剂反应。相比较而言，反应活性次序大概为：吡咯 > 呋喃 > 噻吩 ≈ 硒吩。

在 VHA 反应中，甲酰基被区域选择性地引入到这些芳香杂环化合物的 2-位或 5-位上 (式 50)[61]。当 2-位上有推电子取代基时，则甲酰基定位到 5-位上[62] (式 51)。

$$(50)$$

$$(51)$$

只有使用 2,5-二取代底物时，甲酰化才可能发生在 3-位或 4-位上 (取决于2-位与 5-位基团的电学性质)。如式 52 所示：由于酯基取代降低了吡咯的反应

$$(52)$$

活性，所以甲酰化反应发生在呋喃环的 5-位上。由于噻吩的反应活性非常低，即使吡咯环上有酯基取代，甲酰化反应却发生在吡咯的 3-位上[63]。

当这些芳香杂环化合物的 3-位上有推电子取代基，或者 3-位和 4-位都有推电子取代基时，它们在 VHA 反应中主要生成 2-甲酰基化产物 (式 53 和式 54)[64]。

$$(53)$$

$$(54)$$

在芳香杂环上有卤原子取代基时，必须适当地选择 VHA 试剂中的酸性卤化物。否则，分子中原有的卤原子会被置换。如式 55 所示：在经典的 DMF-POCl₃ 条件下，2-溴噻吩中的溴原子被氯原子置换生成相应的 5-氯噻吩甲醛[65]。如果选用 POBr₃ 作为卤化试剂，这一问题就可以轻易地被避免[66]。但是，3-溴噻吩中的溴原子很稳定，在 DMF-POCl₃ 条件下不会被置换[66]。

$$(55)$$

当吡咯 N-原子上有推电子烃基取代时，取代基的体积会直接影响 VHA 甲酰化反应的区域选择性。如式 56 所示[67]：随着 R 体积的增加，非常规的 3-甲酰化产物的比例也随之增大。

$$(56)$$

R = Me	95%	0
R = i-Pr	8%	71%
R = i-Bu	5%	64%

对于反应活性较大的吡咯来说，在 VHA 反应中会产生多种形式的产品。如式 57 所示[68]：VHA 试剂中的 N-烷基取代甲酰胺为内酰胺衍生物，则可得到环状亚胺产物。又如式 58 所示[69]：在反应中加入一些弱碱来吸收反应中产生的 HCl 并促进中间体去质子，则可以得到 5-取代的 2-溴吡咯衍生物。

$$(57)$$

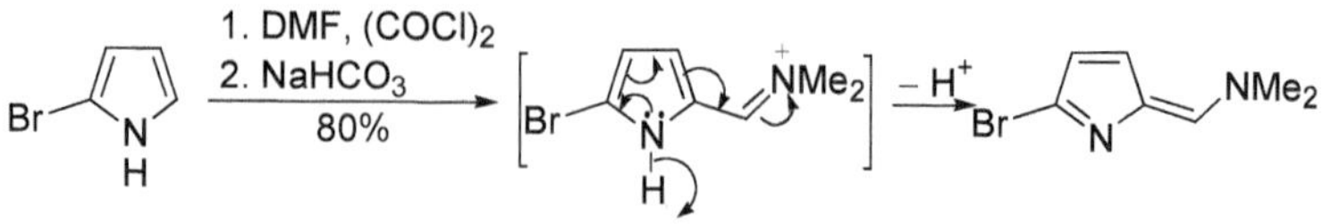

$$\tag{58}$$

4.2.2 苯并 [*b*] 呋喃、苯并 [*b*] 噻吩和吲哚衍生物底物

苯并 [*b*] 呋喃在 VHA 反应中一般生成苯并 [*b*] 呋喃-2-甲醛产物[70]，而苯并 [*b*] 噻吩[71]和吲哚衍生物[72]则生成 3-甲醛产物。当苯环或/和噻吩上已经有推电子取代基时，区域选择性会发生变化 (式 59)[73]。

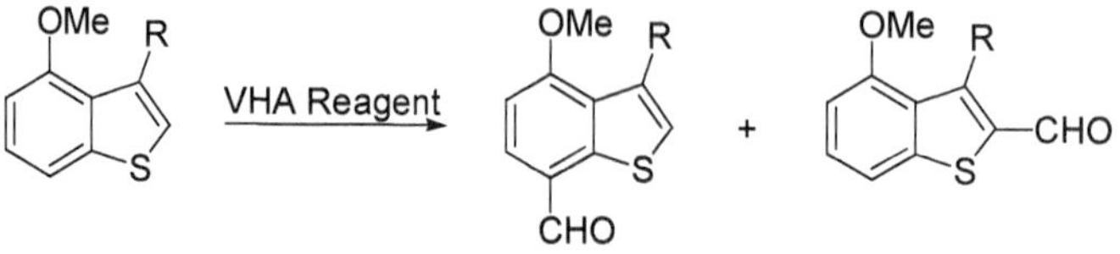

$$\tag{59}$$

R = H, DMF-POCl$_3$	98%	0
R = H, MFA-POCl$_3$	70%	0
R = Me, DMF-POCl$_3$	63%	35%

在这三类苯并五员杂环化合物中，吲哚衍生物的反应活性最高。它可以直接与 VHA 试剂反应，在吲哚 3-位上引入不同结构类型的取代基 (式 60)[72,74]。3-取代吲哚衍生物是制备一些具有生物活性化合物的重要中间体。

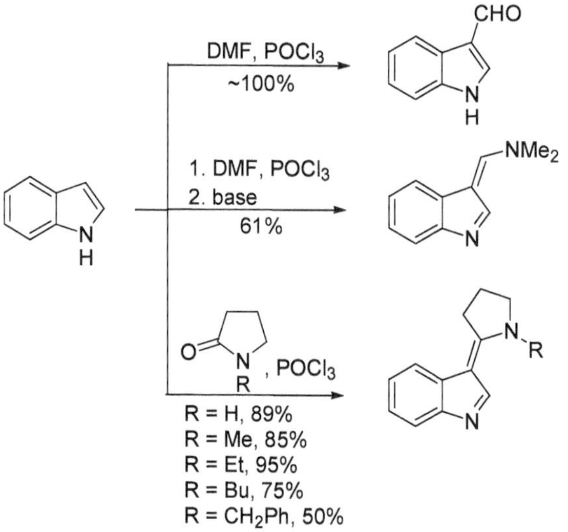

$$\tag{60}$$

R = H, 89%
R = Me, 85%
R = Et, 95%
R = Bu, 75%
R = CH$_2$Ph, 50%

如式 61 所示[75,76]：使用 3-取代吲哚时，VHA 反应优先生成 *N*-甲酰化 (或酰化) 产物。如果 3-位上的取代基活性较高，也会生成 2-酰化产物 (例如：R = NHAc 等)。

当吲哚的 *N*-原子上和 3-位上都有取代基时，VHA 反应可以得到较高收率的 2-甲酰化产物，同时产生少量的 5-位或 7-位甲酰化产物[76]。当吲哚 *N*-原子上和 2-位上都有取代基时，VHA 反应生成等量的 3-位和 7-位甲酰化产物的混合物[77]。

$$R = Me \quad 71\% \quad 22\%$$
$$R = NHAc \quad 0 \quad 31\%$$
$$R = 4\text{-}FC_6H_4 \quad 0 \quad 38\%$$

4.2.3 吡啶、嘧啶衍生物作底物

对于六员含氮芳香杂环化合物 (例如：吡啶和嘧啶等) 来说，环上带有推电子取代基有利于 VHA 甲酰化反应。如果当环上的推电子取代基是羟基时，这些羟基在 DMF-POCl₃ 反应条件下常被置换成氯原子。如式 62 所示[78]：N-取代吡啶衍生物常得到 5-(或 3-)甲酰化衍生物。

在嘧啶衍生物中，仅有 C5 上的电子密度最高。在较强推电性取代基的协助下，它们可以经 VHA 反应生成 5-甲酰基嘧啶。例如：N,N-二甲基的巴比妥酸与 VHA 试剂反应，可得到较好收率的 5-甲酰基-6-氯-巴比妥酸衍生物[79]。

如式 63 所示[80]：含有羟基或者内酰胺结构的嘧啶衍生物与过量的 VHA 试剂反应，在被甲酰化的同时，环上的羟基被氯原子所置换。如式 64 所示[81]：如果嘧啶甲酰化产物进一步发生分子内环合，则可以形成多环化产物。

4.2.4 其它共轭双环或共轭三环的杂环系列化合物作底物

这类化合物是由两个或三个五员或六员杂环并连而成的共轭杂环化合物，其中杂原子的数量及其在环上位置变化很多。所以种类繁杂，数量庞大。它们

可以与 VHA 试剂反应，*C*-甲酰化反应优先发生在电子密度较高的碳原子上。

如式 65 所示[82a]：噻吩并 [2,3-*b*] 吡咯与 VHA 试剂反应，甲酰化主要发生在吡咯的 2-位上。由于呋喃并 [3,2-*b*] 吡咯中的吡咯环上有拉电子取代基，甲酰化反应则选择发生在呋喃环 (式 66)[82b]。由于咪唑是一富电子的杂环，杂环 5-5-6 系列化合物的甲酰化反应表现出高度的反应活性和区域选择性 (式 67)[82c]。

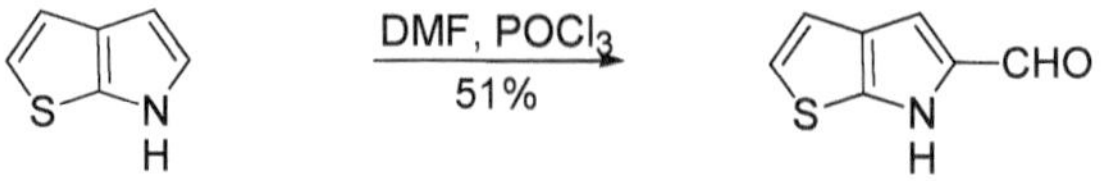

$$\text{(65)}$$

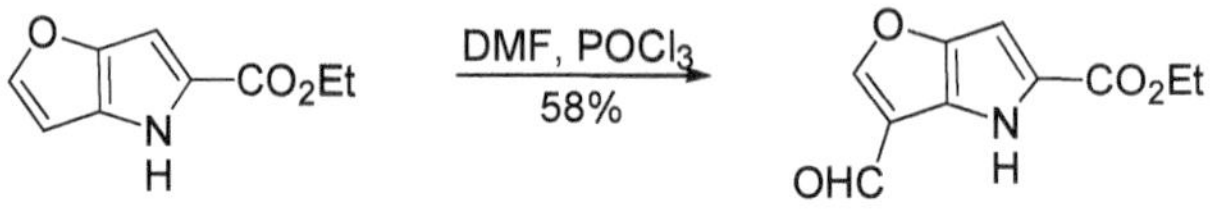

$$\text{(66)}$$

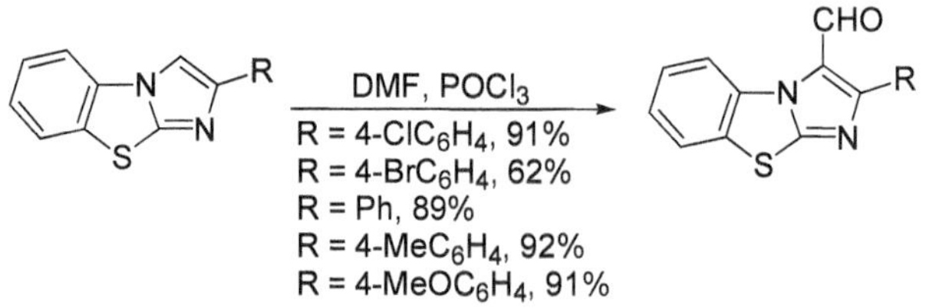

R = 4-ClC$_6$H$_4$, 91%
R = 4-BrC$_6$H$_4$, 62%
R = Ph, 89%
R = 4-MeC$_6$H$_4$, 92%
R = 4-MeOC$_6$H$_4$, 91%

$$\text{(67)}$$

更多的该类芳香杂环与 VHA 试剂的反应及其结果，参见文献 [83]。

4.3 非芳香化合物的 VHA 反应

1939 年，Wizinger 发现烯烃能够和 Vilsmeier 试剂反应，并以苯乙烯为底物对该反应进行了研究。如式 68 所示：首先烯键对 VHA 试剂发生亲核反应，生成碳正离子中间体。然后，中间体经消去反应释放出卤化氢后，形成亚甲基铵盐。最后，再经水解反应得到肉桂醛类衍生物[84]。后来，通过 Arnold 等人的系统研究，非芳香和脂肪基取代烯烃化合物也可以用作 VHA 反应的底物，使该反应在有机合成化学中得到更广泛的应用。

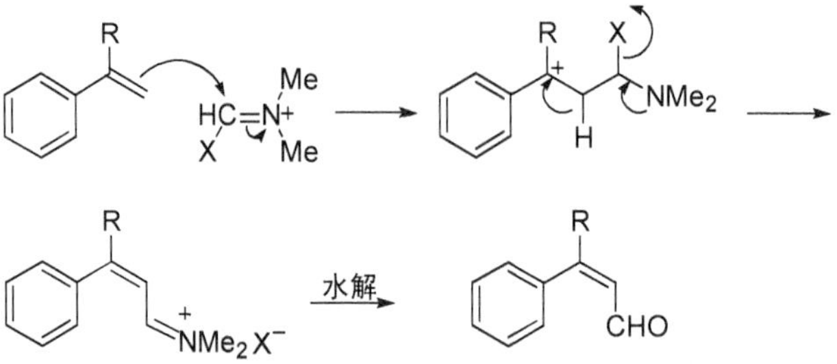

$$\text{(68)}$$

烯烃等非芳香不饱和键与 VHA 试剂的反应也可被视为不饱和键的加成反应。一般地说，影响烯烃发生 VHA 的原因不是来自烯烃的位阻，而是来自 VHA

试剂较低的亲电能力。烯烃加成反应依赖烯烃底物的 HOMO 能级, 任何能增加 HOMO 能量的条件都有利于反应。所以, 使用共轭多烯 (例如: 共轭二烯或三烯) 或带有推电性取代基的烯烃 (例如: 烯胺、烯醇、烯醇醚等) 都有利于 VHA 反应的进行。

4.3.1 烯烃、共轭多烯作底物

一般来讲, 双键一端有两个烷基取代或者有一个芳基取代的末端烯烃均可与经典的 VHA 试剂反应。如式 69 所示: 亚甲基环己烷是一个反应活性一般的烯烃, 它与 VHA 反应首先生成亚甲基铵盐的中间体。然而, 经过随后的脱质子和双键移位形成了反应活性较高的双烯底物。这样, 它就可以继续与 VHA 试剂反应生成含有两个胺基亚甲基取代基的产物, 水解后可得相应的醛[85]。

$$(69)$$

异丁烯与 VHA 试剂反应首先生成正常的亚甲基铵盐中间体, 经过随后的脱质子和双键移位也形成反应活性较高的双烯底物。这样, 将该反应过程重复几次后, 以 73% 的收率分离得到了含有 5 个亚氨基取代基的产物。如式 70 所示[85]: 该产物可环合生成收率为 49% 的 4-甲酰基-2,7-萘吡啶。

$$(70)$$

莰烯和 VHA 试剂反应只能形成正常的亚甲基铵盐中间体, 因为其结构的特殊性不能发生双键的移动 (式 71)[86]。

$$
\text{(71)}
$$

对于苯乙烯衍生物与 VHA 试剂的反应被研究得较多，获得一些较有兴趣的结果，如式 72 中，芳香环与环外烯烃竞争地与 VHA 试剂反应，研究表明，仅有在较高反应温度和 VHA 试剂较大过量时，才在芳环与烯基上同时发生甲酰化的结果，否则只有烯烃被甲酰化[87]。

$$
\text{(72)}
$$

	26	**27**
Ar = Ph, DMF-POCl₃	33%	0
Ar = Ph, DMF-POCl₃, Py	40%	35%
Ar = 4-O₂NC₆H₄, DMF-POCl₃	25%	0

一般情况下，苯乙烯与 VHA 试剂反应生成肉桂醛类化合物。当苯环上有较多或较强的推电子取代基时，在较高反应温度下可得到茚类产物，如式 73 所示[88]；它是由碳正离子中间体和苯环间的亲电反应而制得的。

$$
\begin{array}{l}
\text{DMF, POCl}_3, 100\ ^{\circ}\text{C} \\
\text{R = Me, 45\%} \\
\text{R = Et, 62\%} \\
\text{R = } n\text{-Pr, 66\%} \\
\text{R = } n\text{-Bu, 62\%}
\end{array}
\qquad \text{(73)}
$$

有些羟基化合物在 VHA 试剂作用下能够原位生成烯烃、共轭二烯或多烯，因此可以直接用作 VHA 反应的底物 (式 74 和式 75)[89]。

$$
\begin{array}{l}
\text{DMF, POCl}_3 \\
68\%
\end{array}
\qquad \text{(74)}
$$

$$
\begin{array}{l}
\text{1. DMF, POCl}_3 \\
\text{2. HClO}_4 \\
62\%
\end{array}
$$

$$
\begin{array}{l}
\text{1. DMF, POCl}_3 \\
\text{2. base} \\
79\%
\end{array}
\qquad \text{(75)}
$$

Ar = 4-MeOC₆H₄

(E,E-)

在 VHA 反应中，共轭二烯和多烯化合物是反应活性较高的底物。所以，它们大多可以得到较高的 VHA 反应产率，并且都生成末端甲酰化的产物 (式 76)[90]。

$$n = 0, 85\%$$
$$n = 1, 86\%$$
(76)

环戊二烯底物较为特别，它与 VHA 试剂作用生成多取代的亚甲基环戊二烯衍生物 (式 77)[91]。

$$\text{1. DMF, POCl}_3 \quad \text{2. NaClO}_4 \quad 69\%$$
$$2 \ ClO_4^-$$
(77)

对于双键上仅有一个烷基取代的末端烯烃底物而言，经典的 DMF-POCl$_3$ 和 MFA-POCl$_3$ 条件无法使它们发生甲酰化反应。因此，它们也常被称为无反应活性的 VHA 反应底物。但是，Katritzky 等使用 *N*-甲酰基吗啉 (NFM)-POCl$_3$ 作为 VHA 试剂，可以对这类烯烃进行甲酰化反应，得到相应的 α,β-不饱和醛 (式 78)[92]。

$$\text{1. NFM-POCl}_3 \quad 80\% \quad \text{2. H}_2O \quad 35\%$$
(78)

NFM = *N*-formylmorpholine

4.3.2 含有推电性取代基的烯烃作底物

4.3.2.1 烯胺与烯酰胺

烯胺和酰基烯胺具有很高的 VHA 反应活性，这主要是因为胺基对烯键的活化作用。使用适当结构的底物，可以通过分子内环合反应生成环状产物。如式 79

$$\text{DMF, POCl}_3 \quad 47\%\sim73\%$$
$$- NH_2Me_2^+Cl^-$$

R = 2-MeO, R^1 = Me, 47%
R = 4-MeO, R^1 = Me, 60%
R = 3-NO$_2$, R^1 = Et, 61%
R = 4-NO$_2$, R^1 = Et, 60%
R = 3-MeO, R^1 = Et, 73%
R = 4-MeO, R^1 = Et, 69%
R = 3,4-(MeO)$_2$, R^1 = Et, 71%

(79)

所示[93]：用 3-芳氨基-2-丁烯酸酯与 VHA 试剂反应已经成为合成喹啉衍生物的常用方法。

1,4-二(二甲基氨基)-1,3-丁二烯与 VHA 试剂反应可以得到具有二烯胺和二亚甲铵的二高氯酸盐（被称为掩蔽的四醛）。如式 80 所示[94]：该盐在温和条件下水解可以得到二醛。

$$\tag{80}$$

如式 81 所示[95]：烯胺的酰胺与 VHA 试剂反应可以较高产率地得到相应的丙烯醛衍生物。

$$\tag{81}$$

4.3.2.2　烯醇醚与烯醇硫醚

缩醛或缩酮在酸性条件下可以方便地脱去一分子醇生成烯醇醚。所以，缩醛、缩酮和烯醇醚以及烯醇硫醚都可以与 VHA 试剂反应，生成带有二甲氨基的丙烯醛衍生物 **28**（收率大于 60%）。然后，在强碱条件下水解生成 3-羟基丙烯醛衍生物 **29**（反应通式 82）[96]。

R = H, Alkyl, Aryl, Cycloalkyl *etc.* R¹ = Me, Et

$$\tag{82}$$

烯醇醚或多烯醇硅醚与 VHA 试剂反应后用苯胺处理，可以将烷氧基或烷硅氧基交换生成苯胺的衍生物 (式 83)[97]。

$$
\begin{array}{c}
\text{EtO} \diagup \diagdown \\[2pt]
\text{TMSO} \diagup \diagdown \text{Et}
\end{array}
\quad
\xrightarrow[\text{2. PhNH}_2\cdot\text{HCl}]{\text{1. DMF, POCl}_3}
\quad
\begin{array}{c}
\overset{+}{\text{PhHN}} \diagdown \diagup \text{NHPh Cl}^- \quad 83\% \\[6pt]
\text{PhHN} \diagdown \diagup \overset{+}{\text{NMe}_2}\ \text{Cl}^- \quad 55\% \\
\qquad\quad \text{Et}
\end{array}
\tag{83}
$$

由于烷硫基的稳定性高于烷氧基，烯基硫醚经 VHA 反应生成的产物中的烷硫基不易消除 (式 84)[98]。

$$
\begin{array}{c}
\text{PhS}\diagup\diagdown\text{SPh} \\
Z\ \text{or}\ E
\end{array}
\xrightarrow[74\%]{\text{PhNMeCHO, POCl}_3}
\begin{array}{c}
\text{OHC}\diagup\diagdown\text{SPh}\\
\text{PhS}
\end{array}
\tag{84}
$$

4.3.3 炔烃的 VHA 反应

炔烃与 VHA 试剂反应的报道不多，反应的结果生成丙烯醛类衍生物或者相应的亚甲基铵盐衍生物 (式 85)[99]。如式 86 所示[100]：芳基炔烃经 VHA 反应生成卤代肉桂醛衍生物。

$$
\text{MeO}\diagup\diagdown\!\!\!\equiv
\xrightarrow[60\%]{\substack{\text{1. DMF, (COCl)}_2 \\ \text{2. NaClO}_4}}
\begin{array}{c}
\text{MeO}\diagdown\diagup\diagdown\overset{+}{\text{NMe}_2} \\
\qquad\ \ \text{Cl} \qquad\ \ \text{ClO}_4^-
\end{array}
\tag{85}
$$

$$
p\text{-MeOC}_6\text{H}_4\!\!-\!\!\!\equiv
\xrightarrow[70\%]{\text{MFA, POCl}_3}
\begin{array}{c}
p\text{-MeOC}_6\text{H}_4 \\
\diagdown\diagup\diagdown\text{CHO} \\
\text{Cl}
\end{array}
\tag{86}
$$

4.4 羰基化合物的 VHA 反应

几乎所有的羰基化合物都可以发生 VHA 反应[101]，例如：醛、酮、酸、酸酐、酯、酰胺和酰亚胺等。

4.4.1 醛和酮的 VHA 反应 (又称卤代甲酰化反应)

醛和酮能够与 VHA 试剂反应被认为是与它们的烯醇式结构有关。如式 87 所示：烯醇式醛酮 **30** 中双键首先亲核进攻 VHA 试剂，生成加成中间体 **31**。然后，**31** 中烯醇氧负离子再次亲核进攻 VHA 试剂，生成双亚甲基铵盐 **32**。加热脱去 DMF 后，**32** 被转化成为氯代亚甲基铵盐衍生物 **33**。最后，经水解生成 β-卤代丙烯醛衍生物 (常为 E/Z-混合物)[102]。这一过程在将醛酮转变成为烯基氯的同时，还在 α-位上引入一个醛基。所以，这一过程常被称为"卤代甲酰化反应"。

如式 87 所示：中间体 **32** 的形成还有另外一条可能性途径[103]。首先，VHA 试剂亲电进攻有较弱碱性的羰基氧，很缓慢地产生亚甲基铵盐 **34** 和 HCl。然后，**34** 再与 VHA 试剂作用生成 **32**。在这一反应过程中，关键是要考虑到醛酮转化为 **34** 时释放的 HCl。若 HCl 很快移去，则有利于 **34** 形成。否则，HCl 将催化醛酮生成烯醇式 **30**，从而有利于产生中间体 **31**。这一结论可以通过设计反应在低温条件下进行或者增加反应体系中 HCl 浓度易于得到 **31** 的实验结果来证实。

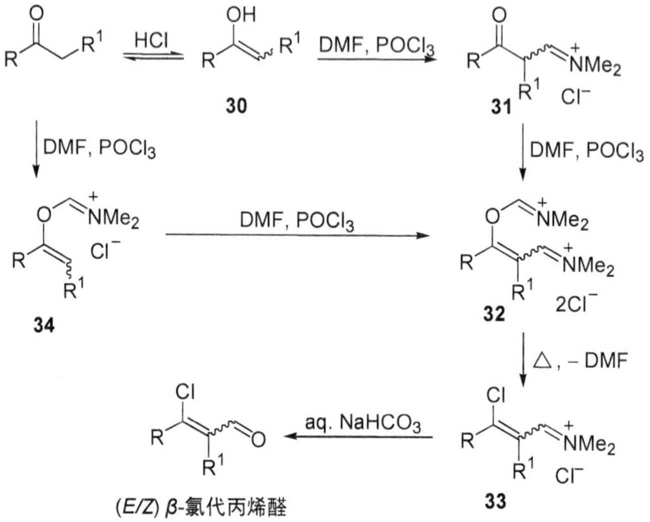

(87)

(E/Z) β-氯代丙烯醛

使用不同的 VHA 试剂，相同的底物可以通过卤代甲酰化反应得到各种不同的 β-卤代丙烯醛衍生物 (式 88)[102a]。

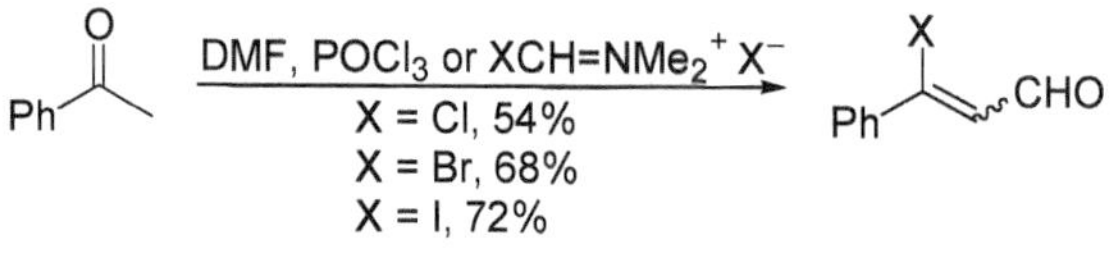

$$X = Cl, 54\%$$
$$X = Br, 68\%$$
$$X = I, 72\%$$

(88)

如式 89 所示[104]：叠氮苯乙酮在低温下与 VHA 试剂反应得到正常的卤代甲酰化产物。但是，在较高温度下反应则在中间体阶段释放出氮气，环合成噁唑衍生物。

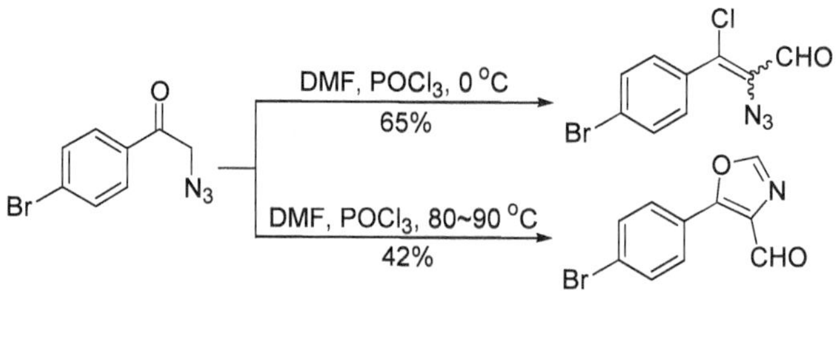

(89)

羰基化合物的 VHA 反应结果还受到底物分子结构的影响。如式 90 所示[105a]：将蒽酮转变为 10-氯-9-蒽甲醛是最早报道的 VHA 试剂与酮的反应。该反应首先得到 10-氯化蒽的亚甲基铵盐中间体，然后水解为相应的 9-蒽甲醛。但是，当使用 1,8-二羟基蒽酮为底物时，则得不到相应的卤代甲酰化产品，仅得到混合的蒽酮亚甲基衍生物[105b]。显然，1,8-二羟基与羰基氧之间的氢键作用阻碍了羰基氧与 VHA 试剂之间的反应。

$$(90)$$

如果使用不对称脂肪酮为底物，它们的 VHA 反应则表现出一定的区域选择性。这种区域选择性完全取决于酮羰基两侧脂肪烃的结构，如式 91 所示：丁酮由于羰基两侧的取代基差别不大，羰基烯醇化结构的双键主要处在中间[106a]。所以，VHA 反应得到多取代基的丙烯烃产物 **35a** 与 **35b**，其中以 (*E*)-**35a** 为主。但是，对式 92 中的 4-甲基-2-戊酮而言，异丙基的立体位阻使羰基烯醇化结构的双键主要处在末端。因此，得到较少取代基的烯烃产物 **36a**

$$(91)$$

$$(92)$$

与 **36b**，其中产物以 (Z)-**36b** 为主[106b]。

含叔碳结构的酮与 VHA 试剂反应，明显地影响产物的 (E)- 和 (Z)-异构体比例。如式 93 所示[107]：当酮羰基一侧带有金刚烷基时，使 (E)-β-卤代丙烯醛成为主产物。

$$(93)$$

$$(7 : 1)$$

如果使用足够过量的 VHA 试剂时，底物酮则经双亚甲基铵盐中间体生成氯代双甲酰化产物 (式 94)[108]。

$$(94)$$

4.4.2 羧酸和酸酐作底物

羧酸及其羧酸盐与 VHA 试剂反应常被用于制备丙烯醛或其铵盐衍生物 **37** (式 95)[99,109a]。卤代乙酸及其盐还可生成多亚甲基铵盐衍生物 **38**[109]，经水解后可以得到三甲酰基甲烷 (**39**)。

$$(95)$$

式 95 中的 X 除了是卤素外，还可以是其它取代基。式 96 为羧酸与 VHA

$$(96)$$

X = F, Cl, Br, Aryl, Heteroaryl, Alkyl, CN, CO$_2$Et, CHO, *etc.*

试剂反应的通式[99,110]，主要生成亚甲基铵盐 **40**。如果有必要的话，可经部分水解或者完全水解生成取代的丙烯醛衍生物 **37** 或 **41**。

酸酐与 VHA 试剂反应，类似地形成亚甲基胺类化合物 (式 97)[111]。

$$(97)$$

关于羧酸与 VHA 试剂反应，形成酰氯见 5.1.2 节。

4.4.3 酯和内酯作底物

如式 98 所示[112]：羧酸酯与 VHA 试剂反应可以生成稳定的 α-(N,N-二甲基氨基亚甲基)酯 **42**。式中的 R-基无论是拉电子或推电子取代基，它们均能够得到较好的收率。

$$R = CO_2Et, R^1 = Et, 81\%$$
$$R = CN, R^1 = Et, 75\%$$
$$R = 2\text{-quinolyl}, R^1 = Et, 82\%$$
$$R = 2\text{-pyridyl}, R^1 = Et, 50\%$$

$$(98)$$

内酯与 VHA 试剂作用，其结果与酮的反应类似。如式 99 所示[113]：反应主要生成卤代甲酰化产物以及其它亚甲基胺类内酯化合物。

$$(99)$$

$$(100)$$

对有些底物而言，内酯可以在 VHA 反应中发生开环和再成环的过程。如式 100 所示[114]：在较高反应温度条件下，异噁唑酮经 VHA 反应生成了 1,3-噁嗪-6-酮杂环化合物。

研究结果显示：低温或室温下易得到 α-(N,N-二甲基氨基亚甲基)酯类中间体及其盐，较高温度则以甲酰化产物为主。

4.4.4 酰胺、内酰胺和酰亚胺作底物

DMF 本身是一种酰胺，式 7 和式 16 已经给出 VHA 试剂与 DMF 作用形成的一些中间体或产物。如式 101 所示[99]：二甲基乙酰胺 (DMA) 与不同的 VHA 试剂作用可形成不同的乙烯胺衍生物。如果使用二乙基乙酰胺 (DEA) 与光气反应，则形成乙酰乙酰胺衍生物 (式 102)[115]。

$$
\text{Me}_2\text{N}\text{—C(O)—} \quad
\begin{array}{c}
\xrightarrow[76\%]{\text{DMF, POCl}_3} \\
\xrightarrow[86\%]{\begin{array}{l}1.\ \text{DMF, COCl}_2 \\ 2.\ \text{NaClO}_4\end{array}}
\end{array}
\tag{101}
$$

$$
\text{Et}_2\text{N}\text{—C(O)—Me} \xrightarrow[83\%]{\text{COCl}_2,\ \text{ClCH}_2\text{CH}_2\text{Cl, reflux, 2 h}} \text{Et}_2\text{N—C(O)—CH}_2\text{—C(O)—Me}
\tag{102}
$$

除 N-乙酰脲外，其它 N-酰脲或 N-酰硫脲与 VHA 试剂反应时会发生脲消除反应。如式 103 所示[116]：最后生成亚甲基铵盐 **43** 或者丙二醛衍生物。

$$
\xrightarrow[78\%]{\begin{array}{l}1.\ \text{DMF, POCl}_3 \\ 2.\ \text{NaClO}_4\end{array}}
\tag{103}
$$

43

很多酰胺可作为氮杂环化合物的原料。如式 104 和式 105 所示[117]：芳胺的酰胺衍生物在 VHA 试剂作用下往往可以用于合成氮杂环化合物。

$$
\xrightarrow[66\%]{\text{DMF, POCl}_3}
\tag{104}
$$

$$
\xrightarrow[72\%]{\text{DMF, POCl}_3}
\tag{105}
$$

内酰胺和酰亚胺与 VHA 试剂反应，一般地得到卤代甲酰化产物 (式 106 和式 107)[118]。

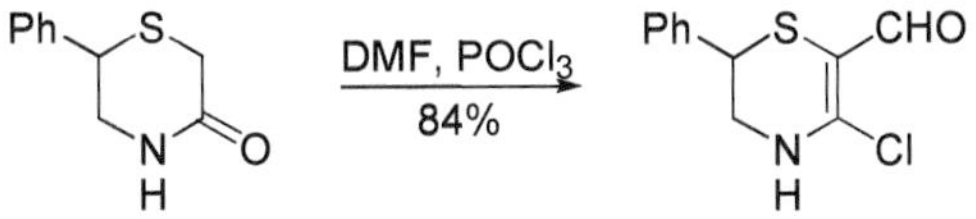

$$\text{(106)}$$

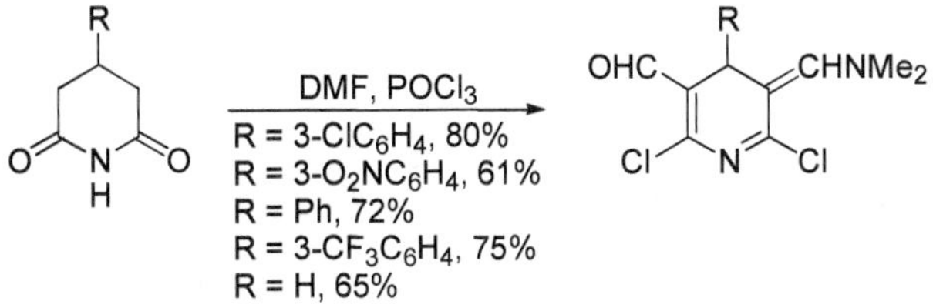

$$\text{(107)}$$

R = 3-ClC$_6$H$_4$, 80%
R = 3-O$_2$NC$_6$H$_4$, 61%
R = Ph, 72%
R = 3-CF$_3$C$_6$H$_4$, 75%
R = H, 65%

4.5　氨/胺类化合物的 VHA 反应

氨/胺类化合物的 VHA 反应已成为构建 C-N 键的一种较常用的方法,可以用于该反应的胺类化合物包括:铵盐、胺、亚胺、腙以及肟等。

4.5.1　以铵盐和胺为底物

铵盐 [例如:NH$_4$Cl、(NH$_4$)$_2$CO$_3$ 和 AcONH$_4$ 等] 或胺具有较好的亲核性,是 VHA 反应较理想的底物。如通式 108 所示:它们与 VHA 试剂反应一般得到相应的脒盐或脒。如式 109 所示:由芳伯胺 (包括芳香氮杂环伯胺) 得到的脒盐可通过水解得到酰胺[119]。从另一角度考虑,通过 VHA 反应也可以对芳胺中的氨基进行保护。在有机合成中经常用到这一保护策略,得到的脒化合物可用氨水水解恢复成氨基。

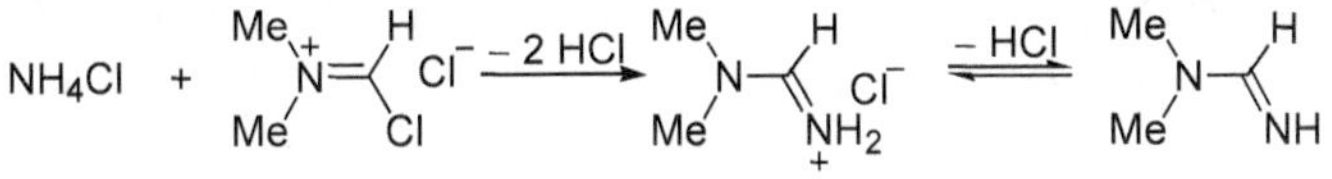

$$\text{(108)}$$

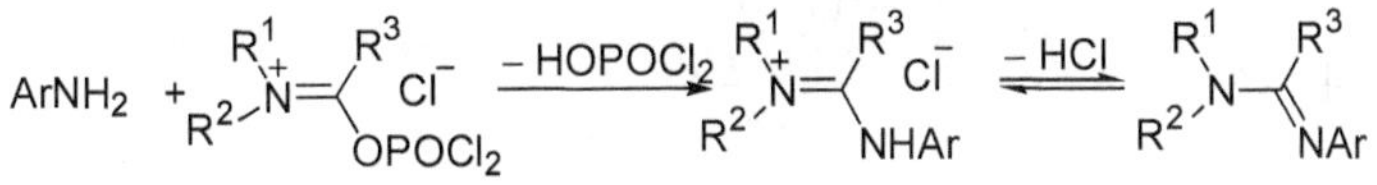

$$\text{(109)}$$

脂肪伯胺与 VHA 试剂反应后所得到的脒盐很难从反应体系中分离出来,有时使用脂肪仲胺作原料才能得到分离方便的脒盐[119b,120]。

当 VHA 试剂中的 DMF 用环状内酰胺代替时,与伯胺或仲胺反应也可以得到相应的不同结构型式的脒衍生物 (式 110 和式 111)[121]。

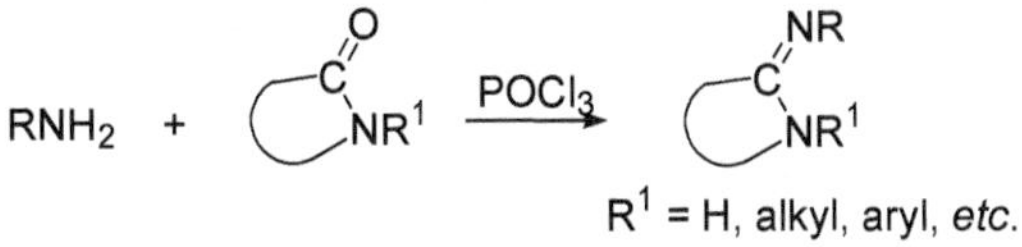

$$\text{(110)}$$

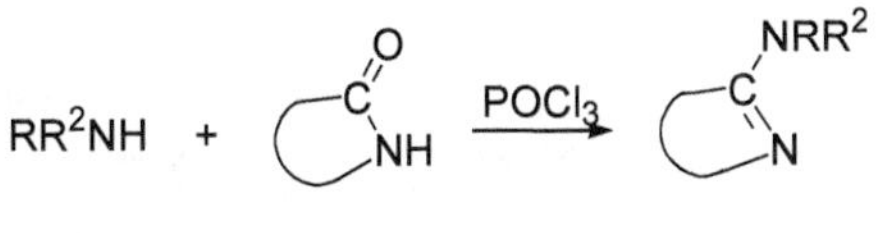

R^1 = H, alkyl, aryl, etc.

$$\text{(111)}$$

4.5.2 以亚胺、腙和肟为底物

由于亚胺可互变成烯胺形式,所以环亚胺与 VHA 试剂反应可以得到三种不同产物。式 112 所示:正常以丙烯醛类化合物产物为主,在较高温度下可得 C-N 键的环化物[122]。

$$\qquad (112)$$

若亚胺的 N 原子上有芳烃取代基,则该 N 原子将成为 VHA 试剂亲电进攻的目标,得到相应的脒盐产物 (式 113)[123]。

$$\qquad (113)$$

腙的亚胺 C 原子上没双取代基时,它们与 VHA 试剂反应易在该 C 原子上引入甲酰基 (式 114)[124]。

$$\qquad (114)$$

腙与缩氨基脲在和 VHA 试剂反应时,常经环化过程得到收率较高的吡唑衍生物 (式 115)。其中可能先产生丙烯醛中间体,缩氨基脲在反应中释去酰胺基团[125]。

$$\qquad (115)$$

在 VHA 试剂存在下,肟常在较高温度下发生 Beckmann 重排反应 (式 116)[126a]。有趣地观察到:α,β-不饱和酮肟在低温下则得到甲酰化衍生物,肟基没有受到影响。但是,在 65 ℃ 条件下,该底物经过 Beckmann 重排、甲酰化环合和氯化等一系列反应生成 2-氯吡啶衍生物 (式 117)[126b]。

$$(116)$$

$$(117)$$

5　VHA 试剂参与的其它反应

由于 VHA 试剂具有原料来源广泛、价廉易得、易于制备和反应条件温和等许多优点，因此它们还被广泛地用于其它反应。

5.1　卤化反应

5.1.1　溴化反应

除了羰基化合物在 VHA 反应中可发生卤代甲酰化反应外，羟基官能团(例如：醇和酚) 可在 DMF-POBr$_3$ 作用下生成相应的溴代烃或者亚甲基铵盐 **44** (式 118)[127]。

$$(118)$$

在该类反应中，催化剂量的 DMF 即可得到满意的结果 (5~15 mol% 相对于底物)。事实上，POBr$_3$ 本身就是一个很好的羟基溴代剂，但在 DMF 催化下可以缩短反应时间和提高收率。

5.1.2　氯化反应

VHA 试剂对醇羟基的氯代过程与溴代反应完全一样。如式 119 所示[127a,b]：VHA 试剂 **3** 与羟基首先发生亲电结合，然后，在加热条件下释放出 HCl 和催化剂 DMF，得到较高收率的氯代烃。

$$
\text{R}-\text{OH} + \underset{\mathbf{3}}{\text{Me}_2\overset{+}{\text{N}}=\text{CHCl} \ \text{Cl}^-} \longrightarrow \left[\begin{array}{c} \text{Me}_2\text{N} \quad \text{R} \\ \text{Cl}^- \end{array} \right] \xrightarrow[-\text{DMF, } -\text{HCl}]{\triangle} \overset{\text{R}}{\underset{}{}}\text{Cl} \qquad (119)
$$

当酚的 2-、4- 或 6-位有拉电子取代基时，酚羟基才会被氯原子取代生成氯苯衍生物。如式 120 所示[128]：通过使用一种改良的 VHA 试剂 [P$_2$O$_5$ 和 ZnX$_2$(X = Cl、Br、I)] 可以得到较好的氯代 (和卤代) 效果。

$$
\xrightarrow[78\%]{\text{DMF, P}_2\text{O}_5\text{, ZnCl}_2} \qquad (120)
$$

如式 121 所示[129]：VHA 试剂与羧酸反应是一种制备酰氯的常用方法。除此之外，VHA 试剂也能将磺酸盐 RSO$_3$Na 氯化为相应的磺酰氯[130]。

$$
(121)
$$

5.2 环合反应

5.2.1 芳香环的合成

在 VHA 试剂作用下，某些含有两种或两种以上亲核基团的五碳或七碳底物可以环合形成苯的衍生物 (例如：五碳不饱和醇、五碳共轭多烯羧酸或七碳共轭多烯胺等)。如式 122~式 125 所示：用不同链长和官能团取代的底物，

$$
\xrightarrow{\text{DMF, POCl}_3} \qquad 24\% \qquad + \qquad 6\% \qquad (122)
$$

$$
\xrightarrow[22\%\sim28\%]{\text{DMF, POCl}_3} \qquad (123)
$$

$$(124)$$

$$(125)$$

可以在生成的苯环上同时引入 1~3 个甲酰基和带有不同的烷基、甲氧基或芳烃等。VHA 反应已成为一种制备甲酰基取代芳烃的常用方法[131]，生成的产物具有多样性的特点。

在 VHA 试剂的作用下，一些不饱和非芳环底物能够被芳构化生成芳香化合物。这些底物一般都是环己烯的衍生物，例如：环己二烯类化合物、环己烯酮类化合物、环己二酮类化合物和环己二烯羧酸类化合物等。如式 126 所示[132]：1,4-二甲基-1,4-环己二烯在 DMF-POCl₃ 作用下，芳构化生成 2,5-二甲基-1,3-苯二甲醛。

$$(126)$$

5.2.2 芳杂环的合成

分子中两个亲核性基团通过 VHA 反应形成芳杂环的报道很多[133]。在具体的合成实践中，选择适当的 VHA 试剂最为重要。如式 127 所示[134]：在 HCONH₂-POCl₃ 条件下，从 N,N-二甲基乙酰胺可以方便地制备氨基嘧啶衍生物。

$$(127)$$

最近，Sridhar 等人报道：使用一锅煮方法，可以从 VHA 试剂、NaN₃ 和芳香酸 (例如：肉桂酸、苯甲酸) 方便地得到高收率的酰基叠氮化合物 (式 128a 和式 128b)[135]。

$$(128a)$$

$$(128b)$$

在上述方法基础上，他们用硫代水杨酸作原料制得相应的酰基叠氮化合物。然后，经 Curtius 重排和环合反应制得了两种苯并噻唑 **45** 与 **46**。如式 129 所示：用 3 倍摩尔量的 POCl$_3$ 时，一锅煮法首先生成酰基叠氮化物，继而反应得到苯并噻唑酮 **46**。若用 8 倍当量的 POCl$_3$，则高产率地得到氯代苯并噻唑 **45**[136]。

$$(129)$$

45, 94%   **46**, 70%

5.3 脱水反应

VHA 试剂还有一个重要功能就是能够促进脱水反应，主要是将伯酰胺脱水生成腈 (式 130)。在脱水反应中，只需使用催化量的 DMF (5~10 mol%)。POCl$_3$、PCl$_5$、SOCl$_2$、COCl$_2$ 和三光气等均可用作无机酸卤化剂。如式 131 所示[137]：该反应可在室温下几分钟至 10 多分钟内完成，产率一般 80% 以上。

$$(130)$$

$$(131)$$

5.4 酯化反应

许多 VHA 试剂都是醇的良好卤代剂。当酰氯 (例如：苯甲酰氯) 被用作无机酸性卤化剂时，它与 DMF 形成的 VHA 试剂可将醇 (伯、仲或叔醇) 酯化形成相应的甲酸酯衍生物 (C-O 键产物)。如式 132 所示[138]：由苯甲酰氯和 DMF 生成的 VHA 试剂与醇在低温下 (常在 0~20 ℃ 之间) 首先形成亚氨酸酯氯化物 **47**。然后，经水解 (很稀的硫酸或 1.0 mol/L 的氯代乙酸盐缓冲液) 得到相应的甲酸酯。

$$\underset{\underset{Me}{|}}{\overset{Me}{|}}{\overset{OCOPh}{\underset{+}{N}}}=\overset{}{\underset{Cl^-}{}} + ROH \longrightarrow \underset{\underset{Me}{|}}{\overset{Me}{|}}{\overset{OR}{\underset{+}{N}}}=\overset{}{\underset{Cl^-}{}} \xrightarrow{hydrolysis} ROCHO \qquad (132)$$

47

文献报道：使用 DMF-POCl$_3$[139] 或 DMF-(COCl)$_2$[140]等 VHA 试剂可以将酚或普通脂肪醇酯化，以较高的产率生成相应的甲酸酯。

Marson 和 Giles 曾作过粗略的统计[141]，应用 VHA 试剂可以获得 50 多种不同的官能团和 50 多种杂环体系 (单环、联二环、并二环或并三环等)。该统计结果提醒我们：VHA 试剂是一类多功能的反应试剂，在进行目标分子合成路线设计时应当较多地考虑使用它们。

6　VHA 反应在天然产物和药物合成中的应用

VHA 反应在天然产物全合成与药物合成中的应用频率较高，其所发挥的作用主要有两方面：(1) 发生芳烃甲酰化反应，由此获得最终产物[142c]。或者对全合成中的芳香中间体进行甲酰化，并以此为支点进行碳链延伸、环合或官能团衍生化[143d,145b]；(2) 发生卤代甲酰化反应，并利用卤素进行中间体的连接构建目标分子的主体骨架，或者应用卤素与甲酰基进行官能团衍生化[144c]。

6.1　天然产物 Homofascaplysin C 的全合成

Homofascaplysin C 是从斐济的海绵体 *F. reticulata* 中分离得到的一系列 Fascaplysin 类天然色素中的一种。这类色素具有抗微生物活性和细胞毒性，对鼠白血病 L-1210 细胞株有选择性抑制作用[142a,b]。

这类天然色素分子中都有一个新型的 12*H*-吡啶并 [1,2-*a*:3,4-*b*′] 双吲哚环体系。Homofascaplysin C 是一种黄色固体粉末，其分子中双吲哚环的 C13 位上有一个甲酰基。1992 年，Gribble 等完成了这一天然产物的全合成[142c]。如式 133 所示：他们首先用草酰氯将两分子吲哚连接在一起。然后，将羰基还原得到双吲哚 **48** 这一关键中间体。在关环芳构化生成 12*H*-吡啶并 [1,2-*a*:3,4-*b*′] 双吲哚后，经 VHA 反应高度区域选择性地在 C13 位上引入甲酰基。整体而言，非常简洁和高效地完成了目标天然产物的全合成。

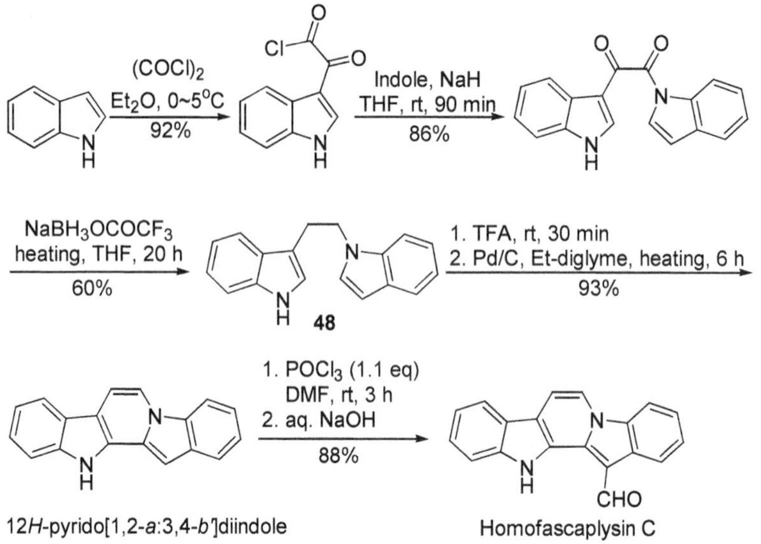

(133)

12H-pyrido[1,2-a:3,4-b']diindole   Homofascaplysin C

6.2 天然产物 FR-900482 的全合成

1987 年，Fujisawa 实验室从链霉素 *Streptomyces sandaensis* 中分离得到了天然产物 FR-900482[143a,b]。该化合物具有较复杂的化学结构，其中包括多个手性中心。生物活性研究表明，FR-900482 是具有类似丝裂霉素 (mitomycin-like) 作用的抗肿瘤抗生素[143c]。它的分子结构与丝裂霉素 C 有许多共同点，都含有两个抗癌基团：氮丙啶和氨基甲酸酯。长期以来，不少有机化学家致力该化合物的全合成。1997 年，Ziegler 实验室报道了第一条有关 FR-900482 的全合成路线。他们首先利用吲哚衍生物为基核，将手性氮丙啶结合到吲哚上。然后，再经过环合等多步反应，完成了目标天然产物的全合成。如式 134 所示[143d]：VHA 反应被用在起始的反应中。在温和的反应条件下，得到高收率的 3-甲酰基吲哚衍生物中间体。

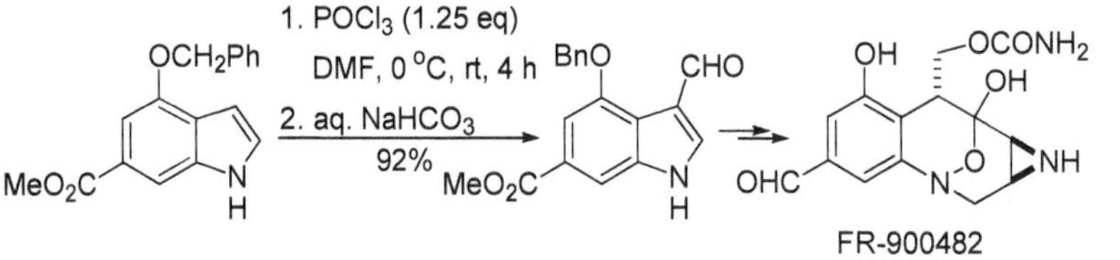

(134)

FR-900482

6.3 天然产物 (±)-Illudin C 的全合成

1965 年，人们从一些霉菌中分离得到倍半萜烯类化合物 Illudins。这类化合物分子结构独特，具有抗菌作用和胞毒性[144b]，(±)-Illudin C 是其中的一个化合物[144a]。2001 年，Funk 等人报道了一条有关该化合物的全合成路线[144c]。如式 135 所示[143d]：他们利用三乙基硅烷基保护的手性环戊烯醇为原料，经 VHA

试剂的溴代甲酰化反应，较高收率地得到中间体 **49**。经对甲酰羰基肟化后，在低温和叔丁基锂作用下引入手性环丙基片段。最后，再经过多步反应得到目标天然产物。

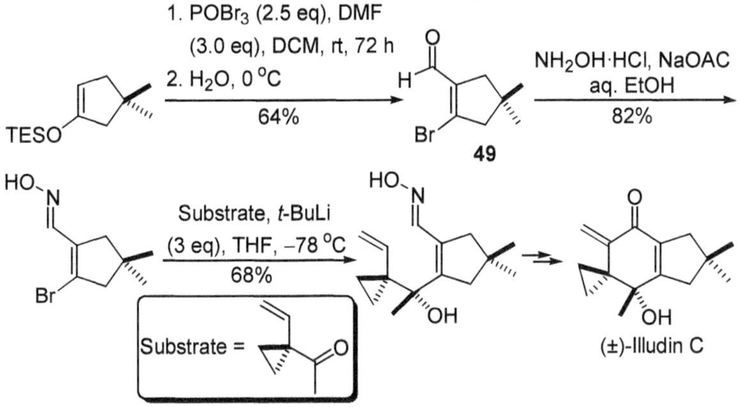

(135)

6.4 临床药物苹果酸舒尼替尼的合成

苹果酸舒尼替尼 (Sunitinib malate, Su-11248, 商品名为 Sutent) 是 2006 年

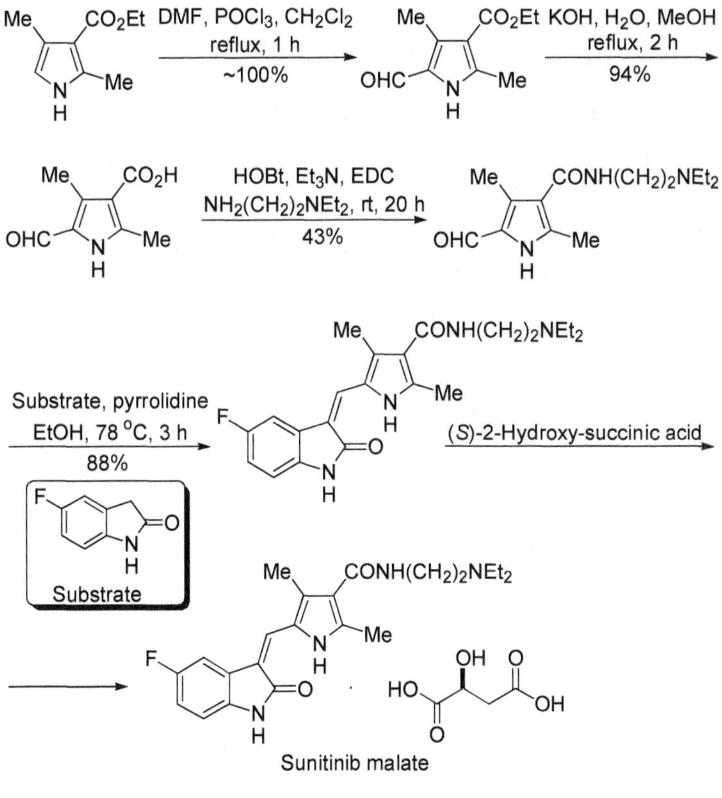

(136)

Sunitinib malate

1 月由美国 FDA 批准上市的治疗胃肠间质癌 (GIST) 药物[145a]，对 VEGFR-2 (血管内皮生长因子-2) 等酪氨酸激酶有显著的抑制作用。它是一个小分子吲哚酮衍生物，在吲哚酮 3-位通过亚甲基连接了一个吡咯衍生物。该化合物由 Sun 等人在 2003 年合成得到，其中 VHA 反应被用于吡咯的甲酰化反应。如式 136 所示[145b]：在最传统的 VHA 反应条件下，几乎以定量的产率在吡咯环上引入了甲酰基官能团。

7 VHA 反应实例

例 一

2-氯环己烷-1-烯-1-甲醛的合成[146]
(环酮的甲酰化反应)

$$(137)$$

在氮气保护和搅拌下，将 POCl$_3$ (460 g, 3.0 mol) 在 1 h 内滴加到 DMF (310 g, 4.24 mol) 的三氯乙烯 (800 mL) 溶液中。在整个滴加过程中控制温度不超过 10 °C，加完后升至室温。然后，将环己酮 (320 g, 3.26 mol) 的三氯乙烯 (800 mL) 溶液在 60 °C 以下加入到上述溶液中。生成的混合物在 55~60 °C 下反应 3 h 后冷至 35 °C，滴加由无水乙酸钠 (1.2 kg) 与水 (2.8 L) 生成的溶液。静置并冷却室温后，分出的有机相用饱和盐水 (2 × 1.5 L) 和脱氧水 (1.5 L) 洗涤。有机相用无水硫酸钠干燥后过滤，滤液中加入无水乙酸钠 (10 g)。然后，在 50~60 °C 下减压浓缩。生成的残留物在氮气保护下蒸馏，得到无色液体产物 (230~320 g，53%~74%)，bp 86~88 °C /1.33 kPa，n_D^{20} 1.5198。

例 二

4-氧-4H-苯并吡喃-3-甲醛的合成[147]
(使用 DMF-焦磷酰氯作为 VHA 试剂)

$$(138)$$

在 −20 °C 下，将焦磷酰氯 [(Cl₂PO)₂O, 80 mL] 在 10 min 内滴加到邻羟基苯乙酮 (25 g, 0.184 mol) 的 DMF (80 mL) 溶液中。生成的混合液在室温下搅拌 13 h 后，加入冰水水解。过滤生成的沉淀，滤饼水洗后再用 EtOH 洗涤。粗产物经丙酮重结后得无色晶体粉末状的苯并吡喃甲醛 (19.6 g, 61%)，mp 152~153 °C。另从 EtOH 洗液中可分离出 *trans*-1-(2-羟基苯甲酰基)-2-(4-氧-4*H*-1-苯并吡喃-3-基)乙烯 (430 mg)，mp 177~179 °C (丙酮重结晶)。

例 三

3-氨基-2-硫代甲酰基巴豆酸甲酯的合成[148]

(烯胺的硫代甲酰化反应)

$$\underset{H_2N}{\overset{Me}{\diagdown}}\!\!\diagup CO_2Me \quad \xrightarrow[\substack{\text{2. aq. NaHS} \\ 83\%}]{\text{1. DMF, POCl}_3,\ \text{rt}\sim30\ ^{\circ}\text{C, 5 h}} \quad \underset{H_2N}{\overset{Me}{\diagdown}}\!\!\diagup \overset{CO_2Me}{\underset{CHS}{}} \tag{139}$$

在 0 °C 和搅拌下，将 POCl₃ (0.5 mL, 5.5 mmol) 的 DMF (1.5 mL) 溶液在 10 min 内滴加到 3-氨基巴豆酸甲酯 (0.575 g, 5.0 mmol) 的 THF (10 mL) 溶液中。生成的混合物在室温搅拌 1 h 后升至 30 °C 继续搅拌 4 h，然后放置于冰箱中过夜。在 0 °C 加入乙醚后立即产生沉淀，滗倒出乙醚后该易吸湿性的沉淀由黄白色转为黄色。固体用乙醚洗涤数次，直至乙醚液澄清为止。将该固体溶于二氯甲烷 (250 mL) 中，然后加入的硫氢化钠水溶液 (2.0 mol/L, 25 mL) 激烈摇振后分层。分出的水相再用二氯甲烷 (30 mL) 萃取一次，合并的有机相用水再洗 6 次后经 MgSO₄ 干燥。浓缩后得橙色固体，然后用苯-己烷混合液重结晶后得到纯净的产物 (0.66 g, 83%)，mp 110.5~111 °C。

例 四

2-氯-7-甲氧基喹啉-3-甲醛的合成[149]

(酰胺甲酰化后环合制得喹啉)

$$\underset{MeO}{} \quad \xrightarrow[\substack{89\%}]{\text{DMF, POCl}_3,\ \text{reflux, 4 h}} \quad \underset{MeO}{} \tag{140}$$

在 0 °C 和干燥管保护下，将 POCl₃ (53.7 g, 0.35 mol) 和 3-甲氧基-*N*-乙酰苯胺 (8.25 g, 0.05 mol) 依次加入到 DMF (9.13 g, 0.125 mol) 中。然后，在 5 min 内将体系加热至回流。反应 4 h 后将混合液倾倒入冰水中，在 0~10 °C 下搅拌 30 min。过滤产生的沉淀，滤饼经水洗和乙酸乙酯重结晶后得到纯净的产物 (9.85 g, 89%)，mp 197~198 °C。

例 五

2-(6-嘌呤基)丙二醛的合成[150]

(活性甲基的双甲酰化反应)

$$(141)$$

在 0 °C 和搅拌下，缓慢地将 POCl$_3$ (50 mL) 滴加到 DMF (30 mL) 中。然后，在 5 °C 下缓慢加入 6-甲基嘌呤 (13.4 g, 0.1 mol)。生成的混合物搅拌 15 min 后，升至室温反应 1 h。然后，再慢慢升温到 120 °C 反应 1 h。将反应体系冷至 60 °C 后得到黏稠的浆状物，在激烈搅拌下倒入碎冰中。加入固体 Na$_2$CO$_3$ 调节 pH = 3，加入冷水至总体积为 500 mL。将混合液冷至 5 °C 后，搅拌下加入 NaOH (2 g) 和活性炭。过滤出固体，滤液用冰醋酸酸化至 pH = 5。过滤形成的细晶状沉淀，经水洗和干燥后得到产品 (1.55 g, 82%)，mp 330 °C (分解)。

8 参 考 文 献

[1] Vilsmeier, A.; Haack, A. *Ber. Dtsch. Chem. Ges.* **1927**, *60*, 119.

[2] Vilsmeier, A. *Chen. -Ztg.* **1951**, *75*, 133.

[3] (a) Friedel, M. C. *Bull. Soc. Chim. France*, **1896**, *11*, 1028. (b) Friedel, M. C. *Ber. Dtsch. Chem. Ges.* **1895**, *28*, 374.

[4] Fischer, O.; Müller, A.; Vilsmeier, A. *J. Prakt. Chem.* **1925**, *109*, 69.

[5] (a) Arnold, Z.; Sorm, F. *Collect. Czech. Chem. Commun.* **1958**, *23*, 452. (b) Svoboda, M.; Synácková, M.; Samek, Z.; Fiedler, P.; Arnold, Z. *Collect. Czech. Chem. Commun.* **1978**, *43*, 1261.

[6] Jutz, C. *Iminium Salts in Organic Chemitry (Part 1)*; In *Adv. Org. Chem.*, Vol. 9; Taylor, E. C., Ed.; John Wiley & Sons: New York, **1976**, 225-342.

[7] (a) Kikugawa, K.; Kawashima, T. *Chem. Pharm. Bull. Jap.* **1971**, *19*, 2629. (b) Bosshard, H.H.; Mory, R.; Schmid, M.; Zollinger, H. *Helv. Chim. Acta.* **1959**, *42*, 1653.

[8] Fieser, L. F.; Fieser, M. *Reagents for Organic Synthesis*, Wiley: New York, **1967**, pp 284.

[9] Reichardt, Ch. *J. Prakt. Chem.* **1999**, *341*, 609.

[10] Wizinger, R. *J. Prakt. Chem.* **1939**, *154*, 1.

[11] Bredereck, H.; Bredereck, K. *Chem. Ber.* **1961**, *94*, 2278.

[12] Jones, G.; Stanforth, S. P. *Org. React.* **1997**, *49*, 4.

[13] (a) Fujisawa, T.; Sato, T. *Org. Synth.* **1988**, *66*, 121. (b) Fujisawa, T.; Sato, T. *Org. Synth.* Coll. Vol. III, Wiley, New York, **1993**, pp 498. (c) Kikugawa, K.; Ichino, M.; Kawashima, T. *Chem. Pharm. Bull. Jap.* **1971**, *19*, 1837, 2629.

[14] Arnold, Z.; Žemlička, J. *Collect. Czech. Chem. Commun.* **1960**, *25*, 1318.

[15] Arnold, Z.; Holy, A. *Collect. Czech. Chem. Commun.* **1961**, *26*, 3059.

[16] Arnold, Z.; Holy, A. *Collect. Czech. Chem. Commun.* **1962**, *27*, 2886.

[17] (a) Allenstein, E.; Guis, P. *Chem. Ber.* **1963**, *96*, 2918; (b) Allenstein, E.; Schmidt, A. *Spectrochim. Acta.* **1964**, *20*, 1451.

[18] (a) Baldwin, J. E. *J. Chem. Soc, Chem. Commun.* **1976**, 734. (b) Kuerti, L.; Czako, B. *Strategic Application of Named Reactions in Organic Synthesis.* Elsevier Academic Press: New York, **2005**, pp. 32-33.

[19] Meth-Cohn, O.; Tarnowski, B. *Adv. Heterocycl. Chem.* **1982**, *31*, 414.

[20] (a) Cheung, G. K.; Downie, I. M.; Earle, M. J.; Heaney, H.; Matough, M. F. S.; Shuhaibar, K. F.; Thomas, D. *Synlett* **1992**, 77. (b) Downie, I. M.; Earle, M. J.; Heaney, H.; Shuhaibar, K. F. *Tetrahedron* **1993**, *49*, 4015. (c) Garcia Martinez, A.; Martinez Alvarez, R.; Osio Barcina, J.; De la Moya Cerero, S.; Teso Villar, E.; Garcia Fraile, A.; Hanack, M.; Subramanian, L. R. *J. Chem. Soc., Chem. Commun.* **1990**, 1571.

[21] Zollinger, H.; Bosshard, H. H. *Helv. Chim. Acta.* **1959**, *42*, 1659.

[22] (a) Arnold, Z. *Collect. Czech. Chem. Commun.* **1963**, *28*, 2047; (b) Eilingsfeld, H.; Seefelder, M.; Weidinger; H. *Angew. Chem.* **1960**, *72*, 836.

[23] Phillips, B. A.; Fodor, G.; Gal, J.; Letourneau, F.; Ryan, J. J. *Tetrahedron* **1973**, *29*, 3309.

[24] Holy, A.; Arnold, Z. *Collect. Czech. Chem. Commun.* **1973**, *38*, 1371.

[25] (a) Martin, G. J.; Poignant, S. *J. Chem. Soc., Perkin Trans. 2*, **1974**, 642. (b) Fritz, H.; Oehl, R. *Liebigs Ann. Chem.* **1971**, *749*, 159.

[26] Ziegenbein, W.; Franke, W. *Chem. Ber.* **1960**, *93*, 1681.

[27] Martin, G. J.; Poignant, S. *J. Chem. Soc., Perkin Trans. 2*, **1972**, 1964.

[28] Martinez, A. G.; Alvarez, R. M.; Barcina, J. O.; Cerero, S. D. M.; Vilar, E. T.; Fraile, A. G.; Hanack, M.; Subramanian, L. R. *J. Chem. Soc., Chem. Commun.* **1990**, 1571.

[29] Marson, C. M.; Giles, P. R. *Synthesis Using Vilsmeier Reactions*, CRC Press: Boca Raton/Florida (USA), **1994**, pp 3.

[30] Stabb, H. A.; Datta, A. P. *Angew. Chem., Int, Ed. Engl.* **1963**, *3*, 132.

[31] Tebby, T. C.; Willetts, S. E. *Phosphorus Sulfur* **1987**, *30*, 293.

[32] (a) Alunni, S.; Linda, P.; Marino, G.. *J. Chem. Soc., Perkin Trans. 2*, **1972**, 2070. (b) Linda, P.; Luccarelli, A.; Marino, G. *J. Chem. Soc., Perkin Trans. 2*, **1974**, 1610.

[33] (a) Trost, B. M.; Fleming, I. *Comprehensive Organic Synthesis—Selectivity, Strategy & Effeciency in Modern Organic Chemistry.* Vol 2. Pergamon Press; New York, **1991**: 777-794. (b) Kuerti, L.; Czako, B. *Strategic Application of Named Reactions in Organic Synthesis.* Elsevier Academic Press, New York, **2005**: 468-469.

[34] Dingwall, J. G.; Reid, D. H.; Wade, K. *J. Chem. Soc. (C),* **1969**, 913.

[35] Guenther, E.; Wolf, F.; Wolter, G. *Z. Chem.* **1968**, *8*, 63.

[36] Wenzel, F.; Bellak, L. *Monatsch. Chem.* **1914**, *35*, 965.

[37] (a) Bredereck, H.; Effenberger, K.; Botsch, H.; Rehn, H. *Chem. Ber.* **1965**, *98*, 1981. (b) Jutz, C.; Amscher, H. *Chem. Ber.* **1963**, *96*, 2100.

[38] Grundmann, C.; Dean, J. M. *Angew. Chem. Int. Ed. Engl.* **1965**, *4*, 955.

[39] Oda, R.; Yamamoto, K. *Nippon Kagaku Zasshi*, **1962**, *83*, 1292 (*Chem. Abstr.* **1963**, *59*, 11399g).

[40] Shah, R. C.; Deshpande, R. K.; Chaubal, J. S. *J. Chem. Soc.* **1932**, 642.

[41] Ullrich, F.-W.; Breitmaier, E. *Synthesis* **1983**, 641.

[42] Jutz, C. *Chem. Ber.* **1958**, *91*, 850.

[43] Mallegol, T.; Gmouh S.; Meziane M. A. A.; Blanchard-Desce, M.; Mongin, O. *Synthesis* **2005**, 1771.

[44] Wolter, G.; Kosler, W. *Z. Chem.* **1970**, *10*, 401.

[45] Iwata, M.; Emoto, S. *Bull. Chem. Soc. Jpn.* **1974**, *47*, 1687.

[46] (a) Shawcross, A. P.; Stanforth, S. P. *Tetrahedron* **1988**, *44*, 1461. (b) Shawcross, A. P.; Stanforth, S. P. *Tetrahedron* **1989**, *45*, 7063.

[47] Neumann, W. P.; Hillgärtner, H.; Baines, K. M.; Dicke, R.; Vorspohl, K.; Kobs, U.; Nussbeutel, U. *Tetrahedron* **1989**, *45*, 951.

[48] De Paulis, T.; Kumar, Y.; Johansson, L.; Raemsby, S.; Hall, H.; Saellemark, M.; Aengeby-Moeller, K.; Oegren, S. O. *J. Med. Chem.* **1986**, *29*, 61.

[49] Garcia Marinez, A.; Martinez Alvarez, R.; Osio Barcina, J.; De la Moya Cerero, S.; Teso Villar, E.; Garcia Fraile, A.; Hanack, M.; Subramanian, L. R. *J. Chem. Soc., Chem. Commun.* **1990**, 1571.

[50] Hirota, T.; Fujita, H.; Sasaki, K.; Namba, T. *J. Heterocycl. Chem.* **1986**, *23*, 1715.

[51] Hirota, T.; Fujita, H.; Sasaki, K.; Namba, T.; Hayakawa, S. *Heterocycles* **1987**, *26*, 2717.

[52] (a) Downie, I. M.; Earle, M. J.; Heaney, H.; Shuhaibar, K. F. *Tetrahedron* **1993**, *49*, 4015. (b) Buu-Hoi, N. P.; Lavit, D. *J. Chem. Soc.* **1954**, 2776. (c) Buyukliev, R. T.; Pojarlieff, I. G. *Dokl. Bolg. Akad. Nauk.* **1987**, *40*, 71 (*Chem. Abstr.* **1988**, *109*, 149021j).

[53] Buu-Hoï, N. P.; Lavit, D. *Bull. Soc. Chim. Fr.* **1955**, 1419.

[54] Buu-Hoï, N. P.; Lavit, D. *J. Chem. Soc.* **1954**, 2776.

[55] (a) Hoan, N. C. R. *Hebd. Seances Acad. Sci.* **1954**, *238*, 1136 (*Chem. Abstr.* **1955**, *49*, 3914b). (b) Barton, D. H. R.; Dawes, C. C.; Franceschi, G.; Figlio, M.; Ley, S. V.; Magnus, P. D.; Mitchell, W. L.; Temperelli, A. *J. Chem. Soc., Perkin Trans. 1*, **1980**, 643. (c) Buu-Hoï, N. P.; Lavit, D. *J. Org. Chem.* **1956**, *21*,1257.

[56] Fujisawa, T.; Sakai, K. *Tetrahedron Lett.* **1976**, 3331.

[57] Jutz, C.; Amschler, H. *Chem. Ber.* **1964**, *97*, 3331.

[58] Jutz, C.; Kirchlechner, R.; Seidel, H.-J. *Chem. Ber.* **1969**, *102*, 2301.

[59] (a) Hafner, K.; Bernard, C. *Justus Liebigs Ann. Chem.* **1959**, *625*, 108. (b) Jutz, C. *Angew. Chem.* **1958**, *70*, 270.

[60] (a) Graham, P. J.; Lindsey, R. V.; Parshall, G. W.; Peterson, M. L.; Whitman, G. M. *J. Am. Chem. Soc.* **1957**, *79*, 3416. (b) Beoadhead, G. D.; Osgerby, J. M.; Pauson, P. L. *J. Chem. Soc.* **1958**, 650.

[61] Bordner, J.; Rapoport, H. *J. Org. Chem.* **1965**, *30*, 3824.

[62] Bouka-Poba, J-P.; Farnier, M.; Guilard, R. *Can. J. Chem.* **1981**, *59*, 2962.

[63] Bouka-Poba, J-P.; Farnier, M.; Guilard, R. *Tetrahedron Lett.* **1979**, 1717.

[64] Chadwick, D. J.; Chambers, J.; Hargraves, H. E.; Meakins, G. D.; Snowden, R. L. *J. Chem. Soc., Perkin Trans. 1*, **1973**, 2327.

[65] King, W. J.; Nord, F. F. *J. Org. Chem.* **1948**, *13*, 635.

[66] Weston, A. W.; Michael, Jr. R. J. *J. Am. Chem. Soc.* **1950**, *72*, 1422.

[67] Jones, R. A.; Candy, C. F.; Wright, P. H. *J. Chem. Soc. C*, **1970**, 2563.

[68] Atkinson, J. H.; Grigg, R.; Johnson, A. *J. Chem. Soc.* **1964**, 893.

[69] Bray, B. L.; Hess, P.; Muchowski, J. M.; Scheller, M. E. *Helv. Chim. Acta.* **1988**, *71*, 2053.

[70] Suu, V. T; Buu-Hoi, N. P.; Xuong, N. D. *Bull. Soc. Chim. Fr.* **1962**, 1875.

[71] Ghaisas, V. V. *J. Org. Chem.* **1957**, *22*, 703.

[72] Klohr, S. E.; Cassady, J. M. *Synth. Commun.* **1988**, *18*, 671.

[73] (a) Clarke, K.; Scrowston, R. M.; Suttton, T. M. *J. Chem. Soc., Perkin Trans. 1*, **1973**, 623. (b) Ricci, A.; Balucani, D.; Buu-Hoï, N. P. *J. Chem. Soc. C*, **1967**, 779.

[74] (a) Smith, G. F. *J. Chem. Soc.* **1954**, 3842. (b) Youngdale, G. A.; Anger, D. G.; Anthony, W. C.; Da Vanzo, J. P.; Greig, M. E.; Heinzelman, R. V.; Keasling, H. H.; Szmuszkovicz, J. *J. Med. Chem.* **1964**, *7*, 415.

[75] Chatterjee, A.; Biswas, K. M. *J. Org. Chem.* **1973**, *38*, 4002.

[76] Walkup, R. E.; Linder, J. *Tetrahedron Lett.* **1985**, *26*, 2155.

[77] Black, D. St. C.; Kumar, N.; Wong, L. C. H. *Synthsis* **1986**, 474.

[78] (a) Comins, D. L.; Mantlo, N. B. *J. Org. Chem.* **1986**, *51*, 5456. (b) Comins, D. L.; Myoung, Y. C. *J. Org. Chem.* **1990**, *55*, 292.

[79] Prajaoati, D.; Bhuyan, P.; Sandhu, J. S. *J. Chem. Soc., Perkin Trans. 1*, **1988**, 607.

[80] Seela, F.; Steker, H. *Heterocycles* **1985**, *23*, 2521.

[81] Yoneda, F.; Mori, K.; Ono, M.; Kadokawa, Y.; Nagao, E.; Yamaguchi, H. *Chem. Pharm. Bull. Jap.* **1980**, *28*, 3514.

[82] (a) Soth, S.; Farnier, M.; Fournari, P. *Bull. Soc. Chim. Fr.* **1975**, 2511. (b) Kralovicova, E.; Krutosikova, A.; Kovac, J.; Dandarova, M. *Collect. Czech. Chem. Commun.* **1986**, *51*, 106. (c) El-Shorbaji, A.-N.; Sakai, S.-I.; El-Gendy, M. A.; Omar, N.; Farag, H. H. *Chem. Pharm. Bull. Jpn.* **1989**, *37*, 2971.

[83] (a) Jones, G.; Stanforth, S. P. *Org. React.* **1997**, *49*, 27-38. (b) Marson, C. M.; Giles, P. R. *Synthesis Using Vilsmeier Reactions*, CRC Press, Boca Raton/Florida (USA), **1994**, pp 79-81.

[84] Wizinger, R. *J. Prakt. Chem.* **1939**, *154*, 25.

[85] Jutz, C.; Müller, W. *Chem. Ber.* **1967**, *100*, 1536.

[86] Wolter, G.; Wolf, F.; Guenther, E. *Z. Chem.* **1967**, *7*, 346.

[87] (a) Seus, E. J. *J. Org. Chem.* **1965**, *30*, 2818. (b) Cuzaux, L.; Faher, M.; Tisnes, P. *J. Chem. Res. (S)* **1990**, 264.

[88] Witiak, D. T.; Williams, D. R.; Kakodkar, S. V.; Hite, G.; Shen, M-S. *J. Org. Chem.* **1974**, *39*, 1242.

[89]   (a) Reddy, P. A.; Rao, G. S. K. *Indian J. Chem. Sect. B*, **1980**, *19B*, 753. (b) Reddy, M. P.; Rao, G. S. K. *Synthesis* **1980**, 815. (c) Hartmann, H. *J. Prakt. Chem.* **1970**, *312*, 1194.

[90]   (a) Reddy, M. P.; Rao, G. S. K. *Indian J. Chem. Sect. B*, **1982**, *21B*, 757. (b) Zhong, P.; Jin, J.; Li, X. *Linchan Huaxue Yu Gongye (Chem. & Ind. Forest Prod.)*, **1988**, *8*, 25 (*Chem. Abstr.* **1990**, *112*, 77555y).

[91]   Hafner, K.; Vöpel, K. H.; Ploss, G.; König, C. *Justus Liebigs Ann. Chem.* **1963**, *661*, 52.

[92]   Katritzky, A. R.; Shcherbakavo, I. V.; Tack, R. D.; Steel, P. J. *Can. J. Chem.* **1992**, *70*, 2040.

[93]   Adams, D. R.; Dominguez, J.; Russo, V. L.; Morante de Rekowski, N. *Gazz. Chim. Ital.* **1989**, *119*, 281.

[94]   Arnold, Z. *Collect. Czech. Chem. Commun.* **1962**, *27*, 2993.

[95]   (a) Müller, H.-R.; Seefelder, M. *Justus Liebigs Ann. Chem.* **1969**, *728*, 88. (b) Shono, T.; Matsumura, Y.; Tsubata, K.; Sugihara, Y.; Yamane, S.-i.; Kanazawa, T.; Aoki, T. *J. Am. Chem. Soc.* **1982**, *104*, 6697. (c) Comins, D. L.; Herrick, J. *Heterocycles* **1987**, *26*, 2159.

[96]   (a) Reichardt, C.; Ferwanah, A.-R.; Pressler, W.; Yun, K.-Y. *Justus Liebigs Ann. Chem.* **1984**, 649. (b) Arnold, Z.; Sorm, F. *Collect. Czech. Chem. Commun.* **1958**, *23*, 452. (c) Reichardt, C.; Wuerthwein, E.-U. *Synthesis* **1973**, 604.

[97]   (a) Makin, S. M.; Shavrygina, O. A.; Berezhnaya, M. I.; Kolobova, T. P. *Zh. Org. Khim. (Engl. Transl.)*, **1972**, *8*, 1415. (b) Makin, S. M.; Kruglikova, R. I.; Lonina, N. N. *Zh. Org. Khim. (Engl. Transl.)*, **1986**, *22*, 627.

[98]   (a) Parham, W. E.; Heberling, J. *J. Am. Chem. Soc.* **1955**, *77*, 1175. (b) Harada, K.; Choshi, T.; Sugino, E.; Sato, K.; Hibino, S. *Heterocycles* **1996**, *42*, 213.

[99]   Nolte, C.; Schäfer, G.; Reichardt, C. *Justus Liebigs Ann. Chem.* **1991**, 111.

[100]   Ziegenbein, W.; Franke, W. *Angew. Chem.* **1959**, *71*, 573.

[101]   Marson, C. M. *Tetrahedron* **1992**, *48*, 3659.

[102]   (a) Arnold, Z.; Žemlička, J. *Collect. Czech. Chem. Commun.* **1959**, *24*, 2385. (b) Žemlička, J.; Arnold, Z. *Collect. Czech. Chem. Commun.* **1961**, *26*, 2852.

[103]   (a) Bodendorf, K.; Mayer, R. *Chem. Ber.* **1965**, *98*, 3554. (b) Bodendorf, K.; Kloss, P. *Angew. Chem.* **1963**, *75*, 139.

[104]   Majo, V. J. Perumal. P. T. *J. Org. Chem.* **1998**, *63*, 7136.

[105]   (a) Kalisher, G.; Scheyer, H.; Keller, K. *Ger. Patent* 514415 (1927), *U. S. Patent* 1 717 567 (1929); *Chem. Abstr.* **1929**, *23*, 3933. (b) Prinz, H. Wiegrebe, W.; Müller, K. *J. Org. Chem.* **1996**, *61*, 2861.

[106]   (a) Gagan, J. M. F.; Lane, A. G.; Lloyd, D. *J. Chem. Soc. C*, **1970**, 2484. (b) Schelhorn, H.; Hauptmann, S.; Frischleder, H. *Z. Chem.* **1973**, *13*, 97.

[107]   Dermugin, V. S.; Shvedov, V. I.; Litvinov, V. P. *Izv. Akad. Nauk SSSR, Ser. Khim. (Engl. Transl)*, **1985**, 2762 (*Chem. Abstr.* **1986**, *105*, 23990y).

[108]   Reynolds, G. A.; Drexhage, K. H. *J. Org. Chem.* **1977**, *42*, 885.

[109]   (a) Halbritter, K.; Kermer, W. D.; Reichardt, C. *Angew. Chem., Int, Ed. Engl.* **1972**, *11*, 62. (b) Arnold, Z. *Collect. Czech. Chem. Commun.* **1965**, *30*, 2125.

[110]   (a) Reichardt, C.; Halbritter, K. *Liebigs Ann. Chem.* **1970**, *737*, 99. (b) Reichardt, C.; Kermer, W.-D. *Synthesis* **1970**, 538.

[111]   Deval, S. D.; Deodhar, K. D. *Indian J. Chem. Sect. B*, **1985**, *24B*, 1161.

[112]   (a) Bredereck, H.; Bredereck, K. *Chem. Ber.* **1961**, *94*, 2278. (b) Jones, C. F.; Taylor, D. A.; Bowyer, D. P. *Tetrahedron* **1974**, *30*, 957.

[113]   Coppola, G. M. *Heterocycl. Chem.* **1981**, *18*, 845.

[114]   Anderson, D. J. *J. Org. Chem.* **1986**, *51*, 945.

[115]   Eilingsfeld, H.; Seefelder, M.; Weindinger, H. *Chem. Ber.* **1963**, *96*, 2899.

[116]   Selvi, S. Perumal. P. T. *Tetrahedron Lett.* **1997**, *38*, 6263.

[117]   (a) Meth-Cohn, O.; Narine, B.; Tarnowski, B. *J. Chem. Soc., Perkin Trans. 1* **1981**, 1520. (b) Meth-Cohn, O.; Narine, B. *Tetrahedron Lett.* **1978**, 2045.

[118]   (a) Aki, O.; Nakagawa, Y. *Chem. Pharm. Bull.* **1972**, *20*, 1325. (b) Guzman, A.; Romero, M.; Maddox, M. L.; Muchowski, J. M. *J. Org. Chem.* **1990**, *55*, 5793.

[119]   (a) Shriner, R. L.; Neumann, F. W. *Chem. Rev.* **1944**, *35*, 351. (b) Raison, C. G. *J. Chem. Soc.* **1949**, 3319. (c) Taylor, E. C.; Morrison, R. W. *Angew. Chem, Int Ed. Engl.* **1965**, 4, 868. (d) Tsuji, T.; Takenaka, K. *J. Heterocycl. Chem.* **1990**, *27*, 851.

[120] (a) Davis, T. L.; Yelland, W. E. *J. Am. Chem. Soc.* **1937**, *59*, 1998. (b) Hill, A. J.; Rabinowitz, I. *J. Am. Chem. Soc.* **1926**, *48*, 732.

[121] Bredereck, H.; Bredereck, K. *Chem. Ber.* **1961**, *94*, 2278.

[122] (a) Nagarajan, K.; Rodrigues, P. J.; Nethaji, M. *Tetrahedron Lett.* **1992**, *33*, 7229. (b) Nagarajan, K.; Rodrigues, P. *J. Indian J. Chem. Sect. B*, **1994**, *33B*, 1115.

[123] Liebscher, J.; Hartmann, H. *Z. Chem.* **1974**, *14*, 358.

[124] Brehme, R. *Chem. Ber.* **1990**, *123*, 2039.

[125] (a) Bernard, M.; Hulley, E.; Molenda, H.; Stochla, K.; Wrzeciono, U. *Pharmazie*, **1986**, *41*, 560. (b) Kira, M. A.; Aboul-Enein, M. N.; Korkor, M. I. *J. Heterocycl. Chem.* **1970**, *7*, 25.

[126] (a) Izumi, Y.; Sato, H.; Nomura, K.; Shimada, T. *Jpn. Kokai Tokkyo Koho JP.* 04342551, **1992** (*Chem. Abstr.* **1993**, *118*, 212109). (b) Ahmed, A. S.; Boruah, R. C. *Tetrahedron Lett.* **1996**, *37*, 8231.

[127] (a) Hepburn, D. R.; Hudson, H. R. *J. Chem. Soc. Perkin Trans. 1*, **1976**, 754. (b) Jutz, C. in *Adv. Org. Chem.*, Vol. 9, *Iminium Salt in Organic Chemistry*, part 1, Ed.: Taytor, E. C.; John Wiley: New York, **1976**, pp 225-342. (c) Koganty, R. R.; Shambhue, M. B.; Digenis, G. A. *Tetrahedron Lett.* **1973**, 4511.

[128] Zharskii, V. L. *Zh. Org. Khim.* **1991**, *27*, 2460.

[129] Bosshard, H. H.; Zollinger, H. *Angew. Chem.* **1959**, *71*, 375.

[130] Nicolaus, B. J. R.; Bellasio, E.; Testa, E. *Helv. Chim. Acta.* **1962**, *45*, 717.

[131] (a) Rao, M. S. C.; Rao, G. S. K. *Synthesis* **1987**, 231. (b) Rao, M. S. C.; Rao, G. S. K. *Indian J. Chem., Sect. B*, **1988**, *27B*, 660. (c) Jutz, C. *Angew. Chem.* **1974**, *86*, 781.

[132] Giles, P. R.; Marson, C. M. *Tetrahedron* **1991**, *47*, 1303.

[133] Marson, C. M.; Giles, P. R. *Synthesis Using Vilsmeier Reactions*, CRC Press: Boca Raton/Florida (USA), **1994**, pp 163-225.

[134] Morita, K.; Kobayashi, S.; Shimadzu, H.; Ochiai, M. *Tetrahedron Lett.* **1970**, 861.

[135] Sridhar, R.; Perumal, P. T. *Synth. Comm.* **2003**, *33*, 607.

[136] Sridhar, R.; Perumal, P. T. *Synth. Comm.* **2004**, *34*, 735.

[137] Eilingsfeld, E.; Seefelder, M.; Weidinger, H. *Angew. Chem.* **1960**, *72*, 836.

[138] Barluenga, J.; Campos, P. J.; Gonzalez-Nunez, E.; Asensio, G. *Synthesis* **1985**, 426.

[139] Morimura, S.; Horiuchi, H.; Murayyama, K. *Bull. Chem. Soc. Jap.* **1977**, *50*, 2189.

[140] Stadler, P. A. *Helv. Chim. Acta.* **1978**, *61*, 1675.

[141] Marson, C. M.; Giles, P. R. *Synthesis Using Vilsmeier Reactions*, CRC Press: Boca Raton/Florida (USA), **1994**, Preface & p. 29.

[142] (a) Roll, D. M.; Ireland, C. M.; Lu, H. S. M.; Clardy, J. *J. Org. Chem.* **1988**, *53*, 3276. (b) Jimenez, C.; Quinoa, E.; Adamczeski, M.; Hunter, L. M.; Crews, P. *J. Org. Chem.* **1991**, *56*, 3403. (c) Gribble, G. W.; Pelcman, B. *J. Org. Chem.* **1992**, *57*, 3636.

[143] (a) Iwamt, M.; Ktyoto, S.; Terano, H.; Kohsaka, M.; Aoki, H.; Imanaka, H. *J. Antibiot.* **1987**, *40*, 589. (b) Uchida, I.; Takase, S.; Kayakiri, H.; Kiyoto, S.; Hashimoto, M.; Tada, T.; Koda, S.; Morimoto, Y. *J. Am. Chem. Soc.* **1987**, *109*, 4108. (c) Shimomura, K.; Hirai, O.; Mizota, T.; Matsumoto, S.; Mori, J.; Shibayama, F.; Kikushi, H. *J. Antibiot.* **1987**, *40*, 600. (d) Ziegler, F. E.; Belema, M. *J. Org. Chem.* **1997**, *62*, 1083.

[144] (a) Matsumoto, T.; Shirahama, H.; Ichihara, A.; Fukuoka, Y.; Takahashi, Y.; Mori, Y.; Watnabe, M. *Tetrahedron* **1965**, *21*, 2671. (b) Lee, I.-K.; Jeong, C. Y.; Cho, S. M.; Yun, B. S.; Kim, Y. S.; Yu, S. H.; Koshino, H.; Yoo, I. D. *J. Antibiot.* **1996**, *49*, 821. (c) Ronald, A. A.; Chan, C. Jr.; Funk, R. L. *Org. Lett.* **2001**, *3*, 2611.

[145] (a) Atkins, M.; Jones, C. A.; Krikpatrick, P. *Nat. Rev. Drug Discov.* **2006**, *5*, 279. (b) Sun, L.; Liang, C.; Shirazian, S.; Zhou, Y.; Miller, T.; Cui, J.; Fukuda, J. Y.; Chu, J.; Nematalla, A.; Wang, X.; Chen, H.; Sistla, A.; Luu, T. C.; Tang, F.; Wei, J.; Cho, T. *J. Med. Chem.* **2003**, *46*, 1116.

[146] Paquette, L. A.; Johnson, B. A.; Hinga, F. M. *Org. Synth.* **1966**, *46*, 18.

[147] Nohara, A.; Umetani, T.; Sanno, Y. *Tetrahedron* **1974**, *30*, 3553.

[148] Muraoka, M.; Yamamoto, T.; Enomoto, K.; Takeshima, T. *J. Chem. Soc. Perkin Trans. 1*, **1989**, 1241.

[149] Meth-Cohn, O.; Narine, B.; Tarnowski, B. *J. Chem. Soc., Perkin Trans. 1*, **1981**, 1520.

[150] Brown, D. M.; Giner-Sorolla, A. *J. Chem. Soc. C*, **1971**, 128.

维蒂希反应

(Wittig Reaction)

巨 勇

1 历史背景简述

维蒂希反应 (Wittig Reaction) 是有机化学中用于形成碳-碳双键的最重要的反应之一，该反应得名于对该反应做出杰出贡献的德国有机化学家乔治-维蒂希 (Georg Wittig)。他和美国化学家 H. C. Brown 分享了 1979 年诺贝尔化学奖，获奖的原因是他发现了脱氢四甲磷与醛、酮反应可形成烯类化合物。他把磷化合物发展成为有机合成中的重要试剂,这一发现可广泛应用于药物分子和有机化合物的合成上[1]。在诺贝尔化学奖得主演讲中，他以富有诗意的 "From diyls to ylides to my idyll" 为题生动地介绍了他的研究经历。

Wittig (1897-1987) 出生于德国柏林，1916 年进入蒂宾根 (Tübingen) 大学学习。1923 年在马尔堡 (Marburg) 大学获哲学博士学位，1932 年任马尔堡大学助教授。他在 1932-1937 年间任不伦瑞克 (Braunschweig) 理工学院化学系系主任，1937-1944 年间任弗赖堡 (Freiburg) 大学化学系副教授兼系主任。1944-1956 年间，他任蒂宾根大学教授兼化学研究所所长，1956-1967 年间任海德堡 (Heidelberg) 大学教授兼有机化学研究所所长。Wittig 也是巴伐利亚科学院、法国科学院和纽约科学院院士，1967 年荣誉退休。

事实上，Wittig 反应研究起源于 1947 年 Wittig 对五价氮化合物的研究[2]。如式 1 所示：Wittig 发现苯基锂与四甲基溴化铵反应后可形成苯和三甲基胺甲基叶立德 (ylide) 与溴化锂的复合物

$$C_6H_5Li \ + \ (CH_3)_4N^+Br^- \longrightarrow \ C_6H_6 \ + \ (CH_3)_3N^+CH_2^- \cdot LiBr \qquad (1)$$

叶立德一词 (ylide) 来自于西文中有机基团的词尾 (yl) 和盐的词尾 (ide)，表示具有很强的类似盐的极性，相邻的两性离子称之为叶立德 (ylide)。除氮叶

立德 (Nitrogen ylide) 外，还有磷叶立德 (Phosphorus ylide)、硫叶立德 (Sulfur ylide) 和砷叶立德 (Arsenic ylide) 等。硫或磷与碳结合时碳带负电荷，硫或磷带正电荷。硫叶立德和磷叶立德特别稳定，因为碳与硫或磷彼此相邻时保持着完整的 8-电子偶体系 (碳是 8 电子，磷和硫可以超过 8 电子)。

磷叶立德是 Wittig 在研究五配位磷化学时发现的，因此也称为 Wittig 试剂。可由季鏻盐在强碱作用下失去一分子卤化氢制得。如式 2 所示：三苯基膦与溴甲烷反应首先形成稳定的鏻盐：溴化三苯基甲基鏻 (**1**)。然后，用强碱苯基锂处理 **1** 即可得到 Wittig 试剂 (**2**)，其结构也可用式 3 来表示。

$$Ph_3P \ + \ CH_3Br \longrightarrow \underset{\textbf{1}}{Ph_3\overset{+}{P}-CH_3 \ \overset{-}{Br}} \ \xrightarrow{PhLi, \ Et_2O} \ \underset{\textbf{2}}{Ph_3\overset{+}{P}-\overset{-}{CH_2}} \quad (2)$$

$$Ph_3\overset{+}{P}-\overset{-}{CH_2} \quad \longleftarrow \quad Ph_3P=CH_2 \quad (3)$$

在 Wittig 试剂中，磷利用其 3d-轨道与碳的 p-轨道重叠成 pd-π 键。该键具有很强的极性，可以和醛或酮的羰基进行亲核加成进一步形成烯烃化合物。

1953 年，Wittig 最早报道了 Wittig 试剂亚甲基三苯基膦与二苯酮反应能够定量生成 1,1-二苯乙烯和三苯基氧膦 (式 4)[3,4]。

$$Ph_3\overset{+}{P}-\overset{-}{CH_2} \ + \ \underset{Ph}{\overset{O}{\underset{||}{C}}}Ph \longrightarrow \ \underset{Ph}{\overset{CH_2}{\underset{||}{C}}}Ph \ + \ Ph-\overset{O}{\underset{Ph}{\overset{||}{P}}}-Ph \quad (4)$$

随后，他系统研究了 Wittig 试剂与其它醛酮的反应，建立了独特的用磷试剂合成烯烃的有效方法。该方法提供了一条合成烯烃类化合物的新途径，其生成 C=C 双键的位置总是相当于原来 C=O 羰基的位置。由于该反应产率较高、条件温和、具有高度的区域选择性，因此一经发现就受到化学家们的高度重视。Wittig 试剂与醛、酮化合物反应是合成烯烃的重要方法，被称之为 Wittig 反应。

值得提及的是：早在 1919 年和 1929 年，Staudinger 和 Marvel 就已经报道了有机磷盐和有机磷烷类化合物。如式 5 所示[5]：他们通过 Ph3P 和叠氮化合物反应，制备了一种 Wittig 试剂的类似物 PhN=PPh3。

$$PPh_3 \ + \ PhN_3 \longrightarrow \ PhN=PPh_3 \ + \ N_2 \quad (5)$$

2 Wittig 反应的定义和反应机理

2.1 Wittig 反应

典型的 Wittig 反应是指在碱性条件下，三烃基膦与卤代烃形成的鏻盐脱除卤化氢生成 Wittig 试剂，然后再与醛或酮的反应生成烯烃化合物的过程 (式 6)。

其反应过程是经过内盐离子对的中间体进行的。由于磷氧键 (P=O) 键能很强，反应中间体极易脱去磷氧化物而生成双键，生成双键的位置是固定的 (即原来羰基被置换成亚烷基)。其中，R 可以为芳基、烷基、环烷基和杂环基，R 为芳基最为常见。R^1、R^2、R^3 和 R^4 可以相同，也可不相同，它们可以分别是氢、烷基、烯基、炔基、芳基以及带有各种官能团的烷基或芳基。

在 Wittig 反应中，Wittig 试剂是一个亲核试剂，很容易与羰基化合物和其它极性基团反应。Wittig 试剂对羰基的加成速度很快，这样内盐的分解成为决定反应速度的步骤。由于羰基的极性对反应结果只有较小的影响，所以通常情况下，醛和酮都能与 Wittig 试剂发生反应。

Wittig 试剂与醛、酮类化合物反应具有化学选择性，与醛类化合物反应相对较快，与酮类化合物反应较慢。在同样条件下，Wittig 试剂不与酯和酰胺发生反应。反应生成烯烃产物的立体选择性受多种因素影响，例如：Wittig 试剂的稳定性、羰基化合物的类型、溶剂以及反应体系中离子的性质等[6]。

2.2 Wittig 反应机理

目前，普遍被人们接受的 Wittig 反应的机理是 [2+2] 方式的二步过程。如式 7 所示：Wittig 试剂作为亲核试剂进攻醛、酮中的羰基，首先形成四员环过渡态的偶极中间体 (dipole intermediate)。这个偶极中间体在 −78 °C 时比较稳定，当温度升到 0 °C 时，偶极中间体即分解消除氧化三苯基膦形成烯烃。

有关该反应的机理，许多学者试图通过各种实验方法给予证明。Vedejs 等人[7~10]通过 31P NMR 谱首次观察到了氧磷杂四员环结构，确定 1,2-氧磷杂四员环是 Wittig 反应的中间体，并认为该中间体是受动力学控制的。Borisova 等人[11]报道，他们首次观察到了内锇盐 (betaine) 的形成。此后，Vedejs 等人[7]提出了异步环加成机理，并得到了广泛的认可。McEwen 等人通过对 Wittig 反应理论模型的研究，原则上也同意了异步环加成机理。但是，他们对过渡态形成的"早期" C-C 键的两步机理表示了疑问，又提出了自旋成对双自由基机理等[12~14]。而 Bestmann[15] 通过采用计算的方法计算了中间体的能量，认为反应要经过一个"假旋"过程，并且确定了假旋能差为 20 kJ/mol。

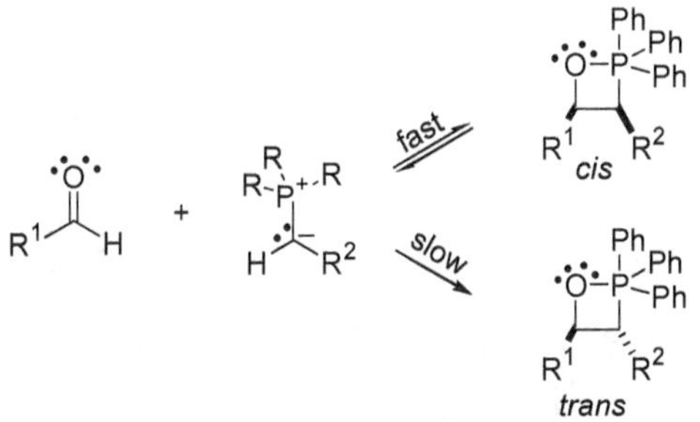

(8)

一般说来，形成反式 (trans) 烯类是由于热力学控制，经由较稳定的苏式 (threo) 内盐的中间体；而形成顺式 (cis) 烯类是由于动力学控制的结果，经由赤式 (erythero) 内锇盐的中间体 (式 9 和式 10)。

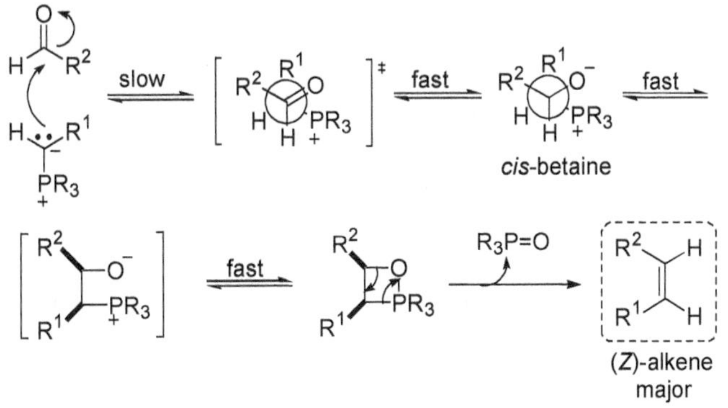

(9)

Wittig 反应一般是生成顺式和反式烯烃的混合物。Wittig 反应中立体化学的一般规律是：稳定的 Wittig 试剂发生热力学控制的反应，主要得到 E-型烯烃；而活泼的 Wittig 试剂则发生动力学控制的反应，主要得到 Z-型烯烃。

$$(10)$$

另外一种观点认为：反应中首先是 Wittig 试剂与醛、酮发生 [2+2] 环加成反应，直接形成磷氧杂四员环，然后再分解成烯。此机理预见了位阻较大的醛与无支链的活泼叶立德反应时具有高度的 Z-型选择性[16]。

2.3　Wittig 反应特点及其应用

2.3.1　Wittig 反应特点

Wittig 反应除反应条件温和、产率较高外，还具备以下四个特点。

(1) Wittig 反应具有高度的化学选择性。尽管使用多官能团的底物，但是 Wittig 反应产物中生成的双键总是化学选择性地处于原来羰基的位置。因此，这种高度的化学选择性特别适合制备能量上不利的环外双键化合物。

环己酮与亚甲基 Wittig 试剂反应，能够方便准确地生成具有环外双键的环己基亚甲烯产物 (式 11)。但是，若利用 Grignard 反应生成醇后脱水来制备相同的产物时，只能得到环内双键和环外双键产物的混合物，而且以环内双键产物为主 (式 12)[17]。

$$(11)$$

$$(12)$$

此特点成功地应用在许多天然产物的合成中，例如：维生素 D_3 的合成 (式 13)[18]。

在很多天然产物中含有二环 [3.2.1] 辛烷骨架的各种官能团化合物。Hadjiarapoglou 等人[19]将 Wittig 反应应用到此类骨架化合物的合成中 (式 14 和式 15)。

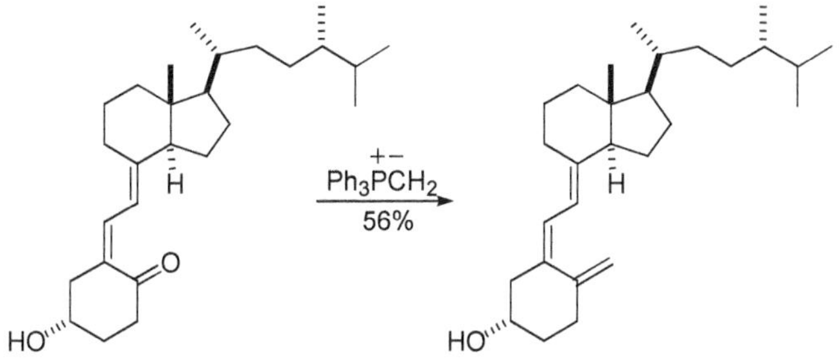

(13)

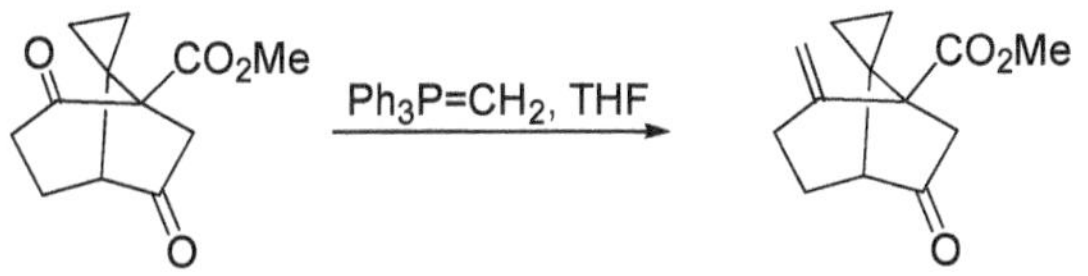

(14)

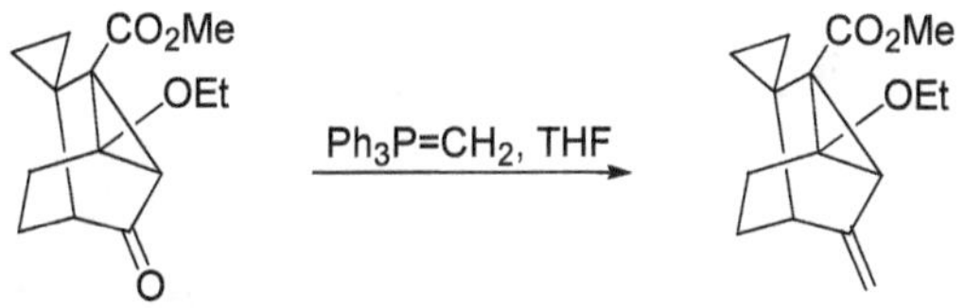

(15)

Capnellene 是从一种珊瑚中提取出的具有三个连在一起的环戊烷的特殊骨架，而且还有环外烯键的结构，有很强的生物活性，在合成研究上也具有一定的挑战性。Singh 等人以对甲酚为原料，合成了 Capnellene。其方法中最后一步通过 Wittig 反应，生成了环外双键的结构[20](式 16)。

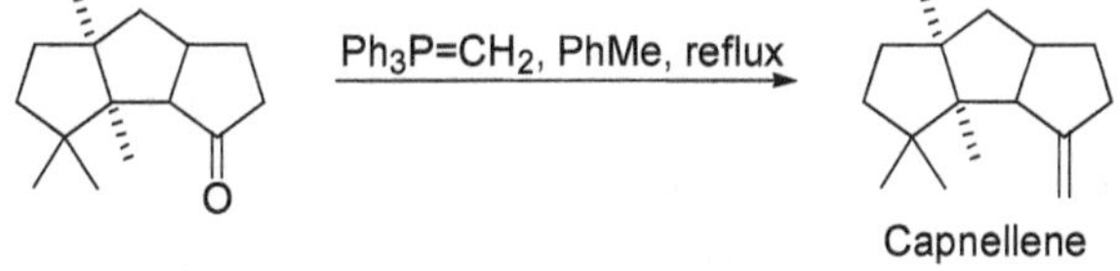

(16)

Capnellene

(2) Wittig 试剂与 α,β-不饱和醛、酮只发生 1,2-加成作用，不发生 1,4-共轭加成。因此，双键位置固定，十分适合于萜类和多烯类化合物的合成[21]。

1953 年，在 Wittig 反应发现后的很短时间内，BASF 公司的科学家便将其应用到视黄酸的合成中。随后不久，BASF 公司又将以 Wittig 反应为关键步骤的方法应用到了维生素 A 的工业生产中。在维生素、胡萝卜素、前列腺素以及其它很多新发现的天然产物或其衍生物的合成中，Wittig 反应及其后续改良的 Wittig 反应都发挥了巨大的作用[22]。例如：维生素 A_1 乙酸酯的合成 (式 17)[23]。

(3) 控制反应条件，可以立体选择性地合成不同类型化合物。一般而言，在非极性溶剂中，共轭稳定的 Wittig 试剂与醛反应优先生成 E-烯烃，而不稳定的 Wittig 试剂则优先生成 Z-烯烃。Wittig 反应特有的立体选择性特别适合于许多天然产物的立体选择性合成。例如：在甲基胭脂素 (Methyl bixin) 的合成中，利用稳定的 Wittig 试剂与二元醛反应，立体选择性地形成两个 E-烯键 (式 18)[24]。

$$(17)$$

$$(18)$$

Methyl bixin

而在昆虫信息素的合成中，采用不稳定的 Wittig 试剂与醛反应，优先生成 Z-烯烃 (式 19)[25]。

$$(19)$$

(4) 利用 Wittig 反应，一般可由醛和酮类化合物制备二取代和三取代的烯烃。由于空间效应，由酮用于制备四取代的烯烃的产率往往较低。但是，在反应介质中加入六甲基磷酰胺或催化量的冠醚，使用叔戊基钠为碱或者在较高温度 (例如：在苯或甲苯中回流) 下反应均会使反应产率有所提高。但事实上，Wittig 反应一般不适合用于合成四取代烯烃。

2.3.2 Wittig 反应在合成上的应用

由于 Wittig 反应具有的上述优点，已被广泛用于各种烯烃的合成以及天然产物的合成中。而且，Wittig 试剂还可以带有各种取代基，而与它相作用的羰基化合物也可带有不同的官能团，例如：烃基、烷氧基、卤素、烷氧羰基、二甲氨基和不饱和键等。因此，Wittig 反应为合成各种类型的化合物提供了一种非常有价值的合成方法。

2.3.2.1 将羰基 (C=O) 转换成为碳碳双键 (C=C)

Tocotrienol 是一类与维生素 E 结构很相似的天然产物，可以引起胆固醇减少。Pearce 等人对它们的合成、分离以及药理进行了研究，在合成此类化合物中均用到了 Wittig 反应[26] (式 20)：

$$(20)$$

Goniofufurone 是一种对人类癌细胞具有细胞毒性的天然产物。1992 年，Murphy 小组[27]在报道的 Goniofufurone 全合成路线中，Wittig 反应被用作关键的步骤。如式 21 所示：将中间体首先转化成稳定的 Wittig 试剂，然后再发生分子内反应生成环内酯。

$$(21)$$

2.3.2.2 制备 α,β-不饱和酯

(R)-(+)-Umbelactone 是从 *Memycelon umbelatum* 的植物中提取出来的具有抗病毒、解痉挛等生物活性的天然产物之一。因此，(R)-(+)-Umbelactone 的合成引起了化学家的兴趣。1996 年，Gibson 等人[28]以 Wittig 反应为关键步骤，高产率地合成了具有 α,β-不饱和酯结构的 (R)-(+)-Umbelactone (式 22)。在 Wittig 反应中，如果以 CH$_3$CN 为溶剂在 82 $^{\circ}$C 下反应 20 h，顺反异构体的收率分别为 14% 和 66%。如果以 CH$_3$OH 为溶剂在 20 $^{\circ}$C 下反应 24 h，顺反异构体的收率则分别为 37% 和 23%。

$$(22)$$

Calbistrin A 是一种具有多种生物活性的天然产物，Tatsuta 等[29]于 1997 年首次报道了该化合物的全合成。在他们的合成过程中，部分片段的合成应用了 Wittig 反应 (式 23)。

$$(23)$$

2.3.2.3 制备双烯和多烯

Niwa 等人[30]在研究脂肪酸代谢物 Didemnilactone 和 Neodidemnilactone 时合成了 (8S,9R)-Neodidemnilactone，其方法中两次应用了 Wittig 反应 (式 24)。

$$(8S,9R)\text{-Neodidemnilactone} \quad (24)$$

Aplysiapyranoid 是一组具有细胞毒性的卤代单萜类化合物，最初是从一种海洋软体动物中分离出来的。Jung 等人[31]在 1998 年首次报道的 Aplysiapyranoid C

Aplysiapyranoid C

$$(25)$$

全合成方法中，第一步就应用了 Wittig 反应。而且这一步反应具有很高的选择性，主要生成 Z-构型的产物 (式 25)。

2.3.2.4 制备累积烯烃 (式 26)

$$\text{Ph}_3\text{P}\diagdown + \text{Ph}_2\text{C=C=O} \xrightarrow{\triangle} \overset{\text{Ph}}{\underset{\text{Ph}}{>}}\text{C=C=CMe}_2 \qquad (26)$$

2.3.2.5 制备醛类化合物

含有 α-烷氧基的 Wittig 试剂与醛、酮的缩合产物后进一步水解，是增加一个碳原子的醛的合成方法 (式 27)。

$$\text{Ph}_3\text{P}\diagdown\text{OMe} + \overset{R^1}{\underset{R}{>}}\text{C=O} \xrightarrow{30\%\sim85\%} \overset{R^1}{\underset{R}{>}}\text{=}\overset{}{\underset{\text{OMe}}{}} \longrightarrow \overset{R^1}{\underset{R}{>}}\text{CHO} \qquad (27)$$

3 Wittig 反应条件和立体选择性综述

3.1 有机磷化学的基本特点

磷的多种功能是由它的化学结构特征所决定的：(1) 磷原子的外层电子结构为 $3s^2 3p^3 3d^0$，可以分别以一至六配位等多种配位形式存在，它们之间可以通过许多方法进行相互转化。其中，以三和四配位的磷化合物在合成上的应用最为广泛。(2) 三价磷化合物 (例如：R_3P) 是弱碱性和高亲核性试剂，它们可以通过亲核反应与许多有机官能团 (例如：氮、氧、硫、卤素和亲电的碳) 发生反应。(3) 磷与许多其它元素，包括碳、氮、卤素、硫、氧等原子容易形成很强的共价键。特别是磷氧双键 (P=O)；这一性质在反应中起着非常重要的作用。(4) 磷通过共轭体系能够稳定邻近的负离子，从三苯基膦形成的四级膦盐是大家熟知的磷叶立德 (Wittig 试剂) 的前体。在 Wittig 试剂中，磷原子能够保持着完整的 8-电子偶极稳定体系。

在 Wittig 试剂中，磷-碳键为相邻的两性离子，具有很强的极性。由于磷原子的 3d-空轨道与碳原子的 p-轨道形成的 dp-π 键分散了 α-碳上的负电荷，使 Wittig 试剂趋于稳定。所以，Wittig 试剂实际上是内盐与 P=C 键两种结构的互变异构 (式 3)。由结构可以看出，Wittig 试剂是一类强的亲核试剂，但它又与一般的碳负离子不同 (由于磷的存在使其具有一定的稳定性)。正是由于 Wittig 试剂具有特殊的化学结构和活性，才使其能够发生多种化学反应，成为有机合成的重要中间体并广泛用于碳碳双键的形成。

3.2 Wittig 试剂的制备

3.2.1 盐法 (Salt methods)

通常，鏻盐可以通过三烷基膦或三苯基膦与卤代烷反应得到。许多时候，鏻盐能够以结晶的形式被分离出来。由于鏻盐是在溶液中制备，一般不需要分离即可直接用于下一步反应。鏻盐在强碱作用下 (一般常用丁基锂或苯基锂溶液、氨基钠的液氨溶液、氢化钠的四氢呋喃溶液或者醇锂的醇溶液等) 失去一分子卤化氢，使 α-碳原子上的一个质子脱除形成亚甲基磷烷化合物 (即 Wittig 试剂) (式 28)。

$$R_3P + R^1CH_2X \longrightarrow [R^1_3\overset{+}{P}\text{-}CH_2R^1]\ X^- \xrightarrow{\text{base}} R^1_3\overset{+}{P}\text{-}\overset{-}{C}H_2R^1 \qquad (28)$$

$$X = Cl,\ Br,\ I;\ R = aryl,\ alkyl;\ R^1 = alkyl$$

一般情况下，伯碘代烷和苄基溴与三苯基膦在 THF 或 CH_2Cl_2 中 50 $^\circ$C 以内可以转化为相应的鏻盐。而对伯溴代烷、氯代烷和仲卤代烷而言，通常需要较强的反应条件 (例如：加热到 150 $^\circ$C)。鏻盐结构要求 α-碳原子上至少要有一个氢原子，因此叔卤代烷不能用来制备 Wittig 试剂。

例如：由三苯基膦与溴代甲烷形成稳定的鏻盐：三苯基甲基鏻溴化物，在干燥的乙醚中和氮气流下用强碱苯基锂处理可以得到 Wittig 试剂 (式 2)。该试剂是一个黄色固体，在水或空气中不稳定[3,4]。因此，在合成时一般不将它分离出来，而是直接用于进行下一步的反应。不稳定的 Wittig 试剂对水等质子性溶剂和氧非常敏感，加热也易分解 (式 29 和式 30)。

$$R_2C=PPh_3 \xrightarrow{H_2O} \underset{H}{R_2\overset{OH}{\underset{|}{C}}\text{-}PPh_3} \longrightarrow \underset{H}{R_2\overset{O}{\underset{|}{C}}\text{-}PPh_2} + HPh \qquad (29)$$

$$R_2C=PPh_3 \xrightarrow{O_2} R_2C=O + O=PPh_3 \qquad (30)$$

因此，活泼 Wittig 试剂的制备要求必须使用非质子溶剂 (例如：THF、DME、DMF、DMSO、Et_2O 和 MeCN 等)，并在无水、无氧低温条件下进行。在实际操作中，大多数 Wittig 试剂是在 Wittig 反应前进行原位制备。

3.2.2 其它方法

对已经存在的鏻盐进行烷基化可以生成新的鏻盐，该方法可以用于引入有些非常有用的官能团 (式 31)[32]。如果使用带有硅和锡官能团的烷基化试剂时，生成的膦盐经 Wittig 反应可以用于合成结构特殊的硅烷和锡烷。

$$R_3\overset{+}{P}-CH_3\,\overset{-}{Br} \quad \xrightarrow[\text{2. ICH}_2\text{M(CH}_3)_3]{\text{1. BuLi}} \quad \left[R_3\overset{+}{P}-CH_2CH_2M(CH_3)_3\right]Br^- \qquad (31)$$

在 Pd 或 Rh 催化剂作用下，三苯基膦与炔烃反应也可以高收率地得到 Wittig 试剂 (式 32 和式 33)[33]。

$$R{\equiv\!\equiv}H \;+\; PPh_3 \quad \xrightarrow[\text{2. LiPF}_6\text{, EtOH}]{\text{1. Pd(PPh}_3)_4\text{ (cat.), THF}} \quad \underset{Ph_3\overset{+}{P}}{\overset{R}{\diagup\!\!\!\diagdown}}\;PF_6^- \qquad (32)$$

$$R{\equiv\!\equiv}H \;+\; PPh_3 \quad \xrightarrow[\text{2. LiPF}_6\text{, EtOH}]{\text{1. Rh (1.5 mol\%), acetone}} \quad \underset{Ph_3\overset{+}{P}}{\overset{R}{\diagup\!\!\!\diagdown}}\;PF_6^- \qquad (33)$$

Wittig 试剂也可用三苯基膦与卡宾作用来制备 (式 34)[34]。

$$CHCl_3 \quad \xrightarrow{\text{BuLi}} \quad :CCl_2 \quad \xrightarrow{Ph_3P} \quad Ph_3P{=}CCl_2 \qquad (34)$$

3.3 Wittig 试剂的反应性

在 Wittig 试剂 $R_3P{=}CHR^1$ 中，根据 R^1 基团的性质差异对反应性的影响，可将 Wittig 试剂大致分为三类：(1) 稳定的 Wittig 试剂；(2) 中等稳定的 Wittig 试剂；(3) 活泼的 Wittig 试剂。

3.3.1 稳定的 Wittig 试剂

当 Wittig 试剂中的 R^1 为负离子稳定化基团或者吸电子基团时 (例如：$-CO_2R$、$-SO_2R$、$-CN$ 和 $-C{=}O$ 等)，一般被归类于稳定的 Wittig 试剂。如式 35 所示：这些常见的稳定的 Wittig 试剂可以在室温下长期储存，有的已经成为商品化试剂。

$$Ph_3P{=}CHCN \qquad Ph_3P{=}CH{-}CH{=}CHCO_2R \qquad Ph_3P{=}CHCO_2R$$

$$Ph_3P{=}CHCOPh \qquad Ph_3P{=}C\!\!\left\langle\!\!\begin{array}{c}\text{(二苯基)}\end{array}\!\!\right. \qquad Ph_3P{=}C\!\!\left\langle\!\!\begin{array}{c}\text{(芴基)}\end{array}\!\!\right. \qquad (35)$$

稳定的 Wittig 试剂与羰基化合物的反应性较弱，室温下一般只能与醛和位阻小的环酮进行反应。大多数反应需要在加热条件下进行，反应受热力学控制主要给出 *E*-型烯烃 (式 36)。

$$(36)$$

3.3.2 中等稳定的 Wittig 试剂

当 Wittig 试剂中的 R^1 为烯基、芳基或烯丙基时，则被归类于中等稳定的 Wittig 试剂 (式 37)。

$$(37)$$

此类 Wittig 试剂可以在室温下与醛和部分酮类化合物反应。它们与醛、酮反应时，得到烯烃产物中 E- 与 Z-构型比例非常接近 (式 38~式 40)[35,36]。

$$(38)$$

$$(39)$$

$$(40)$$

3.3.3 活泼的 Wittig 试剂

当 Wittig 试剂中的 R^1 为负离子不稳定基团或供电子基团 (例如：烷基或氢) 时，它们则属于活泼的 Wittig 试剂 (式 41)。

$$Ph_3\overset{+}{P}-\overset{-}{CH}-Alkyl \qquad Ph_3\overset{+}{P}-\overset{-}{CH_2} \qquad Ph_3\overset{+}{P}-\overset{-}{C}=CR_2 \qquad (41)$$

此类试剂与醛和酮类化合物的 Wittig 反应均可以在室温下进行。反应受动力学控制主要给出 Z-型烯烃 (式 42)[37]。

$$Ph_3\overset{+}{P}\diagdown\diagdown\underset{Br^-}{} \xrightarrow[\substack{2.\ ArCOMe,\ 25\ ^{\circ}C,\ 1\ h \\ 80\%,\ Ar = p\text{-}MeOC_6H_4}]{1.\ NaCH_2SOMe,\ DMSO,\ rt,\ 15\ min} Ar\diagup\diagdown\diagup\diagdown + \underset{Ar}{\diagup\diagdown\diagup\diagdown} \qquad (42)$$

$$1:9$$

因此,活泼 Wittig 试剂的反应必须在无水和惰性气体保护下进行。 Wittig 试剂与氧反应,则会发生氧化分解生成三苯氧膦和相应的羰基化合物。然后,Wittig 试剂再与原位生成的羰基化合物反应生成对称的烯烃。事实上,这种转变提供了一种合成对称烯烃的简单方法。如式 43 所示:将苯甲烯基三苯基膦经氧气或者高碘酸钠氧化,可以得到中等产率的对称烯烃 1,2-二苯乙烯[38]。

$$Ph_3P{=}CHPh \xrightarrow{O_2\ or\ NaIO_4} Ph_3PO + O{=}CHPh \xrightarrow[55\%]{Ph_3P{=}CHPh} PhCH{=}CHPh \qquad (43)$$

除上述三种类型的 Wittig 试剂外,还有一些化学上非常惰性的 Wittig 试剂。如式 44 所示:在这些 Wittig 试剂中,具有亲核性的 α-碳原子与两个吸电子取代基相连或与环戊二烯共轭。此类 Wittig 试剂非常稳定或者非常惰性,通常条件下,不与醛和酮类羰基化合物反应。

$$Ph_3P{=}\diagup\diagdown \qquad Ph_3\overset{+}{P}{-}\overset{-}{C}\diagup\diagup\diagdown^X_Y \qquad (44)$$

$$X,\ Y = CO_2R,\ COR,\ CN,\ etc.$$

3.4　碱的选择

在制备 Wittig 试剂时,需要使用碱将膦盐转化为 Wittig 试剂。所用碱的强度和选择,主要决定于膦盐 α-碳上氢原子的酸性。

在生成活泼的 Wittig 试剂中,所用膦盐 α-碳原子上带有供电子取代基团。因此,必须使用金属氢化物或金属烷基化合物等强碱,例如:PhLi、n-BuLi、MeLi、NaNH_2、NaH、KH、LiN(SiMe_3)_2、NaN(SiMe_3)_2、KN(SiMe_3)_2 、(i-Pr)_2NLi 等。

在用于生成稳定 Wittig 试剂的膦盐中,α-碳原子上均带有吸电子取代基团。因此, C_2H_5ONa、NH_3(无水)、NaOH-EtOH 和 KOH-EtOH 常常用于该类 Wittig 试剂的制备。对于那些非常稳定的 Wittig 试剂,使用 NaOH 和 KOH 水溶液即可。

另外,碱的选择还必须考虑到膦盐中存在的官能团的性质。例如:膦盐中含有羰基时,最好避免使用金属烷基化合物和金属氢化物为碱。

3.5 Wittig 反应的温度

对于 Wittig 试剂及其 Wittig 反应中形成的中间体不稳定时，反应初期一般在低温下 (例如：$-55 \sim -78\ ^{\circ}C$) 和非质子极性溶剂 (例如：THF、DME、DMF、DMSO、Et$_2$O、MeCN 等) 中进行反应。随后，反应体系温度缓慢升到 $0\ ^{\circ}C$ 或溶剂加热回流，中间体即分解形成烯烃 (式 45 和式 46)[39,40]。

$$\overset{-}{Br}\ Ph_3\overset{+}{P}\diagdown\diagup\diagdown \quad \xrightarrow[82\%,\ Z:E = 21:4]{\overset{\displaystyle CH_3CH_2CH_2CHO}{\textit{n}\text{-BuLi, Et}_2\text{O, }10\ ^{\circ}C}} \quad \diagup\diagdown\diagup\diagdown\diagup\diagdown \quad + \quad \diagup\diagdown\diagup\diagdown\diagup\diagdown \qquad (45)$$

$$\overset{-}{Br}\ Ph_3\overset{+}{P}\diagdown \quad + \quad \overset{O}{\diagup\diagdown} \quad \xrightarrow[Z:E = 9:1]{\begin{array}{l}1.\ \text{BuLi, Et}_2\text{O, rt, 1 h}\\ 2.\ 65\ ^{\circ}C\ ,\ 3\ h\end{array}} \qquad + \qquad (46)$$

如果直接使用分离出来的鏻盐参与 Wittig 反应，使用质子性溶剂 (例如：MeOH 或者 AcOH 等) 在室温下反应也没有问题 (式 47 和式 48)[41,42]。

$$\overset{-}{Cl}\ Ph_3\overset{+}{P}\diagup Ph \quad \xrightarrow[100\%,\ E:Z = 11:9]{\begin{array}{l}1.\ \text{NaOEt-EtOH}\\ 2.\ \text{PhCHO, rt, 50 h}\end{array}} \qquad + \qquad (47)$$

$$\overset{-}{Cl}\ Ph_3\overset{+}{P}\diagup Ph \quad \xrightarrow[87\%,\ E:Z = 64:36]{\begin{array}{l}\text{PhCH=CHCHO, aq. NaOH}\\ (50\%),\ \text{CH}_2\text{Cl}_2,\ \text{rt, 10 min}\end{array}} \qquad + \qquad (48)$$

使用稳定的 Wittig 试剂常常需要在加热条件下才能进行。如式 49 和式 50 所示[43,44]：

$$Ph_3P{=}CHCN \quad + \quad \overset{\displaystyle MeO}{\underset{\displaystyle OMe}{\overset{\displaystyle MeO}{\diagup\diagdown}}}CHO \quad \xrightarrow[99\%]{\text{PhH, reflux, 6.5 h}} \qquad (49)$$

$$2\ Ph_3P{=}CHCHO \quad + \quad OHC{-}CHO \quad \xrightarrow[77\%]{\text{DMF, 80}\ ^{\circ}C,\ 2\ h} \quad OHC\diagup\diagdown\diagup\diagdown CHO \qquad (50)$$

3.6 Wittig 反应的立体选择性

Wittig 试剂与羰基化合物反应生成烯烃，其产物中双键的位置完全可以预测。但是，烯烃的立体化学则比较复杂。Wittig 反应所得烯烃的构型 (Z/E 型) 与 Wittig 试剂的结构、羰基化合物的类型、溶剂的性质以及溶液的离子状态等诸多因素有关。

3.6.1 Wittig 试剂稳定性的影响

在 Wittig 反应中，Wittig 试剂的结构是影响产物的立体选择性的主要因素。

一般情况下，稳定的 Wittig 试剂的立体选择性高，具有 E-选择性，主要生成反式烯烃优势产物。活泼的 Wittig 试剂具有 Z-选择性，产物烯烃中以顺式为主。中等活泼的 Wittig 试剂选择性不好，生成 E-型烯烃稍占优势的混合烯烃。式 51 和表 1 总结了 Wittig 试剂稳定性和反应条件对产物立体构型的影响关系。

$$R\overset{-}{C}H\overset{+}{-}PPh_3 + O=CHR^1 \qquad (51)$$

Z-型   E-型

表 1　Wittig 试剂 (Ph₃P=CHR) 与醛反应的立体选择性

反应条件	稳定的叶立德	不稳定的叶立德
非极性溶剂		
无盐存在	高选择性地生成 E-型烯烃	高选择性地生成 Z-型烯烃
有盐存在	生成 Z-型烯烃的选择性增加	生成 E-型烯烃的选择性增加
极性溶剂		
非质子性	低选择性，但仍以 E-型为主	低选择性，但仍以 Z-型为主
质子性	生成 Z-型烯烃的选择性增加	生成 E-型烯烃的选择性增加

其实，还有许多与 Wittig 试剂影响规律不一致的例子。如式 52 所示：活泼的 Wittig 试剂与 α-氧取代的羰基化合物反应时主要生成 Z-型烯烃[45]。

$$(52)$$

85%   Z > 99%

使用含质子的溶剂或者添加锂盐的情况下，可增加 Z-型烯烃产物的比例 (式 53 和式 54)[46,47]

$$Ph_3P=CHCO_2Me \xrightarrow[\substack{DMF, Z:E = 97:3 \\ DMF\text{-}LiBr, Z:E = 78:22 \\ MeOH, Z:E = 62:38}]{CH_3CHO, \text{ solvent}} \qquad (53)$$

$$\overset{-}{Br}\,Ph_3\overset{+}{P}\diagup\!\!\diagdown Et \xrightarrow[\substack{2. PhH, - NaBr \\ \text{salt-free}}]{1. NaNH_2, NH_3\text{ (liq.)}} Ph_3\overset{+}{P}\text{-}\overset{-}{C}HEt$$

conditions	Z:E
salt-free	96:4
LiCl	90:10
LiBr	86:14
LiI	83:17
LiBPh₄	52:48

$$\xrightarrow[80\%\sim88\%]{PhCHO, PhH, 0\,^{\circ}C} \qquad (54)$$

3.6.2 Wittig 试剂中磷原子上取代基的影响

使用含有不同取代基的 Wittig 试剂，产物烯烃的立体选择性也有所不同。Johnson 等人[48]研究发现：在苯溶剂中，使用磷原子上连有推电子基团 (例如：R = n-C$_4$H$_9$) 的 Wittig 试剂可以得到 E-型烯烃占优势的产物。但是，当 Wittig 试剂中 R 确定时，R^1 为推电子基团 (例如：OMe) 时主要生成 Z-型烯烃 (式 55)。

$$R_3P=CHC_6H_4R^1 \ + \ R^2C_6H_4CHO \longrightarrow R^2C_6H_4CH=CHC_6H_4R^1 \qquad (55)$$

R	R^1	R^2	Z:E
Ph	NO$_2$	OMe	0.35
Ph	OMe	NO$_2$	0.75
4-ClPh	NO$_2$	OMe	1.10
4-ClPh	OMe	NO$_2$	4.10
n-Bu	NO$_2$	OMe	0.20

Allen 等人[49]报道：在 EtOH 溶剂中，若增加中等活度的 Wittig 试剂中磷原子上取代基的空间位阻，则可以提高 Z/E-型烯烃的比例。Yamatake 等人[50]研究了取代苯甲醛与取代苄基三苯基磷盐在 THF 中的 Wittig 反应。结果表明：产物中二苯乙烯 Z/E-型异构体的比例并不随着反应物的浓度、摩尔比以及 Wittig 试剂和醛的混合方式的变化而发生变化，它只随着非邻位取代基的不同而发生微小的变化。

Chiappe 等人[51]研究了在固液两相体系中以 18-冠-6 作为催化剂的 Wittig 反应。他们发现：所有的碘化三苯基 Wittig 试剂与醛反应都生成 Z-型二苯乙烯，该结果与磷相连的亚甲基上取代基性质无关。而溴化三苯基 Wittig 试剂与苯甲醛反应均生成 E-型二苯乙烯，该结果与 Wittig 试剂中苄基对位取代基和苯甲醛的对位取代基性质无关。

3.6.3 温度的影响

温度对烯烃立体选择性的影响很小。Chiappe 等人[51]对苄基三苯基 Wittig 试剂与苯甲醛、对苯基苯甲醛、对三氟甲烷苯甲醛的 Wittig 反应进行了研究，发现产物烯烃的 Z/E-构型比例随着温度的下降而"适当"下降 (式 56)。

$$Ph_2RP\text{-}CH_2Ar \ + \ \underset{R^1}{}\text{CHO} \ \xrightarrow[\text{R = Ph, Cl}]{\text{18-crown-6, KOH}} \ \underset{R^2}{}\text{Ar} \qquad (56)$$

3.6.4 溶剂的影响

一般来讲，非极性溶剂有利于最初 Wittig 试剂与羰基化合物的加成反应，而极性溶剂则有利于最后内鎓盐的消除反应。Kim 等人[52]研究了 Garner's 醛与活性 Wittig 试剂的反应，认为甲醇是获得 E-型烯烃的最佳溶剂 (式 57)。他们还利用氘代甲醇，证明了产物中碳碳双键中其中一个氢来源于溶剂 (式 58)。

$$(57)$$

$$(58)$$

一般认为：使用极性溶剂 (例如：$CHCl_3$、THF 和 CH_2Cl_2 等) 比使用非极性溶剂 (例如：$n\text{-}C_6H_{14}$、C_6H_6、CCl_4) 更倾向于生成 Z-型烯烃作为优势产物[53] (式 59)。

$$(59)$$

非质子性极性溶剂和质子性极性溶剂也有明显的差异。如式 60 所示：在相同底物的对比实验中，非质子性极性溶剂 DMF 和质子性极性溶剂 MeOH 正好得到相反的 Z/E-构型选择性[54]。

$$(60)$$

又如式 61 所示[55]：使用非质子性极性溶剂甲苯和和质子性极性溶剂甲醇得到预期的结果。

$$(61)$$

3.6.5   可溶性无机盐 (LiBr 或 LiI) 的影响

Wittig 试剂也可在非极性溶剂中制备后，与生成的无机盐分离。在非极性溶剂及无盐 (salt-free solution) 的状况下，活泼的 Wittig 试剂有利于生成 Z-型烯烃[37,38](式 62)。使用含质子溶剂或者在反应溶剂中添加可溶性无机盐锂盐，可增加 Z-构型产物的比例。这种使 Wittig 反应产物选择性地生成 Z-构型烯烃的方法又称为 Schlosser 改良方法[56]。

$$Ph_3P=CHPh \; + \; CH_3CH_2CHO \xrightarrow{\text{solvent}} \underset{H}{\overset{Ph}{}}C=C\underset{C_2H_5}{\overset{H}{}} \; + \; \underset{H}{\overset{Ph}{}}C=C\underset{H}{\overset{C_2H_5}{}} \qquad (62)$$

Solvent	E- /%	Z- /%
PhH	74	26
PhH+LiBr	9	91
Et$_2$O	69	31
THF	67	33
EtOH	53	47
DMF	35	65
DMF+LiI	4	96

表 2 总结了在经典 Wittig 反应中影响 E/Z 比率的因素。

表 2   在 Wittig 反应中影响 E/Z 比率的因素

稳定的 Wittig 试剂	不稳定的 Wittig 试剂
有利于形成 E-型烯烃的因素： 　(a) 非质子性溶剂 　(b) 催化量的苯甲酸存在	有利于形成 Z-型烯烃的因素： 　(a) 位阻大的脂肪醛 　(b) 磷原子上连接位阻大的取代基 　(c) 低温和无锂盐存在
不利于形成 E-型烯烃的因素： 　(a)DMSO 为溶剂时有 Li 和 Mg 盐存在 　(b) 用 α-位含氧取代的醛或甲醇为溶剂	不利于形成 Z-型烯烃的因素： 　(a) 磷原子上连接位阻小的取代基 　(b) 环状磷配体 　(c) 芳香醛或 α,β-不饱和醛

3.7   Wittig 反应的缺点

虽然 Wittig 反应是一个非常重要的有机反应，在有机合成中具有不可替代的地位。但是，从现代有机化学的观点来看，Wittig 反应存在有一些难以克服的严重缺点。例如：(1) 许多 Wittig 试剂易与水、空气和碱反应，稳定性差而引起操作不方便；(2) Wittig 反应结束后，产生的氧化磷副产物能够溶于有机溶剂而造成产物的分离和纯化不方便；(3) 尽管 Wittig 反应产率较高，但其原子利用率很低。如式 63 所示：由溴化甲基三苯基鏻分子参与的 Wittig 反应中，仅有亚甲基被利用到产物中。事实上，试剂分子 356 份质量中只有 14 份质量被利用。从原子经济性角度考虑，利用率仅有 4%，而且还产生了 278 份质量的"废物"三苯基氧膦。

$$Ph_3\overset{+}{P}\text{-}CH_2\ Br^- + \overset{R^1}{\underset{R}{C}}=O \longrightarrow \overset{R^1}{\underset{R}{C}}=CH_2 + Ph_3P=O \qquad (63)$$

4　Wittig 反应的改进

　　五十多年来，Wittig 反应作为合成烯烃最为常用和有效的途径，在有机合成中发挥着举足轻重的作用。然而，Wittig 反应也有一定的局限性。为此，许多有机化学家对 Wittig 反应进行了改进。

4.1　Wittig-Horner 反应

　　稳定的 Wittig 试剂反应活性相对较低，容易与醛反应，而与酮反应比较困难。为此人们对 Wittig 试剂进行了许多改进，其中以 Horner 改进最为有效。1958 年，Horner 等人首先报道了 α-碳上有吸电子基团的磷酸酯与碱作用能够生成相应的碳负离子中间体。碳负离子中间体可以发生共振，生成的亚甲基化磷酸二乙酯负离子被称之为 Wittig-Horner 试剂[57]。该碳负离子与羰基化合物反应时能高产率地生成烯烃和磷酸盐。1961 年，Wadsworth 等人[58]从三氯化磷出发制成亚磷酸酯，再和卤代烷通过 Michaelis-Arbuzov 反应制成比较便宜的含活泼亚甲基的磷酸酯。后者在强碱 (例如：CH₃ONa 等) 存在下，和醛、酮类反应可制得烯烃类化合物。这些改良反应在不同文献中所用的名称有所不同，有时也被称之为 Horner-Wadsworth-Emmons (HWE) 反应。但是，通常大家更普遍地将这类反应称之为 Wittig-Horner 反应或者统称为改良的 Wittig 反应 (式 64)。

$$\underset{EtO}{\overset{EtO}{>}}\overset{O}{\underset{}{P}}\diagdown\overset{O}{\underset{}{C}}\diagup OR \xrightarrow[-BuH]{BuLi} \underset{EtO}{\overset{EtO}{>}}\overset{\overset{Li^+}{\cdot\cdot O\cdot}}{\underset{H}{P}}=\overset{O}{\underset{}{C}}\diagup OR \xrightarrow[80\%\sim90\%]{R^1CHO} R^1\diagdown\diagup CO_2R \qquad (64)$$

4.2　Wittig-Horner 反应机理

　　Wittig-Horner 反应与 Wittig 反应机理非常类似，但在消除步骤略有差别。一般情况下，由于在磷和相邻于碳负离子上都连有位阻较大取代基，有利于形成 E-构型的产物 (式 65)[16]。

$$(65)$$

4.3 Wittig-Horner 反应的反应条件和立体选择性

4.3.1 Wittig-Horner 试剂

用亚磷酸酯代替三苯基膦制备的磷酸叶立德称为 Wittig-Horner 试剂。通常以亚磷酸酯与卤代烷反应来制备 Wittig-Horner 试剂，此反应被称之为 Michaelis-Arbuzov 反应 (式 66)[59,60]。一般而言，溴代烷比相应的氯代烷更容易反应。

$$(RO)_3P \ + \ \begin{matrix} R^1 \\ CH-X \\ Z \end{matrix} \longrightarrow \left[(RO)_3\overset{+}{P}-\overset{R^1}{\underset{Z}{\overset{|}{C}X^-}} \right] \longrightarrow (RO)_2\overset{O}{\overset{\|}{P}}-\overset{R^1}{\underset{Z}{\overset{|}{CH}}} \ + \ RX \qquad (66)$$

$$X = Cl, \ Br; \ Z = COR^2, \ CO_2R^2, \ CN, \ Ph$$

三烷基亚磷酸酯能够以两种方式与 α-卤代羰基化合物反应。一种是通过 Michaelis-Arbusov 反应 (式 67a)，生成 β-酮基磷酸酯产物。另一种是通过 Perkow 反应，生成磷酸烯醇酯产物 (式 67b)。但是，生成二种产物的选择性主要取决于酮的结构。一般情况下，使用 α-卤代酮在较高温度条件下有利于 Michaelis-Arbusov 反应，而使用 α-卤代醛在低温条件下有利于 Perkow 反应[61,62]。

$$\text{Michaelis-Arbusov reaction:} \quad (RO)_3P \xrightarrow{XCH_2COR^1} (RO)_2\overset{O}{\overset{\|}{P}}CH_2COR^1 \qquad (67a)$$

$$\text{Perkow reaction:} \quad (RO)_3P \xrightarrow{XCH_2COR^1} (RO)_2\overset{O}{\overset{\|}{P}}O\overset{R^1}{\overset{|}{C}}=CH_2 \qquad (67b)$$

Wittig-Horner 试剂中的碳负离子可进一步被烷基化 (式 68) 和酰基化 (式 69)，从而提供另一种有用的制备 β-酮基 Wittig-Horner 试剂的方法[63,64]。事实上，具有 α-烷基取代的 β-酮基 Wittig-Horner 试剂通过 Michaelis-Arbusov 反应是不能实现的。

$$(68)$$

R = Me, Et, allyl, benzyl, *etc.*

$$(69)$$

如式 70 和式 71 所示，将 β-膦酸酯基乙酸首先转化成为三甲基硅酯或者酰氯，然后再发生相应的反应也可以用来制备含有 β-酮基的 Wittig-Horner 试剂[65,66]。

$$(70)$$

R = Ph, C_6F_5, Et, CO_2Et, CH(OAc)Me, *trans*-CH=CHPh

$$(71)$$

R^1 = Me_2CuLi, EtMgCl, *i*-PrMgCl, BuLi, *etc.*

Wittig-Horner 试剂比 Wittig 试剂的亲核性强。许多时候，它们与醛、酮的成烯反应更容易进行。但是，酮一般要求比醛更强烈的反应条件。长链脂肪醛不容易与 Wittig-Horner 试剂反应，易烯醇化的酮通常发生 Wittig-Horner 试剂反应给出较低的产率。

4.3.2 Wittig-Horner 反应的立体选择性

Wittig-Horner 试剂的立体选择性很强，主要生成 *E*-构型产物[16,67]。Wittig-Horner 试剂中磷酰基上有较大取代基时，与醛反应的立体选择性更高（式 72）[68]。

$$(72)$$

Horita 等[69]在溶胞菌素 (Lysocillin) 的全合成中，其中两个中间体的合成中均应用了 Wittig-Horner 反应 (式 73 和式 74)。

$$(73)$$

$$(74)$$

但是，β-含氧取代的醛类化合物与 Wittig-Horner 试剂反应主要生成 Z-构型的烯烃产物。此反应成功地应用于大环内酯类抗生素中片段的合成 (式 75)[70]。

$$(75)$$

Still 采用三氟乙氧基亚磷酸酯的 Wittig-Horner 试剂，可以立体选择地制备 Z-构型的烯烃产物 (式 76)。因此，有时也称此方法为 Still-Gennari 改良[71]。

$$(76)$$

a. $(EtO)_2POCH_2CO_2Et$, NaH, THF, $E:Z$ = 12:1
b. $(CF_3CH_2O)_2POCH_2CO_2Et$, KH, THF, $E:Z$ = 1:11

Ando 等应用双(间甲基苯氧基)膦酸乙酸酯，在过量钠离子的存在下也能够立体选择性地得到 Z-构型的烯烃 (式 77)[72]。

$$(77)$$

Wittig-Horner 反应的烯烃产物立体选择性 (E/Z) 影响因素总结见表 3。

表 3   烯烃产物立体选择性 (E/Z) 的影响因素

有利形成 E-构型烯烃的因素	有利形成 Z-构型烯烃的因素
(a) 在膦酸酯上存在位阻大的取代基 (R) 　如：(RO)₂P(O)CH-R	(a) 用二 (三氟乙基) 膦酸酯 (Still-Gennari 改良法) (b) 用二芳基膦酸乙酸酯和过量的钠离子 (Ando 法)
(b) 在负碳原子相邻有位阻大的取代基 (R¹) 　如：(RO)₂P(O)CH-R¹ (c) 用氟代膦酸酯	(c) 用环状膦酸酯，如：

（表中 (a): $(RO)_2P(O)CH\text{-}R$；(b): $(RO)_2P(O)CH\text{-}R^1$）

4.4   Wittig-Horner 反应的优点

Wittig-Horner 试剂容易制备，且原料价廉。其碳负离子的亲核性比相应 Wittig 试剂更强，在温和条件下即可与醛和酮反应。由于 Wittig-Horner 试剂在碱和空气中较稳定、副反应比较少、反应后形成水溶性磷酸盐离子，因此操作比较方便而且产物容易分离。例如：Wittig-Horner 试剂与丙酮反应生成 α,β-不饱和酸酯，同时也生成副产物 O,O-二乙基磷酸酯钠 (式 78)。由于磷酸钠用水就可以洗去，因此产物很容易得到分离。

$$(EtO)_2\overset{O}{\overset{\|}{P}}\overset{-}{C}HCO_2Et \ \underset{Na^+}{} \ + \ \overset{O}{\overset{\|}{\ }} \ \longrightarrow \ \diagup\!\!\!\diagdown CO_2Et \ + \ (EtO)_2PO_2Na \qquad (78)$$

Wittig-Horner 试剂的立体选择性很强，产物主要是 <i>E</i>-构型。Phorboxazole 是从印度海里的一种生物中分离出来的天然产物，具有很强的生物活性，结构非常复杂。1998 年，Paterson 等[73] 报道了该化合物的全合成路线，其中 Wittig-Horner 反应就被用作关键步骤 (式 79)。

Abe 等人[74]首次报道了两种海洋生物碱 (±)-Fasicularin 和 (±)-Lpadiformine 的全合成方法。在该方法中，其片段部分合成多次用到了 Wittig-Horner 反应 (式 80)。

$$(80)$$

4.5　Schlosser 改良

Schlosser 等人在研究 Wittig 反应时发现：通过在 Wittig 试剂制备和后续的脱质子反应步骤中加入过量的锂盐，可以使 Wittig 反应选择性地生成 E-构型的烯烃产物[56]。这种选择性获得 E-构型产物的方法被称之为 Schlosser 改良 (式 81)。

$$(81)$$

R	R¹	产率/%	E:Z
Me	C₅H₁₁	70	90:10
C₅H₁₁	Me	60	96:4
C₃H₇	C₃H₇	72	98:2
Me	Ph	69	99:1
Et	Ph	72	97:3

4.5.1　Schlosser 改良的机理

如式 82 所示[75,76,77]：在过量锂盐存在时，由 Wittig 试剂与羰基化合物形成的四员氧磷烷中间体不继续分解，而是与锂离子反应形成磷内锇锂盐 (lithiobetaine)。在烷基锂或芳基锂 (PhLi、n-BuLi 等) 和低温条件下，内锇锇锂盐 α-位脱质子后，迅速形成热力学更为稳定的 β-氧代磷叶立德 (β-oxidophosphorus ylide) 反式异构体。在质子存在下 (HCl-EtOH)，β-氧代磷叶立德反式异构体又被质子化，立体专一性得到反式内锇锇锂盐 (trans-lithiobetaine)。得到的反式内锇锇盐 (trans-betaine) 通过反式氧磷烷消除，得到相应的 E-型烯烃。

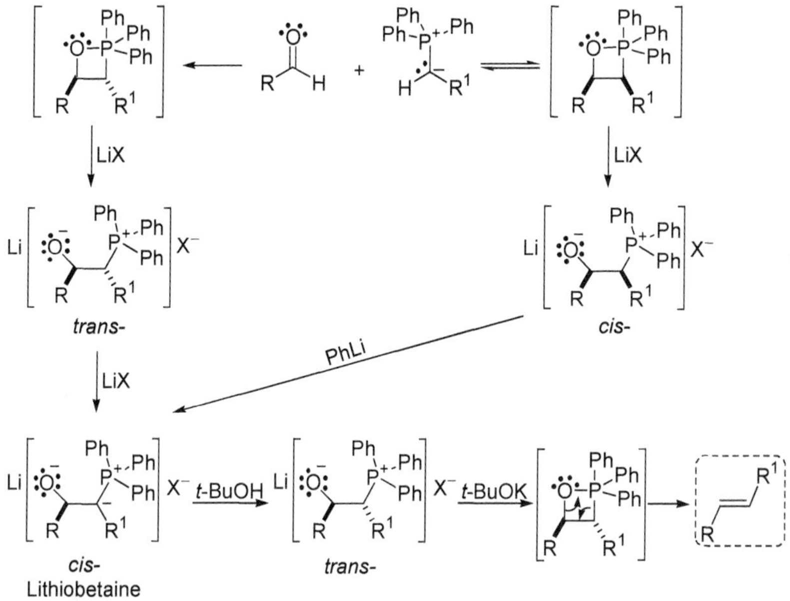

(82)

4.5.2 Wittig -Schlosser 改良的应用

Schlosser 改良的 Wittig 反应成功地用于多种天然产物的立体选择性合成中[78,79]。如式 83 所示:Pettit[80]采用此方法成功地合成了 (7S,15S)- 和 (7R,15S)-Dolartrienoic acid。

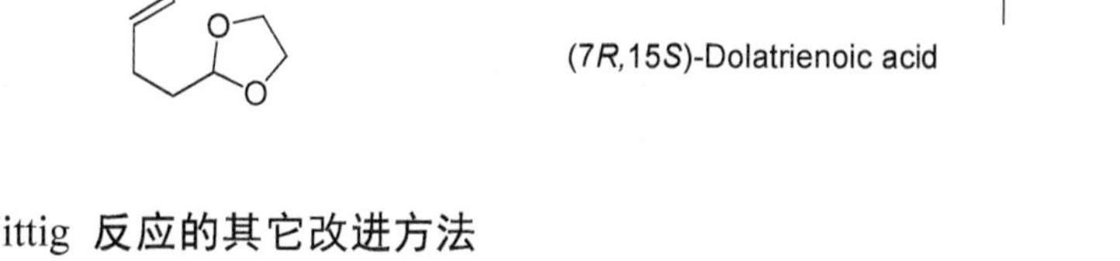

(83)

(7R,15S)-Dolatrienoic acid

4.6 Wittig 反应的其它改进方法

4.6.1 相转移催化

相转移催化技术和冠醚的应用已经成功地应用于改善经典的 Wittig 反应和改良的 Wittig 反应。其优点是反应较一般 Wittig 反应方便,可以不必在氢化钠或正丁基锂等强碱存在下和非质子极性溶剂中进行,反应只要在浓氢氧化钠的水溶液中进行即可完成 (式 84 和式 85)[81]。

$$\text{Ph}_3\overset{+}{\text{P}}\text{CH}_2\text{Ar} \ + \ \text{Ar}^1\text{CHO} \xrightarrow{\text{18-crown-6, KOH}} \quad \text{Ar} \diagdown \diagup \text{Ar}^1 \qquad (84)$$

X⁻

X = I, Br, Cl
reactivity: I > Br > Cl

(Z)-alkene, Z:E > 98:2

$$\text{Ph}_2\overset{+}{\text{P}}\text{ClCH}_2\text{Ar} \ + \ \text{Ar}^1\text{CHO} \xrightarrow{\text{18-crown-6, KOH}} \quad \qquad (85)$$

Br⁻

(E)-alkene, E:Z > 96:4

利用 α-氧取代稳定的 Wittig 试剂，在不同的溶剂中进行反应，分别得到预期构型专一的杀虫活性产物 (式 86 和式 87)[82]。

$$(86)$$

$$(87)$$

利用 α-氰基 Wittig 试剂，可与酯、内酯和活性内酰胺等类型的羰基化合物反应构建新型 C=C 键 (式 88~式 90)[83]。

$$(88)$$

$$\text{C}_7\text{H}_{15}\text{CO}_2\text{Me} \ + \ \text{Ph}_3\text{P=CHCN} \xrightarrow[\text{83\%}]{100\ ^{\circ}\text{C}} \qquad (89)$$

$$(90)$$

4.6.2 微波技术的应用

将微波技术和"一锅法"反应应用到 Wittig 反应及其相关的反应中，进一步扩大了 Wittig 反应的应用范围[84]。如式 91 所示[85]：微波辅助下的"一锅法"

Wittig 反应被用来构建氧化吲哚烯烃化合物库。

$$(91)$$

4.6.3 固相无溶剂的应用

固相无溶剂合成与传统溶剂中的反应具有不同的新环境,有可能使反应的选择性和转化率得到提高,可使产物的分离提纯过程变得较容易。由于反应过程完全不用溶剂,彻底克服了反应过程中溶剂对环境造成的污染和降低了生产成本。有的反应完成后用少量水或有机溶剂洗涤即可,不必进行分离提纯。如式 92 所示:固相无溶剂方法也在 Wittig-Horner 反应中得到了应用[86]。

$$(92)$$

5 不对称 Wittig 反应

近年来,立体控制合成手段已成为有机合成化学的一个热点研究领域。由于化学家在这方面的努力,使许多"经典"有机反应在不对称合成方面发挥着重要的作用。其中,包括那些反应过程中并未形成新的 sp^3 立体中心而明显不适用于不对称合成的反应。不对称 Wittig 反应及其相关反应就是重要的范例[87,88]。

首次不对称 Wittig 反应报道于 1962 年[89]。如式 93 所示:使用含有薄荷醇作为手性辅助基团的手性磷酸酯与 4-甲基或 4-正丁基环己醛反应,形成具有光学活性不对称烯烃产物。但是,该报道没有给出准确的对映体过量值,而且后来另一研究小组发现该产物的光学纯度有误[90]。

$$(93)$$

几年后，Bestmann 等人[92]采用含有手性磷原子的鏻盐试剂与 4-甲基环己酮的反应得到对映富集的手性产物 (式 94)。

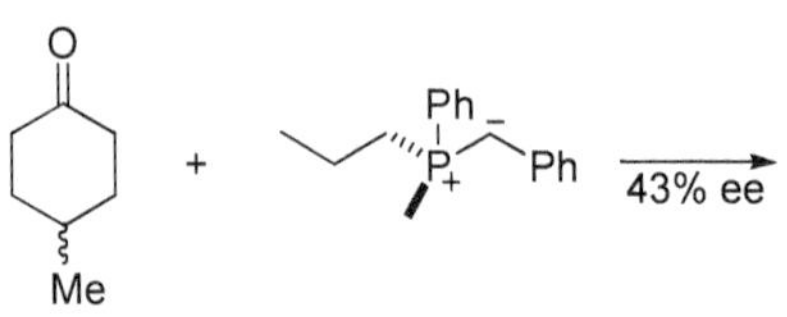

(94)

1975 年，Musierowicz 等人[93]通过用手性亚膦酸酯试剂与丙烯酮类化合物反应，成功地制备了手性丙二烯类化合物。虽然所得产物的化学产率和光学产率都不令人满意，但这是第一个将手性亚膦酸酯试剂应用在不对称烯烃化反应的例子 (式 95)。

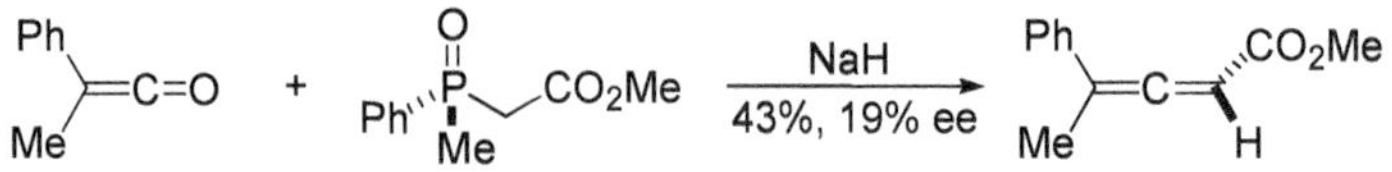

(95)

1970 年，Bestmann 等人[94]首次将手性催化剂应用于不对称 Wittig 反应中。如式 96 所示：他们使用有机酸 (S)-(+)-扁桃酸作为手性催化剂，完成了稳定的 Wittig 试剂和 4-取代环己酮衍生物的催化不对称反应。实验结果显示：即使增加手性化剂的用量也对提高反应的立体选择性没有明显的帮助。

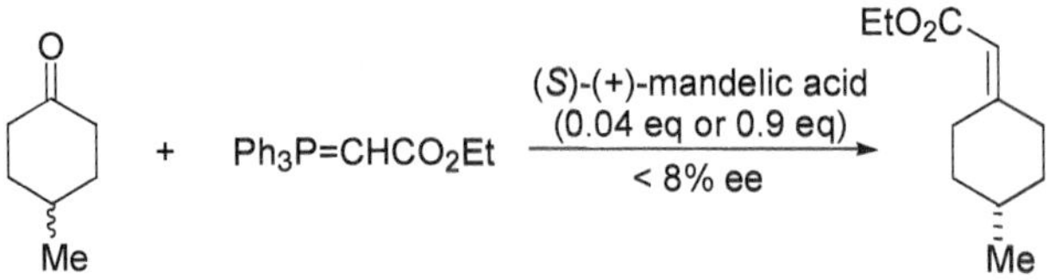

(96)

5.1 不对称羰基烯烃化方法

在通常情况下，Wittig 反应中没有新的 sp^3 立体中心形成。为了使 Wittig 反应能够产生不对称性，要求反应物除参加反应的羰基外，至少含有一个潜手性基团或数个对称排列的潜手性基团。采用 Wittig 反应进行不对称羰基烯烃化可以通过三种主要方式进行，方式的选择主要取决于羰基化合物的结构。

5.1.1 对映羰基类化合物的区分

该方法基于对称分子 (例如：内消旋体) 中对映羰基官能团的区分，从而导致对称有机分子失去对称性 (式 97)。

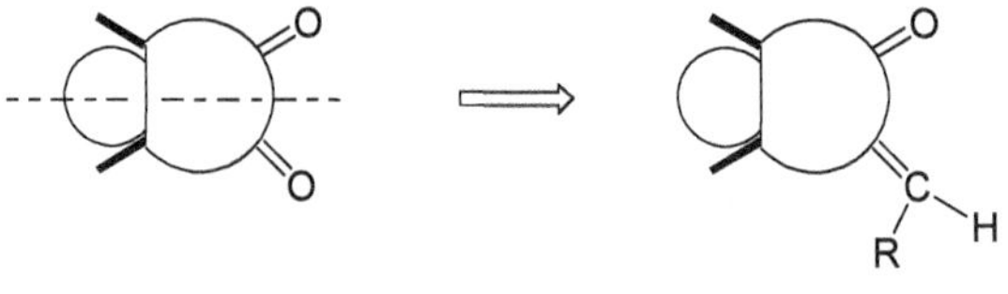

(97)

1993 年，有两个研究小组分别研究了几类双环 α-双羰基化合物与手性改良 Wittig 试剂的反应[95,96]，以较高的化学产率和满意的光学产率得到了相应的 E- 和 Z-型烯烃化合物 (式 98)。

$$(98)$$

54%, 96% ee   32%, 85% ee

5.1.2 潜手性羰基化合物的去对称化

本方法是通过取代羰基中对称 π-平面，形成轴向手性，从而使原来化合物失去对称性 (式 99)。

$$(99)$$

如式 100 所示：San 等人[97]报道了使用手性二胺、三氟甲磺酸锡(II) 和 N-乙基哌啶，可以促进 2-叔丁基-1,3-二氧环己-5-酮和磷酸酯类叶立德的不对称改良 Wittig 反应，获得具有较好对映异构选择性的取代烯烃。

$$(100)$$

5.1.3 外消旋羰基化合物的动力学拆分

该方法是基于外消旋对映体与手性试剂反应时，由于形成了非对映异构的过渡态，导致其反应活化能的不同，从而影响反应速度差异引起的动力学拆分 (式 101)。

$$(101)$$

1984 年，Hanesssian 等人[98,99]合成了第一个能够产生高度不对称性的改良 Wittig 试剂，并成功地应用于不对称 Wittig 反应中。如式 102 所示：该试剂能够用于外消旋羰基化合物的动力学拆分，从外消旋顺-2,4-二甲基环己酮能够得到具有高度立体选择性的烯烃。

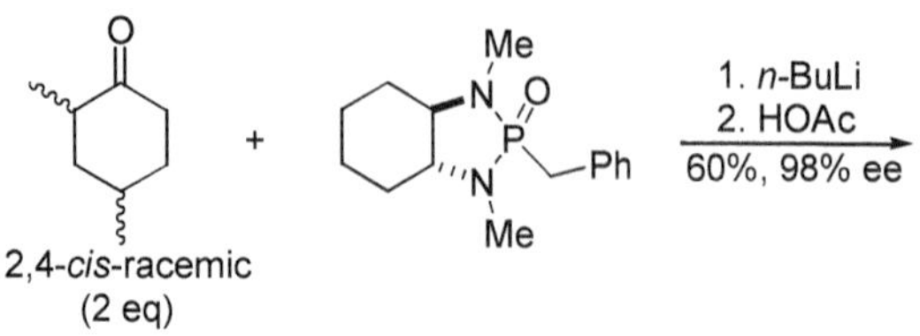
2,4-*cis*-racemic
(2 eq)
Me
O
N
P
N
Ph
Me
1. *n*-BuLi
2. HOAc
60%, 98% ee
Ph

(102)

5.2 光学活性 Wittig 试剂

使用光学活性 Wittig 试剂，是通过 Wittig 反应获得手性烯烃最直接的方法。如式 103 所示：依照手性中心直接与磷原子相连或者间接与磷原子连接，可将光学活性 Wittig 试剂分为以下三种类型。

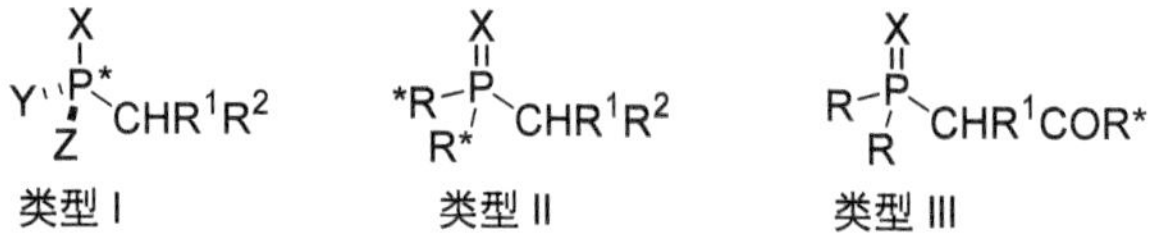
类型 I
类型 II
类型 III

(103)

式 104~式 107 列举了部分常见的不同类型的手型 Wittig 试剂[88]。

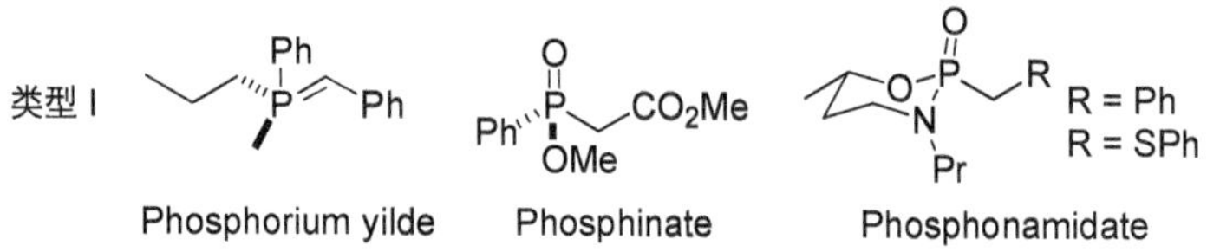
类型 I
Phosphorium yilde
Phosphinate
Phosphonamidate
R = Ph
R = SPh

(104)

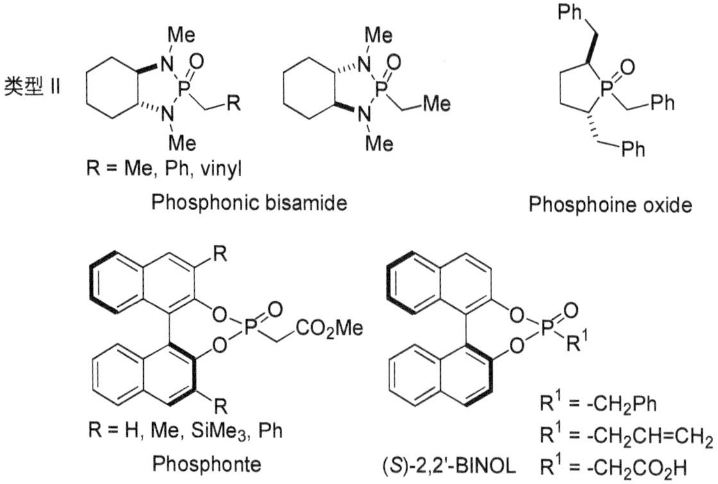
类型 II
R = Me, Ph, vinyl
Phosphonic bisamide
Phosphoine oxide
R = H, Me, SiMe3, Ph
Phosphonte
(*S*)-2,2'-BINOL
R1 = -CH2Ph
R1 = -CH2CH=CH2
R1 = -CH2CO2H

(105)

类型 I, II

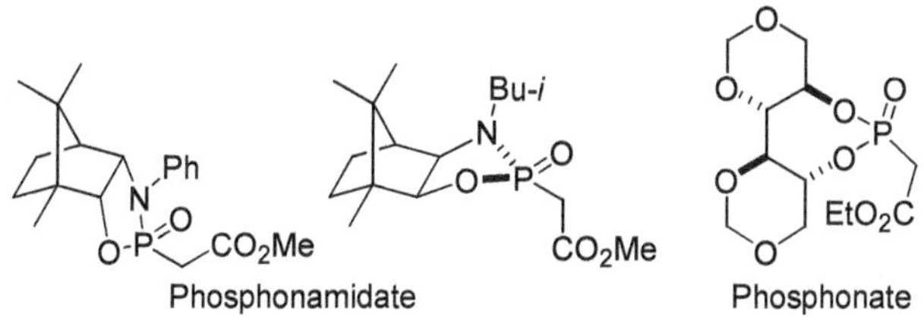
Ph
Bu-i
CO2Me
EtO2C
Phosphonamidate
Phosphonate

(106)

类型 III

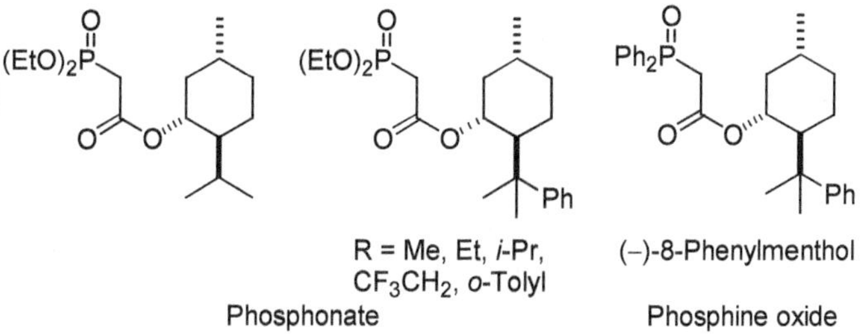
(EtO)2P
Ph2P
Ph
R = Me, Et, i-Pr,
CF3CH2, o-Tolyl
(–)-8-Phenylmenthol
Phosphonate
Phosphine oxide

(107)

光学活性 Wittig 试剂的成功应用，取决于它们的不对称诱导能力、产物的立体化学预测性以及试剂的来源和易得程度。其中，以 8-苯基薄荷醇 (8-phenylmentol) 或联萘酚 (binaphanol, BINOL) 作为辅助基的光学活性改良 Wittig 试剂应用最广泛[100,101]。

尽管第一个不对称 Wittig 反应的报道出现在 40 多年以前，但其合成价值在过去的十年里才开始得到深入的探究。然而这些反应的全貌还没有被探明，反应物和试剂上的取代基团的影响还很不清楚。因此，补充和拓展不对称 Wittig 反应的应用范围仍是一个值得追求的目标。不对称 Wittig 反应对于复杂分子合成的应用会成为未来研究的推动力量，高效不对称催化过程的继续发展是一个待解决的挑战。

6 Aza-Wittig 反应

早在 1919 年，Staudinger 等人通过 Ph_3P 和叠氮化合物反应制备了一种 Wittig 试剂的类似物：$PhN{=}PPh_3$。这是第一例 aza-Wittig 试剂[102]，该试剂被命名为磷亚胺叶立德 (λ^5-Phosphoazenes, iminophosphoranes 或 Phosphoine imines)。但是，在 Wittig 反应发现三十年之后，磷亚胺叶立德才被成功地应用于构建 C=N 化合物的合成反应中 (式 108)[103]。

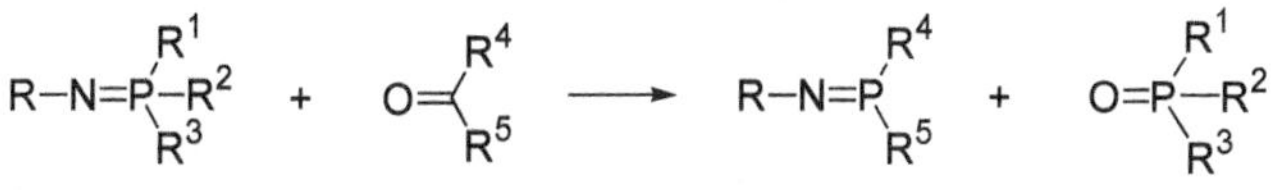

(108)

磷亚胺叶立德的氮杂 Wittig 反应 (aza-Wittig Reaction) 是一种将 P=N 键转化为 C=N 键的有效方法,该反应已成为一种合成新型氮杂环化合物和具有生理活性的天然杂环化合物的新方法[104~110]。

6.1 aza-Wittig 反应机理

aza-Wittig 反应机理与 Wittig 反应类似[111]。Kawashima 等人[112,113]用化学合成方法证明,在反应过程中有类似 Wittig 反应中间体结构的存在 (式 109)。理论计算结果表明,aza-Wittig 反应也是一个通过四员环状过渡态的两步反应[114~116]。

$$(109)$$

6.2 分子间 aza-Wittig 反应

与 Wittig 反应相似,磷亚胺叶立德可与醛、酮或者异(硫)氰酸酯等在温和的中性条件下反应,以良好的产率生成含有 C=N 键的化合物 (式 110 和式 111)。

$$(110)$$

$$(111)$$

从喹啉衍生的磷亚胺叶立德与各种羰基类化合物反应,可以制备相应的亚胺类化合物 (式 112)[117]。

$$(112)$$

$R^1 = R^2 = R^3 = H$, $R^4 = p\text{-}MeC_6H_4$

$R^1 = 6,7\text{-}(MeO)_2$, $R^2 = R^3 = H$, $R^4 = 3,4\text{-}(MeO)_2C_6H_3$

$R^1 = R^2 = H$, $R^3 = R^4 = CO_2Et$

伯胺亦可与醛酮发生酸催化缩合生成亚胺类化合物。如果伯胺 (例如:烯胺) 或者产物受到酸性条件限制的话，分子间 aza-Wittig 反应也可以在中性条件下进行。

应用糖基磷亚胺与异硫氰酸酯在甲苯中反应可以生成不对称的糖基碳二亚胺，这是首例不对称糖基碳二亚胺的合成报道。该反应由于在温和的中性条件下进行，糖分子中的保护基完全没有受到影响。如式 113[118] 所示：糖基碳二亚胺还可进一步应用于官能化糖分子的合成。

$$RCH_2N=PPh_3 \xrightarrow[70\%\sim90\%]{RNCS, \; rt, \; 1 \; h} RCH_2N=C=NR \xrightarrow{HY} RCH_2N=C\overset{Y}{\underset{NHR}{\big\langle}} \qquad (113)$$

R = Me, sugar; Y = OH, SH, piperidinyl

6.3 分子内 aza-Wittig 反应

分子内 aza-Wittig 已经成为一种合成氮杂环的有效手段，特别适用于 5~8 员含氮杂环的合成。由于这种方法原料易得、条件温和、产率较高，而且是在中性条件下进行，尤其适合于分子中含有对酸碱敏感基团的底物。

分子内 aza-Wittig 反应可以合成许多五员杂环，尤其适合于一些手性五员杂环的制备。如式 114 所示：光学活性的叠氮化物与三苯基膦在室温下反应，经连续的 Staudinger 反应和分子内 aza-Wittig 反应生成吡咯啉衍生物。该反应由于在温和的中性条件下进行，产物未发生消旋化[119]。

$$(114)$$

应用分子内 aza-Wittig 反应也可合成许多六员杂环。如式 115 所示：将苯基叠氮的酰亚胺化合物与三丁基膦在甲苯中回流，得到喹唑啉酮中间体。然后除去保护基，即可得到喹唑啉酮类生物碱 l-Vasicinone (97% ee) [120]。事实上，该反应中原位生成的磷亚胺叶立德与酰亚胺中的羰基发生了缩合反应。

$$(115)$$

分子内 aza-Wittig 反应还是一种合成七员和八员杂环的良好方法[121,122]。这种合成方法已应用到一些具有光学活性的生物碱和其它天然产物合成中 (式 116 和式 117)[123,124]。

$$(116)$$

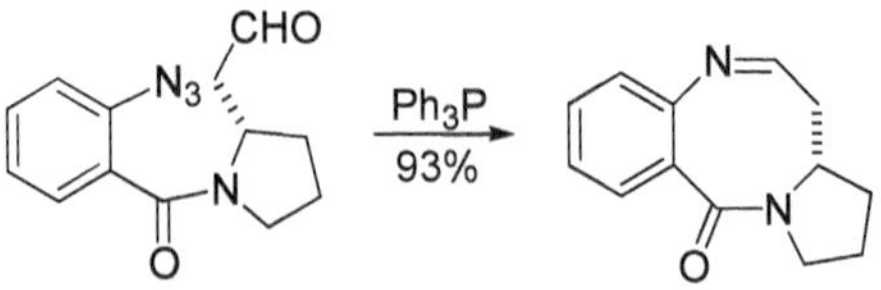

$$(117)$$

6.4 合成异氰酸酯和硫代异氰酸酯

磷亚胺叶立德与 CO_2 和 CS_2 的 aza-Wittig 反应可以方便地合成异氰酸酯和硫代异氰酸酯，这个反应可用于特殊类型化合物中碳链的延长方法 (式 118~式 120)[125~127]。

$$(118)$$

$$(119)$$

R = H, Me, Et, Pr, *i*-Pr, Ph

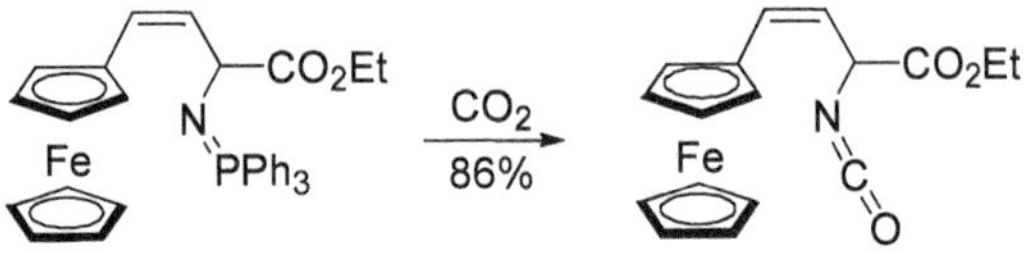

$$(120)$$

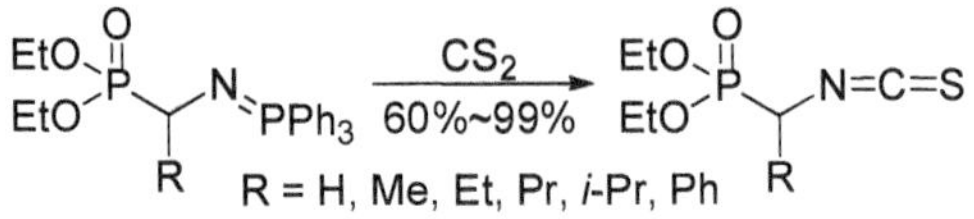

由该反应生成的异氰酸酯和硫代异氰酸酯可以进一步发生分子内环化得到更复杂的杂环衍生物。因为伯胺与异(硫)氰酸酯反应生成活性较差的(硫)脲，而 aza-Wittig 反应则生成具有良好亲电活性的碳二亚胺。因此，该方法在杂环合成中取得了广泛的应用。如式 121 所示：Molina 等人[128]由该反应生成的异氰酸酯和硫代异氰酸酯再经电环化关环得到 β-咔啉的衍生物 (式 121)。

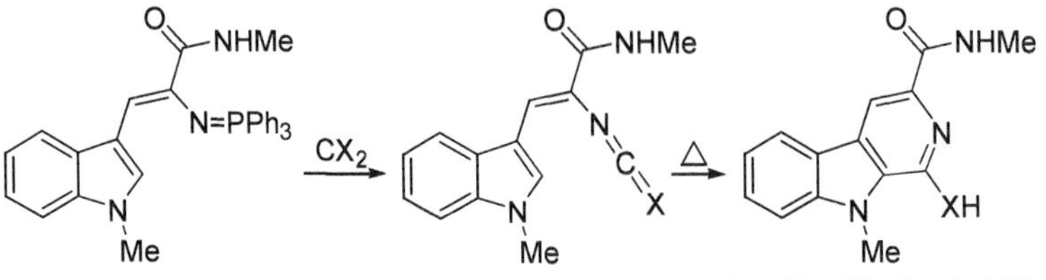

$$(121)$$

X = O, 80%; X = S, 90%

如式 122 所示：含有吡啶和嘧啶的邻二氮杂苯类化合物也可以用该方法方

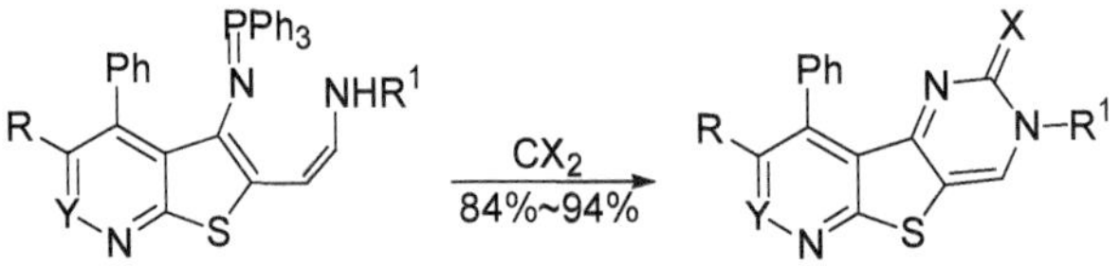

$$(122)$$

R = CN, Ph; R¹ = Ph, *p*-MePh, *p*-MeOPh
X = O, X; Y = COEt, N

便地合成[129,130]。

伯胺与连接在聚合物上的磷试剂反应，可以生成固体负载的磷亚胺叶立德。使用固相 aza-Wittig 反应，给产物的分离带来了更多的方便 (式 123)[131]。

X = O, 85%; X = S, 93%

通过磷亚胺与异(硫)氰酸酯 (或者二氧化碳、二硫化碳、酰氯和醛酮等) 发生分子间 aza-Wittig 反应，可以形成活性中间体碳二亚胺 (或者异氰酸酯、异硫氰酸酯、氯代亚胺和席夫碱等)。基于 aza-Wittig 反应的"一锅法"环化方法可以通过连续的串联成环反应应用于制备吡嗪类衍生物 (式 124)[132]。

Z = -NR₂, -NHR, -OAr, -SAr, -OR

Aza-Wittig 反应作为合成含氮化合物 (尤其是含氮杂环) 的一种新方法，其潜力正不断地被人们认识。应用 aza-Wittig 反应，不仅可以合成许多已知的具有生理活性的氮杂环化合物，还可以合成一些新的杂环体系。Aza-Wittig 反应在含氮化合物及杂环合成中发挥着越来越大的作用。

7　Wittig 反应在天然产物合成中的应用

7.1　Wittig 反应的应用

Wittig 反应是合成烯烃的一个重要方法，在有机合成领域中发挥了重要作用。尤其在天然产物及其衍生物的合成中得到了大量的应用。1953 年，在 Wittig 反应发现后的很短时间内，BASF 公司的科学家便将其应用到视黄酸的合成中。不久，BASF 公司又将 Wittig 反应作为关键步骤应用到了维生素 A 的工业生产中。在维生素、胡萝卜素、前列腺素以及其它很多新发现的天然产物或其衍生物的合成中，Wittig 反应和改良的 Wittig 反应都发挥了巨大的作用。

Hericenone A 是从 *Hericium erinaceum* 蘑菇中分离得到的一种天然产物，对 Hela 细胞具有明显的抑制活性。1992 年，Reddy[133]首次对 Hericenone A 进行了全合成，并确定了该化合物的化学结构。如式 125 所示：在构建多烯支链中，他们利用带有醛基的 Wittig 试剂与苯乙醛反应，在形成烯烃的同时又引入了在后续反应中需要的烯丙基醛。

$$\text{Hericenone A} \qquad (125)$$

Ascidiatrienolide 是一类具有很强的磷脂酶抑制作用的海洋天然产物。Congreve 等人在经过一系列的合成研究后确认：Ascidiatrienolide A 具有 10 员环内酯的结构，而不是以前认为的 9 员环内酯。如式 126 所示[134]：在他们完成该天然产物的全合成路线中曾经三次用到了 Wittig 反应。

$$\text{Ascidiatrienolide} \qquad (126)$$

(2*R*,1'*S*,2'*R*)-α-(2-羧基甲基环丙基)甘氨酸最初是从 *Blighia unijugata* 中分离出来的天然产物。1994 年，Alcaraz 等人以 D-丝氨酸为原料对其进行了不对称合成[135]。如式 127 所示：在引入了所需支链的过程中，Wittig 反应被用作关键步骤，一步完成了构筑环丙烷基乙酸的准备。

$$(127)$$

(2R,1'S,2'R)-α-(2-羧基甲基环丙基) 甘氨酸

Δ^1-吡咯啉-2-羧酸是很多生物过程的重要代谢物，关系到谷氨酸到脯氨酸的生物转化。Clerici 等人[136] 在研究这种化合物的衍生物的合成时，以 5(4H)-Oxazolones 为原料，先使其与三苯基乙烯基鏻溴进行 Michael 加成。然后，让其产物再进行分子内 Wittig 反应得到目标化合物 (式 128)。

$$(128)$$

Critcher 等人[137] 在全合成海洋天然产物 Halicholactone 和 Neohalicholactone 的过程中，应用 Wittig 反应作为他们合成路线中的关键步骤之一。如式 129 所示：使用 Wittig 试剂与半缩醛反应，高度选择性地得到了预期的顺式产物。

$$(129)$$

Grsa 等人[138]报道：以具有手性的 L-酒石酸二乙酯衍生物为原料合成了手性的花生四烯酸类似物。如式 130 所示：用 Wittig 反应作为关键步骤获得的二烯产物中 Z,Z : Z,E = 7:1。

$$(130)$$

Bringmann 等[139]合成了一种联二萘结构的化合物，它们是合成二聚萘基异喹啉生物碱的重要中间体。在构筑联二萘结构的方法中，他们使用联苯中间体通过 Wittig 反应引入所需的碳链和官能团。如式 131 所示：将联二苯甲醛与 Wittig 试剂在甲苯中回流，一步完成了两个 Wittig 反应。

$$(131)$$

7.2 Wittig-Horner 反应的应用

$$(132)$$

(−)-Cylindrocyclophane A

Hoye 等人[140]利用 Wittig-Horner 反应，通过两分子单体磷酸酯醛首尾连接，构建了具有 C_2-对称性的 (−)-Cylindrocyclophane A 中的核心结构。如式 132 所示：在 15-冠-5-醚的催化下，这种分子间的反应仅仅生成单一的 (E,E)-环化产物。

在抗生素 3-(Hydroxylmethyl)carbacephaloporin 的不对称合成中，Miller[141]利用分子内的 Wittig-Horner 反应构建了抗生素分子中重要的六员不饱和环。如式 133 所示：虽然底物是酮羰基，但环化的产率仍然可以达到 85%。

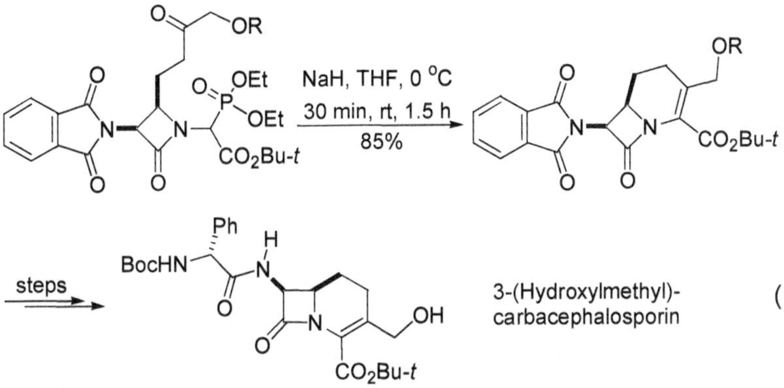

(133)

Nicolaou[142]等在研究天然产物全合成的工作中，也大量用到了 Wittig 反应及 Wittig-Horner 反应作为关键的实验步骤。

7.3 其它类型 Wittig 反应的应用

Epolactaene 是 1995 年从一种青霉素培养基中分离得到的一种天然产物，在开发治疗神经变性疾病 (如痴呆) 的药物方面很有价值。1998 年，Marumoto 等人[143]建立了 Epolactaene 的绝对构型并完成了全合成。如式 134 所示：他们

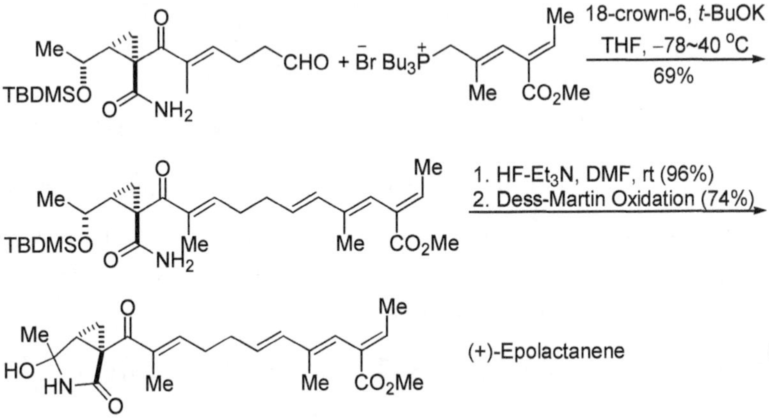

(+)-Epolactanene   (134)

应用三丁基膦叶立德试剂与醛发生 Wittig 反应，得到了关键的 *E*-构型中间体。通过 Wittig 反应可以得到非常满意的预期结果。

Phloeodictin A1 具有抗肿瘤活性，Snider 等人[144]在 2003 年报道了有关该化合物的全合成路线。他们采用 aza-Wittig 反应完成了关键中间体双环咪的合成。如式 135 所示：该反应使用聚苯乙烯键合的 PPh₃ 参与反应，使得反应后副产物可以通过简单的过滤与产物方便地分离。

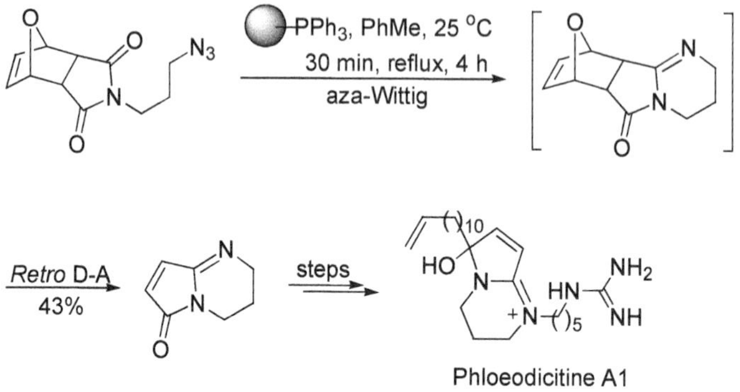

Phloeodicitine A1

(135)

8 Wittig 反应实例

例　一

(*Z*)-4-(3-甲氧基苯基)-3-丁烯基苄基醚的合成
(氢化钾作为 Wittig 反应中的碱制备高立体选择性 *Z*-型烯烃)[145]

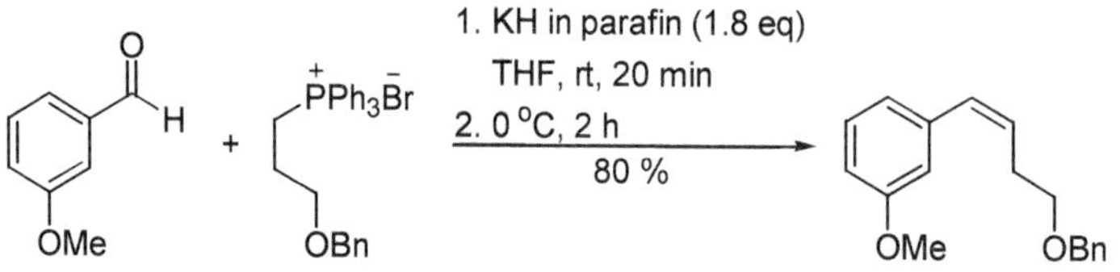

(136)

将膦盐 (982 mg, 2.0 mmol) 和氢化钾-石蜡 (1:1, 144 mg, 1.8 mmol of KH) 的干燥四氢呋喃 (4 mL) 悬浮液搅拌 20 min 变为橘黄色。冷却到 0 °C，再加入相应的醛 (0.122 mL, 1.0 mmol) 后继续在 0 °C 搅拌 2 h。在反应体系中加入二氯甲烷溶解，依次用水、碳酸氢钠饱和水溶液和盐水萃洗后，合并有机相，用无水硫酸钠干燥后。蒸除有机溶剂，残留物经柱色谱分离得到无色油状产物 (214 mg, 80%)。

例 二

白藜芦醇衍生物的合成

(新型 Wittig 试剂制备高立体选择性 E-型烯烃)[146]

$$\text{Ar}\underset{\text{N}}{\overset{\text{H}}{\frown}}\text{Ts} \xrightarrow[\substack{75\%}]{\substack{\text{1. }t\text{-BuOK, PhMe} \\ \text{2. Ar}^1\text{CHO, ClFeTPP, BnNEt}_3\text{Cl} \\ \text{(10 mol \%), P(OMe)}_3\text{, 40 }^\circ\text{C, 48 h}}} \text{Ar}\diagup\diagdown\text{Ar}^1 \qquad (137)$$

$$\text{Ar} = 3,5\text{-(MeO)}_2\text{C}_6\text{H}_3$$
$$\text{Ar}^1 = 4\text{-(MeO)C}_6\text{H}_4$$

在 0 °C 和氮气保护下，将叔丁氧基钾 (0.15 mol) 的无水甲苯 (8 mL) 溶液加入到磺酰基苯腙 (329 mg, 1.2 mmol) 中，再加入 3,5-二甲氧基苯甲醛 (180 mg, 1.2 mmol)，反应混合物缓慢升至室温后搅拌 1 h。然后，依次向反应体系中加入三乙基苄基氯化铵 (0.1 mmol，商品名：Aliquat 336)、ClFeTPP (7 mg, 0.01 mmol)、对甲氧基苯甲醛 (140 mg, 1.0 mmol)、三甲氧基磷 (142 μL, 1.2 mmol) 和无水甲苯 (5.0 mL)。在 40 °C 下，反应混合物剧烈搅拌 48 h 后，加入水 (7.0 mL) 淬灭反应。然后用乙醚萃取 (3 × 15 mL)，合并有机相并用无水硫酸钠干燥。减压蒸除溶剂，得到黑褐色残留物，用柱色谱分离给出相应的 E-异构体 (191 mg, 89%) 和 Z-异构体 (6 mg, 3%)。

例 三

4'-氯苯乙酮的合成

(通过 N-甲基-N-甲氧基酰胺转化的非经典 Wittig 反应制备酮)[147]

$$\text{Ar}\underset{\text{Me}}{\overset{\text{O}}{\frown}}\text{N}{-}\text{OMe} \xrightarrow[\substack{\text{Ar} = p\text{-ClC}_6\text{H}_4}]{\substack{\text{Ph}_3\text{P=CH}_2\text{, THF} \\ -78\ ^\circ\text{C}\sim\text{rt, 20 h}}} \left[\underset{\text{Ar}}{\overset{\text{Me}}{\frown}}\text{N}{-}\text{OMe}\right] \xrightarrow{\text{aq. HCl}} \text{Ar}\overset{\text{O}}{\frown} \qquad (138)$$

将正丁基锂 (2.11 mL, 5.27 mmol, 2.5 mol/L in C$_6$H$_{12}$) 的己烷溶液加入到 -10 °C 的含甲基三苯基鏻溴 (1.97 g, 5.52 mmol) 的四氢呋喃 (25 mL) 溶液中。反应液在 -15 °C 下搅拌 40 min。再将 N-甲基-N-甲氧基-4-氯苯甲酰 (0.50 g, 2.51 mmol, 1.0 eq) 的四氢呋喃 (10 mL)溶液加入到 -78 °C 的反应液中，搅拌 20 h 后，让反应混合物温度缓慢上升至室温。加入的 HCl (2 mol/L) 和乙醚，分出有机相，水相用乙醚萃取 3 次，合并有机相后水洗，无水硫酸钠干燥，过滤，减压蒸除溶剂后得粗产物。粗产物硅胶柱色谱纯化，环己烷-乙醚 (90:10) 洗脱给出 4'-氯苯乙酮为无色液体 (355 mg, 91%)。

例 四

2-氧代-3-苯基己-5-烯酸的合成

(微波辅助的 "一锅法" Wittig 反应)[148]

在装有苯甲醛 (63 mL, 0.53 mmol) 和磷酸酯 (150 mg, 0.53 mmol) 的微波管中加入碳酸钾 (10 mol/L) 水溶液。将该非均相混合物充分混合后，在微波反应器 [CEM focused microwave (Discovery model)] 中照射 10 min (50 W, 105 °C)。反应粗产物用水稀释后,用二氯甲烷萃取 (3 × 10 mL)。水相用 HCl (10%, 20 mL) 酸化后，再用乙酸乙酯萃取 (5 × 10 mL)。乙酸乙酯相分别用水和饱和盐水洗涤 (15 mL) 后,用无水硫酸镁干燥。减压蒸除溶剂,得到蜡状固体产物 (115 mg, 88%)，mp 64~65 °C。

例 五

(E)-1-苯基-1,3-丁二烯的合成

(末端 E-1,3-二烯的方便合成方法)[149]

在 −78 °C 下，向含有二乙基(烯丙基)磷酸酯 (1.07 g, 6.0 mmol) 的干燥四氢呋喃 (15 mL) 溶液中滴加正丁基锂 (2.4 mL, 6.0 mmol, 2.5 mol/L in C_6H_{12}) 的正己烷溶液。搅拌 15 min 后，再滴加溶解在 HMPA (2.1 mL, 12 mmol) 中的苯甲醛溶液 (0.53 g, 5.0 mmol)。混合物在 −78 °C 下继续搅拌 2 h 后，升至室温后继续搅拌 12 h。加入饱和氯化铵水溶液终止反应，反应混合物用 Et_2O 萃取 (3 × 15 mL)。合并的有机相用饱和食盐水 (30 mL) 洗涤后，经无水 $MgSO_4$ 干燥。除去溶剂得到粗产物，用柱色谱分离给出无色油状物(0.51 g, 60%)。

9 参 考 文 献

[1] http://nobelprize.org/nobel_prizes/chemistry/laureates/1979/presentation-speech.html. German translation: *Angew. Chem.* **1980**, *92*, 671.

[2] Wittig, G.; Wetterling, M. *Justus Liebigs Ann. Chem.* **1947**, *557*, 193.

[3] Wittig, G.; Schollkopf, U. *Chem. Ber.* **1954**, *87*, 1318.

[4] Wittig, G.; Haag, W. *Ber.* **1955**, *88*, 1654.

[5] (a) Staudinger, H.; Meyer, J. *Helv. Chim. Acta.* **1919**, *2*, 635 (b) Coffman, D. D.; Marvel, C. S. *J. Am. Chem. Soc.* **1929**, *51*, 3496. (c) Eguchi, S. *ARKIVOC* **2005**, 98. (d) Breinbauer, R.; Kohn, M. *Angew. Chem. Int. Ed. Engl.* **2004**, *43*, 3106.

[6] Hoffmann, R. W. *Angew. Chem. Int. Ed,* **2001**, *40*, 1411.

[7] Vedejs, E.; Snoble, K. A. J . *J. Am. Chem. Soc.* **1973**, *95*, 5778.

[8] Vedejs, E.; Meiner, G. P.; Snoble, K. A. J . *J. Am. Chem. Soc.* **1981**, *103*, 2823.

[9] Vedejs, E.; Marth, C. F.; Ruggeri R. *J. Am. Chem. Soc.* **1988**, *110*, 3940.

[10] Vedejs, E.; Marth, C. F. *J. Am. Chem. Soc.* **1988**, *110*, 3948.

[11] Borisova, I. V.; Zemlyanskii, N.N.; Shestakova, A.K.; Ustynyuk, Y. A. *Mendellev Commun.* **1996**, 90.

[12] McEwen, W. E.; Beaver, B. D.; Cooney, J. V. *Phosphorus, Sulfur Silicon Relat. Elem.* **1985**, *25*, 255.

[13] McEwen, W. E.; Mari, F.; Lahti, P. M.; Baughman, L. L.; Ward, W. J. *ACS Symp. Ser.* **1992**, *486*, 149.

[14] Mari, F.; Lahti, P. M.; MeEwen, W. E. *J. Am. Chem. Soc.* **1992**, *114*, 813.

[15] Bestmann, H. J.; Hellwinkel, D. *Topics in Current Chemistry* **1983**, *109*, 36.

[16] Maryanoff, B. E.; Reitz, A. B. *Chem. Rev.* **1989**, *89*, 863.

[17] Wittig, G.; Schollkopf, U. *Chem. Ber.* **1954**, *87*, 1318

[18] Inhoffen, H. H.; Irmscher, K.; Hirschfeld, H.; Stache, U.; Kreutzer, A. *J. Chem. Soc.* **1959**, 385.

[19] Hadjiarapoglou, L.; Meijere A. D. *Tetrahedron Lett.* **1994**, *35*, 3269.

[20] Singh, V.; Prathap, S.; Porinchu, M. *J. Org. Chem.* **1998**, *63*, 4011.

[21] Fieser, M.; Fieser, L. F. *Reagents for Organic Synthesis* **1967**, *1*, 671.

[22] Boutagy, J.; Thomas, R. *Chem. Rev.* **1974**, *74*, 87.

[23] (a) Isler, O.; Huber, W.; Ronco, A.; Kofler, M. *Helv. Chim. Acta* **1947**, *30*, 1911; (b) Wendler, N. L.; Slates, H. L.; Trenner, N. R.; Tishler, M. *J. Am. Chem. Soc.* **1951**, *73*,719. (c) Mukaiyama, T.; Ishida, A. *Chem. Lett.* **1975**, 1201.

[24] Swowerby, R. L.; Coates, R. M. *J. Am. Chem. Soc.* **1972**, *94*, 4758.

[25] Trost, B. M.; Keeley, D. E. *J. Am. Chem. Soc* **1976**, *98*, 248.

[26] Pearce,B.C.; Parker, R. A.; Deason, M. E.; Qureshi, A. A.; Wright, J. K. *J. Med. Chem.* **1992**, *35*, 3595.

[27] Murphy, P. J. *J. Chem. Soc., Chem. Commun.* **1992**, 1096.

[28] Gibson, C. L.; Handa, S. *Tetrahedron: Asymmetry* **1996**, *7*, 1281.

[29] Tatsuta, K.; Itob, M.; Hirama, R. Araki, N.; Kitagawa, M. *Tetrahedron Lett.* **1997**, *38*, 583.

[30] Niwa, H.; Inagaki H.; Yamada, K. *Tetrahedron Lett.* **1991**, *32*, 5127.

[31] Jung, M. E.; Fahr, B. T.; D'Amico, D. C. *J. Org. Chem.* **1998**, *63*, 2982.

[32] (a) Lawrence, N. J. *in Preparation of Alkenes, A Practical Approach* (Ed.: Williams, J. M. J.), **1996**, pp 19-58. (b) Seyferth, D.; Wursthorn, K. R.; Mammarella, R. E. *J. Org. Chem.* **1977**, *42*, 3104.

[33] Arisawa, M.; Yamaguchi. M. *J. Am. Chem. Soc.* **2000**, *122*, 2387.

[34] Speziale, A. J.; Ratts, K. W. *J. Am. Chem. Soc.* **1962**, *84*, 854.

[35] Schlosser, M.; Zimmermann, J. A. *Synthesis* **1969**, 75.

[36] Blaschke, H.; Ramey, C. E.; Calder, I.; Boekelheide, V. *J. Am. Chem. Soc.* **1970**, *92*, 3675.

[37] James, B. G.; Pattenden, G. *J. Chem. Soc. Perkin I.* **1976**, 1476.

[38] Bestman, H. J.; Armsen, R.; Wagner, H. *Chem. Ber.* **1969**, *102*, 2259.

[39] Hauser, C. F.; Brooks, T. W.; Miles. M. L.; Raymond, M. A.; Butler, G. B. *J. Org. Chem.* **1963**, *28*, 372.

[40] Dusza, J. P. *J. Org. Chem.* **1960**, *25*, 93.

[41] Wheeler, O. H; Batlle de Pabon, H. N. *J. Org. Chem.* **1965**, *30*, 1473.

[42] Tagaki, W.; Inoue, I; Yano, Y.; Okonogi, T. *Tetrahedron Lett.* **1974**, 2587.

[43] Schiemenz, G. P.; Engelhard, H. *Chem. Ber.* **1961**, *94*, 578.

[44] Subramanyam, V.; Silver, E. H.; Soloway, A. H. *J. Org. Chem.* **1976**, *41*, 1273.

[45] Corey, E. J.; Yamamoto, H. *J. Am. Chem. Soc.* **1970**, *92*, 226

[46] Schlosser, M.; Christmann, K. F. *Annalen* **1967**, *708*, 1.

[47] Schlosser, M.; Christmann, K. F. *Angew. Chem. Int. Ed.* **1965**, *4*, 689.

[48] Johnson, A. W.; Kyllingstad, V. L. *J. Org Chem.* **1966**, *31*, 334.

[49] Allen, D. W.; Ward, H. *Tetrahedron Lett.* **1979**, 2707.

[50] Yamataka, H.; Nagareda, K.; Ando, K.; Hanafusa, T. *J. Org Chem.* **1992**, *57*, 2865.

[51] Bellucci, G.; Chiappe, C.; LoMoro, G. *Tetrahedron Lett.* **1996**, *37*, 4225.

[52] Oh, J. S.; Kim, B. H.; Kim, Y. G. *Tetrahedron Lett.* **2004**, *45*, 3925.

[53] Bestmann, H. J.; Stransky, W.; Vostrowsky, O. *Chem. Ber.* **1976**, *109*, 1694.

[54] Tronchet, J. M. J.; Gentile, B. *Helv. Chim. Acta.* **1979**, *62*, 2091.

[55] Brimacombe, J. S.; Hanna, R.; Kabir, A. K. M. S.; Bennett, F.; Taylor, I. D. *J. Chem. Soc. Perkin I.* **1986**, 815.

[56] Schlosser, M.; Christmann, K. F. *Angew. Chem. Int. Ed. Engl.* **1966**, *5*, 126.

[57] Horner, L.; Hoffmann, H.; Wippel, H. G. *Chem. Ber.* **1958**, *91*, 61.

[58] Wasdsworth, W. S.; Emmons, W. D. *J. Am. Chem. Soc.* **1961**, *83*, 1733.

[59] Arbuzov, B. A. *Pure Appl. Chem.* **1964**, *9*, 307.

[60] Ianni, A.; Waldvogel, S. R. *Synthesis* **2006**, 2103.

[61] Redmore, D. *Chem. Rev.* **1971**, *71*, 317.

[62] Lichtenthaler, F. W. *Chem. Rev.* **1961**, *61*, 607.

[63] Clark, R. D.; Kozar, L. G.; Heathcock, C. H. *Synthesis* **1975**, 635.

[64] Savignac, P.; Mathey, F. *Tetrahedron Lett.* **1976**, 2829.

[65] Kim, D. Y.; Kong, M. S.; Lee, K. *J.Chem. Soc., Perkin Trans. 1* **1997**, 1361.

[66] Coutrot, P.; Grison, C. *Tetrahedron Lett.* **1988**, *29*, 2655.

[67] Kuzemko, M. A.; Van Arnum, S. D.; Niemczyk, H. J. *Org. Pro. Res. Devl.* **2007**, *11*, 470.

[68] Hatakeyana, S.; Osanai K.; Numata, H., Takano, S. *Tetrahedron Lett.* **1989**, *30*, 4845.

[69] Horita, K.; Inoue, T.; Tanaka, K.;Yonemitsu, O. *Tetrahedron Lett.* **1992**, *33*, 5537.

[70] Tanaka, T.; Oikawa, Y.; Hamada, T.; Yonemitsu, O. *Chem. Lett.* **1987**, *35*, 2209.

[71] Still, W. C.; Gennari, C. *Tetrahedron Lett.* **1983**, *24*, 4405.

[72] (a) Ando, K. *Tetrahedron Lett.* **1995**, *36*, 4105. (b) Ando, K. *J. Org. Chem.* **1997**, *62*, 1934.

[73] Paterson, I.; Arnott, E.; Towards, A. *Tetrahedron Lett.* **1998**, *39*, 7185.

[74] Abe, H.; Aoyagi, S.; Kibayashi, C. *J. Am. Chem. Soc.* **2000**, *122*, 4583.

[75] Schlosser, M.; Christmann, K. F. *Liebigs Ann.Chem.* **1967**, *708*, 1.

[76] Schlosser, M.; Christmann, K. F.; Piskala, A. *Chem. Ber.* **1970**, *103*, 2814.

[77] Wang, Q.; Deredas, D.; Huynh, C.; Schlosser, M. *Chem-Eur. J.* **2003**, *9*, 570.

[78] Couladouros, E. A.; Mihou, A. P. *Tetrahedron Lett.* **1999**, *40*, 4861.

[79] Khiar, N.; Singgh, K.; Garcia, M. Martín-Lomas. M. *Tetrahedron Lett.* **1999**, *40*, 5779.

[80] Duffield, J. J.; Pettit, G. R. *J. Nat. Prod.* **2001**, *64*, 472.

[81] Bellucci, G.; Chiappe, C.; Moro G. L. *Tetrahedron Lett.* **1996**, *37*, 4225.

[82] Krief, A.; Dumont W. *Tetrahedron Lett.* **1988**, *29*, 1083.

[83] Tsunoda, T.; Takagi, H.; Takaba, D.; Kaku, H.; Itô, S. *Tetrahedron Lett.* **2000**, *41*, 235.

[84] Hamza, K.; Blum, J. *Tetrahedron Lett.* **2007**, *48*, 293.

[85] Teichert, A.; Jantos, K.; Harms, K.; Studer, A. *Org. Lett.,* **2004**, *6*, 3477.

[86] Toda, F.; Akai, H. *J. Org. Chem.* **1990**, *55*, 3446.

[87] Rein, T.; Pedersen, T. M. *Synthesis* **2002**, 579.

[88] Tanaka, K.; Furuta, T.; Fuji, K. *Modern Carbonyl Oliefination*. Takeda, T (Ed). WILEY-VCH Vergag GmbH & Co. **2004**, 286.

[89] Tömösközi, I.; Janszó, G. *Chem. Ind. (London)* **1962**, 2085.

[90] Hanessian, S.; Delorme, D.; Beaudoin, S.; Leblanc, Y. *J. Am. Chem. Soc.* **1984**, *106*, 5754.

[91] Bestmann, H. J.; Lienert, J. *Angew. Chem., Int. Ed. Engl.* **1969**, *8*, 763.

[92] Bestmann, H. J.; Heid, E.; Ryschka, W.; Lienert, J. *Liebigs Ann. Chem.* **1974**, 684.

[93] (a) Musierowicz, S.; Wroblewski, A.; Krawczyk, H. *Tetrahedron Lett.* **1975**, *16*, 437. (b) Musierowicz, S.; Wroblewski, A. *Tetrahedron* **1980**, *36*, 1375.

[94] Bestmann, H. J.; Lienert, J. *Chem. Zeit.* **1970**, *94*, 487.

[95] (a) Tanaka, K.; Ohta, Y.; Fuji, K. *Tetrahedron Lett.* **1993**, *34*, 4071. (b) Tanaka, K.; Ohta, Y.; Fuji, K. *Tetrahedron Lett.* **1997**, *38*, 8943.

[96] Kann, N.; Rein, T. *J. Org. Chem.* **1993**, *58*, 3802.

[97] Sano,S.; Yokoyama, K,; Teranishi,R.; Shiro, M.; Nagao Y. *Tetrahedron Lett.* **2002**, *43*, 281.

[98] Hanessian, S.; Delorme, D.; Beaudoin, S.; Leblanc, Y. *J. Am. Chem. Soc.* **1984**, *106*, 5754.

[99] Hanessian, S.; Beaudoin, S. *Tetrahedron Lett.* **1992**, *33*, 7655.

[100] Brandt, P.; Norrby, P. O.; Martin, I.; Rein, T. *J. Org. Chem.* **1998**, *63*, 1280.

[101] Ando, K. *J. Org. Chem.* **1999**, *64*, 6815.

[102] (a) Staudinger, H.; Hauser, E. *Helv. Chim. Acta* **1921**, *4*, 861. (b) Eguchi, S. *ARKIVOC* **2005**, 98. (c) Breinbauer, R.;Kohn, M. *Angew. Chem., Int. Ed.* **2004**, *43*, 3106.

[103] Fresneda, P. M.; Molina, P. *Synlett* **2004**, 1.

[104] Eguchi, S.; Okano, T.; Okawa, T. *Rec. Res. Dev. Org. Chem.* **1997**, 337.

[105] Wamhoff, H.; Richardt, G.; Stølben, S. *Adv. Heterocycl. Chem.* **1995**, *64*, 159.

[106] (a) Molina, P.; Vilaplana, M. J. *Synthesis* **1994**, 1197; (b) Gololobov, Y. G.; Kasukhin, L. F. *Tetrahedron* **1992**, *48*, 1353.

[107] Barluenga, J.; Palacios, F. *Org. Prep. Proced. Int.* **1991**, *23*, 1.

[108] Eguchi, S.; Matsusshita, Y.; Yamashits, K. *Org. Prep. Proced. Int.* **1992**, *24*, 209.

[109] Palacios, F.; Alonso, C.; Aparicio, D.; Rubiales, G.; de los Santos, J. M. *Tetrahedron* **2007**, *63*, 523.

[110] Hartung, R.; Paquette, L. *Chemtracts-Org. Chem.* **2004**, *24*, 72.

[111] Johnson, A. W.; Kahsa, W. C.; Starzewski, K. A. O. *Ylides and Imines of Phosphorus*, Johnson, A. W., Ed.; Wiley: New York, NY, **1993**; Chapter 13.

[112] Kawashima, T.; Soda, T.; Okazaki, R. *Angew. Chem., Int. Ed.* **1996**, *35*, 1096.

[113] Kano, N.; Hua, X. J.; Kawa, S.; Kawashima, T. *Tetrahedron Lett.* **2000**, *41*, 5237.

[114] Koketsu, J.; Ninomiya, Y.; Suzuki, Y.. *Inorg. Chem.* **1997**, *36*, 694.

[115] Lu, W. C.; Sun, C. C.; Zang, Q. J.; Liu, C. B. *Chem. Phys. Lett.* **1999**, *311*, 491.

[116] Lu, W. C.; Liu, C. B.; Sun, C. C. *J. Phys. Chem. A* **1999**, *103*, 1078.

[117] Palacios, F.; Aparicio, D.; Garcı́a, J. *Tetrahedron* **1998**, *54*, 1647.

[118] Fernández, J. M.; Mellet, G. C. O.; Pérez, V. M. D.; Fuentes, J.; Kovács, J.; Pintér, I. *Tetrahedron Lett.* **1997**, *38*, 4161.

[119] Mulser, J.; Meier, A.; Bushmann, J. Luger, P. *Synthesis* **1996**, 123.

[120] Eguchi, S.; Suzuki, T,; Okawa, T.; Matsushita, Y.; Yashima, E.; Okamoto, Y. *J. Org. Chem.* **1996**, *61*, 7316.

[121] (a) Okawa, T.; Sugimori, T.; Eguchi, S.; Yashima, E.; Okamoto, Y. *Chem. Lett.* **1996**, 843. (b) Okawa, T.; Sugimori, T.; Eguchi, S.; Kakehi, A. *Heterocycles* **1998**, *47*, 375. (c) Okawa, T.; Sugimori, T. *Tetrahedron Lett.* **1996**, *37*, 81

[122] Williams, D. R.; Cortez, G. S. *Tetrahedron Lett.* **1998**, *39*, 2675.

[123] Sugimori, T.; Okawa, T.; Eguchi, S.; Kakehi. A.; Yashima, E.; Okamoto, Y. *Tetrahedron* **1998**, *54*, 7997.

[124] O'Neil, I. A.; Murray, C. L.; Potter, A. J. Kalindjian, S. B. *Tetrahedron Lett.* **1997**, *38*, 3609.

[125] Sikora, D.; Gajda, T. *Phosphorus, Sulfur Silicon Relat. Elem.* **2000**, *157*, 201.

[126] Molina, P.; Pastor, A.; Vilaplana, M. J. *Tetrahedron Lett.* **1996**, *37*, 7829.

[127] Molina, P.; Tarraga, A.; Curiel, D.; Arellano, C. R. *Tetrahedron* **1999**, *55*, 1417.

[128] (a) Molina, P.; Fresneda, P. M.; Almendros, P. *Tetrahedron Lett.* **1992**, *33*, 4491; (b) Molina, P.; Almendros, P.; Fresneda, P. M. *Tetrahedron* **1994**, *50*, 2241.

[129] Peinador, C.; Moreira, M. J.; Quintela, J. M. *Tetrahedron* **1994**, *50*, 6705.

[130] Alvarez-Sarandes, R.; Peinador, C.; Quintela, J. M. *Tetrahedron* **2001**, *57*, 5413.

[131] Molina, P.; Aller, E.; Lorenzo, A.; López-Cremades, P.; Rioja, I.; Ubeda, A.; Terencio M. C.; Alcarazet M. J. *J. Med. Chem.* **2001**, *44*, 1011.

[132] Blanco, G.; Quintela, J. M.; Peinador, C. *Tetrahedron* **2007**, *63*, 2034.

[133] Rao A. V. R.; Reddy R. G. *Tetrahedron Lett.* **1992**, *33*, 4061.

[134] Congreve, M. S.; Holmes, A. B.; Hughes, A. B.; Loone, M. G. *J. Am. Chem. Soc.* **1993**, *115*, 5815.

[135] Alcaraz, C.; Bernabe, M. *Tetrahedron: Asymmetry* **1994**, *5*, 1221.

[136] Clerici, F.; Gelmi, M. L.; Pocar, D.; Rondena, R. *Tetrahedron* **1995**, *51*, 9985.

[137] Critcher, D. J.; Connolly, S.; Wills M. *J. Org. Chem.* **1997**, *62*, 6638.

[138] Gras J. L.; Soto, T.; V iala, J. *Tetrahedron: Asymmetry* **1997**, *8*, 3829.

[139] Bringmann, G.; Ortmann, T.; Feineis, D.; Peters, E. M.; Peters, K. *Synthesis* **2000**, 383.

[140] Hoye, T. R.; Humpal, P.E.; Moon, B. *J. Am. Chem. Soc.* **2000**, *122*, 4982.

[141] Stocksdale, M. G., Ramurthy S., Miller M. J. *J. Org. Chem.* **1998**, *63*, 1221.

[142] Nicolaou, K. C.; Harter, M. W.; Gunzner, J. L.; Nadin, A. *Liebigs Ann. Rec.* **1997**, 1283.

[143] Marumoto, S.; Kogen, H.; Naruto, S. *J. Org. Chem.* **1998**, *63*, 2068.

[144] Neubert, B. J.; Snider, B. B. *Org. Lett.* **2003**, *5*, 765.

[145] Taber, D. F.; Nelson, C. G. *J. Org. Chem.* **2006**, *71*, 8973.

[146] Aggarwal, V. K.; Fulton, J. R.; Sheldon, C. G.; de Vicente; J. *J. Am. Chem. Soc.* **2003**, *125*, 6034.

[147] Murphy, J. A.; Commeureuc, A. G. J.; Snaddon, T. N.; McGuire, T.M,; Khan, T. A.; Hisler, K.; Dewis, M. L.; Carling, R. *Org. Lett.* **2005**, *7*, 1427.

[148] Quesada, E.; Taylor, R. J. K. *Synthesis* **2005**, 3193.

[149] Wang, Y.; West, F. G. *Synthesis* **2002**, 99.